BASTEI
LÜBBE

Farley Mowat

Das Ende der Fährte

Die Geschichte der Dian Fossey
und der Berggorillas in Afrika

Aus dem Amerikanischen übersetzt von
Lexa Katrin von Nostitz

BASTEI
LÜBBE

BASTEI-LÜBBE-TASCHENBUCH
Band 11 505

1. Auflage Nov. 1989
2. Auflage Febr. 1990
3. Auflage Dez. 1990

Titel der Originalausgabe: WOMAN IN THE MISTS

This edition published by arrangement with
Warner Books, Inc. New York

Lizenzausgabe: Gustav Lübbe Verlag GmbH, Bergisch Gladbach
Printed in Germany 1990
Einbandgestaltung: Adolf Bachmann
Titelbild: dpa/Silvestris
Satz: Fotosatz Froitzheim, Bonn
Druck und Bindung: Ebner Ulm
ISBN 3-404-11505-8

Der Preis dieses Bandes versteht sich einschließlich
der gesetzlichen Mehrwertsteuer

Für Nyiramachabelli und für alle, die sie liebte

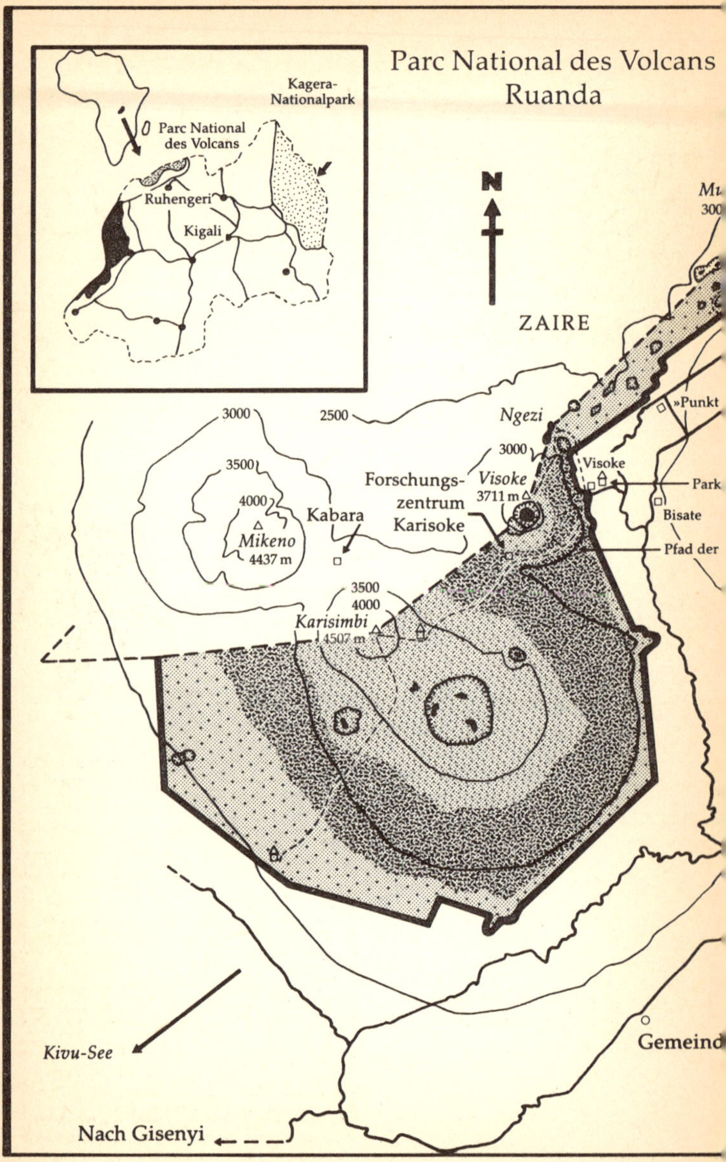

Parc National des Volcans
Ruanda
Kagera-
Nationalpark
Parc National
des Volcans
Ruhengeri
Kigali
N
ZAIRE
3000
2500
3500
4000
Mikeno
4437 m
Kabara
Ngezi
3000
Forschungs-
zentrum
Karisoke
Visoke
3711 m
3500
4000
Karisimbi
4507 m
Visoke
»Punkt
Park
Bisate
Pfad der
Kivu-See
Gemeind
Nach Gisenyi

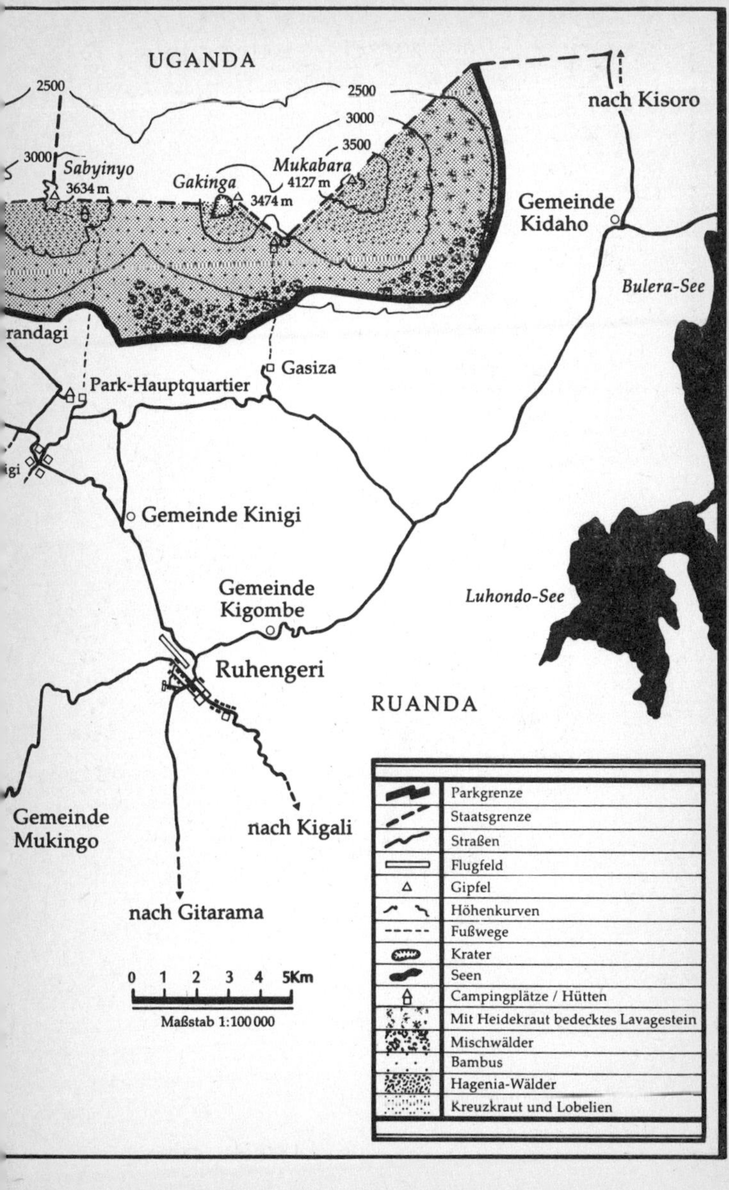
UGANDA
2500
2500
3000
3500
3000
Sabyinyo
3634 m
Gakinga
3474 m
Mukabara
4127 m
nach Kisoro
Gemeinde
Kidaho
Bulera-See
randagi
Gasiza
Park-Hauptquartier
Gemeinde Kinigi
Gemeinde
Kigombe
Luhondo-See
Ruhengeri
RUANDA
Parkgrenze
Staatsgrenze
Straßen
Flugfeld
Gipfel
Höhenkurven
Fußwege
Krater
Seen
Campingplätze / Hütten
Mit Heidekraut bedecktes Lavagestein
Mischwälder
Bambus
Hagenia-Wälder
Kreuzkraut und Lobelien
Gemeinde
Mukingo
nach Kigali
nach Gitarama
0 1 2 3 4 5Km
Maßstab 1:100 000

Vorbemerkung des Autors

Dian Fossey hat nie über Pläne zu einer Autobiographie gesprochen, aber daß sie welche hegte, wird sowohl aus ihrem Tagebuch ersichtlich als auch aus der Tatsache, daß sie mit großer Sorgfalt ein ungewöhnlich vollständiges persönliches Archiv angelegt hatte.

Diese gewaltige Sammlung umfaßte die Briefe, die sie seit ihrer Jugendzeit erhalten hatte, ebenso wie Kopien derer, die sie selbst schrieb. Dazu hatte sie ihre eigenen Aufzeichnungen aufbewahrt, die publizierten wie die unpublizierten, ein umfassendes Arsenal von dem, was über sie geschrieben worden war, einen Stapel Tagebücher, eine Unmenge von Beobachtungen an Menschen und Tieren und eine bunte Fülle von Dokumenten zu allen Aspekten ihrer Afrikajahre. Als mein Kollege Wade Rowland Dians Archive aufschloß, war ich begeistert. Sie erwiesen sich als ein Schatz, von dem jeder Biograph träumt. Nachdem ich jedoch in diese detaillierten Aufzeichnungen eingetaucht war und auf Dians Stimme zu hören begann, die ihre eigene Geschichte erzählte, fühlte ich mich sehr viel weniger behaglich in meiner Rolle. Tatsächlich begann ich mich wie ein Eindringling zu fühlen. In der Folge beschloß ich, meinen Biographenstatus aufzugeben und mich mehr als publizistischer Gehilfe zu engagieren. Soweit mir das gelungen ist, lasse ich also Dian Fossey ihr Leben selbst rekapitulieren. Ihre Stimme dominiert durchweg, und ich habe meine zurückgenommen – was einige, die mich kennen, für eher unglaubwürdig halten werden. So habe ich Dians eigene Worte durch eine andere Schrift hervorheben lassen. Gelegentlich habe ich rohes Quellenmaterial in anschauliche Szenen und Dialoge umgestaltet. Aber in all diesen Fällen bleibt der Sinn der Originalvorlagen erhalten.

Ich kannte Dian Fossey zu ihren Lebzeiten nicht, doch ich habe jetzt ein Jahr großer Nähe zu ihr verbracht. Nachdem ich Tausende von Briefen, Tagebucheinträgen, Aufzeichnungen und Publikationen gelesen und Scharen von Dians Bekannten zugehört habe, ist sie mir so schmerzhaft vertraut geworden, als wären wir eins.

Ich wäre glücklich, wenn wir's wären.

Port Hope, Ontario
Kanada
1. Juni 1987

1

»Weder das Schicksal noch die Abenteuerlust haben mich nach Afrika getrieben. Es war der sehnliche Wunsch, wilde Tiere zu sehen und mit ihnen zu leben in einer Welt, die der Mensch noch nicht völlig verändert hat. Ich glaube, ich wollte in die Vergangenheit zurückkehren. Seit meiner Kindheit stellte ich mir vor, daß ich Afrika so vorfinden würde. Aber 1963, als ich zum ersten Mal dorthin reisen konnte, war es nicht mehr so. Außer Wüsten und Sümpfen gab es kaum noch Orte, die nicht von Menschen überlaufen waren. Fast schon am Ende meiner Reise fand ich den Platz, den ich gesucht hatte.
Mitten im Herzen Afrikas, so hoch gelegen, daß man öfter friert als schwitzt, gibt es große, alte Vulkane, die bis zu 4500 Meter hoch aufragen und fast gänzlich mit üppigem, grünem Regenwald bedeckt sind: die Virungas.«

Nach Afrika zu gehen war einer der vielen Träume, die Dian Fosseys einsame Kindheit erfüllten. Ihr Vater George Fossey, Sohn eines englischen Einwanderers, war ein großer, umgänglicher, freiheitsliebender Mann, der seine kleine Tochter liebte, sein ärmliches Leben als Versicherungsvertreter in San Francisco aber haßte. Folglich trank er zuviel, was ihn mit dem Gesetz in Konflikt brachte und schließlich zu einer Scheidung führte, die ihn 1938, als Dian sechs Jahre alt war, aus ihrem Leben verschwinden ließ. Ein Jahr darauf heiratete ihre Mutter Kitty einen ehrgeizigen, schwer arbeitenden Bauunternehmer namens Richard Price. Anfangs bemühte George Fossey sich, die Verbindung mit Dian aufrechtzuerhalten, aber im Hause der Prices durfte nicht einmal sein Name genannt werden, und so verlor sie ihn schließlich aus den Augen.

Obwohl Dian ihren Stiefvater pflichtschuldigst Daddy nannte, adoptierte er sie nicht. Richard Price war ein unbeugsamer Traditionalist, der meinte, Kinder müßten an Disziplin gewöhnt werden. Bis zu ihrem zehnten Lebensjahr durfte Dian nicht einmal das Abendessen mit Richard und Kitty einnehmen, sondern sie aß in der Küche mit der Haushälterin. »Ich bin erzogen worden im Glauben, daß Kinder erst dann mit Erwachsenen essen, wenn sie selbst erwachsen sind«, äußerte Price zu seiner Rechtfertigung.

Wie so viele einsame Kinder liebte Dian Tiere und fand Trost darin, daß diese sie akzeptierten, ohne Ansprüche zu stellen. Trotzdem durfte sie kein Haustier besitzen außer einem Goldfisch, den sie mit der Zuneigung überschüttete, für die sie kaum ein anderes Ventil hatte. Als er starb, war sie untröstlich.

»Ich weinte eine ganze Woche, als ich ihn mit dem Bauch nach oben treibend in seinem Glas in meinem Zimmer fand. Meine Eltern waren froh, ihn los zu sein, und so bekam ich keinen neuen. Eine Schulkameradin bot mir einen Hamster an, aber meine Eltern meinten, er sei schmutzig, und so wurde nichts daraus.«

Obwohl die Prices reich zu sein schienen, erhielt Dian, als sie in die Welt der Erwachsenen eintrat, keine nennenswerte finanzielle Unterstützung von ihnen. Nach dem Abschluß der High School sorgte sie hauptsächlich selbst für ihren Unterhalt. Als sie 1949 am Marin Junior College einen Handelskurs besuchte, den sie haßte, arbeitete sie nebenbei als Verkäuferin in einem Warenhaus. In den ersten Universitätssemestern übernahm sie in den Ferien und an Wochenenden Schreib- und Laborarbeiten, und einmal hatte sie sogar einen Job als Maschinenarbeiterin in einer Fabrik.

Eines der wenigen angenehmen Ereignisse ihrer Kindheit war der Reitunterricht. Ihrem Geschick im Umgang mit Pferden verdankte sie im Sommer ihres einundzwanzigsten Lebensjahres eine Stellung auf einer Ferienranch in Montana. Aber sie verlor sie – »die beste Stellung meines Lebens« –, als sie die Windpocken bekam. Ein junger Mann, den sie auf der Ranch kennengelernt hatte, erinnerte sich ihrer als »völlig vernarrt in Tiere – Pferde, Hunde, einen zahmen Kojoten, alles, was da kreucht und fleugt. Sie mochte auch Menschen, aber sie schien nicht so sehr auf sie angewiesen zu sein wie wir anderen.«

Dian lehnte Richard Prices Vorschlag, eine kaufmännische Laufbahn einzuschlagen, ab. 1950 immatrikulierte sie sich als Studentin der Tiermedizin an der University of California in Davis. Sie wollte ihr Leben mit Tieren teilen. Doch obwohl sie in Fächern, wie kreatives Schreiben und Kunst, Botanik und Zoologie glänzte, konnte sie mit den »trockenen« Wissenschaften nichts anfangen. Zu ihrer gewaltigen Enttäuschung fiel sie im zweiten Jahr durch, und zwar in Chemie und Physik, mit denen sie einfach nicht fertig wurde.

Unverzagt beschloß sie, mit behinderten Kindern zu arbeiten. Sie wechselte über ans San Jose State College, wo sie 1954 ihren Abschluß als Beschäftigungstherapeutin machte. In den folgenden neun Monaten arbeitete sie als Praktikantin an mehreren Krankenhäusern. In einem davon beschäftigte sie sich mit Tuberkulosekranken, eine Erfahrung, die einen unauslöschlichen Eindruck auf sie machte.

Die Stellung, die sie nach dem Abschluß wählte, lag so weit wie möglich von Kalifornien entfernt, fast am anderen Ende der Vereinigten Staaten. Außer zu kurzen, förmlichen Besuchen bei den Prices kehrte sie nie wieder an die Stätte ihrer Geburt und ihrer frühen Jahre zurück.

Der neue Mittelpunkt ihres Lebens, das Korsair-Kinderkrankenhaus in Louisville, Kentucky, war ein weitläufiges, mit viel Holz gebautes altes Gebäude ganz nach ihrem Geschmack.

»Es ist ein Shriner-Krankenhaus, und ich bin überrascht, daß sie mich genommen haben, obwohl ich keine Beziehung zu diesem Orden habe. Ich werde die Leiterin der Abteilung für Beschäftigungstherapie sein, eine Aufgabe, für die ich mich noch gar nicht reif genug fühle. Meine Assistentin ist eine fünfzigjährige Frau, was mir ziemlich ungerecht vorkommt, aber alle sind nett und freundlich. Die Kinder kommen direkt aus den hintersten Wäldern. Sie werden mit Lastwagen, Jeeps, ja sogar zu Pferde aus den Bergen hergebracht. Ich bin aufgeregt, weil ich im nächsten Monat mit den Ärzten auf eine ihrer »Sammeltouren« gehen werde. Wir kommen vielleicht sogar in die Gegend, in der in den letzten drei Jahren vier Sheriffs erschossen wurden. Diese Kinder haben eine Vielzahl körperlicher und seelischer Gebrechen und sind in unserer Welt verloren. Alle wirken viel jünger, als sie wirklich sind, und gleichen wilden, ohne Hoffnung auf Entkommen eingesperrten Tieren. Sie brauchen ungeheuer viel Fürsorge und Freundlichkeit, um zu fühlen, daß das Leben lebenswert ist.«

Obwohl Dian den größten Teil ihres Lebens in einer Großstadt verbracht hatte, haßte sie die städtischen Zwänge, und so war ihre erste Sorge, nachdem sie sich in Korsair eingerichtet hatte, einen Ort zu finden, an dem sie leben konnte und der weit außerhalb der Stadtgrenzen von Louisville lag. Schließlich mietete sie ein baufälliges kleines Häuschen auf einer großen, jahrhundertealten Farm namens Glenmary.

Die Besitzer luden sie ein, bei der saisonbedingten Landarbeit mitzuhelfen, und sie konnte ihre Kenntnisse in Tiermedizin nutzbringend anwenden. Sie war in ihrem Element.

»Ich habe noch nie einen Ort gesehen, der so schön ist wie Glenmary jetzt im Herbst. Die Bäche sind voll von

goldenen, roten, grünen und braunen Blättern aus den Wäldern. Die Weiden sind immer noch leuchtend grün und umgeben von Bäumen, von denen man schwören könnte, sie stünden in Flammen. Wenn ich morgens aufwache, laufe ich von einem Fenster des Hauses zum anderen und bin von der Schönheit geblendet. Sehr oft sehe ich einen Waschbären oder ein Opossum vorbeihuschen, oder die neunzigköpfige Angusrinderherde holt sich ihr Frühstück aus meinem Garten. Wenn ich von der Arbeit heimkehre, brauche ich etwa zwanzig Minuten, um den Haufen Stallkatzen zu füttern und den großen, weißen Schäferhund von jenseits des Hügels, der vorbeikommt und um eine milde Gabe bittet, ebenso wie unsere eigenen Hofhunde Mitzi, Shep und Brownie, die mich als eine der ihren akzeptiert haben.«

Eine enge Freundschaft entwickelte sich zwischen Dian und Mary White Henry, der Sekretärin des Verwaltungsdirektors des Korsair-Kinderkrankenhauses. Mary war die Tochter eines bekannten Herzspezialisten aus Louisville und führte Dian in die dortige Gesellschaft ein.

Dian, nun in den Zwanzigern, war keine Schönheit im herkömmlichen Sinn; trotzdem fanden viele Männer aus ihrem Bekanntenkreis sie attraktiv. Sie war ungewöhnlich groß und schlank, hatte glänzendes, dunkles Haar, wache, forschende Augen, ausgeprägte Züge und die Anmut eines Fohlens. Einige der prominentesten Männer der Stadt machten ihr den Hof, aber keiner gefiel ihr. Da war Franz Forrester, ein strubbelhaariger, junger Rhodesier, dessen Bekanntschaft sie ebenfalls ihrer Freundschaft mit der Familie Henry verdankte, schon eher nach ihrem Geschmack.

Franz war der jüngste Sohn einer österreichischen Familie mit ausgedehnten landwirtschaftlichen und geschäftlichen Interessen in Afrika. Seine Freunde nannten ihn Pookie, und er beeindruckte Dian von allen Männern am meisten.

»Er stammt aus Südrhodesien und ist ein Traum, aber jünger als ich und der Sohn eines österreichischen Grafen, der behauptet, kaiserlichen Blutes zu sein. Er schmiedet große Pläne für uns, aber ich glaube eigentlich nicht, daß ich genug Zeit dafür habe.«

Vielleicht wäre Dian auch Franz entwischt, wie sie es bei allen anderen Anbetern getan hatte, aber er war der hartnäckigste.

»Briefe, Briefe, Briefe aus New York, London, Irland, Paris, Rom und Südafrika. Die Damen in unserem Postamt sind außer sich. Jetzt ist Pookie wieder zurück aus New York und versetzt ganz Louisville in himmlisches Vergnügen. Neulich schenkte er mir einen ›Puff‹ – puh! Ich glaube, das ist eine Art Fußschemel. Der Bezug stammt gewiß direkt vom Rücken eines Zebras. Er ist gar nicht so übel, außer daß er aussieht wie ein Geschwür, das aus meinem Vicunjateppich herauswächst. Die Hunde haben sich sofort darauf gestürzt, aber inzwischen hat der Geruch das Haus so durchdrungen, daß ich glaube, sie halten das Ding nun für dazugehörig.«

Durch Mary White lernte Dian jedoch einen noch eindrucksvolleren Mann kennen. Um Mary einen Gefallen zu tun, fuhr sie eines Tages nach einem zwei Stunden von Louisville entfernten Kloster namens Gethsemane, um einen Schriftsteller abzuholen, der sich dorthin zurückgezogen hatte. Bei ihrem Aufenthalt begegnete Dian einem temperamentvollen, irischen Priester mit blitzenden, blauen Augen, ansteckendem Enthusiasmus und einem beträchtlichen Interesse an weltlichen Dingen.

»Ich kann es nicht fassen. Dieser Trappistenmönch Pater Raymond, der den Bestseller ›The Man Who Got Even with God‹ geschrieben hat, scheint mich gern zu haben. Vergangenen Sonntag rief Mary White an, um mir zu sagen, daß er nach Louisville komme und mich sehen wolle. Nun, das war ungefähr die lohnendste Erfahrung meines Lebens. Wenn man mit ihm spricht, kommt man

sich vor, als sitze man auf einem glühenden Vulkan. Eine Idee nach der anderen bricht heraus. Wenn er fort ist, überströmen einen noch tagelang Gedanken wie Lava. Ich will nun nicht gleich unter die Heiligen gehen, aber dies war ein einmaliges Erlebnis. Er ist ein toller Mann!«

Das muß er gewesen sein. Kaum einen Monat später erwähnte Dian in einem Brief an ihre Mutter beiläufig, daß sie zum Katholizismus konvertiert sei. Obwohl sich die Bekehrung als vorübergehend erwies, war die Familie entsetzt.

Kitty Price war untröstlich. »Ich kann es vor lauter Weinen gar nicht fassen«, schluchzte sie an dem Abend ins Telefon, als sie die schreckliche Nachricht erfahren hatte. »Ich kann nicht glauben, daß du einen so wichtigen Schritt unternimmst, ohne uns zu fragen.«
Kitty und Richard Price hatten immer noch keine Ahnung, wie weit Dians Selbständigkeit gehen würde.

Während Dian eine enge Beziehung zu Pater Raymond knüpfte, blieb Franz Forrester ihr dicht auf den Fersen und versprach ihr sogar eine Afrikareise, allerdings ohne Rückfahrkarte.

Dian war bereits fasziniert von Afrika. 1957 hatte sie einen Reisenden kennengelernt, der gerade aus jenem fernen Land zurückgekehrt war, einen flotten Reporter vom Louisviller »Courier Journal«, dessen Begeisterung über seine Reise ansteckend gewesen war. Sie war verliebt in die Welt, die er beschrieb, und vielleicht auch ein wenig in ihn.

»Der Gedanke, an einem Ort zu sein, wo die Tiere noch nicht alle in kleine Ecken gedrängt worden sind, reizt mich sehr. Wenn er nach Afrika zurückkehrt, wie er hofft, werde ich ihm folgen!«

Dann zog der Journalist nach Florida und verschwand aus Dians Leben. Aber der Traum von Afrika blieb.

1960 ging Mary White auf eine Safari nach Afrika, und Dians schlummernde Sehnsucht wurde wieder geweckt.

In einer der schmerzlichsten Entscheidungen ihres Lebens lehnte sie Marys Aufforderung, mitzukommen, ab. Die Wahrheit war, daß sie sich die Reise nicht leisten konnte. Sie faßte jedoch den Entschluß, Mittel und Wege zu finden, um so bald wie möglich eine eigene Safari machen zu können. »Ich spare jeden Pfennig für Afrika«, schrieb sie ihrer Mutter kurz nach Marys Abreise, vielleicht in der schwachen Hoffnung, daß die Prices ihr irgendeine Unterstützung anbieten würden.

Obwohl ihr Franz Forresters Heiratsantrag nicht unangenehm war, lehnte sie ihn ab. Die Ehe als Preis für die Fahrkarte nach Afrika erschien ihr unerträglich. Sie würde es allein schaffen oder gar nicht. Sie besorgte sich Prospekte über Safaris und war entsetzt über die Kosten. Trotzdem war sie entschlossen, das Ziel ihrer Wünsche noch vor Ende 1963 zu erreichen.

Im Juni jenes Jahres hatte sie erste Versuche unternommen, in Nairobi einen Safariführer zu engagieren, und sie bemühte sich nun verzweifelt, die erforderlichen fünftausend Dollar zusammenzubringen. Sie flehte die Prices an, ihr für einen Kredit zu bürgen, und obwohl diese anfangs einverstanden waren, nahmen sie ihre Zusage später zurück mit der Begründung, daß das Unternehmen sowohl töricht als auch gefährlich sei. Schließlich verpfändete sie ihr Gehalt zu einem Wucherzins von vierundzwanzig Prozent an einen Kredithai.

Ihre Familie war empört. Sogar Flossie und Bert Chapin, ihre Verwandten mütterlicherseits, die sie während des Studiums manchmal finanziell unterstützt hatten, waren schockiert: »Es ist Wahnsinn«, meinten sie, »und wenn du bei Verstand wärst, würdest du die ganze Sache rückgängig machen.«

Dian ließ sich durch nichts von ihrem Kurs abbringen, aber sie versuchte, ihre Verwandten zu beruhigen, indem sie ihnen versprach, das Geld durch Reportagen über ihre Erlebnisse und durch den Verkauf von Fotos und Filmen wieder einzubringen.

Sie las alles über Afrika, was sie auftreiben konnte. Besonders beeindruckt war sie von dem Buch »The Year of the Gorilla« des amerikanischen Zoologen George Schaller, in dem er seine bahnbrechenden Untersuchungen über den seltenen Berggorilla in Belgisch-Kongo beschrieb. Das Thema bot so aufregende journalistische Möglichkeiten, daß Dian beschloß, ihre Safari von vier auf sechs Wochen zu verlängern, um die Virungavulkane in Zentralafrika, die Heimat der Berggorillas, zu besuchen.

Während ihrer Reisevorbereitungen hatte sie die Korrespondenz mit Franz Forrester aufrechterhalten und versprochen, ihn auf seinem Familiensitz zu besuchen. »Ich habe meine Reitsachen gereinigt und in Ordnung gebracht, denn das Reiten spielt bei Pookie zu Hause eine große Rolle«, berichtete sie ihrer Mutter. Außerdem packte sie Wanderstiefel, einen Armeeponcho und einen Karton mit Zuckertüten und Fluggesellschaftsseifen zum Verschenken an die Eingeborenen ein.

Dian hatte ihr ganzes Leben unter Allergien gelitten und machte sich Sorgen, wie es ihr damit in Afrika ergehen würde. »An einem Sonnabend vor etwa drei Wochen aß ich eine winzige, harmlose Pflaume«, schrieb sie nach Hause, »nur um zu testen, ob meine Allergien unter Kontrolle seien. Doch schon nach einer Stunde schwollen meine Augen zu, meine Temperatur stieg auf 39 Grad, ich mußte erbrechen, und mein Hals wurde dick. Ich hatte richtig Angst.« Auch litt sie unter qualvollen Asthmaanfällen und bekam oft Lungenentzündungen. Kurz nach dem College-Abschluß sah sie eine Röntgenaufnahme ihrer Lungen, die so voller Narben waren, daß sie behauptete, die Bilder sähen aus wie die übereinander kopierten Stadtpläne von Los Angeles und New York. Eine zwanzig Kilo schwere Medikamentenkiste war ein wesentlicher Bestandteil von Dians Safarigepäck.

Sie bekam ihre Immunisierungsspritzen.

»*Wegen all der Spritzen fühle ich mich wieder einmal leidend. Anscheinend lösen sie bei mir all die Krankheiten aus, die sie eigentlich verhindern sollen. Ich komme mir vor wie eine Person aus einem Roman von Ernest Hemingway, so sehr jagen sich bei mir Fieber, Delirium, Schüttelfrost und Genesung.*«

Einen Monat vor der geplanten Abreise nach Afrika holte sie sich wieder eine Lungenentzündung. Sie machte das Beste daraus: »Abgesehen von den Kosten ist dies das beste Abschiedsgeschenk, denn so kann ich eine Woche Urlaub machen und mich ausruhen«, sagte sie ihrer Mutter.

Auf ihrem Reiseplan standen Kenia, Tanganjika, Uganda, Belgisch-Kongo und Südrhodesien. Am 26. September 1963 brach sie auf mit gespannter Erwartung – und dreißig Kilo Übergepäck. Bei der Landung in Kairo, wo ihr Flugzeug für den langen Flug südwärts nach Nairobi aufgetankt werden sollte, bekam sie Fieber und Brechreiz. Die folgenden sechsunddreißig Stunden hinterließen nur einen nebelhaften Eindruck: Menschenmengen und Lärm, Wärmflaschen und halbverdaute Mahlzeiten in schäbigen Hotels. Aber die Symptome verschwanden auf ebenso unerklärliche Weise, wie sie gekommen waren, und drei Tage darauf saß sie im Autobus, der sie von Nairobi nach Treetops, der exklusiven, im Inneren des Landes gelegenen Jagdhütte des Mount Kenya Safari Club bringen sollte, wo sie mit ihrem weißen Jäger und Führer verabredet war. Bis zu seiner Ankunft machte sie die Bekanntschaft anderer interessanter Afrikaner.

»*Borstige Warzenschweine und Paviane überall. Büffel, dann Nashörner, aber zu dunkel zum Fotografieren. Sykes-Affen, Colobus-Affen, Kronenkraniche ...*«

Am Tage nach ihrer Ankunft in der luxuriösen Jagdhütte schlief sie vor Erschöpfung bis neunzehn Uhr. Dann machte sie sich frisch, kleidete sich an und steckte sich die langen schwarzen Haare zu einem französischen Knoten auf. Bemüht, vornehm zu wirken, fügte sie Ohrringe und einen auffälligen Ring, den sie von ihrer Mutter erhalten hatte, dazu.

In der Hoffnung, schön genug für die feudale Umgebung zu sein, schwebte sie hinaus auf die Terrasse, wo William Holden, der Schauspieler und Inhaber von Treetops, sie begrüßte. Er bat sie zum Abendessen an seinen Tisch, zusammen mit einem texanischen Ölmagnaten, einem schottischen Millionär und zwei weißen Jägern. Ihre Augen begannen vor Entzücken zu glänzen, als sie diesen »alten Hasen« lauschte, aber sie selbst sagte wenig. »Diese Leute kennen das Afrika, von dem ich bisher nur geträumt habe.«

Zwei Abende später kam John Alexander, der weiße Jäger, den sie sich per Post bestellt hatte, mit zwei anderen Kunden im Schlepptau in Treetops an. Er war so ausschließlich mit ihnen beschäftigt, daß er Dian kaum eines Blickes würdigte. Sie hatte sich eine gute Kameradschaft mit einem kühnen afrikanischen Helden vorgestellt – aber ihr »großer Weißer«, wie sie ihn später nannte, hatte bis zum anderen Morgen keine Zeit für sie. Sie ging zu Bett, krank vor Ruhr und Enttäuschung, wachte jedoch früh am Morgen auf und warf sich tapfer in ihre Safarikleidung, bereit zur Abfahrt, sobald ihr Führer kommen würde. Als Stunden vergingen, ohne daß er erschien, wäre sie vor Wut fast in Tränen ausgebrochen.

»Ich bin empört! Es ist halb elf! Warum zum Teufel ist er noch nicht da?«

Endlich holte John Alexander sie mit seinem Landrover ab, und sie fuhren nach Nairobi, von wo aus sie ihre Fahrt nach Süden an den Nordrand der Serengeti in Tanganjika fortsetzten.

Als sie erst einmal unterwegs waren, entspannte sich Dian etwas und fragte sich, ob ihr erstes Urteil über ihren

Begleiter nicht doch zu hart gewesen sei. Gewiß kannte er die Tiere, die sie so gern sehen wollte, und wußte, wo sie zu finden waren. Im Laufe des Tages benutzte sie ihre Kamera unaufhörlich und nahm ihm jede verpaßte Gelegenheit zum Sehen und Fotografieren von noch mehr Tieren übel.

»Wie wäre es mit einer Essens- und Ruhepause?« fragte John Alexander eines Mittags erschöpft.

»Nein! Ich habe gerade erst angefangen, lassen Sie uns also keine Zeit vertrödeln!«

Am 3. Oktober hatten sie Tsavo in der Südostecke von Kenia erreicht, wo Dian den ganzen Morgen Elefanten, Nashornjunge und Büffel fotografierte. Nachts litt sie wieder an Ruhr und Erbrechen und erwachte völlig ausgelaugt. Trotzdem bestand sie darauf, bei Morgengrauen aufzubrechen, und mußte ihr Temperament zügeln, während sie auf ihren immer träger werdenden Führer wartete.

»*Alexander schlecht gelaunt, aber was kümmert mich das! Um sechs Uhr dreißig aufgestanden und aufgebrochen. Hauptsächlich Büffelfotos. Kein Löwe. Beim Frühstück Paviane beobachtet, und so wie sie benimmt auch er sich beim Essen!*«

Ein paar Tage später fuhren sie in den Ngorongoro-Krater, ein berühmtes Wahrzeichen im Lande der Massai im Norden Tansanias. Seit ihrer Kindheit litt Dian unter lähmender Höhenangst, und als die Straße, die in den Krater führte, steil abfiel, kauerte sie sich mit zugepreßten Augen auf den Boden des Landrovers und tauchte erst wieder auf, als sie unten angelangt waren.

»*Der Grund des Kraters ist eine weite Ebene mit einigen Sümpfen und einem kleinen See. Die Massai weiden hier ihr Vieh, und trotz aller Verbote der Regierung töten die Krieger immer noch Löwen. Die Gesichter der Babys wimmeln buchstäblich von Fliegen. Kaum hatten wir den Wagen verlassen, als wir von Fliegen und Menschen umschwärmt waren – aber Spray vertrieb die Fliegen, und Shillings bändigten die Menschen. Jedes Foto kostet mindestens einen Shilling. Ich habe einen riesigen Beutel mit Perlen – wirklich schönen, bunten Dingern. Die Augen der Eingeborenen strahlten, sie pfiffen, riefen ah und oh und grapschten, aber ich konnte trotzdem keinen Shilling sparen.«*

Genauso wie die Massai war auch der Führer eine Enttäuschung.

»Sahen fünf männliche Löwen, Herden von Weißschwanzgnus, Zebras, Impalas ... wurden von einem Nashorn angegriffen, aber Alexander wollte den Wagen nicht lange genug für eine anständige Aufnahme von dem Angriff anhalten, und so wird auf den meisten dieser sieben Meter Film nichts als Schlaglöcher und Himmel zu sehen sein. Ich bin nicht zufrieden mit ihm, aber ich glaube, ich sollte dankbar sein, daß er kein Trinker ist, was ihn zu einer Seltenheit in dieser Gegend macht. Er ist zuverlässig, was das Fahren, Aufspüren von Wild und so weiter betrifft, und er vermeidet Gefahren. Aber, lieber Gott, was für ein Langweiler er doch ist. In seiner Gegenwart fühle ich mich immer, als schwebe eine riesige Tsetsefliege über meinem Haupt. Er ist sehr, sehr, sehr britisch, und ich habe einen neuen Ausdruck für diese Art Menschen gefunden: ›weiße Massai‹, arrogant, stolz und ohne Substanz! Ein Eingeborener braucht nur vor ihnen zu niesen, und schon fangen sie an zu schimpfen, zu drohen und zu fluchen.

Oh, ich finde diesen Alexander wirklich abscheulich. Als er gestern behauptete, irgendein Afrikaner sei frech geworden, hätte ich fast auf ihn und seinen Landrover verzichtet. Das hat mir einen ganzen Nachmittag Tierbeobachtung verdorben. Aber andererseits: Wenn dieser Trottel etwas will, nimmt er sich zusammen. Er mag ja groß und gutaussehend sein, aber ich finde ihn gräßlich.«

Nach einer Woche unterwegs brachte Dian ihre Fotoausrüstung und sich selbst in Topform für einen Besuch in der Olduvaischlucht an der Südgrenze des Seregenti-Nationalparks. Sie hoffte, Dr. Louis Leakey, den berühmten Paläontologen, Anthropologen und Ethnologen, zu treffen.

Leakey grub schon seit Anfang der dreißiger Jahre hominide Fossilien in der Olduvaischlucht aus. Seine Entdeckungen hatten klar bewiesen, daß es den Menschen schon viel länger als allgemein angenommen gibt und daß seine Wurzeln in Ostafrika und nicht in Asien liegen, wie man einst geglaubt hatte. Seine Deutung des Platzes, den diese Fossilien im Stammbaum des Menschen einnehmen, hatte Leakey zu einer äußerst umstrittenen Persönlichkeit unter seinen wissenschaftlichen Kollegen gemacht. Die breite Öffentlichkeit aber liebte ihn wegen seiner Gabe, einen obskuren Zweig der Wissenschaft verständlich und spannend darzustellen. In den sechziger Jahren war er so berühmt, daß es für jeden Journalisten ein Triumph war, ein Interview mit ihm zu bekommen.

Dian wollte auf gut Glück in Leakeys Camp fahren, obwohl die Aussicht, ihn dort anzutreffen, gering war. Er war mittlerweile sechzig Jahre alt und hielt sich am liebsten in Nairobi auf, weit fort von der Hitze und Mühsal der Schlucht.

Durch einen Vorhang flirrender Hitze betrachtet, sah das Forscherlager in Olduvai verlassen und bescheiden aus – ein paar triste Blechhütten, staubige Landrover und kleine Lastwagen. Doch als Dian und Alexander, eine dicke, rote Staubwolke hinter sich herziehend, auf den Parkplatz rumpelten, tauchten mehrere Eingeborene und zwei laut bellende Dalmatiner aus dem Nichts auf. Und als ein Weißschwanzgnu, auf dessen Rücken ein Sykes-Affe ritt, vorbeitrabte, erkannte Dian sie als einige von Leakeys berühmten zahmen Lieblingen.

Dann sah sie mit Entzücken Leakey selbst auf sie zukommen, das weiße Haar vom Wind verweht, Kniefliken auf dem Khakioverall, einen graugesprenkelten Zweitagebart am Kinn.

Stets Herr der Lage, wenn es um attraktive Frauen ging, ergriff Leakey Dians Hand mit beiden Händen, und sie erwiderte den Druck so herzlich und lange und mit so viel aufrichtiger Bewunderung in den Augen, daß er diesen Eindringling aufnahm, als handelte es sich um einen willkommenen Gast. Er fragte sie, wo sie gewesen sei, was sie sonst noch sehen und unternehmen wolle.

»Ich möchte unbedingt ins Land der Virungavulkane zu den Berggorillas«, erwiderte sie.

Leakey betrachtete seine staubige, schlaksige, aber trotzdem attraktive Besucherin nachdenklich. »Sind Sie an den Gorillas nur als Touristin oder Journalistin interessiert?«

»Viel mehr als das, Dr. Leakey«, antwortete sie ernst. »Igendwann einmal möchte ich wiederkommen, um hier zu leben und zu arbeiten.«

»Tatsächlich? Nun, die Erforschung der großen Menschenaffen ist ein vernachlässigtes und ungeheuer wichtiges Gebiet. Sie könnte viel Licht auf die Evolution und das Verhalten unserer eigenen, menschenaffenähnlichen Vorfahren werfen... Aber jetzt sind Sie hier. Möchten Sie die Ausgrabungen besichtigen? Ich kann Sie nicht selbst führen, aber einer der Männer wird es tun.«

»Das wäre herrlich, aber dürfte ich Sie vielleicht zuerst fotografieren, Wissen Sie, mir konnte auf dieser Safari nichts Besseres passieren, als Sie kennenzulernen.« Dian schenkte Leakey das Lächeln einer Frau, die weiß, daß sie bewundert wird.

Begleitet von einem mürrischen Alexander, der während dieser Unterhaltung völlig ignoriert worden war, folgte Dian dem Führer, um die uralten Grabstätten zu besichtigen und zu fotografieren. Dann zogen sie weiter zu einer neueren Ausgrabungsstätte, wo Arbeiter vorsichtig den versteinerten Schädel einer riesigen Giraffe freilegten. Während Dian hin- und herlief, um ein Foto zu schießen, glitt sie aus und verstauchte sich den Knöchel. Mit schmerzverzerrtem Gesicht murmelte sie Alexander, der dicht hinter ihr stand, zu: »Verdammt! Ich glaube, ich muß mich übergeben!«

Er warf ihr einen angewiderten Blick zu und nahm sofort zur Kenntnis, daß er es nun, da Dr. Leakey fort war, wieder mit der reizbaren Dian Fossey zu tun hatte, die er so gründlich kennengelernt hatte.

»Wie wäre es, wenn Sie mich zurücktrügen?« fragte sie. »Oder soll ich etwa auf einem Bein den Berg hinaufhumpeln?«

Als sie ins Lager zurückkehrten, war Leakey sehr besorgt und bestand darauf, Dians Knöchel persönlich zu untersuchen und zu bandagieren, während seine Frau Mary ein kühles, belebendes Getränk brachte. Beim Abschied legte Leakey sanft seine Hand auf Dians Schulter – eine etwas unbeholfene Geste, weil er sich zu ihr emporrecken mußte.

»Gehen Sie, und schauen Sie sich Ihre Gorillas an, wenn Ihr Knöchel es erlaubt. Ich glaube, Sie schaffen es. Diesen Eindruck machen Sie jedenfalls. Und lassen Sie von sich hören.«

Obwohl Dian nicht sicher war, ob Leakeys letzte Worte wirklich ernst oder nur höflich gemeint waren, befand sie sich in seelischer Ekstase, obwohl sie unter starken Schmerzen litt, als Alexander den Landrover die staubige Straße hinauflenkte.

In den folgenden vier Tagen wandten Dian und Alexander sich nach Norden. Sie fuhren am Viktoria-See entlang und dann durch üppigen Dschungel nach Kampala in Uganda. Ständige Meinungsverschiedenheiten zwischen ihnen versetzten Dian oft in rasende Wut. Sie zankten sich über alles, am meisten aber über den weiteren Verlauf der Safari und ob Alexander sein tägliches Honorar wert war. Er sträubte sich gewaltig, sie in den Kongo zu den Gorillas zu bringen.

»Sie glauben wohl, Sie könnten sich alles erlauben«, sagte sie einmal ärgerlich. »Ich bin hier, um so viel wie möglich zu sehen, und ich gebe erst auf, wenn ich die Gorillas von Virunga gesehen habe.«

»Das ist nicht so einfach«, wandte er dickköpfig ein. »Im Kongo herrschen politische Unruhen, und mein Landrover und meine Ausrüstung brauchen eine Zusatzversicherung. Sind Sie bereit, sie zu bezahlen?«

»Ich sagte Ihnen bereits, daß ich kein Geld mehr habe«, erwiderte sie wütend.

Alexander grunzte und gab Gas.

»Dieser verfluchte weiße Jäger hat sich noch nicht einmal um Visa für den Kongo gekümmert, und er kommt mit immer neuen Kosten daher – Gebühren für sein Visum, Reparaturen am Landrover, Geschenke für Bergführer und nun auch noch eine Zusatzversicherung! Er wird einen Blankoscheck bekommen – das ist alles, was ich noch besitze!«

Ihr Knöchel besserte sich langsam, aber sie konnte immer noch keine hohen Schuhe über diesen Fuß ziehen.

»Ich bin dankbar, daß Kenia und Tanganjika hinter mir liegen, weil das auch bedeutet, daß ich die Briten für eine Weile los bin. In Uganda gibt es wenige Europäer, und im Kongo leben nur Franzosen und Belgier, die viel großzügiger als die Engländer sind. Rund um den Viktoria-See gibt es so viele Eingeborenenstämme, daß man sie nicht voneinander unterscheiden kann. Dazu kommen auch noch Inder und Hunderte der verschiedensten Mischlinge. Die Kleidung ist genauso bunt wie die Hautfarben – und alle starren mich an! Auf der Ebene habe ich zwei kleine Massaijungen gesehen, die mit rotem Ocker bemalt waren. Sie waren wundervoll – scheu wie die Tiere beim Fotografieren, aber ich habe einfach drauflosgeknipst.«

Am Morgen des 15. Oktober erreichten die beiden das Dorf Kisoro mit seinem »Traveler's Rest Hotel« nahe dem Dreiländereck Uganda, Kongo und Ruanda. Inzwischen sprachen sie kaum noch miteinander, aber Dian war froh über das Schweigen, denn so konnte sie die afrikanische Szenerie ohne Ablenkung in sich aufnehmen.

Das »Traveler's Rest Hotel« liegt einen Fußmarsch entfernt vom Berggorillaland am Westhang der Virungavulkankette, und in den acht Jahren als Besitzer des Hotels war Walter Baumgartel fast zu einem Experten für diese schwer zu beobachtenden Tiere geworden. Ein Aufenthalt im »Traveler's Rest« war fast obligatorisch für jeden, der etwas über die Gorillas erfahren wollte. Von Baumgartel hörten Dian und Alexander, daß sich die weltberühmten Tierfotografen Joan und Alan Root gerade auf dem im Kongogebiet liegenden Vulkan Mikeno aufhielten, wo sie seit einer Woche Gorillas filmten. Widerwillig stimmte der weiße Jäger zu, die Fahrt dorthin zu wagen.

Sie fuhren hinüber nach dem Kongo und erreichten tags darauf den Ausgangspunkt für den Aufstieg auf den Mikeno. Spät am Abend desselben Tages waren sie oben angelangt.

»*Da sind wir nun in einem Ausgangslager hoch oben in den Virungas. Der ›große Weiße‹ und ich begannen den Aufstieg auf den Mikeno in einem kleinen Dorf am Fuße des Berges mit strohgedeckten Hütten und Hunderten von Schwarzen. Nach stundenlangem Feilschen über Lohn und Lasten heuerten wir elf Träger und zwei Führer an. Wir befinden uns hier in 3 800 Meter Höhe, so daß man sich vorstellen kann, wie es meinen Lungen auf dem Weg nach oben erging. Wir brauchten sechseinhalb Stunden, um das Lager zu erreichen, und ich fühlte mich sterbenselend. Mein Brustkorb barst, meine Beine wankten und schmerzten, und mein Knöchel*

schien zwischen den Kinnbacken eines Krokodils zu stekken. Ich werde nie begreifen, wie diese Träger es schaffen, rund dreißig Pfund auf dem Kopf zu tragen.
Auf halben Wege wurde unser Oberführer von einem Gorilla angegriffen! Alles, was ich hören konnte, waren die Schreie des Tieres, und als wir endlich an der Stelle anlangten, war der Gorilla wahrscheinlich schon eine Meile weit fort. Ich war sehr enttäuscht, ihn verpaßt zu haben, um so mehr, als sie den Zwischenfall in so schnellem Suaheli beschrieben, daß ich kein Wort verstehen konnte. Natürlich sträubt sich der ›große Weiße‹ zu übersetzen!
Gestern brachen wir früh auf, um die Gorillafamilie, die wir beim Aufstieg gehört hatten, zu verfolgen. Wir fanden frische Spuren – viel größer als mein Fuß. Und frische Nester und abgerissenen, wilden Sellerie. Aber nachdem wir sechs Stunden lang unseren Weg durch dichten Dschungel gehackt hatten, mußte ich aufgeben. In vulkanischem Gebirge gibt es wenig Wasser, und meine Lippen klebten vor Durst zusammen. Mein rechter Knöchel war fast völlig unbrauchbar, und mein Körper bestand nur noch aus Schmerzen. Als ich das Lager erreichte, kam unser Küchenboy Manual herbeigerannt, sah mich und schrie um Hilfe. Ich muß schlimm ausgesehen haben – geschwollene Lippen, blutunterlaufene Augen, Schleim, der aus meinem Mund rann. Er holte mir Wasser, kochte Tee und zog mir die Schuhe aus. Ich brach zusammen.

Ein paar Tage später zeigten Alan Root und seine Frau Joan, die in einer wackligen Hütte in der Nähe wohnten und sich über unsere Invasion ärgerten, Erbarmen und fragten, ob ich sie begleiten wolle. Er scheint ein lieber, freundlicher Mensch zu sein, aber ich fühlte mich in seiner Nähe etwas unbehaglich. Er sieht irgendwie lehrerhaft aus mit seiner grauen, kunststoffgeränderten Brille, und er geht wahrscheinlich deshalb so krumm, weil er sich dauernd bücken muß, um seine hervorragenden

Fotos zu schießen. Man sieht ihm an, daß er von seinem Können überzeugt ist und weiß, daß er einer der Besten der Welt ist. Und seine Frau Joan wirkt ebenso. Die beiden bewegten sich auf dem Gelände wie Profis, während ich hinterherkeuchte.
Das Terrain war unglaublich, es ging fast senkrecht aufwärts, und wir mußten uns an Ranken festhalten oder auf allen vieren kriechen. Lange fanden wir keine Spur von Gorillas, aber dann kamen wir an einen Schlafplatz, wo vierzehn Stück die Nacht verbracht hatten.«

Dann kam das Ereignis, das Dians ganzes zukünftiges Leben bestimmen sollte.

»Bevor wir etwas sahen, hörten wir Geräusche, und noch vor diesen rochen wir einen scharfen, moschus- und stallähnlichen, aber dennoch fast menschlichen Geruch. Dann wurde die dünne Bergluft wie Fensterglas von einer Folge spitzer, ohrenbetäubender Schreie unterbrochen. Es gibt nichts, was einen auf eine so fürchterliche Geräuschlawine vorbereiten könnte. Das einzige, was mich davon abhielt, die dunstigen Hänge des Vulkans hinab zu fliehen, war die Anwesenheit Manuals hinter mir und des kongolesischen Spurenlesers Sanweke, des Führers von Alan Root, zehn Meter vor mir.
Wir alle erstarrten, während wir bis zur Hüfte in einem triefnassen, von einer scheinbar undurchdringlichen Mauer aus Blattwerk umgebenen Brennesselfeld standen. Eine Minute lang herrschte eine fast unglaubliche Stille in dem kalten, nebelnassen Wald, doch dann wurde sie von noch wilderen, von donnernden Trommelschlägen begleiteten Schreien zerrissen. Erneut erstarrten wir, bis der Wald wieder still war.
Wir konnten nur ein paar Meter tief in die üppige grüne Masse sehen, doch dann begann Sanweke sehr vorsichtig und beinahe lautlos, mit seinem Panga-Buschmesser ein Guckloch hineinzuschneiden. Alan winkte mich nach vorn, und ich kroch an seine Seite, genauso tief gebückt

wie er. Er deutete auf etwas, und ich spähte durch die Öffnung. Da waren sie: die Teufelsmenschen aus den Geschichten der Eingeborenen, der Ursprung des Mythos von King Kong, die letzten Bergkönige Afrikas.
Eine Gruppe von etwa sechs erwachsenen Gorillas starrte forschend durch die Öffnung in der Vegetationsmauer auf uns. Eine Phalanx bedrohlich aufragender, halb sichtbarer schwarzer Gestalten, darüber glänzend schwarze Lackledergesichter mit tiefliegenden, warmen braunen Augen. Sie waren groß und eindrucksvoll, aber durchaus keine Ungeheuer. Sie wirkten viel eher wie von Störenfrieden überraschte Mitglieder eines Picknicks. Mit aufmerksamen, unruhigen Blicken, die unter dicken Stirnwülsten hervorschossen, versuchten sie zu ergründen, ob wir gefährlich seien. Offenbar wußten sie nicht recht, ob sie bleiben oder lieber das Weite suchen sollten. ›Kweli nudugu yanga!‹ Diese ehrfürchtigen Suaheliworte, geflüstert von Manual, der ebenfalls zum ersten Mal Gorillas sah, faßten auch meine Gefühle genau zusammen: ›Bei Gott, das sind meine Verwandten!‹
Ich verließ Mikeno am nächsten Tag ohne den geringsten Zweifel, daß ich auf irgendeine Weise zurückkehren würde, um mehr über die Virungagorillas zu erfahren.«

Nach dreieinhalbstündigem, beschwerlichem Abstieg durch Blitz, Donner und Schlamm erreichte Dian »Traveler's Rest«, von Kopf bis Fuß mit Schmutz bedeckt.

Walter Baumgartel begrüßte sie herzlich, und nach einer Nacht erholsamen Schlafs erwachte Dian von den Geräuschen gackernder Hühner und Baumgartels Siamkatze, die frische Sahne aus einer Schüssel auf der Terrasse schleckte. Aus dem geöffneten Fenster sah sie Baumgartel, der im Schlafanzug den reinlichen Hof überquerte und ihr einen Eimer heißen Wassers zum Waschen brachte. Im Hintergrund lösten sich die blaugrünen Virungas im Morgennebel auf. Sie schaute zu, wie sich die Berge langsam in ihr eigenes Geheimnis zurückzogen.

2

Dian hätte nie gedacht, daß ihre Freude, Franz Forrester zu sehen, so groß sein würde. Als sie das Flugzeug in Sailsbury verlassen hatte und sich in der Menschenmenge in der Empfangshalle nach einem bekannten Gesicht umsah, entdeckte sie ihn, den treu ergebenen Pookie, begleitet von seiner hübschen, lächelnden Mutter. Sie nahmen sie mit in das elegante Stadthaus der Familie, wo Dian ihrem Ärger über die Schwierigkeiten mit dem weißen Jäger Luft machte.

»Lassen Sie sich dadurch nicht die Reise verderben, meine Liebe«, tröstete Mrs. Forrester. »Denken Sie einfach nicht mehr an ihn.«

Tags darauf fuhren Dian und Franz 320 Kilometer nach Süden auf die weitläufige Familienfarm, eine Tabakpflanzung in der Nähe von Victoria. Hier lernte sie Franz' älteren Bruder Alexie kennen. Dunkelhaarig, groß, muskulös und mit bloßem Oberkörper lenkte er einen Trecker über ein Tabakfeld. Sie war beeindruckt.

»*Die Farm der Forresters ist wirklich wunderschön – Pferde, Gärten, Tennis, ein großes, geschmackvolles Haus, das zum gräflichen Geschlecht paßt, und massenhaft schwarze Diener. Ich mag sie alle, aber Alexie ist wirklich bemerkenswert. Ich glaube, er neigt zu Arroganz, aber er hat etwas Starkes, was ich bei Pookie nie gespürt habe. Er ist einunddreißig, ledig und ungefähr der bestaussehende Mann, den meine Augen je erblickt haben. Pookie schmollte gestern abend, weil Alexie und ich uns den ganzen Tag amüsiert und ihn ein bißchen links liegengelassen hatten.*

Pookie möchte mit mir eine Tour nach den Viktoriafällen machen, aber wenn ich gehe, werde ich Alexie nicht wiedersehen. Und deshalb ...«

Dians Höflichkeit siegte über ihre Gefühle, und sie ging mit auf die Tour. Aber sie sollte Alexie nicht zum letzten Mal gesehen haben. Sie hörte von ihm, bald nachdem sie ihre Arbeit am Korsair-Kinderkrankenhaus wieder aufgenommen hatte.

»*Alexie! Oh, was für ein Brief! Er ist in Moçambique herumgereist, um sich nach Tabakpflanzungen und anderen Geschäften umzusehen, meint aber, es gebe dort nicht viel Sicherheit für Weiße. Es ist nicht der richtige Ort, um zu heiraten, Kinder großzuziehen und eine Zukunft zu schaffen, schreibt er. Er scheint schrecklich erpicht auf meinen Rat zu sein und meint, er würde gern herüberkommen und eine Zeitlang auf die Notre Dame University gehen, wenn ich zustimmte!*«

Dian stimmte zu, aber zurückhaltend. »Ich glaube, dieses Land würde dir gefallen, aber ich bin nicht sicher, ob du gern hier leben würdest. Es wäre mir ein Vergnügen, dir ›meine‹ Farm zu zeigen und die Angusfamilie vorzustellen – alle neunzig Stück.«

Im folgenden Herbst flog Alexie nach New York und dann weiter nach Notre Dame, um sich zu immatrikulieren. Dian hatte mit einem raschen Wiedersehen gerechnet, aber es gab, wie sie bald feststellte, Wichtigeres für Alexie. Obwohl er sie häufig anrief, kam er nicht nach Louisville. »Es ist 480 Kilometer von South Bend entfernt, und ich habe im Augenblick einfach nicht genug Zeit«, teilte er ihr mit.

Erst am Erntedankfest fand er Zeit.

»*Alexie ist gerade fort, nachdem er eine Woche hier verbracht hat... Ich brauche wirklich die ganze nächste Woche, um mich zu erholen; Tornados und Hurrikane können eine Menge von ihm lernen. Anscheinend hat er einen Teilzeitjob angenommen, der seine Wochenenden in Anspruch nimmt. Deshalb konnte er nicht eher hierherkommen. Er fand es auch zu peinlich, mir alles genau zu erklären.«*

Zuerst wirkte er steif und fremd in seinem städtischen Anzug, doch als er ihn mit Arbeitskleidung vertauschte, um in Glenmary mit anzupacken, fühlte sie sich von ihm genauso angezogen wie damals, als sie ihn auf dem Trecker auf dem Gut seiner Familie zu ersten Mal gesehen hatte. Sie wurden ein Liebespaar. Doch als er nach Notre Dame zurückkehrte, hinterließ er Dian verwirrt und ärgerlich.

»*Ich kann noch nicht genau sagen, was ich für ihn empfinde. Eines ist jedoch klar – ich will nichts Ernsthaftes mit ihm zu tun haben, bevor er nicht den Beifall von allen Seiten verkraftet hat. Ich behaupte, er ist reichlich eingebildet, und das sogar mit Recht, denn an der Universität, im Beruf und in der Gesellschaft scheint sich ihm jedermann auf den Knien zu nähern, bloß um etwas von seiner strahlenden Persönlichkeit und überwältigenden Anziehungskraft abzubekommen.«*

Die kurze Verbindung zwischen ihnen schien bereits zu Ende zu gehen. Dian vergrub sich in ihre zahlreichen Pläne. Zusätzlich zu ihrer normalen Arbeit am Krankenhaus zeigte sie für eine kleine Gebühr in örtlichen gemeinnützigen Vereinen ihre Dias; sie versuchte, ihren 16-Millimeter-Safarifilm an ein Fernsehprogramm namens »Bold Journeys« (»Kühne Reisen«) zu verkaufen; sie bemühte sich, die Zeitschrift »National Geographic« für ihre Fotos vom Karamajong-Stamm zu interessieren, und sie arbeitete an mehreren Artikeln.

Dian schrieb fast jeden Abend drei Stunden lang – und strich meistens die Hälfte wieder durch. Ein Artikel mit der Überschrift »Ich fotografierte den Berggorilla« endete so:

»*Mit nicht geringem Bedauern nahm ich Abschied von den Virungavulkanen, den Roots, Sanweke und den Goril-*

lafamilien, die ich kennen- und wegen ihrer Indivudalität, Unabhängigkeit und Majestät schätzengelernt hatte.
Ich mache mir große Sorgen über ihre Zukunft. Wie lange werden sie noch gedeihen angesichts der vielen widersprüchlichen Interessen, die ihren Lebensraum bedrohen: Wilderer, Ackerbauern und Viehzüchter? Wird sich ein politisch unruhiger, gerade erst unabhängig gewordener Kongo weiterhin um die anthropoiden Schätze, die er beherbergt, kümmern? Oder wird der Gorilla wie so viele andere wilde Tiere ein unseliges Opfer unserer Zeiten werden, dessen Zukunft von der Laune und Hektik menschlichen Größenwahns abhängt?«

»Saturday Evening Post«, »Life« und »Reader's Digest«, alle lehnten diesen Artikel ab. Es sollten noch lange, entmutigende Monate vergehen, bis etwas von ihrem afrikanischen Material einen Verleger fand. Schließlich druckte die Wochenend-Farbbeilage des Louisviller »Courier Journal« Berichte und Fotos über die Gorillas, ihre Begegnung mit dem berühmten Paläontologen und Anthropologen Louis Leakey in Olduvai und andere Ereignisse der Safari ab. Als sie ihren ersten Scheck über einhundert Dollar entgegennahm, war sie so stolz, daß sie sich selbst mit dem Scheck in der Hand fotografierte und das Bild ihrer Mutter nach Kalifornien schickte.

Nach der Veröffentlichung der Safariartikel wurde Dian eine kleine Berühmtheit in Louisville.

»Nächsten Samstag abend bin ich bei Jim und Ann Pope zum Abendessen eingeladen, um dem Bürgermeister von Louisville, dem Zoodirektor und anderen meine Safarifilme zu zeigen. Ich fürchte mich ein wenig davor, daß der Zoodirektor meine Unwissenheit entdeckt. Aber ich habe ja mein neues Kostüm und meine Perlen, so daß ich wenigstens anständig aussehe, wenn ich ein Kongoni mit einem Hartebeest verwechsle.«

Die Ablehnung ihrer Artikel durch überregionale Zeitschriften führte Dian zu der Erkenntnis, daß ihr Stil nicht professionell genug war, und so belegte sie einen Fernkurs bei der »Famous Writer's School«, der viele bekannte amerikanische Autoren als Aushängeschilder dienten.

Das Gelernte fleißig anwendend, begann sie, einen Jugendroman zu schreiben, der in Afrika spielte.

Als ihre Freundin Mary White sie fragte, wie die Sache laufe, antwortete Dian niedergeschlagen: »Die Tasten kleben von meinem Schweiß, und ich versuche verzweifelt, das dumme Ding fertig zu machen, bevor es mich fertigmacht.«

Schließlich schickte sie das Manuskript an den Verlag Doubleday und kehrte mit einem köstlichen Gefühl von Unabhängigkeit zurück, um in ihrer Freizeit auf der Farm zu helfen, über die Felder zu laufen und mit den Hunden zu spielen.

Weihnachten lehnte Alexie Dians Einladung nach Louisville ab. Sie war wütend und verbrachte die Ferien bei ihren Eltern in Kalifornien, wo sich ihre Wut noch steigerte.

»Ich nahm die Post in Empfang, unter der sich zwei fromme Entschuldigungsbriefe von Alexie befanden. Dann ein Anruf und ein weiterer langer Brief. Er kommt endlich, am 28., für vier Tage. Ganz unter uns, ich freue mich sehr, ihn zu sehen, aber ich hoffe, er merkt es nicht!«

Und nach dem Besuch:

»Ja, Alexie sagt nun, er wolle mich heiraten. Ich bleibe jedoch eisern dabei zu warten, bis meine Safarischulden bezahlt sind, und das wird noch siebzehn Monate und fünfzehn Tage dauern. In dieser Zeit kann viel geschehen, aber das ist ein Risiko, das wir beide eingehen müssen.«

Doubledays Antwort auf ihr Manuskript trat ein. Die Lektoren meinten, ihr Buch solle sich an den Erwachsenenmarkt wenden, damit sie ihr reiches Material besser ausnützen könne.

»Bei allem Respekt vor ihrer Meinung verstehe ich nicht, warum das Buch nicht sowohl an Jugendliche als auch an Erwachsene verkauft werden kann«, sagte sie zu einer Freundin. »Ich weigere mich, meine Personen fallenzulassen – sie sind ein Produkt meines Smith-Corona-Schoßes und können jetzt nicht so einfach abgetrieben werden.«

Doubleday teilte ihr mit, sie würden das Manuskript mit einer Reihe von Änderungsvorschlägen zurücksenden. Die verlangten Korrekturen waren jedoch so umfangreich, daß sie die Hoffnung verlor und das Buch aufgab.

Dian hatte sich Alexie Forrester fast schon wieder aus dem Kopf geschlagen, als er ihr schrieb, seine Mutter komme in die Vereinigten Staaten und wolle gern ihre Eltern kennenlernen.

Diese Ankündigung kam so spät, daß Dian kaum noch ihre Mutter anrufen und vorbereiten konnte, als die Gräfin Forrester auch schon in San Francisco eintraf – mit Alexie im Schlepptau.

»Ich hätte sie so gern anständig bewirtet, aber wie kann ich das mit so wenig Zeit?« jammerte Dians Mutter.

»Du brauchst gar nichts Besonderes zu tun«, versicherte Dian ihr.

»Ich nehme an, dein Freund hat ernsthafte Absichten, da sie hierher kommen?«

»Das ist schwer zu sagen.«

»Was soll dann dies alles?«

»Nimm es nicht so ernst, Mutter. Mrs. Forrester hat eine Schwester in San Francisco, eine Nonne, und wahrscheinlich möchte sie vor allem diese sehen.«

Alexie und seine Mutter kamen zum Abendessen im Haus der Prices an, begleitet von Schwester Maura, einer hohen Verwaltungsbeamtin im katholischen Schulwesen Kaliforniens. Kitty und Richard begrüßten die Gäste herzlich, obwohl Kitty vor Nervosität zitterte. Sie glaubte, die ganze Zukunft ihrer Tochter liege in ihren Händen. Und eine eheliche Verbindung mit einer so vornehmen Familie war mehr, als sie für ihr einziges Kind erträumt hatte.

Wie Dian vielleicht geahnt hatte, waren die Forresters nicht beeindruckt von den Prices. Obwohl Alexie und seine Mutter ihr Bestes taten, um diese Tatsache zu verbergen, verhielt Schwester Maura sich feindlich. Von ihrem streng katholischen Standpunkt aus lebten die Prices in Sünde, da Kitty geschieden war. Dians sowieso schon wacklige Beziehung zu Alexie wurde von dieser unangenehmen Komplikation noch tiefer erschüttert.

Dian vergrub sich wieder in ihre Arbeit und war immer noch dabei, sich von den Safarischulden zu befreien. Sie lebte so sehr von der Hand in den Mund, daß sie gelegentlich versäumte, ihre Miete zu zahlen, und einmal sperrte ihr das Elektrizitätswerk sogar den Strom. Diese Periode eintöniger Arbeit wurde durch die Aufmerksamkeiten einer Handvoll wohlhabender Louisviller Bewunderer versüßt. Obwohl Dian diese Männer und ihr Leben äußerst oberflächlich fand, genierte sie sich nicht, ihre gesellschaftsbewußte Mutter mit diesem Umgang zu beeindrucken und sie womöglich von dem Fehlschlag, den illustren Alexie einzufangen, abzulenken.

»Mein gesellschaftliches Leben ist ein Wirbel. Die Spitzen der Gesellschaft von Louisville. Meistens war ich mit diesem Teddybärtyp zusammen, der einen Job an der Universität hier hat, aber eigentlich nicht zu arbeiten braucht. Sehr gemütlich. Wir waren zu Besuch im Haus seiner Schwester, um einen Nachmittag zu reiten – sehr feudal, mit einem Stall voller Schau- und Springpferde und einem Pferdepfleger für jedes einzelne. Zur Cocktailstunde führte ich die afrikanischen Filme vor. Dann schleppte er mich zu irgendwelchen angeheirateten Verwandten auf eine protzige Geburtstagsfeier in einem Haus, das mindestens 4000 Quatratmeter groß war –

Olympiaschwimmbad, Tennisplätze, architektonisch angelegter Garter und ein extra für den Abend angeheuertes Go-go-Girl samt Combo. Du siehst also, ich habe wenig Zeit, über Alexie zu grübeln, obwohl er mich immer noch oft anruft.«

Auf seine abrupte und unberechenbare Art erschien Alexie plötzlich in Louisville und spielte den feurigen Bewerber. Er bat nicht um ihre Hand, er verlangte sie und bestand darauf, den Tag der Hochzeit im nächsten August festzusetzen. Dian gestattete sich, geschmeichelt, aber nicht überwältigt zu sein.

»*Er versprach mir einen Verlobungsring, den er aus einem Familienerbstück aus dem österreichischen Herrscherhaus umarbeiten lassen wollte, aber was er mir dann brachte, war ein spitzenbesetztes Seidennégligé – atemberaubend, doch irgendwie unpraktisch.*
Trotzdem war das Wochenende ein Traum. Eines der glücklichsten, die ich je erlebt habe. Wir sprachen den ganzen Tag in Glenmary nur über unsere Liebe. Abends besuchten wir Mrs. Henry – Mary Whites Mutter –, und ich putzte mich mit fremden Federn heraus. Wir gingen ins ›Old House‹, wo es Chateaubriand und Wein gab, und zogen dann weiter und tanzten bis in den fühen Morgen.«

Als Alexie nach Notre Dame zurückkehrte, hatten sich Dians Zweifel über eine Zukunft mit ihm etwas gelegt. Aber nicht für lange. Innerhalb eines Monats änderte er seine Pläne.

»Jetzt will er die Hochzeit um zwei Jahre aufschieben!« schrieb sie den Prices. »Er sagt, er fühle sich als Student finanziell noch nicht in der Lage, eine Frau zu nehmen! Natürlich würde ich arbeiten, aber das scheint nicht sein Stil zu sein. Er glaubt, einer arbeitenden Frau haftet ein entsetzlicher Makel an. Seine Tante, diese Nonne, hat ihn stark beeinflußt. Ich weiß, sie mochte mich nicht – und euch übrigens auch nicht, möchte ich hinzufügen. Wegen der Scheidung und so weiter. Seid nun nur nicht verzweifelt; ich bin es auch nicht. Ich habe ihm klargemacht, daß ich nicht daran denke, weitere zwei Jahre zu warten, wenn er sich nicht entscheiden kann.«

Ein paar Wochen später, im März 1966, kam Dr. Louis Leakey, von dem sie seit ihrem Besuch in der Olduvaischlucht drei Jahre zuvor nichts mehr gehört oder gesehen hatte, auf einer Vortragsreise durch Louisville – und Dians Leben nahm unwiderruflich einen anderen Lauf.

3

»Der Saal war schon fast eine Stunde vor Beginn des Vortrags voll, und ich mußte weit hinten sitzen. Ich hatte die drei Artikel, die ich für das Louisviller ›Courier Journal‹ über meine afrikanische Safari geschrieben hatte, mitgebracht. Als Dr. Leakey mit seinem Vortrag, der die Zuhörer in seinen Bann geschlagen hatte, fertig war, reihte ich mich nervös in die Schlange von Leuten ein, die unbedingt mit ihm sprechen wollten. Als die Reihe an mich kam, schenkte er mir ein runzliges Lächeln des Wiedererkennens und drückte lange meine Hand. Meine Überraschung über sein Gedächtnis war so groß, daß ich ihm einfach meine feuchten, zerknitterten Artikel in die Hand drückte mit der hastigen Erklärung, der Artikel über Olduvai interessiere ihn vielleicht.

Er kniff seine Augen zu dem forschenden Blinzeln zusammen, das ich später seinen ›durchdringenden Blick‹ nennen sollte. ›Miss Fossey, nicht wahr? Bitte, warten Sie, bis ich mit all diesen Leuten fertig bin.‹ Ohne zu wissen, was geschehen würde, wartete ich hinten auf der Bühne, bis er endlich kam und mich mit einem Schwall von Fragen überschüttete. War ich in Kabara gewesen? Mit wem? Warum? Wie oft hatte ich die Gorillas sehen können? Was war mein augenblicklicher Beruf, und wie sahen meine Pläne für die Zukunft aus?

Ich sagte ihm, mein einziger Wunsch sei, mit Tieren zu arbeiten, daß ich schon immer davon geträumt hätte und daß ich ganz besonders an den Gorillas auf den Virungavulkanen interessiert sei.«

Leakey war wiederum beeindruckt von der Ausstrahlung dieser großen, attraktiven Frau, die so lange nach ihrem ersten Zusammentreffen in seinem Gedächtnis haften geblieben war.

»Und wie geht es Ihrem Knöchel? Ist er richtig geheilt?«

Sie schaute ihn an, verwundert, daß er sich an den Zwischenfall erinnerte, und lachte: »Ja, Sie haben ihn wunderbar bandagiert. Jeder Knochen am richtigen Ort.«

»Kommen Sie morgen früh um acht in mein Hotel. Sie sind vielleicht genau die richtige Person, die ich für eine geplante Langzeitstudie über die Gorillas suche.«

»In jener Nacht war ich mit einer Hälfte meines Herzens schon dabei, die Dutzende von Dingen zu planen, die vor dem Aufbruch nach den Virungas getan werden mußten, während die andere Hälfte mich ständig mahnte: ›Es kann nicht wahr sein! So etwas passiert einfach nicht!‹ Am Morgen eilte ich auf dem Weg zur Arbeit in das Hotel. Ich trug meine langweilige weiße Krankenhaustracht, obwohl ich in großer Versuchung gewesen war, meine geliebte Safarikleidung anzuziehen.

Unser Gespräch dauerte eine Stunde. Dr. Leakey sprach die meiste Zeit. Er lobte Jane Goodall, die damals im sechsten Jahr Schimpansen erforschte. Er führte sie als leuchtendes Beispiel an und gestand mir seine Überzeugung, daß Frauen wegen ihrer Geduld und Hingabefähigkeit viel besser für Feldforschungen mit Tieren geeignet seien als Männer.

Er sagte, er habe bereits zweiundzwanzig Bewerber für die Gorilla-Feldstudie ›getestet‹ und sei mit keinem einzigen zufrieden gewesen. Ich fragte mich, warum gerade ich, eine kleine Beschäftigungstherapeutin, anderen, viel besser geeigneten, vorgezogen werden solle. Obwohl ich zutiefst überzeugt war, daß ich es schaffen würde, zählte ich Dr. Leakey doch Gründe auf, warum er mich nicht nehmen sollte:

Erstens, ich hatte kein Geld. Er schob meinen Einwand beiseite, felsenfest davon überzeugt, dies kleine Problem gehöre zu denjenigen, die er besonders leicht lösen könne. Ich sagte ihm, daß ich zwar zwei Jahre Tiermedizin studiert hätte, bevor ich zur Beschäftigungstherapie übergewechselt sei, aber keine Ausbildung in Anthropologie, Ethnologie, Biologie, Zoologie oder irgendeiner anderen ›-ologie‹ besitze. Leakey spottete: ›Ich brauche keine qualifizierten Leute. Ich bevorzuge solche, die für dieses Gebiet nicht speziell ausgebildet sind, weil sie aufgeschlossen und vorurteilsfrei an die Sache herangehen.‹ Dann erwähnte ich mein Alter – vierunddreißig. ›Aber das ist genau das richtige Alter für so eine Aufgabe‹, sagte Leakey. ›Sie sind ein reifer Mensch, der nicht mehr zu unbedachten Handlungen neigt.

Dann sprachen wir über George Schallers Werk, und als ich gerade dachte, die Unterredung gehe zu Ende, fragte er plötzlich: ›Ist Ihr Blinddarm heraus?‹ Als ich verneinte, erzählte er einige haarsträubende Geschichten.

In den nächsten paar Wochen setzte ich meine Arbeit mit den behinderten Kindern fort, ohne die Erregung, die in mir brodelte, spürbar werden zu lassen. Natürlich mußte ich jetzt vor allem meinen Blinddarm loswerden, aber das erschien mir als kleines Opfer. Wegen meiner Schulden konnte ich die Kosten der Operation nicht allein tragen, so daß ich einen befreundeten Arzt in mein Geheimnis einweihen mußte. Ich fragte ihn, ob er einen Chirurgen kenne, der die Angelegenheit so regeln würde, als handle es sich um eine notwendige Blinddarmoperation. Der Chirurg wurde gefunden, das Datum festgesetzt, und nun blieb mir nichts weiter übrig, als eine Blinddarmentzündung zu simulieren. Zwei Tage mitleiderregenden Stöhnens und Haltens der Seite (manchmal der falschen) wirkten überzeugend genug. Die Operation war reine Routine, außer daß ich auf der Wachstation zu mir kam und schrie: ›Sind die Gorillas dies alles wirklich wert?‹

Als ich aus dem Krankenhaus wieder nach Hause kam, lag dort ein Brief von Dr. Leakey: ›Es ist eigentlich nicht

unbedingt nötig, daß Sie Ihren Blinddarm entfernen lassen‹, begann er. Mir wäre vor Empörung fast die Naht geplatzt.
Aber mein Zorn verwandelte sich in Freude, als ich weiterlas und erfuhr, daß er mir die Stellung offiziell anbot, falls ich sie noch wollte und falls es ihm gelingen würde, genug Geld dafür aufzutreiben.«

Der Brief kam Dian vor wie eine goldgeränderte Einladung in den Himmel. Dr. Leakey wollte versuchen, ihre gesamte Reise zu bezahlen und die Kosten für die Errichtung eines Lagers, den Lohn eines oder zweier afrikanischer Hilfskräfte, ihre Ernährung und ihr Fotomaterial zu übernehmen. Des weiteren wollte er versuchen, so viel Geld aufzutreiben, daß er ihr, wie Jane Goodall, ein kleines Gehalt zahlen konnte in der Hoffnung, daß sie sich mit Artikeln über ihre Forschung etwas dazuverdienen würde.

Er nannte die National Geographic Society als mögliche Sponsorin, wenn Dian ihr das Erstnutzungsrecht auf Fotos und Artikel einräumte. Sobald sie ein gutes Verhältnis zu den Gorillas hergestellt hätte, würde sie wahrscheinlich die Dienste eines Kameramannes benötigen, der dem Lager zur Verfügung gestellt werden könnte, um einen Fernsehfilm zu produzieren, an dem sie, wie Dr. Leakey vermutete, eine beträchtliche Summe verdienen würde. Vielleicht, so schloß er, würde die National Geographic Society ein allgemeinverständliches Buch von ihr verlangen, zusätzlich zu dem wissenschaftlichen, das er sowieso von ihr erwartete.

Er wünschte, sie würde ihre Arbeit »so bald wie möglich« aufnehmen, wartete aber immer noch auf die Genehmigung, daß sie nach Kabara gehen durfte, und beabsichtigte, den Botschafter der Republik Kongo in Nairobi aufzusuchen, damit sich dieser der Sache annähme.

Zwei Tage nach dem Eintreffen von Leakeys Angebot

reichte Dian dem Korsair-Kinderkrankenhaus ihre Kündigung ein. Sie wollte mit ihrem uralten Saab zu den Prices nach Kalifornien fahren und dort auf Leakeys Nachricht über Finanzierung und Reisegenehmigung warten.

Als sie Alexie ihren Entschluß mitteilte, reagierte er erst ungläubig, dann wütend.

»Du hast wohl den Verstand verloren! Eine weiße Frau allein in diesem Teil Afrikas! Willst du Selbstmord begehen?«

Die Prices waren sogar noch tiefer erschüttert als damals bei Dians Eröffnung, sie sei zum Katholizismus übergetreten.

»Was ist denn in dich gefahren?« weinte Kitty. »Warum tust du uns das an?«

»Mutter«, flehte Dian, »es ist ein unglaubliches Angebot. So eine günstige Gelegenheit gibt es nur einmal im Leben. Ich will sie mir nicht entgehen lassen.«

»Günstige Gelegenheit? Mit wilden Gorillas und wilden Eingeborenen zu leben?«

»Das verstehst du nicht, Mutter. Ich werde dort ungeheuer spannende Forschungen machen, die ersten auf diesen Gebiet.«

»Warum kannst du nicht so sein wie andere Mädchen?« jammerte die Mutter. »Sieh dir an, wie glücklich Mary White ist. Und was hast du mit deinen wirklich günstigen Gelegenheiten gemacht?«

»Ich bin anders als Mary. Ich habe andere Wünsche.«

Als Dian Pater Raymond, den Trappistenmönch, der sie zum Katholizismus geführt hatte, in ihre Pläne einweihte, schien er erleichtert, daß sie von Alexie, auf den er vielleicht ein wenig eifersüchtig war, getrennt wurde.

»Dieses afrikanische Forschungsprojekt ist eine Gottesgabe«, schrieb er den Prices. »Dian wird nie zufrieden sein mit den gewöhnlichen, alltäglichen Dingen, mit denen die meisten Mädchen unserer Zeit zufrieden sind. Sie muß eine wirklich hervorragende Leistung erbringen, um sich auf Erden wohl zu fühlen. Sie wird nie gänzlich zufrieden sein, bevor sie nicht die Heilige ist, die sie gern sein möchte...«

Unbeirrt hielt Dian an ihrem Entschluß fest.

»Nun war es an der Zeit, den nächsten Schritt nach Kabara zu tun, was bedeutete, die in den vielen Jahren in Louisville geknüpften engen Bande zu lösen. Es war eine der schwierigsten Aufgaben meines Lebens, den Ort zu verlassen, den ich liebengelernt hatte – die Kinder, mein Heim, die Hunde auf der Farm und meine Freunde.«

Dian fuhr nach Kalifornien, merkte jedoch, daß der Aufenthalt bei den Prices nach soviel Jahren der Selbständigkeit außerordentlich ungemütlich war.

Als Monate ohne weitere Anweisungen von Dr. Leakey vergingen, versank sie in eine Depression. Obwohl sie Suaheli lernte und als Gasthörerin an einem Seminar über Primatologie an der Stanford University teilnahm, fürchtete sie allmählich, daß sie das Gorillaprojekt ebenso wie alles andere verloren habe. Verzweifelt schrieb sie an Leakey:

»Am 1. August habe ich alles, was ich in Kentucky besaß und liebte, verlassen und bin nach Kalifornien gegangen. Ich tat dies aufgrund Ihres Schreibens, das den Eindruck erweckte, die Abreise stehe unmittelbar bevor. Gewiß sind unerwartete Hindernisse, für die Sie nichts können, daran schuld, aber ich kann nicht noch drei unproduktive Monate ertragen. Ich muß Sie daher bitten, mir ein festes Abreisedatum zu nennen...

Wenn Sie meinen, es würde länger als einen Monat dauern, bis Sie mich kommen lassen können, muß ich mich nach einer Stellung als Beschäftigungstherapeutin irgendwo in den Vereinigten Staaten umsehen... So habe ich mir die Entwicklung der Dinge bestimmt nicht vorgestellt, aber ich bin weder finanziell noch konstitutionell in der Lage, einen weiteren Monat der Untätigkeit zu ertragen.«

Kurz darauf telegrafierte Leakey, daß die Wilkie Foundation, die Jane Goodall jahrelang unterstützt hatte, einen Zuschuß für das Gorillaprojekt bewilligt habe. Obwohl es noch ein paar Wochen dauern würde, bis die Gelder der National Geographic Society fällig wurden, reiche das Geld von Wilkie aus, um die Sache ins Rollen zu bringen.

Zu Dians Gepäck gehörten eine Olivetti-Schreibmaschine und vier Kameras einschießlich Stativ, Objektive und zahlloser Rollen Film. Sie nahm so viel Papier, Notizblöcke, Umschläge, Kohlepapier, Stifte und Farbbänder mit, daß sie ein mittelgroßes Büro damit hätte versorgen können. Außerdem kaufte sie mindestens einen Dreijahresvorrat an strapazierfähiger Kleidung, darunter Jeans, Parkas und Ponchos aus Heeresbeständen.

Endlich, am 15. Dezember 1966, reiste Dian Fossey nach Afrika ab. Ihre Mutter war fast zu aufgeregt, um ihr Lebewohl zu sagen, aber Richard Price sprach in ihrem Namen: »Ich brauche dir wohl nicht zu sgen, daß deine Mutter untröstlich ist«, sagte er streng. »Ich kann nur hoffen, daß du etwas Vernünftiges aus dieser Sache lernst, obwohl ich nicht wüßte, was.«

Dian reiste über Louisville, wo sie sich noch einmal von Mary White, deren kränkelnder Mutter Mrs. Henry, Pater Raymond und ihren Kollegen und den Kindern am Korsair-Krankenhaus verabschiedete. Sie rief auch Alexie an, der immer noch ärgerlich war. »Wenn das deine Berufung ist, kann ich dich nicht aufhalten, aber ich glaube, du wirst eines Tages wünschen, du hättest dich anders entschieden.«

»Ich werde dich nicht vergessen, Alexie, und ich sage dir nicht Lebewohl.«

In Washington besuchte sie ihre Sponsoren an der National Geographic Society.

»*Unseligerweise hatte ich mir bei den Reisevorbereitungen in Kalifornien wieder eine Lungenentzündung geholt. Und so kann man sich mühelos vorstellen, welch kümmerliches Exemplar von ›wilder Gorillafrau‹ ich vor meinen Sponsoren und allen anderen Leuten abgab. Später sollte ich erfahren, daß der Vizepräsident der Forschungsabteilung der National Geographic Society Dr. Leakey einen Brief schrieb, in dem er seine ernsthaften Bedenken bezüglich meiner Eignung für diese Aufgabe ausdrückte.«*

In London verbrachte sie zwei Tage mit Jane Goodalls Mutter und Schwester. Während sie auf den Nachtflug nach Nairobi wartete, vollgestopft mit Antibiotika, hustend und fieberglühend, erregte ein Aufruf aus dem Lautsprecher ihre Aufmerksamkeit.

»*›Mrs. Root, bitte. Ein Telefongespräch für Mrs. Root am Informationsschalter der* BOAC.‹ *Der Name sagte mir nichts, bis ich einen Blick riskierte und Joan ans nächste Telefon rennen sah, wo ein Anruf von Alan sie erwartete. Knäuelweise Papiertaschentücher hinter mir verstreuend, flog ich quer durch die Halle, und als ich bei ihr ankam, hörte ich sie sagen: ›Rate mal, wer hier ist, Alan! Es ist Dian aus Kabara!‹ Ein Murmeln ertönte aus dem Hörer. ›Was machen Sie hier?‹ wollte sie wissen. ›Ich werde die Virunga-Gorillas in Kabara erforschen.‹ Ich konnte Alans ungläubige Ausrufe hören. Unser Flug wurde aufgerufen, und während wir darauf warteten, einsteigen zu können, erklärte ich kurz, wie alles gekommen war. Ich konnte spüren, daß auch Joan die ganze Sache für grotesk hielt. Wir wechselten das Thema und sprachen über ihr letztes Filmprojekt auf den Galapagosinseln. Erst später sollte ich erkennen, welch ein Glück dies unerwartete Zusammentreffen für mich war.*

Am Morgen des 22. Dezember holte mich Mrs. Crisp, Dr. Leakeys Sekretärin, in Nairobi ab, und in Minutenschnelle rasten wir vom Flughafen zu einem kleinen Hotel nahe beim Coryndon Museum, wo er sein Büro hatte. Als ich aus dem Wagen auf die glatte Steinterrasse des Hotels trat, spürte ich, wie beide Beine unter mir wegrutschten, und ich versuchte, so elegant wie möglich auf den Knien zu landen. Als ich mich zurücksetzte und das Blut hervorströmen sah, sagte Mrs. Crisp etwas, was nur einer Britin einfallen konnte: ›Oh, wie schade, jetzt haben Sie Laufmaschen in den Strümpfen.‹ Ich brach in hysterisches Gelächter aus, was Mrs. Crisp zweifellos Zeit ließ, sich Gedanken über die Rekrutierungsbegabung ihres Chefs zu machen.

Obwohl es der erste Tag meiner Rückkehr nach Afrika war, brauchte ich dringend Schlaf. Spät am Nachmittag wurde ich von einem Anruf Dr. Leakeys geweckt, der mich bat, ihn am nächsten Morgen im Museum aufzusuchen. Er wirkte sehr fit, viel fitter als bei unserem letzten Zusammentreffen in Louisville, und seine Begeisterung, wieder einmal eines seiner Projekte in Gang gesetzt zu sehen, war genau so groß wie die meine. Er stellte mich seinen Mitarbeitern vor, und dann stellten wir eilig eine Liste der Materialien zusammen, die ich unbedingt noch vor meiner Abreise nach Kabara besorgen mußte. Obwohl im Kongo politischer Aufruhr herrschte und ich immer noch keine offizielle Regierungserlaubnis hatte, im Parc des Virungas zu arbeiten, dachte keiner von uns beiden daran, das Terrain erst einmal zu sondieren. Viele Leute hielten es für tollkühn, ein Langzeit-Forschungsprojekt so zu beginnen, aber wir brannten alle beide darauf, anzufangen.

Zuvor aber mußte ich die durch die Weihnachtsferien erzwungene Verzögerung ertragen. Dr. Leakey wünschte, daß ich Weihnachten mit Jane Goodall und ihrem Ehemann Hugo von Lawick verbrachte, die ein paar Tage am Baringo-See kampieren wollten. Das war mir äußerst unangenehm, aber Dr. Leakey hatte es beschlossen, und nichts konnte ihn davon abbringen.

Jane und Hugo nahmen mich gnädig auf. Ihr Kombiwagen war mit einem kleinen künstlichen Tannenbaum und

Luftballons geschmückt. Ein rasch verfaulendes Straußenei trug einen ungewöhnlichen Geruch zum Fest bei.
Auf Janes Forschungsstation in Gombe waren viele Schimpansen einer schreckichen Kinderlähmungsepidemie zum Opfer gefallen. Eine kostbare Sendung Polioimpfstoff war angekommen, und sie und Hugo hatten es eilig, zurückzukehren und Bananen zu verteilen, die mit dem Impfstoff präpariert waren. Dr. Leakey hielt es für ratsam, daß ich mit ihnen nach Gombe fuhr, um zu sehen, wie ihr Lager geführt wurde.
Ich reiste nach Gombe mit einer Reisetasche aus Leopardenfellimitation, die meine Eltern mir vor Jahren geschenkt hatten. Weil sie so auffallend echt aussah, fragte ich Jane, ob ich sie nicht irgendwo verstecken solle, damit die Schimpansen keinen Schreck bekämen, wenn sie sich ihre Bananen holten. Jane versicherte mir, die Tiere würden sie nicht beachten, aber ich stopfte sie weit hinten in eine Ecke des Hauptraumes. Die ersten Schimpansen, die erschienen, machten keine Schwierigkeiten, sie schnappten sich einfach ihre Bananen und verschwanden wieder. Dann entdeckte ein scharfsichtiges Weibchen die Tasche. Sie stieß einen durchdringenden Schrei aus und floh, gefolgt von mehreren anderen, die gar keine Gelegenheit gehabt hatten, die Tasche zu sehen. Rasch versteckte ich sie in einem Nebenraum, aber es dauerte mehrere Stunden, bis die Schimpansen wieder an die Tür kamen.
Nach meiner Rückkehr nach Nairobi fingen die ernsthaften Vorbereitungen für Kabara an. Jane Root spendete unschätzbaren Rat und Hilfe beim Einkauf von Nahrungsmitteln und anderem Zubehör für das Lager. Schließlich fehlte nur noch ein Fahrzeug, das Dr. Leakey unbedingt persönlich aussuchen wollte. Wir gingen in eine Autowerkstatt in Nairobi, wo seine Wahl fast augenblicklich auf einen gebrauchten Landrover fiel. Er hatte ein Segeltuchverdeck, ließ sich nicht richtig abschließen und litt an

geheimnisvollen inneren Krankheiten. Dr. Leakey unternahm darin eine wilde Probefahrt durch ein Wohnquartier von Nairobi. Fußgänger und rechtschaffende Fahrzeuge spritzten auseinander, während Leakey Bremsen, Schaltung und Motor einer gründlichen Prüfung unterzog. Als der Landrover schließlich in die Werkstatt zurückschnaufte, hatte er Dr. Leakeys Zustimmung gewonnen.

Am selben Nachmittag fand ich mich in Begleitung eines schwarzen Arbeiters aus Dr. Leakeys Mannschaft im Wildpark wieder, wo ich die hohe Kunst des Landroverfahrens lernen sollte. Dabei verloren die Zebras vor Schreck ihre Streifen, und andere wilde Tiere stürmten in wilder Flucht davon. Unsere Verständigung wurde kaum dadurch behindert, daß der Afrikaner kein Englisch sprach und ich nur sehr wenig Suaheli – sein Gesichtsausdruck und seine Gebärden verrieten deutlich seine Gefühle. Sie reichten von leichter Besorgnis bis zu jähem Entsetzen darüber, wie ich mit dem Wagen umging, während ich gleichzeitig das Wild zu beobachten versuchte und in meinem Englisch-Suaheli-Wörterbuch blätterte. Als wir uns nach dem ›Unterricht‹ trennten, war er zweifellos überzeugt, ich würde nicht sicher aus Nairobi hinauskommen, geschweige denn den ganzen Weg bis in den Kongo schaffen.

Er war nicht der einzige in Nairobi, der Zweifel an meinem Erfolg hegte. Alan Root betrachtete das ganze Unternehmen als hellen Wahnsinn. Er teilte Dr. Leakey in deutlicher Sprache mit, was er davon hielt, eine völlig unerfahrene junge Frau, die nicht einmal die nötigen Papiere für den Beginn ihrer Forschung besaß, mehr als eintausend Kilometer weit quer durch Afrika in den Kongo zu schicken.

Zum Glück ahnte ich nichts von dieser Meinungsverschiedenheit und beschäftigte mich eifrig mit der schier unlösbaren Aufgabe, meine ganze Ausrüstung in dem Landrover zu verstauen. Dann, zwei Tage vor meiner geplan-

ten Abfahrt, sagte Alan, er wolle mich mit seinem Landrover begleiten, um sicherzugehen, daß ich wenigstens das richtige Land erreichte, und um mir bei der Beantragung der Genehmigung für die Errichtung eines Lagers zu helfen. Ich wußte, daß er mir damit viel Zeit opferte, aber ich hätte mein Vorhaben damals gar nicht ohne seine Hilfe ausführen können.
Ich traf Mary Leakey kurz vor meiner Abfahrt aus Nairobi; es war unser erstes Wiedersehen seit 1963. Ich werde ihre Begrüßung nie vergessen: ›Sie sind also das Mädchen, das Schaller übertreffen will!‹
Diese einschüchternden Worte sollten mich begleiten.«

4

Der schwerbeladene, zwei Wagen zählende Konvoi, der Dian Fossey nach den Virungas brachte, rumpelte auf den staubigen Straßen quer über den Savannen und durch die Dschungel von Kenia und Uganda.

Nach vier Tagesreisen erreichten Alan Root und Dian das knapp acht Kilometer vor der kongolesischen Grenze liegende »Traveler's Rest Hotel« in Kisoro, Uganda.

Walter Baumgartel freute sich, Dian wiederzusehen. Als er erfuhr, daß sie eine ernsthafte Studie über Berggorillas durchführen wollte, war er begeistert und entsetzt zugleich.

»Seit Jahren versuche ich, so etwas in Gang zu bringen, aber ich schaudere bei dem Gedanken, daß Sie gerade jetzt allein in die Virungas ziehen sollen.«

Er machte Dian darauf aufmerksam, daß die Provinz Kivu kurz vor einem Aufstand gegen die kongolesische Regierung stand und daß das sowieso schon disziplinlose Militär gefährlich unberechenbar in der Behandlung von Ausländern geworden sei.

Baumgartel zog auch Alan Root beiseite und warnte ihn. »Sie wissen, wie schwierig die Lage werden kann. Machen Sie Ihren Einfluß geltend. Vielleicht können wir sie überreden, hierzubleiben und mit den Gorillas auf dem Muhabura zu arbeiten, zumindest bis es im Kongo ruhiger wird.«

Root lächelte und zuckte mit den Achseln. »Sie kennen sie doch, Walter. Sie wird nach Kabara gehen, egal, was geschieht. Aber warten wir erst einmal ab. Vielleicht ist die Grenze geschlossen.«

Die Grenze war offen, und obwohl es einige Schwierigkeiten mit Dians Papieren gab, gelangten die beiden dank Roots Ruhe und Sicherheit in den Kongo. Am folgenden Tag erreichten sie das Hauptquartier des Parc des Virungas in Rumangabo, wo sie zwei zuverlässige Arbeiter einstellten und zwei bewaffnete Parkwächter fanden, die sie zum Lagerplatz begleiten sollten. Sie ließen die Fahrzeuge in dem kleinen Dörfchen Kibumba am Fuße des Mikeno stehen und heuerten, genau wie Dian drei Jahre zuvor, eine Schar Einheimischer an, um ihre Ausrüstung 1 300 Meter den Berg hinan zu tragen, wo Dian die nächsten beiden Jahre verbringen wollte.

»Dieser zweite Aufstieg war wirklich eindrucksvoll. Es gab Ausblicke, deren Majestät mich sprachlos machte. Der weite Bogen der Vulkane schien kein Ende nehmen zu wollen. Am Wege standen ein paar wunderbare, breite Hagenia-Bäume, die mir so vertraut vorkamen, daß ich am liebsten hinaufgeklettert wäre und ihnen die Zweige geschüttelt hätte. Die höhenbedingte Gliederschwere und Kurzatmigkeit waren mir ebenfalls äußerst vertraut.
Von Alan beaufsichtigt stiegen die Träger ruhig auf, aber wir sahen keine Spur von Gorillas, dafür reichlich Büffel- und Elefantenfährten, und das war ein ermutigendes Zeichen. Am ermutigendsten aber war, daß die Kabara-Wiese unversehrt aussah; sie schien sich in den drei Jahren, seit ich sie zuletzt gesehen hatte, kaum verändert zu haben.«

Root konnte nur zwei Tage bleiben, und so arbeiteten die beiden rund um die Uhr. Sie teilten ihre Kräfte auf zwischen den langweiligen, aber notwendigen Aufgaben, die das Aufschlagen eines Lagers mit sich bringt, und der Suche nach Gorillas. Alan gab Dian einen Schnellkurs im Spurenlesen.

»Wir fanden frische Spuren einer Gorillagruppe auf dem verhältnismäßig ebenen Sattelgebiet, das an den Berg angrenzt. In meiner Aufregung folgte ich prompt

dem kahlgefressenen Pfad, den die Gorillas in dem dichten Laubwerk hinterlassen hatten, in der Gewißheit, jeden Augenblick auf die Gruppe zu stoßen. Nach ein paar Minuten ›Spurenlesens‹ merkte ich, daß Alan mir nicht mehr folgte. Verdutzt kehrte ich um und fand ihn geduldig genau an der Stelle sitzen, wo wir die Spur gefunden hatten.

Mit äußerst britischer Nachsicht und Höflichkeit sagte Alan: ›Dian, wenn du jemals mit Gorillas in Berührung kommen willst, mußt du ihnen folgen und nicht dorthin zurücklaufen, woher sie gekommen sind.‹ Das war meine erste Lektion im Spurenlesen, eine Lektion, die ich nie vergessen werde. (Aus Dian Fosseys Buch ›Gorillas in the Mist‹).«

Am Abend vor Alans Abreise hörte Dian erregt knapp einen Kilometer vom Lager entfernt im Wald das Gebrüll und Brusttrommeln von Gorillas. Früh am nächsten Morgen – es war der 15. Januar 1967, der Tag vor Dians fünfunddreißigstem Geburtstag – prüfte Alan das Lager ein letztes Mal: die zusammengeflickte Hütte, in der die afrikanischen Arbeiter wohnen sollten, Dians Zelt mit seinen frisch ausgehobenen Regenwassergräben, die Latrinengrube mit ihrem Schutzschirm aus Sackleinwand und den Regenwasserfässer, in denen sich Trinkwasser sammeln sollte. Befriedigt wünschte er ihr Glück und machte sich wieder auf den Weg.

»Nie werde ich das Glück reinster Panik vergessen, das ich verspürte, als ich ihn sich entfernen sah. Es war mein letzter Kontakt mit der Zivilisation, wie ich sie kannte. Ich merkte, wie ich mich an der Zeltstange festklammerte, nur um nicht hinter ihm herzurennen.

Noch wochenlang empfand ich es als seltsam, fast völlig isoliert zu sein. Ich konnte das Kurzwellenradio nicht anstellen, das Dr. Leakey mir freundlicherweise aufgedrängt hatte, weil es besser als alles andere meine Einsamkeit vertreiben würde. Ich konnte keines der mitge-

brachten unterhaltenden oder wissenschaftlichen Bücher lesen oder auch nur meine Schreibmaschine anrühren. All diese Verbindungen zur Außenwelt bewirkten nur, daß ich mich noch verlassener fühlte.«

Vier Tage nach Alan Roots Abfahrt erreichte Sanweke, der kongolesische Spurenleser, das Lager. Als Junge hatte er für Carl Akeley Gorillas aufgespürt und später für George Schaller. Auch Joan und Alan Root hatte er geführt. Dian hatte ihn 1963 während ihres ersten Besuchs in Kabara getroffen und seine bemerkenswerten Fähigkeiten schätzengelernt. Sein Gesicht war ihr bekannt, und mit seiner Ankunft besserte sich ihr anfangs überwältigendes Einsamkeitsgefühl ein wenig.

»19. Januar: Verließ das Lager um 8.30 Uhr mit Sanweke entlang dem Bitshitsi-Pfad. Nach etwa einer halben Stunde stießen wir rechts auf eine einzelne frische Futterfährte. Wir folgten ihr durch hohe Nesseln und sahen, daß sie sich mit vier weiteren Fährten vereinigte. Wir hörten ein schrilles Geheul und kreuzten den Hauptpfad in diese Richtung. Dann ging es auf einem Baumstamm quer über eine Schlucht, bergauf vielen Futterpfaden nach, eine äußerst tiefe Schlucht hinab und steil die Hänge des Mikeno hinauf, wo wir die Schlafnester der Gruppe fanden. Fester Kot in allen und die ganze Fährte entlang. Wir kehrten um in Richtung Bitshitsi und sahen nach etwa zehn Minuten, wie sich links ein erwachsener Gorilla sonnte. Als er uns bemerkte, bellte er schrill und verschwand. Wir folgten der Spur bergab, wendeten und überquerten wieder die Schlucht. Jetzt lag der ganze Hang in der vollen Sonne, und hier trafen wir auf ein erwachsenes Männchen – einen Schwarzrücken – von ungefähr acht bis neun Jahren, der saß und uns beobachtete, aber keine Furcht zeigte. Es war 11.10 Uhr. Er gab kurze Schreie, eher Rülpser, von sich, bevor er sich auf die Brust schlug (jeweils fünf bis acht Schläge). Zwei seiner Brusttrommler beendete er mit dem Grapschen nach

Zweigen. Zwischen dem Brusttrommeln vergingen drei bis fünf Minuten. Gleichzeitig erschienen zwei ältere Weibchen... Dann tauchte hinter dem jungen Männchen der silberrückige Anführer der Herde auf, nachdem er mehrmals ›Wraach!‹ gebrüllt hatte.«

Dieser erste richtige Kontakt, der länger als drei Stunden dauerte, kam mit einer Familie von neun Gorillas zustande, die Dian Gruppe 1 nannte. Es war der Anfang einer Reihe von Kontakten, die sich fortsetzten, bis der Regen begann und die Gorillas die Hänge hinab bis unter das Lager zogen, wo Nebel, Schlamm und reißende Gießbäche es außerordentlich schwierig machten, sie aufzuspüren. Bis Ende Januar hatte Dian mehr als vierundzwanzig Stunden Beobachtungen beisammen, die sie jeden Abend peinlich genau in ihren maschinengeschriebenen Aufzeichnungen festhielt.

In dieser Anfangszeit war ihre Annäherung an die Tiere oft ungeschickt. Sie verfolgte sie zu hartnäckig und störte und reizte sie damit.

»26. Januar: Ich verließ das Lager um 9.00 Uhr allein, da Sanweke Malaria hatte. Um 9.20 hörte ich rechts, nicht weit vom Bitshitsi-Pfad, ein Bellen... Es war Gruppe 1... Als ich noch ein paar Schritte machte, um auf die Lichtung zu kommen, sehen mich die Tiere, und ich pralle fast mit dem Silberrückenmännchen zusammen. Ich messe später nach: Wir waren zwei Meter auseinander. Er erhebt sich, blinzelt mit den Augen, öffnet den Mund, kreischt und rennt etwa sechzehn Meter tief in das hinter ihm liegende Gebüsch, kreischend und am Unterholz reißend. Jetzt ertönt von allen Seiten ziemlich viel Gekreisch, und eine Mutter mit Kind, ein Jungtier und ein altes Weibchen klettern auf einen Baum. Altes Weibchen und Jungtier schlagen auf Baum und Brust, dann läuft das Jungtier zum alten Weibchen. Mutter sitzt da, linken Arm um einen Ast, rechten um das Kind geschlungen. Sie läßt den Ast los, schlägt sich auf die Brust, wobei auch das Kind

etwas abbekommt. Sie erhebt sich auf dem Hauptast, möchte herabsteigen, schaut mich aber weiter zögernd an. Dann, im Bruchteil einer Sekunde, schiebt sie sich das Kind auf den Rücken und hüpft gute zweieinhalb Meter auf einen tieferen, moosbedeckten Ast. Dort hält sie sich nur eine Sekunde mit allen vieren fest und springt dann drei Meter tief auf den Boden. Bei der Landung stößt sie einen durchdringenden Schrei aus und das Kind einen langen, hohen. Ich mache mir wirklich Sorgen um alle beide, denn es ist nicht meine Absicht, ihnen Schaden zuzufügen. Im selben Augenblick tut das alte Weibchen dasselbe, außer daß sie, nachdem sie den tieferen Ast erreicht hat, davon herunterrollt und mit dem Rücken auf den Boden geprallt sein muß. Sie gibt einen schrecklichen Schrei von sich, in den etwa vier andere im Gebüsch einstimmen.«

Aus Schallers Buch hatte Dian gelernt, den Tieren stets sichtbar zu bleiben, sie aber nicht durch plötzliches Erscheinen zu erschrecken. Bald merkte sie, daß sie durch diese Art der Annäherung zusätzlichen Nutzen aus der hochentwickelten Neugier der Gorillas zog und ihr Interesse erweckte. Sie versuchte, die Tiere noch neugieriger zu machen, indem sie leise zu ihnen sprach, aber das verscheuchte sie nur. Statt dessen imitierte sie die Laute der Tiere selbst, vor allem ein tiefes, grollendes »Naooom«, das ein wenig wie Schnurren klang und das sie »Zufriedenheitsschnurren« nannte. Auch imitierte sie typische Gewohnheiten – wie zum Beispiel die Körperpflege und das Knabbern an wilden Selleriestengeln – und nahm in Anwesenheit der Tiere stets eine unterwürfig gebückte Haltung ein.

Es gab unvermeidliche Rückschläge.

»Heute wurden Sanweke und ich von zwei Gorillas angegriffen, und der Angriff war kein Bluff, sondern ernst gemeint. Wir befanden uns etwa sechzehn Meter direkt unterhalb einer Gruppe, als ein Silberrücken und ein

Weibchen beschlossen, uns den Garaus zu machen. Sie gaben eine ganz kurze Warnung mit Geschrei und Gebrüll, das von überall her zugleich zu kommen schien, und galoppierten dann herab, daß der Boden bebte. Ich war entschlossen, standhaft zu bleiben, doch als sie unmittelbar über mir in wildem Lauf durch das Gebüsch brachen, spürte ich, wie meine Beine automatisch die Flucht ergriffen, obwohl ich oft gelesen hatte, daß Gorillas nicht direkt angreifen. Ich hielt einen Moment inne, um zu versuchen, sie mit meiner Stimme zu beruhigen, was sie, wenn irgend möglich, nur noch stärker zu reizen schien, und als ihre langen, gelben Eckzähne und wilden Augen nur noch knapp einen Meter von mir entfernt waren, machte ich einen sehr ungraziösen Hechtsprung in das dichte Laubwerk am Pfad. Sie sausten vorbei, vom eigenen Schwung mitgerissen. Gottlob kehrten sie nicht zurück, um anzugreifen, denn ich war gewiß nicht in der Lage, mich zu verteidigen. Es hat vielleicht nur einen Sekundenbruchteil gedauert, mich in das Gebüsch zu werfen, aber ich brauchte eine Viertelstunde, um mich wieder zu befreien – was für ein Gewirr!«

Als die Gorillas allmählich ihre individuellen Charaktere zeigten, gab Dian ihnen Namen. Den Anfang machte No-Nose:

»Ich glaube, das ist ein altes Weibchen. Sie ist auch die einzige, die ich zu benennen gewagt habe – aber das ist nun einmal ihr Erkennungszeichen: Sie sieht aus, als habe sie keine Nase.«

Dann kam Ferdinand, wie sie einen großen Schwarzrücken nannte, gefolgt von einer ganzen Reihe weiterer Namen: Pucker, Mzee, Solomon, Dora, Hugger, Scapegoat, Popcorn, Tagalong, Mrs. Moses, Cassius, Monarch ... ein junges Männchen taufte sie sogar Alexie.

Bald konnte Dian sich im Spurenlesen mit den besten afrikanischen Fachleuten messen. Sie lernte, daß von vorbeiziehenden Tieren geknickte Zweige stets in die

Marschrichtung weisen. Die Knöchelabdrücke von Gorillas zeichnen sich deutlich in feuchter Erde ab, und Reihen von Kot liegen ordentlich neben dem Wanderpfad, wenn eine Gruppe sich normal fortbewegt. Sackgassen, die einzelne Tiere hinterlassen, wenn sie sich zum Fressen von der Gruppe entfernen, erkennt man bei näherem Hinsehen an einer oberen Reihe geknickten Laubwerks, das in Richtung auf den Hauptwanderweg weist. Sie lernte, weit vorn an der Fährte auf verhedderte Ranken oder beschädigte Rinde zu achten.

Dian entdeckte auch, daß der typische Stallgeruch der Gorillas am Laubwerk haften blieb, so daß man die Tiere manchmal an ihrem Geruch aufspüren konnte, sofern man gewillt war, sich auf alle viere niederzulassen. Auch der Kot gab wertvolle Hinweise auf Entfernung, Größe und Zusammensetzung einer Gruppe, ja sogar auf ihre allgemeine Gemütslage. Wie frisch der Kot war, konnte man an seiner Temperatur und an der Anzahl von Fliegen, Fliegeneiern oder Maden feststellen, die sich darauf befanden. Die Größe der Kothaufen paßte zur Größe der Gorillas, so daß eine sorgfältige Prüfung viel über Anzahl und Alter der Tiere der betreffenden Gruppe verriet. Und was die Gemütslage der Gruppe betraf, so hatte Kot von zufriedenen Gorillas ungefähr denselben Geruch und dieselbe Konsistenz wie Pferdedung, während fliehende oder erregte Gorillas Durchfall bekamen.

Zwei Monate nach ihrer Ankunft in Kabara erhielt Dian einen kurzen Brief des stellvertretenden Chefredakteurs der Zeitschrift »National Geographic«, in dem er die Erwartungen der Gesellschaft darlegte.

»Sie wollen alles, genau wie bei Jane Goodall: Filme fürs Fernsehen, Artikelserie für die Zeitschrift und ein allgemeinverständliches Buch. Ich soll jetzt mit dem Entwurf des ersten Artikels anfangen. Ich würde zweitausend Dollar für den Artikel erhalten und für jedes

Foto, je nach Größe der späteren Veröffentlichung, zwischen fünfzig und zweihundert Dollar.«

Die Aussicht, im »National Geographic« zu veröffentlichen, war Dian von Anfang an reizvoll erschienen, und so begann sie fast augenblicklich mit der Arbeit an einem Artikel.

Zur selben Zeit hatte sie ihre ersten Schwierigkeiten mit Wilddieben. Die Wilddiebe des Virungagebiets waren hauptsächlich Batwa-Pygmäen (oft auch abgekürzt Twa), die Waldantilopen (Ducker, Waldböcke, Bongos) und anderes Wild mit Schlingen, Speeren, Pfeil und Bogen jagten. Ihr Ruf als Fährtenleser und Fallensteller war legendär. In früheren Zeiten hatten diese Menschen ungehindert die Wälder durchstreift und den Ackerbau den zahlreichen Hutu-Stämmen – die von den Bantu abstammen – überlassen. Es war zwar verboten, im Park zu jagen, aber dort lebten nun einmal die Antilopen, so daß die Batwa das kleine Risiko, geschnappt zu werden, in Kauf nahmen.

»Jetzt, in der Regenzeit des Monats März, sind die meisten Elefanten und Büffel und einige Gorillas den Berg hinab in tiefere Regionen gezogen. Als Sanweke und ich auf der Suche nach Gorillas an der Ostseite des Vulkans hinabstiegen, verwandelte sich die Gegend in Regenwald, der voller Twa-Jäger war. Im tiefsten, dunkelsten Teil des Waldes stießen wir auf vier von ihnen, und während Sanweke sein Gewehr auf sie gerichtet hielt, nahm ich ihnen ihre Speere und Pangas weg. Sanweke wollte sie eigentlich aus dem Wald heraus in das nächste Dorf führen, aber sie entwischten ihm einer nach dem anderen, weil ich nicht Schritt halten konnte und er auf mich achten mußte. Das war wohl der schrecklichste Tag meines Lebens. Wir gingen insgesamt sechzig Kilometer durch Wald, Gebirge, Dörfer, bis wir das Hauptquartier des Parks erreichten, weil wir wegen der Batwa nicht auf demselben Weg zurückkehren konnten. Sechs Stunden

dieses Marsches war es dunkel, und etwa zwölf Stunden regnete es in Strömen.«

Genug nahrhaftes Essen aufzutreiben war ein weiteres Problem für Dian. Es wollte ihr nicht recht gelingen, ihre Koch- und Essensgewohnheiten auf das örtliche Warenangebot abzustimmen. Sie hatte ein Huhn namens Lucy und schaffte sich später einen Hahn an, den sie Dezi nannte. Auch versuchte sie, einen Gemüsegarten anzulegen. Das Huhn legte ihr gelegentlich ein Ei, aber der Garten wurde so oft von nächtlich umherstreifenden Elefanten und anderen wilden Tieren zertrampelt, daß sie ihn schließlich aufgab.

»Auf meiner monatlichen Einkaufsfahrt besorgte ich Kartoffeln, Möhren, Artischocken, Kopfsalat und was sonst noch lecker aussieht in dem Dorf Kibumba am Fuße des Berges. Dann fahre ich in die kleine Stadt Goma, wo ich englischsprechende Freunde besuche und Konserven einkaufe, und danach nach Kisoro, zwei Stunden vom Fuße des Berges entfernt, wo ich im ›Traveler's Rest‹ meine Post abhole und eine gute Mahlzeit einnehme.
Zu meinem großen Bedauern ist die Auswahl an Konserven wirklich dürftig. Vor allem bei Fleisch. Es gibt nur Frankfurter Würstchen, Corned Beef und mehrere Sorten ›Frühstücksfleisch‹, die alle entsetzlich sind. Also kaufe ich statt dessen Thunfisch und Käse, und sobald meine arme Henne ein Ei gelegt hat, nehme ich es ihr weg. Sie läßt es sich gut gehen, denn ich koche ihr jeden Morgen eine Schüssel Haferbrei (selbstverständlich mit Rosinen darin), und sobald sie damit fertig ist, legt sie ein extragroßes Ei Klasse A. Aber ohne Haferbrei kein Ei. Außerdem gebe ich ihr jeden Abend eine Scheibe Käse mit Butter.«

Oft verdarben Nahrungsmittel, oder Dian hatte nicht genug eingekauft, so daß sie sich mit Kartoffeln begnügen mußte. Das war nicht ganz so unerträglich, wie keine Zigaretten mehr zu haben, etwas, was ihr ebenfalls regelmäßig passierte.

Aber dies alles konnte ihre Begeisterung nicht dämpfen. In ihren Briefen in die Heimat beschrieb sie die Freuden des Lebens auf der Wiese und mit den Gorillas:

»Ich liege eng zusammengerollt auf meinem Feldbett, und in meinem Zelt sieht es aus wie bei einem Zwangsverkauf löschwassergeschädigter Waren: Rund um die Gaslampe hängen nasse, schlammige Kleidungsstücke, von denen ich vergeblich hoffe, sie würden trocknen. Alles, was ich besitze, ist naß.

Die Nächte waren jedoch wahrhaftig eindrucksvoll, denn es ist Vollmond, und aus irgendeinem Grund wird der Himmel am Abend klar. Zur Linken meines Zeltes ragt der Vulkan Karisimbi etwa fünftausend Meter auf, und sein jetzt schneebedeckter Kegel scheint das Himmelsdach zu durchstoßen, während die Sterne – die in dieser Höhe wie kleine, glitzernde Monde aussehen – ihm ihre Reverenz erweisen. Bei Vollmond liegt ein unheimlicher, silbriger Glanz auf der Wiese, den Hügeln darum herum und dem Berg, und am Rand sehe ich Augen aller Größen und Formen, die das Mondlicht reflektieren. Gestern nacht graste etwa fünfzig Meter von meinem Zelt entfernt eine große Büffelherde, ohne mich auf meiner ›Terrasse‹ im Schatten sitzen zu sehen.

Die Nacht bebt förmlich von Geräuschen, die man am Tag niemals hört. Da ist das Trompeten der Elefanten, das aus der Schlucht zwischen den Bergen herauf ertönt, das Schnaufen der Büffel, das Brusttrommeln und Brüllen einsamer Gorillas, das Kläffen der Ducker und der Schrei des Waldschliefers – eines scheuen, kleinen Tieres, das keinem anderen Geschöpf auf Erden gleicht –, der plötzlich mit einem Geräusch endet, als putzte sich ein stark verschnupfter Mensch die Nase, und schließlich die unheimlichen Schreie, Kreischer und Klagen der Nachtvögel.«

Dian fühlte sich nun in Kabara nicht mehr ganz so wie auf der Durchreise, und in ihrem Verlangen nach Beständigkeit zog sie um in einen der beiden Räume der Männerhütte.

»Ich bin gerade damit fertig geworden, mir einen Raum in der Männerhütte einzurichten, und er sieht großartig aus. Die häßlichen Holzwände sind mit zweifarbigen Grasmatten bedeckt, die die Eingeborenen mir gemacht haben, und die hölzernen Stützen verbergen sich hinter Bambus, der ein Stück bergabwärts geschnitten wurde und jetzt eine wunderschöne moosgrüne Farbe hat. Hier und da hängen Bilder, Felle, Stoßzähne und Hörner, und ich habe Gardinen aus einem bedruckten afrikanischen Stoff genäht. Nächste Woche wird ein Kamin gebaut.

Die Arbeit geht gut voran, denn ich bin den ganzen Monat einer Gruppe Gorillas gefolgt, der ich mich nun bis auf zehn bis zwanzig Meter nähern kann, ohne daß die Tiere sich vor mir fürchten. Offen gesagt, ich glaube, sie wissen nicht recht, welcher Spezies ich angehöre! Ich habe sie durch Nachäffen an mich gewöhnt, und sie sind fasziniert von meinen Grimassen und Gebärden, die ich für kein Geld der Welt irgend jemand anderem vormachen würde. Ich komme mir richtig schwachsinnig vor, aber diese Technik scheint zu wirken, und weil ich ihnen so nahe gekommen bin, konnte ich vieles beobachten, das noch nie verzeichnet wurde.

Vergangene Woche kamen zwei Gorillas bis auf sieben Meter an mich heran, und der Rest der Gruppe blieb über eine Stunde in zwölf bis zwanzig Meter Entfernung! Mir fehlen die Worte, um zu beschreiben, wie aufregend das war, und ich werde es mein Leben lang nicht vergessen. Gleichzeitig war ich ein wenig ängstlich, weil ich mich direkt unter ihnen befand, ohne einen Baum, um mich notfalls dahinter zu verstecken oder darauf zu klettern. Einmal mußte ich mein ›Drohgesicht‹ machen – lacht nicht, es ist sehr wirkungsvoll –, als ein Silberrücken seine Blufftechnik des Rennens, Brusttrommelns und Ästeknikkens zu übertreiben begann. Selbstverständlich war ich gebührend beeindruckt von seinem Heldenmut, aber wir kamen uns gefährlich nahe, und so schnitt ich ihm eine schreckliche Fratze, was bei ihm dasselbe bewirkte wie eine Blume bei Ferdinand: Er setzte sich sofort hin und begann zu fressen, zwar nervös und mit einem Auge nach mir schielend, aber seine Hände waren wenigstens mit etwas Harmlosem beschäftigt, und schließlich erhob er sich einfach und ging fort.

Diese Stunde war wirklich alle Mühe wert, und ich bedaure nur, daß niemand als Zeuge oder Fotograf mit dabei war.

Meine Aufzeichnungen drängen mich fast aus dem Zelt, denn sie sind nach beinahe einem halben Jahr ziemlich umfangreich. Diesen Monat habe ich sehr eifrig an etwas gearbeitet, was man optimistisch Vorbereitung auf eine wissenschaftliche Arbeit nennen könnte – Analysen, Klassifikationen, Tabellen und Zeichnungen –, und jetzt erwächst etwas Vollständiges und Kompaktes aus all den vielen Seiten, und ich bin ziemlich stolz auf das, was entsteht.

Jetzt im Juni ist die Regenzeit fast vorbei, und es halten sich viele Elefanten und Büffel in der Gegend auf, weil unser Teich im Umkreis von einigen Meilen die einzige Wasserstelle ist. Ich fühle mich, als wanderte ich durch die Viehhöfe von Denver, weil hinter jedem Baum Tiere sind. Ich habe nicht allzu viel gegen die Elefanten, weil keine Gefahr besteht, daß man über sie stolpert. Aber die Büffel sind oft von Blattwerk verdeckt, und man kann kaum sagen, wer von uns beiden schockierter ist, wenn wir ›zusammenstoßen‹! Neulich kroch ich bei der Verfolgung einer typischen Gorillafährte unter einem langen Baumstamm hindurch, als ich bemerkte, daß der schlanke Stamm, den ich gerade ergreifen wollte, sich bewegte, ich schob ein paar Ranken beiseite und fand mich dreißig Zentimeter von einem Büffelbein entfernt! Das dumme Ding hatte mich nicht bemerkt, und so kroch ich tief unter

den Baumstamm zurück und ließ ein Geschrei los, das die ganze Herde in Angst und Schrecken versetzte. Ich wette, sie rennen immer noch.
Auf dem Teich schwimmen zwei Nilgänse, die zwar sehr schön, aber nicht gerade musikalisch sind. Die eine habe ich Olivetti getauft, die andere Corona Smith. Hin und wieder statten sie der Wiese einen kurzen Besuch ab, um Drohungen mit unserem Hahn Dezi auszutauschen, der sich für den König des Berges hält. Dezi hat es bereits geschafft, zwei Schildraben einzuschüchtern, die sich nun das Futter, das ich ihnen gebe, am Zelt statt an der Hütte abholen müssen (das Zelt liegt außerhalb von Dezis Herrschaftsbereich). Wegen des krähenden Hahns, der krächzenden Raben und der schnatternden Gänse kann man morgens unmöglich lange schlafen.«

Dians Verhältnis zu ihren Arbeitskräften war ein Punkt, der ihr Bergparadies zu zerstören drohte. Die Schwierigkeiten mit dem Lagerkoch waren die ersten, die ihr ernstliche Sorgen machten.

»Mein Küchenboy Phocas kehrte nach neuntägiger Abwesenheit zurück. Ich hätte ihn am liebsten hinausgeworfen, konnte aber keinen anständigen Ersatz finden. Er erledigt seine Arbeit perfekt, aber er ist so grob und frech, daß ich seine Anwesenheit hasse. Jedenfalls habe ich ihm gesagt, daß er diesen Monat auf Bewährung hier sei. Außerdem habe ich seine Arbeitslast verdreifacht und behandle ihn wie Dreck. Das hätte ich schon längst tun sollen, denn endlich pariert er und scheint mich sogar zu respektieren. Dasselbe gilt für die Parkwächter. Man darf nicht freundlich zu ihnen sein. Wenn man ihnen heute eine Zigarette gibt, wollen sie morgen das ganze Päckchen. So gehe ich also befehlend und schimpfend umher, aber es macht mich einsam – es gibt niemanden, mit dem ich reden kann, obwohl ich Suaheli fast schon beherrsche.«

Schließlich wurde die Lage so schlimm, daß sie sich genötigt sah, Leakey um Hilfe zu bitten:

»Dr. Leakey, es ist mir ebenso unangenehm, dieses zu schreiben, wie es Ihnen sein wird, es zu lesen, aber die Tatsache bleibt, daß ich hier oben so bald wie möglich irgendwelche ›Hilfe‹ brauche, wenn auch nur für ein paar Wochen.

Nun, da der Reiz des Neuen meiner Anwesenheit verflogen ist, werden die Wächter immer aufsässiger, und ich bin den disziplinarischen Problemen nicht mehr gewachsen. Daß sie lügen, stehlen, sich beklagen und betteln, wußte ich von Anfang an; es spielt auch nur eine geringe Rolle und berührt meine Arbeit nicht wirklich. Aber daß sie auf Tiere schießen, die auf der Wiese grasen, und daß sie beim Kontakt mit einer Gruppe Gorillas meine Befehle mißachten, hat in diesem Monat deutliche Auswirkungen auf meine Beobachtungen gehabt, und ich möchte nicht, daß sich so etwas wiederholt...

Bitte glauben Sie mir, daß ich Sie ungern um Hilfe bitte; ich halte es jedoch unter den augenblicklichen Umständen für notwendig.«

In einem Brief an die Prices drückte sie sich deutlicher aus:

»Meine momentane Stimmung ist ziemlich düster, und ich sollte, solange sie anhält, eigentlich gar nicht schreiben. Diese Afrikaner werden vielleicht noch mein Verderben sein. Obwohl es mir sehr schwer fiel, habe ich Dr. Leakey um Hilfe in Gestalt einer fluchenden, Farbige prügelnden ›mzunga‹ – einer weißen Person – gebeten, die für etwas Disziplin sorgt. Da ich schon so lange allein hier bin, fangen sie an, mich zu schikanieren, weil ich in ihren Augen ein einzelnes Nichts bin... Sanweke war schrecklich diesen Monat, hat gedroht, Wild zu schießen, und meine Befehle mißachtet, als wir in Kontakt mit Gorillas waren. Am 15. mußte ich meinen aufgestauten Zorn entladen und habe ihn den Berg hinuntergejagt. In der folgenden Nacht wachte ich beim Geräusch von Schüssen auf, weil der Küchenboy, der schreckliche

Angst vor der Einsamkeit hier oben hat, auf eine Herde Elefanten schoß, die zum Grasen auf die Wiese gekommen war. Ich war wütend, und natürlich gab es noch tagelang keine Spur von Gorillas. Inzwischen ist Sanweke mit einem weiteren Wächter zurückgekehrt, und alle sind so fromm und artig wie in der ersten Woche, aber ich habe ihnen gesagt, ihre Untaten seien den großen Häuptlingen der Studie und des Parks gemeldet worden und daß sie allerhand zu erwarten hätten. Leakey solle mich lieber nicht im Stich lassen, sonst verliere ich stark an Gesicht.«

Dian schrieb ihre Briefe aus zweierlei Gründen: um sich zu erleichtern und um ihre Erfahrungen den Menschen, die sie verlassen hatte, mitzuteilen. Wenn sie auf ihre monatliche Einkaufsfahrt ging und ihre Post im »Traveler's Rest« abholte, lagen da gewöhnlich Briefe von den Prices, von Mary White und gelegentlich von Alexie. Diese hatten stets eine deprimierende Wirkung auf sie mit ihren ziemlich offenen Anspielungen, sie gehe durch eine harte Lehre und werde bald etwas weiser in die Zivilisation zurückkehren.

Es gab Zeiten der Einsamkeit und Überforderung, in denen sie in ihrer Abgeschiedenheit in dieser fernen Ecke des zentralafrikanischen Hochlands von Angst und Zweifeln gequält wurde. Ihre Probleme mit Aufsässigkeit und Schikanen waren nicht eingebildet. Genau dasselbe hatten auch Joan und Alan Root, Walter Baumgartel und andere erlebt und deshalb Dians Gorillastudie eine schlechte Prognose gestellt.

5

Als Dian am 9. Juli 1967 nach einem Tag bei den Gorillas heimkehrte, erwartete sie zu ihrem Entsetzen ein neues und noch größeres Problem. Um das Lager herum lungerte ein bunt zusammengewürfelter Haufen Soldaten und Träger. Sie sollten sie auf Befehl von Anicet Mburanumwe, dem Direktor des Parc des Virungas, den Berg hinabgeleiten.

Rumangabo, den 7. Juli 1967

Liebe Miss Dian Fossey,
wegen schlimmer Lage in unserem Kongo, die vorgestern begann, empfehle ich Ihnen, so bald wie möglich aus dem Busch herauszukommen.
Sie können bleiben hier oder in Goma, bis wieder Ordnung, da wir nicht wollen, daß Sie vielleicht Leben verlieren in unserem Parck. Ich hoffe, Sie verstehen meine Empfehlung freundlich.

Herzlichst Ihr
MBURANUMWE, Anicet

Der Brief war genau zwei Tage, nachdem europäische Söldner im Dienst des Rebellenführers Moïse Tschombé die Orte Kisangani und Bukavu besetzt und den ganzen Osten des Kongo in den Belagerungszustand versetzt hatten, geschrieben worden. Unter den Regierungstruppen und in der Bevölkerung ganz allgemein brodelte der Haß auf die Weißen. Die Grenze zwischen dem Kongo und Uganda war dicht. Die private Luftfahrt war eingestellt worden, ebenso Post- und Telefondienst. In Anbetracht dieser Umstände war Direktor Mburanumwes Rat vernünftig, aber Dian betrachtete ihn als dreisten Übergriff auf ihre persönliche Freiheit.

Da ihre Arbeit sie von der Außenwelt abschloß, wußte sie wenig über die Umwälzungen in der Region. Außer dem Wunsch nach Stabilität hatte sie kein Interesse an zentralafrikanischer Politik und begriff nicht, wie ernst die Kongo-Krise im Sommer 1967 war. Der Direktor hatte seine »Empfehlung« jedoch mit Gewalt untermauert, und so blieb ihr nichts anders übrig, als von ihrem Horst herabzusteigen.

Am 12. Juli schrieb sie den Prices:

»Seit drei Tagen bin ich ein sehr undankbarer und unglücklicher Flüchtling. Ich muß mich bei den Beamten des Parc des Virungas auch noch dafür bedanken, daß sie mich den Klauen von Notzucht, Böswilligkeit und Mord entrissen haben – so stellen sie es jedenfalls dar –, und ich kann mich nicht an den Gedanken gewöhnen, daß ich im Kongo bleiben muß und ihn nicht verlassen darf, bevor die Grenzen geöffnet sind. Ich weiß nicht, was zum Teufel los ist. Ich kann mir denken, daß es sich um *matata mkubwa* – großen Ärger – wegen Tschombé und den Söldnern handelt, aber warum ich deswegen Arbeit, Frieden und Freude auf meiner Bergwiese aufgeben muß, ist mir völlig unklar.«

Es war keine leichte Aufgabe, ihre Forschungsstation so kurzfristig zusammenzupacken.

»Ich muß zugeben, ich habe lange geweint, vor allem als die Matten von den Wänden der Hütte abgenommen wurden, mein Zelt abgebrochen und die ganze Arbeit, die ich in den vergangenen sechs Monaten geleistet hatte, ruiniert wurde. Ich war mir gar nicht bewußt gewesen, wieviel der Ort mir bedeutet, bis ich ihn verlassen mußte, ohne zu wissen, ob ich jemals zurückkehren würde.
Als ich unten im Dorf ankam, glaubte ich, gegen weitere Gefühlsausbrüche gewappnet zu sein, aber es hatten sich

viele Frauen und Kinder versammelt, um mir kwa heri – Lebewohl – zu sagen, und so fing ich wieder an zu weinen, was großes Jammern und Wehklagen verursachte. Bestimmt wirkt dies alles wie aus einem Kitschfilm – ich kam mir ja auch ein wenig wie eine zweitklassige Schauspielerin vor, als ich tapfer vor meiner Reihe schwitzender Träger durch das Dorf marschierte. Hinter mir ragte der Berg majestätisch auf, meine Augen schwammen in Tränen, und ich sagte zu den Menschen, die sich versammelt hatten, um mir ihre Aufwartung zu machen: ›Ich komme wieder.‹ Wenn ich darüber nachdenke, glaube ich, daß so ein Text nicht einmal in einem ganz miesen Kitschfilm vorkommen würde!

Die fünfundvierzig Minuten lange Fahrt vom Dorf zum Hauptquartier des Parks war ein echter Alptraum, überall Militär und an allen Ecken Straßensperren. Immer wieder verhörten irgendwelche Esel in Uniform, voller Bier und mit Maschinengewehren fuchtelnd, den Fahrer und starrten mich wütend an. Es war alles so dumm und unnötig.

Jetzt bin ich eingesperrt in der riesigen, von der belgischen Kolonialverwaltung erbauten Burg im Hauptquartier des Parks und empfange die Besuche von ›Würdenträgern‹. Ich glaube, jedermann hier in der Gegend ist, alle Verwandten und Kinder im Schlepptau, mindestens zweimal hiergewesen. Ich habe den Fehler begangen, den ersten Schub in das einen Quadratkilometer große Wohnzimmer einzuladen und Tee zu servieren. Sie blieben vier Stunden, in denen nicht mehr als zwei verständliche Sätze ausgetauscht wurden. Es war ebenfalls ein Fehler, Fußball mit den Kindern zu spielen – wozu sie die aufgepumpte Blase einer Opferkuh benutzten –, denn jetzt sind sie ständig hier.

Ich wählte ein kleines Zimmer an der Vorderfront der Burg, von dem ich eine herrliche Aussicht auf die Virungas habe. Ich bin darin jedoch so sichtbar wie ein Ausstellungsstück, und die Terrasse ist meistens voller

Zuschauer. Ich kann auch eine der militärischen Straßensperren im Tal sehen, und der Tag, an dem sie fort ist, wird der Tag sein, an dem ich ins ›Traveler's Rest‹ eile, um herauszubekommen, was los ist, und um Post aufzugeben und abzuholen.«

In ihrem Buch »Gorillas in the Mist« berichtet Dian, daß sie im Hauptquartier des Parks in Rumangabo zwei äußerst unangenehme Wochen verbrachte und in der ersten gar nicht wußte, warum sie nicht nach Kisoro in Uganda weiterreisen durfte.

»Aus Gesprächsfetzen erfuhr ich, daß das Hauptquartier den Besuch eines Generals erwartete, der bald aus der belagerten Stadt Bukavu in Rumangabo eintreffen würde. Erst als ich bei einem ›Besuch‹ des Armeelagers ein militärisches Telegramm las, erkannte ich, daß ich für den General bestimmt war. Da die Aussicht herauszukommen, mit jeder Stunde, die ich in Gefangenschaft blieb, geringer wurde, beschloß ich zu fliehen.«

Die Schriftstellerin in Dian konnte es nicht lassen, das Abenteuer auszuschmücken. Als sie ins Militär-Hauptquartier nach Goma gebracht wurde, geschah dies auf ihren eigenen Wunsch, weil sie das bürokratische Durcheinander wegen der Zulassung ihres Landrovers, den sie Lily nannte, entwirren wollte. Ihr Kontakt mit dem gefürchteten Militär beschränkte sich auf einen mit dem Ausfüllen von Zulassungsformularen verbrachten Nachmittag. Und was den »General« betrifft – anscheinend wurde dieser unheilvolle, lüsterne Schatten ersonnen, um der Geschichte Würze zu verleihen.

Was wirklich geschah, steht ganz genau in zwei eidlichen Erklärungen, die Dian kurz nach den Ereignissen abgab. Die eine war für die amerikanische Botschaft in Ruanda, die andere für Louis Leakey bestimmt. Sie sind, obwohl an sich durchaus ergreifend, nicht ganz so spannend wie die Buchversion.

Die Geschichte beginnt am 1. Juni. Auf einer ihrer

regelmäßigen Einkaufsfahrten nach Kisoro bemerkten kongolesische Zollbeamte an der Grenze, daß Lilys Zulassung für den Kongo in einer Woche ablaufen würde. Sie erinnerten Dian daran, daß sie die dreihundert Dollar Kaution, die sie beim ersten Grenzübertritt des Landrovers hinterlegt hatte, verlieren würde, wenn sie die Zulassung nicht verlängerte. Dian behauptete, beim Ausfüllen des Formulars sei ein Fehler gemacht worden und die Zulassung gelte noch einen ganzen Monat.

Die Zollbeamten erklärten sich freundlicherweise bereit, ihr zu glauben, unter der Bedingung, daß sie nach einem Monat zurückkehren würde, um die Gebühren zu bezahlen und die notwendigen Formulare auszufüllen. Sie kehrte tatsächlch am 1. Juli zurück, jedoch anscheinend, ohne an die Bedingung zu denken, und sah sich in einer Art bürokratischem Treibsand versinken, der wahrscheinlich mehrere hundert Dollar Geldstrafe, wenn nicht gar Lily selbst, verschlingen würde. Sie protestierte lange und laut und suchte, als das nichts half, den Beistand von Parkdirektor Anicet Mburanumwe. Mit ihm fuhr sie zum Hauptzollamt in Goma, um sich bei höheren Beamten zu beschweren. Man empfahl ihr, die Angelegenheit mit dem Zollchef an der Grenze zu besprechen, der fortgewesen war und am 10. Juli zurückerwartet wurde.

So fuhr sie also zurück nach Kabara in ihr Lager. Inzwischen traten wichtigere Ereignisse ein, und am 9. Juli wurde sie ins Hauptquartier des Parks hinabgeleitet.

Am 10. Juli bat Dian die Parkbeamten um Erlaubnis, an die Grenze zu fahren und das Fahrzeugproblem ein für allemal zu bereinigen. Aber erst eine Woche später hatte sich die militärische Lage so weit stabilisiert, daß sie fahren konnte. An jenem Tag machte sie sich auf nach der Grenze mit einem Parkwächter als Fahrer und in Begleitung des zweisprachigen Sekretärs des Parkdirektors, der Anweisung erhalten hatte, ihr bei der Behebung ihrer Schwierigkeiten zu helfen.

An der Grenze trafen sie den obersten kongolesischen Zollbeamten betrunken, verlottert und äußerst schlecht gelaunt an. Er schob ihre Papiere beiseite und befahl einigen Soldaten, Lily wegen fehlender Zulassung zu beschlagnahmen.

Dian war fuchsteufelswild, und dementsprechend fiel ihre Reaktion aus, wie in der eidlichen Erklärung für Leakey nachzulesen ist.

Ich sprang sofort zurück in den Wagen, ergriff den Schlüssel, steckte ihn in die Tasche und setzte mich hinter das Steuer. Der Sekretär versuchte, sich unsichtbar zu machen. Der Fahrer wollte mir beistehen, wurde jedoch von den Soldaten beiseite geschoben, die angetrottet kamen, ebenfalls voll von einheimischem Gin.
Eines möchte ich unbedingt klarstellen: Niemand bedrohte mich mit einer Schußwaffe, und nach dem ersten Versuch eines Soldaten, mich aus dem Wagen zu zerren, faßte mich auch keiner mehr an. Ich verfüge über ein wunderschönes Repertoire an internationalen Flüchen, die sie zu verstehen schienen. Die folgenden anderthalb Stunden kamen mir jedoch vor wie ein böser Traum. Jeder einzelne Soldat befahl mir auszusteigen, schrie, brüllte und drohte, und der große Mann am lautesten von allen. Da ich nicht aussteigen wollte, fing er mit der Gefängnismasche an und befahl dem Mann, der mir am nächsten stand, mich ins Gefängnis zu bringen, zusammen mit dem Fahrer und dem Sekretär. Mittlerweile sah der Sekretär bleicher aus als ich und meinte, ich solle lieber den Wagen verlassen. Aber der Fahrer war immer noch bereit, zuzuschlagen, falls jemand mich berührte, und so fuhr ich fort, jeden Soldaten, der mir zu nahe kam, zu verfluchen und zu bedrohen.«

Die Pattsituation kam zu einem Ende, als der oberste Zollbeamte ein Papier aus der Hauptstadt Kinshasa vorzeigte, in dem dem Militär befohlen wurde, alle falsch registrierten Fahrzeuge zu beschlagnahmen. Angesichts dieser offiziellen Ermächtigung mußte Dian sich geschlagen geben. Über den Fahrer ließ sie den Zollbeamten fragen, ob er, anstatt den Wagen zu beschlagnahmen, dreihundert Dollar in bar annehmen würde.

»Das beruhigte ihn sofort, bis er merkte, daß ich das Geld jenseits der Grenze aus Kisoro würde holen müssen. Daraufhin bekam er einen weiteren lauten, wortreichen Wutanfall, der sogar dem Militär einen Schrecken einjagte. Schließlich gab er nach, aber nur unter der Bedingung, daß er meinen Paß behielt und daß ich von einem kongolesischen Wächter begleitet würde. Ich war nicht allzu froh über den Verlust des Passes, dachte aber, das sei billiger, als den Wagen zu verlieren. Auch über den betrunkenen kongolesischen Soldaten, der auf den Vordersitz kroch und mir befahl, mich auf seinen Schoß zu setzen, war ich nicht froh. Der Fahrer befahl ihm, mich in Ruhe zu lassen, und so ging es ab nach Kisoro, wo ich Mr. Baumgartel mein Herz ausschüttete.«

Baumgartel war entsetzt. Er wußte, wie gefährlich es war, sich mit dem unter Kriegsrecht stehenden kongolesischen Militär anzulegen. Sein Hotel war bereits vollgestopft mit angsterfüllten europäischen Gästen, die sich vor dem Chaos im Kongo dorthin geflüchtet hatten und Geschichten über Greueltaten austauschten. Er beschwor Dian, bei ihm in Kisoro zu bleiben, zumindest bis in der Provinz Kivu wieder Stabilität herrschte, aber Dian war diesmal ebensowenig geneigt, seinen Rat anzunehmen, wie damals, als sie mit Alan Root den Kongo zum erstenmal betreten hatte. Sie dachte nicht daran, sich in ihrer Arbeit von etwas so Nebensächlichem wie einem bewaffneten Aufstand behindern zu lassen. Sie telegrafierte Leakey, sie befinde sich in Sicherheit in Kisoro und brauche dreihundert Dollar.

Inzwischen hatte Baumgartel einen Hauptmann der ugandischen Infanterie zu Hilfe geholt, der Dians kongolesischen Wächter in Richtung Grenze verjagte. Wohl wissend, daß er Dian nicht umstimmen konnte, aber zuverlässig wie immer, sorgte er auch dafür, daß sie sich das nötige Geld borgen konnte.

Am nächsten Morgen kehrten Dian, der Fahrer und der sehr verstörte zweisprachige Sekretär in Begleitung des ugandischen Hauptmanns zur Grenze zurück. Der Zollchef nahm zufrieden das Geld an, gab ihr den Paß zurück und brachte ihre Papiere in Ordnung. Kaum war dieses Geschäft erledigt, bedankte sie sich bei dem ugandischen Offizier und fuhr los – nicht etwa zurück in die Sicherheit von Kisoro, sondern zum Hauptquartier des Parks in Rumangabo.

Inzwischen hatten Baumgartel und seine Flüchtlinge ungläubig ein kleines Flugzeug um das Dorf kreisen und auf einem unbenutzten Behelfsflugplatz neben dem Hotel landen sehen. Es hatte das Risiko nicht gescheut, von schießwütigen Soldaten beiderseits der Grenze heruntergeholt zu werden. Der beunruhigte Leakey hatte das Flugzeug auf Dians Telegramm hin gechartert, um sie nach Nairobi zurückzuholen.

Dian wollte den Kongo keinesfalls verlassen, sondern war entschlossen, nach Kabara zurückzukehren. Sie machte den Parkdirektor darauf aufmerksam, daß das Militär ihr nie offiziell verboten hatte, dort oben zu bleiben. Sie sagte, sie habe das Risiko abgeschätzt und wolle es eingehen. Der Direktor fügte sich, sei es, daß ihr Ungestüm ihn einschüchterte, sei es, daß er ihre Sturheit satt hatte.

Am folgenden Tag fuhr sie weiter nach Kibumba, dem Dorf am Fuße des Berges, wo sie ihre Ausrüstung ablud und Träger anheuerte. Dann kehrte sie zum Hauptquartier zurück, um eine zweite Ladung und zwei Parkwächter abzuholen. Von dort aus schrieb sie rasch ein Briefchen an Leakey:

»Ich habe dieselben Wächter genommen, die mir beim Abbrechen des Zeltes geholfen haben, denn ich habe nicht die geringste Ahnung, wie man das verdammte Ding wieder aufstellt. Als ich gerade aus der Tür gehen wollte, trat Anicets Sekretär mit einem Telegramm aus dem Militärlager ein, in dem stand, daß ich auf gar keinen Fall auf den Berg zurückkehren dürfe.

Dr. Leakey, das erschüttert mich sogar noch stärker als Anicets Brief vom 9.! Ich glaube, Sie können sich gar nicht vorstellen, was diese Verzögerung mich in dieser kritischen Zeit, in der ich meine Gorillas an mich gewöhnen wollte, kostet! Ich weiß, daß diese Parkleute keine Ahnung haben, was ich zu erreichen versuche. Gerade jetzt, kurz vor der völligen Gewöhnung, zwei Wochen zu verlieren ist genauso schlimm, als verlöre ich sonst zwei Monate, und das ohne triftigen Grund!«

Tags darauf, wieder in Begleitung eines Parkbeamten, fuhr Dian ins Militärhauptquartier nach Goma, um die Entscheidung anzufechten. Man sagte ihr sehr höflich, es würde mindestens zwei, wenn nicht gar vier Monate dauern, bis man ihr erlauben könne, wieder nach Kabara hinaufzusteigen.

Wütend kehrte sie in ihre palastartige Unterkunft zurück und fing beim Anblick des Karisimbi zu grübeln an. Die »Burg« kam ihr nun wie ein Gefängnis vor. Das Chaos in der Umgebung wuchs jeden Tag, genauso wie die Zahl der Soldaten und der Strom von Bananenbier. Oft wurde Dian von unsichtbaren Besuchern geweckt, die an ihre Tür hämmerten. Sie bat um einen bewaffneten Wachtposten und bekam ihn auch.

Schließlich erkannte sie, daß nichts gewonnen wurde, wenn sie blieb. Am 26. Juli verstaute sie wieder einmal ihre Feldaufzeichnungen, eines ihrer Hühner und den größten Teil ihrer Ausrüstung in Lily und fuhr zurück zur Grenze.

»*In Bunagana angekommen, erfuhr ich, daß die Grenze geschlossen sei und die Schlüssel fort seien. Ich wartete fünf Stunden, bis ein Priester aus dem Kongo kam, dem der Eintritt nach Uganda gewährt wurde, weil er einen Kranken begleitete, der dort im Krankenhaus behandelt werden mußte. Als sich herausstellte, daß die Männer am Posten die Schlüssel hatten, konnte ich sie bestechen, mir das Tor zu öffnen.«*

In Wirklichkeit war es nicht ganz so einfach. Dian hatte kein Geld mehr und mußte die Wachen überreden, sie nach Kisoro fahren zu lassen, wo sie sich welches besorgen wurde. Die Geschichte wiederholte sich. Sie erhielt die Genehmigung unter der Bedingung, daß einer der Wächter sie begleitete.

Als Dians Landrover wieder einmal die staubige Auffahrt des »Traveler's Rest« hinaufratterte und an der Eingangstür rutschend anhielt, konnte Walter Baumgartel sie schweißgebadet und dem Zusammenbruch nahe vom Fahrersitz klettern sehen. Sie stürzte an ihm vorbei ins Hotel, wo sie von einem halben Dutzend Flüchtlingen getröstet wurde. Inzwischen sah Baumgartel sich einem unglücklichen kongolesischen Soldaten gegenüber, der beharrlich beteuerte, er habe den Befehl, Dian zum Grenzposten zurückzubringen, sobald sie das versprochene Geld beschafft habe. In seinen Memoiren »Up Among the Mountain Gorillas« erinnert Baumgartel sich an den Auftritt:

»›Miss Fossey ist nicht Ihre Gefangene‹, sagte ich. ›Sie bleibt hier. Wenn sie zurückkehren will, werde ich sie an dem Baum da draußen festbinden!‹

›Aber ich habe garantiert, sie zurückzubringen!‹ protestierte ihr Bewacher. ›Man wird mich sonst erschießen!‹

›Besser Sie als Miss Fossey‹, erwiderte ich. Schließlich entfernte er sich.«

Am folgenden Tag traf der amerikanische Botschafter aus dem benachbarten Ruanda im »Traveler's Rest« ein, um Dian in seine Botschaft in der ruandischen Hauptstadt Kigali mitzunehmen und sie auf den Weg nach Nairobi zu schicken, wo Leakey sie besorgt erwartete. Die Leute von der Botschaft fragten sie freundlich aus und baten sie dann, eine eidesstattliche Erklärung über ihre Behandlung in den Händen der Kongolesen abzugeben.

»Haben Sie irgendwelche materiellen Verluste erlitten?« wollten sie wissen.

»Einige Teile meiner Lagerausrüstung, ein Zelt und ähnliches – ja, und eines meiner Lieblingshühner wurde entführt.«

»Miss Fossey, hat man sie auf irgendeine Weise mißhandelt, vielleicht sogar körperlich?«

»Ich wurde auf französisch und kongolesisch verflucht. Und ein Soldat versuchte, mich aus dem Wagen zu zerren, was ihm aber nicht gelang. Nein, ich bin nicht mißhandelt worden.«

In einer weitverbreiteten Geschichte heißt es, Dian sei von kongolesischen Soldaten – in manchen Versionen sogar von mehreren nacheinander – vergewaltigt worden. In dem Bericht, den sie selber wenige Tage nach ihrer Flucht schrieb, steht weder etwas von Vergewaltigung noch von versuchter Vergewaltigung oder sonstiger Gewaltanwendung. Auch ihre übrigen Darstellungen der Ereignisse enthalten nicht einmal eine Andeutung davon. Dian selbst schließlich bestritt die ganze Geschichte immer wieder heftig.

Märchen, vor allem rassistische und obszöne, leben lange.

6

Das abgelegene kleine Land Ruanda, in dem Dian sich nun befand, ist eines der kleinsten, am dichtesten besiedelten und ärmsten in ganz Afrika. Seine damals fast fünf Millionen Einwohner lebten auf einer Fläche, die nicht ganz so groß ist wie der amerikanische Staat Maryland bzw. etwas größer als das Land Hessen. Ruanda, das oben auf dem zentralafrikanischen Hochland wenig südlich des Äquators liegt, war einst von dichtem, üppigem Wald bedeckt. Nun aber, da vierhundert Menschen vom Ertrag einer Quadratmeile zu leben hatten, war das Land fast gänzlich in die Hände der Bauern und Kohlenbrenner übergegangen. Die einzigen übriggebliebenen Wälder und die einzigen Überlebenden des ehemals reichen Tierlebens fristeten ihr kärgliches Dasein in zwei Nationalparks – Kagera im Nordosten und Parc des Volcans in den höheren Regionen der Virungavulkane im Nordwesten.

Trotz landwirtschaftlicher Ausbeutung und Überbevölkerung war und ist Ruanda ein zauberhaft schönes Land. Seine zerklüfteten, terrassierten Hänge wirken wie kontinentale Gegenstücke zu den gewaltigen Wogen des Atlantischen Ozeans, während sich die uralten Vulkane im Norden wie phantastische, schneebedeckte Inseln vom klaren Tropenhimmel abheben.

In den ersten paar Tagen ihres Aufenthalts hatte Dian weder Zeit noch Lust, die Landschaft zu bewundern. »Sie war regelrecht besessen«, erinnert sich Rosamond Carr, eine der ersten Weißen, die Dian in Ruanda kennenlernte.

Rosamond Carr war eine zierliche dreiundfünfzigjährige Amerikanerin, die seit dreißig Jahren im Schatten der Virungas lebte. Sie verdiente ihren Lebensunterhalt mit dem Anbau von Blumen auf ihrer kleinen Pflanzung, die sie an Hotels und Urlaubsorte am nahegelegenen Kiwu-See und in der Hauptstadt Kigali verkaufte. Eines Tages gegen Ende Juli 1967 erhielt Mrs. Carr eine Einladung zum Mittagessen im Hause des amerikanischen Militärattachés in Kigali.

»Auf dem Weg traf ich zufällig die Frau des Botschafters, die sagte: ›Rosamond, heute mittag wirst du ein wirklich merkwürdiges Mädchen kennenlernen. Es ist Dian Fossey, die im Kongo Gorillas erforscht hat und gerade erst von dort geflohen ist. Sie sucht einen Platz, auf dem sie ein Lager errichten kann, aber sei vorsichtig. Sie ist wirklich sehr sonderbar.‹

Sonderbar? Ich finde, sie hatte allen Grund dazu in Anbetracht der schrecklichen Erlebnisse, die hinter ihr lagen. Ich ging jedenfalls zum Mittagessen zu den Frayzes, und dieses erste Zusammentreffen werde ich nie vergessen. Dian war so attraktiv – so lebendig. Ich will damit sagen, daß sie phantastisch aussah mit dem langen, schwarzen Zopf, den sie achtlos über eine Schulter geworfen hatte, und einem Leuchten im Gesicht. Sie trug das schönste Kleid, das man sich vorstellen kann, zartlila und aus einem erstklassigen Geschäft. Aber das arme Ding – das arme, hochgewachsene Ding – hatte sehr große Füße, und die einzigen Schuhe, die sie gerettet hatte, waren riesige, schmutzige Tennisschuhe. Da war sie also, mit diesem wundervollen Kleid, dem prachtvollen Haar und diesen scheußlichen Schuhen!

Ich erkannte sofort, was die Frau des Botschafters gemeint hatte, weil Dian einen absolut wilden Ausdruck in den Augen hatte.

Wir traten ein zu einem wunderbaren Mittagessen mit Kristall und Silber. Wir setzten uns, und Dian zog sofort ein Notizbuch heraus – eines von den billigen, die man hier für zehn Franc kaufen kann. Sie ignorierte ihre Gastgeber, die Frayzes, einfach, schaute mich direkt an und sagte: ›Mrs. Carr, ich möchte Ihnen ein paar Fragen stellen.‹ Die Fragen waren numeriert, von cins bis ungefähr zwanzig. Sie stellte eine Frage, hakte sie ab und ging dann gleich über zur nächsten. Die erste lautete: ›Darf ich Ihre Pflanzung als Ausgangslager benutzen, um meine Gorillastudie neu zu beginnen?‹

Ich antwortete: ›Ja, das dürfen Sie, aber Sie werden auf der ruandischen Seite des Karisimbi keine Gorillas finden.‹ Sie sagte: ›Oh nein, da irren Sie sich sehr. Es gibt hier Gorillas.‹ Worauf ich mit ziemlich fester Stimme zurückgab: ›Tut mir leid, nicht auf dieser Seite des Karisimbi.‹

Sie kannte diese Seite des Karisimbi nicht, aber sie war sich völlig sicher, recht zu haben, und fuhr fort, mich mit ihren Fragen zu bombardieren. Die armen Frayzes – ich fürchte, ihr Mittagessen war alles andere als ein gesellschaftliches Ereignis.«

In den ersten Tagen in Kigali hatte Dian für gesellschaftliche Etikette ebenso wenig Zeit wie für die Landschaft. Besorgt um Leakeys Reaktion auf ihren »Schiffbruch« im Kongo, wollte sie unbedingt eine Ausgangsbasis für eine Forschungsstation auf der ruandischen Seite der Virungakette schaffen, bevor sie ihm in Nairobi unter die Augen trat. Sie hatte bereits die Erlaubnis der ruandischen Behörden zur Errichtung eines Lagers im Parc des Volcans, der an den kongolesischen Parc des Virungas und Kabara anstößt, eingeholt. Leider hatte sie noch niemanden finden können, der wußte, wo die Gorillas waren. Da Rosamond Carr nahe bei den bewaldeten Hängen der Vulkane lebte, hatte sie sich Hilfe von ihr erhofft. Mrs. Carr enttäuschte sie nicht.

»Die einzige Person, die eine Antwort auf Ihre Fragen weiß, wird bald aus Paris nach Nairobi kommen«, sagte sie Dian, als das Mittagessen beendet war. »Sie können sie in Nairobi treffen. Sie heißt Alyette de Munck und ist eine ganz entzückende Belgierin. Sie hat die meiste Zeit ihres Lebens in Afrika gelebt, überwiegend in der Nähe der Vulkane, die sie wie ihre Westentasche kennt, weil sie sie liebt und überall auf ihnen herumgeklettert ist.«

Mrs. Carr berichtete weiter, daß Alyette de Munck und ihr Mann Adrian auf einer Pflanzung in der kongolesischen Provinz Kiwu ihren eigenen Sohn zusammen mit den drei Kindern von Alyettes Schwester erzogen hatten. Als die Unruhen im Kongo ernster wurden, hatte sie die jungen Leute nach Belgien geschickt, wo sie ihre schulische Ausbildung abschließen sollten. Kiwu versank immer tiefer in Gesetzlosigkeit und so verkauften die de Muncks ihre Farm im Kongo und kauften eine neue im benachbarten Ruanda, nur ein paar Kilometer unterhalb von Rosamond Carrs Haus.

»Leider ist Adrian vor knapp einer Woche plötzlich in Paris gestorben«, fuhr Mrs. Carr fort. »Alyette wird untröstlich sein. Eine neue Aufgabe wird ihr guttun, und Sie und Ihre Gorillas sind vielleicht genau das richtige.«

Am 12. August 1967 ging Dian ungeduldig in der staubigen, von Fliegen wimmelnden Wartehalle des Nairobier Flughafens auf und ab und wartete auf einen Air-France-Flug aus Paris. Als das Flugzeug endlich gelandet war, musterte sie gespannt die Menschenmenge. Endlich entdeckte sie eine zarte, hübsche Frau, die von drei sehr jungen Männern begrüßt wurde. Dian wartete ein paar Augenblicke, weil sie die gefühlvolle Szene nicht stören wollte.

Sie selbst war eine Woche zuvor in Nairobi angekommen, nervös und sorgenvoll. Als ob der Abbruch der Gorillastudie und die quälenden Erlebnisse danach nicht genügt hätten, war sie darüber hinaus auch noch arbeitslos und praktisch mittellos. Auch wußte sie nicht, wie Dr. Leakey sie empfangen würde, der stolz darauf war, daß er es stets geschafft hatte, seine wissenschaftliche Arbeit in Afrika und im Nahen Osten unter den schwierigsten politischen Bedingungen fortzusetzen. Würde er glauben, sie habe die Gefahren, die sie zur Aufgabe des Lagers in Kabara gezwungen hatten, übertrieben? Und selbst wenn er die Schwierigkeiten einsah, würde genug Geld da sein, um anderswo ein neues Lager zu errichten?

Ihre Ängste waren verflogen, als sie bei der Ankunft im Flughafen von einem strahlenden, liebenswürdigen Leakey empfangen wurde, der sie in die Arme schloß und ihren Mut und ihre Findigkeit bei der Flucht aus dem Kongo überschwenglich pries. Er brachte sie in ein Hotel und führte sie dann zu einem intimen Abendessen aus, nach dem sie über die Möglichkeiten, die ihr offenstanden, diskutierten. Begeistert sprach Leakey davon, daß irgend jemand eine Langzeitstudie über Orang-Utans in Borneo oder Flachland-Gorillas in Westafrika beginnen müsse.

Dian war darüber nicht erfreut. Sie hatte sich ganz und gar dem Berggorilla verschrieben, wie sie Leakey erklärte.

»Ich werde bei ihnen bleiben, Dr. Leakey. Niemand wird mich daran hindern. Sie interessieren mich mehr als alles andere auf der Welt! Werden Sie mir helfen, in Ruanda neu anzufangen?«

Leakey war entzückt über ihren Schwung und ihre Entschlossenheit.

»Ich würde es nicht wagen, mich Ihnen in den Weg zu stellen«, meinte er lachend. »Versprechen Sie mir nur, daß Sie sich von der kongolesischen Grenze fernhalten. Und daß Sie sofort nach Nairobi zurückkehren, wenn Sie sich wieder einmal von Militär bedroht fühlen.«

Eine Woche später rief er sie in sein Büro im Museum, um ihr die erfreuliche Nachricht mitzuteilen, daß die Wilkie Foundation telegrafisch versprochen hatte, die Mittel für ihren Neubeginn in Ruanda zur Verfügung zu stellen. Bald darauf erklärte sich auch die National Geographic Society einverstanden mit dem erzwungenen Ortswechsel.

Die drei jungen Männer, die Alyette de Munck am Nairobier Flughafen erwartet hatten, waren ihr Sohn, ihr Neffe und ein Freund der beiden. Alle drei hatten kürzlich ihr Studium an der Universität Löwen abgeschlossen und als Lohn für diese Leistung von Alyette und ihrem Mann eine sechswöchige Safari in Ostafrika geschenkt bekommen. Sie hatten Belgien gerade verlassen, als sie die Nachricht von Adrian de Muncks Tod erreichte. Nun erklärten sie sich bereit, auf ihr großes Abenteuer zu verzichten, aber Alyette wollte nichts davon hören.

»Dummes Zeug!« sagte sie nachdrücklich. »Das hätte Adrian nicht gewollt. Ihr müßt weitermachen!«

Beim Abendessen im Hotel, zu dem sie Dian eingeladen hatten, wollte diese zuerst nicht mit ihren Schwierigkeiten in das traurige Wiedersehen hineinplatzen. Aber die vier waren fasziniert von ihren Gorillageschichten und überschütteten sie mit Fragen. Die jungen Männer bewunderten sie sehr, und sie ging lebhaft und herzlich darauf ein. Ihre Anwesenheit lenkte die kleine Gesellschaft ein wenig ab, und Alyette war dankbar dafür. Bevor der Abend zu Ende ging, war Dian eingeladen, die Pflanzung der de Muncks als Ausgangslager zu benutzen, wenn sie die ruandische Seite der Virungas erforschte. Alyette anerbot sich freiwillig, bei der Errichtung eines neuen Forschungslagers zu helfen, sobald der richtige Standort gefunden war. Sie verabredeten, sich in einer Woche alle auf der Pflanzung der de Muncks zu treffen.

Ein paar Tage später flog Dian glücklich nach Kigali zurück, erweckte die zerbeulte Lily zu neuem Leben, belud sie mit Vorräten und nahm die einzige gepflasterte Straße Ruandas in Richtung Virungas. Mehrere Stunden fuhr sie durch dichtbevölkerte Vorgebirge, bis sie endlich eine Nebenstraße knapp westlich der Provinzhauptstadt

Ruhengeri – einer nichtssagenden Ansammlung niedriger Zement- und Schlammziegelbauten – erreichte.

Die Nebenstraße fing ganz gut an, sandige Fahrspuren führten in ein tiefes Tal, das in die winzigen, nicht einmal einen Hektar großen Parzellen der ruandischen Bauern eingeteilt und mit grasbedeckten, aus Gerten und Stroh geflochtenen runden Hütten und Kornspeichern gesprenkelt war. Als Dian durch den bläulichen Rauch, der von den Holzkohle-Küchenfeuern aufstieg, über das Tal blickte, wirkte es seltsam verlassen. Es gab keine Strom- und Telefonleitungen, keine mechanischen Geräusche, keine umherfahrenden Autos, Lastwagen oder Trecker. Doch allmählich entdeckte sie Bewegung, und als sie hier und da anhielt, hörte sie das Gemurmel von Tausenden menschlicher Stimmen. Das Tal war bevölkert von unsichtbaren Menschen, die ihrer täglichen Arbeit nachgingen und die winzigen Fleckchen fruchtbarer roter Vulkanerde bestellten.

Tiefer im Tal verwandelte sich die Straße rasch in einen steinigen, rauhe Lavaströme kreuzenden Holperpfad, der als Teststrecke für Lastwagenreifen hätte dienen können. Nun lagen die Hütten der Bauern rechts und links nur noch ein paar Meter entfernt, und ein stetiger Strom barfüßiger Menschen zog den Pfad in beiden Richtungen entlang. Viele trugen Wasserkrüge aus Kunststoff oder geflochtene Kartoffelkörbe auf dem Kopf. Die meisten Frauen hatten Kinder auf den Rücken gebunden. Sie alle wirkten erstaunlich gesund und zufrieden, obwohl, wie Dian wußte, viele von Gelbfieber, Cholera, Malaria, Typhus und einer Menge anderer bösartiger Krankheiten dahingerafft werden würden.

Endlich erreichte Dian die Farm der de Muncks, aber die Hausherrin war nicht da. Alles, was sie von den Hausangestellen erfahren konnte, war, daß den Jungen irgend etwas Schlimmes zugestoßen war und daß Mrs. de Munck fortgegangen sei, um sich darum zu kümmern.

Eine böse Vorahnung im Herzen, rumpelte Dian den Lavapfad hinauf zu Rosamond Carrs Haus.

Genau in dem Augenblick, als Dian befürchtete, ihr Fahrzeug würde keine weitere Minute dieser Straße überstehen, sah sie eine hohe, immergrüne Hecke, die eine schotterbestreute Auffahrt bewachte. Drinnen angekommen hatte sie das Gefühl, durch ein Loch in der Zeit gefallen und wie durch ein Wunder in einer Art Kinderbuchparadies wieder aufgewacht zu sein.

Vor ihr lag ein niedriges, weinlaubüberwachsenes Landhaus, umgeben von weitläufigen Beeten mit Blumen und Sträuchern. Nach der stundenlangen Fahrt durch die ausgedörrte, gelbbraune Landschaft wirkten die bunten Farben so erfrischend wie ein Guß kalten Wassers. Vor einer Reihe alter Kiefern graste eine Herde Jerseykühe. Links vom Haus erstreckte sich ein breiter Streifen sorgfältig manikürten Rasens, hinter ihm erhob sich die riesige Gestalt des Karisimbi. Noch weiter hinten sah sie den kleineren, regelmäßigeren Umriß des Visoke, eines weiteren der acht Vulkane – darunter zwei noch aktive –, die die Kette der Virungas bilden.

Als Lily knirschend stoppte, erschien Rosamond in der Tür, so tadellos gepflegt, als sei sie geradewegs den Seiten von »Country Life« entstiegen. Um ihre Augen aber lagen dunkle Schatten. Dian folgte ihr in das chintzgeschmückte Wohnzimmer. »Wo ist Mrs. de Munck?« fragte sie besorgt. »Ich habe bei ihr angehalten, aber die Diener wollten mir nichts sagen. Was ist passiert?«

»Etwas Schreckliches«, antwortete Mrs. Carr bewegt. »Wie Sie wissen, wollten Yves, Philippe und Xavier quer durch Kenia nach Kisoro fahren, eine Nacht bei Walter Baumgartel verbringen und am nächsten Tag hierher auf die Pflanzung kommen. Aber sie sind nicht eingetroffen, Dian! Nach drei Tagen ist Alyette über die ugandische Grenze zum ›Traveler's Rest‹ gefahren.«

Walter Baumgartel begrüßte Mrs. de Munck am Hoteleingang. Eine böse Vorahnung beschlich ihn, und er konnte kaum die Worte: »Was führt Sie hierher, Madame?« herausbringen.

»Ich suche meine Jungen. Sie hätten schon vor Tagen eintreffen müssen. Vielleicht hatten sie eine Panne mit ihrem Landrover, und ich kann ihnen helfen.«

Es war, wie Walter Baumgartel sich ausdrückte, »einer der schrecklichsten Augenblicke meines Lebens«, als er ihr sagen mußte, daß die Jungen drei Abende zuvor in seinem Hotel angekommen – und am nächsten Morgen wieder abgefahren seien. »Wir wußten alle beide, daß sie Ruanda nicht erreicht haben konnten«, erinnert er sich. »Man hätte gehört, wenn einem Weißen dort irgend etwas passiert wäre. Sie müssen die falsche Straße genommen haben und in den Kongo gefahren sein, wo damals gerade die Hölle losbrach.«

Mrs. de Munck zog verzweifelte Erkundigungen durch ihre zahlreichen Kontakte in Uganda und im Kongo ein. Sie erfuhr, daß die drei jungen Männer nach dem Verlassen des »Traveler's Rest« tatsächlich die falsche Richtung eingeschlagen und in Bungana die kongolesische Grenze erreicht hatten. Dort waren sie als Spione und Söldner verhaftet worden. Dann entstand ein groteskes Mißverständnis. Ein wohlmeinender kongolesischer Offizier aus Goma sagte ihr am Telefon: »Sie müssen sehr tapfer sein, Madame – die Jungen sind nicht transportfähig.« Daraus schloß sie, sie seien verwundet – und versuchte, einen Krankenwagen aufzutreiben. Bevor sie ihn gefunden hatte, erfuhr sie auf der belgischen Botschaft in Kigali, daß die drei jungen Männer von kongolesischem Militär getötet worden waren.

»Als ich Dian erzählte, was ich darüber wußte, wäre sie fast Amok gelaufen«, erinnerte sich Mrs. Carr. »Ich glaube, alle Emotionen, die sich während ihrer eigenen Erlebnisse im Kongo aufgestaut hatten, brachen einfach hervor. Ich konnte sie schließlich beruhigen, und sie sagte: ›Ich werde die Nacht über hier bei Ihnen bleiben, und dann muß ich zu ihr gehen.‹ Am anderen Morgen fuhren wir zusammen nach Ruhengeri, wo Alyette sich aufhielt, und Alyette umarmte Dian. Sie weinten, und Alyette sagte, daß sie Dian lieber denn je helfen wollte – ja, sogar müsse.«

In den darauffolgenden trüben Tagen tat Dian alles, was sie konnte, um Alyette zu trösten, obwohl sie selbst am Rande eines Nervenzusammenbruchs stand.

Sie schrieb den Prices: »Ich kann euch jetzt nichts Sinnvolles schreiben – zu viel ist geschehen. Ihr könnt euch das Grauen und die Trauer in diesem Land nicht vorstellen. Jeder Brief, den ich schrieb, liest sich wie eine Pressemitteilung. Es ist so fern; es klingt einfach nicht glaubwürdig, deshalb habe ich es aufgegeben.

Ich schreibe nur, um euch zu sagen, daß es mir körperlich gut geht, aber ich weiß nicht, ob ich seelisch stark genug bin, um noch mehr zu verkraften.

In Rumangabo, dem Ort, aus dem ich geflohen bin, wurden meine drei neuen Freunde Yves, Philippe und Xavier von den Kongolesen getötet. Wir sind uns alle einig, daß Madame de Munck, die Mutter eines der Jungen, die Wahrheit niemals erfahren darf, denn wie man hört, wurden sie achtzehn Stunden gefoltert: kastriert, die Ohren abgeschnitten, die Augen ausgestochen, verbrannt, aufgehängt und zum Schluß gefressen. Die Presse kann nicht, wie in Vietnam, über den Kongo berichten, und deshalb weiß niemand, was wirklich geschieht. Aber gegen das, was dort vorgeht, wirkt der Rest der Welt wie ein Kinderspielplatz.

Bin bei Madame de Munck gewesen, und der Kummer, der mich ihretwegen zerreißt, läßt sich kaum noch ertragen. Schlimmer noch ist die Frustration über meine eigene Unfähigkeit, mit dieser Situation fertig zu werden. Niemand in den Vereinigten Staaten kann sich so etwas vorstellen.«

Der Brief, in einem Augenblick schwärzester Depression auf Luftpostpapier gekritzelt, sollte einen elektrisierenden Eindruck auf die Prices machen.

Allmählich verebbte der Schock, den diese furchtbare Tragödie ausgelöst hatte. Ehe der September verging, war Dian im »oberen Haus« auf der Pflanzung der de Muncks am Fuße des Karisimbi untergebracht. Von dort begann sie, die Wälder auf Spuren von Gorillas zu untersuchen. Sie plante, ihre Inspektion so dicht wie möglich an den Verbreitungsgebieten der Gorillas, die sie im Kongo gekannt hatte, zu beginnen und sich dann nach Osten, tief in die Regenwälder auf der ruandischen Seite der Grenze, zu wenden. Am ersten Tag kletterte sie mit ihren Trägern und einem Parkwächter auf viertausend Meter hohe Bergwiesen, wo sie in Schußweite der kongolesischen Grenze kampierten. Der Aufstieg war bedrükkend – die Hänge wimmelten von Rindern, die durch die Hageniawaldzone wanderten, in der man sonst mit Gorillas hätte rechnen können.

Der nächste Morgen brachte ein optimistischeres Ergebnis.

»*Wir waren nur etwa eine halbe Stunde von der Grenze entfernt, und ich konnte der Versuchung nicht widerstehen, einen Abschnitt der zum Mikeno gewandten Hänge des Karisimbi im Kongo zu inspizieren, wo die Gorillas meiner alten Gruppe 2 oft anzutreffen waren. Glück spielt bei solcher Arbeit selten eine Rolle, aber an diesem Tag tat es das gewiß. Ich prallte praktisch direkt mit Gruppe 2 zusammen, ohne Spuren lesen zu müssen. Ich hatte sie vor neunzehn Wochen zuletzt gesehen, aber sie erkannten mich zweifellos wieder und verharrten, nach einigen anfänglichen Alarmschreien und Brusttrommlern, im Abstand von sechzehn Metern. Ich stellte mit Freude fest, daß eines der Weibchen während meiner Abwesenheit ein Junges geboren hatte und daß alle Tiere gesund aussahen. So froh mich dieser Kontakt auch machte, er verstärkte meine Traurigkeit darüber, diese Tiere für immer verloren zu haben.«*

Dem Kongo den Rücken kehrend, wandte Dian sich nach Osten in die unbekannten Wälder der ruandischen Hänge des Karisoke. Zehn Tage forschte sie dort und wurde täglich unruhiger und wütender über die große Zahl von Rindern und Tutsi-Hirten, die sich unerlaubterweise im Nationalpark herumtrieben. Schlimmer noch, sie entdeckte ständig Fallen von Wilddieben, die sie zerstörte. Am schlimmsten aber war, daß sie in ohnmächtigem Zorn mit ansehen mußte, wie ihr Parkführer Duckerfleisch und Bestechungsgeld von den zahlreichen Wilddieben, die sie trafen, annahm. Es schien ihr, daß mindestens dieser Teil des Parks rettungslos verloren war. Zum erstenmal fragte sie sich, ob Rosamond Carr mit ihrer Behauptung, es gebe in Ruanda keine Gorillas mehr, nicht doch recht gehabt hatte.

Am zehnten Tag ihrer Suche überquerte Dian die kahlen Hochgebirgsregionen am Nordgipfel des Karisimbi, um zu sehen, was die andere Seite des Berges zu bieten hatte. Von ihrem 4300 Meter hohen Ausguck konnte sie östlich im Dunst den sanften Bogen der ganzen Virungakette vor sich liegen sehen. In wachsender Erregung ließ sie ihr Fernglas über den hügeligen Sattel wandern, der sich nach Norden hin zwischen Karisimbi und Visoke erstreckte. Zu ihrem Entzücken schien dies genau die richtige Umgebung für Gorillas zu sein. An dieser Stelle, das spürte sie sofort, sollte sie ihr Lager aufschlagen.

Früh am Morgen des 24. September 1967 überprüften Dian und Alyette de Munck zum letzten Mal den Inhalt ihrer schwerbeladenen Fahrzeuge. Dann fuhren sie den Vulkanpfad hinab in Richtung Hauptstraße. Dians uralter Landrover bahnte Alyettes VW-Kombi den Weg durch strömenden Regen und immer tiefer werdenden Schlamm. Ihr Ziel war die Pflanzung eines niederländischen Entwicklungshelfers, die günstigerweise dicht am

Visoke lag. Als Überwacher eines EG-Plans zur Einführung des Pyrethrums (Wucherblume) als Nutzpflanze in Ruanda kannte er die Berggegend und ihre Bewohner gut. Er hatte seine Unterstützung beim Hinaufschaffen von Dians Ausrüstung auf den Berg versprochen.

Dian hatte erst vor kurzem von dem Pyrethrumprojekt erfahren und war entsetzt über dessen Auswirkungen auf den Parc des Volcans. Für dieses ehrgeizige Auslandshilfeprojekt waren Bambus und Hageniawald auf zehntausend Hektar – über ein Drittel der einstigen Parkfläche – gerodet und an Bauern verteilt worden. Diese Kleinbauern erhielten ihre winzigen Grundstücke umsonst, unter der Bedingung, daß sie die Hälfte mit Pyrethrum bebauten, dessen gänseblümchenähnliche Blüten getrocknet und nach Europa verschifft wurden, wo ein organisches Schädlingsbekämpfungsmittel daraus hergestellt wird. Die ruandische Regierung und die Entwicklungshelfer betrachteten das Projekt als Maßnahme, den Druck der Bevölkerungsexplosion wenigstens etwas zu mildern. Für Dian aber war der Plan eine Greueltat. Der sowieso schon viel zu kleine Rest des für Gorillas geeigneten Waldlands würde so stark verkleinert, daß das Überleben der Tiere nicht mehr gewährleistet war. In den folgenden Monaten begann sie einen wütenden – und erfolglosen – Feldzug gegen das Pyrethrumprojekt.

Der Niederländer hatte sich bereit erklärt, Träger für den Aufstieg zu besorgen, und so fanden die beiden Frauen am Fuße des Berges in einem blechgedeckten Pyrethrumtrockenschuppen vierzig vor Kälte zitternde Männer, die auf ihre Befehle warteten. Der Regen wechselte ab mit Hagel, der mit Getöse auf das Blechdach prasselte, während die Träger lautstark die Verschiebung des Aufbruchs oder höheren Lohn verlangten. Aber für diese beiden entschlossenen Frauen kam eine Verzögerung nicht in Frage, und so verteilte Dian bereits die Lasten, während Mrs. de Munck über den Lohn verhandelte. Bald zogen die barfüßigen Männer in einer Reihe hintereinander den schlammigen Pfad entlang, der zum Fuß der steilen Hänge des Visoke führte. Die Lasten auf dem Kopf balancierend, stapften sie mühsam durch den klebrigen Schlamm. Die beiden Frauen schlossen sich hinten an.

Sie marschierten vier Kilometer durch die verwüsteten und immer noch glimmenden Reste des Urwalds, bis sie in 2800 Meter Höhe die neue Parkgrenze an den dunstigen Hängen des Visoke erreichten. Dian staunte wieder über die vielen Menschen, die sie auf dem Weg trafen. Die neugierigen Blicke zahlloser Männer, Frauen und Kinder begleiteten jeden Schritt des Marsches.

Der Parc des Volcans begann, wo Rodung und Landwirtschaft aufhörten. War man eben noch durch frisch gerodetes, bereits dicht besiedeltes Ackerland gezogen, befand man sich nun in der unheimlichen Stille tropfender, moosbehangener Bäume. Sie kletterten drei Stunden aufwärts und folgten dabei einer tiefen, schlammigen Rinne, die Herden von Elefanten und Büffeln hinterlassen hatten. Zweimal befahl Dian anzuhalten, weil sie glaubte, einen geeigneten Lagerplatz gefunden zu haben. Sie schickte sich schon an, ihre Zelte aufzuschlagen, aber beide Male erhoben Chefträger und Führer Einwände und versicherten ihr, weiter oben gebe es einen besseren Platz. Um halb fünf Uhr am Nachmittag, als endlich Sonnenlicht durch das Blätterdach fiel, traten sie hinaus auf eine lange, schmale Wiese auf einem 3280 Meter hohen Plateau, am höchsten Punkt des Sattels, der Visoke, Karisimbi und Mikeno verbindet. Ein üppiger Grasteppich bedeckte die mit alten, moosbehangenen Hagenien gesprenkelte Lichtung, während ringsum dichter Wald stand. Ein Bach eilte rasch über die Wiese. Es war, wie die Träger versprochen hatten, ein idealer Lagerplatz. Es war auch der schönste, den Dian je gesehen hatte.

Die Träger machten sich daran, die Zelte aufzustellen,

eines für Dian und, am anderen Ende der Lichtung, eines für die Camparbeiter, die sie am selben Abend unter den Trägern auswählen wollte. Sie hatten nur ein paar Minuten gearbeitet, als das unmißverständiche *pok-pok-pok* von Gorilla-Brusttrommlern durch die herabsinkende Dämmerung von den steilen Hängen erklang.

Glücklich dachte Dian an diesen Augenblick zurück, als sie in der Nacht erschöpft auf ihrem Feldbett lag.

7

Ein ausgeprägter Sinn für die Schicksalsfügungen veranlaßte Dian, den genauen Zeitpunkt der Gründung des Forschungslagers zu notieren. Es war der 24. September 1967, 16.30 Uhr. Sie nannte das Lager Karisoke – zusammengezogen aus den Bergnamen Karisimbi und Visoke.

Hätte sie mehr von diesem Schicksal geahnt, dann hätte sie an jenem Abend auch die Zeit aufgeschrieben, zu der eine etwa hundertköpfige Rinderherde und zwei Watussihirten auftauchten, die ihr Vieh langsam auf der anderen Seite des Baches über die Wiese trieben. Oder sie hätte die Ankunftszeit von zwei Batwa-Wilddieben festgehalten, die mit ihren Pfeilen, Bogen und Speeren unbekümmert über die Lichtung schlenderten und Dian anboten, ihr den Standort einer Gorillagruppe zu zeigen, der sie nur eine Dreiviertelstunde vom Lager entfernt begegnet waren.

Dian zog es vor, die Hirten im Augenblick nicht zu beachten, konnte sich aber nur schwer entscheiden, ob sie die Wilddiebe aus dem Lager jagen oder das Angebot annehmen sollte. Schließlich folgte sie ihnen zu den Gorillas, machte sie jedoch darauf aufmerksam, daß von nun an in ihrem Teil des Parks sowohl Viehhüten als auch Wildern streng verboten ist.

Die Nachricht muß sowohl bei den Tutsi als auch bei den Batwa ungläubig aufgenommen worden sein. Beide Völker hatten die Hänge der Virungas seit unbedenklichen Zeiten durchstreift – die Tutsi, um ihr Vieh auf den Wiesen und in den lichten Wäldern weiden zu lassen, und die Batwa, um überall nach Fleisch und Fellen zu jagen, sowohl für den eigenen Bedarf als auch zum Verkauf an die Hutu-Bauern im Tal. Obwohl der Park seit seiner mehrere Jahrzehnte zurückliegenden Gründung durch die Belgier offiziell für Jäger und Hirten gesperrt war, hatten die Bergvölker längst eine bequeme Regelung getroffen, indem sie die schlechtbezahlten Parkwächter als Entgelt für Straflosigkeit mit Fleisch und Milch und manchmal auch mit Geld versorgten. Diese Regelung war so fest verankert, daß man sie praktisch unantastbar nennen konnte. Trotzdem entschied Dian, daß die Parkgesetze eingehalten werden müßten. Sie zeigte sich so unerbittlich, daß sie bald Streit mit Alyette de Munck und Rosamond Carr bekam.

»Du mußt die Traditionen der Menschen hier berücksichtigen«, riet Alyette. »Du weißt, daß sie von dem, was das Land bietet, leben. Du mußt fair zu ihnen sein.«

Dian blieb standhaft. »Die Batwa sind reine Wilddiebe«, beharrte sie. »Sie stellen überall ihre Fallen auf für Antilopen und Waldschliefer, was weiß Gott schlimm genug ist, aber sie fangen eben auch oft Gorillas. Ich weiß, ich weiß, die Alten können sich losreißen, aber manchmal werden sie von den Drahtschlingen fürs Leben verstümmelt. Und wir wissen alle beide, daß manche Wilderer absichtlich Gorillas töten, um aus den getrockneten Händen Aschenbecher für den gräßlichen Souvenirhandel herzustellen und Schädel und Köpfe an sogenannte Sportsleute zu verkaufen, die ihre Partykeller mit afrikanischen Trophäen dekorieren wollen. Die Wilderer fangen auch Gorillababys für Zoos. Die Parkgesetze müssen streng eingehalten werden, sonst gibt es bald keine Gorillas mehr und nur noch sehr wenige andere Tiere.«

Auch Rosamond Carrs Einwände zugunsten der Tutsi-Viehhirten hatten wenig Einfluß auf Dians Entschluß.

»Die Hirten zerstören den Lebensraum, weil sie viel zuviel Vieh besitzen, Rosamond. Sie halten zehnmal soviel, wie sie benötigen, nur aus Geltungsdrang. Es gibt jetzt so viele Rinder hier oben – sie zertrampeln den Boden, bis er aussieht, als wäre er gepflügt worden. Sie zerquetschen die Pflanzen, die die Gorillas fressen, verjagen sie von den besten Weiden und drängen sie immer höher die Hänge hinauf in Kälte und Nässe, wo sie Lungenentzündung bekommen. Die großen Höhen sind tödlich für sie. Sollen die Tutsi doch ihre Herden dem tatsächlichen Bedarf entsprechend verkleinern und die Tiere außerhalb des Parks weiden lassen.«

Die Meinungsverschiedenheiten mit Alyette und Rosamond brachten Dian zu der Erkenntnis, daß nur wenige Menschen das Überleben der Gorillas so wichtig nahmen wie sie. Sie ließ sich jedoch nicht davon abbringen.

»*Heute stieß ich auf ein verlassenes Wildererlager. Ein von Flöhen zerstochener, klapperdürrer Hund bewachte einen Schuppen, der an eine riesige Hagenia gebaut war. Die einzigen anderen Lebenszeichen waren frische Fußspuren, die den Pfad auf und ab führten. Auf dem Dach des Schuppens lag ein frisch getöteter Dukker, Ich bot das Tier dem Fährtenleser als Belohnung an, damit er mir half, die sechzig Bambusstäbe zu zerstören, die die Wilderer gerade von unten heraufgebracht hatten, um Fallen daraus zu bauen. Er machte sich willig ans Werk und half mir beim Zerbrechen der dickeren Stücke. Als wir alles Fallenmaterial zerbrochen hatten, wandte ich meine Aufmerksamkeit dem Inneren des Schuppens zu. Dort fand ich einen Sack Hirse, die ich in alle Winde verstreute, ein paar hundert Meter speziell für Schlingen gedrehte Schnur und mehrere chungas, das sind große, eiserne Kochtöpfe. Obwohl ich im Grunde meines Herzens keine Diebin bin, finde ich, man sollte den Wilderern das Handwerk erschweren, und so lud ich die chungas zusammen mit dem Ducker auf meinen Afrikaner. Wir verließen das Lager offenbar unentdeckt, abgesehen von dem Hund, der unsere*

Hunde aus dem nahen Laubwerk mit übelwollenden Blikken verfolgt hatte. Ich könnte mir vorstellen, daß die Wilderer direkt daneben standen und uns wütend anstarrten, aber das macht nichts. Zumindest habe ich die roten Lumpen zurückgelassen, die einer von ihnen zum Trocknen nach draußen in die Sonne gehängt hatte. Ich bin noch nicht so tief gesunken, daß ich einem Mann seine Kleidung stehlen würde!

Die Tragik dieser Geschichte liegt darin, daß ich von meiner Freundin Alyette de Munck begleitet wurde, die Afrika von Geburt an kennt. Auf diesem Kontinent hat sie ihren Sohn und ihren Neffen verloren, und trotzdem kann nichts ihre Liebe zu diesem Land beeinträchtigen – Liebe ist ein viel zu schwaches Wort für solch eine Verbundenheit. Wegen dieses Wilderercamps verkehrte sich ein harmloser Nachmittagsspaziergang, den eben noch die Schönheit eines einsamen, die Dschungelfestung aus wilden Orchideen, Lianen und Sennesblättern durcheilenden Flüßchens beherrscht hatte, in einen hitzigen Streit zwischen uns beiden.

Als ich dort stand und die Bambusstäbe einen nach dem anderen zerbrach, fragte sie mich mit sehr fester Stimme, welches Recht ich, eine Amerikanerin, die erst seit ein paar Monaten in Afrika sei, hätte, die Rechte der Afrikaner, denen dieses Land gehöre, zu verletzen. Ich fuhr fort, Stäbe zu zerbrechen, obwohl ich ihr im Grunde zustimmte – Afrika gehört den Afrikanern.

Meine Freundin führte ihre Meinung weiter aus.

»Diese Männer haben das Recht zu jagen. Es ist ihr Land! Du darfst nicht das zerstören, was sie mühsam hergestellt haben.‹

Vielleicht hat sie recht, denn dem afrikanischen Landbewohner, der am Rande eines Parks lebt, bleibt nicht viel anderes übrig, als sich vom Wildern zu ernähren. Warum sollte man aber andererseits einem Menschen vergeben, der offen das Gesetz bricht, warum darf man nicht alles nur Mögliche dagegen unternehmen? Der Mensch, der heute Tiere tötet, wird morgen Menschen töten, die ihm im Wege sind. Er weiß, daß es ein Gesetz gibt, das ihm dies und jenes verbietet, doch wenn dieses Gesetz nicht erzwungen wird, dann tut er, was ihm beliebt. Wenn ich die geschriebenen Gesetze gegen das Töten von Tieren in einem angeblich geschützten Park durchsetzen kann, dann muß ich es tun. Und so fuhr ich fort, Bambus, die zuverlässige und biegsame Falle für das letzte Wild Afrikas, zu zerbrechen.«

Genauso unstet wie ihre Beziehung war auch der Briefwechsel, den Dian und Alexie aufrechterhielten – sie schrieb nur dann und wann, er immer häufiger, zutiefst überzeugt, daß sie ihm folgen würde, wohin er auch immer ging.

»Alexies letzte Briefe handeln hauptsächlich davon, daß er Notre Dame verlassen und auf die Chicago School of Divinity überwechseln will, um dort seinen Doktor in vergleichender Religionswissenschaft zu machen. Er erwartet nun, daß ich in die Vereinigten Staaten zurückkehre und glücklich verheiratet mit ihm in Chicago lebe, bis er promoviert hat. Dann wird uns seine praktische wissenschaftliche Arbeit nach Südamerika oder Nordafrika führen, wo wir herrlich und in Freuden leben werden bis an unser seliges Ende. Leider kann ich meine rosa Brille nirgends finden, obwohl er seine noch immer zu besitzen scheint.«

Nach Verbündeten trachtend, blieb Alexie mit den Prices in Verbindung, und die Nachricht von Dians und der Familie de Muncks schrecklichen Erlebnissen im Kongo spornte sie zu Taten an.

In den letzten Septembertagen traf Alexie die Prices in New York. Ein Verlobungsring wurde gekauft, ein Flugzeug gebucht und Alexie auf Rettungsmission geschickt, um Dian in die Zivilisation zurückzuholen. Er bestieg sein

Flugzeug in der Gewißheit, daß Dian die Ehe wählen würde, wenn man sie vor die Wahl zwischen dieser und der Fortsetzung ihrer Studien stellte.

Als er ihr von Angesicht zu Angesicht in ihrem Berglager gegenüberstand, war er entsetzt. In zerrissenen Jeans und ausgeblichener Windjacke, das lange Haar regennaß und verfilzt, die Augen trübe, kam sie ihm vor wie ein barbarisches Geschöpf des Dschungels.

Alexie stellte sein Ultimatum – er oder die Gorillas – und war verblüfft, als sie ihn abwies. Er blieb hartnäckig.

»Heirate mich«, bat er, »und ich gebe die Universität auf. Wir gehen nach Rhodesien und befassen uns mit Landwirtschaft. Ich möchte, daß wir nie wieder getrennt werden.«

Dian ließ sich nicht umstimmen. »Unmöglich, Darling. Du würdest viel zuviel aufgeben. Wir beide haben so viel zu tun.«

»Wir könnten es doch gemeinsam tun. Wenn du unbedingt hierbleiben mußt, wie wär's, wenn ich auch hierbliebe... für ein Jahr... unter der Bedingung, daß du diesen Ort dann verläßt?«

»Alexie, das hat keinen Zweck. Kehr zurück, und mach deinen Doktor. Jeder von uns sollte das tun, was er tun muß. In zwei Jahren... vielleicht sieht die Sache dann anders aus.«

Er verließ das Lager verzweifelt – und gedemütigt. In Kisoro schrieb er Dian einen Abschiedsbrief und hinterließ ihn in der Obhut Walter Baumgartels. Darin teilte er Dian mit, daß sie den Ring behalten oder in den Bach beim Lager werfen könne. Seine letzten Worte an sie waren: »Du hast mich weinen gesehen, und das, meine Liebe, war die letzte Träne, die ich um Dich vergossen habe.«

Trotz ihrer Erleichterung, daß die Affäre zu Ende war, verteidigte Dian sich:

»*Er kam hier herauf wie Sir Galahad, aber wer hat ihn*

gebeten, mich zu retten? Er kritisierte alles hier, sagte, die Ruander haßten mich, hießen mich eine wilde Frau und wünschten mich fort. Sagte, ich machte meiner Mutter das Leben schwer. Er zwang mich fast, ihn hinauszuwerfen.«

Sie berichtete Leakey ein wenig von dem, was geschehen war, und er schrieb:

»Ich bin entzückt über die Nachricht, daß Sie einen guten Platz mit vielen Gorillas auf dem Karisimbi gefunden haben, und ich hoffe, daß nun alles wieder in Ordnung kommt. Ich hoffe ganz besonders, daß der junge Mann, den Sie, wie Sie berichteten, grob behandeln mußten, erkannt hat, daß Sie Ihr Leben nicht mit ihm teilen wollen. Sie haben so wichtige Dinge zu tun.«

In den folgenden Wochen fand Dian zwei weitere Gorillafamilien, was bedeutete, daß sie fast mit Sicherheit jeden Tag mindestens eine Gruppe aufspüren und beobachten konnte. Die Zahl der Stunden, in denen sie Gorillas beobachtete, stieg schnell.

Auch in anderer Hinsicht ging es ihr gut.

Sie kam rasch voran mit einem Artikel für »National Geographic«. Drei Verlage hatten geschrieben und ihr Interesse an einem Buch über Dians Erfahrungen mit den Gorillas bekundet. Von der Universität Cambridge in England hatte sie erfahren, daß sie aufgrund ihrer ersten Feldaufzeichnungen als Doktorandin angenommen war. Sie bereitete sich auf ihr erstes Semester im Herbst 1968 vor. Inzwischen genoß sie ihr Leben auf den Virungas.

»Ich habe die Gebiete um die Virungas gründlich erkundet. Dabei habe ich Landschaften gesehen, die schöner als jeder Traum sind. Gestern fand ich einen Fluß, der in mehreren prachtvollen Wasserfällen vom Karisimbi in den Kongo fließt ... Ich kam mir vor, als sei ich der erste weiße Mensch, der ihn sah, und dachte an jenem Tag nicht mehr daran, nach Gorillas auszuschauen.«

Trotz körperlicher Belastung und Einsamkeit empfand Dian ihr abgeschiedenes Leben nun als zutiefst befriedigend. Sie beschäftigte sich in zahlreichen, äußerst eindringlichen, leicht abstrakten Betrachtungen mit sich selbst:

»Ich muß sagen, daß mein Segeltuchzelt trotz seines Lecks ein glückliches Dach ist. Es strahlt im Morgensonnenschein, wenn der Tag schön ist, und schaut etwas düster drein, wenn ich meine Augen beim Geräusch von Regentropfen öffne. Ich habe das Glück, einen Teeboy zu besitzen, der den Tee morgens um sechs Uhr bringt, ganz gleich, wie sehr ich deshalb mit ihm schelte. Er klopft einmal mit dem Deckel der Teekanne an die Zeltstange und rennt dann fort, so schnell er kann. Sechs Uhr ist eigentlich gar keine so unheilige Stunde, ja, es ist sogar die Zeit des Aufwachens in den meisten Ländern, aber ich glaube, ich werde langsam eine alte Dame – sechs Uhr erscheint mir sehr früh.

Bei Vollmond ist es hier eine Sünde, im Zelt zu bleiben, denn draußen schreien die schneebedeckten Vulkane und die Silhouetten spitzenfeiner Moose und Blätter ihr violettes, schillerndes Verlangen in den silberblauen Himmel. Jeder Baum zeigt seinen eigenen Charakter, wenn er sich vom mondhellen Himmel abhebt – einige sind unheimlich, einige komisch, aber keiner ist einfach ein Baum, und keiner gehört der Welt des Tageslichts an. Walt Disney wäre erfreut, Mr. Pluto kennenzulernen – einen schlaksigen Hypericum-Baum, der mit seinen bemoosten Gliedern Plutos Ebenbild ist – bis hin zum Schnurrbart. Aber auch Mr. Pluto ist, bei Tageslicht betrachtet, nur ein Baum.

In solch einer Nacht das Zelt und seine Petroleumlampen zu verlassen und hinauszutreten bedeutet, daß man trotz gegenteiliger Vorsätze gefangen ist. Die Spitze des Karisimbi glänzt stets von Schnee, und so wie dieses Dreieck leuchten nur die Stoßzähne des einzelgängerischen Elefanten, der durch den Bach vor dem Zelt watet. Wenn ich in solch einer Nacht nach draußen gehe, hebt er seine

Stoßzähne und trompetet, als ob er sagen wollte, die Nacht gehöre ihm und ich sei ein Störenfried. Wenn das geschieht, verzichte ich auf den Anblick der Silhouetten der Bäume, die silberne Phosphoreszenz des Karisimbi und den goldenen Glanz meines Lagerfeuers, weil es stimmt, daß die Nacht den Tieren gehört und ich ein Störenfried bin. Gleichzeitig frage ich mich, warum sich Elefant und Büffel in solchen Nächten um mein Lager versammeln. Tun sie es, weil sie sich sicherer fühlen, oder macht der Anblick des Mondes sie genauso blind gegen jegliche Gefahr wie mich?

In solchen Nächten muß ich einfach dem Einzelgänger nachspüren, wenn er sich scheuert und auf der Wiese grast. Meine Stimme ist nichts als leere Luft in seinen Ohren. Er beachtet weder mich noch meinen Schatten, obwohl ich ihm so nahe bin, daß ich die Hand ausstrecken und ihn berühren könnte. Die Büffel sind jedoch nicht so mondsüchtig: Schnauben und Brüllen kündigt die menschliche Anwesenheit an, bevor man noch ihre länglichen, gelben Augen am Rand der Wiese entdeckt hat.

Warum wohl zieht es der Visoke in solchen Nächten vor, seine mittelmäßige Gestalt hinter Wolkenschleiern zu verbergen, während Karisimbi und Mikeno zum Mond hinauf trompeten und unbedingt ihre prachtvollen Gipfel im silbernen Licht des Vollmonds zeigen wollen? Und warum wohl wollen Eulen und Waldschliefer, wenn die Luft silbern und hell ist, durchaus nicht in die Litanei der Nacht mit einstimmen? In diesen magischen Nächten bleiben sie stumm und überlassen das Feld dem Rauschen des Baches, dem Schnauben der Büffel und dem Trompeten der Elefanten. Sie sparen ihre Anwesenheit für die dunklen Nächte auf, als wüßten sie, daß sie in den Vollmondnächten überflüssig sind.

In den Bäumen meiner Wiese ist eine Öffnung, die mir in meinen magischen Vollmondnächten hier oben den Blick auf die schweren, gewöhnlichen Regenwolken über dem

Tiefland gewährt. Ich bedaure die dort unten unter mir, die den Mond nicht so erleben können, wie er hier oben scheint, obwohl sie die tägliche Sonne so kennen, wie ich sie nicht kennen kann.
Warum müssen alle Afrikaromane anfangen mit: »Die Nacht war warm, der Vollmond schien, die Hyäne bellte, die Moskitos schwärmten«, und so weiter? Warum muß ich mich dafür entschuldigen, daß ich sage, es sei hier immer kalt? Tatsächlich bin ich glücklich, den Mond überhaupt zu sehen, und wenn auch nur als Gespenst – gepriesen sei seine Seele, er ist kühn, sehr kühn, wenn er den Karisimbi erklimmt. Würde sich der Anfang besser machen, wenn ich sagen würde, ich sei ein ganz gewöhnlicher Nobody – ich habe eine sauberes Zelt und nehme jeden Abend ein heißes Bad, aber ich mache keine Safari in Kenia mit. Ich sehe mehr richtig entzündete Wunden und verdammte chronische Fälle von Lepra als Schweitzer, aber ich bin gewiß kein Missionar ...
Gestern verbrachte ich den Tag wie üblich – sechs Stunden Klettern in Schluchten mit siebzig Prozent Steigung, hinein und wieder heraus. Vor der schlimmsten Schlucht weinte ich wie ein Baby bei der Taufe, denn ich kenne eine Angst, und das ist die Höhenangst. Vielleicht habe ich den falschen Beruf gewählt. Ich fange an, so zu denken, weil ich unfähig bin, diese spezielle Angst zu kontrollieren.
Die Menschen haben viele Ängste, zu Recht, einige eingebildet, einige, von denen sie gehört oder gelesen haben, und einige, die gehegt und gepflegt werden müssen, weil sie Mitleid erwecken und somit Aufmerksamkeit erregen. Ich glaube nicht, daß meine Höhenangst jemals Aufmerksamkeit erregen sollte, aber sie ist dennoch real. Nur wenn ich mit ihr kämpfe, fühle ich mich tapfer, trotz aller Anerkennung dafür, daß ich im Kongo oder hier mit den Gorillas arbeite. Die einzige Gefahr, die mir wirklich droht, ist, angesichts eines Gefälles von siebzig Prozent

auf einem moosigen Stein auszurutschen, etwas, worüber ein zweijähriges Kind springen könnte, was mich aber immer noch zu zitternder Schwäche erniedrigt.«

In ihrer Einsamkeit dachte Dian öfter an ihren Vater George Fossey. Obwohl ihre Eltern sich hatten scheiden lassen, als sie sechs Jahre alt war, und ihre Mutter ein Jahr darauf Richard Price geheiratet hatte, war sie ihrem richtigen Vater zugetan. Sie hatte immer noch ein Foto von ihm bei sich, das im Krieg aufgenommen worden war und ihn in Marineuniform zeigte. Als Dian heranwuchs, sehnte sich sich manchmal nach ihrem Vater. Schließlich, im Jahre 1959 in Louisville, erhielt sie einen Brief von ihm. Sie nahmen einen sporadischen Briefwechsel auf.

Manchmal schrieb sie aus Karisoke. Sie schüttete ihm ihr Herz aus wie einem Fremden, zu dem sie eine instinktive Zuneigung verspürte. Er war sehr stolz, als in einer Zeitung in San Rafael, Kalifornien, ein Bericht über Dian und ihre afrikanischen Abenteuer erschien, in dem sie als Tochter von George und Kathryn Fossey aus Fairfax, Kalifornien, bezeichnet wurde.

»Ich habe wieder einen Brief von Daddy bekommen. Es geht ihm nicht gut, aber seine Frau scheint sich um ihn zu kümmern. Ich frage mich, wie er die Virungas finden würde. Er liebte die Wildnis, aber er hatte nie die Möglichkeit, sich daran zu erfreuen. Vielleicht bin ich deswegen hier ...«

Als das Jahr 1967 zu Ende ging, schrieb Dian an Leakey: »Es erscheint mir unmöglich, daß seit dem Beginn meiner Studie im Kongo ein Jahr vergangen ist, denn ich habe nicht einmal die Hälfte dessen, was ich mir in dieser Zeit vorgenommen hatte, erreicht. Ich habe 485 Stunden Beobachtung notiert. Obwohl ich Schaller damit überholt habe, ist es weniger als erhofft. Jetzt bin ich natürlich sehr gespannt, was die nächsten 485 Stunden Beobachtung bringen werden. Ich hoffe, daß ich dann doppelt soviel wie heute wissen werde.

Hatte vor vierzehn Tagen mehrere gute Kontakte mit Gruppe 8 – unglücklicherweise tief im Kongo und sechs Stunden vom Lager entfernt, so daß ich ihnen nicht weiter folgen konnte. Das junge Männchen Peanuts und der Schwarzrücken Samson kamen bis auf vier Meter an mich heran. Wie schon beim ersten Kontakt war diese kleine, aus sechs Mitgliedern bestehende Gruppe ruhig und aufnahmefähig; ihr Reaktionsverhalten war minimal. Auch konnte ich einem schwer verwundeten Silberrücken – dem dritten Leittier von Gruppe 4 – zwei Tage lang folgen, bis ich die Spur verlor. Heute entnahm ich seinen Spuren jedoch, daß er sich so weit erholt hat, daß er seiner Gruppe folgen kann, wenn auch noch im Abstand von einem Tag. Habe auch einige ausgezeichnete Spielserien aufgezeichnet, an denen das Leittier Onkel Bert und jüngere Mitglieder beteiligt waren.«

Die Beobachtung des Spiels war besonders wichtig. Dian begann zu vermuten, daß das Spiel eine Seite des Gorillaverhaltens war, die Menschen im allgemeinen verborgen blieb und die deshalb in der Vergangenheit in Studien des Alltagslebens der Menschenaffen viel zuwenig Beachtung gefunden hatte. Daß die Gorillas Dian erlaubten, bei ihrem Spiel zuzuschauen, zeigt, wie gut sie akzeptiert wurde.

Ein ständiger Dorn in ihrem Auge waren die menschlichen Störenfriede. Sie schrieb Leakey: »Am 23. Januar fahre ich nach Kigali, um mein Visum und die Arbeitsgenehmigung verlängern zu lassen. Gleichzeitig will ich das Ministerium dringend ersuchen, etwas gegen das Vieh und die Wilddiebe zu unternehmen, da die Lage unerträglich ist. Jetzt, nach Beendigung der Regenzeit, sind gewaltige Massen von Mensch und Vieh herbeigeströmt, und das ständige Gebrüll der Tiere und das Geschrei der Menschen hat die Gorillas aus der Gegend vertrieben, mit Ausnahme einer Gruppe, die sich noch am Gipfel des Visoke aufhält. Es ist eine jämmerliche Situation.«

Dians Klagen veranlaßten das Office Rwandais du Tourisme et des Parcs Nationaux (ORTPN), die Patrouillen bewaffneter Parkwächter zu verstärken und ihr zu gestatten, die Hälfte der Wächter beim Vertreiben der Hirten und ihres Viehs aus dem Park in Anspruch zu nehmen. Sie tat dies fast augenblicklich. Aber, wie sie Leakey erklärte: »Die Parkwächter bleiben nicht im Park, sondern kommen nur einmal im Monat oder wenn ich sie anfordere herauf. Unglücklicherweise wurden der Conservateur – das ist der oberste Parkbeamte – und ein Wächter letzte Woche beim Aufstieg von Hirten, die sie auf dem unteren Pfad trafen, angegriffen. Da der Kopf des Wächters dabei etwas abbekommen hat, legte sich ihre Begeisterung, in dieser Gegend Streifen durchzuführen.«

Sie hatte auch einige Schwierigkeiten mit ihren eigenen afrikanischen Camparbeitern, aber sie wußte nun besser mit ihnen umzugehen.

»Einer meiner Spurenleser hat seinen Haschischkonsum gesteigert und mir das Leben im November und fast den ganzen Dezember hindurch schwergemacht. Ich schickte ihn sehr ungern fort, weil er ein guter Spurenleser ist, mußte es aber tun, als er gewalttätig wurde. Vergangene Woche erschien er wieder, und ich mußte über seinen Kopf hinweg schießen, um ihn loszuwerden – er verschwand sofort. Ich meldete die Benutzung meiner Pistole Mr. Descamps, einem belgischen Berater der Parkverwaltung, weil ich möchte, daß der Schuß schriftlich belegt ist, und er wiederum stellte einen Haftbefehl aus für den Fall, daß der Mann zurückkehrt.«

Zwei weitere Probleme plagten Dian: ihre Krankheiten und ihre wachsende Berühmtheit. Im April 1968 wartete sie ungeduldig auf Leakeys Bescheid, ob sie an einem für Juni geplanten Primaten-Symposion in den Vereinigten Staaten teilnehmen dürfe.

»Ein weiterer Grund, weshalb ich nach Amerika gehen möchte, ist der Umstand, daß meine Zähne zu faulen und zu splittern beginnen, obwohl ich vor meiner Einreise den größten Teil meiner Ersparnisse dafür verwendet habe, sie in Ordnung bringen zu lassen. Einer meiner Freunde in Amerika könnte sie viel billiger und schneller reparieren, als dies in Afrika möglich wäre, aber das allein ist keine Rechtfertigung für die Reise, sondern nur ein zusätzlicher Anreiz. Inzwischen sammle ich alle Splitter und behandle mein Zahnfleisch mit einem Zeug, das mein Zeltboy jede Woche aus seinem Dorf heraufbringt – es hilft, die Schmerzen zu lindern, obwohl es aussieht wie eine Mischung aus *merde* und dem Inhalt eines Staubsaugerbeutels.«

Im selben Brief schrieb sie: »Irgendeine verrückte britische Psychiaterin hat versucht, hier heraufzukommen – Descamps hat sie aufgehalten... anscheinend kehrte sie schließlich nach Kigali zurück, wo sie Geschichten verbreitete, daß ich von männlichen Gorillas gejagt und umarmt würde, und jetzt glaubt der amerikanische Botschafter, ich sei reif für eine Anstalt... Descamps berichtete mir von vierzehn weiteren Leuten, die er abgewiesen hat, hauptsächlich Kuriositätensammler und Missionarstypen aus Ruanda. Das macht mich wütend, denn ich finde, Descamps sollte sich nicht damit abplagen müssen, mich vor der Öffentlichkeit zu schützen.«

Im folgenden Monat erhielt Dian von Leakey die Nachricht, für ihre Reise zu dem Primaten-Symposion sei Geld bewilligt worden. Zwei Tage schwebte sie wie auf Wolken. Während sie sich heimlich Geschichten zurechtlegte, die sie bald ihren Freunden in Louisville erzählen würde – zwischen den Besuchen beim Zahnarzt –, war sie im Geist Welten entfernt von den Wäldern Zentralafrikas.

Dann kam ein Telegramm von Alan Root, in dem er ihr mitteilte, daß er den Auftrag habe, im Juni nach Karisoke zu gehen, um sie bei ihrer Arbeit an einem Artikel für »National Geographic« zu filmen.

Die Enttäuschung, auf die Konferenz verzichten und

ein paar Monate länger in Karisoke bleiben zu müssen, wurde ein wenig gemildert, als Leakey versprach, sie im Oktober in die Vereinigten Staaten zu schicken.

Als Alan eintraf, war Dians Zelt durch eine Zwei-Zimmer-Hütte ersetzt worden, die etwa vier mal sechseinhalb Meter groß, aus groben Holzposten erbaut und mit Wellblech verkleidet war – ein Werk, das Alyette de Munck ins Leben gerufen, finanziert und überwacht hatte. Dian strich die Hütte außen grün an, damit sie zum Hintergrund paßte, und dekorierte sie innen mit Binsenmatten, Fellen, Masken und anderen einheimischen Gegenständen. In das große Vorderfenster hängte sie Gardinen aus leuchtend gelbem afrikanischem Baumwolldruck. Als sie fertig war, hatten Hütte und Umgebung etwas Beständiges. Karisoke war nicht mehr nur ein Name – es war ein richtiger Ort.

8

Nachdem Dian so lange allein gelebt hatte, bekam sie das Gefühl, sie werde langsam etwas wunderlich. Daher freute sie sich über Alan Roots Gesellschaft im Sommer 1968. Es war für beide eine produktive Zeit. Alan nahm Hunderte von Metern Film und haufenweise Fotos von den Gorillas auf, als Dian mit ihrem ruandischen Spurenleser die steilen Hänge von Visoke und Karisimbi in allen Richtungen durchstreifte, ihr kleines Reich erforschte und seine natürlichen Bewohner kennenlernte. Bis Ende des Sommers hatte sie neun Gorillagruppen oder -familien aufgespürt. Sie konnte fast achtzig Tiere, denen sie Namen gegeben hatte, voneinander unterscheiden.

Alan Root muße Ende August fort, aber die National Geographic Society beauftragte Robert Campbell, einen anderen Tierfotografen mit Standort Nairobi, die Filmaufnahmen fortzusetzen und auf das Lager in Karisoke aufzupassen, während Dian auf ihre Herbstreise nach den Vereinigten Staaten ging.

Dian lernte den ruhigen, jungen Schotten an und machte ihn mit dem Lagerstab und den Gorillas bekannt. Zu diesem Zeitpunkt erfuhr sie aus einem Telegramm ihrer Stiefmutter Kathryn, daß George Fossey Selbstmord begangen hatte.

Im Tod erschien George Fossey seiner Tochter wirklicher, als er wahrscheinlich je gewesen war. Sie trauerte um ihn. Es war eine Trauer, die geteilt werden mußte, aber es gab im Lager niemanden außer dem frisch angekommenen Bob Campbell. Er erwies sich als mitfühlender Zuhörer – so mitfühlend, daß Dian ihm den ersten, herzzerreißenden Brief zeigte, den sie von ihrem Vater erhalten hatte.

15. April 1959

Meine liebste Dian,
ich kann mir vorstellen, daß Du erstaunt bist, von mir zu hören, aber ich habe Deine Adresse gerade von R.S. in Carte Madera erfahren. Er hat sie von irgendeinem Mädchen aus Larkspur, das mit Dir zur Schule gegangen ist. Vor etwa anderthalb Jahren bat ich Hazel um Deine Adresse, aber sie hat mir nie geantwortet.

Ich bin wieder verheiratet, mein Herz, mit einer ganz wunderbaren Frau, und wir sind sehr glücklich. Es geschah vor zwei Jahren. Zur Zeit wohnen wir in Inverness an der Tomales-Bucht. Es ist sehr schön hier. Es gibt Rotwild, Waschbären und Wachteln. Ich konnte es kaum erwarten, Dir zur schreiben, mein Liebling, um zu erfahren, wie es Dir geht und was Du machst. Ich hörte, daß Du den Gedanken an Tiermedizin und landwirtschaftliche Arbeit aufgegeben und Dich für die Beschäftigungstherapie entschieden hast.

BITTE, schreib Deinem Daddy, und berichte ihm alles. Wenn Du ein Foto von Dir hast, schicke es mir bitte auch. Kathryn liegt viel daran, meine schöne Tochter kennenzulernen. Sie meint, wir sollten vielleicht eine Reise zu Dir machen. Kommst Du überhaupt noch herüber an die Küste?

BITTE, mein Baby, schreib mir, und erzähl mir alles von Dir. Ich möchte so gern von Dir hören, was Du machst und so weiter ... BITTE, mein Baby, bitte schreib.

Alles Liebe
Dein Daddy
George Fossey

Dian zeigte selten ihre tiefsten Gefühle und bedauerte eine Weile, ihren Kummer preisgegeben zu haben, der sowohl ihrer verlorenen Kindheit als auch ihrem verlorenen Vater galt. Bob Campbells leise, aber mitfühlende Reaktion beruhigte sie jedoch.

»Bob ist so freundlich. Er hört zu, aber er machte keine peinlichen Bemerkungen. Wir kommen gut miteinander zurecht, und ich hoffe, er wird nach meiner Rückkehr noch bleiben können.«

Am 24. September 1968 flog Dian von dem winzigen Flugplatz in Gisenyi nach Kigali und von dort aus weiter nach Nairobi. Nach fast zwei Jahren kehrte sie endlich heim in die Vereinigten Staaten. Aber diese zwei Jahre hatten eine neue Frau mit einem neuen Leben aus ihr gemacht, und es war inzwischen nicht mehr ganz sicher, wo ihr wirkliches Zuhause lag.

Sie blieb drei Tage in Nairobi, beriet sich mit Dr. Leakey und kümmerte sich um unerledigte Angelegenheiten bezüglich Karisoke. Dann ging es weiter nach Cambridge, England, wo sie Professor Robert Hinde treffen wollte, der Jane Goodalls Doktorvater gewesen war und nun ihrer werden würde, und schließlich nach Washington zu Gesprächen mit dem Forschungskomitee der National Geographic Society über die zukünftige Finanzierung von Karisoke und zur Bearbeitung des von Alan Root gedrehten Films. Erst nach Erledigung alles Geschäftlichen wollte sie sich Zeit nehmen, das alte Leben, das nun so weit hinter ihr zu liegen schien, zu genießen.

Von Washington reiste Dian nach Louisville. Sie besuchte das Haus auf der Farm, in dem jetzt ein Paar lebte, das sie nicht kannte. Die meiste Zeit verbrachte sie bei Mrs. Henry, Mary Whites Mutter, wo sie einen kleinen Teil der einstigen Freuden wiederfand. Im großen und ganzen jedoch war Louisville eine Enttäuschung. Sie konnte die verständnislosen und manchmal gönnerhaften Reaktionen auf ihre Geschichten aus Afrika nicht vertragen und fand das Leben in Louisville längst nicht mehr so angenehm, wie es ihr in Erinnerung geblieben war.

Gleich nach der ersten Ankunft in den Vereinigten Staaten hatte Dian pflichtschuldigst Kitty Price angerufen. »Glaubst du, du wirst genug Zeit haben, um deine Mutter zu sehen?« hatte Kitty wehleidig gefragt.

»Selbstverständlich. Sobald ich meine Arbeit beendet habe und meine Zähne repariert sind.«

Aber Dian hatte es nicht eilig. Mehrere Tage lang sortierte und katalogisierte sie die vielen hundert Dias, die sie in Kabara und Karisoke gemacht und Mrs. Henry zur Verwahrung geschickt hatte. Einen Tag verbrachte sie im Krankenhaus, wo sie sich eine Wucherung an der Hornhaut ihres rechten Auges entfernen ließ, und viele Stunden auf dem Zahnarztstuhl. Schließlich war es an der Zeit, die warme Sonne Kaliforniens aufzusuchen und einen kühlen Empfang bei den Prices zu ertragen.

»Das Leben, das du führst, reißt uns auseinander«, sagte Kitty vorwurfsvoll. »Warum strafst du uns so?«

»Es ist mein Beruf, Mutter, es ist mein Lebenswerk.«

»Dein Lebenswerk!« Kitty schaute ihren Mann hilfesuchend an.

»Diese schauerlichen Briefe, die du schreibst. Sie haben eine schreckliche Wirkung auf deine Mutter. Muß du ihr dies alles zumuten?«

»Ich schreibe nur die Wahrheit... ich teile das, was ich tue, mit euch. Und es ist das, was ich tun möchte. Das müßt ihr verstehen. Ich bin sechsunddreißig Jahre alt, und es ist schließlich mein Leben.«

Während des Restes ihres Besuches herrschte ein beklommener Waffenstillstand zwischen Dian und den Prices. Es nagte an ihnen, wie Dian Alexie Forrester behandelt hatte, aber dies war ein Thema, worüber sie nicht sprechen wollte.

»*Viel Blabla über Alexie. Welche Chance ich mir verdorben hätte. Mutter weinte richtig darüber und nannte mich eine Idiotin. Schade, daß die beiden ihn nicht heiraten können!*«

Trotz allem konnten die Prices einen gewissen Stolz auf Dians wachsende Berühmtheit nicht unterdrücken. Als sie die lange Reise zurück nach Afrika antrat, schenkten sie ihr einen batteriebetriebenen Kassettenrekorder, für den sie ein paar Kassetten aussuchte: klassische Klaviermusik, die Beatles, Frank Sinatra, Edith Piaf, etwas Jazz und die Filmmusik aus »Doktor Schiwago«.

Die Reise führte zunächst nach London, wo Dian sich in einem Hotel erst einmal richtig ausschlief, um ihren durch die Zeitverschiebung gestörten Rhythmus wieder in Ordnung zu bringen. Dann schloß sie sich Robert Hinde und Louis Leakey zum Abendessen an, das Louis im Haus von Jane Goodalls Mutter, einer alten und sehr lieben Freundin, kochte. Dian war von seinen kulinarischen Anstrengungen nicht beeindruckt.

»Leakey hatte an zwei gebratenen Enten mit afrikanischer Marinade geschuftet und an anderen exotischen Gerichten, die er nebenbei erfand. Er liebt es zu kochen, und Mrs. Goodall läßt ihn auch, aber es bedarf einiger Toleranz, die Küche aufzuräumen, wenn er fertig ist.«

Drei Tage darauf war sie wieder in Afrika. Die treue Rosamond Carr, die geahnt hatte, daß sie an diesem Tag ankommen würde, begrüßte sie auf dem kleinen Flugplatz von Gisenyi und hatte dafür gesorgt, daß Dians Landrover bereitstand.

»Am folgenden Tag, dem Sonntag, brach ich auf, um die farbigen Träger am Fuße des Berges zu informieren, daß ich zurück sei. Sie warteten ebenfalls, nur so auf Verdacht, und vergossen echte Tränen, als sie mich wiedersahen – ich komme einfach nicht darüber hinweg. Ich hinterließ ein paar Mitteilungen, die Robert Campbell auf den Berg gebracht werden sollten, und fuhr dann nach Kisoro, verbrachte die Nacht im ›Traveler's Rest‹, kaufte am Montag früh Nahrungsmittel ein, kehrte dann zurück und stieg zum Lager hinauf. Ich fand alles in bester Ordnung, wenn auch meine Farbigen etwas rührselig

waren und sich wie wild gebärdeten – ich weiß einfach nicht, warum sie mich mögen, denn schließlich fluche ich von morgens bis abends über sie.
Bob Campbell war bereit, eine weitere Nacht zu bleiben und mich über alles, was in meiner Abwesenheit geschehen ist, zu informieren. Das war wirklich nett von ihm, denn ich war schon so weit im Rückstand. Er brach am Dienstagmorgen auf. Seither habe ich sechs Tage umsonst nach den Gorillagruppen gesucht, was sehr entmutigend für mich war.«

Es dauerte ein paar Wochen, bis sie alle gefunden hatte. Ihr Forschungsgebiet schien sich immer weiter auszudehnen. Widerstrebend folgerte sie, daß sie Hilfe brauchte, wenn sie weiterhin allen neun Gruppen auf den Fersen bleiben oder gar den Rest der Virungas durchstreifen wollte, um zu sehen, wie viele Gorillas in dem Gebiet noch lebten.

Die Aussicht, Karisoke mit anderen Weißen zu teilen, erfüllte sie mit gemischten Gefühlen. Obwohl sie sich auf die gelegentlichen Besuche von engen Freunden wie Rosmund Carr, Alyette de Munck und Alan Root freute, hatte sie ihre Einsamkeit und das Gefühl, für alles, was im Lager und in den umliegenden Wäldern und Wiesen geschah, verantwortlich zu sein, lieben- und schätzengelernt. Dennoch drängte sie Leakey, einen Fotografen zu suchen, der gewillt war, längere Zeit in Karisoke zu bleiben und das Leben der Gorillas in Foto und Film zu dokumentieren. Außerdem bat sie um ein oder zwei Studenten, die eine Zählung der Gorillabevölkerung vornehmen sollten.

»Robert Campbell wäre geeignet. Wenn er aber nicht abkömmlich ist, möchte ich darum bitten, daß derjenige, den Sie auswählen, selbständig ist und gewillt, sein eigenes Lager zehn Minuten oder so von meinem entfernt aufzuschlagen, was Sie hoffentlich nicht für eine exzentrische Bitte halten. Ich habe festgestellt, daß ich viel Zeit verliere, die ich lieber für Feldaufzeichnungen und ähnliche Arbeiten verwende, wenn ich für Leute kochen muß oder abends herumsitze und mich unterhalte. Wenn Sie glauben, daß er unter diesen Umständen glücklich wäre und nicht zu der allzu geselligen Sorte gehört, dann würde ich bestimmt mit ihm zurechtkommen.«

Dian hatte große Schwierigkeiten, Gruppe 5 aufzuspüren, und als sie die Gorillas schließlich auf dem Sattel zwischen Visoke und Karisimbi, mehrere Meilen vom Lager entfernt, fand, kam es zu einem unangenehmen Zusammenstoß.

»Die Kinder und Jugendlichen näherten sich vor den Silberrücken, die sich einbildeten, daß die Jungen in Gefahr seien, und sehr bedrohlich wurden. Dann fiel einer von den jungen ›Angebern‹ von seinem Baum fast direkt in meinen Schoß, was eine Reihe von Angriffen seitens der Silberrücken auslöste, die ihre Jungen ›beschützen‹ wollten.

Das aggressive Verhalten der Silberrücken, wenn die sehr Jungen mir ohne ihre ›Zustimmung‹ nahekamen, läßt mich zweifeln, ob es mir jemals gelingen wird, mich buchstäblich unter die Gruppe zu mischen.«

Sie hätte sich nicht so sorgen brauchen. Einen Monat später telegrafierte sie Leakey:

ALLE 6 MITGLIEDER NÄHERN SICH AUF 1,5 BIS 3,3 METER! ERWARTE INNERHALB EINER WOCHE KÖRPERLICHEN KONTAKT. MUSSTE EINFACH MEINE AUFREGUNG MIT IHNEN TEILEN. DIAN

Der körperliche Kontakt, der den höchsten Triumph für ihre unorthodoxen Gewöhnungstechniken und den Lohn für ihre monatelange geduldige Beobachtung bedeuten würde, mußte jedoch warten, denn ihre Feldstudie wurde von einer schmerzlichen zweimonatigen Unterbrechung in Mitleidenschaft gezogen.

Als Dian am 24. Februar 1969 mit ihrem Spurenleser ins Lager zurückkehrte, erwartete sie eine dringende Nachricht von einem befreundeten Arzt in Ruhengeri. Ein junger Gorilla, der von Wilddieben gefangen worden war, befand sich nun in den Händen des Park-Conservateurs, der ihn in der Nähe seines Büros in einem winzigen Käfig hielt.

Am nächsten Morgen stieg Dian den Berg hinab und fuhr nach Ruhengeri. Ihr Ziel war die verfallene Kaserne, in der gegenwärtig die Parkverwaltung untergebracht war. Als sie auf den staubigen Paradeplatz fuhr, wurde ihre Aufmerksamkeit auf einen Haufen schwatzender, lachender Kinder gelenkt, der sich im Eingang eines Garagenschuppens drängte. Dian zwängte sich an einem nagelneuen Landrover vorbei und sah, daß der Anziehungspunkt ein junger Gorilla war, der in einem winzigen, fast völlig dunklen Käfig hockte. Das Tier, ein dreijähriges Männchen, fletschte matt die Zähne, als sie die Kinder verscheuchte und die Käfigtür öffnete, um es sich näher anzuschauen. Das arme Ding schien todkrank zu sein und stank erbärmlich.

Empört stürmte Dian ins Büro des Conservateurs. »Woher kommt dieses Gorillajunge, und was machen Sie damit?« wollte sie wissen.

Obwohl leicht eingeschüchtert von ihrem Zorn, bot der Conservateur ihr tapfer die Stirn. Er erklärte, er habe einen bekannten Wilddieb namens Munyarukiko engagiert, um einen jungen Gorilla zu fangen.

»Warum?« fragte Dian.

»Ein paar nette deutsche Besucher wollen einen Berggorilla, lieber zwei, zum Vorzeigen im Kölner Zoo.«

Es stellte sich heraus, daß die Deutschen dem Conservateur einen Landrover als Anzahlung gegeben hatten, dem eine hohe Geldsumme für »Naturschutz« im Park folgen sollte. Außerdem sollte der Conservateur den Flug nach Köln als Begleiter der Ware bezahlt bekommen.

»Wie Madame sich selbst überzeugt hat, ist der junge Gorilla leider nicht reisefähig.«

Dian fand später heraus, daß die Erfüllung des Auftrags des Kölner Zoos einen hohen Preis gekostet hatte. Alle zehn Erwachsenen einer Gorillagruppe, die auf den Südhängen des Karisimbi lebte, waren beim Versuch, ihre Jungen zu schützen, hingeschlachtet worden. Die Wilddiebe hatten den kleinen Gefangenen an Händen und Füßen mit Draht an Bambusstangen befestigt und drei oder vier Tage darangelassen. Später wurde er in einen Käfig gesteckt, der so klein war, daß er weder aufstehen noch sich umdrehen konnte. Schließlich wurde er mit immer noch gefesselten Gliedern nach Ruhengeri gebracht. Als Dian ihn fand, war er seit zwei oder drei Wochen im Besitz des Conservateurs. Die Wunden von den Drahtfesseln an Handgelenken und Knöcheln hatten sich böse entzündet; das Tier war gefährlich unterernährt und dehydriert und litt unter Atembeschwerden.

Überzeugt, daß das Gorillajunge in Ruhengeri nur noch ein oder zwei Tage überleben würde, war Dian zu jedem Handel mit dem Conservateur bereit, vorausgesetzt, daß sie es nach Karisoke mitnehmen und versorgen konnte. Rasch traf sie ein Abkommen, demzufolge sie versuchen würde, das Tier gesundzupflegen. Wenn das erreicht sei, dürfe es nach Köln geschickt werden.

Während Dians Mitarbeiter die Vorratskammer ihrer Hütte mit viel Laub zum Nestbauen und Fressen in ein Gorillakinderzimmer verwandelten, unternahm sie eine halsbrecherische Fahrt nach Kisoro, um Antibiotika, Salben, Traubenzucker, Vitamine, Dosenmilch und andere Vorräte zu kaufen. Dann transportierten ihre Träger das Junge, das den Namen Coco erhielt, in einem geborgten, oben mit Brettern zugenagelten Laufgitter hinauf nach Karisoke.

Die Feldstudien waren vergessen, während sie das Gorillajunge Tag und Nacht pflegte, ihm mit Medizin versetzte Milch einflößte und es sogar in einer kritischen Phase mit in ihr eigenes Bett nahm. Täglich wurde das

Kinderzimmer leergeräumt, desinfiziert und mit frischem Gras und Zweigen versehen. Am fünften Tag ließ Coco die ersten Zeichen von Besserung erkennen.

Dann, am 4. März, erlebte Dian einen zweiten Schock. Sie hörte Stimmen, ging an die Tür und sah eine Gruppe Träger herannahen, die ein zwischen zwei Bambusstangen hängendes Holzfaß trugen. Sie erriet sofort, was darin war.

Einer der Träger überreichte ihr ein Briefchen von ihrem Freund in Ruhengeri. »Sie haben ein zweites für den Kölner Zoo. Der Conservateur wünscht, daß Du dich darum kümmerst. Ich glaube, er fürchtet sich, Dir selbst zu schreiben. Jedenfalls, hier ist es.«

Am selben Abend schrieb sie rasch einen Brief an Leakeys Sekretärin:

»Ich könnte verrückt werden. Sie haben ein zweites Gorillababy gefangen, ein etwa dreijähriges Weibchen. Es ist jedoch in viel besserer Verfassung als das erste, das, wie ich fürchte, sterben wird.

Ich habe die beiden heute morgen ohne Schwierigkeiten zusammen ins Kinderzimmer gesetzt. Ich befürchte nun aber, daß das zweite sich beim ersten ansteckt, und ich bin nicht sicher, ob ich ihm Antibiotika geben soll, bevor es sie braucht.«

Sie beschrieb die Ernährung und medizinische Behandlung, die sie Coco gegeben hatte, und fuhr dann fort: »Das ist alles, was ich kann und weiß – vielleicht ist es völlig falsch, aber bis Sie den Brief bekommen haben, ist es sowieso zu spät für eine Änderung. Ich wäre Ihnen sehr dankbar für jede Anregung ...

Eine sehr interessante Tatsache ist, daß das neue Baby ebenfalls Schwimmhäute zwischen den Zehen des linken Fußes hat, genau wie das erste. So, wie die beiden aufeinander reagierten, machte es den Eindruck, sie stammten aus derselben Familie, und die Schwimmhäute scheinen dies zu bestätigen ... Es versteht sich von selbst, daß ich meine Feldstudien im Augenblick nicht fortsetzen kann. Ich mache Tag und Nacht Aufzeichnungen über die Babys, habe aber noch nicht angefangen, sie abzutippen.«

Drei Wochen später ging es beiden Jungen gut, und sie schrieb wieder einen Brief an Leakeys Sekretärin.

»Ungefähr drei Stunden täglich spiele ich Gorillamutter. Ich gehe hinaus und sammle das Beste, was der Wald an Köstlichkeiten zu bieten hat, darunter auch reife Brombeeren, und wenn Sie es genau wissen wollen: Sie hatten es noch nie so gut!

Ihr Kot ist nun tadellos – wenn man Kot so nennen kann. Meine einzige Sorge sind die scheußlichen wunden Stellen im Gesicht das Weibchens (das ich übrigens Pukker genannt habe), die sich ausbreiten und ganz und gar nicht gesund aussehen. Ich habe das richtige Mittel dagegen, aber jedesmal wenn ich es aufzutragen versuche, wird unsere Freundschaft empfindlich gestört, und dann vergehen mehrere Tage, bis sie mir wieder vertraut... und jetzt hat auch Coco eine wunde Stelle im Gesicht bekommen.

Ich nehme Coco mit hinaus in den Wald und lasse ihn frei, das heißt, wenn er mich losläßt. Er ist draußen sehr ängstlich. Ich bin fast sicher, daß Pucker ihm folgen würde, aber ich möchte, daß jemand dabei ist, wenn ich auch sie hinauszulassen versuche – sie ist das eigensinnigste, dickköpfigste Tier, das ich kenne. Es würde ihr ähnlich sehen, auf eine fünfundzwanzig Meter hohe Hagenia zu klettern und nicht wieder herunterzukommen...

Ich kann immer noch nicht hinausgehen und die Gruppen beobachten, aber ich fülle ganze Blocks mit Aufzeichnungen über das Verhalten dieser beiden Monster, das natürlich fast genauso ist wie das wilder Jungen und aus solcher Nähe faszinierend zu beobachten. Weil das zweite Tier hinzugekommen ist, brauche ich jetzt wenigstens in der Nacht keine ZLP *(zärtliche Liebe und Pflege) mehr zu verabreichen, aber der größte Teil des Tages geht doch dafür drauf. Und jetzt müssen sie lernen, was ›nein‹ bedeutet, was ziemlich komisch ist, weil sie so bockig sind. Ich bin nicht mehr ganz so unzufrieden über den Aufschub der Feldstudie, zumindest nicht im Augenblick, weil das, was ich jetzt aufzeichnen kann, ein wertvoller Beitrag ist.«*

In ihrer knappen Freizeit hämmerte Dian wie wild auf ihrer klapprigen Olivetti und bombardierte den Bürgermeister von Köln, den Direktor des Kölner Zoos, die Fauna Preservation Society in England und jede nur denkbar andere Instanz, die ihr helfen könnten, den Export der Jungtiere zu verhindern, mit Briefen.

Aber es war alles umsonst.

»Der ›Conservateur‹ ist völlig unzugänglich. Gestern kletterte er herauf ins Lager und verlangte, daß die Gorillas am 4. April in Kigali seien, damit sie am 5. nach Deutschland abgeschickt werden können. Er hatte aber keine Ahnung, wie er das bewerkstelligen sollte, und forderte mich auf, alles für ihn zu erledigen. Er war äußerst nervös, und nach den wenigen Auskünften, die ich aus ihm herausholen konnte, scheint das Ganze eine private Abmachung zwischen ORTPN *– dem Office Rwandais du Tourisme et des Parcs Nationaux – und dem Kölner Zoo zu sein. Ich kann mir vorstellen, daß sie aufgrund der Briefe, die ich an Naturschutzinstanzen geschrieben habe, einigen Druck verspürt haben. Daher also die Eile beim Versand, der rund drei Wochen früher als geplant erfolgen soll. Natürlich kann und will ich die Tiere nicht für immer behalten, das wäre ein bißchen zuviel, aber ich möchte zumindest erreichen, daß Bob Campbell herkommt und sie fotografiert. Dr. Leakey hat arrangiert, daß Bob für sechs Monate hierher zurückkommt. Vielleicht kann ich die ruandischen Behörden mit seiner Unterstützung dazu bewegen, einen Ausweg für*

die Babys zu finden – ich bin sicher, daß eine Rückkehr in die Wildnis immer noch möglich wäre.«

Ein Aufschub sollte jedoch das Äußerste sein, was sie erreichen konnte, und Campbell kam gerade rechtzeitig, um beim Bau der Versandkisten für die Gorillas zu helfen. Vier Tage vor dem Stichtag unternahm Dian einen letzten, vergeblichen Versuch, die Tiere zu retten.

»Sonnabend erhielt ich ein Telegramm von der Fauna Preservation Society, das sich sehr scharf gegen den Export aussprach. Ich hoffte, es würde mir eine letzte Chance geben, sie freizulassen. Bewaffnet mit diesem Telegramm, Polaroidbildern von Käfig, Babys usw. sowie Alyette de Munck als Dolmetscherin machte ich mich Dienstag morgen auf den Weg nach Kigali. Der Ausflug war ein Fehlschlag, was die Freilassung der Babys betrifft. Der Direktor von ORTPN *wollte nichts davon hören und war sehr ungehalten wegen der Verzögerung. Die beiden Tage waren jedoch nicht gänzlich vergeudet. Ich hatte Gelegenheit, die Geschichte einigen anderen Regierungsbeamten zu erzählen, die entsetzt waren über das, was* ORTPN *sich geleistet hat, oder zumindest so taten. Ich schenkte ihnen ein paar Polaroidbilder, die Campbell von den Babys aufgenommen atte, über die sie sich riesig freuten.*

Der Direktor von ORTPN *bot mir an, der Conservateur solle zwei weitere Gorillas für mich fangen! Diese Menschen haben überhaupt kein Schamgefühl. Ich muß jetzt noch einen Bericht abfassen, der das berücksichtigt, was ich in Kigali erfahren habe – schuld ist allein der Kölner Zoo, der die beiden Gorillas haben wollte. Ich hatte ein langes Gespräch mit einem Mitglied der deutschen Botschaft in der Hoffnung, weitere Fänge für dieses Land zu unterbinden. Ich habe ein Gerücht gehört, demzufolge noch zwei weitere deutsche Zoos Gorillas suchen, aber ich kann dies nicht gut in den Bericht aufnehmen, weil es sich nur um ein Gerücht handelt.«*

Die »Babys« flogen am 3. Mai per Jet nach Köln und kamen dank Dians sorgfältigen Reisevorbereitungen in guter Verfassung an.

Sie starben 1978 im Abstand von einem Monat in ihrem Käfig im Zoo, nachdem sie neun Jahre lang für die Unterhaltung des höchsten aller Primaten gedient hatten – des Homo sapiens.

Dians Leben wurde nach der Abreise von Coco und Pukker nicht ruhiger.

»Am 10. Mai erwachte ich um 1.30 Uhr am Morgen und stellte fest, daß die gegenüberliegende Wand und die Decke über dem Kamin in hellen Flammen standen! Ruhig und geistesgegenwärtig, wie ich bin, rannte ich schreiend aus dem Haus, stolperte über den ersten besten Zaun, schaffte es, mit zwei Wasserbehältern aus der Küche zurückzukehren, und goß den Inhalt an die Wand, als meine Leute mit weiterem Wasser angerannt kamen. Oh, was für eine Schweinerei, aber wir konnten das Feuer löschen.

Dann, am nächsten Tag, brach unter meinen Hühnern – die alle Namen haben und seit mehreren Jahren bei mir sind – eine tödliche Krankheit aus, die von zum Verzehr bestimmten Hühnern aus dem Dorf eingeschleppt wurde. Ich habe sie sofort zur Isolierung, medizinischen Behandlung und zum Warmhalten in einzelne Käfige im Inneren der Hütte gesetzt, aber von achtzehn leben nur noch zwei, und ich glaube, eines davon wird heute nacht sterben.«

Die Reparatur ihrer verkohlten Hütte gab Dian die Rechtfertigung für eine allgemeine Verbesserung des Lagers. Alyette de Munck bot ihre Kenntnisse als Bauexpertin an, und dank ihrer Überwachung stand nach vier Tagen ein neues Küchen- und Speisekammergebäude aus Wellblech. Das gestattete den Abriß der alten Küche, die aus Blechplatten und Segeltuch zusammengeflickt war, und des ursprünglichen Nahrungsmittellagerzelts, das unter nicht zu beseitigender Dschungelfäule gelitten hatte. Das Lager bestand nun aus zwei dauerhaften Blechhütten und zwei Zelten, einem für die Arbeiter und einem für Bob Campbell, die beide ein Stück entfernt von Dians Hütte auf der Wiese standen.

Erst runde zwei Monate nach Cocos und Puckers Abzug fand die Feldforschung zu ihrer »normalen« Routine zurück. Bob Campbell mußte in Gorillaspurenlesen und Kontaktetikette unterrichtet werden, eine Aufgabe, die Dian Freude machte, da ihre Zuneigung zu dem ruhigen, sensiblen Schotten täglich wuchs. Die wirkliche Schwierigkeit lag darin, daß eine lange Dürreperiode die Gorillas auf tiefer als üblich gelegene Weidegründe getrieben hatte. Es dauerte mehrere Wochen, bis alle wiedergefunden waren.

Anfang Juli konnte Dian ihre Beobachtungen dort fortsetzen, wo sie im Mai aufgehört hatte.

»Gestern und heute gab es zwei wunderbare Kontakte mit Gruppe 8, hauptsächlich mit Peanuts, der so neugierig und verspielt ist, daß er Nähe sucht. Gestern zeigte er Denkfähigkeit, als er einen Riegel Schokolade, den ich neben mich gelegt hatte, zu erreichen suchte.
Ich hatte viel von diesem Riegel hergemacht. Während ich ihn auswickelte und an einem Ende zu knabbern begann, ahmte ich die Laute nach, die Coco und Pucker gemacht hatten, wenn sie ihr Lieblingsessen verspeisten. Peanuts war in heller Aufregung, als ich den Riegel hinlegte und mich etwas abwandte. Aber anstatt einfach danach zu greifen, versuchte er vorsichtig, die Pflanzenstengel, auf denen er lag, an sich heranzuziehen. Fast hätte er den Riegel gehabt, als dieser plötzlich durch die verfilzten Pflanzen rutschte und außer Sicht hinunter in den Schlamm fiel. Wie wütend er war!«

Das Problem, einen Studenten für die Gorillazählung zu finden, schien gelöst, als Leakey einen jungen Engländer engagierte, den er in Nairobi kennengelernt hatte. Wie

Dian jedoch immer wieder feststellen sollte, brauchten Menschen, die in die Einsamkeit der Virungas mit Gorillas arbeiteten, körperliche und geistige Fähigkeiten, die sie zumeist entweder nicht hatten oder aus Mangel an Interesse für die Tiere nicht unter Beweis stellen wollten.

Der Student erhielt einen Schnellkurs über Gorillas und fand sich bald mit einem eingeborenen Spurenleser in einem Lager ein paar Meilen von Karisoke entfernt wieder. Seine Feldaufzeichnungen, die Dian durch Boten erhielt, wurden bald so absonderlich, daß sie sich Sorgen über seinen Geisteszustand machte. Dann erfuhr sie von ihren Mitarbeitern, daß er ein starker Haschischraucher geworden war. Mitte September bat Dian Leakey um Erlaubnis, B. hinauszuwerfen.

B. erhielt zwar umgehend den Laufpaß, aber die seelischen Erschütterungen der vergangenen Monate hatten ihren Tribut von Dian gefordert. Dieser letzte Rückschlag mit der für ihre Forschung so wichtigen Zählung brachte das Faß zum Überlaufen. Auch ihre Gesundheit hatte sich plötzlich und beunruhigend verschlechtert. Heftige Brustschmerzen ließen sie befürchten, daß sie sich an Tuberkulose angesteckt hatte. Die Angst vor dieser schweren Krankheit hatte ihre Kindheit überschattet und war durch die Erfahrungen, die sie während ihrer Arbeit mit Tuberkulosepatienten im City of Hope Hospital in Duarte, Kalifornien, gesammelt hatte, noch verstärkt worden. Als ein Arzt aus der nahe bei Rosamond Carrs Pflanzung gelegenen Schule der Siebenten-Tags-Adventisten ihren Verdacht bestätigte, wurde sie so unruhig, daß sie Leakey schrieb, sie müsse ihn in Nairobi besuchen.

Leakey war wie immer sehr beschäftigt – entweder stürmte er gerade nach Olduvai, oder er flog nach England, in andere europäische Länder oder in die Vereinigten Staaten, um Geld aufzutreiben und Auszeichnungen entgegenzunehmen –, aber am 8. Oktober hatte er ein freies Wochenende, und er bat Dian, dann nach Nairobi zu kommen.

Leakey versuchte nicht, seine Freude zu verbergen, als er sie am Flughafen empfing. Groß und aufrecht, bequem in Jeans und Arbeitshemd gekleidet, das lange, dichte Haar fest geflochten, war sie eine der eindrucksvollsten Frauen, die er je gesehen hatte.

»Ich tue dies höchst ungern, aber ich bin fast am Ende meiner Weisheit«, sagte sie zur Erklärung ihres Besuches. »Alles hat sich gegen mich verschworen. Coco und Pukker fehlen mir mehr, als ich sagen kann, und ich mag gar nicht daran denken, was im Kölner Zoo mit meinen Babys geschieht. Ich möchte unbedingt mit der Zählung fortfahren, aber ohne vernünftige Hilfe ist das unmöglich. Die Wilderer und Hirten machen mich verrückt. Und als Schlimmstes von allem fürchte ich, Tuberkulose zu haben.«

»Was Sie brauchen, meine Liebe, ist ein richtiger kleiner Urlaub«, sagte Leakey munter. »Eigentlich könnte ich selber auch einen gebrauchen. Überlassen Sie nur alles mir, ich werde etwas organisieren. Inzwischen bringe ich Sie zum besten Arzt in Kenia und lasse Ihre Lungen untersuchen.«

Dian unterzog sich einer Reihe von Tests und erhielt einige Medikamente zur Behandlung ihrer Symptome, mußte aber mehrere Tage auf die Diagnose warten. Unbeeindruckt trieb Leakey seine Pläne voran, und eines schönen Morgens verließen Dian und er Nairobi und gingen auf eine Safari durch die grasbedeckten Ebenen des südlichen Mittelkenia. In Gesellschaft dieses enthusiastischen und hochverehrten, wenn auch nicht mehr jungen Begleiters vergaß Dian ihre Sorgen.

Die von Leakey organisierte Safari war etwas ganz anderes als die anstrengende Fahrt, die Dian sechs Jahre zuvor mit ihrem »großen weißen Jäger« John Alexander gemacht hatte. Die Fahrzeuge waren gut gefedert und klimatisiert. Die Lager waren komfortabel, hatten Schlafzelte mit angebauten Duschkabinen und großen, gemütlichen Betten. Spitzenweine begleiteten die köstlichen Speisen. Unter diesen sybaritischen Umständen war es kein Wunder, daß Dian der Romantik sternklarer Nächte auf der lieblich duftenden Savanne erlag. Bei Leakey passierte noch mehr – er verliebte sich tief und heftig.

Nach einer Woche kehrten sie nach Nairobi zurück, gerade rechtzeitig für Leakeys Abflug nach London. Am Tag seiner Abreise schrieb er Dian nicht weniger als drei Briefe, die so feurig waren wie die eines total verknallten Teenagers. Er war außer sich, daß sie durch so viel Raum und Zeit getrennt wurden, tröstete sich jedoch mit der Erinnerung an die »himmlische Woche« und mit der Überzeugung, daß sie nun zusammengehörten.

9

In den folgenden Wochen erklärte Leakey Dian seine Leidenschaft in zahllosen Briefen, die aber unerwidert blieben, so daß seine Bitten um Antwort immer wehleidiger wurden. Mitte November war er zurück in Nairobi und versuchte verzweifelt, Dian zu sehen oder wenigstens von ihr zu hören. Er schlug vor, wieder eine gemeinsame Safari zu machen, und als dieser Vorschlag ihr keine Antwort entlockte, schrieb er, er wolle ihr einen Rubin schenken, müsse aber Fassung und Größe des Rings mit ihr besprechen. »Ich möchte, daß du ihn bald bekommst, als Zeichen meiner tiefen Zuneigung ...«

Leakeys Briefe blockierten Dian. Immer wenn sie gerade nachdachte, wie sie einen seiner Ergüsse am besten beantworten sollte, brach schon ein neuer über sie herein. Es war ihr peinlich, daß der große Louis Leakey, das Vorbild an Stärke und Zielstrebigkeit, sich so verrannt hatte. Vielleicht fühlte sie sich auch schuldig, weil sie sich immer mehr für Bob Campbell interessierte.

Schließlich schrieb sie Leakey ein kurzes und ziemlich förmliches Briefchen als Anlage zu einem Bericht über einen kürzlichen Besuch in Kabara. Vielleicht hoffte sie, seine Glut würde dadurch gebremst und ihr altes Verhältnis wiederhergestellt, aber vergebens.

Leakeys Antwort strömte über von Freude und Erleichterung über ihre Nachricht. Er war aufrichtig beglückt, der Übermittler guter Nachrichten von dem Arzt zu sein, der sie auf Tuberkulose untersucht hatte und der sich nun ihrer Gesundheit sicher war.

Bewegt von Dankbarkeit und vielleicht auch Mitleid für

den 67jährigen Liebhaber antwortete Dian mit einem herzlichen und vergnügten Brief, in dem sie viele Neuigkeiten über die Gorillas, aber wenig über ihre eigenen Gefühle mitteilte. In ihrem Tagebuch schrieb sie beunruhigt.

»Ich weiß nicht, was ich mit L. machen soll. Mein Gott, was für ein Durcheinander.«

Seine Antwort, die postwendend kam, war überschwenglich. Sie enthielt Pläne für ein Zusammentreffen in Cambridge – eine Aussicht, die sie nicht entzückte, weil sie gehofft hatte, ihre lange Abwesenheit würde seine Leidenschaft abkühlen.

Seit ihrer Rückkehr nach Karisoke war Dian unter einem Berg von Feldaufzeichnungen begraben gewesen, die in Vorbereitung ihres ersten Semesters in Cambridge in Form gebracht werden mußten. Auch die Beobachtungen selbst nahmen sie sehr in Anspruch. Anfang November hatte sie eine Überquerung der Berge nach Kabara im Kongo riskiert, obwohl sie wußte, daß sie eingesperrt werden konnte, falls sie von Parkwächtern oder Soldaten erwischt wurde. Sie wollte jedoch unbedingt wissen, was aus ihren Gorillagruppen in Kabara geworden war.

Obwohl die Entfernung nur acht Kilometer Luftlinie betrug, mußten Dian und zwei Spurenleser fünf Stunden durch strömenden Regen stapfen, bis sie die wohlbekannte Wiese erreichten. Dort fand sie nur eine ihrer ehemaligen Studiengruppen vor, die dazu auch noch stark dezimiert war. Sie traf weder Soldaten noch Parkwächter, dafür aber reichlich Anzeichen von Wilderei. Die ganze Gegend wimmelte von Vieh. Sie und ihre beiden Begleiter nahmen das große Wagnis auf sich, über sechzig Fallen und mehrere von kongolesischen Viehhirten errichtete Schutzhütten zu zerstören, aber das war nur ein Tropfen auf den heißen Stein. Betrübt schätzte sie, daß kaum noch die Hälfte der Gorillas, die sie 1967 in Kabara gekannt hatte, am Leben waren.

Bald nach ihrer Rückkehr von diesem Abenteuer geriet sie in noch größere Gefahr.

»Am 17. November wurde ich von einem kränklichen Wildererhund in die Wade gezwickt, und weil es wirklich nicht tragisch war, scherzte ich darüber. Zu meiner großen Bestürzung regten sich jedoch alle gewaltig auf, und zwar deshalb, weil sechzig Prozent der wilden ruandischen Hunde Tollwut haben, die ohne eine Reihe von Spritzen zu hundert Prozent tödlich ist.
Alle beschworen mich, mir die Spritzen machen zu lassen, aber ich weigerte mich, weil ich einfach keine Zeit hatte – Leakey hörte davon und fuhr zum Nairobier Flughafen, um mir Spritzen, Serum und so weiter schicken zu lassen, aber ich habe sie nicht benutzt. Bei meinem letzten Abstieg vom Berg im Dezember hatte ich das Ganze vergessen. Ich ging hinunter, um meine Post aufzugeben, einzukaufen und Bob Campbell auf den Weg nach Nairobi zu bringen, wo er mit seiner Frau Weihnachten feiern wird. Ich stieg wieder auf den Berg und freute mich schon darauf, die nächsten paar Wochen allein zu sein und alles für meine Reise nach England in Ordnung zu bringen. Aber bald bekam ich am ganzen Körper Schmerzen und konnte mich kaum noch aufrecht halten. Ich hatte Schüttelfrost, Schwindelgefühle, Ohrensausen und eine Temperatur von 40 Grad! Das Folgende war kein Vergnügen. Ich glaubte, Tollwut zu haben – mein einziges medizinisches Buch hier auf dem Berg nannte all dies als Anfangssymptome –, und meinte deshalb, daß ich sterben mußte. Ich war wirklich ziemlich ärgerlich, weil ich noch nicht dazu bereit war. Später am Abend kroch ich zur Eingangstür, schoß meine Pistole ab, um die Farbigen auf mich aufmerksam zu machen, und schickte zwei von ihnen direkt hinunter in das Haus des nächsten Europäers im Hauptquartier des Parks, um Medizin zu verlangen, weil ich sehr krank war. Ich war stolz, daß diese Kerle sich mitten in der Nacht, nur mit einer Taschenlampe verse-

hen, auf den Weg machten, weil die Gegend nachts von Büffeln wimmelt, das einzige, wovor die Afrikaner sich fürchten.

Ich versuchte, die ganze Nacht wach zu bleiben, indem ich mir die Zeit mit dem Lesen eines Taschenbuchs vertrieb. Ich wagte nämlich nicht zu schlafen. Um 5.30 Uhr am nächsten Morgen war meine Matratze naßgeschwitzt, obwohl ich fror.

Dann klopfte M. Descamps an die Tür. Der dumme kleine Belgier wirkte auf mich wie ein Schutzengel. Seine ersten Worte waren: ›Mon Dieu!‹, denn ich sah mittlerweile wohl schon ein bißchen grün aus. Er befahl dem Boy, eine Wanne eiskalten Wassers zu holen, zerrte mich aus dem Bett und wickelte mich in tropfnasse, kalte Tücher, was man nur als reine Marter bezeichnen kann! Nach zehn oder zwanzig Minuten dieser fiebersenkenden Behandlung mußte ich die Kleidung wechseln, und dann ging es unverzüglich zu einem wartenden teepoy *– das ist ein länglicher, von sechs Afrikanern getragener Korb mit stabilem Rand und Tragegriffen. Ich wurde mit einem Berg von Decken in den Korb gepackt, und bevor ich noch kwa heri sagen konnte, transportierten die Männer mich so sanft und ruhig ab, daß ich, abgesehen von dem Vorbeiziehen von Ästen über meinem Kopf, überhaupt nicht das Gefühl hatte, bewegt zu werden. Es war ein ziemlich merkwürdiges Gefühl. Ich hatte wirklich nicht mehr alle meine Sinne beisammen, und trotzdem war ich mir des Schweigens der Träger und der strahlenden, frischen Schönheit des Morgens völlig bewußt.*

Als wir endlich den Landrover erreichten, nahm ich meine Umgebung besser wahr. Ich wurde in das nächste Krankenhaus gebracht und von allen französisch sprechenden Ärzten und Krankenschwestern Ruhengeris als Tollwutkranke betrachtet. Kein Mensch sprach englisch, und ich glaube, ich habe in den vergangenen Tagen mehr Französisch gelernt als in den drei Jahren davor.

Der Tag kam mir vor wie eine ununterbrochene Aneinanderreihung schmerzhafter Spritzen, das Ganze begleitet von Strömen französischer Worte. Es war ein französisch geleitetes Krankenhaus für Farbige, und mein Zimmer schien durchdrungen von dem ständigen Kommen und Gehen des europäischen Mitarbeiterstabs, vom Wimmern kranker Babys, vom Gesumm der Fliegen und vom Geruch der Speisen. Natürlich gab es auch komische Zwischenfälle – wie zum Beispiel die französische Krankenschwester, die anscheinend bei jeder Mahlzeit Knoblauch aß und die in mein Zimmer kam, um zu fragen: ›Comment ça va?‹, wobei sie einen Geruch verströmte, der mich zur nächsten Schüssel stürzen ließ.
Nach drei so verbrachten Tagen und Nächten hatte ich das Gefühl, daß mein Geist noch vor meinem Körper zusammenbrechen würde. Also packte ich meinen Rucksack und schickte mich an, dem Doktor zu sagen, daß ich ginge. Ich beschwerte mich darüber, daß es kein Trinkwasser gab außer dem, das die Krankenschwestern mir von zu Hause mitbrachten, und daß das Essen aus einem entsetzlichen Hotel in Ruhengeri stammte. Es wurde vom Besitzer selbst gebracht, der eine Whiskyfahne hatte und den Toast und Tee für das Frühstück offenbar am Abend zuvor zubereitete, weil er nie vor Mittag aufstand.
Als ich gerade aufbrechen wollte, fuhr Mrs. Carr vor. Sie hatte gehört, daß ich in Schwierigkeiten war, und alles stehen- und liegengelassen, um mir zu helfen. Ich glaube, ich war noch nie so froh, jemanden zu sehen. Innerhalb einer Stunde war ich befreit und auf dem Weg zu ihrer Pflanzung, wo ich noch weitere elf Tage Spritzen gegen die Tollwut bekommen mußte. Dort angekommen, erhielt ich ein wunderschönes Zimmer mit Aussicht auf einen weiten, schönen Garten. Ihre Angestellten bedienten mich von Kopf bis Fuß, bis die Behandlung mit den Spritzen abgeschlossen war.
Am 30. Dezember brach ich auf ins Lager. Gottlob war es

der gleiche Tag, an dem auch Bob Campbell nach Ruhengeri zurückkehrte, und so kletterten wir zusammen den Berg hinauf, wofür wir sehr viel Zeit benötigten.«

Anfang 1970 hörten die anhaltenden Regenfälle auf, und der Nebel verschwand. Der Wald erglänzte wieder im Sonnenschein und lockte Dian aus der Hütte und auf Gorillasuche, bevor sie noch völlig wiederhergestellt war. In Begleitung Bob Campbells erlebte sie zehn fast perfekte Tage, die ihren symbolischen Höhepunkt fanden, als Peanuts, der junge Schwarzrücken von Gruppe 8, die Hand ausstreckte zum ersten jemals verzeichneten körperlichen Kontakt zwischen einem wilden Berggorilla und einem Menschen.

»Peanuts verließ seinen Baum, um ein bißchen herumzustolzieren, bevor er sich in meine Richtung wandte. Er ist ein richtiger Schauspieler. Er trommelte auf seine Brust, warf Blätter in die Luft, tat groß und schlug auf das Laubwerk ringsum – und dann war er plötzlich neben mir. Sein Gesichtsausdruck verriet, daß er mich unterhalten hatte. Nun war ich an der Reihe. Er setzte sich, um mich ›fressen‹ zu sehen, schien aber nicht sonderlich davon beeindruckt, so daß ich etwas anderes versuchte. Ich kratzte mich kräftig am Kopf, wodurch ein Geräusch entstand, das den Gorillas, die sich sehr oft kratzen, bekannt ist.

Peanuts begann sofort, sich auch zu kratzen. Es war unklar, wer wen nachäffte. Dann legte ich mich zurück ins Laubwerk, um so harmlos wie möglich zu wirken, und streckte langsam meine Hand aus. Ich hielt die Handfläche nach oben, da sich die Handflächen von Affen und Menschen ähnlicher sehen als die Handrücken. Als ich glaubte, er habe den ›Gegenstand‹ erkannt, drehte ich meine Hand langsam um und legte sie auf das Laub.

Peanuts schien zu überlegen, ob er meine ausgestreckte Hand, einen bekannten und dennoch merkwürdigen Gegenstand, ergreifen sollte. Schließlich trat er einen

Schritt näher, streckte seine Hand aus und berührte mit seinen Fingern sanft die meinen. Soweit ich weiß, war dies das erste Mal, daß ein wilder Gorilla so dicht daran war, mit einem menschlichen Wesen ›Händchen zu halten‹. Peanuts setzte sich hin und schaute sich meine Hand noch einen Augenblick an. Dann stand er auf und machte seiner Erregung mit einem Brusttrommelwirbel Luft. Darauf schloß er sich wieder seiner Gruppe an und begann rund fünfundzwanzig Meter weiter oben unbekümmert zu fressen. Ich mußte vor freudiger Erregung weinen. Das war das schönste Abschiedsgeschenk, das ich mir denken konnte.«

Das Beste an der ganzen Sache war, daß Bob Campbell das Ereignis in einer Fotoserie festhielt, die »National Geographic« auf einer Doppelseite abdruckte. Dians Gesicht trägt den Ausdruck reinsten Entzückens.

Eine Woche darauf, am 11. Januar 1970, ging sie durch die engen, ehrwürdigen Straßen von Cambridge und suchte den Weg zum Darwin College, einem der ältesten und angesehensten Zentren des Studiums der Naturwissenschaften, wo sie ihr erstes, dreimonatiges Semester als Doktorandin beginnen sollte. Am Anfang war sie entzückt von der Umgebung und angeregt durch die Gesellschaft ihrer Kommilitonen, aber sie änderte ihre Meinung bald.

»Im Winter ist es in diesem Teil Englands dunkel bis etwa 9.00, 9.15 Uhr am Morgen, dann kommen ein paar graue Stunden, so ungefähr bis 16.30, 17.00 Uhr, und danach wird es wieder dunkel. Ich fühle mich wie ein Maulwurf. Robert Hinde, mein Doktorvater, holt mich etwa um 8.30 Uhr ab und fährt mit mir in das Labor in Maddingley, wo ich mich den ganzen Tag mit meinen Feldaufzeichnungen beschäftige und Computer und sonographische Apparate benutze, um die Daten zu verarbeiten.

Ich fühle mich hier nicht besonders glücklich. Es gibt so viele Regeln, die Stadt ist so überfüllt und hektisch, die Menschen sind so schrecklich eingebildet, die Luft ist den ganzen Tag so dumpf, grau und neblig, und Ruhe gibt es überhaupt nicht. Ich glaube, ich muß mich einfach daran gewöhnen – in Afrika hatte ich keine solchen Anpassungsschwierigkeiten, aber jetzt kommt es mir so vor, als wäre ich gesamthaft von anderen abhängig, eine Situation, die ich hasse.«

Leakey, der weit fort und frustriert in Nairobi saß, bat weiterhin um Nachricht – und irgendeine Anerkennung seiner Liebe, aber ohne Erfolg. Dian schrieb kurz, daß sie sich in Cambridge beengt und fremd fühle und nichts für all die Formalitäten übrig habe: »Ich fühle mich nicht wohl bei den Leuten, und der ganze Aufwand scheint die Sache nicht wert zu sein.«

Leakey antwortete mit ein paar Nachrichten, die ihre Laune hoben. Er wollte Robert Hinde dazu überreden, die Zeit, die sie in England verbringen mußte, zu verkürzen. Er schlug sogar vor, daß sie den Plan, ihren Doktor zu machen, aufgeben solle. Das einzige, was er wünschte, war, daß sie ihre Daten der Welt der Wissenschaft so gut wie möglich vorstellte. Er teilte ihr mit, daß er am 5. oder 6. Februar in London ankomme und sie dann dort sehen wolle.

Da Leakeys Reise von den Zuschüssen diverser Stiftungen abhing, mußte er sich an einen strengen Reiseplan halten, doch als er Anfang Februar 1970 auf dem Flughafen von Nairobi den BOAC-Jet bestieg, freute er sich schon sehr auf das Abendessen und das »geruhsame Gespräch« mit Dian, das er in seinen Terminplan hatte hineinzwängen können.

Es sollte nicht sein. Kurz nach seiner Ankunft in London erlitt Leakey einen Herzanfall und wurde in ein Krankenhaus gebracht.

Dian schrieb ihm sofort, aber es verging noch fast ein

Monat, bis sie die anderthalbstündige Zugfahrt nach London unternahm und den Rekonvaleszenten besuchte. Was sich zwischen ihnen abspielte, steht nirgends geschrieben, aber es entstand zumindest kein Bruch in ihrer Beziehung.

Leakey erholte sich gut und fuhr unermüdlich fort zu arbeiten und zu reisen, obwohl Freunde und Ärzte ihm davon abgeraten hatten. Er sah Dian nur bei ein paar Gelegenheiten, wenn ihre Reisewege sich kreuzten, und sie achtete stets darauf, daß diese Begegnungen in neutraler Umgebung stattfanden.

Trotzdem gab Leakey nicht auf, seiner unerwiderten Liebe mit zahllosen, in seiner fast unleserlichen Handschrift gekritzelten Briefen Ausdruck zu verleihen. Auch schrieb er heimlich Vermerke an den unteren Rand seiner »offiziellen«, einer Sekretärin diktierten Korrespondenz. Eine Zeitlang bat er Dian, ihm postlagernd nach Nairobi zu schreiben, und versprach ihr, daß niemand außer ihm die Briefe zu sehen bekommen würde. Er drängte sie immer wieder, den Rubin anzunehmen, den er inzwischen in einen Ring hatte fassen lassen. Sie gab schließlich widerstrebend nach, und der Ring wurde eines ihrer kostbarsten Besitztümer.

Leakeys letzter Brief, der in Dians Ablage überlebt hat, wurde Anfang Januar 1972 geschrieben, als sie wieder in Cambridge war.

Er war verzweifelt. Alle seine Bemühungen, Geld zu beschaffen, schienen schiefzugehen. Die Leute, die versprochen hatten, Birute Galdikas Orang-Utan-Studie finanziell zu unterstützen, hatten sich zurückgezogen. Es fiel ihm sehr schwer, Geld für seine eigene Forschung und für eine Forschungsstation in Tigone aufzutreiben. Er schloß mit dem Wunsch, sie möge ihm »nahe sein, um die schreckliche Ungewißheit zu lindern und ihm Frieden zu geben«. Vielleicht wußte er, daß seine Zeit knapp wurde.

Noch im selben Jahr machte ein zweiter Herzanfall Louis Leakeys Leben und Lieben ein Ende.

10

Dian fühlte sich in Cambridge nie richtig wohl, doch als sie sich im März 1970, am Ende ihres ersten dreimonatigen Semesters, anschickte abzureisen, hatte sie widerwillig eingesehen, daß der Besuch der Universität notwendig war.

»Man muß sich einen Gewerkschaftsausweis für den Sektor Wissenschaft besorgen. Wer nicht mindestens den Doktorgrad erworben hat, bekommt nur schwer finanzielle Unterstützung oder gute Studenten zur Bearbeitung eines Projekts. Ohne den ›großen Grad‹ kann man keinen Eindruck machen, ganz gleich, wie gut man ist.«

Sie plante, im Oktober für ein halbes Jahr nach Cambridge zurückzukehren, stand jedoch vor dem Problem, eine tüchtige Person zu finden, die sich in ihrer Abwesenheit um das Lager und die Gorillas kümmerte.

Diesmal herrschte kein Mangel an Kandidaten. Die Titelgeschichte in der Januarausgabe von »National Geographic«, in der sie über sich und ihre Gorillas berichtete, hatte sie ziemlich berühmt gemacht. In ihrer Post befanden sich zahlreiche Anfragen von Leuten aller Art, die nach Karisoke kommen wollten. Die meisten dieser Freiwilligen konnte sie jedoch nicht gebrauchen.

»Es klingt vielleicht entsetzlich eingebildet, aber ich möchte nicht, daß Hippies, Nassauer und andere ähnlich unqualifizierte, abenteuerlustige Leute, die ›umsonst‹ arbeiten wollen, mein Lager überfallen. Diese Sorte kann sich die Zeit mit Protestieren in Amerika vertreiben – ich will sie hier nicht haben.«

Endlich fand sie einen Kandidaten, der ihr ideal

erschien. Es war ein ehemaliger Lehrer, der auf die Universität Liverpool zurückgekehrt war, das Bakkalaureat in Zoologie erworben und danach in Gefangenschaft lebende Orang-Utans erforscht hatte. Auf der Suche nach Forschungsarbeit auf Doktoratsniveau hatte er Dr. Hinde in Cambridge angeschrieben, und dieser hatte den Brief an Dian weitergereicht.

»Endlich habe ich den richtigen Mann gefunden«, schrieb sie Leakey. »Er heißt Alan Goodall – nicht verwandt mit Jane Goodall! ich weiß, daß er Dir gefallen würde, Louis, denn er ist ehrlich, aufrichtig, intelligent und äußerst engagiert. Er hat Humor, gesunden Menschenverstand, Bescheidenheit und vor allem Reife. Dieser junge Mann ist genau der richtige, um mich zu vertreten, wenn ich nicht im Lager bin. Außerdem könnte er mir bei der Arbeit an besonderen Studienthemen helfen, wenn ich da bin, weil das Ganze zuviel für eine Person geworden ist.«

Alan Goodall war verheiratet, und als Dian ihn in Cambridge interviewte, erwartete seine Frau gerade ihr erstes Kind. Nach der katastrophalen Erfahrung mit dem haschischrauchenden Gorillazähler schien Goodall genau die Charakterfestigkeit und Reife zu verkörpern, die Dian suchte.

Da er Familie hatte, versprach Dian ihm ein kleines Gehalt (monatlich fünfzig Pfund) und die Erstattung der Reisekosten nach Ruanda für Frau und Kind.

Leakey erhob Einspruch. »Bist du da nicht viel zu großzügig? Schließlich bin ich derjenige, der das Geld aufbringen muß.«

»Großzügig!« brauste Dian auf. »Nicht jeder kann umsonst arbeiten! Wenn ich keine vernünftige Hilfe bekomme, muß ich das ganze Projekt aufgeben!«

Leakey kapitulierte. Es wurde abgemacht, daß Goodall auf Karisoke aufpaßte, während Dian für die beiden nächsten Semester nach Cambridge zurückkehrte.

Als Dian im Sommer wieder auf den Virungas war, verbrachte sie so viel Zeit wie möglich bei den Gorillas. Oft wurde sie von Bob Campbell begleitet, der Fotos für einen zweiten, für Oktober 1971 vorgesehenen illustrierten Artikel in »National Geographic« schoß und Filmaufnahmen für die geplante Fernsehsendung machte. Enge Kontakte mit den Gorillas waren nun nichts Ungewöhnliches mehr, und obwohl Campbell unter äußerst schwierigen Bedingungen arbeitete, konnte er einige bemerkenswerte Augenblicke des Umgangs zwischen den beiden Arten festhalten.

Dian freute sich sehr über seine Anwesenheit. Seit sie ihren Kummer über den Tod ihres Vaters mit ihm geteilt hatte, fühlte sie sich zu diesem bescheidenen Mann hingezogen, der so beharrlich und geduldig arbeitete. Manchmal überlegte sie sich, wie er wohl in Nairobi lebte. Zwar wußte sie, daß er verheiratet war, aber sie fragte ihn nie über seine persönlichen Angelegenheiten aus.

Im Laufe ihrer Zusammenarbeit verwandelte sich die Beziehung der beiden von einer rein kollegialen zu einer intensiven persönlichen. Ihm zuliebe färbte Dian sich die Haare, um das Grau zu verdecken, das sich bei ihr schon mit achtunddreißig zeigte. Campbell erweckte ihren Sinn für Häuslichkeit. Es machte ihr Spaß, für ihn zu kochen. An seinem Geburtstag und bei anderen festlichen Gelegenheiten bereitete sie kunstvolle Gerichte zu. Bob Campbell seinerseits hatte einen beruhigenden Einfluß auf ihr sprunghaftes Temperament.

Von Zeit zu Zeit kehrte er nach Nairobi zurück, und Dian fürchtete sich vor diesen Trennungen. Sie vermißte ihn sehr und nahm nachts manchmal Zuflucht zum Alkohol, um die Einsamkeit zu vertreiben. In seiner Abwesenheit verbrachte sie Stunden mit dem Nähen von Gardinen oder nahm andere hausfrauliche Verbesserungen an seiner Unterkunft vor.

Ihr Privatleben beeinträchtigte jedoch weder ihre Gorillastudien noch ihren Kampf gegen Wilderer und Hirten. Unermüdlich und unerbittlich zerbrach sie Fallen, zerstörte Schutzhütten und verjagte Vieh aus dem Park. Im Mai ereignete sich ein gräßlicher Zwischenfall, auf den sie mit solcher Heftigkeit reagierte, daß sie über sich selbst entsetzt war.

»*Ein armer Büffel hatte sich in einer Astgabel festgeklemmt, und einige Tutsi-Hirten waren vorbeigekommen und hatten ihn entdeckt. Sie schnitten das Fleisch von seinen Hinterbeinen und ließen ihn lebend und grausam gemartert zurück. So fanden meine Männer ihn etwas später. Ich lud meine kleine Pistole und ging hin zu dem armen Tier, das immer noch Mut vortäuschte – es schnaubte mit jedem Hauch, der noch in ihm steckte, und verteidigte zäh sein letztes bißchen Leben. Es widerstrebte mir, einen solchen Ausbund von Tapferkeit zu töten. Ich weinte mir fast die Augen aus, als ich seinen Schädel mit Blei vollpumpte. Ich glaube, ich werde diese Augen nie vergessen.*

Die Tötung des armen Tieres hat etwas in mir ausgelöst, was ich nicht für möglich hielt. Ich ertappe mich dabei, daß ich die Grausamkeit der Tutsi räche, indem ich ihr Vieh mit Kugeln verletze. Früher habe ich über, unter oder in die Nähe der Tutsi-Rinder geschossen, aber jetzt schieße ich sie in die Hinterbeine und habe, seit der Büffel gefunden wurde, mehrere von ihnen verkrüppelt.

Das macht mich natürlich nicht besser als die Tutsi, die die Hinterbeine des Büffels abhackten, aber auf einmal ist die ganze Gegend frei von Vieh, und Büffel, Elefanten und Gorilla dürfen in ihre angestammten Gebiete zurückkehren.«

Im September hatte Dian Alan Goodall in Karisoke untergebracht und war wieder unterwegs nach Cambridge mit Zwischenlandung in Los Angeles. Diese Stadt sollte der

Schaupaltz eines Ereignisses sein, das mehr als jedes andere ihren Aufstieg zur Naturwissenschaftlerin von Weltrang beeinflußte. Wieder einmal verdankte sie die Gelegenheit Louis Leakey, der ihren Auftritt als Hauptrednerin bei einem Wohltätigkeitsdiner für die Leakey-Stiftung arrangiert hatte. Der Eintrittspreis betrug eintausend Dollar pro Gedeck. Die Aussicht, ein so reiches und gebildetes Publikum eine Stunde lang unterhalten zu müssen, war Dian nicht ganz geheuer. Doch von dem Augenblick an, in dem sie hinreißend gekleidet das Podium des verdunkelten Ballsaals betrat und in dem weichen Südstaatentonfall, den sie sich in Louisville angewöhnt hatte, das erste ihrer erstaunlichen Gorilladias ansagte, lauschten die Leute gebannt.

Der donnernde Applaus am Ende ihres Vortrags war ein Augenblick reinen Triumphs, der ironischerweise das Ende ihrer Abhängigkeit von Leakey kennzeichnete. Bald würde sie die akademischen Voraussetzungen erfüllen, um Karisoke selbständig zu leiten. Jetzt war sie obendrein sicher, daß sie genug persönlichen Einfluß hatte, um es finanziell zu unterhalten. Als sie eine Woche später den Konferenzsaal der Zentrale von »National Geographic« in Washington betrat, um sich für die Erneuerung und Vergrößerung ihres Forschungsstipendiums einzusetzen, erreichte sie ihr Ziel ohne irgendwelche Unterstützung von Leakey.

Unter Dians Anleitung hatte Alan Goodall den Alltagstrott in Karisoke kennengelernt: Gorillas beobachten und gegen Wilderer und Hirten einschreiten. Er fand es jedoch schwierig, sich an die Einsamkeit und die körperlichen Anstrengungen zu gewöhnen, die mit dem Aufspüren der Gorillas durch dichten Wald und über rauhes Terrain in großen Höhen und oft entsetzlichem Wetter verbunden waren. Nachdem er ein oder zwei Bluffangriffe von Silberrücken erlebt hatte, die auf seine Anwesenheit reagierten, fragte er sich, ob er die Kraft habe, dies alles auszuhalten. Am Tag von Dians Abreise nach Los Angeles hatte er sogar zu kündigen versucht. Emsig weiterpackend redete Dian es ihm aus. In seinem eigenen Buch »The Wandering Gorillas« erinnert er sich an diesen Augenblick:

»Sie lauschte meinem Klagelied aufmerksam und erzählte mir dann, daß auch sie am Anfang ihrer Studie vor drei Jahren sehr deprimiert gewesen sei. Sie erinnerte sich an das erste Mal, als ihre Freundin Alyette de Munck sie auf dem Berg alleingelassen hatte. Als einer ihrer afrikanischen Mitarbeiter mit ihr reden wollte, war sie fortgerannt und hatte sich in ihrer Hütte eingeschlossen. Als sie später seine Worte mit Hilfe eines ›Upcountry Swahili‹-Buchs übersetzte, hatte sie entdeckt, daß er sie nur gefragt hatte, ob sie warmes Wasser brauche! So fürchtet man sich vor dem Unbekannten.«

Obwohl Goodalls Gorillabeobachtungen nach Dians strengen Maßstäben etwas zu wünschen übrigließen, war nicht zu leugnen, daß er einen zielstrebigen und energischen Naturschützer abgab.

Einmal erwischte er tatsächlich einen flüchtenden Wilddieb mit der 0.32-Kaliber-Pistole, die Dian bei ihm gelassen hatte. Es ist unklar, wo genau er den Mann getroffen hatte – Goodall gab zu, ihn ins Bein geschossen zu haben, Dian dagegen glaubte, er sei am Rücken verwundet worden. Der Wilderer erschien im Krankenhaus von Ruhengeri, um sich behandeln zu lassen, und kam in ein Bett, neben dem Alyette de Muncks Gärtner lag. Als Mrs. de Munck von ihrem Gärtner von der Schießerei erfuhr, stürmte sie hinauf nach Karisoke und stellte Goodall zur Rede. Er legte ein tränenreiches Bekenntnis ab, und sie las ihm die Leviten. Zum Glück für ihn drückten die ruandischen Behörden ein Auge zu.

Anfang November hörte Alan ein Gerücht, daß Dorfbewohner am Fuße des Karisimbi mehrere Gorillas getötet hätten. Es dauerte einen halben Tag, bis er begleitet von seiner Frau und einem der Camparbeiter namens Guamhogazi, den Schauplatz erreichte. Sie fanden fünf verstümmelte Kadaver – zwei Silberrücken, einen männlichen Schwarzrücken und zwei erwachsene Weibchen. Die Tiere, die glücklicherweise keiner der Studiengruppen angehörten, waren knapp außerhalb der gegenwärtigen Parkgrenze getötet worden. Sie lagen jedoch innerhalb der ehemaligen Grenze, die anhand einer schmalen Linie von Baumstümpfen immer noch zu erkennen war. Die Körper waren von Hunden, Hyänen und anderen Raubtieren so stark verstümmelt worden, daß die Todesursache nicht mehr genau festgestellt werden konnte. Goodall schloß jedoch aus den vielen kleinen Steinen, die in der Nähe lagen, daß die Tiere von verängstigten Dorfbewohnern gesteinigt worden waren. Der Umstand, daß es sich dabei nur um erwachsene Gorillas handelte, führte ihn zu der Annahme, daß bei dem Massaker ein Junges gefangen worden war.

Als Dian in Cambridge Alans hastig niedergeschriebenen Bericht von dem grausigen Ereignis erhielt, war sie sehr traurig. Sie verwarf die Annahme, daß die Tiere gesteinigt worden waren, obwohl sie wußte, wie schrekkenerregend Gorillas wirken können, wenn man sie bedroht, und wie sehr sich die meisten Bauern vor ihnen fürchteten. Da sich das Ganze ungefähr in derselben Gegend, aus der Coco und Pucker stammten, abgespielt hatte, schloß sie, daß die Gorillas bei der Gefangennahme von für den Zoohandel bestimmten Jungtieren abgeschlachtet worden waren.

Wütend hämmerte sie einen Brief an den Park-Conservateur herunter, in dem sie ihn bezichtigte, hinter den Morden zu stecken, und ihm mit dem Zorn der internationalen Öffentlichkeit drohte. Genauso empört schrieb sie seinem Chef, dem Direktor der Tourismus- und Nationalparkbehörde. Und sie schrieb einem Freund, der bei der

Fluggesellschaft Sabena in Kigali arbeitete, er solle nach den Versandpapieren für ein Gorillababy Ausschau halten. Außerdem schrieb sie jeder nur denkbaren Naturschutzorganisation und machte sie auf das Gemetzel aufmerksam. Sie bat Alyette de Munck, mit Hilfe ihrer Mitarbeiter Informationen über den Zwischenfall aus örtlichen Dorfbewohnern herauszuholen. Als sie den Mördern trotz allem nicht auf die Spur kam, schwor sie, nie wieder so schlecht informiert zu sein. Sie knüpfte ein Netz aus Informanten in Ruhengeri und Kigali, die sie über jede Person auf dem laufenden hielten, die möglicherweise illegalen Handel mit vom Aussterben bedrohten Tieren trieb.

Am 12. März 1971 kehrte Dian nach Karisoke zurück und fühlte sich mehr denn je, als komme sie heim. Doch schon am ersten Abend stritt sie sich mit Alan Goodall, der ihre Hütte allzu nachlässig behandelt hatte.

»Mein Gott«, schimpfte sie, »wie sieht es hier nur aus! Wofür hältst du dies? Für ein Durchgangslager?«

»Nun mach mal einen Punkt, Dian! Ich hab' versucht, so ordentlich wie möglich zu sein.«

»Ordentlich? Zum Teufel, dies ist meine Wohnung! Sie sieht aus wie ein Schweinestall. Du weißt ja gar nicht, wieviel sie mir bedeutet. Du kommst hier herein, benutzt meine Sachen und räumst hinterher nicht auf. Dies ist keine Kommune!«

Nach Dians Rückkehr – und Goodalls Abreise – wurde das Zelt, in dem Bob Campbell den größten Teil des vergangenen Jahres verbracht hatte, durch eine neue Hütte ersetzt. Bald darauf entstand eine vierte Hütte. Dort wohnten nacheinander mehrere Studenten, die für die lange aufgeschobene Zählung der Gorillabevölkerung des Parks engagiert wurden. Die ersten von ihnen hatten die Arbeit schon aufgenommen, als Dian nach Karisoke zurückkehrte. Es waren die beiden jungen Amerikanerinnen Jacqueline Raine und Marshall Smith. Bald darauf sollte der Cambridge-Student Nick Humphrey kommen, gefolgt von Sandy Harcourt, Graeme Groom und vielen anderen. Am Anfang wohnten die Studenten in Buschcamps in abgelegenen Gebieten des Parks, wo die Gorillabevölkerungen noch nicht erfaßt waren. Später, als die Zählung beendet war und der Schwerpunkt sich auf die Erforschung des Gorillaverhaltens verlegte, lebten und arbeiteten Studenten, die Material für ihre eigenen Doktorarbeiten sammelten, direkt in Karisoke.

Lange vor Dians zweiter Abreise nach Cambridge hatten sie und Bob Campbell sich bereits darüber unterhalten, ob er sich nach zehn Ehejahren scheiden lassen solle. Doch als sie sich im März 1971 in Karisoke wiedertrafen, gestand er, daß er seiner Frau nicht erzählt hatte, was geschehen war. Und das Thema Scheidung war überhaupt nicht zur Sprache gekommen.

Obwohl Dian tief betrübt war und ihn für einen Feigling hielt, verzieh sie ihm, und die Affäre ging weiter.

Dian war überzeugt, zum ersten Mal im Leben richtig verliebt zu sein. Obwohl die Erfahrungen in ihrer eigenen Familie sie gegenüber festen Beziehungen mißtrauisch gemacht hatten, weckte Bob in ihr ein großes Verlangen nach einer traditionellen und haltbaren Bindung. Jedesmal wenn er nach Hause nach Nairobi fuhr, hoffte sie, er würde das Problem lösen, aber jedesmal kehrte er nach Karisoke zurück, ohne daß etwas geschehen war.

So verging der Sommer. Dann, Ende November, merkte Dian, daß sie schwanger war.

Es war nicht leicht für eine weiße Frau, im katholischen Ruanda eine Abtreibung vornehmen zu lassen. Schließlich wurde sie von einer belgischen Ärztin ausgeführt, die jenseits der Grenze im Kongo lebte und sich bereit erklärt hatte, nach Gisenye herüberzukommen.

»*1. Dezember: Termin um 11.00 Uhr. Ich habe so etwas noch nie erlebt und scheine inzwischen auch eine Menge vergessen zu haben. Verschluckte meine Zunge während der Operation und lief blau an, bis sie endlich wieder herauskam. Fuhr auf dem Rücksitz von Bobs Wagen zu Rosamond. Der Nyiragongo spie die ganze Nacht – bekam eine Spritze, um schlafen zu können.«*

Nachdem Dian sich vier Tage in Rosamonds Haus bei Gisenyi erholt hatte, wollte sie unbedingt ins Lager zurückkehren. Trotz Rosamonds Protest fuhr sie zum Fuße des Berges und unternahm den Aufstieg. Am selben Nachmittag setzte eine Blutung ein.

»Hatte schreckliche Angst. Plumpste deshalb gleich ins Bett und lag noch darin, als Bob von den Gorillas zurückkehrte und mich fand. Sagte ihm nicht, was los war, und glaube auch nicht, daß er wußte, wie schlimm es war.«

Obwohl sie das Ausmaß der Blutung vor Bob verbergen konnte, blieb er die nächsten drei Tage dicht beim Lager. Am dritten Tag schickte Dian ein Briefchen mit der Bitte um Medikamente in das Krankenhaus von Ruhengeri. Der Träger kehrte mit Pillen und der Aufforderung des mißbilligenden Dr. Weiss zurück, sie solle sofort zur richtigen Behandlung ins Krankenhaus kommen. Dian ignorierte diese Aufforderung und zerstreute Bobs Befürchtungen, indem sie ihm versicherte, die Medikamente, die sie bekommen hatte, würden die Blutung stillen.

Sie irrte sich. Am vierten Tag war sie zu schwach zum Aufstehen. Bob wollte an jenem Tag nach Nairobi fliegen, um seine Frau zu besuchen, und verließ das Lager um zehn Uhr am Morgen. Er machte jedoch in Ruhengeri halt, um sich bei Dr. Weiss nach Dians Zustand zu erkundigen. Was er da erfuhr, beunruhigte ihn so sehr, daß er, anstatt zum Flughafen von Kigali weiterzufahren, in aller Eile zehn Träger und eine Eingeborenentrage mietete. Um 14.30 Uhr stand er wieder an Dians Bett.

»Du mußt hinunter nach Ruhengeri ins Krankenhaus«, beharrte er. »Du kannst nicht allein hierbleiben. Du könntest sterben!«

Dian, die zu schwach war, um länger zu widersprechen, wurde den Berg hinabgetragen. Als Campbell sie im Krankenhaus abgeliefert hatte, nahm er ihr das Versprechen ab, es erst dann zu verlassen, wenn alles in Ordnung sei. Beruhigt machte er sich auf den Weg nach Nairobi.

Zwei Tage später blutete Dian immer noch so heftig, daß Dr. Weiss eine Notoperation vornahm, um ihr Leben zu retten.

»Bekam eine Spritze, die mich beinahe umwarf, weil ich sehr schwach war. Hörte mich nach der Operation selber schreien – sehr peinlich. Bekam Plasma... Fühlte mich beim Aufwachen ziemlich flau. Ernährte mich bis 17.00 Uhr nur von Zigaretten. Arbeitete den größten Teil des Tages und der Nacht am Manuskript für ›National Geographic‹. Dr. Weiss sagte mir, irgend etwas sei dringeblieben und habe den Ärger verursacht. Jetzt keine Blutungen mehr.«

Nur zwei Tage nach der Operation wollte sie trotz der heftigen Proteste von Dr. Weiss unbedingt ins Lager zurückkehren.

»Sie sind verrückt, Mademoiselle. Es könnte weitere Komplikationen geben. Wenn Sie nicht hierbleiben, übernehme ich keine Verantwortung. Was Sie getan haben, war töricht, und noch törichter ist es, jetzt hier fortzugehen.«

»Er war nicht sehr nett zu mir, aber ich achte ihn wegen seiner Integrität, obwohl ich nicht weiß, ob er mir die Wahrheit gesagt hatte. Eine der Krankenschwestern triefte vor falschem Mitleid, weil ich, wie sie sagte, kein Baby mehr bekommen könne. Dr. Weiss meint, das sei Unsinn, aber ich kann nicht vertragen, wie sie mich alle ansehen, als sei ich eine Verbrecherin. Ich muß fort von hier.«

Obwohl Dian sich in den nächsten beiden Wochen in finsterer Stimmung befand – vielleicht aber auch, um ihre schwere Depression zu überwinden –, arbeitete sie bis an die Grenzen ihrer Leistungskraft. Sowohl Rosamond als auch Alyette hatten sie eingeladen, Weihnachten unten zu verbringen, aber es kam für Dian gar nicht in Frage, Karisoke in dieser Jahreszeit zu verlassen. Die Wilderei erreichte nun nämlich ihren Höhepunkt, und außer ihr war niemand da, um die Gorillas zu schützen.

Am Weihnachtsabend verteilte sie die zahlreichen Geschenke, die sie auf ihrer letzten Reise nach den Vereinigten Staaten und England für ihren Lagerstab gekauft hatte, und trank ein paar Flaschen Bier mit den Männern. Später in ihrer eigenen Hütte trank sie allein weiter, bis sie einschlief.

Sie feierte den ersten Weihnachtstag, indem sie in ihrer Hütte blieb, Briefe schrieb und an dem monatlichen Forschungsbericht für die National Geographic Society arbeitete. Bob Campbell würde noch einige Zeit fortbleiben, und während seiner Abwesenheit plante sie, eine neue Toilette, eine Aufbewahrungskiste für Nahrungsmittel und eine Kühlbox für seine Hütte zu bauen. Aber ihre Laune war, gelinde gesagt, ziemlich grimmig.

»*Ging heute morgen hinaus und sah voller Zorn, daß es im Lager von Kühen wimmelte. Holte Pistole und erschoß eine alte Kuh mit einem einzigen Schuß in den Nacken. Sie sank in die Knie, ließ den Kopf fallen und war sofort tot. Zwei Tutsi-Hirten trieben sich in der Nähe herum. Sie hatten Angst, aber ich brüllte ihnen zu, sie sollten sich ihre Kuh holen. Am nächsten Morgen kamen rund vierzehn Männer, zogen die Kuh über die Wiese und zerlegten sie. Sie fürchteten, ich würde auch sie erschießen – alle sehr unterwürfig.*«

Am 5. Januar 1972, nachdem sie mehrere Tage das Gebell eines Twa-Jagdhunds gehört hatte, zog sie allein gegen die Wilderer los.

»*Tag der Großoffensive. Ich ging zu Gruppe 5. Sie wachten langsam auf und zogen weidend nach Camp Gully und darüber hinaus. Ich ging zum Wildererpfad und, als ich keine Fußspuren fand, weiter zur unteren Wiese. Und siehe da, nach einer halben Stunde Wartens tauchen zwei von ihnen auf. Ich ließ sie näher herankommen, bevor ich in Abständen drei Schüsse abfeuerte. Wie sie laufen konnten! Ich wartete ein Weilchen, und als sie sich nicht wieder blicken ließen, kehrte ich ins Lager zurück. Meine Leute waren sehr beeindruckt.«*

Zwei Tage darauf kam ein Trupp bewaffneter Parkwächter mit acht gefangenen Tutsi-Hirten im Schlepptau nach Karisoke. Da es bereits spät am Nachmittag war, erhielten die Wächter die Erlaubnis, über Nacht mit ihren Gefangenen dazubleiben.

»Ich schalt sie alle aus. Nahm einem von ihnen ein Amulettband aus Affenfeld fort. Am folgenden Tag zog ich eine Schwarze-Magie-Schau für die Gefangenen ab. Der Conservateur kam heraufgeklettert, um daran teilzunehmen. Wir setzten Masken auf, gossen Petroleum ins Feuer – äußerst wirkungsvoll. Alle waren sehr erschrocken.«

Dian hatte zumindest ein bißchen Mitleid mit den Viehhirten, obwohl sie ihnen nicht verzieh, wenn sie den Park widerrechtlich betraten. Mit gefangenen Wilddieben ging sie sehr viel härter um. Die Anwendung von »Schwarzer Magie« bei beiden Missetätergruppen war eine Taktik, die sie im Winter 1970/71 sorgfältig ersonnen hatte. Dazu gehörten mehrere Zaubertricks von der Sorte, wie man sie in Spielzeugläden kaufen kann, sowie schauerliche Karnevalsmasken und andere furchterregende Verkleidungen. Die Hirten und Wilderer sollten damit so eingeschüchtert werden, daß sie sich besserten. Solch relativ harmlose Handlungen verdankte Dian ihren späteren Ruf als »zauberkundige« Frau.

Sie wußte Bescheid über Zauberei, weil sie rundum ausgeübt wurde, und respektierte ihre Macht über die Eingeborenen. Walter Baumgartel ebenso wie Rosamond Carr und Alyette de Munck hatten sie mit so mancher

Geschichte über die gelegentlich fatalen Folgen von Flüchen und anderen Formen Schwarzer Magie unterhalten. Dian hatte bereits einen Lagerarbeiter hinausgeworfen, weil er ihr eine Haarlocke gestohlen hatte. Verächtlich bemerkte sie: »Der Dummkopf wollte daraus einen Liebestrank zubereiten und mir verabreichen.« Sie war keineswegs beunruhigt über den Vorfall, aber empört über den damit verbundenen Mangel an Respekt.

Ein andermal bat einer ihrer Camparbeiter sie um ein Darlehen. Er brauchte das Geld, um einen Hexenmeister zu bezahlen, der den bösen Bann eines wütenden Wilderers brechen sollte. Zuerst lehnte sie ab, fügte sich jedoch, als sie feststellte, daß sich die Gesundheit des Mannes besorgniserregend verschlechterte. Ganz sicher sei sie nicht, erzählte sie einem Freund, aber sie habe vielleicht sein Leben gerettet.

Am 20. Januar 1972 kehrte Bob Campbell nach zweiundvierzig Tagen, die Dian sorgfältig gezählt und in denen sie viele Verbesserungen an seiner Hütte vorgenommen hatte, nach Karisoke zurück.

»Bob kam um etwa 17.30 Uhr endlich zurück – er freute sich sehr, mich zu sehen, und zeigte es deutlicher denn je. Wir packten aus in seiner Hütte, und er erzählte mir von dieser Frau J. Ich bin richtig niedergeschlagen. Ich fühle mich, als wäre eine Hälfte in mir gestorben. Er kam zum Abendessen herüber. Danach wurde es sehr laut.«

Sie nahmen ihre Liebesaffäre wieder auf, aber Dian glaubte nun nicht mehr, daß Bob es ehrlich mit ihr meinte. Ihre Befürchtungen schienen sich zu bestätigen, als sie eines Nachmittags in Ruhengeri, wo sie sich beide zum Einkaufen aufhielten, auf der Post einen Brief öffnete. Er stammte von einem gemeinsamen Freund, der nichts von der persönlichen Beziehung zwischen den beiden wußte. Darin stand, daß Campbell überall erzählt hatte, er werde Karisoke bald verlassen. Als Dian ihm dies vorhielt, stritt er es nicht ab.

Auf der sechsstündigen Rückfahrt nach Karisoke war Dian still, hatte jedoch das Gefühl, kurz vor einem Nervenzusammenbruch zu stehen. »Nie habe ich solchen Kummer erlebt«, schrieb sie in ihr Tagebuch.

An jenem Abend saßen die beiden im sanften Licht der Petroleumlampe schweigend in ihrer Hütte, bis Bob es nicht mehr aushalten konnte. »Ich kann ebensogut pakken und gehen«, sagte er. »Willst du das wirklich?«

Dian erwiderte seinen Blick, fühlte sich aber zu elend, um eine Antwort zu riskieren.

»Es mußte wohl so kommen«, fuhr er düster fort. »Ich habe es nicht anders verdient. Ich sagte dir ja, daß du mich eines Tages hassen würdest.«

Der Gedanke an eine Trennung von Bob Campbell war jedoch zu schmerzlich für Dian, und so gingen sie dem Problem wie immer aus dem Weg, indem sie sich liebten.

Es war keine dauerhafte Lösung. In den folgenden beiden Monaten kehrten sie Abend für Abend müde vom Aufspüren, Beobachten und Fotografieren der Gorillas zurück, nur um endlose, intensive Gespräche zu führen, die entweder mit heftigem Streit oder mit Zärtlichkeiten oder mit beidem endeten.

Ende März, als Bob Karisoke wieder einmal verließ, um vierzehn Tage Urlaub in Nairobi zu machen, sagte Dian ihm zärtlich, wie sehr sie ihn liebte. »Dann vertraue mir ein bißchen mehr«, bat er, und seine Augen füllten sich mit Tränen. Als sie ihn hinter seinen Trägern den Berg hinabsteigen sah, erfüllt sie Schmerz und Wut, so daß sie Zuflucht zu einer Schlaftablette nahm.

Als Bobs Rückkehr drei Tage überfällig war, stieg Panik in ihr auf. Stundenlang stand sie vor ihrer Hütte und hielt nach ihm Ausschau. Sie wartete und lauschte und wurde immer unruhiger.

Als er zwei Tage später die Wiese betrat, war sie überglücklich. Aber die Saat des Mißtrauens hatte Wurzeln geschlagen, und Dian glaubte nun nicht mehr, daß er ihretwegen seine Frau verlassen würde. Obwohl sie körperlich zusammenblieben, war es für beide eine Zeit wachsender Qual und Traurigkeit.

Der Zustand wurde unerträglich. Am 29. Mai 1972 verließ Bob Campbell Karisoke für immer. Es war ein trauriger Abschied.

»›Ich liebe dich, Dian – ich weiß nur nicht, wie ich es ausdrücken soll.‹ Das sagte Bob mir heute und weinte, weinte, weinte. Ich antwortete, ich wünschte, daß er glücklich sei, und er verbarg sein Gesicht und weinte noch mehr.«

Zwei Tage später:

»Ich fing zeitig an zu trinken und war daher schon am Nachmittag hinüber. Machte dem armen, kleinen Nemeye wegen ein paar Zelten unverdientermaßen die Hölle heiß. Fiel schließlich ins Bett, nachdem ich ihm ein paar schreckliche Briefe und Telegramme geschrieben hatte, die ich aber nicht abschicken werde. Bei Gott, ich hoffe, es kommt bald jemand hier herauf.«

Es kam aber niemand, und anstatt Trost bei Freunden unten im Tal zu suchen, blieb sie trotzig im Lager. Die folgenden beiden Monate verbrachte sie in tiefer Verzweiflung und trank oft den ganzen Tag. Ihre beiden Oberspurenleser Nemeye und Rwelekana mußten die Gorillagruppen fast ganz allein überwachen. Das einzige, was sie fertigbrachte, war, Bob Campbells Hütte auszuräumen und neu zu streichen. Erst Mitte Juli, als sie damit fertig war, besserte sich ihre Stimmung, und sie stürzte sich wieder auf ihre Arbeit. Wie zuvor erwies sich auch diesmal der Kontakt mit den Gorillas als beste Medizin.

»12. Juli: Ging am Vormittag auf die Suche nach Gruppe 4 in Amoks Gebiet, aber Onkel Bert wirkte erregt und warnte laut, obwohl er uns nicht sah. Ließ Nemeye jedenfalls zurück und schloß mich der Gruppe eine Weile an, bis sie sich in eine Schlucht und einen steilen Hang hinauf entfernte, wohin ich ihr nicht folgen konnte. Sah

ihnen beim Fressen zu und ließ sie dann ziehen. Kehrte kurz ins Lager zurück. Dann ging es weiter zu Gruppe 5, die Nemeye auf dem zweiten Hügel des Sattels gefunden hatte. Sehr netter enger, aber kurzer Kontakt. Kehrte müde heim. Ein Bongo – eine seltene Antilope – kläffte nachts zweimal an meinem Fenster. Hörte Onkel Bert um 22.30 Uhr brusttrommeln – klang wie von hoch oben. Werde ihn morgen wieder besuchen.

13. Juli: Sah um 8.40 kurz einen Waldschliefer. Hatte einen sagenhaften Kontakt mit Gruppe 4. Unternahm ein Experiment – zeigte den Tieren einen Spiegel –, und es klappte tatsächlich. Simba und andere waren sehr neugierig. Ich war begeistert, wie sie sich versammelten und wie Damen hineinschauten. Onkel Bert und der junge Schwarzrücken Digit sahen kurz zu und entfernten sich dann, als ob so etwas Albernes sie langweilte.

Habe Kanyaragana beigebracht, wie man amerikanisch kocht. Heute hat er ein gegrilltes Käsesandwich mit Wackelpudding obendrauf zubereitet. Was habe ich falsch gemacht?«

11

Als Dian aus den Tiefen ihrer Verzweiflung auftauchte, begann für sie eine der heitersten und produktivsten Perioden ihres Lebens. Da der Weg zur Doktorwürde nun sicher vor ihr lag und da einige Studenten aus Cambridge und von anderswo her ihr regelmäßig halfen und gern nach Karisoke kamen, konnte Dian ihrer Lieblingsbeschäftigung – dem Beisammensein mit ihren Gorillas – viel mehr Zeit widmen.

Im Jahre 1972 lebten sechsundneunzig Gorillas in acht Familiengruppen in oder am Rande ihres Studiengebiets. Während Studenten und der Stab von Spurenlesern die anderen beobachteten, verbrachte Dian viel Zeit mit Gruppe 4, die ihre Anwesenheit so völlig akzeptierte, daß sie praktisch ein echtes Familienmitglied geworden war.

Dies war die Gruppe, zu der sie die Wilderer an ihrem ersten Tag in Karisoke geführt hatten. Damals zählte sie vierzehn Mitglieder unter der Führung eines alten Silberrückens, den sie wegen seines seltsamen, pferdeähnlichen Gewiehers Whinny genannt hatte. Als Whinny 1968 starb, banden Dian und eine Gruppe Träger den Leichnam an Bambusstangen und trugen ihn in das Krankenhaus von Ruhengeri, wo eine Autopsie vorgenommen wurde. Der Patriarch, dessen Alter sie auf etwa dreißig Jahre schätzte, hatte an mindestens drei Krankheiten gelitten, die seinen Tod ausgelöst haben konnten: einer Bauchfellentzündung, an einer Infektion der Hirnhäute, vielleicht sogar Gehirnhautentzündung, und schließlich an einem fortgeschrittenen Lungenleiden, das auch der Grund für sein typisches »Gewieher« gewesen war.

In der Gruppe lebten zwei jüngere Silberrücken, Onkel Bert und Amok. Die Führungsrolle fiel an Onkel Bert. Dian hatte den Eindruck, als litte sein Halbbruder Amok an einer Art chronischer Krankheit, die der Grund für sein unberechenbares Verhalten war. Er entwickelte sich zum einsamen Außenseiter am Rande der Gruppe und verschwand eines Tages ganz.

Onkel Bert, von Dian liebevoll so genannt nach dem wohlhabenden Onkel, der ihr in jüngeren Jahren manchmal finanziell zu Hilfe gekommen war, hatte tatsächlich etwas Onkelhaftes und tollte oft mit den Jungtieren der Gruppe herum. Den ältesten Schwarzrücken – das heißt ein noch nicht voll entwickeltes männliches Tier – taufte sie Digit (Finger), weil er einen verkrümmten Finger hatte. Als sie ihn im Jahre 1967 zum ersten Mal sah, schätzte sie sein Alter auf fünf Jahre. 1972 war er immer noch so jung, daß er am akrobatischen Spiel der Jungtiere teilnahm, aber alt genug, um sich langsam um den Schutz der Familie zu kümmern.

Von den beiden rangältesten Weibchen der Gruppe war die streitsüchtige Old Goat (Alte Geiß) die geborene Stammutter. Mrs. X, ein weiteres älteres Weibchen, war körperlich nicht ganz so gesund. Nach Whinnys Tod wurde sie allmählich immer schwächer und verschwand eines Tages ebenfalls.

In diesem fünften Jahr ihrer Forschung beobachtete Dian, wie sich die Gruppe durch drei Todesfälle, drei Geburten und die Abwanderung von drei jungen Weibchen verwandelte. In der ausführlichen, langzeitigen Aufzeichnung und Interpretation inner- und außerhalb der Gruppe erfolgter Veränderungen lag der einzigartige Wert von Dians Studie. Sie war sich jedoch wohl bewußt, daß man die Berggorillas über mehrere Generationen beobachten mußte, wenn man behaupten wollte, ihre gesellschaftlichen Beziehungen genau zu verstehen.

Oft wurde Dian von den Jungtieren von Gruppe 4

bedrängt, die sie fast wie ihresgleichen behandelten. Vor allem Digit schien ihre Anwesenheit zu begrüßen. Bei solchen Gelegenheiten vergaß Dian das Aufzeichnen und gab sich dem reinen Vergnügen hin, akzeptiert zu werden. Sie pflegte die Körper ihrer Freunde und ließ sich von ihnen pflegen. Sie döste mit ihnen in der Sonne. Sie kitzelte die Jungen und tauschte verständnisvolle Rülpser mit den älteren Weibchen aus. Sie nannte diese intimen Kontakte »unaussprechlich aufregend« und war dabei oft zu Tränen gerührt.

»Ich erhielt den Eindruck, daß Digit sich auf den täglichen Kontakt mit den Beobachtern von Karisoke freute und ihn als äußerst unterhaltsam betrachtete... Er wirkte befriedigt, wenn ich Fremde mitbrachte. Dann ignorierte er mich völlig und untersuchte jeden Neuankömmling durch Schnuppern oder leichte Berührungen von Kleidung und Haaren. Wenn ich allein kam, forderte er mich oft zum Spielen auf, indem er sich auf den Rücken plumpsen ließ, mit seinen Stummelbeinen in der Luft wedelte und mich lächelnd ansah als wollte er sagen: ›Wie könntest du mir widerstehen?‹ Ich fürchte, bei solchen Gelegenheiten schrumpfte meine wissenschaftliche Distanz. (Aus ›Gorillas in the Mist‹.)«

Auch als Digit reifer und ernster wurde, blieb das Band zwischen ihnen bestehen.

Als Dian eines kalten, regnerischen Tages Kontakt mit Gruppe 4 aufnahm, ging sie nicht gleich zu Digit, der sich in etwa zehn Meter Entfernung von den anderen Tieren zum Schutz gegen den Regen zusammengekauert hatte. Sie wollte sich nicht in seine zunehmende Unabhängigkeit eindrängen. So überließ sie ihn seiner Einsamkeit und hockte sich ein paar Meter entfernt von den zusammengekauerten Gestalten der Hauptgruppe nieder, die im dichten Nebel kaum zu sehen waren. Nach ein paar Minuten spürte sie, wie sich ein Arm um ihre Schultern legte, und schaute empor in Digits sanfte, freundliche braune Augen. Gedankenvoll sah er auf sie herab, tätschelte ihren Kopf und setzte sich dann neben sie.

»Ich legte meinen Kopf auf Digits Schoß, eine Stellung, die sowohl Wärme spendete als auch einen idealen Ausblick auf seine Halsverletzung gestattete. Die Wunde eiterte nicht mehr, hatte aber eine tiefe Narbe hinterlassen, von der aus ein dichtes Netz von Runzeln seinen Hals in alle Richtungen überzog.
Vorsichtig holte ich meine Kamera hervor, um eine Aufnahme von der Narbe zu machen. Ich konnte sie jedoch nicht scharf einstellen, da die Entfernung zu gering war. Etwa eine halbe Stunde später hörte der Nieselregen auf. Ohne Vorwarnung legte Digit seinen Kopf zurück und gähnte tief. Rasch drückte ich auf den Auslöser. Auf dem Foto wirkt mein sanfter Digit wie ein King-Kong-Monster, weil der durch das Gähnen weitgeöffnete Mund seine gewaltigen Eckzähne höchst eindrucksvoll zur Geltung bringt.«

Digit hatte sich die Halswunde bei einem heftigen Zusammenstoß zwischen den Gruppen 4 und 8 zugezogen. Als selbsternannter Grenzwächter seiner Gruppe hatte er die Eindringlinge zuerst gesehen und sich ihnen entgegengeworfen. Die dabei empfangene Wunde entzündete sich heftig. Er zog sich immer mehr zurück, bis Dian fürchtete, er würde wie Amok enden. Zum Glück erwies sich ihre Befürchtung als falsch.

Wie tief Dians Zuneigung zu den Gorillas war, konnten andere Menschen selten verstehen. Dian selbst fiel es nicht leicht, sie in Worte zu fassen. Manchmal war sie dicht daran.

»Ich hörte ein Geräusch im Laubwerk neben mir und schaute direkt in das wunderbar vertrauensvolle Gesicht Machos, die dastand und zu mir aufsah. Sie hatte ihre Gruppe verlassen und war zu mir herübergekommen. Ihre Augen verrieten so viel Sanftheit, Ruhe und Vertrauen, daß ich überwältigt war von der ungewöhnlichen

Enge unserer Beziehung. Der Wert ihres Geschenks wird ewig bestehen.«

Niemand, der einige Zeit in der Gesellschaft wilder Berggorillas verbracht hat, kann sich des Eindrucks einer gewissen Verwandtschaft entziehen. Dian sah dies als selbstverständlich an. Die wesentlichen Worte an dieser aufschlußreichen Textstelle sind *Sanftheit, Ruhe* und *Vertrauen*, drei Elemente, die sie in vielen Verbindungen mit ihren eigenen Artgenossen so schmerzlich vermißte.

Gorillas waren durchaus nicht ihre einzigen tierischen Freunde. Ihr Lieblingshahn Dezi erfreute sich der Gesellschaft eines ständig wachsenden Harems von Hennen, die Dians liebevolle Zuneigung vor dem Kochtopf bewahrte. Und sie machte sich große Sorgen, wenn Charles und Yvonne, zwei Raben, die sie mit Essensresten fütterte, zur Tischzeit nicht erschienen. Sie schaute sogar liebevoll zu, wenn an den stillen Abenden Mäuse über den Fußboden ihrer Hütte huschten.

»Heute abend paarten sich Mäuse – zwei führten mitten auf dem Fußboden einen Boxkampf auf – sehr komisch.«

Sie überschüttete ihren Hund Cindy und ihren Affen Kima mit Zuneigung. 1969 war auf einer dörflichen Tankstelle ein Mann mit »unstetem Blick« auf sie zugetreten und hatte ihr für dreißig Dollar den geheimnisvollen Inhalt eines Strohkorbs angeboten. Dian packte den Korb, nahm den Deckel ab und fand darin den zerzausten kleinen Affen Kima kauern. Sie stellte den Korb sicher auf den Sitz neben sich, ließ den Landrover an und fuhr los – nicht ohne den unseligen Händler mit einer wilden Schmährede über die Gesetzwidrigkeit und Unmoral des Affenfangs zu überschütten.

Gegen den Rat von Freunden, darunter Louis Leakey und Rosamond Carr, die Affen besessen hatten und wußten, wie anstrengend sie sein konnten, beschloß Dian, das zweijährige Weibchen zu behalten. Sie zügelte Kimas Zerstörungstrieb einigermaßen, indem sie ihr Flickenpuppen gab, die sie anfangs aus Socken herstellte und später gebrauchsfertig aus den Vereinigten Staaten bezog. Trotzdem stellte Kima regelmäßig das Lager auf den Kopf. Obwohl das Äffchen reichlich Bambusschößlinge, Obst und Gemüse erhielt, entwickelte es eine Vorliebe für menschliche Kost einschließlich Bier, und danach war niemandes Essen oder Pombe mehr vor ihm sicher.

Kima durfte tagsüber das Lager durchstreifen. Sie erschreckte Besucher – vor allem afrikanische –, indem sie sie kreischend und beißend angriff. Häufig biß sie Dian in die Hand, wenn diese sie abends hereinholte. Gelegentlich waren die Bisse gefährlich – einmal durchtrennte sie einen Muskel am untersten Glied von Dians Zeigefinger. Die Wunde schmerzte wochenlang, aber Dian nahm Kima den Zwischenfall nicht übel. Nachts und bei schlechtem Wetter durfte das Äffchen sich frei in der Hütte bewegen. Häufig schlief es bei seiner Herrin. Dian ertrug die Anfälle von Zerstörungswut geduldig; offenbar betrachtete sie sie als Strafe, die sie zahlen mußte, weil sie das Tier zum Haustier gemacht hatte.

Cindy war im Sommer 1968 als Welpe zu Dian gekommen. Sie war ein Geschenk von Freunden von »unten«, wie sie die Welt unterhalb der Vulkane nannte. Dies war der Hund, nach dem sich Dian ihre ganze Kindheit gesehnt und den sie nie bekommen hatte. Die große braune Boxerhündin war ihr von all ihren Tieren das liebste.

Als Cindy etwa neun Monate alt war, lief sie eines Tages, während Dian irgendwo bei den Gorillas war, den Trägerpfad hinunter und verschwand. Als Dian naß und erschöpft ins Lager zurückkehrte und von ihren Mitarbeitern erfuhr, daß Cindy fort und wahrscheinlich gestohlen war, verwandelte sie sich in einen Racheengel. Angetrieben von Dian folgten die Spurenleser dem Hund den Pfad entlang, bis sich die Abdrücke seiner Pfoten mit denen der bloßen Füße einer Gruppe von Männern vermischten und plötzlich aufhörten. Offenbar war er von Viehhirten oder Wilddieben gepackt und mitgenommen worden. Daraufhin ersann Dian einen kühnen Plan, um den Hund zurückzuholen. Zusammen mit ihren Leuten umzingelte sie mehrere Dutzend Tutsi-Rinder und pferchte sie neben ihrer Hütte ein. Dann beauftragte sie ihre Spurenleser, die Botschaft durch den Wald zu rufen, daß sie für jeden Tag, den Cindy verschwunden blieb, eine Kuh erschießen würde.

Gegen Morgen wagte sich der unglückliche Tutsi-Hirte, dessen Vieh Dian in Geiselhaft hielt, scheu an den Rand der Lichtung und berichtete, daß der Hund im *ikibooga*, das heißt im Jagdlager, einer von einem Twa namens Munyarukiko angeführten Wildererbande ausfindig gemacht worden war. Das war derselbe Mann, der Coco und Pucker gefangen hatte, nachdem fast alle Gorillas ihrer Gruppe abgeschlachtet worden waren.

Das *ikibooga* lag so weit von Karisoke entfernt, daß Dian es wegen des Zustands ihrer Lungen nicht schnell genug erreichen konnte. So bewaffnete sie ihre Lagermitarbeiter mit Karnevalsmasken und Knallfröschen und schickte sie los. Stunden später kehrten sie mit dem Hund zurück. Unter schallendem Gelächter berichteten sie der sehr erleichterten Dian von der heillosen Flucht der Wilderer angesichts des maskierten und mit Knallkörpern bewaffneten Überfalls. Die Eigentümer erhielten ihr Vieh zurück, das Lagerpersonal wurde belohnt, und das Leben in Karisoke kam wieder zur Ruhe.

Ein Jahr darauf wurde Cindy wiederum von dem unverbesserlichen Munyarukiko und seiner Bande gestohlen. Diesmal wurde sie von dem Vater des Tutsi-Hirten gerettet, der sie nach der ersten Entführung gefunden hatte. Bei der Rückgabe erntete dieser hochgewachsene, würdevolle alte Mann eine anständige Belohnung und Dians ewige Dankbarkeit, die seinem Sohn später einmal zu einer Arbeitsstelle in Karisoke verhelfen sollte.

Dian mußte noch bis Februar 1972 warten, bis sie mit Munyarukiko quitt wurde, doch als diese Gelegenheit kam, genoß sie sie in vollen Zügen.

»*Kam heim von Gruppe 5 und fand Parkwächter hier mit Munyarukiko. Welche Freude! Es brauchte vier von ihnen, um ihn zu fangen. Trotzdem entwischte er, während die Wächter mit mir sprachen, aber sie fingen ihn wieder ein und brachten ihn zurück. Ich spuckte ihn an und schlug ihn, und dann führten wir unsere Zauberschau vor, diesmal zusätzlich mit Tränengas. Dann ketteten wir ihn in der Männerhütte an.*«

Am Morgen begleitete Dian Munyarukiko und seine bewaffnete Eskorte den Berg hinunter zum Büro des Polizeipräfekten in Ruhengeri, wo er eingesperrt wurde. Ein paar Tage darauf wurde er wegen Wilderei zu zwei Jahren Gefängnis verurteilt. Dian gab jedem der vier Parkwächter fünfundzwanzig Dollar. Das war für die Männer ein kleines Vermögen und auch für Dian nicht gerade wenig, aber sie betrachtete es als Vorschuß auf eine bessere Bewachung des Parks.

Dian hatte keine Nachsicht mit Menschen, die Tiere mißhandelten.

»*Als ich auf der Ranch in Montana arbeitete, war da ein richtiges Ekel von einem Jäger, der mit Wonne Erdhörnchen mit Schlingen fing. Dann hängte er die zappelnden und strampelnden Tiere an einen Zaun und benutzte sie als Zielscheibe für Schießübungen mit seinem großen Jagdgewehr. Als ich ihm befahl, aufzuhören, lachte er bloß und sagte: ›Hau ab!‹ Er übte nämlich für die Jagdsaison, in der er Rotwild und was sich sonst noch bewegt jagen wollte. Nun, irgend jemand muß Matsch in sein Gewehr getan haben, denn eines Tages explodierte es ihm in den Händen, und der Rückstoß brach ihm das Nasenbein. Das geschah ihm wirklich recht!*«

Als Dian und ein Student eines Tages bei einem Besuch in Ruhengeri die staubige Hauptstraße entlangfuhren, sahen sie, wie ein Mann einen kranken und halbverhungerten Schäferhund schlug. Der Kombi stand noch nicht, als Dian schon aus der Tür schoß und dem Tier zu Hilfe eilte. Der Quälgeist suchte das Weite, und Dian erfuhr von Zuschauern, daß der Hund einer Amerikanerin gehörte, die mit einem Afrikaner verheiratet war. Dian lud das Tier hinten in ihren Kombi, fuhr zu dem Haus der Frau und teilte ihr sehr beherrscht mit, daß sie den Hund mit oder ohne Erlaubnis nach Karisoke mitnehmen und gesundpflegen werde. Die Besitzerin, die einen Kopf kleiner als Dian war, fügte sich wortlos, nahm jedoch später all ihren Mut zusammen, rief Dian in ihrem Hotel an und beschuldigte sie, das Tier gestohlen zu haben.

In Karisoke mußte ein murrender Student einen Hundezwinger aus Maschendraht bauen und das Tier unter Dians Aufsicht gesundpflegen. Seine Besitzerin erhielt es schließlich zurück, mit strengen Anweisungen für seine zukünftige Behandlung und der Warnung, es würde ihr für immer weggenommen, wenn sie es noch einmal quälte.

Dian war weiterhin voreingenommen gegenüber den meisten Studenten, die nach Karisoke kamen, um dort zu arbeiten. Vor allem ihre Bücherwurm-Weichlichkeit und ihr jugendliches Vertieftsein in sich selbst, das sie »Ich-Sucht« nannte, mißfielen ihr. Vielleicht beneidete sie sie auch um ihre Jugend und Verantwortungslosigkeit.

»Ich komme gerade zurück von einem Besuch in Kabara. Mußte dort vier Tage lang sechs eklige kleine Zähler einweisen und bin deshalb bis heute, als ich mit nur einem Träger über den Bergsattel zurückkehrte, nicht dazu gekommen, den Ort richtig zu begrüßen, zu genießen und in mich aufzunehmen... In Kabara sechs Kindern die Windeln wechseln zu müssen, hat mir den meisten Spaß an den vier Tagen verdorben.«

Unter dem Dutzend oder mehr Studenten, die von Universitäten in Großbritannien und den Vereinigten Staaten stammten und zwischen 1970 und 1974 in Karisoke arbeiteten, fanden nicht mehr als vier ihre Anerkennung. Es waren diejenigen, die, wie Dian meinte, die Gorillas wichtiger nahmen als sich selbst. Sie bewiesen ihren Wert, indem sie Unannehmlichkeiten ihrer Umwelt ebenso spartanisch ertrugen wie Dian: Sie waren gewillt, Leib und Leben in dem ständigen Kampf gegen Wilddiebe und Hirten zu riskieren, konzentrierten sich auf die Aufgabe, die Tiere bei jedem Wetter aufzuspüren und zu beobachten, und, was am allerwichtigsten war, behandelten die Gorillas mit Respekt in der Erkenntnis, daß diese prachtvollen Geschöpfe ihnen ein großes Vorrecht einräumten, indem sie die Anwesenheit von Menschen ertrugen.

Aus diesem kleinen Häufchen Aufrechter ragte ein Student heraus: Er kam aus Cambridge und hieß Sandy Harcourt. Nach einem zwanglosen Diavortrag, den Dian in Cambridge gehalten hatte, war er an sie herangetreten und hatte sie gefragt, ob es eine Möglichkeit gebe, in Karisoke zu arbeiten. Seine akademischen Zeugnisse waren eindrucksvoll, sein Äußeres mit der hageren Gestalt und den scharfgeschnittenen Zügen gefiel ihr. Sie versprach, ihn im Sommer 1971 für drei Monate als Helfer bei der Zählung einzustellen. Im folgenden Jahr kam er wieder, da sie ihn ermutigt hatte, eine Studie über das Verhalten der Gorillas für seine Doktorarbeit anzufertigen.

In den drei Monaten, die Sandy Harcourt als Zähler arbeitete, sah Dian nur wenig von ihm, weil er sich die meiste Zeit in abgelegenen Buschlagern aufhielt. Doch als er im Juni 1972, wenige Tage nach Dians endgültigem Bruch mit Bob Campbell, zurückkehrte, um mit den Vorbereitungen seiner Doktorarbeit zu beginnen, brachte sie ihn in der ehemaligen Hütte des Fotografen unter, die sie sorgfältig eingerichtet hatte.

Klein, drahtig und mit aufgerollten Hemdsärmeln, um

seine sehnigen Arme zur Geltung zu bringen, verkörperte Harcourt den klassischen angelsächsischen Typ. Mit seinen dunklen Haaren und dunklen Augen hatte er die Ausstrahlung eines jungen Piloten aus dem Zweiten Weltkrieg. Er war zwanzig Jahre jünger als Dian, die ihn liebenswert fand. Schon nach wenigen Monaten unterzeichnete er seine Briefe an sie mit »In Liebe, Sandy«, und ihre Antworten begannen mit »Mein liebster Sandy«.

Ihr Tagebuch verrät die Zärtlichkeit, die sie für ihn empfand.

»*Wir waren hinunter nach Ruhengeri gegangen, um ein paar Einkäufe zu erledigen. Auf dem Rückweg stießen wir mit einigen Tutsi-Hirten und ihrem Vieh zusammen. Sandy stürzte sich auf sie wie ein Tiger, und ein Tutsi-Junge bekam so einen Schreck, daß er sich hinter mir versteckte. Ins Lager zurückgekehrt, weinte und schrie Sandy vor Ärger und Enttäuschung, als er Kühe auf dem Pfad fand, auf dem sich Gruppe 6 diesen Morgen aufgehalten hatte. Ich gab ihm einen starken Gin-Tonic, und er entschuldigte sich, daß er die Beherrschung verloren hatte. Armer Junge, er tut mir so leid, aber er muß lernen, damit zu leben. Vor einer Woche waren wir draußen bei Gruppe 5. Als wir sie endlich fanden, war ich sehr müde. Hatte einen schrecklichen Hustenanfall, aber Sandy war so lieb und nett zu mir. Es ist eine Freude, ihn im Lager zu haben.*«

Als Dian im November nach den Vereinigten Staaten flog, um bei der Bearbeitung des von Bob Campbell und Alan Root aufgenommenen National-Geographic-Films mitzuhelfen, ließ sie Karisoke unter der Aufsicht von Sandy Harcourt und Ric Elliott, einem anderen vielversprechenden Cambridge-Studenten, zurück. Von Washington wollte sie zu einem weiteren dreimonatigen Aufenthalt nach Cambridge fliegen. Die Trennung von Sandy fiel ihr schwer.

»*Ich hatte ein Abschiedsfrühstück zubereitet, das ganz*

verbrannt und schrecklich war. Er saß ganz ruhig da, ohne zu essen, und brach dann einfach zusammen. Er sagte, er wisse nicht, wie er es ohne mich aushalten solle, und packte mich so fest, daß er einen großen blauen Fleck auf meinem Arm hinterließ. Wir weinten beide, als ich den Berg hinunterging.«

Harcourt wollte unbedingt Dians Bewunderung erringen. Aus diesem Grund stürzte er sich fast schon fanatisch darauf, die Wilderei zu bekämpfen und das Tutsi-Vieh vom Berg zu vertreiben.

Harcourt hatte nach Gruppe 5 ausgeschaut, die sich gern auf den Feldern der Bauern am Fuße des Berges herumtrieb. Es gefiel ihm gar nicht, daß sie »den Farbigen so nahe kam«. Da er glaubte, das Massaker der Gorillagruppe damals in Karisoke sei die Rache für Goodalls Kampf gegen die Wilderei gewesen, hegte er ähnliche Befürchtungen wegen Gruppe 5, weil er gerade mehrere Wildererhunde und eine Kuh erschossen hatte. Er sagte Dian, er bedauere die Schüsse, sei jedoch so ärgerlich über die Wilddiebe gewesen, daß er sich sehr habe zusammennehmen müssen, um nicht auch einen Menschen zu erschießen.

Als er ihr berichtete, er habe einen Tutsi geschlagen, wurde sie sehr besorgt; er rechtfertigte seine Tat jedoch damit, daß der Mann versucht habe, ihm »den Schädel einzuschlagen«. Falls die Polizei ihn verhörte, würde er auf Selbstverteidigung plädieren.

Nach ihrer Rückkehr nach Karisoke setzten Dian und die Studenten ihren Feldzug gegen die Hirten fort. Anfang Juli 1973 gingen Dian, Sandy und Ric Elliott auf eine Viehrazzia. Sie verbrachten einen großen Teil des Tages damit, auf dem rauhen, dicht bewaldeten Terrain verstreute Kühe zu umzingeln. Schließlich trieben sie die Herde den Pfad hinab ins Unterland, wo sie in wilder Flucht Kartoffel- und Erbsenfelder zertrampelte. Die Hutu-Bauern waren zu Recht erbost und schwärmten wütend um die erschöpften drei Weißen herum. Sandy und ein paar Männer fingen an, sich zu schubsen. Dann packte ein Bauer Ric Elliott und versuchte, ihn zu fesseln. Als die Situation völlig außer Kontrolle zu geraten drohte, zog Dian ihre Pistole und deckte den Rückzug auf den Berg.

Es sah so aus, als würde sie den Kampf gegen die Hirten gewinnen, aber die strengen Maßnahmen, zu denen sie sich manchmal gezwungen fühlte, widerten sie an und deprimierten sie.

Gegen Ende August wurde das Forschungsgebiet von Vieh überschwemmt. Dies war anscheinend ein letzter gemeinsamer Versuch der Tutsi, ihre angestammten Rechte auf das Gebiet geltend zu machen. Dian und ihre Studenten reagierten mit einer Heftigkeit, die zum Sieg führte, aber die damit verbundene Schießerei hinterließ eine große Anzahl toter und halbtoter Rinder und versetzte Dian in tiefen Ekel über sich selbst.

»Ich hasse mich selbst dafür. Die armen Kühe wollen einfach nicht sterben. Ich kann diesen Anblick nicht ertragen. Ich flüchte mich auf den Thermos-Kamm. Der Nebel wallte herbei und dann Regen, Regen, nichts als Regen. Ich lag auf dem grasbewachsenen Kamm, schaute hinab auf das Lager und fragte mich, warum es mich quälte. In ein paar Jahren werde ich tot sein, und die Hütten werden wahrscheinlich als rostige Skelette enden, wenn die Farbigen mit ihnen fertig sind. Ein Doktortitel und eine Menge Fäulnis werden aus der Studie herauskommen – das ist alles!«

Das ganze Problem mit dem Vieh im Park fand Ende 1973 seinen Höhepunkt, als Dian nach Ruhengeri in das Büro des neuen Polizeichefs gerufen wurde, der sein Amt angetreten hatte, nachdem Ruanda durch einen Staatstreich in eine Militärdiktatur verwandelt worden war.

»Ich hatte eine Scheißangst, weil es sich um die Kühe handelte und weil ich entschlossen war, lieber ins Gefäng-

nis zu gehen, als für sie zu bezahlen. Wie sich herausstellte, war der neue Polizeipräfekt wunderbar, er spricht perfekt Englisch (er war Botschafter in Amerika, Kenia, Paris und Belgien) und tat die ganze Angelegenheit mit einem Achselzucken ab. Ich hatte meinen Chefträger Gwehandagoza als Zeugen mitgebracht, der später allen Leuten erzählte, der Präfekt sei auf unserer Seite. Seither ist nur zweimal verirrtes Vieh aufgetaucht, aber wir halten es nicht mehr für klug, es zu töten. Ich habe genug davon.«

12

Eine weitere begabte Studentin kam im Sommer 1973 nach Karisoke. Es war Kelly Stewart, die Tochter des Schauspielers James Stewart. Obwohl in Hollywood aufgewachsen, war sie das absolute Gegenteil des verwöhnten Filmstarkinds. Mit ihrer Nickelbrille und Lehrerinnenfrisur sah die junge Studentin der Universität Stanford genauso aus, wie sich eine Schauspieleragentur eine gelehrte Zoologin vorstellt. Ihr scharfer Verstand und ihre brillante Intelligenz hoben sie jedoch weit über den Durchschnitt. Diese Eigenschaften und der Umstand, daß sie im Alltagsleben, beim Sammeln von Daten und beim Kampf mit schlechtem Wetter, beißenden Spinnen, brennenden Nesseln und Ruhr bald zeigte, was in ihr steckte, machten sie bei Dian beliebt.

Zum ersten Mal hielt sich eine andere Frau mehr oder weniger ständig im Lager auf. Trotz des Altersunterschieds von zwanzig Jahren freundeten Dian und sie sich rasch an, tauschten vertrauliche Mitteilungen aus und trafen sich hin und wieder abends auf einen Drink.

Kelly schrieb lustige Knittelverse über ihre Begegnungen mit den Studiengruppen. Als Dian sie um einen Bericht über das Sexualverhalten der Gorillas bat, die sie beobachtete, lieferte Kelly ihn in Versform ab.

Einleitung: Wie wilde Gorillas sich paaren,
ist weithin unbekannt;
ihr Sexualverhalten
liegt auch nicht auf der Hand.
Die Daten, die wir sammelten,

verrät euch dieser Text.
Er erleuchtet einige Fakten
über wilden Gorillasex.

Periodizität: Wer kennt nicht der Schimpansin
rot leuchtenden Popo?
Die Vulva der Gorillafrau,
die leuchtet längst nicht so.
Wir maßen Zyklen ab dem Tag,
da unsere Gorillas sich liebten.
Fruchtbar waren der Tage zwei
und achtundzwanzig die Zyklen.

Kopulation: Wer nun verführte zu dem Akt?
Das wurde bald klar genug:
Das Weibchen löst die Bremsen
vom Kopulations-Zug...

»Mann, ist sie gescheit!« war Dians bewundernder Kommentar, als sie den Bericht gelesen hatte. Sie war so entzückt, daß sie Kelly zur Belohnung eine Gorilla-Flikkenpuppe schenkte.

Bis zum Herbst kühlte Dians Bewunderung etwas ab, während Sandy Harcourt sich mehr und mehr für Kelly erwärmte. Eine Zeitlang versuchte Kelly, ein ausgewogenes Verhältnis zwischen allen dreien aufrechtzuerhalten, jedoch ohne viel Erfolg.

»Kelly kam um 20.30 Uhr herauf in meine Hütte, um Cindy ›zurückzugeben‹ – ihre Freundlichkeit ist umwerfend. In Wirklichkeit ist sie ganz einfach neugierig, wo ich bin und was ich mache. Das Licht in Sandys Hütte ging früh aus und ihres noch früher, aber dann ging es wieder an, und die Vorhänge bei ihr sind fest zugezogen. Wem wollen die beiden etwas vormachen?«

Im Laufe der Monate wurde Dian zunehmend gereizter, wenn nicht gar eifersüchtiger, während Kelly und Sandy sich immer heftiger ineinander verliebten. Es war nicht so, daß Dian irgendwelche leidenschaftlichen Gefühle für

Harcourt hegte, aber sie betrachtete ihn gewissermaßen als ihr Eigentum und ärgerte sich darüber, daß sie mit einem »fetten, pickligen jungen Mädchen, das sich lieber um seine Arbeit kümmern sollte«, konkurrieren mußte.

Zweifellos war es für alle Beteiligten günstig, daß Dian Karisoke Ende Oktober verlassen mußte, um eine Vortragsreise quer durch die Vereinigten Staaten anzutreten, auf der sie den kürzlich fertiggestellten National-Geographic-Film über die Gorillas vorstellen sollte. Daran würde sich ein letzter, viermonatiger Aufenthalt in Cambridge anschließen.

Diesmal fand kein zärtlicher Abschied zwischen Sandy und ihr statt. »Keine Tränen, keine Küsse, er schmollte nur.« Vielleicht lag seine Unzufriedenheit teilweise daran, daß er für eine Weile beide Frauen in seinem Leben verlieren sollte, da auch Kelly nach Cambridge reiste, um in ihr eigenes Doktorprogramm unter Robert Hinde einzusteigen.

In Kalifornien lernte Dian Kellys Eltern und einige ihrer berühmten Freunde, darunter auch Alfred Hitchcock, kennen.

»Was für ein tolles Haus die Stewarts haben! Was für ein Unterschied für Kelly zwischen hier und Karisoke! Ihre Eltern taten mir viel Gutes, und ich mochte sie beide wirklich gern leiden. Habe ihnen wahrheitsgemäß erzählt, daß Kelly eine der besten Studentinnen sei, die ich jemals hatte. Hitchcock wollte wissen, wie gruselig Gorillas seien. Ich glaube, er möchte einen Thriller über sie machen. Ich sagte ihm, sie seien so gefährlich wie kleine Lämmchen. Er grunzte nur und ging fort, um sich mit jemand anderem zu unterhalten.«

Der herzliche Empfang bei den Stewarts milderte Dians Abneigung gegen deren Tochter ein wenig. Als Kelly in England ankam, freute Dian sich, sie wiederzusehen und die neuesten Nachrichten aus Karisoke zu erfahren. Obwohl die Freundschaft an Intimität eingebüßt hatte, waren die beiden Frauen gern zusammen. Oft gingen sie zusammen essen oder ins Kino. Gelegentlich kam es auch zu Reibereien.

»Es tut mir leid, daß meine Beziehung zu Sandy zwischen uns steht«, wagte Kelly in Cambridge eines Abends beim Verlassen eines Kinos zu sagen.

Dian war froh über die Dunkelheit. »Wieso steht sie zwischen uns? Ich kann dir nicht folgen.«

»Nun, ich weiß, daß du ärgerlich über uns bist – aber ich mag den Jungen wirklich gern.«

»Ich bin nur daran interessiert, daß die Arbeit anständig getan wird«, sagte Dian kurz.

»Du magst ihn wohl nicht?« hakte Kelly nach.

»Laß uns das Thema wechseln. Sandy ist so jung, daß er mein Sohn sein könnte.«

Trotz solcher Augenblicke der Reizbarkeit tat Dian ihr bestes, um für Kelly finanzielle Unterstützung zu organisieren, damit diese nach Karisoke zurückkehren konnte.

Erst Anfang Mai 1974 flog Dian nach Afrika zurück. Obwohl sie ihre Arbeit in Cambridge eigentlich abgeschlossen hatte, spürte sie keine große Erleichterung. Auch auf die Heimkehr freute sie sich nicht. Als sie durch das Fenster des Flugzeugs auf die glatte Wolkendecke unter sich schaute, fühlte sie sich ängstlich. Während des langen Aufenthalts in England hatte ihre Gesundheit – vor allem die der Lungen – sich verschlechtert. Schon immer war sie sorglos mit ihrem Körper umgegangen. Auch hatte sie sich geweigert, seine Grenzen – das heißt die Grenzen des Älterwerdens – zur Kenntnis zu nehmen. Nun zweifelte sie, ob sie körperlich in der Lage sein würde, den gewählten Weg fortzusetzen.

Auch Sandy Harcourt mußte bedacht werden. Der Stil der Briefe, die er ihr während ihrer sechsmonatigen Abwesenheit geschrieben hatte, verriet, daß er sich in Karisoke bereits als Hahn im Korb fühlte und daß Kelly

Stewart die Dame war, die seine Stellung teilen sollte. Dian erwartete – und fürchtete – eine anstrengende Auseinandersetzung.

Dian schob das Unvermeidliche hinaus, indem sie eine Woche in Nairobi blieb. Doch diesmal spendete die Stadt ihr nicht viel Trost. Einkäufe und ein wenig Geselligkeit in der amerikanischen Botschaft konnten das Andenken an Louis Leakey, der Ende 1972 an einem zweiten Herzanfall gestorben war, nicht auslöschen. Deutlich erinnerte sie sich an den Trost und das Mitgefühl, die er ihr stets angeboten hatte. Vielleicht wünschte sie sich auch, sie hätte davon Gebrauch gemacht, so wie sie den Rubinring angenommen hatte, der sein letztes Geschenk gewesen war.

Schließlich kam der Tag, an dem sie ihre Rückkehr in das Lager nicht länger aufschieben konnte.

»Sonnabend flog ich nach Kigali, und am Sonntag, dem 5. Mai, mietete ich einen Wagen, der mich nach Ruhengeri brachte, wo ich mich im Hotel einquartierte. Große Angst vor dem Aufstieg auf den Berg. Beschloß deshalb, heute noch hierzubleiben. Ich trank ein wenig, schrieb ein wenig über das Harcourt-Problem an Joan und Alan Root und ging dann spazieren. Traf einige mir bekannte Afrikaner, die stehenblieben, um zu plaudern. Danach fühlte ich mich besser, kehrte ins Hotel zurück und schlief.
Als ich zum Abendessen hinunterging, wartete Kelly auf mich. Sie war den Berg herabgestiegen, um ein ›Schwätzchen‹ mit mir zu halten. Wollte wohl Öl in irgend etwas gießen. ›Bist du noch meine Freundin?‹ wollte sie nach dem Abendessen wissen. Ich sagte, ich wolle erst einmal abwarten. ›Ich habe noch nie so viel für einen Jungen empfunden wie für Sandy‹, erklärte sie mir. ›Viel Spaß, das heißt, den hast du ja schon‹, antwortete ich. ›Oh nein‹, bestritt sie. ›Wenn du glaubst, wir gingen zusammen ins Bett, dann irrst du dich. Er fürchtet sich davor.‹
Das reichte. Das Öl, das sie ausgoß, fing Feuer. Bevor sie

noch ihren Mund schließen konnte, war ich draußen und oben in meinem Zimmer.
Am folgenden Tag stieg ich mit Gwehandagoza und einer Menge Träger auf, die all die Sachen transportierten, die ich hauptsächlich für die Männer aus England und den Staaten mitgebracht hatte. Ich brauchte fast drei Stunden und war völlig fertig. Cindy und Kima freuten sich sehr, mich zu sehen, und die Männer ebenfalls, aber keine Spur von Sandy. Er hatte in meinem Haus gewohnt, und es sah verdammt unordentlich aus. Die Couch war dreckig, alles war dreckig. Alte Schuhe, verschwitzte Kleidungsstücke. Möbel fehlten. Ich war wütend.
Später kehrte er von den Gorillas zurück und ging direkt an meinem Haus vorbei. Zwei Stunden danach kam er herauf. Ich sagte: ›Vielen Dank, daß du auf meine Sachen aufgepaßt hast.‹ Er antwortete: ›Du warst nicht sehr nett zu mir.‹ Und dann hatte er die Unverfrorenheit zu sagen, ich könne zum Abendessen in ›ihre‹ Hütte herunterkommen. Ich mußte all meinen Mut zusammennehmen, um das zu tun. ›Ich bin hier jetzt so willkommen wie die Pest‹, sagte ich zu den beiden. Kellys Gesicht wurde blaß, und ich mußte gehen. Kima schlug mich, als ich versuchte, sie ins Haus zu holen.«

Die ganze nächste Woche herrschte Funkstille zwischen den beiden feindlichen Lagern. Dann schickte Sandy – wahrscheinlich auf Kellys Initiative – Dian einen Ölzweig.

Er räumte ein, daß es im vergangenen Jahr ein ›unnötiges Mißverständnis‹ wegen einer Zählerin gegeben habe. Er behauptete jedoch, daß Dian sich irre, wenn sie glaube, zwischen ihm und Kelly Stewart spiele sich etwas Ähnliches ab. Er entschuldigte sich für jegliches ›Mißverständnis‹ und unterschrieb das Briefchen mit ›in Liebe, ich‹.

Dian tat dieses Friedensangebot als ›albernes Briefchen‹ ab, das keine Antwort verdiente, aber auch sie erkannte, daß es so nicht weitergehen konnte. Am 15. Mai stieg sie hinab zu Harcourts Hütte, um zu versuchen, ein gewisses Maß an Eintracht wiederherzustellen. Sandy war nicht kooperativ.

»*Er wurde wütend, ballte die Fäuste und biß die Zähne zusammen wegen Kleinigkeiten.* WÜTEND *kehrte ich in meine Hütte zurück und blieb* WÜTEND. *Meine Lungen tun verdammt weh.*«

Kelly, die verzweifelt versucht hatte, Frieden wiederherzustellen, wurde langsam mürbe. Sie schickte Dian ein Briefchen voller »verflucht, verdammt, verrückt usw.«. Einen Tag darauf folgte eine zerknirschte Entschuldigung. Diese erfüllte ihren Zweck. Dian freute sich über die Gelegenheit, die Feindseligkeiten zu beenden. Am selben Abend besuchte sie Kelly und Sandy, jeden in seiner Hütte, und lud sie dann zu einem Schlummertrunk zu sich ein.

Es folgte in Karisoke eine Periode beklommenen Burgfriedens. Alle Kriegsteilnehmer gingen in Verteidigungsstellung, bewachten den gewonnenen Boden und stellten das Feuer ein. Nachdem Dian Ordnung in die Verhältnisse gebracht hatte, stürzte sie sich auf ihre Doktorarbeit.

Harcourt schien sich im Augenblick mit einer untergeordneten Stellung zu begnügen, obwohl er eine so eindrucksvolle Anzahl Stunden im Feld verbracht hatte, daß er sich rasch zur zweithöchsten Autorität auf dem Gebiet der Berggorillas entwickelte.

Ende Mai fühlte Dian sich sehr schlecht und war überzeugt, daß sie wieder eine Lungenentzündung bekommen würde. Dieses Vorgefühl quälte sie mehr als je zuvor.

»*Zum ersten Mal im Leben fürchte ich, nicht genug Widerstandskraft zu haben.*«

Zwei Tage nach dieser trüben Ahnung fiel sie in einen Abzugsgraben, als sie einem durch das Lager rasenden Büffel ausweichen wollte. Sie hörte einen Knochen in ihrem Knöchel knacken und verspürte einen stechenden

Schmerz. Als sie sich in ihre Hütte zurückgeschleppt hatte, war die Qual unerträglich. In den nächsten paar Tagen behandelte sie sich selbst mit Darvonkapseln und ihrem stärksten Schlafmittel, verfolgte jedoch weiterhin wachsam, was alles vorging.

»*Sowohl Kelly als auch Sandy verbrachten die letzte Nacht in Kellys Haus... Sie ist zwei Tage im Rückstand mit ihren Feldaufzeichnungen. Habe die Nase voll von diesem Ort. Ich weiß jetzt, daß ich einen Knochen gebrochen habe... Das Gelenk wird ganz dick und schwarz – die Schmerzen sind jetzt weniger schlimm, außer wenn ich die Knochen oder Bänder falsch bewege.*«

Als Kelly endlich mit ihren verspäteten Berichten erschien, war Dian grimmiger Laune. »Du kannst bumsen, soviel du willst«, schnauzte sie Kelly an, »aber vergiß nicht, daß die Schreibarbeit zuerst erledigt werden muß!«

Kelly lief weinend fort.

Zwei Tage später wurde Dian von einer der giftigen Spinnen gebissen, die im Gestrüpp um die Lichtung lauerten.

»*Der Biß ist groß und schlimm und legt mein anderes Bein lahm. Ich glaube, dies ist, gelinde gesagt, nicht meine Glückswoche. Bekam ein Briefchen von Sandy, der sich mit mir versöhnen will. Er bot mir seine Hilfe bei der Beobachtung von Gruppe 4 an, die sich ziemlich nahe beim Lager aufhält. Wir gingen, und ich erlebte einen großartigen Besuch bei Digit, der zu wissen schien, daß ich krank war, und mir dauernd direkt in die Augen sah. Es war wirklich wunderbar – auch ein guter Geruch. Trotz der Schmerzen war ich froh. Kam spät und völlig fertig heim, aber Sandy war den ganzen Nachmittag nett.*«

Der Kontakt mit den Gorillas erwies sich als die beste Medizin. Obwohl der Knöchel Dian weiterhin stark schmerzte und die Entzündung des Spinnenbisses sich ausbreitete, hob sich ihre Laune doch so weit, daß sie das Leben rundherum wieder wahrnahm.

»Eines der denkwürdigsten Erlebnisse mit einem Buschbock hier im Lager erinnerte mich an Jodys Worte aus ›The Yearling‹: ›Pa, ich hab' heute was Tolles gesehen!‹ Wie üblich schaute ich nach dem Aufwachen aus dem Hüttenfenster und sah etwas, was man eher in einem Walt-Disney-Film als im richtigen Leben erwarten würde. Alle Hennen, angeführt von Walter, trippelten zögernd auf einen jungen männlichen Buschbock zu. Die Köpfe der Hühner hüpften wie Jo-Jos auf den dünnen Hälsen auf und ab. Die neugierige Antilope schritt mit metronomisch zuckendem Schwanz und bebender Nase auf sie zu.

Dann berührte jedes Huhn mit seinem Schnabel die Nase des Buschbocks. So stillten die beiden Arten ihre unverhüllte Neugier. Genau in diesem Augenblick kam Cindy ahnungslos den Pfad heraufgetrottet. Sie erstarrte, ein Vorderbein in der Luft, und schaute sich das sonderbare Schauspiel an. Ihre Anwesenheit war zuviel für den jungen Buschbock; mit einem Kläffer und hocherhobenem weißem Schwanz sprang er davon.«

In den folgenden Wochen mußten die beiden Studenten Dians Augen und Ohren bei den Gorillas und ihre Beine und Lungen auf den Berghängen vertreten. Dian verlangte, daß sie mindestens so gewissenhaft arbeiteten wie sie selbst.

Am 17. Juni wurde Dian klar, daß ihr Knöchel von selbst nicht richtig heilen würde, und so stieg sie widerwillig hinab ins Krankenhaus von Ruhengeri. Fünf Stunden lang quälte sie sich stolpernd und rutschend durch strömenden Regen den Pfad abwärts. Röntgenaufnahmen zeigten, daß sie ihr Wadenbein knapp oberhalb des Knöchels so glatt gebrochen hatte, als wäre es von einem Panga durchschnitten.

Sie blieb nur so lange im Krankenhaus, bis ihr Bein mit Heftpflaster verklebt war. Dann eilte sie zum Flughafen, um einen neuen Studenten aus den Vereinigten Staaten abzuholen, einen dunkelhaarigen, scheuen und ernsthaften jungen Mann namens Richard Rombach.

Obwohl Dian sich Rombach gegenüber anfangs kühl verhielt, faßte sie schnell Zuneigung zu ihm. Der ein wenig menschenscheue Student verstand sich bald ausgezeichnet mit den Gorillas, aber auch mit Kima und Cindy. Dian stellte erfreut fest, daß er die Bedürfnisse der Gorillas über seine eigenen stellte und sie nie überforderte.

Kelly und Sandy dagegen schienen Rombach als Eindringling zu betrachten, der die Dienste der Spurenleser benötigte und Zugang zu den Gorillagruppen, die sie erforschten, verlangte. Für sie war er ein Konkurrent, der ihren Besitzansprüchen in die Quere kam. Folglich zeigten sie ihm die kalte Schulter und machten sich über seine Unbeholfenheit im Busch und beim Fährtenlesen lustig.

Knapp zwei Wochen nach seiner Ankunft verließ er eines Morgens das Lager, um die Gorillas zu besuchen. Als Neuling wäre er normalerweise von einem Spurenleser oder erfahrenen Studenten begleitet worden. Doch da er genau wußte, wie unbeliebt er war, machte er sich allein auf die Suche nach Gruppe 5 – und verlief sich prompt. Als er an jenem Tag zur Abendbrotzeit als vermißt gemeldet wurde, verlangte Dian zu wissen, warum Rwelekana ihn nicht begleitet hatte.

»Kelly antwortete, daß er nicht mit Rwelekana habe gehen wollen, weil dieser zu langsam für ihn sei, und daß deshalb Sandy Rwelekana genommen habe. Ich antwortete, das sei dummes Zeug, worauf Sandy sagte: ›Wenn er sich verlaufen hat, ist er selber schuld. Der Visoke war den ganzen Tag deutlich zu sehen – er hätte sich nicht verlaufen dürfen!‹ Schließlich meinte Sandy, es sei meine Schuld, weil ich die Spurenleser viel zu lange für mich neue Schränke bauen ließe.«

Ein Suchkommando wurde organisiert, doch als nach fünf zermürbenden Stunden immer noch keine Nachricht von dem Vermißten eingetroffen war, machte Dian sich ernste Sorgen.

»*Wenn der Junge tot ist, trägt Sandy die ganze Schuld, weil er so gierig nach Trägern ist, und Kelly einen Teil, weil sie den Jungen nicht mitnehmen wollte. Beide haben sich über ihn lustig gemacht. Das kann ich nicht dulden, obwohl ich keine große Zukunft für das Kind sehe. Zumindest ist er ehrlich hier.*«

Zur allgemeinen großen Erleichterung fanden die Spurenleser Rombach schließlich und brachten ihn hungrig und erschöpft, sonst aber unverletzt, ins Lager zurück. Danach behandelten Kelly und Sandy ihn ein paar Wochen großzügiger. Doch als Dian abreiste, um an einer Konferenz in Österreich teilzunehmen und einen kleinen Abstecher nach Kalifornien zu machen, verlor Harcourt keine Zeit, Rombach in seine Schranken zu weisen.

»Auch wenn es Dir nicht paßt, Richard, in einem Forschungszentrum hat nun einmal die Arbeit eines Doktoranden Vorrang vor der aller anderen Leute...

Es tut mir leid, daß ich Dich geärgert habe, aber es ist nun einmal so, daß Du meine und Kellys Arbeit behinderst, wenn Du weiterhin so oft und so lange Kontakt mit Gruppe 4 und 5 aufnimmst. Wir sind von Cambridge und von Dian als Doktoranden akzeptiert worden; wir müssen eine Doktorarbeit liefern. Eine Doktorarbeit braucht eine Menge Daten; wir können diese nicht bekommen, wenn Du so weitermachst wie bisher. Wenn Du dies gelesen hast, wirst du hoffentlich einsehen, daß Deine Forschung erst nach unserer und Dians kommt.«

Dian hatte der Reise sehr erwartungsvoll entgegengesehen – sie führte sie nach Wien zu einer einwöchigen Versammlung der International Primatological Society, einer weltweiten Vereinigung von Spezialisten für Primatenforschung. Sie wußte, daß sie einer der Stars sein würde, und freute sich darauf, ihren Vortrag vor einem zahlreichen und aufmerksamen Publikum zu halten. Sie war auch noch nicht zu alt, um neugierig zu sein, welche weiteren Abenteuer eine attraktive Frau dort wohl erwarten würden.

Am ersten Morgen in Wien erwachte sie mit heftigen Schmerzen im Knöchel. Sie suchte Hilfe in der amerikanischen Botschaft und befand sich bald in der Röntgenabteilung des größten Unfallkrankenhauses der Stadt. Als die Ärzte die Röntgenaufnahmen geprüft hatten, waren sie verblüfft, daß Dian länger als fünf Wochen auf dem Bein gelaufen war. »Wie haben Sie die Schmerzen nur ausgehalten?« wollten sie wissen.

»Ich antwortete, ich hätte in Karisoke gar keine andere Wahl gehabt. Sie legten mich auf eine Bahre auf dem Flur, packten meinen Fuß in einen feuchten Umschlag und befahlen mir, eine Stunde liegenzubleiben. Ein wirklich attraktiver Arzt kam vorbei und fragte, ob es noch weh tue. Er sagte, es wäre innerhalb eines Monats geheilt, wenn ich mit hochgelegtem Fuß im Bett geblieben wäre. Dann fing ein junger Assistenzarzt namens Anton an, sich mit mir über Gorillas zu unterhalten. Er war sehr belesen. Er blieb bei mir, während ich in den Trockenraum ging, um meinen Gips trocknen zu lassen. Er nahm die Sache in die Hand... Er stieg in ein Taxi mit mir, wir fuhren in die Innenstadt und gingen zu Fuß! Dann in ein Café. Er ist wirklich viel, viel zu jung, aber interessant. Inzwischen regnete es in Strömen. Wir liefen noch ein bißchen, fuhren dann mit einer Taxe in mein Hotel und gingen hinauf in mein Zimmer.«

Am folgenden Tag arbeitete sie an dem Vortrag, den sie auf der Konferenz halten sollte, bis Anton kam und sie zu einer Vorstellung im Wiener Orpernhaus abholte. Danach gingen sie essen und schließlich zurück in ihr Zimmer im Hotel Astoria, wo es zu einer zweiten, enttäuschenden Begegnung kam, die Dians Vorliebe für ältere Männer bestätigte.

Die Konferenz begann am nächsten Tag, und Dian war

eifrig beschäftigt, an Sitzungen teilzunehmen, Bekanntschaften zu erneuern und sich ganz allgemein zu amüsieren.

»Robert Hinde leitete die Reden ein – ich fand, er war nicht in Hochform. Jane Goodall war die nächste. Ein Niederländer hielt eine verdammt langweilige Rede – er war als einziger noch schlechter als ich.

Aus irgendwelchen Gründen hatte ich einen Moralischen. Beim nachfolgenden Abendessen ließ man uns nicht genug Zeit zum Saufen an der Bar, sondern servierte uns massenhaft Wein. Das bekam mir überhaupt nicht! Ich habe bei Tisch geweint! Dann traten zwei Sänger auf – einer von ihnen jodelte mich an. Ich jodelte zurück und fühlte mich gleich viel besser. Alle tanzten, nur ich blieb mit meinem Gipsbein sitzen. Dann forderte Robert mich zum Tanzen auf. Er stützte mich unter den Armen – ich glaube, es war, als ob er mit einer Statue tanzte, aber er tat bestimmt sein Bestes.

Danach wurde die Stimmung immer besser. Jane Goodall nahm ihr Haarband ab und ging mächtig ran. Sie bot sich ihrem Partner auf Schimpansenart an, was unanständig war, uns aber zum Kichern brachte. So habe ich sie noch nie erlebt... Ich blieb bis vier Uhr auf. Am Morgen hatte ich wieder einen Kater.«

Als Dian am nächsten Tag zusammen mit einer Gruppe japanischer Primatologen ins Hotel zurückkehrte, erfuhr sie, wie weit ihr Ruhm inzwischen gedrungen war. Die Japaner erzählten ihr, daß sie gehört hätten, sie habe eine Gorillaarmee ausgebildet, mit der sie Krieg gegen Wilddiebe führe. Immer noch kichernd verließ Dian vor dem Hotel das Taxi und mußte noch mehr lachen, als einer der japanischen Herren zum Abschied höflich an seinen Hut tippte und in nicht ganz lupenreinem Englisch sagte: »Ich hoffe, Mann ist gut hier.«

Von Wien flog Dian nach London, wo sie mehrere Tage in einem Tonstudio verbrachte und den Off-Kommentar zu einer neuen National-Geographic-Fernsehsendung über Primaten sprach. Für eine Frau von so imposanter Gestalt hatte sie eine überraschend zarte Stimme, die ziemlich schüchtern klang, als sie den Text verlas.

Von London nahm sie den Zug nach Cambridge, wo sie eine angenehme Woche voller Besuche verbrachte, deren Höhepunkt eine idyllische nachmittägliche Bootsfahrt mit ihrem Doktorvater Robert Hinde entlang dem Trinity und St. Johns College war. Ihr internationaler Ruf war nun selbst in Cambridge fest begründet, und sie fand die Atmosphäre im Forschungslaboratorium von Madderley leicht verändert. »Alle sind sehr freundlich«, notierte sie einigermaßen überrascht. »Wirklich sehr nett.«

Am Wochenende flog sie nach San Francisco zu einem kurzen Besuch bei den Prices und um ihrem Onkel Bert ihr Beileid zum Tod seiner Frau Flossie auszusprechen. Es war keine angenehme Reise. Sie bedauerte ihren Onkel sehr und litt an der Pein, die sie so oft fühlte, wenn sie länger als ein oder zwei Tage mit den Prices zusammen war. Sie fand jedoch Zeit für ein Mittagessen mit ihrem »geliebten Ralph«, Dr. Ralph Siegl, den sie seit über zwanzig Jahren von fern verehrte und der seit noch längerer Zeit der Hausarzt der Prices war. Unglücklicherweise schien Siegl, der sonst liebevoll und besorgt, ja sogar romantisch war, mitten in einer Midlife-crisis zu stecken, so daß selbst dieses Wiedersehen enttäuschend war.

Als sie eine Woche später in Nairobi ankam, war es so, als hätte die stürmische Reise gar nicht stattgefunden.

»Der Himmel über Kenia ist so viel blauer, die Sonne steht so viel höher als in England. Es ist so schön, daß ich mich wie zu Hause fühle.«

Da Dian nun eine richtige Berühmtheit war, gehörte zu ihren Reisen von und nach Afrika gewöhnlich ein Höflichkeitsbesuch in der amerikanischen Botschaft in Nairobi. Während sie auf das zweimal wöchentlich verkehrende

Flugzeug nach Ruanda wartete, aß Dian zu Mittag mit dem wohlinformierten Botschafter Robinson McIlvaine und seiner Frau, die ihr den neuesten Klatsch aus Washington und Ostafrika erzählten. Für Dian, deren Hauptinformationsquelle die Zeitschrift »Time« war, die sie abonniert hatte und die unweigerlich einen Monat zu spät oder überhaupt nicht ankam, hatten solche Gespräche einen besonderen Reiz.

In Ruanda wurde Dian am Flughafen von einem Mitarbeiter des amerikanischen Botschafters in Kigali erwartet, der ihr die offizielle Bitte überbrachte, sie möge am selben Abend mit ihrem National-Geographic-Film in die Botschaft kommen und ihn einer Versammlung von Diplomaten und Würdenträgern aus Ruanda, Zaire und Uganda vorführen.

»Ich war so müde, daß ich es gar nicht glauben konnte. Aber der Abend war ein umwerfender Erfolg. Ich kommentierte den Film – alle dreiundsiebzig Minuten – auf Französisch, Suaheli und Kinyarwanda. Die Vorstellung haute irgendwie hin, und in den Gängen kugelten sie sich vor Lachen. Sie war sogar so erfolgreich, daß der Präsident von Ruanda mich aufforderte, in zehn Tagen nach Kigali zurückzukehren und den Film ihm und seinem privaten Regierungskomitee und den höchsten Militärs vorzuführen.

Im Palast trug ich mein griechisches Kleid und erlebte dieselben Sprachprobleme. Der Präsident schien äußerst amüsiert – ich war nervös. Der Botschafter war erleichtert, als es vorbei war, aber sehr befriedigt von dem Verlauf. Abgesehen von irgendeinem König und seiner Königin waren wir die ersten Weißen, die den Palast seit dem Militärputsch vom letzten Jahr betreten durften.

Dann der Tropfen, der das Faß zum Überlaufen brachte – letzte Woche forderte mich der Präsident von Zaire, Mobutu, auf, nach Kinshasa zu fliegen und den Film auch ihm zu zeigen. Das war eine ganz andere Geschichte.

Sein Palast wimmelte von betrunkenen Farbigen und ihren fetten Weibern. Ich war froh, wieder hinauszukommen, aber ich muß sagen, daß Mobutu sich wirklich für die Gorillas zu interessieren schien, und das machte die Reise der Mühe wert.
Jetzt warte ich nur noch auf die Befehle der Präsidenten von Tansania und Uganda, aber ich bin nicht sicher, ob ich Big Daddy Amin gehorchen werde!«

Der Knöchel war nun aus dem Gips heraus, aber er verursachte Dian weiterhin große Schmerzen, so daß sie ihre Kontakte mit den Gorillas auf ein Mindestmaß beschränken mußte. Ihre Doktorarbeit und zahllose Berichte nahmen mehr Zeit in Anspruch, ebenso ihre ausgedehnte Korrespondenz mit Freunden, Kollegen und Gönnern überall auf der Welt. Auch strömten ständig kleine Grüppchen von VIPs, Diplomaten und anderen herbei. Diese Besucher wollten einen Blick auf die Gorillas werfen und im Lager übernachten, so daß Dian nicht nur für sie kochen, sondern sie auch noch möglichst liebenswürdig unterhalten mußte. So verging der Sommer 1974.

Mitte September bereiteten sich Sandy Harcourt und Kelly Stewart auf ihre Abreise aus Karisoke vor – Sandy wollte achtzehn Monate an seiner Doktorarbeit schreiben, Kelly drei Monate Kurse in Cambridge besuchen. Am 24. September, während Kelly in ihrer Hütte packte und ihre Feldaufzeichnungen ordnete, beschloß Sandy, den Gorillas einen letzten Besuch abzustatten.

Auf dem Weg zu Gruppe 5 wurde er von einem Büffel angegriffen und auf die Hörner genommen.

»Etwa um 9.30 am Morgen saß ich an meinem Schreibtisch am Fenster und tippte. Als ich aufschaute, sah ich ihn auf meine Tür zutaumeln. Sein Gesicht war blutig, und Blut strömte aus seiner Nase. Ich öffnete die Tür, und er brach in meinen Armen zusammen. Dann sah ich, daß auch seine Hose voll Blut war. Ich fragte, ob es ein Hund

gewesen sei. Er sagte nein und fiel dann in einen Schockzustand.
Ich rief meinen Hausboy, der fast auf der Stelle in Ohnmacht fiel! Ich deckte Sandy zu, legte sein linkes Bein hoch, schob ein Kissen unter seinen Kopf und zog ihm die Hosen aus. Der ganze innere Oberschenkel war verletzt, die Muskeln hingen heraus wie Hackfleisch. Nur wenige Zentimeter fehlten, und man hätte ihn in Sandra umbenennen müssen! Ich brauchte drei Stunden, um alles gründlich zu säubern, zusammenzufügen und die Blutung endlich zu stoppen. Als er bei Bewußtsein war, schrie, keuchte und stöhnte er – es war unerträglich, und ich konnte ihm nur Darvon geben, von dem Dr. Spiegl in Kalifornien mir gottlob einen großen Vorrat mitgegeben hatte. Wegen seines Schocks hätte ich ihm sowieso gar nichts Stärkeres gegeben – sein Puls war schwach, sein Gesicht sah grün aus, er fühlte sich kalt und klamm an, sein Atem ging unregelmäßig. Nachdem ich die Wunde in dreistündiger Arbeit zusammengeklemmt, mit tonnenweise Mull bedeckt und alle zehn Minuten abgebunden hatte, half mein Hausboy mir, ihn ins Bett zu bringen. Drei Tage und Nächte wachte ich bei ihm. Dann ließ ich ihn auf einer Trage den Berg hinunterbringen.«

Dian konnte nicht widerstehen, ein wenig zu prahlen.

»Kelly war eine große Hilfe. Sie weinte drei Tage und Nächte und war am Ende wahnsinnig eifersüchtig auf mich, weil es absolut nichts für sie zu tun gab. Sandy war mir, gelinde gesagt, enorm dankbar.
Dann begleitete sie ihn den Berg hinab ins Krankenhaus von Ruhengeri wegen der Tetanus- und Penicillinspritzen. Darauf fuhren die beiden nach Gisenyi, von wo aus sie erst nach Kigali und schließlich nach England flogen.
Offenbar hatte er beim Aufschauen die Büffelkuh in zwei Meter Entfernung entdeckt – sie stand einfach da. Er verlor einfach die Beherrschung und ging auf sie los in der Hoffnung, sie zu vertreiben. Natürlich passierte

genau das Gegenteil, und die Kuh ging auf ihn los. Sie erwischte ihn mit ihren Hörnern in der Leistengegend, warf ihn zu Boden, ließ sich auf ihn fallen, stand wieder auf und nahm ihn mehrmals auf die Hörner. Dann lief sie fort. Ich weiß nicht, wie er es geschafft hat, ins Lager zurückzukehren. Sein Körper war zerfetzt, und es ist unglaublich, was sie mit seinem Rucksack und seiner Kleidung gemacht hat!«

Obwohl Dian und Richard Rombach die Umstände des Abschieds von Kelly und Sandy bedauerten, waren sie doch erleichtert, als die beiden endlich fort waren.

»Sandy wird rund achtzehn Monate an seiner Doktorarbeit schreiben und kehrt wahrscheinlich nicht zurück. Obwohl Kelly Ende Januar wieder hier sein soll, hätte ich nichts dagegen, wenn sie es nicht täte. Der kleine Junge aus New York weinte, als ich aus Kalifornien zurückkam. Ich gebe ihm einen weiteren Monat Probezeit. Er arbeitet sehr viel besser, seit Sandy und Kelly fort sind. Die ganze Atmosphäre im Lager hat sich wirklich sehr gebessert.«

13

Auch wenn Richard Rombachs Beobachtungen im Feld sich gebessert haben mochten, ließen seine Navigationskünste nach wie vor zu wünschen übrig. Am 13. Oktober 1974 verlief er sich abermals.

»*Was für eine Nacht! Basili und Nemeye gingen um 17.40 auf Suche. Ich folgte ihnen zehn Minuten später, und wir stiegen den Elefantenpfad hinauf. Während sie an den Rand des Kraters gingen, blieb ich zurück und versuchte, Feuer zu machen – unmöglich. Um 23.00 Uhr waren wir wieder zu Hause, müde, durchfroren und naß. Basili und der Holzfäller zogen den Berg hinab, um weitere zehn Männer anzuheuern, während Nemeye und ich Pläne für den folgenden Tag machten.*
Die Farbigen waren erst um 5.45, ja, fast 6.00 Uhr hier oben, was mich wütend machte. Zehn Mann gingen auf Suche, während ich auf der Bergwiese ein zentrales Lager mit Trage, Decken, Feuer, Wasser und etwas zu essen baute. Das Warten machte mich verrückt. Um 14.20 fing es zu regnen an ... Wir saßen im Nebel und Regen, bis der erste Trupp Männer zurückkehrte. Ohne Erfolg – hatten den ganzen Kraterrand und Touristenpfad abgesucht. Dann, etwa zwanzig Minuten später, kam Bambari und sagte, sie hätten ihn. Basili fand ihn auf der anderen Seite des Berges, als es gerade zu regnen begann. Wir nahmen die Bahre und trafen ihn zu Fuß gehend an ... Ich fragte ihn, ob irgend etwas verletzt sei oder blute – er sagte nein.«

Dian, voll mütterlichen Schwungs, wollte ihre sorgfältigen Vorbereitungen nicht umsonst getroffen haben. Rombach, der in eine Schlucht gefallen war, sich aber nur eine Prellung zugezogen hatte, mußte sich auf die Bahre legen und wurde ins Lager zurückbefördert. Dort steckte Dian ihn in trockene Kleidung und begleitete ihn (der immer noch auf der Trage lag) nach Ruhengeri und ins Haus von Dr. Weiss, der in jener Nacht Notdienst hatte.

Bis zu dieser Stunde war Dr. Peter Weiss, der imposante und unwiderstehliche französische Chirurg des Krankenhauses von Ruhengeri, kein Verehrer Dians gewesen, und sie hatte sich auch nicht für ihn interessiert. Jetzt aber spielte sich völlig unerklärlicherweise etwas Dramatisches, Explosives zwischen ihnen ab.

»Dr. Weiss und ein zweiter Arzt untersuchten Richard, Dr. Weiss hält meine Hand fest. Ich meine, weil endlich alles vorüber ist. Dr. Weiss ist diesmal so lieb und gut zu mir. Ganz und gar nicht so wie bisher.«

Während Rombach zur Beobachtung ins Krankenhaus geschickt wurde, blieb Dian zum Abendessen bei Weiss und seiner seltsamen Familie, die aus einer schwarzen »Ehefrau«, einem schwarzen Kind, zwei weißen und zwei braunen Kindern bestand.

»Beim Abendessen fragte er mich: ›Sie fürchten sich doch nicht vor mir?‹ Außerdem besprachen wir seine ›moralischen Verpflichtungen‹ und meine ›geistigen‹. Er fragte, ob ich wirklich glaube, meiner Aufgabe ebenso verpflichtet zu sein wie er der seinen. Ich sagte ja, und er sagte, er könne mich nun besser respektieren.
Er wollte seine Frau nicht mit uns ins Krankenhaus gehen lassen – sie war wütend –, aber seine Tochter kam mit ... Rombach nahm eine Schlaftablette.«

Dian versuchte, auf der Krankenhausstation zu schlafen, um ein Auge auf ihren Studenten halten zu können, gab jedoch schließlich auf und nahm sich ein Zimmer im nahegelegenen Hotel. Am nächsten Morgen war sie jedoch rechtzeitig zur Morgenvisite wieder an Rombachs Bett.

»Dr. Weiss machte um 8.20 Visite. Mit ihm ein sehr attraktiver, gutgebauter junger Arzt, ebenfalls Chirurg. Aber der Würfel war gefallen, ich sah nur noch Weiss. Rombach und ich mußten in die Röntgenabteilung – die Ergebnisse waren normal. Ich steckte ihn wieder ins Bett. Dann verließ ich ihn und ging zu Weiss, der im Operationssaal war – ich mußte also lange warten.
Als er fertig war, verlangte er, daß ich zum Mittagessen in sein Haus komme. Als ich nein sagte, wurde er richtig wütend. Ja, WÜTEND. *Er sagte, ich dürfe nie wieder zu ihm kommen. ›Du magst mich nicht. Du möchtest keinen alten Silberrücken in deiner Nähe haben.‹*
Ich fing an zu weinen und schützte Arbeit vor. Er schrie: ›Dann geh doch!‹ Ich konnte nicht sagen, was ich wollte, weil die Krankenschwester dabei stand, und ich wußte nicht, was ich mit meinen Gefühlen anfangen sollte.«

Zutiefst erschüttert machte Dian auf einen schnellen Schluck an der Hotelbar halt, fuhr dann an den Fuß des Berges zurück und stieg auf nach Karisoke. An jenem Abend vollzog sie ein seltsames Ritual, das sie manchmal anwandte, wenn sie im Begriff war, etwas sehr Wichtiges anzufangen. Sie verbrannte Geld – mehrere tausend Franc –, eine stattliche Summe, wenn man die stets prekäre Lage ihrer Finanzen bedenkt. Vielleicht wollte sie das Wohlwollen der Götter erkaufen.

Am folgenden Morgen schickte sie ein Briefchen an Weiss hinunter, zusammen mit dem Foto eines Silberrückengorillas. ›Silberrücken mag ich am liebsten. Sie sind schön und edel – selbst wenn sie wechselhafte Launen haben.‹

Es verging ein Tag, an dem sie wenig leistete, aber lange Zeit traumverloren einem Ringeltaubenpärchen zusah, das vor ihrer Hütte turtelte.

»Komme mir irgendwie komisch vor. Weiß nicht, was los ist. Ein sehr merkwürdiges Gefühl ...«

Am folgenden Tag passierte es.

»Ein Liebesbrief von Dr. Weiss! Mann, was für ein Brief! Habe den ganzen Tag damit verbracht, ihn zu beantworten – was für ein tolles Gefühl! Am Nachmittag X – kein Abendessen. Ich bin verknallt. Wer hätte das gedacht!«

»X« war Dians privater Schlüsselbuchstabe für Alkoholgenuß.

Bald pflegte Dr. Weiss regelmäßig den Berg hinaufzusteigen, um die Nacht mit Dian zu verbringen. Manchmal kam er allein, manchmal brachte er einige seiner Kinder mit. Dian erwartete diese Besuche sehnsüchtig.

»Ich habe meine Haare gewaschen und warte auf meinen Liebsten ... Gott, ich will Peter. Ich sehne mich nach ihm ... Oh, Peter, ich brauche dich.«

Plötzlich war ihr Leben voller Glück.

»6. November: Wundervoller Kontakt mit Gruppe 4 in der Sattelgegend. Sie überquerte unter freiem Himmel die Wiese entlang dem Lagerpfad. Phantastisch, und das um so mehr, als ich weiter unten war. Irgendwie wurde das Wetter klarer, und der Weg durch die Pracht des Sattels war genau wie in Kabara ... Folgte auch einer frischen Büffelspur. Kontakt großartig, ausgenommen daß ich Old Goat und ihr Baby nicht gesehen habe ... Super, weil Macho und Onkel Bert einen kleinen Flirt hatten. Ich witterte einen weiteren Silberrücken und fand eine frische Spur von Peanuts, der auf dem Weg nach dem Sattel war. Fand noch Kot, der innerhalb des letzten Monats abgelegt worden war, hoffentlich von Amok. Habe den Tag richtig genossen. Kam heim und holte Kima für die Nacht herein. Richard Rombach kam herüber, um mir von seinem Tag mit Gruppe 5 zu erzählen. Alles war perfekt, weil ich wieder einmal verliebt bin.«

Doch fast im gleichen Atemzug verriet sie ihre Befürchtung, daß der Zustand auch diesmal vergänglich sein würde.

»Am Nachmittag bekam ich Angst, daß ich diese Liebe

zu wichtig nehme und daß ich ihn verlieren und wie immer wieder allein sein würde.
8. November: Noch ein Liebesbrief von Peter. Ich weiß, er hat nicht viel Zeit zum Schreiben, aber ich kann nicht glauben, daß er mich so sehr liebt, wie er behauptet. Wie dem auch sei, ich habe Hoffnung auf morgen und Sonntag. Oh Peter, ich brauche dich!«

Tags darauf erhielt Dian die Nachricht, daß Weiss seinen Besuch um eine Woche verschieben mußte.

»Ich erhielt zwei Briefe von Peter. Er schreibt, er habe an diesem Wochenende Dienst im Krankenhaus. Inzwischen habe ich alles für ihn und die Kinder vorbereitet. Ich glaube, dies ist es, was mich kaputt macht. Er kommt nicht, und alles war bereit. Er ist wie alle Männer – Worte kosten nichts... Ich werde ihm jetzt nicht schreiben. Er wußte verdammt genau, daß er dieses Wochenende Dienst haben würde, und dann schreibt er auch noch, er müsse am Montag um 5.00 Uhr nach Kigali... Liebe kann weh tun, und ich bin so einsam.«

Wie so oft, wenn sie sich von ihresgleichen zurückgewiesen fühlte, suchte sie Trost bei den Gorillas. Diesmal ließen sogar diese sie im Stich.

»Rwelekana und ich suchten zuerst nach Old Goat und ihrem Baby. Dann ging ich weiter zum Viehpfad, der ziemlich zugewachsen ist, seit ich ihn zum letzen Mal gesehen habe. Von dort bis ganz hinunter zu der großen Wiese mit den umgestürzten Hagenia-Bäumen, wo mir mein ›Instinkt‹ riet, mich in das Nesselfeld zu begeben – aber keine Spur. Hier hätte mich fast ein Büffel angefallen. Ich watete gerade durch Schmutz, als ich ein Schnauben hörte. Ich dachte, es sei weit weg, aber dann sah ich den Büffel in drei Meter Entfernung. Er warf den Kopf hoch und tat einen Schritt in meine Richtung. Ich bin der Meinung, daß Büffel die Flucht ergreifen, wenn sie einen Menschen auf sich zukommen sehen – ich tat es also, und er floh. Hackte mir einen Weg durch die Nesseln und

Dian als junges Mädchen mit einem Kind auf dem Schoß. Ihre Kinderliebe wies ihr den Weg in den Beruf. (Fossey-Archiv)

Dians Vater, Oberbootsmann der US-Marine George Fossey, um 1942. (Fossey-Archiv)

Richard Price und Hazel Price Fossey, Dians Stiefvater und Mutter. (Fossey-Archiv)

Louis Leakey. Neben ihm John Alexander, ihr Führer auf der Safari 1964. Das Gnu ist eines von Leakeys ungewöhnlichen Haustieren. (Fossey-Archiv/Louisville Courier Journal)

Dian, Coco und Pucker vor einem der ursprünglich in Karisoke benutzten Zelte. (Foto: Bob Campbell)

Um die Freundschaft und das Vertrauen der Gorillas zu erwerben, mußte Dian viele einsame Jahre verbringen. (Foto: Peter G. Veit/DRK)

Das Konservieren und Klassifizieren von Schädeln der seltenen Berggorillas gehörte zu den Aufgaben in Karisoke. (Fossey-Archiv)

Dians zweite Hütte im Rohbau. Sie baute einige Jahre später noch eine weitere, endgültige. (Fossey-Archiv)

Dian beginnt den langen Aufstieg nach Karisoke auf dem Trägerpfad. (Foto: Bob Campbell)
Dian mit ihrem geliebten Digit. Ein so enger Kontakt konnte erst nach jahrelangen geduldigen Bemühungen zustande kommen. (Fossey-Archiv)

Der Silberrücken Icarus bewacht die Mitglieder von Gruppe 5.
(Foto: Peter G. Veit/DRK)

Spurenleser und Arbeiter in Karisoke zusammen mit Alan Root, dem Wildtierfilmer. (Fossey-Archiv)

Der Tierfotograf Bob Campbell duckt sich unter Pflanzen, um sich Digit zu nähern. (Fossey-Archiv)

Dians Freund Digit, der das Symbol ihres Kampfes für den Schutz der Gorillas wurde. (Fossey-Archiv)/© 1981 National Geographic Society)

machte Gorillageräusche, bekam aber nur Rwelekanas Pfeife zur Antwort. Ich gesellte mich zu ihm, schaute mich dann um und sah hinter uns einen zweiten Büffel! ... Wir suchten stundenlang herum, da wir aber nichts fanden, zogen wir durch die Nesseln heim. Unterwegs regnete es und war schrecklich.«

Als der nächste versprochene Besuch von Peter Weiss näherrückte, hob sich ihre Stimmung wieder.

»Die Luft riecht so, wie Lobelien schmecken – scharf –, als warteten hinter jedem Busch Elefanten, Büffel und Gorillas. Es wird klar – man kann die Sterne sehen, obwohl der Mond nicht scheint. Edith Piaf singt laut aus dem Kassettenrecorder. Ich glaube, das Band würde ihm nicht gefallen, dafür aber die Nacht – sie ist so frisch... Ich lebe nur noch für morgen... Gott, ich liebe ihn und bin so glücklich.«

Am Sonnabend kochte Dian eifrig »massenhaft gutes Essen«, putzte ihre Hütte, flocht ihr Haar und machte sich so hübsch wie möglich. Sie gab ihrem Holzfäller einen freien Tag und entließ ihren Hausboy früh. Dann wartete sie ungeduldig.

»Ich war reizbar, bevor sie kamen, weil es so spät geworden war, daß ich sie schon aufgegeben hatte.«

Bei Einbruch der Nacht sah sie, wie Weiss mit Mimish und Pierre, zwei seiner älteren Kinder, quer über die Wiese auf ihre Hütte zukam. Ihr Ärger war sofort vergessen.

Dian und Peter Weiss liebten sich und redeten bis spät in die Nacht. Er erzählte ihr von seiner Familie – Vater und Mutter waren beide tot, Schwester und Bruder lebten in Frankreich – und ein wenig von seiner Laufbahn als Arzt. Er hatte 1939 sein Medizinstudium abgeschlossen und dann im zweiten Weltkrieg gekämpft. Aber davon wollte er nicht reden, weil es »zu schrecklich« gewesen sei.

Er berichtete, seine afrikanische Frau Fina habe viele

Freunde im Ort und wollte Dian »umbringen«. Sie wollte sich nur gegen eine Abfindung von zwanzigtausend ruandischen Franc von ihm trennen. Obwohl er behauptete, sie hätten sich entfremdet, räumte er ein, daß sie immer noch in seinem Haus in Ruhengeri lebte, »aber nur, um die Kinder zu versorgen«.

Bei seinen folgenden Besuchen räumte Weiss ebenfalls ein, daß er nicht richtig mit Fina verheiratet sei, obwohl sie die Mutter von drei seiner fünf Kinder war. Er erklärte, daß er 1949 in Frankreich geheiratet und sich 1961 von seiner Frau getrennt habe, daß er aber als Katholik erst nach dem 1974 erfolgten Tod seiner rechtmäßigen Ehefrau frei gewesen sei.

Aber nichts von alldem konnte Dians Begeisterung dämpfen oder ihr die schreckliche Angst nehmen, die die andere Seite der Medaille war.

»Ich bin so alt und runzlig und häßlich, daß es zum Erschrecken ist. Ich versuche, für Peter wieder anständig auszusehen, aber was nützt das!«

Um den 15. Dezember sprachen sie zum ersten Mal von Hochzeit, und an diesem Punkt trat ein Ereignis ein, das normalerweise mindestens eine ganze Seite ihres Tagebuchs gefüllt hätte. Nun aber wurde es nur ganz kurz erwähnt.

»Am ersten Weihnachtsfeiertag brachte mir eine Wildererpatrouille einen Wilderer namens Hategeka. Ich schlug ihn mit Nesselstengeln und wandte meinen eigenen Sumuzauber an. Die drei Wächter, die ihn hinunterführten, fürchteten sich vor meinem Sumu.«

Am folgenden Tag gab sie ihre inzwischen schon traditionelle Weihnachtsparty für ihre Camparbeiter und deren Familien.

»Wir arbeiteten in rasender Eile, um alles fertigzubekommen. Die Gäste kamen alle um 11.00 Uhr, mußten aber warten, während Rwelekana und Burumbe das Essen vorbereiteten. Ich glaube, es waren insgesamt einund-

dreißig Leute – ich habe sie nicht mehr gezählt. Sie schienen sich wirklich zu amüsieren und tranken eine Menge Bier. Dann aßen sie tonnenweise. Es war unvorstellbar, wie viel sie auf ihre Teller häuften! Danach verteilte ich die Geschenke ... Burumbes Frau und Kind gefielen mir sehr. Sie unterhielten sich wirklich glänzend. Der Holzfäller hatte seine Eltern mitgebracht – nette Leute, besonders der Vater.
Etwa um 14.30 Uhr sagten alle, sie wollten vor Glückseligkeit tanzen und singen – Mann, was für eine Schau, und obendrein eine ganze Stunde lang! Mukera war ein fabelhafter Tänzer. Er hat wirklich Rhythmus. So etwas habe ich noch nie im Leben gesehen. Bagalo spielte auf der Trommel. Zuerst tanzten die beiden Holzfäller und dann Kanyaragana und eine Holzfällerfrau. Die Tänze waren verdammt sexy. Dann begannen die Männer ihre eigentümlichen Gesänge, deren letzter von Mademoiselle Dian Fossey handelte. Der Staub wirbelte nur so – sie tanzten, bis die Würmer aus den Balken kamen! Alle gingen fröhlich heim, und ich war begeistert.
Kima mußte den ganzen Tag in ihrem Käfig bleiben. Sie schrie, aber es wurde wenigstens niemand gebissen. Nachdem die Leute gegangen waren, wollten Burumbe und Rwelekana unbedingt aufräumen und fingen sofort damit an. Ich selber legte mich zwei Stunden schlafen. Dann aß ich ein riesiges Abendessen und machte einen langen Spaziergang. Der Mond war wunderschön, und die Luft war ganz klar. Ich habe kein einziges Tier gesehen, aber eine Eule folgte mir oben in den Bäumen. Es war großartig und magisch. Ich wünschte, Peter wäre dabeigewesen.«

Als das Jahr 1975 begann, war Dian immer noch leidenschaftlich in Weiss verliebt. Nichts anderes schien ihr viel zu bedeuten, nicht einmal das Kommen und Gehen von Studenten und Forschern. Kelly Stewarts Rückkehr Anfang Januar wurde nur mit einer ziemlich abfälligen

Bemerkung über die Menge Gepäck, die sie mitgebracht hatte, verzeichnet. Und die Abreise des unglücklichen Richard Rombach war nicht einmal eine Erwähnung wert.

Ende Januar setzte ein Botaniker, der in Karisoke neu angekommen war, um die Pflanzenwelt des Karisimbi zu erforschen, seine Hütte in Brand. Er war zum Sammeln fortgegangen und hatte seine Trockenständer unbedachterweise zu nahe am Ofen stehengelassen. Dian und drei ihrer Afrikaner bekämpften die Flammen mit Wasser aus dem Lagerbach, aber das Gebäude brannte mit allem Inhalt, darunter vielen von Dians eigenen Büchern, völlig nieder. Dian arbeitete bis zur Erschöpfung – »Mir ist unerträglich schlecht«. In jener Nacht brach sie zusammen, als sie einen wertvollen Gorillaschädel trug, der ihr aus den Händen fiel und in Stücke brach. Dies war einer der schlimmsten Tage, die sie seit Monaten erlebt hatte. Aber am nächsten Tag war sie wieder obenauf.

»Peter brachte einen französischen Versandkatalog voller Bilder von Eheringen herauf. Ich freute mich sehr, als er einen Verlobungsring und eine Armbanduhr für mich bestellte.«

Die Verlobungsgeschenke waren lange unterwegs, und ihre Ankunft Ende April brachte eine Enttäuschung.

»Der Ring und die Uhr sind angekommen, aber er will sie nicht vom Zollamt abholen. Er sagt, der Zoll sei zu hoch, weil sie Gold enthalten. Er hat den Zollbeamten befohlen, sie nach Frankreich zurückzuschicken. Das hat mir sehr weh getan, aber er wird es nie erfahren.«

Der Zwischenfall reichte, um sie in einen Sog von Depression und Angst hineinzuziehen.

»29. April: Gestern fragte er mich, ob wir nicht in drei Wochen in der Botschaft heiraten und die Anzeigen danach verschicken könnten. Später sagte er: ›Ich werde dich heiraten, wenn du drei Monate schwanger bist.‹ Ich weiß, daß er abspringen will.

4. Mai: Ich war richtig verzweifelt, daß Peter gestern

abend nicht heraufgekommen ist und auch keine Zeile geschickt hat. Ich glaube, es ist alles aus. Er will mich nicht, wenn ich kein Baby bekommen kann, und ich glaube, das kann ich nicht.
17. Mai: Ich schrieb Peter, daß er Fina zurückholen kann, wenn er will. Jetzt fühle ich mich schrecklich deswegen... ich habe fast den ganzen Tag nur an ihn gedacht und nichts anderes zustande gebracht. Wenn er dieses Wochenende nicht heraufkommt, werde ich ihm nicht mehr schreiben.«

Wie immer, wenn sie Kummer hatte, wandte Dian sich an die Freunde, die sie selten enttäuschten.

»Ich ging heute morgen zu Gruppe 4 und fand sie dicht beim Lager, als wollten sie mich besuchen. Ein schöner, sonniger Tag. Ich blieb stundenlang, hauptsächlich bei Onkel Bert und Digit. Wir entspannten uns alle in der Sonne. Ich schlief sogar ein. Als ich aufwachte, schaute Flossie mit besorgter Miene auf mich herab, als glaubte sie, es ginge mir nicht gut. Nach Hause zurückgekehrt, wollte ich den Rückstand der Feldaufzeichnungen aufholen, war aber sehr müde. Nahm ein Bad in meiner neuen Zinkwanne und sortierte dann den Kram des Botanikers. Die Aufzeichnungen kosteten verdammt viel Zeit. Ich nehme immer noch Schlaftabletten wegen Peter. Ich denke nur an ihn und kann einfach nicht arbeiten.«

Der nächste Tag begann mit Regen und Kälte, und Dian blieb drinnen. Das Holz war feucht, ihr Kamin rauchte, und am Abend zerbrach Kima eine ihrer kostbaren Petroleumlampen. Niedergeschlagen und unglücklich ging Dian um 22.30 Uhr ins Bett. Um 23.00 Uhr klopfte es an der Hüttentür. Draußen stand, naß und fröstelnd, Peter Weiss, der gekommen war, um seine Versäumnisse wieder gutzumachen.

Mitgebracht hatte er eine am Ort erstandene Uhr und einen Ring als Ersatz für diejenigen, die sie in dem Katalog ausgesucht hatten. In Dians großem Doppelbett liegend, öffneten die beiden die Schachtel.

»*Die Uhr ist eine Herrenuhr – so steht es auf der Garantiekarte. Und der Ring sieht auch aus wie ein Herrenring. Der Stein ist schön, aber die Fassung ist sehr plump und häßlich. Ich weiß, er hat die Uhr für sich selbst gekauft und mir aus Großzügigkeit geschenkt.*«

Peter brach um 5.00 Uhr auf, um rechtzeitig zur Visite im Krankenhaus zu sein. Er hinterließ Dian in äußerster Verwirrung.

»*Er sagt, wir würden nie lernen, uns gegenseitig anzupassen. Ich glaube, das ist dasselbe, wie Lebewohl zu sagen. Er war so trübsinnig und behauptete, daß ich vor ihm sterben würde! Als ich nicht antwortete, weil ich anfing zu weinen, änderte er seine Meinung und sagte: ›Nein, nicht du wirst zuerst sterben, sondern ich. Aber du vergeudest unser beider Leben, wenn du hier oben bleibst.*‹«

Im folgenden Monat schwankte sie zwischen Hoffnung und Verzweiflung. Sie versuchte, sich ganz auf ihre Arbeit zu konzentrieren, lebte jedoch für die gelegentlichen Briefchen von Peter. Sie befanden sich in einer ausweglosen Situation. Er weigerte sich, den Berg hinaufzusteigen, und verlangte, daß sie zu ihm komme.

»*Er sagt, ich müsse hinunterkommen, aber wenn ich das tue, bin ich erledigt, und er hat gewonnen. Wenn ich ihn haben will, muß ich das Leben in Karisoke aufgeben, aber wie könnte ich das?*«

Ende Juni wurde Peter weich und stieg nach Karisoke hinauf. Es kam zu einer leidenschaftlichen Versöhnung. Am folgenden Wochenende ging Dian nach Ruhengeri.

»*Gehe hinunter, um meinen Peter zu sehen, ihn zu umarmen und von ihm umarmt zu werden... Nun, ich ging, aber er war mürrisch. Wollte nicht reden, und als er es dann doch tat, fingen wir wieder zu streiten an, weil ich nicht in sein Haus zu ihm und den Kindern ziehen will.*

Hatte genug von seiner schlechten Behandlung, ging also ins Hotel und verbrachte die Nacht allein.«

Dian hatte mehrere Kompromisse vorgeschlagen. Sie hatte angeboten, jedes Wochenende bei Peter in Ruhengeri oder abwechselnd zwei Wochen im Lager und eine in der Stadt zu verbringen.

»*Wenn es mir gelingt, einige neue Studenten so auszubilden, daß sie das Wildern bekämpfen und die Langzeitstudien der Gruppen beaufsichtigen können, dann kann ich fortgehen. Vielleicht könnten wir für einen Monat oder so nach Frankreich fahren?*«

Keiner dieser Vorschläge gefiel Peter, aber sein Verlangen nach Dian war so groß, daß er weiterhin nach Karisoke hinaufstieg. Manchmal verliefen seine Besuche glücklich.

»*12. Juli: Peter um 19.30 Uhr oben. Ich konnte es nicht glauben! Es war eine der schönsten Nächte, die wir jemals miteinander verbrachten ... Er schwor mir seine Liebe sogar auf den Knien und sagte: ›Ich liebe nur dich – es gibt keine andere – du bist alles für mich.‹ So etwas kann man nicht spielen. Es muß wahr sein.*«

An diesem Punkt brauchte Dian im Lager dringend einen Freund, mit dem sie reden konnte. Nach Kelly Stewarts Rückkehr hatte sie sich dieser, wenn auch zögernd, eine Zeitlang anvertraut. Diese ohnehin schon wacklige Beziehung ging jedoch fast völlig in Brüche, als Dian in dieser Zeit wilder Stimmungsschwankungen einige der Briefe, die Kelly und Sandy Harcourt wechselten, öffnete und las. Harcourts Briefe hatten Dian durch die Heftigkeit seiner Abneigung gegen ihre Person, die sie als »richtigen Haß« beschrieb, schockiert. Da sie keinen einleuchtenden Grund für diesen Haß finden konnte, kam sie zu dem Schluß, daß Kelly ihn, vielleicht aus Eifersucht, geschürt habe.

Sie öffnete die Briefe erst dann nicht mehr, als sie merkte, daß die jüngere Frau Bescheid wußte. Anstatt

Dian zur Rede zu stellen und einen Streit zu riskieren, hatte Kelly ein Vorhängeschloß auf die Rückseite eines Briefes an Sandy gezeichnet, bevor sie ihn in Dians Hütte abgeben ließ, in der alle vierzehn Tage die Post abgeholt wurde.

Das genügte, um Dian so zu beschämen, daß sie die Post in Ruhe ließ, aber danach hielten die beiden Frauen wochenlang Abstand. Sie verkehrten ausschließlich schriftlich, und auch das nur, wenn es dringend erforderlich war. Im Laufe des Sommers suchte Dian jedoch wieder Kellys Gesellschaft, und sei es auch nur, um sich bei ihr von der Last ihrer verwirrten Gefühle und starken Zweifel in bezug auf Weiss zu befreien. Kelly schien eine mitfühlende Zuhörerin zu sein, obwohl Dian jedesmal nach so einer Beichte in ihr Tagebuch schrieb: »Habe zuviel geredet.«

Die Strapazen der Affäre begannen, sich auch in anderer Hinsicht auszuwirken. Es fiel ihr schwer, sich zu erinnern, welches Datum war. Einmal stellte sie fest, daß sie sich in ihrem Tagebuch um eine Woche geirrt hatte.

»Ich bin völlig durcheinander. Mein Kopf ist keinen Schuß Pulver wert.«

Sie verlor ständig Dinge – einmal verlegte sie ihre Pistole und suchte fast eine ganze Woche danach, bis sie sie endlich »in der Schublade mit all meinen Papieren« wiederfand – »genau da, wo ich glaubte, sie hingelegt zu haben«.

Eines diesigen, verhängnisvollen Tages Mitte September stieg Dian den Berg hinunter und fuhr mit ihrem Kombi nach Kigali, um Peter Weiss abzuholen, der einen Monat Ferien in Frankreich gemacht hatte. Sie fuhren zurück nach Ruhengeri, wo sie Fina vor Peters Haus antrafen, hysterisch und entschlossen, die entscheidende Kraftprobe zu wagen.

»Sie hatte alle Kinder außer Peter, der bei uns war, bei sich, weil sie im Haus gewohnt und sie versorgt hatte. Die

Kinder und alle Nachbarn schauten zu, als sie mit einem Knüppel auf mich losging. Dann ging Peter auf sie los. Ich werde nie darüber hinwegkommen. Sie schrie und er ebenfalls. Ich wich zurück und brüllte seine Leute an, sie sollten sie festhalten und ihm helfen. Sie war total verrückt. Er muß wirklich einiges abbekommen haben, sie hätte ihn fast getötet, wenn seine Leute sie nicht vertrieben hätten. Wir gingen ins Haus. Ich fragte, wer meinen Wagen bewachen würde. Er sagte, ich solle mir keine Sorgen machen, aber dann nahm sie ihren Knüppel und zertrümmerte meine Windschutzscheibe. Im anderen Arm hielt sie Sophie. Er ging dann hinaus, um sie in die Vorratskammer zu sperren und die Polizei zu holen. Während er fort war, zerschlug sie alle Fenster der Vorratskammer und versuchte hinauszuklettern. Ich schaute ihr zu und versuchte gleichzeitig, mich im Haus zu verstekken. Sophie rannte heulend hinter mir her. Die anderen Kinder waren in den Schlafzimmern. Peter kam mit zwei Polizisten zurück, die sie abführten. Alle Nachbarn sahen zu, aber keiner half ihm.
Etwa um 15.00 Uhr ging er zum Gefängnis und ließ sie frei, verlangte aber, daß sie die Stadt verließ. Ich konnte nicht glauben, daß er sie so einfach laufenlassen würde. Ich brachte den Wagen in die Werkstatt und ließ eine neue Windschutzscheibe einsetzen.«

Guamhogazi, Dians damaliger Chefträger, und ein *zamu* oder Wächter wurden postiert, um Dians Wagen zu bewachen. Dian verbrachte die Nacht mit Peter.

»Ich hatte einen schrecklichen Alptraum und wachte schreiend auf. Am nächsten Tag stiegen wir zusammen auf den Berg. Ich brauchte nur anderthalb Stunden, was gar nicht so schlecht für mich ist, aber er war böse mit mir wegen meiner Langsamkeit. Nicht einmal Sonnabend nacht war er zu etwas gut – wir taten es nur einmal am Morgen. Er tat so, als liege es an mir. Ich mußte an Finas riesige Brüste und Brustwarzen in dem gelben T-Shirt und

den gelben Hosen denken, wie sie ihn schlug und wie der kleine Pierre mich beiseite stieß, als ich versuchte, ihm das Zuschauen zu verwehren. Yves verschwand einfach und kehrte nicht zurück.
Ich konnte Peter nicht zum Reden, Lachen oder sonstwas bringen. Ich wußte, ihn quälte noch etwas anderes als sein Versagen in der körperlichen Liebe, aber ich wußte nicht, was es war... Er sagte, wir könnten heiraten, wenn ich darauf bestünde. Er wiederholte auch, daß er damals nur dann habe heiraten wollen, wenn ich schwanger geworden wäre. Jetzt glaubt er, ich könne es nicht, und scheint nicht mehr interessiert zu sein. Ich bin ganz sicher, daß er mich nicht mehr liebt.
Ich weiß jetzt, daß ich niemals heiraten werde.«

Am 2. November plauderten Dian und Kelly Stewart vor Dians Hütte und hörten plötzlich etwas, was wie ein Schrei klang. »Es ist nur eine Eule«, meinte Kelly. Sie lauschten und hörten es wieder. Irgend jemand schrie. Mehrere Möglichkeiten schossen Dian durch den Sinn: Es konnte Fina sein, die herumwütete, oder ein rachsüchtiger Wilddieb. Nichts war unmöglich. Mehrere Studenten, die in jenem Sommer in Jane Goodalls Forschungszentrum in Tansania gearbeitet hatten, waren von politischen Verbrechern entführt und bis zur Zahlung eines Lösegelds gefangengehalten worden.

Dian, die kein Risiko eingehen wollte, stieß Kelly in die Vorratskammer der Hütte, schloß die Tür hinter ihr ab und holte eilig ihre Pistole. Im selben Augenblick kam Basili laut schreiend über die Wiese gestampft. Es war wieder ein Feuer ausgebrochen. Einige Kleidungsstücke, die Kelly in ihrer Hütte zu dicht am Ofen aufgehängt hatte, hatten Feuer gefangen. Die Flammen verbreiteten sich bereits über Wände und Dach der Hütte.

»Ich ließ Kelly hinaus. Da ich nicht gut schleppen kann, ging ich in die Hütte und kippte Wasser ins Feuer. Aber

das Feuer hatte einen zu großen Vorsprung, weil die Farbigen in Panik geraten waren und zu viel kostbare Zeit vergeudet hatten. Wir blieben auf bis 3.00 Uhr, um ihre Sachen zu retten – ich sogar bis 4.50 Uhr. Ich bin völlig hinüber.«

Die Hütte war ebenfalls hinüber. Der größte Verlust aber waren Kellys gesammelte Gorilladaten – die Arbeit von Monaten ein Raub der Flammen.

»Am Morgen war ich sehr zittrig. Konnte mich kaum bewegen. Kelly richtig niedergeschmettert. Hatte sie zum Frühstück hier und riet ihr, einen Scheck zu nehmen, hinunterzugehen, Baumaterial zu kaufen und die Hütte wieder aufzubauen. Kann mich nicht deutlich an den Tag erinnern... Am Abend war mir übel. Reichlich X und dann Zusammenbruch. Sehr schlimm. Kein einziger Brief von Peter.«

In jener Nacht erwachte Dian aus einem Alptraum und stellte fest, daß sie Kima, die im selben Bett schlief, geschlagen hatte.

»Sie zitterte vor Angst. Ich fühle mich miserabel und mache mir Sorgen, was mit mir los ist.«

So schlich sich das unheilvolle Jahr seinem Ende zu. Im Dezember reiste Kelly Stewart für ein weiteres Semester nach Cambridge ab, wo sie Sandy Harcourt wieder treffen würde. Dian war mit den einheimischen Mitarbeitern allein in Karisoke.

Anfang 1976 beschäftigte sie sich eifrig mit den letzten Korrekturen ihrer Doktorarbeit, aber ihr persönlicher Kummer war so groß, daß sie sich nicht konzentrieren konnte.

»Ich arbeite den ganzen Tag ohne lange Pausen an Hindes Vorschlägen, aber ich bringe nichts Richtiges zustande. Es nimmt kein Ende... Kima benimmt sich, als sei sie ziemlich verlassen... Noch nie in meinem Leben habe ich mich so einsam gefühlt.«

Oft weinte sie aus geringstem Anlaß oder einfach vor

Erschöpfung. Sie trank mehr. Ihre Tagebucheintragungen wurden unregelmäßig. Manchmal kritzelte sie nur ein oder zwei Worte, manchmal gar nichts. Immer tiefer glitt sie in den Sumpf der Depression.

»23. Januar: Schrieb einen schrecklichen Brief an Peter. Habe alles so satt.«

Anfang Februar waren ihre Tagebucheintragungen nur noch unleserliche Striche, die sie mit solcher Gewalt ausführte, daß sie fast das Papier durchbohrt hätten. Irgendwie hatte sie ihren Arm verletzt, und der Schmerz raubte ihr den Schlaf.

»Arm so schlimm. Lag die ganze Nacht wach. Verfluchte Welt. Kein Peter.«

Allmählich wurde die Schrift besser, obwohl die Eintragungen spärlich blieben.

»10. Februar: Schrecklich – kann überhaupt nicht mehr schlafen – Arm ist viel, viel schlimmer.
11. Februar: Unwohl. Lese fürs Rigorosum.
12. Februar: Bat Nemeye, die Nacht hier oben zu verbringen und das Feuer zu bewachen, damit ich aufbleiben kann, um die Doktorarbeit zu beenden.«

Ein paar Tage später kehrte ihre Handschrift langsam wieder in den Normalzustand zurück, obwohl ihre Stimmung sich nur geringfügig gebessert zu haben schien.

»Schwerer Hagelsturm. Kima ganz krank. Mein Arm tat so weh, daß ich mich entschloß, nach Ruhengeri zu gehen. Verließ den Berg zum erstenmal seit Monaten, aber Peter war in Gisenyi und kam erst um 18.30 Uhr zurück, so daß ich in seinem Büro sitzen und warten mußte. Er schien sich zu freuen, mich zu sehen, und war sehr sanft. Badete mich. Ich weinte fast die ganze Nacht hindurch.«

Tags darauf ließ Dian ihren Arm im Krankenhaus von Ruhengeri röntgen. Es stellte sich heraus, daß sie eine akute Sehnenentzündung hatte.

»Ich holte die Röntgenaufnahmen ab und ging dann in Peters Büro, wo alle etwas von ihm wollten – alle. Dort saß

eine Krankenschwester aus Uganda mit einem Mädchen, das Bilharziose hatte, und einem kleinen Baby mit einem Schädelbruch, das im Sterben lag. Ich fing wieder zu weinen an, als ich das Baby sah. Peter wird so geachtet und geliebt! Ich war stolz auf ihn und schämte mich über mich selber.«

Allmählich riß sie sich zusammen und kehrte zur Lagerroutine zurück, wobei sie sich wieder einmal durch Kontakte mit den Gorillas für ihre Einsamkeit zu entschädigen suchte.

»Draußen bei Gruppe 5 – phantastischer Kontakt. Alle Silberrücken näherten sich uns. Puck griff sich die Linse, nachdem ich fotografiert hatte ... Ich hatte das ›National Geographic Magazine‹ mitgenommen, und Puck war wirklich komisch, als er sich die Gorillabilder darin ansah – wurde aber gegen Ende des Kontakts zu komisch, spielte den Narren und schlug auf mich los. Er hält mich wohl für ebenso widerstandsfähig wie sich selbst. Fragte mich zum ersten Mal, ob sie sich nicht allzusehr an Menschen gewöhnten.«

Im Mai 1976 reiste Dian wieder nach Cambridge. Ihre Doktorarbeit war angenommen worden. Jetzt brauchte sie nur noch eine mündliche Prüfung zu bestehen. Obwohl sie nie den Magistergrad erworben hatte und auch ihr Bakkalaureus in Beschäftigungstherapie in keiner Beziehung zu Zoologie stand, enthielt ihre Studie über die Berggorillas auf den Virungas eine so gewaltige Menge neuer Informationen über so viele verschiedene Aspekte des Lebens dieser Tiere, daß ihr die Prüfer mit Vergnügen die Doktorwürde verliehen.

Endlich war sie Dr. Fossey.

Von Cambridge flog Dian nach Kalifornien, um an einem von der National Geographic Society gesponserten Symposion teilzunehmen, dessen Hauptattraktion sie selber, Dr. Jane Goodall und die bis jetzt noch doktorgradlose Birutė Galdikas waren – Leakeys drei Primatendamen oder, wie sie manchmal genannt wurden, die »Trimaten«. Dies war ein seltsames Vergnügen für das Publikum, nicht aber für Dian, die an Ruhr erkrankt war.

Es folgte der obligate Besuch bei den Prices, nach dem Dian sich nach Washington begab, wo sie Filme und Fotos für ihre Sponsoren von der National Geographic Society katalogisierte und das Forschungskomitee über den neuesten Stand der Dinge in Karisoke informierte. Ende Juni kehrte sie in sehr viel stabilerem seelischem Gleichgewicht nach Karisoke zurück.

Ihre erste Sorge galt den Gorillas. Am Tag nach ihrer Rückkehr machten Rwelekana und sie eine zwölf Kilometer lange Wanderung durch das Hochland, wo sie nach Fallen und anderen Beweisen für die Anwesenheit von Wilddieben Ausschau hielten – ohne Erfolg, wie Dian erfreut feststellte. Eine Woche darauf zogen sie quer über die Berge nach Kabara in Zaire (wie der Kongo inzwischen hieß), um sich zu überzeugen, daß mit den Gorillas in dieser Gegend alles in Ordnung war.

Im Sommer 1976 arbeiteten mehrere Studenten in Karisoke. Dian hielt sie fest an der Kandare. Es gab Auseinandersetzungen mit gewissen Personen, die sich über Dians »Einmischung« in ihre Arbeit ärgerten, eine Einstellung, die sie erboste.

»*Wer hat ihnen denn ihre Arbeit gegeben? Wer hat ihnen gezeigt, wie man sie macht? Die Überheblichkeit einiger dieser Besserwisser ist unerträglich. Ein kleiner Scheißer aus New York mit Magistergrad hatte die Frechheit, mich zu fragen, wo ich meinen erworben hätte. Ich habe ihm befohlen, mich von nun an* DOKTOR *Fossey zu nennen.*«

Im August hatte sie Schwierigkeiten mit einer Gruppe französischer Studenten.

»*Ich ging zu ihrer Hütte, um ihnen zu sagen, daß ihre Feldaufzeichnungen überfällig seien, und einer der Bastards stieß mich aus der Tür und die Treppe hinunter auf den Boden. Er hätte mich wohl totgeschlagen, wenn meine Afrikaner nicht dagewesen wären. Er schrie: ›Die behandeln uns wie Affen!‹ Ich glaube, er schnappt über. Auf jeden Fall verschließe ich meine Hütte bis zu ihrer Abreise am nächsten Mittwoch.«*

Der »Student«, den sie in dieser Zeit am liebsten mochte, war gar kein Student. Sie hatte Tim White – so hieß der junge Mann – als Anhalter auf der Straße nach Ruhengeri entdeckt. Er stammte aus Virginia und hatte sich die Welt für die sprichwörtlichen paar Groschen angesehen. In Zentralafrika hatte er von den Gorillas gehört und sich auf den Weg nach den Virungas gemacht. Obwohl er keine akademische Ausbildung hatte, erwies er sich als ausgezeichneter Feldforscher, der sich selbstlos für die Gorillas einsetzte. Mehr noch, er war handwerklich sehr begabt, was man vom durchschnittlichen Stanford- oder Cambridge-Doktoranden selten sagen konnte. Unter anderem hatte er bald jede Aladin-Lampe und jeden Spirituskocher im Lager repariert und tadellos funktionsfähig gemacht.

Im Sommer 1976 sah Dian Peter Weiss selten, holte aber immer noch regelmäßig Geheimdienstberichte über Finas Aktivitäten ein.

»Fina mit Kindern in Ruhengeri im indischen Laden von Guamhogazi gesehen. Wenn sie in der Stadt einkauft, muß sie bei Peter wohnen.
12. Oktober: Guamhogazi sagte, Fina sei am Nachmittag mit den Kindern und Weiss im Auto gesehen worden. Aber am Nachmittag wurde er allein im Auto gesehen und sie allein auf der Straße hinter dem Krankenhaus.«

Anfang Oktober kam Kelly Stewart nach Karisoke zurück, um ihre Studien fortzusetzen. Dian hieß sie willkommen, aber es herrschte eine leichte Befangenheit zwischen den beiden.

»Ich ging hinunter zu Kelly und stellte fest, daß sie ihr Haar gefärbt hat, aber immer noch fett ist. Ihre ersten

Worte waren: ›Ich freue mich…‹, aber dann verstummte sie. Sie hat eine Gorillazeichnung von Sandy Harcourt an die Wand geheftet und zeigte mir auch ein Fruchtbarkeitsamulett, das ihre Schwester ihr geschenkt hat, so daß ich annehme, die beiden werden heiraten, sobald sie hier fertig ist. Ich wünsche ihr massenhaft Glück…«

Am Morgen des 24. Oktober erhielt Dian unerwartet einen »leidenschaftlichen Brief« von Peter. Dies war seit Monaten die erste Nachricht von ihm, und obwohl sie sich vorgenommen hatte, nicht mehr an ihn zu denken, beschloß sie sofort, den Berg hinabzusteigen.

»Er war zu Hause, als ich ankam, und wollte mich sofort, aber keine zehn Minuten später klingelte das Telefon – ein Kaiserschnitt im Krankenhaus, und er war anderthalb Stunden fort. Dann kamen die Kinder heim – es war die Hölle. Wir fingen wieder an, aber irgendein Bastard kam herein auf ein Bier, und ich mußte im Schlafzimmer bleiben – dann Abendbrot. Er sagte wenig über Fina, außer daß sie dreimal zum Mittagessen dagewesen sei.«

Der Besuch war unbefriedigend, und als Dian am folgenden Tag in düsterer Stimmung nach Karisoke heimkehrte, erfuhr sie, daß Cindy ihr nach Ruhengeri hatte folgen wollen und fast ein schlimmes Ende genommen hätte.

»Sie folgte dem Kombi die Straße hinunter. Da kamen zwei Farbige aus einer Bar, beides Wilddiebe und voller Pombe, und warfen mit Steinen nach ihr. Sie trafen sie und Semitoa, der sie einzufangen versuchte. Mein Wächter fing sie ein, als sie vor den Farbigen floh, und brachte sie ins Lager zurück. Sie hatte sich nichts gebrochen, war aber übel zugerichtet. Nemeye meinte, ich solle die Leute anzeigen, und das tat ich auch.«

Einer der beiden Männer, die den Hund mit Steinen beworfen hatten, mußte für sein Vergehen zwei Monate im Gefängnis sitzen. Der andere wurde nicht gefunden.

Fast zwei Monate danach brachte eine Gruppe Parkwächter einen Gefangenen nach Karisoke. Sie bezeichneten ihn als den zweiten Schuldigen.

»Sie sagten, er habe sich in Zaire versteckt gehalten. Er war betrunken. Ich spielte ›Laßt uns Cindy steinigen‹ und schlug ihn fast bewußtlos.«

Tim White, Dians hilfreicher Anhalter, verließ Karisoke Anfang Dezember, um seine Weltreise fortzusetzen. Es war ein trauriger Tag für Dian. Sein Ersatzmann war jedoch schon da. Es war Ian Redmond, ein blonder, jungenhafter Engländer, der, wie sich herausstellte, alles und noch mehr konnte, was Tim White gekonnt hatte. Dian betrachtete ihn als den besten Studenten, der je den Park betreten hatte, obwohl diese Ansicht wahrscheinlich mehr auf seiner Aufopferung für das Wohl der Tiere als auf seinem akademischen Können beruhte.

Ihr erster Eindruck von Ian Redmond war jedoch alles andere als gut gewesen.

»7. November: Dieser Ian kam etwa um 19.30 Uhr an in Shorts und barfuß – verrückt. Dieser Kleine wird sich nicht bewähren.
8. November: Der kleine Redmond hat um 9.30 Uhr das Frühstück immer noch nicht fertig – will filmen und fotografieren und was ihm sonst noch so einfällt. Was für ein Schlamassel! Er ist für neun Pfund Sterling von England nach Mombasa gereist. Das ist unmöglich!«

Obwohl sie ihn für unqualifiziert hielt, mußte sie ihn einfach gern haben. Bald sprach sie von ihm halb spöttisch, halb liebevoll als »der Junge«, »der Kleine« und manchmal als »das Kind«.

In einem weiteren Versuch, die Beziehung zu Dian zu kitten, lud Peter Weiss sie ein, Weihnachten mit ihm und den Kindern zu verbringen. Hoffnungsvoll wie stets stieg sie den Berg hinunter.

»Peter schenkte mir ein Tonbandgerät und schien darauf sehr stolz zu sein. Zum Abendbrot gab es Champagner und Kuchen – nicht viel mehr... Wir frühstückten

allein, und dann ging er hinaus, um am Auto herumzubasteln. Ich langweilte mich. Ich arbeitete an Dias.
Sehr gutes Filet zum Mittagessen. Danach machte er ein Schläfchen. Kaum war ich zu den Dias zurückgekehrt, kam Fina herein. Ich bekam Angst – sie sprach nicht mit mir. Ich sammelte die Dias zusammen und ging zurück ins Schlafzimmer. Wir warteten, bis sie fort war.
Am Abend spielten wir Master Mind, und ich gewann. Nach dem Abendessen spielten wir weiter, und er verlor alles.«

Am ersten Weihnachtsfeiertag kehrte Dian niedergeschlagen nach Karisoke zurück, endlich überzeugt, daß keine Möglichkeit für ein gemeinsames Leben mit Peter Weiss bestand. Da es nun einmal so war, machte sie weiterhin das Beste aus dem, was sie hatte.

»*Stieg frierend und durchnäßt den Berg hinauf. Zog mich um und bereitete den beiden Kleinen, die sich selbst bemitleideten, eine Weihnachtsfeier. Ian brachte mir ein Mobile, das er selbst aus Blechbüchsendeckeln gemacht hat, Kelly schenkte mir einige hübsche Skizzen. Ich schenkte jedem von ihnen einen Haufen Kram. Es war sehr erfreulich. Zur Abwechslung kochte ich ein gutes Abendessen, und wir amüsierten uns, während der Hagel wie verrückt auf das Dach prasselte. Sie gingen erst lange nach Mitternacht. Ich konnte nicht schlafen und habe alles so satt.*
Am nächsten Nachmittag erzählte mir Kelly, der Junge habe ihr gesagt, er habe noch nie ein schöneres Weihnachtsfest erlebt und noch nie so viele Geschenke bekommen.«

14

Weihnachten 1976 war in Karisoke verhältnismäßig angenehm verlaufen. Dians Beziehung zu Kelly hatte sich wieder ein wenig erwärmt. Außerdem gewann Dian Ian, der sich in einen Gorillaenthusiasten ganz nach ihrem Herzen entwickelte, immer lieber. Der afrikanische Mitarbeiterstab funktionierte gut; und die Gorillas brauchten keine ungebührlichen Übergriffe seitens der Menschheit zu befürchten.

Aber es war nicht alles eitel Sonnenschein. Dians Gesundheit wurde schlechter, und es fiel ihr immer schwerer, die Gorillas auf ihren täglichen regennassen Runden zu begleiten. Ihr geschwächter Körper fesselte sie immer stärker an die Hütte. Darüber hinaus litt sie unter den endlosen Anforderungen der wissenschaftlichen Dokumentation und der monatlichen Berichterstattung an ihre Sponsoren in den Vereinigten Staaten, von denen die Existenz Karisokes abhing. Da sie inzwischen ihren Doktorgrad hatte, stand sie auch unter immer stärkerem Druck, ihre wissenschaftlichen Erkenntnisse zu veröffentlichen. Und sie machte ihre ersten, zaghaften Versuche, ein allgemeinverständliches Buch über ihr Leben mit den Gorillas zu schreiben.

Anfang Januar 1977 erhielt sie Besuch von Barbara und Richard Wrangham, Freunden aus ihrer Zeit in Cambridge. Als die Wranghams am 12. Januar abreisten, begleitete Dian sie nach Kigali, angeblich aus Höflichkeit, in Wahrheit aber, weil sie Peter einen unerwarteten Besuch abstatten wollte. Das Unternehmen stand unter einem schlechten Stern. Sintflutartige Regenfälle hatten die Straßen in Sümpfe verwandelt, und da Dians Auto eine Meile vor Ruhengeri steckengeblieben war, kam sie durchnäßt und mit rotem Schlamm bedeckt an Peters Tür.

Zu ihrer Erleichterung entdeckte sie kein Zeichen von Fina. Obwohl Peter sie hereinbat und ziemlich widerstrebend liebte, blieb es nur eine passive Geste ohne echte Gefühle. Dennoch mochte Dian nicht die logische Schlußfolgerung ziehen.

»Ich glaube, er fand es lästig, seine Betrügerei mit Fina zu verbergen. Vielleicht fühlte er sich aber auch schuldig, was ich verstehen kann.«

Früh am nächsten Morgen schleppte sie sich auf dem glitschigen Pfad nach Karisoke zurück und kämpfte wieder einmal mit einer beginnenden Lungenentzündung. Sie behandelte sich selbst mit Antibiotika und kroch ins Bett, konnte aber nicht einschlafen. Die ganze Nacht lauschte sie dem Regen, der auf das Hüttendach prasselte, und dachte an Peter. Hatte sie ihn wirklich für immer verloren? Sie konnte es noch nicht glauben. Am Morgen beschloß sie, daß die Sache geklärt werden müsse. Wieder stieg sie den Berg hinab. Basili, der sah, daß sie krank war, bot ihr an, sie bis zum Parkplatz zu begleiten, erhielt jedoch eine brüske Abfuhr und den Rat, sich um seine eigenen Angelegenheiten zu kümmern.

Peter war gerade vom Krankenhaus zurückgekehrt, als Dian ihn überfiel, voll von zornigen Anklagen, die mit pathetischen Bitten um Bestätigung des Gegenteils abwechselten. Aufs äußerste gereizt gab Weiss zu, daß er tatsächlich mit Fina geschlafen hatte – zum letzten Mal sogar erst vor vier Tagen.

»Als ich ihn direkt fragte, konnte er nicht lügen. Jetzt bin ich sicher, daß sie wieder schwanger ist und daß er sie heiraten wird.«

»Liebst du sie wirklich, Peter?« flehte Dian, alles auf eine Karte setzend.

»Ich liebe viele Menschen«, war seine kühle Antwort.

Hin und her gerissen zwischen Besorgnis und Ärger, goß Peter ihr ein Glas Rum ein und steckte sie ins Bett. Es wurde nicht zum Lager der Versöhnung. Dian schluckte drei Schlaftabletten und schlief endlich ein.

Er verließ das Haus zu früher Stunde, und Dian erwachte in einer düsteren Gewißheit, daß ihr wieder einmal nicht der Trost eines menschlichen Herzens zuteil geworden war.

»Lange Zeit lag ich auf seinem Bett und weinte und weinte. Ich hielt Sophie in meinen Armen, aber ich wußte, daß ich auch sie verloren hatte.«

Dian verließ das Haus von Peter Weiss zum letzten Mal und flüchtete sich zu Rosamond Carr. Als ihr Kombi den holprigen Weg zur Plantage endlich geschafft hatte, war sie so krank, daß Sembrugari, Rosamonds Aufseher, ihr aus dem Fahrzeug helfen mußte.

Wie so oft nahm Rosamond sie auf und tröstete sie.

»Sie war so nett zu mir. Sie machte mir ein köstliches Mittagessen, ein heißes Bad, ein kleines Abendbrot und steckte mich dann ins Bett.«

Trotz Rosamonds Einspruch bestand Dian schon nach wenigen Tagen darauf, ins Lager zurückzukehren und sich von ihren Farbigen pflegen zu lassen, bis die Lungenentzündung auskuriert war.

Während Ian, Kelly und die Spurenleser sich weiterhin mühsam durch die tropfnassen Wälder und Nesselfelder schleppten und minuziöse Daten für die wissenschaftliche Chronik der Gorillakunde sammelten, kämpfte Dian sich zurück in die scheinbare Normalität.

Am 24. Januar machten Nemeye und sie sich in strömendem Regen auf, um Gruppe 4 auf Honeyman Hill zu besuchen. Dians wissenschaftliche Aufzeichnungen für diesen Tag sind so spärlich, daß ihr tatsächliches Motiv offenbar nicht der Ruf der Wissenschaft war, sondern persönliches Bedürfnis. Fünf Stunden lang kauerte sie in der durchnäßten Vegetation und unterhielt sich mit lebenden Wesen, die sie, wie sie wußte, nicht zurückweisen würden.

»Onkel Bert war super – er ruhte neben mir in seinem Tagesnest, und alle anderen blieben dicht dabei. Little Kweli, Onkel Berts ein Jahr altes Baby, kam und setzte sich auf meinen Fuß, während Macho, die Mutter, sich pflegte und mich hin und wieder beäugte, um sich zu überzeugen, daß ich ein guter Babysitter war.«

Spät am Tag prasselte ein besonders heftiger Regenschauer auf die Lichtung, wo die Gruppe weidete. Von Sicht konnte kaum noch die Rede sein, als aus der Dunkelheit plötzlich Dians Liebling Digit auftauchte. Mehrere Sekunden stand er aufrecht, während der Regen über sein glänzendes Fell strömte. Dann riß er mit einer Bewegung, die auf sie wie der Beweis wirklicher Anteilnahme gewirkt haben muß, einen Stengel Sellerie aus, streifte mit starker Hand die harten äußeren Blätter ab, ließ den geschälten Stengel dicht vor ihren Füßen zu Boden fallen und verschwand in der zunehmenden Dunkelheit.

Obwohl die wilddieblose Zeit noch den ganzen Februar hindurch anhielt, kündigten sich erste Störungen schon im späten Januar an, als Seregera, ein zum Wilddieb gewordener ehemaliger Führer, aus dem Gefängnis entlassen wurde. Er hatte in früheren Jahren für Dian gearbeitet und war 1972 von ihr hinausgeworfen worden. Seregera betrachtete nicht nur das Forschungsgebiet von Karisoke als seine persönlichen Jagdgründe, sondern sein Haß auf das Lager und alles, wofür es stand, verhieß, daß er zurückkehren und Unheil stiften würde.

Der Ärger begann am 7. März. Nemeye und Ian besuchten gerade Gruppe 5 auf den entlegenen Westhängen des Visoke, als die Gorillas von irgend etwas Unsichtbarem erschreckt wurden und in panischer Angst flüchteten. Nemeye verließ Ian, um der Fluchtspur der Gorillas zu folgen, kletterte aufwärts durch das klitschnasse Pflanzengewirr und kam auf einem Pfad heraus, der oberhalb des Futterplatzes der Gorillas verlief. Dort, im weichen Morast, fand er zahlreiche Abdrücke nackter menschlicher Füße – so frisch, daß sie noch nicht mit Regenwasser gefüllt waren. Nemeye brachte nicht den Mut auf, so viele Wilddiebe allein zu verfolgen, doch als er seinen *bazunga* suchte, stellte er fest, daß Ian ohne ihn ins Lager zurückgekehrt war.

Am Abend rief Dian einen Kriegsrat zusammen. Sie schalt mit Redmond, weil er die Wilddiebe nicht verfolgt hatte.

»Warum zum Teufel hast du aufgegeben? Du hättest sie fangen können, wenn du dir Mühe gegeben hättest!«

Ian verteidigte sich nicht. Ruhig hörte er zu, bis Dian fertig war, und erbot sich dann freiwillig, am nächsten Tag einen Gegenangriff durchzuführen. Das war eine Reaktion, die Dian bewunderte. Gemeinsam planten sie einen Streifzug quer durch das Forschungsgebiet und weit nach Zaire hinein, wo die Wilddiebe zeitweilig ihre Lager errichteten.

Am 8. März machte Ian alles wieder gut, was er tags zuvor verdorben hatte. Barfuß, weil auch seine Begleiter keine Schuhe hatten, und bekleidet nur mit einem T-Shirt und ramponierten Shorts, führte er die drei Spurenleser an einem kalten, trüben Tag aus dem Lager. Als die kleine Schar bei Einbruch der Dunkelheit wieder zurückkehrte, war sie erschöpft, aber stolz. Beim Durchkämmen des Sattelgebiets rechts vom Mikeno hatten sie drei Schutzhütten der Wilderer und einundzwanzig frisch gestellte Fallen gefunden und zerstört.

Zehn Tage verstrichen, bis die Wilddiebe zurückschlugen. Am 18. März drangen mindestens zwei Banden in den entlegenen nordwestlichen Abschnitt des Forschungsgebiets ein und übersäten es mit Fallen. Obwohl Ian und Nemeye innerhalb von zwei Tagen fünfunddreißig Stück fanden und zerstörten, blieb Dian äußerst besorgt um die Sicherheit der Gorillas von Gruppe 5, die damals dieses Gebiet durchstreiften.

»*Sie sind zu weit entfernt. Wir können nicht alle Fallen finden. Früher oder später wird einer von ihnen gefangen werden.*«

Äußerst widerstrebend, weil sie die Gewohnheiten der Gorillas nicht verändern wollte, bestimmte Dian, Gruppe 5 auf sicheres Gebiet zu treiben.

Das war für alle Beteiligten eine unangenehme Aufgabe. Ian und vier weitere Männer begaben sich nach Norden hinter Gruppe 5. Dann schlichen sie sich vorsichtig an die Gorillas heran, während sie gleichzeitig mit Glocken von Wildererhunden läuteten und auf Wildererpfeifen pfiffen.

Die Hölle brach los. Rasch war die Luft vom Gestank der Angst erfüllt. Das junge Männchen Icarus stieß wütende Schlachtrufe aus, bevor es als erstes die wilde Flucht ergriff. Die Weibchen und Jungtiere stürzten durchs Unterholz, dicht auf den Fersen von Beethoven, ihrem Anführer. Unerbittlich folgten ihnen das Geläute und die Pfiffe. Mehrere Male ging Icarus auf die unsichtbaren Verfolger los. Die Fluchtspur aus zertrampelter und zerquetschter Vegetation war bedeckt von diarrhöischem Kot, auf dem die Treiber ausglitten und hinfielen. Die Schreie angsterfüllter Tiere hallten durch den Wald.

Dian nahm an all diesem nicht teil.

»*Ich bleibe drinnen und passe auf, daß ich nichts höre. Es ist* SCHRECKLICH, *aber es muß getan werden.*«

Am 1. April verabschiedete Kelly sich und fuhr nach England zu Sandy Harcourt, um die für Anfang Juni geplante Hochzeit vorzubereiten. Obwohl Dian und Kelly in den letzten Monaten oft uneins gewesen waren, hatte Dians Zuneigung zu der jüngeren Frau allen Widerwärtigkeiten getrotzt. Beim Abschied weinte sie. Vielleicht flossen ein paar dieser Tränen, weil Kelly zu ihrem Liebsten reiste und die um ihre verlorene Liebe trauernde Dian allein zurückließ.

Am 6. April schlug wieder eine Bande von sechs Wilddieben zu. Diesmal hetzten sie ihre Hunde auf Wagenis Gruppe und verfolgten deren Mitglieder mehrere hundert Meter weit. Zufällig erreichten Ian und Vatiri den Schauplatz so rechtzeitig, daß sie einen Zwischenfall verhindern konnten, der vielleicht mit Gorillamord geendet hätte. Sie jagten die Wilddiebe in einer Höhe von fast 4300 Meter quer über den Gipfel des Visoke, wo die Temperatur nur knapp über dem Gefrierpunkt lag, konnten sie aber nicht fangen.

Dian war überzeugt, daß die Wilderer wieder Gorillas um ihrer Köpfe und Hände willen nachstellten, und so starteten sie und die gesamte Lagerbelegschaft am nächsten Morgen einen Gegenangriff. Es hagelte fast den ganzen Tag, und wenn es nicht hagelte, regnete es und war bitterkalt. Dian schleppte sich mit bis zu Gruppe 5, war dann aber so erschöpft, daß sie ins Lager zurückkehren mußte, wo sie zusammenbrach. Vatiri, Nemeye, Rwelekana, Ian und zwei weitere Männer patrouillierten ganz um den Visoke herum, fanden aber keine Wilderer, sondern nur ein paar Fallen.

In dieser angespannten Lage betrat ein neuer Student den Schauplatz. Er hieß Leonard und war ein junger amerikanischer Biologe mit übermäßig romantischen Vorstellungen von Afrika und Gorillabeobachtung. Was wirklich von ihm erwartet wurde, erfuhr er am Tag nach seiner Ankunft, als Ian ihn auf eine Wildererstreife mitschleppte, die fünf Stunden im strömenden Regen dauerte und einen die Lungen strapazierenden Aufstieg bis fast zum Gipfel des Visoke einschloß. Anstatt gemütlich in einem tropischen Urwald Gorillas zu besichtigen, sah sich Leonard plötzlich in einen Dschungelkrieg gegen unsichtbare, mit Speeren, Pfeil und Bogen bewaffnete Pygmäen verwickelt, der in einer feuchten, kalten, von reizbaren Elefanten, lauernden Leoparden und angriffslustigen Büffeln bevölkerten Welt tobte.

Eine Woche nach Leonards Ankunft wurde Nemeye von einem Büffel auf eine Hagenia gejagt. Das hartnäkkige Tier ließ den vor Kälte Zitternden erst nach Anbruch der Dunkelheit wieder herunter. Als Dian sich den Ort der Handlung am folgenden Tag anschaute, brach der Büffel aus dem nahen Dickicht hervor und trieb auch sie auf einen Baum.

Das war zuviel für Leonard. Der Tropfen, der das Faß zum Überlaufen brachte, war vermutlich Dians Aufforderung, einen Teil seiner Zeit mit der Untersuchung von Gorillakot nach Parasiten zu verbringen. Früh am Morgen des 15. April machte er Schluß. Wahrscheinlich war es am besten so, denn was sich sonst noch an diesem Tag ereignete, hätte ihn entsetzt.

Mitten am Vormittag rief Basili Dian freudig aus ihrer Hütte, um das Schauspiel zu genießen, wie fünf Parkwächter einen winzigen Gefangenen ins Lager schlepppten. Dian erkannte, daß der zerlumpte, barfüßige Batwa Munyarukiko war, der größte Wilddieb der Virungas, der ihr schon lange ein Dorn im Auge war. Als er niedergeschlagen vor ihr stand, war sie so entzückt, daß ihr angeborener Scharfsinn sie verließ.

»Die Wächter erzählten mir eine schöne Geschichte. Obwohl ich diese Männer und ihre Gewohnheit, gefangene Wilddiebe nach Eintreibung einer Belohnung auf dem Weg zum Hauptquartier des Parks zu verlieren, schon so lange kenne, fiel ich diesmal mit der Leichtgläubigkeit eines Kindes darauf herein.
Sie behaupteten, daß sie zwei lange Tage und Nächte auf den Bergwiesen des Karisimbi hinter Munyarukiko und seiner Jagdgesellschaft hergewesen seien und ihn schließlich geschnappt hätten, als er und seine Freunde eine Büffelfallgrube aushoben. Zwar waren ihnen die übrigen entkommen, aber immerhin hatten sie den größ-

ten aller Wilddiebe gefangen und gleich hergebracht, um mir das Ergebnis ihrer Anstrengungen vorzuführen und, wichtiger noch, die Belohnung zu kassieren.
Ich war erstaunt, als sie sich weigerten, ihn mit den üblichen Brennesselschlägen dazu zu bewegen, die Namen seiner Kameraden zu verraten. Ja, sie wollten sich ihm nicht einmal nähern, woraus ich dummerweise schloß, daß sie sich vor ihm fürchteten, weil er irgendein neues Sumu hatte.
Ich fragte sie, warum sie Munyarukikos Pfeil und Bogen, Speer, Panga und all die anderen Utensilien, die Wilderer immer bei sich haben, nicht mitgebracht hätten. Sie antworteten, die anderen Männer seien damit geflohen. Nun, das kam mir seltsam vor, weil das letzte, von dem sich ein Wilderer trennt, selbst wenn er verfolgt wird, sein Handwerkszeug ist. Das Ganze kam mir noch seltsamer vor, als alles, was ich in seinen Taschen finden konnte, ein Kamm, ein paar Spiegelscherben, eine Rasierklinge und ein Seifenrest war – lauter Dinge, die auf einer Büffeljagd nicht von großem Nutzen sind.
Als alle Formalitäten erledigt waren, darunter auch die Zahlung einer Belohnung von umgerechnet 120 Dollar an die Wächter, beschloß ich, mit ihnen und dem Gefangenen hinabzusteigen und sie alle nach Ruhengeri zu fahren, wo Mr. Nkubili, der Chef des Brigades, ihn ins Gefängnis stecken würde.
Das stieß jedoch auf starken Widerstand. Die Wächter behaupteten, sie hätten jetzt den Befehl, Wilddiebe zuerst zum Verhör in das Büro des Conservateur zu bringen. Es blieb mir nichts anderes übrig, als sie allein gehen zu lassen, was sie, wie mir schien, etwas zu fröhlich taten.
So weit, so gut, aber später am Nachmittag kam unser Holzmann nach einem unten verbrachten Tag ins Lager zurück und erzählte den anderen Leuten, die Parkwächter hätten Munyarukiko in Wirklichkeit am selben Morgen in der Dorfbar getroffen und den ganzen Trick geplant! Sie

hatten verabredet, daß er mit ihnen nach Karisoke gehe, den Gefangenen spielen und später seinen Anteil an der Belohnung – rund zwanzig Dollar, ein kleines Vermögen – bekommen sollte.
Es hätte mir nichts ausgemacht, im Falle der Gefangennahme Muns wieder einmal (es war nicht das erste Mal) für dumm verkauft zu werden, aber es traf sich, daß ein oder zwei Stunden später Nemeye und Ian ins Lager kamen und berichteten, daß eine weitere Wildererbande die Gorillas von Gruppe 5 belästigt habe. Diese Verbindung der Ereignisse brachte mich richtig auf die Palme, und ich ging auf den Kriegspfad.
Ich rutschte mit Basili und Nemeye im Regen den Berg hinunter. Der Kombi wollte nicht anspringen, und ich war wütend. Schließlich sprang er doch an, und wir fuhren in das Twa-Dorf Mukingo, wo wir parkten. Basili paßte auf den Wagen auf, während Nemeye und ich einen schmalen Pfad entlang zu Muns Shamba gingen. Er war inzwischen heimgekommen, nachdem er und die Wächter einen Teil der Belohnung in der Bar in Pombe umgesetzt hatten.
Als wir auf dem Schauplatz erschienen, war es bereits dunkel, und es gab ein großes Durcheinander, weil Mun mehrere Häuser hat – es sind nur Grashütten –, für Frauen und ungezählte Kinder. Bis wir das Haus, in dem er mit seiner ältesten Frau lebt, gefunden hatten, war er mit seinem Komplizen Gashabizi bereits auf und davon. Man konnte die Wildererhunde, die davongejagt wurden, bevor ich an sie herankam, bellen und jaulen hören. Da ich sie nicht fangen konnte, griff ich mir eines von Muns halbnackten Kindern.
Da Nemeye und ich nicht mit allen Frauen und Kindern fertig werden konnten, sagte ich ihm, er solle den Kleinen festhalten (was nicht einfach war), während ich Matten, Körbe, Maiskolben und alte Kleidungsstücke im Wert von etwa fünzehn Dollar aus Muns Hütte holte. Ich legte all

das Zeug etwa sieben Meter von der Hütte entfernt nieder und drohte, es anzuzünden. Zuvor aber befahl ich seinen Frauen, sie sollten ihm zurufen, daß ich es nicht tun würde, wenn er zurückkäme und mir das Geld gäbe.
Als er nicht zurückkam, zündete ich sein Zeug an. Es flammte hell auf und sah gruselig aus mit all den leuchtenden Augen der Batwa im Hintergrund. Ich fand, daß es nun Zeit zu gehen sei, und so nahmen wir das Kind, das etwa vier Jahre alt war, und kehrten nach Karisoke zurück. Ich war so fertig, daß ich auf allen vieren den Berg hinaufkriechen mußte. Es regnete immer noch, und ich habe mich noch nie im Leben so durchgefroren und verdreckt gefühlt. Zweimal rutschte ich unterwegs aus, aber die beiden Männer, die den Jungen abwechselnd trugen, verließen mich nicht. Endlich erreichten wir das Lager. Das Kind freute sich so sehr über das Essen und das Spielzeug, daß es am nächsten Tag, als es wieder nach Hause zurückkehren sollte, ein Geschrei anstimmte. Aber ich mußte es zurückgeben, bevor ich das Geld von Munyarukiko bekam, weil die Europäer unten im Park so ein Gequassel machten.«

Zehn Tage lange befürchtete Dian, daß ihr »schlimmster Fehler«, wie sie den Zwischenfall später nannte, böse Folgen haben würde. Die Lagermitarbeiter brachten vage Gerüchte mit, daß sie aus Ruanda ausgewiesen werden solle, und eine Zeitlang hatte sie Angst, daß Munyarukiko und seine Freunde die Hütte von Karisoke in Brand setzen würden. Der listige Wilddieb rächte sich jedoch auf andere Weise. Er ließ Dian gerichtlich zur Zahlung der fürstlichen Summe von sechshundert Dollar verurteilen, deren größten Teil er als Ersatz für den materiellen Schaden, den sie ihm angeblich zugefügt hatte, beanspruchte. Dian zahlte anstandslos und gab kläglich zu, daß Munyarukiko sie hereingelegt hatte.

Die Ruander betrachteten den Zwischenfall mit Erheiterung. Der Bericht, wie Dian nicht einmal, sondern zweimal überlistet worden war, erzeugte brüllendes Gelächter in den Pombe-Bars der Dörfer. Einige ihrer weißen Brüder und Schwestern aber setzten später gehässig übertriebene Versionen in Umlauf, die sie als Rassistin, Sadistin und sogar noch Schlimmeres darstellten.

Als das Frühjahr herankam, ging Dian dazu über, ein oder zwei Tage wöchentlich in ihrer Hütte zu bleiben und sich mit ihrer umfangreichen Korrespondenz und den langweiligen Monatsberichten zu beschäftigen. Sie besuchte die Gorillas jedoch so oft wie möglich und verbrachte viel Zeit bei ihren besonderen Freunden von Gruppe 4. Abends führte sie Cindy spazieren oder kümmerte sich um Kima, die hartnäckig Aufmerksamkeit verlangte. Gelegentlich gönnte sie sich die Freude, die vielen Tiere zu beobachten und anzuhören, die in den Wiesen und Wäldern um Karisoke eine Zufluchtstätte gefunden hatten, in der die Menschen nicht ihre Todfeinde waren. Unter ihnen befanden sich rund zwanzig Ducker und viele Waldböcke, Raben, Waldschliefer, Papageien und sogar Feldmäuse. Dian kannte die meisten Vertreter der größeren Tierarten beim Namen.

Die Afrikaner hatten ihre eigenen festen Gewohnheiten. Zweimal in der Woche fuhr Gwehandagoza, nun Chefträger, mit seinem kleinen Honda-Motorrad auf den Parkplatz und brachte die Post und Vorräte auf den Berg. Dann stieg er wieder hinunter, beladen mit dem Postausgang und Einkaufslisten, die er in Geschäften in Ruhengeri und Gisenyi abhakte.

Basili erfüllte die Aufgaben eines Hausboys. Er kochte für Dian, wenn sie es wünschte, spülte Geschirr, wusch Wäsche für sie und Ian und hielt ganz allgemein Lager und Hütten in Ordnung.

Jeden Morgen bei Tagesanbruch kam der Holzmann von unten aus seinem Dorf und verbrachte viele Stunden mit dem Sammeln von trockenem Brennstoff für die

Lageröfen. Dian hatte streng verboten, lebende Bäume, ganz gleich welcher Größe, zu fällen. Sie erlaubte nicht einmal, daß in der Nähe des Lagers abgestorbene Bäume gefällt wurden, weil sie fürchtete, das würde die Vögel und die anderen Tiere stören. Ein Holzmann hatte in Karisoke kein leichtes Los.

Mindestens einer der drei Hauptspurenleser – Vatiri, Nemeye und Rwelekana – machte sich jeden Morgen um 7.30 Uhr auf den Weg zu den Gorillagruppen, manchmal begleitet von Dian oder Ian, oft auch allein. Es war ihre Aufgabe, über die täglichen Wanderungen der großen Menschenaffen zu berichten und aufmerksam Ausschau nach Wilddieben und Fallen zu halten. Auch mußten sie Plastikbeutel voll Gorillakot aus den Schlafnestern der vergangenen Nacht mitbringen.

Dieses duftende Material ging an Ian Redmond, der auf Dians Wunsch die Parasiten, die Gorillas im Inneren plagen, untersuchte. Er hatte die unappetitliche Aufgabe, das tägliche Kotsortiment mit Hilfe eines uralten Mikroskops, das er im Krankenhaus von Ruhengeri organisiert hatte, sorgfältig zu prüfen und peinlich genaue Zeichnungen von den seltsamen Organismen, die in den Eingeweiden von Gorillas hausen, anzufertigen. Die Hingabe, mit der Ian sich diesem geheimnisvollen Projekt widmete, verblüffte die Afrikaner, doch da sie die Eigentümlichkeit der *bazungas* kannten, gaben sie ihm einen neuen Namen. Er wurde weit und breit als »Wurmboy« bekannt.

Es wurde von Ian erwartet, daß er Dian allabendlich einen schriftlichen Bericht über die Beobachtungen des Tages sandte, der von Basili oder irgendeinem anderen Mitglied des Mitarbeiterstabs überbracht wurde und den Dian mit Anweisungen, Vorschlägen und manchmal auch mit dringenden Forderungen nach mehr Daten beantwortete. Obwohl die beiden Weißen nicht mehr als rund hundert Meter voneinander entfernt waren, sahen sie sich oft tagelang nicht. Etwa einmal in der Woche lud Dian ihn zum Abendbrot ein. Manchmal ging sie auch zu ihm, um sich besonders bitterlich über seine Langsamkeit im Berichteschreiben zu beklagen. Absichtlich vermied sie jede Intimität.

Trotzdem erschwerte seine Anwesenheit ihren Entschluß, Distanz zu wahren, immer mehr. Wenn es jemals einen Mann gegeben hatte, der aus demselben Holz wie sie geschnitzt war, dann war er es. Obwohl Ian Biologe war, betrachtete er die Wissenschaft nicht als alles andere ausschließende Berufung. Je länger er sich in Karisoke aufhielt, um so mehr beschäftigte ihn die wichtige Frage, wie man den Gorillas überleben helfen könne, und um so weniger betrachtete er sie als Mittel zur Beförderung seiner beruflichen Laufbahn. Er sah sie so, wie Dian sie sah – als lebende Wesen, die Verständnis und Achtung verdienten, sowohl gefühls- als auch verstandesmäßig.

Ausgeglichen und witzig auf die zurückhaltende englische Art, tolerant gegenüber den Launen und Schwächen anderer und unwiderstehlich optimistisch, fiel es ihm nicht schwer, mit Dians Stacheligkeit fertig zu werden. »Ihre Ausbrüche sind wie die Angriffe eines alten Silberrückens, der seine Gruppe bewacht – zu neunzig Prozent Bluff. Wenn du ihr standhältst wie einem Gorilla, ist sie überhaupt kein Problem«, sagte er einmal einem neuen Studenten.

Je größer ihre Zuneigung zu Ian wurde, um so schwerer fiel es ihr, Abstand zu wahren. Obwohl sie jegliche erotischen Gefühle unterdrückte, konnte sie nicht leugnen, daß sie sich immer stärker zu ihm hingezogen fühlte. Immer wieder rief sie sich die zwanzig Jahre Altersunterschied ins Bewußtsein und sublimierte ihre Gefühle in eine Art mütterliches Verhältnis, in dem er die Rolle eines charmanten, aber hilfsbedürftigen Jugendlichen spielte, der eine feste, aber freundliche Hand brauchte.

Der relativ gleichmäßige Lauf des Lebens in Karisoke wurde am 1. Mai kurz unterbrochen, als Dian nach Kigali fuhr, um einen neuen Studenten, der aus Amerika kam, vom Flugplatz abzuholen. Er hieß Daniel und war einer jener netten, aber unreifen und ganz und gar nicht auf die afrikanische Wirklichkeit vorbereiteten jungen Menschen. Dennoch war Dian verblüfft, als er ihr knapp vier Tage später mitteilte, daß er gehen wolle.

»*Ich konnte es nicht fassen! Aber Ian sagte, er sei Kriegsdienstverweigerer und lehne meine Wildererbekämpfung ab... Ich habe mich eine Stunde mit ihm unterhalten, aber er gab keinen überzeugenden Grund an, warum er gehen wolle... Er sagte nur, ich sei eine Kolonialistin. Schließlich einigten wir uns auf eine einwöchige Probezeit.*«

Als Dian am nächsten Morgen aufwachte, entdeckte sie, daß Daniel – Probezeit hin, Probezeit her – fort war. Sie nahm es mit philosophischer Gelassenheit auf.

»*Er kam und ging so schnell, daß wir gar nicht sicher sind, ob er überhaupt hiergewesen ist. Ich glaube, er wird als kurzes Vergnügen in die Geschichte von Karisoke eingehen.*«

Ein paar Tage später berichtete ein Parkwächter, daß eine Gruppe Gorillas am Fuße des Berges dicht bei den Feldern die Bauern in Unruhe versetzte. Dian eilte hin, um zu vermitteln. Wie sich herausstellte, waren die Tiere Mitglieder von Gruppe 5, die an der Grenze des Parks auf einer steinigen Felsbank namens Jambo Bluff umherwanderten.

»*Anscheinend gefällt der Gruppe diese Felsbank, weil die Tiere von dort aus in relativer Sicherheit über die offenen Felder auf ihre schuftenden Primatenverwandten hinunterschauen können, als wollten sie sagen: ›Immer fleißig, wie?‹ Gleichzeitig versammeln sich die Eingeborenen und kreischen: ›Ngagi! Ngagi!‹ Gorilla! Gorilla! In dieser Gegend, die weit entfernt ist vom Dorf der Twa-Wilddiebe, fürchten sich weder die Hutu noch die Gorillas wirklich voreinander. Die beiden Arten halten respektvoll*

Abstand, da es auf den kahlen Pyrethrumfeldern nichts gibt, was die Gorillas wirklich interessiert. Man kann unmöglich sagen, wer da wen neugierig betrachtet. Nachdem die Gorillas ihre Neugier gestillt hatten, verließen sie die Felsbank und fraßen weiter, während die Afrikaner sich wieder ihrer nicht enden wollenden Feldarbeit zuwandten.

Bei dieser Gelegenheit konnte ich dem Reiz nicht widerstehen, mich unter die Gorillas zu mischen, die auf den Felskamm geklettert waren, als wollten sie den Beifall ihrer Untertanen entgegennehmen. Als mein Kopf plötzlich zwischen den Köpfen von Puck und Tuck sichtbar wurde, während wir alle langsam an den Rand des Felsens krochen, schien sich die Lautstärke der menschlichen Schreie und Ausrufe zu verdreifachen: ›Nyiramacheballi! Nyiramacheballi!‹ – die einsame Frau des Waldes – lautet der nicht besonders schöne Spitzname, den sie mir gegeben haben.

Die Dorfbewohner kamen zu Dutzenden von den unteren Feldern herbeigelaufen. Hütten leerten sich, Kinder versteckten sich schreiend hinter den Röcken ihrer Mütter. Männer und Frauen deuteten herauf und machten einen solchen Lärm, daß man hätte glauben können, es handle sich um die Wiederkehr Christi. Die Gorillas schien dieser Aufruhr nur wenig zu beeindrucken. Sie verließen die Felsbank in einer Reihe hintereinander sehr viel würdevoller als ich. Es dauerte lange, bis sich die Menschen wieder beruhigt hatten.«

Ende Mai kamen die Filmemacher Genny und Warren Garst nach Karisoke herauf, um einen Dokumentarfilm über Dian und die Gorillas für die Fernsehserie »Wild Kingdom« zu drehen.

Die Garsts, ein gelassenes Profipaar, und ein zweites Ehepaar, das die Tonaufnahmen machte, vertrugen sich sowohl mit den Menschen von Karisoke als auch mit den Gorillas und zeigten Achtung vor beiden.

Die Neuankömmlinge hatten einen enorm belebenden Einfluß auf Dian.

»Warren Garst und ich hatten einen phantastischen Tag mit Gruppe 5 – er drehte 400 Meter Film von den Silberrücken und den Weibchen Effie, Marchesa, Tuck und Puck. Icarus, der Silberrücken Nummer zwei, war großartig und machte drei Angriffe! Dann gingen wir zu Gruppe 6, wo Garsts Film zu Ende ging. Es war ein wunderbarer Kontakt, jeder Gorilla tat irgend etwas. Der Tag war sonnig. Ich war froh gestimmt, als wir heimkamen und in ihrer Hütte zu Abend aßen. Zum ersten Mal seit langem war ich glücklich – richtig glücklich!«

Nicht einmal der Verlust ihres kostbaren Asthma-Inhalators bei der Verfolgung einer Gorillagruppe mit Garst brachte sie außer Fassung.

»Ich bin ausnahmsweise so guter Laune, daß mir nichts etwas ausmacht, aber ich weiß nicht, wie lange das anhalten wird.«

In der Gesellschaft dieser neuen Menschen blühte ihr Sinn für Komik wieder auf.

»Während des Aufenthalts der Garsts trat im Lager ein neuer Bewohner auf, wie man ihn seit mehr als zehn Jahren nicht gesehen hatte: ein männliches Mitglied der Familie der Riesenratten. Er ließ sich in der Nähe meiner Hütte häuslich nieder. Ich nannte ihn Rufus und machte mich daran, Freundschaft mit ihm zu schließen.
Ich fragte mich, woher Rufus wohl gekommen war. Zwar sagten die Afrikaner, Ratten kämen in den Dörfern unten häufig vor, aber ich konnte mir nicht vorstellen, daß er den langen Marsch hier herauf nur auf die entfernte Möglichkeit hin, ein paar von meinen Hühnern übriggelassene Maiskörner zu finden, unternommen hatte. Sobald Rufus zahm geworden war, experimentierte ich mit diversen Nahrungsmitteln und entdeckte, daß er alles fraß, ausgenommen Fleisch. Offenbar war er ein Anhänger der neuen Rohkostwelle!

Er gewöhnte sich völlig an Taschen- und Petroleumlampen, und ich zwang meine widerstrebenden Gäste, nachts hinauszutreten und Rufus in seiner vollen Länge von einem Meter zu bestaunen. Irgendwann später gesellte sich eine Rattendame zu ihm, die ich Rebecca taufte; ein paar Tage später kam Rhoda, und dann, in rascher Folge aus dem Nichts, tauchten Batrat, Robin, Russ und Rascal auf – und so weiter, und so weiter.

Die einzelnen Ratten unterschieden sich an der Schwanzfarbe, und sie hatten eine strenge Rangordnung, wenn das Futter ausgeteilt wurde. Um nicht zu riskieren, von dem Mob zertrampelt zu werden, warf ich ihnen das Futter einfach zu und rannte dann zurück ins Haus, während sie aus dem Wald und von unter der Hütte herbeigeströmt kamen.

Etwa zur selben Zeit las ich zufällig einen Artikel in ›National Geographic‹, der in allen Einzelheiten erklärte, warum Ratten die lebenstüchtigsten Säugetiere der Welt sind. Er nannte eine schauerlich hohe Fortpflanzungsrate. Dies und der Umstand, daß es nachts um die Hütte herum etwas matschig wurde, überzeugte mich, daß ich entweder Flöte spielen lernen oder ihre Nahrungsmittelversorgung abschneiden mußte.

Zuerst aber wollte ich einige Fotos von ihnen machen. Eines Abends umgab ich den Futterplatz mit Petroleumlampen und nahm selbst eine wacklige Stellung auf dem Holzkorb in meiner Hütte ein, das Blitzlicht in der einen und die Kamera in der anderen Hand.

Bevor man noch ›Rattenschwanz‹ sagen konnte, war der Platz mit gleitenden Körpern und zuckenden Schwänzen gefüllt. Es sah aus wie in einer Schlangengrube. In meiner Begierde, so viele Ratten wie möglich auf das Foto zu bekommen, lehnte ich mich ein bißchen zu weit hinaus und fiel krachend aus dem Fenster. Da ich den Fall nicht auffangen konnte, weil ich die Kamera retten wollte, verspürte ich einen unglaublichen Schmerz in meinem Brust-

korb. Ich hatte es also wieder mal geschafft, mir aus einem völlig unehrenhaften Anlaß eine Rippe zu brechen.«

Obwohl die Ratten ein wenig heitere Abwechslung brachten, kehrten bald finstere Zeiten nach Karisoke zurück. Als Dian eines Tages in Ruhengeri Vorräte einkaufte, traf sie Lolly Prescada, eine spanische Chirurgin und alte Freundin, die in einem Leprakrankenhaus arbeitete.

»Sie erzählte mir von Peter – das Aufgebot für seine Hochzeit ist bestellt. Sein Visum wurde nur um zehn Monate verlängert, doch wenn er Fina heiratet, erhält er die Genehmigung, ständig in Ruanda zu bleiben.«

Kurz nach der Nachricht erfolgte das Ereignis selbst. Am 1. Juli machte Dian eine kurze, wütende Eintragung in ihr Tagebuch, die das Ende der Affäre kennzeichnete.

»Heute hat Peter die schwarze Schlampe geheiratet.«

Die Periode schönen und sonnigen Wetters, die den Juni ausgezeichnet hatte, ging nun zu Ende. Dicke Wolken bedeckten den Himmel, und Regen prasselte herunter. Da Dian viel Kraft in den Film investierte, fühlte sie sich bald chronisch müde. Der Ischias in ihrer rechten Hüfte wurde so schlimm, daß sie es nur mit Mühe schaffte, Warren Garst zu den Gorillas hinauszubegleiten. Schlimmer noch, ein heftiger Schmerz in der Brust, den sie nicht mit ihrem Sturz aus dem Fenster in Verbindung brachte, ließ sie nachts nicht schlafen, es sei denn, sie setzte sich unter Schlafmittel.

Ihre Stimmung wurde noch düsterer, als sie einen Brief von Debi Hamburger, einer jungen Freundin und großen Bewunderin aus Kalifornien, erhielt. Es war verabredet worden, daß Debi 1976 als Studentin nach Karisoke kommen sollte, aber kurz vor ihrer Abreise stellte sich heraus, daß sie Brustkrebs hatte. Sie wurde operiert. Jetzt schrieb Debi, daß die Prognose schlecht war. »Aber ich werde ganz bestimmt gesund, Dian, verlaß Dich darauf! Ich wünsche mir nichts mehr, als zu Dir und den wundervollen Gorillas nach Karisoke zu kommen. Keine Sorge, ich werde es schon schaffen!«

Obwohl Dian die Garsts gern mochte, war sie erleichtert, als sie sie nach einem Aufenthalt von fast zwei Monaten den Berg hinunter begleitete. Sie gab sich keinen Illusionen mehr hin, wie Filme gemacht wurden.

»*Der Scheißfilm ist endlich fertig. Es ist unglaublich, wie viel Zeit und Energie verschwendet werden. Und alle müssen eine Rolle spielen, auch die Gorillas. Es wäre viel zu langweilig, die Wirklichkeit zu filmen!*«

Die Alpträume ihrer Kindheit, in denen sie fälschlicherweise angenommen hatte, an Tuberkulose erkrankt zu sein, kehrten wieder. In dem Mittelklassenmilieu, aus dem sie stammte, wurde – und wird – diese Krankheit als Schande angesehen, die von Armut, Schmutz und Hilflosigkeit herrührt. Dians krankhafte Angst, verschärft durch ihre Berühung mit Tuberkulosekranken während ihrer Assistenzzeit als Beschäftigungstherapeutin im City of Hope Hospital, war jenseits aller Vernunft. Und diesmal war kein Louis Leakey zur Hand, um das Schreckensbild zu vertreiben. Sie war nun überzeugt, wirklich krank zu sein. Kurz bevor die Garsts gingen, schrieb sie lakonisch in ihr Tagebuch:

»*Meine Lungen sind nicht in Ordnung – TB.*«

Während der Sommer verging und ihre Furcht wuchs, beschäftigte sie sich immer intensiver mit ihrem Haushalt. Sie trieb die Afrikaner zu wildem Putzen, Malen und Reparieren an. Selbst Nemeye durfte nicht mehr wie sonst Spuren lesen, sondern mußte den Abfall sammeln, der sich infolge des ständig zunehmenden Besucherstroms auf dem Trägerpfad angehäuft hatte. Nicht einmal Redmond war ausgenommen. Dian trieb ihn gnadenlos an, daß er seine Berichte und Aufzeichnungen auf dem laufenden hielt.

In der ersten Augustwoche begann sie, die Dokumente zu sichten, die sich in den letzten Jahren im Lager angesammelt hatten. Dann verbrannte sie systematisch und unbarmherzig ihre persönlichen Papiere. Aus der Zeit zwischen 1974 und Ende 1977 haben nur ihre Tagebücher und einige wenige andere Schriften überlebt. Sie hatte das Gefühl, ihr drohe Unheil.

»*Heute verbrenne ich die letzten Kästen mit Briefen, die niemand sehen darf, und morgen werde ich mit dem Inhalt der Koffer beginnen, und zwar mit der grünen Schachtel, die einen großen Teil meiner Doktorarbeit und Peters Briefe enthält. Dies alles wird ins Feuer wandern.*«

Unter den wenigen Briefen, die den Flammen entgingen, befand sich auch einer von Walter Baumgartel vom Traveler's Rest. Baumgartel war nach Deutschland zurückgekehrt und hatte seine Memoiren über die Zeit in den östlichen Virungas geschrieben. Dian betreffend hatte er sich einige kleine Freiheiten erlaubt, und ein empörter amerikanischer Freund schickte ihr ein Exemplar. Anstatt sich zu ärgern, schrieb Dian Baumgartel einen begeisterten Brief, auf den sie die folgende Antwort erhielt:

»Mir fehlen die Worte, um auszudrücken, was ich empfand, als ich Ihren langen, warmherzigen Brief empfing. Ich bin so erleichtert, daß Sie immer noch meine Freundin sind. Vielen Dank, liebe Dian... jetzt Doktor Fossey! Herzliche Glückwünsche zu Ihrem Doktortitel. Sie haben ihn sauer verdient mit all dem jahrelang unter anstrengenden und gefährlichen Umständen gesammelten Material. Ich bin jedoch besorgt über Ihren Gesundheitszustand, vor allem über Ihre Lungen. Sie sind immer noch jung und ganz schön zäh, aber der Körper hat seine Grenzen. Zehn Jahre wie ein Berggorilla und in so großer Höhe zu leben ist genug, finde ich... Auch fürchte ich um Ihr Leben – nicht etwa, daß ein Gorilla Ihnen irgend etwas antut, sondern daß die Hirten und Wilddiebe versuchen, sie loszuwerden. Es ist erstaunlich, daß sie Sie all diese Jahre ertragen haben.«

Am 17. August ging Dian in das französische Krankenhaus in Ruhengeri. Ihr Freund Dr. Pat Desseaux röntgte ihre Hüften und Lungen. Die Aufnahmen der Hüften zeigten eine starke Entzündung des rechten Gelenks. Auf den Lungenaufnahmen war ein dichtes Geflecht von Verletzungen zu erkennen, die, wie Desseaux meinte, auf eine fortgeschrittene Tuberkulose hinwiesen. Zutiefst beunruhigt empfahl er Dian, sofort in die Vereinigten Staaten zu reisen und sich in die Hände eines Spezialisten zu begeben.

Die Aussicht auf eine Operation schreckte Dian an sich nicht. Sie hätte alles in Kauf genommen, um die ständigen Qualen loszuwerden. Sie fürchtete lediglich, daß die Art ihrer Krankheit öffentlich bekannt werden würde, was, wie sie glaubte, nicht zu umgehen sei, wenn sie in die Vereinigten Staaten führe.

»*Pat will, daß ich nach Hause zurückkehre. Nach Hause? Ich habe keines außer hier. Meine Güte, an einem Ort wie der Station im Hope-Krankenhaus landen zu müssen!*«

Was Dr. Desseaux nicht gelang, schaffte die spanische Chirurgin Lolly Prescada.

»*26. August: Lolly kam heute nachmittag herauf. Hatte von Pat gehört, daß ich im Sterben liege. Sie kam mit drei Trägern und tonnenweise Medikamenten an und schalt mich tüchtig aus!*«

In ihrem kleinen Wohnzimmer versuchte Dian, der Freundin ihre Halsstarrigkeit zu erklären.

»Ich habe es wahrscheinlich schon seit Jahren. Vielleicht schon seit meiner Kindheit. Ich glaube, man kann jetzt nicht mehr viel dagegen tun. Auf keinen Fall gehe ich in ein amerikanisches TB-Sanatorium. Gott, sind die schrecklich. Sogar einige Krankenschwestern behandeln die Kranken wie Unberührbare – wie Leprakranke!«

Die zarte, junge spanische Ärztin schlug eine Alternative vor und hatte Erfolg. Sie erinnerte Dian an einen gemeinsamen Freund in Brüssel, Dr. Jean Gespar, einen belgischen Krebsspezialisten, der mehrere Monate in Ruanda verbracht hatte.

»Jean wird dort alles für dich arrangieren. Er ist so taktvoll und so freundlich. Ich werde ihm sofort telegrafieren. Niemand braucht etwas davon zu erfahren. Aber du mußt zu ihm hingehen. Was wird aus den Gorillas, wenn du stirbst?«

Dian gab schließlich nach, wahrscheinlich genausoschr ihren Freunden zuliebe wie im Glauben, daß es nützen würde. Es wurde verabredet, daß sie eine kostenfreie Einladung zu einer Mitte September in Deutschland stattfindenden anthropologischen Konferenz annehmen und dann nach Brüssel weiterreisen würde.

In der ersten Septemberhälfte kräuselte sich immer noch Rauch aus ihrem Schornstein, der von stapelweise Papier herrührte, das sie in die Flammen warf. Menschliche Kontakte vermied sie noch stärker als sonst. Zögernd begann sie zu packen, verbrachte jedoch viel Zeit mit ihren Lieblingstieren: Cindy und Kima, einem Ducker namens Prime, den Riesenratten und, wenn es ihr gut ging, mit ihren Gorillafreunden.

Am 16. September um 9.30 Uhr stieg sie den Berg hinab in der Furcht, es könnte das letzte Mal sein.

Ein Peugeot-Halbtonner-»Taxi« wartete schon, um sie zum Flugplatz von Ruhengeri zu bringen.

»*Gerade als das Taxi auf den Flughafen fuhr, kam das Flugzeug aus Kigali an. Drinnen waren Peter, Fina und zwei Kinder, alle herausgeputzt. Der Pilot wollte, daß ich einstieg, aber ich blieb im Peugeot und versteckte mich, so daß ich Peter nur flüchtig zu sehen bekam. Stieg erst in das Flugzeug ein, als sie fort waren – es roch nach Finas Parfüm oder seinem.*«

Am 17. September um 5.00 Uhr landete das Flugzeug der Sabena aus Kigali in Brüssel. Für Dian war es »ein langer, langer, langer Flug mit wenig Schlaf und vielen

Schmerzen« – und auch mit viel Zeit, über das, was hinter und vor ihr lag, nachzudenken. Die Ankunft in Brüssel, wo sie in das Flugzeug nach Frankfurt umsteigen sollte, war jedoch nicht ganz so unerfreulich, wie sie hätte sein können. Als sie in der Transithalle hockte, hörte sie plötzlich, wie ihr Name aufgerufen wurde. Als sie zum Ausgang ging, wurde sie herzlich von Jean Gespar und seiner Frau begrüßt, die, von Lolly Prescada benachrichtigt, zu dieser unchristlichen Zeit zum Flughafen gekommen waren, um Dian zu versichern, daß sie sich nach ihrem Besuch in Deutschland in den Händen besorgter Freunde befinden werde. Sie baten sie sogar, den Weiterflug abzusagen und sich bis zu ihrem ersten Arzttermin bei ihnen auszuruhen. Dian lehnte ab. Es war ihr unmöglich, sich vor einer Verpflichtung zu drücken.

Eine Stunde später flog sie weiter nach Frankfurt und von dort nach Hamburg, wo die Konferenz stattfand. Hier begrüßten sie keine freundlichen Gesichter, und so machte sie sich auf in »ein scheußliches Zimmer in einem scheußlichen Hotel«, wo sie zusammenbrach. Den folgenden Tag verbrachte sie größtenteils im Bett, schmerzgepeinigt und deprimiert.

Am Morgen des 19. September stand sie auf und ging hinaus auf die belebten Straßen.

»Ich mußte den Morgen totschlagen, was ich haßte. Ich ging also in den Hermès-Laden gegenüber vom Hotel und kaufte mir zum Spaß ein 750-Dollar-Kleid. Es war wirklich wie für mich gemacht. Dann meldete ich mich bei der Konferenz an, wo alles schiefging. Kein Mensch sprach Englisch, und ich wurde sehr verwirrt... Ich versuchte, zu Fuß heimzukehren, verlief mich jedoch und mußte ein Taxi nehmen.«

Der Kauf des Kleides bewirkte etwas, was nichts anderes bewirkt hätte: Er entzündete ein kleines Flämmchen in ihrem Herzen. Am nächsten Morgen ging sie wieder in die Konferenz, immer noch ohne irgendeinen Menschen kennengelernt zu haben. Allein hörte sie sich mehrere wissenschaftliche Vorträge an, die sie wahrscheinlich selbst dann ungeheuer langweilig gefunden hätte, wenn sie nicht auf Deutsch gehalten worden wären. Gegen Ende dieses öden Nachmittags hielt sie ihren eigenen Vortrag über das Verhalten der Gorillas.

»*Ich habe meine Rede gehalten, aber es war mir völlig egal, was ich sagte. Ich war nur froh, wieder draußen zu sein.*«

Sie beschloß, für die Dauer ihres Aufenthalts in Hamburg überhaupt nicht an ernsthafte Angelegenheiten zu denken. Sie ging zum Friseur, zog ihr neues Kleid an und verließ das Hotel, um die Stadt unsicher zu machen.

Sie begegnete zwei jungen Männern, einem englischen Anthropologen und einem deutschen Studenten. Es folgte eine besonders denkwürdige Nacht. Ihre Tagebucheintragungen sind knapp, aber sie geben einen Geschmack von dem, was dann geschah.

»*Oh, was für ein Abend. Wir kauften einen großen Luftballonhund bei einem Straßenhändler – bloß weil er einen so schönen Schwanz hatte! Trank Bier und Schnaps in einem Dutzend Kneipen, ging dann nur so zum Spaß mit ihnen in ein Bordell, wo die Mädchen wütend wurden und sich auf mich stürzten... traf eine dänische Dogge und versuchte, sie in eine Bar mitzunehmen, wurde jedoch hinausgejagt... einem der Jungen wurde ziemlich übel... ich war sehr komisch beim Tanzen in einem Bierlokal... brachte schließlich den einen in sein Hotel, und der deutsche Student brachte mich in meines... fiel mit ihm in Trance, er war so sanft.*«

Wahrscheinlich war Dian immer noch in Trance, als sie Hamburg am nächsten Morgen verließ.

»*Nach Brüssel – glaub' ich... Verließ das Hotel sehr früh nach knapp zwei Stunden Schlaf. Habe zum ersten Mal keine Schmerzen!*«

Die folgenden fünf Tage verbrachte sie unter der

Schirmherrschaft der Gespars, die sie auf eine scheinbar endlose Runde von Untersuchungen und Konsultationen führten und sie mit kleinen Abendgesellschaften unterhielten. Ihre lebenslange Vorliebe für Ärzte und ältere Männer förderte ihr Interesse an Jean Gespar, einem temperamentvollen Mann Anfang der Fünfzig, der Entschlossenheit und Kompetenz ausstrahlte. Er ging auf ihre Bewunderung ein und nahm sie mit auf Ausflüge durch die Stadt und auf das Land, um ihr seine Lieblingsplätze zu zeigen und in seinen Lieblingsbars mit ihr Wein zu trinken.

Am 27. September waren die Spezialisten zu dem Schluß gekommen, daß es trotz starker Vernarbung beider Lungenflügel keinen Hinweis auf Tuberkulose oder Krebs gab. Weitere Röntgenaufnahmen wurden gemacht, aus denen schließlich hervorging, daß Dian bei ihrem Fenstersturz beim Fotografieren der Riesenratten die siebte Brustbeinrippe so schlimm zersplittert hatte, daß einige Knochensplitter in der Brusthöhle umherwanderten. Die Ärzte rieten zu einer Operation ...

»*Um den Hauptnerv in diesem Bereich zu durchtrennen, den Schmerz zu lindern und herauszufinden, wieviel sonst noch verletzt ist. Als sie mir das sagten, weinte ich.*«

Dian weinte vor Erleichterung.

»*Am selben Nachmittag gingen Jean, seine Frau und ich auf die Grand' Place und tranken Tee, Bier und Wein. Ich trug mein wunderbares Hermès-Kleid, und wir amüsierten uns prächtig. Es war ein herrlicher Nachmittag. Wir parodierten Amerikaner, die auf dem Platz auf und ab gingen.*«

Nachdem Dian am nächsten Morgen fröhlich ein zweites neues Kleid, diesmal ein Seidenmodell von Jaeger, gekauft hatte, betrat sie das Krankenhaus in nachgerade glänzender Stimmung. Am folgenden Tag wurde sie operiert.

»*Jean trat ein – freute mich, ihn zu sehen, war jedoch zu*

schwach, um die Hand zu heben und die seine zu berühren... Er war so lieb. Ich schlief fast den ganzen nächsten Tag. Jean kam wieder allein – ich hielt seine Hand zum ersten Mal – er sagt so nette Dinge. Ich könnte ewig von ihm träumen.
Am 2. Oktober war ich am Vormittag wieder einsam, dann kam Jean, allein, und wir hielten uns an den Händen und redeten und redeten, ohne zu merken, wie die Zeit verging. Bekam einen ganz besonderen Abschiedsgruß von ihm, der mich glücklich machte.«

Die beiden waren so ineinander versunken, daß Dian sich kaum für das, was mit ihrem Körper geschehen war, zu interessieren schien. Sie blieb unbeeindruckt, als weitere Röntgenaufnahmen zeigten, daß sich in ihrem linken Lungenflügel Flüssigkeit befand, und als ein Labortest ergab, daß sie Hepatitis hatte. Sie lebte. Sie hatte eine neue Liebe.

Am 2. Oktober teilten die Ärzte ihr mit, daß sie das Krankenhaus binnen zwei Tagen verlassen könne, die folgenden vierzehn Tage jedoch ruhen und sich erholen müsse. Sie versicherten ihr auch, daß sie nach Karisoke zurückkehren könne, wenn auch erst nach Ablauf von mindestens einem Monat.

Das waren erfreuliche Nachrichten, die jedoch ein Problem aufwarfen. Sie durfte nicht sofort nach Karisoke zurückkehren, aber sie war zu arm, um länger in Brüssel zu bleiben. Die Alternative war ein billiger Standby-Flug nach den Vereinigten Staaten, wo sie bei Freunden wohnen konnte, während sie sich erholte und versuchte, dringend benötigte Geldmittel für Karisoke aufzutreiben.

Am Tag vor der Abreise schenkte Jean ihr ein besonderes Zeiss-Fernglas – zum Gorillabetrachten – und schmiedete mit ihr zaghafte Zukunftspläne. Dian schlug vor, sie könnten sich in Nairobi treffen, wohin Jean sich in ein paar Monaten wegen eines Forschungsprojekts begeben wollte.

Am 6. Oktober flog Dian nach New York und weiter nach Washington. Sie war in glänzender, selbstbewußter Stimmung. Obwohl die Operationswunde auf ihrer Brust keineswegs verheilt war und immer noch beträchtliche Schmerzen verursachte – »bei meiner Ankunft war ich völlig fertig« –, dachte sie nicht daran, die Verbote der belgischen Ärzte einzuhalten.

Dringendere Angelegenheiten beanspruchten ihre Aufmerksamkeit. Zurückgekehrt aus dem Tal des Todes, wie sie nun glaubte, sprudelte sie über von neuen Plänen für Karisoke, doch um diese ausführen zu können, brauchte sie die Unterstützung ihrer wichtigsten Schirmherrin, der National Geographic Society. Zu diesem Zweck besuchte sie während der ersten Woche in den Vereinigten Staaten häufig deren Büro in Washington und nahm wieder Verbindung mit wichtigen Persönlichkeiten wie Dr. Edward Snider, dem Geschäftsführer des Forschungskomitees, auf. Erst als Snider versprochen hatte, Anfang November eine Finanzversammlung einzuberufen, und als ein Arzt aus Washington sie darauf aufmerksam gemacht hatte, daß Ruhe für ihre Genesung dringend notwendig sei, verließ sie Washington und suchte Trost und Fürsorge bei der Familie Henry in Louisville.

Während dieser Erholungszeit sah sie alte Freunde, besuchte das Korsair-Kinderkrankenhaus, veranstaltete ein Picknick auf dem Grundstück ihres ehemaligen Häuschens und kaufte in Supermärkten einen Vorrat ihrer liebsten amerikanischen Lebensmittel ein. Auf einer dieser Einkaufstouren entdeckte sie einen kleinen Plüschgorilla, den sie Jean nannte.

Ausgeruht und gestärkt flog sie weiter nach San Francisco zu einem der obligatorischen Besuche bei den Prices. Ihr Bericht über diesen Besuch zeichnete sich durch seine Kürze aus. Er war zweifellos eine Nervenprobe, während der Dian weitere Überredungskünste, Afrika zu verlassen und zu einem gesunden und normalen Leben zurückzukehren, abwehren mußte.

Sie floh nach Chicago, wo sie ein paar Tage mit Warren und Genny Garst den Film »Wild Kingdom« überarbeitete. Dort interviewte sie auch drei Bewerber um Forschungsarbeitsplätze in Karisoke. Sie hießen David Watts, Bill Weber und Amy Vedder und sollten alle großen Einfluß auf ihr zukünfiges Leben nehmen.

Am 6. November war sie wieder in Washington, um vor dem erhabenen Forschungskomitee der National Geographic Society zu erscheinen, deren Vorsitz zwei olympische Gestalten führten, der Präsident Dr. Melvin M. Payne und der Vizepräsident Dr. Gilbert M. Grosvenvor. Dian fand diese beiden patriarchalischen Herren sympathisch. Als sie Washington ein paar Tage später verließ, nahm sie das Versprechen der Gesellschaft mit, ihre Arbeit weiterhin zu unterstützen.

Als sie das Flugzeug zu dem langen und ermüdenden Rückflug nach Ruanda bestieg, war sie zufrieden. Die Gorillas erwarteten sie, und in ihrer Handtasche reiste ein kleines Plüschspielzeug mit, das Unterpfand dafür, daß die Zukunft nicht frei von menschlicher Zuneigung sein würde.

Nach ihrer Rückkehr ins Lager entwarf Dian zuerst einmal einen »Zukunftsplan«. Darin verpflichtete sie sich, »das Buch«, wie sie ihr Werk neuerdings nannte, zu Ende zu schreiben, Karisoke durch die Einstellung neuer Studenten aus seiner augenblicklichen Flaute aufzurütteln und »X« aus ihrem Arbeitsleben auszuschließen.

Herzlich begrüßt von Ian Redmond und dem Mitarbeiterstab, begann sie sogleich, hart zu arbeiten. Aber auch das Vergnügen kam nicht zu kurz. Eines Tages Ende November nutzte sie einen der seltenen Augenblicke und kletterte in Begleitung von Rwelekana zu Gruppe 4.

»Ich hatte einen wunderbaren Kontakt, vor allem mit Onkel Bert, der ein Engel war und die ganze Gruppe über

eine steile Schlucht, die ich nicht überqueren konnte, zu mir herüberführte. Digit kam als letzter, gemächlich, als sei es ihm gleichgültig. Dann kam er endlich direkt zu mir und berührte sanft mein Haar... Ich wünschte, ich hätte es ihnen irgendwie vergelten können.«

Auf dem Rückweg ins Lager wurde Dian von einem Batwa erschreckt, der am Rande einer Wiese aus der Deckung hervorbrach. Er rannte quer über die Lichtung, frech Pfeil und Bogen über dem Kopf schwingend. Sie betrachtete dies als unverschämte Kampfansage und rannte hinterher, war jedoch nicht in Form, um den flinken Jäger einzuholen. Keuchend vor Ärger und Erschöpfung befahl sie Rwelekana, ins Lager zurückzueilen und Ian mit einem Gewehr zu holen.

Inzwischen verfolgte sie den Batwa zurück und fand bald eine blutbefleckte Lichtung, auf der mehrere Männer einen Ducker getötet hatten und gerade dabeigewesen waren, ihn zu zerlegen, als sie vorbeigekommen war. Sie erkannte, daß der Batwa sich so auffällig benommen hatte, um sie abzulenken.

Als Ian und Rwelekana sie erreichten, schäumte sie vor Wut. »Die Schweine müssen um jeden Preis geschnappt werden.«

Inzwischen war es früher Abend und kaum die richtige Zeit, im finsteren Wald eine Bande gut bewaffneter Jäger zu verfolgen. Aber Dian war schneidig und Rwelekana so eingeschüchtert von Dians Zorn, daß er es lieber mit den Wilderern als mit seinem Boss aufnehmen wollte. Ian und Rwelekana verschwanden also entlang dem Wildererpfad und ließen die schäumende Dian allein den Weg ins Lager zurück nehmen.

Es erwies sich, daß die späte Stunde den Verfolgern günstig war. Da die Batwas sich in der zunehmenden Dunkelheit sicher fühlten, kehrten sie im Bogen zurück zu einer einfachen Hütte, die sie bei Fifth Hill auf dem Sattel zwischen Visoke und Karisimbi gebaut hatten. Dort entzündeten sie ein Feuer, stopften ihre Haschischpfeifen und begannen, sich einen Teil des Antilopenfleisches zu braten. Da sie fröhlicher Stimmung waren, lachten sie viel, und als das Haschisch wirkte, fingen einige zu singen an.

In den Tropen wird es rasch und unerwartet dunkel. Genauso rasch und unerwartet steuerten auch Ian und Rwelekana auf das Geräusch der Stimmen und das Flakkern des Feuers zu. Mit lautem Kriegsgeschrei sprang Ian aus dem dichten Gebüsch mitten in den Kreis der Wilderer, während Rwelekana im Unterholz geräuschvoll um sich schlug, um sich wie zehn anstatt wie einer anzuhören.

Die Pygmäen ließen fast alle ihre Besitztümer im Stich und verschwanden kopfüber mit solcher Geschwindigkeit im Wald, daß es weder Ian noch Rwelekana gelang, einen von ihnen zu fangen. Um sie von einem Gegenangriff abzuhalten, schoß Ian ein paarmal hinter ihnen her, zielte aber absichtlich so hoch, daß er keinen verletzen konnte.

Nachdem die Sieger die Hütte zertrümmert hatten, beluden sie sich mit dem Fleisch von vier Duckern und einem Buschbockjungen, drei Speeren, drei Bogen samt etwa dreißig Pfeilen sowie zwei Haschischpfeifen. Dann zogen sie sich hastig zurück, nicht ohne einige besorgte Blicke zurückzuwerfen.

Sie erreichten das Lager etwa um 21.00 Uhr, wo sie eine reumütige Dian antrafen, die am Küchenfenster auf und ab ging und sich Vorwürfe machte, die beiden in den Tod geschickt zu haben. Ihre Erleichterung, sie zu sehen, war so groß, daß sie ihnen eine Standpauke wegen des »törichten Risikos« hielt.

Ansonsten war das Jahresende nicht so aufregend. Mit zunehmender Verschlechterung des Wetters wurde das Hinausgehen eine Zumutung. Strömender Regen und prasselnder Hagel waren die tägliche Regel. Dian tippte an ihrem Buch oder erledigte andere Schreibarbeiten, während Ian durch sein Mikroskop auf Würmer und nochmals Würmer blinzelte. Mitte Dezember zog er den Berg hinunter, um einen Weihnachtsbaum als Glanzpunkt für die »Weihnachtsfeier der Farbigen« zu holen. Danach beschäftigte Dian sich tagelang damit, unzählige Geschenke für die Männer und ihre riesigen Familien zu verpacken.

Die Feier fand am 23. Dezember statt und wurde von rund fünfzig Menschen besucht. Alle Altersklassen waren vertreten, von Säuglingen bis zu einem alten Weib, das zur allgemeinen Erheiterung behauptete, Basilis verlassene Ehefrau zu sein. Trotz eines ständigen Nieselregens dauerte die Feier bis tief in die Nacht mit Tanz, Schauspiel und Gesang rund um ein flackerndes Lagerfeuer. Beim Tanz mit den besten Tänzern fühlte Dian sich in ihrem Element.

»Machte mit wie verrückt... Ein bißchen X, aber niemand merkte es. Hatte wirklich viel Spaß... War sehr glücklich... Trotz einiger Schwierigkeiten war dieses Jahr im großen und ganzen ziemlich gut... Im Januar erwarte ich drei neue Studenten, und wenn sie zu irgend etwas nütze sind, sollte es hier bald vorangehen... Mit meinem Buch komme ich gut weiter. Die Wilderer scheinen sich in ihre Löcher verkrochen zu haben, und den Gorillas geht es gut. Digit ist jetzt ein ›großer Mann‹. Du wärst stolz zu sehen, wie er Onkel Bert beim Aufpassen auf die Gruppe hilft. Ich glaube also, ruhig sagen zu können, daß die Aussichten auf 1978 recht gut sind.«

Dian Fossey blickte in einen trüben Spiegel.

15

Sonntag, der 1. Januar 1978, brach warm und sonnig an. Dian wäre gern die Gorillas besuchen gegangen, erwartete jedoch die Ankunft eines BBC-Filmteams, das einen Film für die Serie »Life on Earth« drehen wollte. David Attenborough, der Star der Serie, würde dabeisein, und Dian wünschte, daß Karisoke einen guten Eindruck machte.

Nur Nemeye blieb vom Saubermachen des Lagers verschont. Dian schickte ihn auf die Suche nach Gruppe 4, die seit dem 28. Dezember nicht mehr inspiziert worden war. Froh, dem Wirbel zu entgehen, machte er sich früh auf den Weg, traf die Tiere aber nicht an ihrem üblichen Aufenthaltsort an den Südwesthängen des Visoke an. Nach mehreren Stunden Suche fand er endlich ihren Wanderpfad, der über den Sattel in Richtung Mikeno führte. Gleichzeitig stieß er auf eine geräuschvolle Elefantenherde und kehrte wohlweislich um.

Das Wetter blieb am nächsten Tag so schön, daß Dian nicht im Lager bleiben mochte. Nachdem sie Ian und Nemeye auf die Suche nach Onkel Berts umherwandernder Familie geschickt hatte, brach sie selber auf, angeblich, um nach Fallen Ausschau zu halten, in Wirklichkeit aber, um in der strahlenden Sonne zu schwelgen und die Düfte und Geräusche des dampfenden Waldes zu genießen.

Flink und geschmeidig wie ein Ducker führte Nemeye Ian in flottem Tempo in die Richtung des Sattels. Eine Meile vom Lager entfernt überquerten sie die unmarkierte Grenze nach Zaire. Eine Stunde darauf kamen die beiden Männer an einen breiten Streifen zerdrückter und niedergetretener, mit flüssigem Kot bespritzter Vegetation, Zeugnis der wilden Flucht von einem Dutzend oder mehr Gorillas. Ian bat Nemeye, sich nicht vom Fleck zu rühren, und verfolgte den Weg der Gorillas zurück, um herauszufinden, was sie erschreckt hatte. Etwa dreißig Meter den Fluchtweg entlang entdeckte er eine kleine Lichtung und wäre fast über den zermalmten Körper eines Hundes gestolpert.

Ein paar Schritte weiter lag ein schwarzer, formloser, von einer Wolke Schmeißfliegen umsummter Haufen. Es war der gewaltige Leichnam eines fast bis zur Unkenntlichkeit verstümmelten Gorillas. Der Kopf fehlte, die Arme endeten in blutverkrusteten Stümpfen, aus denen Knochensplitter ragten. Bauch und Brust waren zerfetzt. Das einst so glatte schwarze Fell war verfilzt und von Klumpen geronnenen Blutes und Sekreten befleckt.

Kurz vor Mittag kehrte Dian nach einem geruhsamen Spaziergang unter den Hagenia-Bäumen ins Lager zurück. Mit offenem Hemd und gelöstem Haar genoß sie die Wärme, den Gesang der Vögel und das Gefühl, daß ihr Körper sich wieder kräftigte.

Sie hatte gerade die Lagerwiese erreicht, als sie Ian auf dem Pfad auf sich zulaufen sah und Nemeye dicht dahinter. Sie hielt inne und wartete. Als Ian sie erreicht hatte, platzte er heraus: »Oh Gott, Dian, ich mag es dir gar nicht sagen. Digit ist ermordet worden.«

»Es gibt Zeiten, in denen man die Tatsachen nicht akzeptieren kann vor Angst, sich selbst zu zerstören. Als ich Ians schrecklichen Worten lauschte, zog mir Digits ganzes Leben, seit ich ihn vor zehn Jahren als verspielten kleinen Ball aus schwarzem Flaum zum erstenmal sah, durch den Sinn. Seit diesem Augenblick muß ich mit einem isolierten Teil meiner selbst leben.«

In den letzten beiden Dezembertagen war Gruppe 4 von sechs Wilderern und ihren Hunden aus der relativen

Sicherheit der Hänge des Visoke auf den Sattel und nach Zaire hinübergehetzt worden, wo die Wilderer kaum damit zu rechnen brauchten, daß sich irgend jemand in ihr Vorhaben einmischen würde. Dort hatten sie die erschöpften und verängstigten Tiere am 31. Dezember gestellt.

Getreu seiner Aufgabe, die Nachhut der Familie zu schützen, hatte Digit angegriffen, um den Rückzug der übrigen zu decken – und war auf eine Phalanx von Männern mit erhobenen Speeren gestoßen. In dem folgenden Handgemenge tötete Digit einen der Hunde und wurde selber von den Speeren durchbohrt. Digits Tod hatte eine katastrophale Wirkung auf Dian. Kein früheres Erlebnis, nicht einmal ihre verpfuschte Abtreibung, hatte ihr einen so schweren Schlag versetzt oder ihre Seele so tief verletzt. Und kein anderes Unglück hätte eine solchen Zorn in ihr entflammen können wie dieser blutige Mord.

Anfangs hielt sie ihren Kummer und ihre Wut einigermaßen in Schach. Während mehrere Männer Digits an eine Tragestange aus Bambus gebundenen Leichnam ins Lager trugen, schrieb Dian Briefe. Einer davon war an Generalmajor Juvenal Habyarimana, den Präsidenten der Republik Ruanda, gerichtet. Angesichts der Umstände ist er erstaunlich beherrscht:

»Sie waren so freundlich, Interesse an den Gorillas des Parc des Volcans zu zeigen ... Gewiß erinnern Sie sich an den Gorilla aus dem National-Geographic-Film, der mein Notizbuch und meinen Stift nahm, sie mir dann vorsichtig zurückgab, sich herumwälzte und an meiner Seite einschlief. Genau derselbe Gorilla, der Digit heißt, ist auch auf dem großen Werbeplakat für den ruandischen Tourismus abgebildet, auf dem geschrieben steht: ›Komm, besuche mich in Ruanda‹ ... Am 31. Dezember haben ruandische Wilddiebe Digit mit Speeren erstochen. Sie töteten ihn, schnitten ihm Kopf und Hände ab und flohen damit ... Die Mörder stammen alle aus der Gemeinde

Mukingo ... Ich möchte Sie bitten, sie für ihre Verbrechen voll zu bestrafen ... Ich hätte mein Leben gegeben, um Digit zu retten, aber dafür ist es nun zu spät.«

An Dr. Snider von der National Geographic Society schrieb sie weniger zurückhaltend. »Nie zuvor haben Wilderer gewagt, eine der Gruppen, mit denen ich arbeite, anzugreifen, und ich frage mich jetzt, ob dies nicht der Anfang vom Ende ist ... denn wenn sie mit diesem Mord ungestraft davonkommen, wie lange werden dann die anderen Gorillas überleben? Es scheint mir, daß mittlerweile die meisten Gorillas auf den anderen Bergen, ausgenommen dem Mikeno, um ihrer Köpfe und Hände willen umgebracht worden sind ... Ich kann Ihnen versichern, daß ich als Vergeltung für Digits Tod nichts Unerlaubtes getan habe, aber ich denke lieber nicht darüber nach, wie er gelitten haben muß ... Mein Schlachtplan ist, die Angelegenheit jeder Naturschutzinstitution, die ich erreichen kann, so nachdrücklich und anschaulich wie möglich zu schildern. Ich will sie bitten, Druck auf die ruandische Regierung auszuüben und ihr zu drohen, den Zustrom der riesigen Geldsummen abzuschneiden, die für Wächter und den Conservateur in den Parc des Volcans fließen. Diese tun nämlich nichts für den Schutz des Parks, das tut vielmehr dieses Lager hier. Außerdem sollen sie die Regierung auffordern, Wilddiebe mit äußerster Härte zu bestrafen – entweder mit langen Gefängnisstrafen oder mit dem Tod – und den Wächtern zu erlauben, Wilddiebe innerhalb des Parks zu töten.«

Nun kam sie richtig in Schwung. Den ganzen 3. Januar und bis in die frühen Morgenstunden des 4. schmiedete sie mit Ian Schlachtpläne. Sie beschrieb sie Richard Wrangham in England.

»Zuerst einmal zahle ich jedem Bargeld, der mir etwas über den Verbleib der Mörder mitteilen kann. Zweitens lasse ich neue Plakate herstellen, auf denen ›Komm und besuche mich in Ruanda‹ steht und Digits verstümmelter

Körper in möglichst derselben Stellung wie auf dem Originalplakat abgebildet ist. Ich weiß, das klingt makaber, aber vielleicht macht es Eindruck auf die Leute, die Gorillaköpfe und -hände kaufen. Drittens werden wir einen halbstündigen Dokumentarfilm mit dem Titel ›Digit in Leben und Tod‹ drehen. Und viertens werden wir jeder Naturschutzzeitschrift, die wir erreichen können, Digits Geschichte mit Fotos von Leben und Tod verkaufen.«

Ian Redmond schlug vor, eine durch Digits Tod angeheizte Werbekampagne zu starten, um Geld für die Ausrüstung und Ausbildung von Patrouillen gegen die Wilddiebe zu beschaffen. Diese sollten den Kampf gegen den Feind aufnehmen.

Dian erwog den Vorschlag kurz. Sie war besorgt, weil das Forschungszentrum in Karisoke so einen Krieg gar nicht führen durfte. Schließlich entschied sie, daß es keine andere Wahl gab. Unter ihrer Ägide könnten diese Patrouillen das tun, wofür eigentlich die Parkwächter bezahlt wurden. Sie würden die Gorillas verteidigen, die Ducker und all die anderen Tiere, für die der Park eine Zufluchtsstätte sein sollte.

So entstand der Digit-Fonds. Mit diesem Anfang tat Dian den ersten bewußten Schritt in das Abseits, in das diejenigen geraten, die in bester Absicht gegen die geheiligte feste Ordnung verstoßen. Ihr Vorgehen sollte schließlich zu einem unüberbrückbaren Abgrund zwischen ihr und einem Großteil der wissenschaftlichen Gemeinschaft, in der sie ein Außenseiter war, aber auch zwischen ihr und jenen geldspendenden Naturschutzorganisationen, die Ehrbarkeit um jeden Preis schätzen, führen.

Am nächsten Morgen filmte Ian Digits Leichnam. Dann machte er sich auf nach Kigali, um die BBC-Mannschaft abzuholen, die gerade aus England angekommen war. Während seiner Abwesenheit empfing Dian den Besuch des nervösen, schwitzenden Park-Conservateur und einiger seiner bewaffneten Wächter, die sie beschwichtigen wollten. Sie behandelte sie mit solch abgrundtiefer Verachtung, daß sie das Lager fluchtartig verließen.

Obwohl sie nicht beweisen konnte, wer ihren Freund getötet hatte, richtete sich ihr Verdacht auf Batwa-Jäger unter der Führung ihres Erzfeindes Munyarukiko. In ihrer zunehmenden Frustration und Wut erwog sie einen Vergeltungsschlag gegen sein Dorf, der, wenn er ausgeführt worden wäre, katastrophale Folgen gehabt hätte, da sie sich inzwischen am Rande ihrer Selbstbeherrschung befand.

Am folgenden Morgen stiegen Dr. Desseaux und eine Laborantin mühsam den Pfad zum Lager hinauf, da Dian dringend um eine Autopsie der sterblichen Reste von Digit gebeten hatte.

»Als wir gerade mit der Autopsie beginnen wollten, schrie mein Holzmann, der etwa fünfzehn Meter von meiner Hütte entfernt arbeitete, auf Suaheli: »Wilddiebe, Wilddiebe!« Der Hausboy kam herein und schrie dasselbe. Der Holzmann hatte direkt am Lagerrand einen Wilddieb mit Pfeil und Bogen gesehen.
Seit fast drei Jahren haben sich keine Wilddiebe mehr an mein Lager herangewagt! Aber inzwischen haben sie im Park fast alle Antilopen ausgerottet. Der einzige Ort, an dem es noch Antilopen gibt, ist hier. Wenn sie einen Gorilla ungestraft im Studiengebiet töten konnten, warum dann nicht Antilopen im Lager?
Ich schrie meinen Lagermitarbeitern zu, sie sollten die Wilddiebe verfolgen, ergriff meine Pistole (für die ich keinen Waffenschein habe), rannte hinterher und ließ die beiden verdutzten Europäer sitzen. In die Luft schießend rannte ich weiter, damit er nicht die offenen Wiesen oberhalb des Lagers überqueren und auf Nimmerwiedersehen im Wald verschwinden konnte. Meine Männer, darunter Vatiri, Nemeye und Kanyaragana, würden ihn dann an die Hänge des Visoko drängen können. So

geschah es. Sie nahmen ihn zusammen mit einem blutverschmierten Bogen und fünf Pfeilen gefangen.
Der kleine Twa mit dem Kindergesicht gab zu, zu Digits Mördern zu gehören. Sein zerlumptes gelbes Hemd war vorn und hinten mit Strömen von Digits Blut bespritzt. Es dauerte eine gute Stunde, bis wir ihn hatten. Ich bin richtig stolz auf meine Männer. Ich selbst bin seit meinem zehnten Lebensjahr nicht mehr so schnell gelaufen!
Wir brachten ihn ins Lager und fesselten ihn. Meine Afrikaner begannen, ihn ›auszufragen‹, während wir die Autopsie des armen Digit fortsetzten. Es war ein grausiges Geschäft, weil die Speere und Pangas so viele Organe durchbohrt hatten – Lunge, Herz, Milz, Gedärme und Magen. Als wir drei fertig waren, gingen wir in meine Hütte, um ein bißchen zu Mittag zu essen, aber niemand war danach zumute. Während das Essen zubereitet wurde, waren meine Afrikaner draußen bei dem Twa und verhörten ihn.
Wir waren noch keine fünf Minuten drinnen, als ein Höllenlärm entstand und meine Leute wieder ›Wilddieb!‹ riefen. Ich glaubte, der Gefangene sei entwischt, aber in Wirklichkeit waren drei seiner Komplizen herbeigekrochen, um ihn zu suchen. Dabei hatten meine Leute sie entdeckt. Inzwischen waren die Europäer Nervenbündel. Meine Afrikaner und ich gingen wieder auf die Jagd, aber ich mußte aufgeben, während sie die Spuren weitere zwei Stunden verfolgten, jedoch ohne Erfolg.
Ich kehrte ins Lager zurück, um den Twa zu bewachen. Unterdessen wollten die Europäer unbedingt aufbrechen. Deshalb brachte ich den Twa nach drinnen und band ihn zu einem langen Verhör an allen vieren an die Balken. Ich tat nichts völlig Verbotenes, obwohl meine Leute und ich ihn sehr, sehr gründlich verhörten. Ich kann gar nicht ausdrücken, wie schwer es mir fiel, ihn nicht umzubringen, als er zugab, einer von Digits Mördern zu sein. Ich bat zwei meiner Afrikaner, in der Nacht rechts und links

von ihm zu schlafen. Wer weiß, was geschehen wäre, wenn ich mit diesem Ding alleingeblieben wäre.
Wir ›interviewten‹ ihn bis ziemlich spät in die Nacht und erfuhren im Laufe des Verhörs die Namen aller Mörder von Digit. Die wichtigsten waren Munyarukiko, Gashabizi, Ntanyungu, Rubanda und Runyaga, alle aus der Gemeinde Mukingo.
Was mich am meisten verblüffte, war das Motiv für Digits Tod. Ein Hutu-Händler hatte dem Oberwilddieb Munyarukiko Geld im Wert von zwanzig Dollar für Kopf und Hände eines jungen Silberrückens geboten. Digit war ein junger Silberrücken. Der Hutu hoffte, einen Touristen zu finden, der ihm viel mehr für die Souvenirs bezahlen würde. Diesem Mann war es schon vorher gelungen, sich eine Anzahl Gorillaköpfe und -hände zu verschaffen und an Touristen zu verkaufen. Der gefangene Twa sagte, er wisse, wo Digits Kopf und Hände vergraben seien. Sie befänden sich in der Nähe von Munyarukikos Haus unter einem Büschel Bambus.
Am folgenden Tag schickte ich Paulin Nkubili, dem Chef des Brigades, *die Botschaft, daß wir einen von Digits Mördern gefangen hätten und daß ich ihn keinesfalls den Parkwächtern übergeben würde, die ihre Gefangenen gern ›verlieren‹. Deshalb stieg Nkubili am 7. herauf ins Lager, begleitet von drei Kommandos. Sie wiederholten das Verhör, erfuhren aber nichts, was meine Männer und ich nicht schon wußten.*
Schließlich erlaubte ich ihnen, den Twa in ein Militärgefängnis hinabzuführen, wo er auf einen Erlaß des Präsidenten bezüglich der Höhe seiner Strafe wartet. Nkubili wirkte, als fürchte er sich ein wenig vor mir. Ich weiß nicht, warum.
Ich muß sagen, daß es mir außerordentlich schwer fiel, den Twa gehen zu lassen. Nur aus Achtung vor Digits Andenken ist der Bastard heil hier fortgekommen.
Es scheint jetzt so, als wären auf den Virungas kürzlich

viele Gorillas von Wilderern getötet worden. Meine Studiengruppen sind der einzige noch vorhandene reichliche Bestand. Dies könnte der Anfang vom Ende der übriggebliebenen rund zweihundert Berggorillas sein. Nur wenn ich genug Interesse und Unterstützung gewinne, kann die totale Ausrottung verhindert werden.«

Das meiste wurde lange nach dem Ereignis geschrieben, als Dian sich schon ein wenig von dem Schock erholt hatte. Doch in der ersten Woche nach der Entdeckung von Digits Leichnam befand sie sich nicht nur in einem gefährlichen Geisteszustand, sondern auch am Rande eines körperlichen Zusammenbruchs. Trotzdem bestand sie darauf, drei ihrer Leute auf eine Wildererpatrouille nach Nelele Hill zu begleiten, wo sich die Überlebenden von Digits Familien neu gruppiert hatten. In dieser Nacht hatte sie 40 Grad Fieber, ebenso wie andere Symptome von Lungenentzündung.

Ihr Tagebuch verzeichnet, daß sie kaum das Bett verlassen konnte, um die fünf Männer von der BBC zu begrüßen, die den Berg mit Ian Redmond heraufgestiegen kamen. Sie waren etwas zu spät gekommen, um Digits Beerdigung auf dem Stück Land neben Dians Hütte, das sie ihren Gorillafreunden vorbehalten hatte, zu filmen.

Krank, wie sie war, verbrachte Dian in der folgenden Woche viele Stunden in der Gesellschaft von Attenborough und seinem Team und half beim Filmen »ihrer« Gorillas in der Hoffnung, daß die nachfolgende Publizität dazu beitragen würde, sie vor Digits Schicksal zu bewahren.

Am 11. Januar hustete sie Blut, war aber immer noch fähig, auf eine neue Provokation zu reagieren. Ian und das Filmteam filmten gerade Gruppe 5, als sie einem bewaffneten Parkwächter begegneten, der vier belgische Touristen zu einer Gorillabesichtigung begleitete. Es kam zu einem heftigen Wortwechsel. Der Wächter stieß Ian vom Pfad und hinderte das Team am Weiterfilmen. Am selben Abend schrieb Dian beim Licht ihrer Petroleumlampe einen giftigen Brief an den Conservateur und einen ebenso giftigen an Alain Montfort, den obersten belgischen Berater des ORTPN, das heißt, des Amts für Tourismus und Nationalparks. Die Briefe waren so aufrührerisch, daß sogar Dian das Gefühl hatte, sie sei zu weit gegangen.

Montfort, leitendes Mitglied des Projekts Belgische Ruandahilfe, war unmittelbar verantwortlich für das Programm, die Berggorillas als Touristenattraktion auszuwerten. In dieser heiklen Angelegenheit war er schon ein paarmal mit Dian zusammengestoßen, hatte jedoch versprochen, Touristen von den Studiengruppen Karisokes, zu denen Gruppe 5 gehörte, fernzuhalten.

Der schwelende Konflikt zwischen Dian und diesem etwas zu diensteifrigen, zehn Jahre jüngeren Belgier brach nun in helle Flammen aus. Montfort fand, es sei an der Zeit, der »verrückten Amerikanerin« eine wohlverdiente Lektion zu erteilen.

Da er sich fürchtete, sie direkt anzugreifen, wollte er ihr auf dem Umweg über das BBC-Team einen Schlag versetzen. Er beabsichtigte, zum Lager hinaufzusteigen und das Team wegen unerlaubten Aufenthalts im Park zu verhaften. Zuvor aber wollte er Dian mit der Aufforderung, am 14. Januar zu einer Konferenz der ORTPN im Hauptquartier des Parks zu erscheinen, vom Berg herablocken.

Offenbar kam es ihm nicht in den selbstherrlichen Sinn, daß sie der Aufforderung nicht Folge leisten würde. Am Mittag des 14. machte er sich auf den Weg nach Karisoke, begleitet von sechs bewaffneten Parkwächtern. Auf halber Höhe traf er zu seiner nicht geringen Verwirrung einen von Dians Lagermitarbeitern, der ihm mitteilte, daß Nyiramachabelli nicht nur im Lager, sondern auch noch ausgesprochen schlechter Laune sei. Wutschnaubend, aber abgeneigt, sie in ihrer Höhle aufzusuchen, stieg Montfort notgedrungen wieder hinunter.

Attenbourough und seine Leute reisten am Nachmittag des 16., Dians sechsundvierzigstem Geburtstag, ab. Eine Schar Träger beförderte ihre Ausrüstung den langen Pfad hinab zu einem Lastwagen, der sie zum Flughafen von Ruhengeri bringen sollte. Das alte Fahrzeug rumpelte die holprige Lavastraße hinab. Auf der Höhe des Parkeingangs signalisierte ein Wächter, es solle anhalten.

Der Fahrer, der dachte, der Mann wolle mitgenommen werden, fuhr weiter und rief, er sei bereits überladen. Die Mitfahrer sahen mit Entsetzen, daß der Wächter sein Gewehr hochriß und eine Kugel über ihre Köpfe pfeifen ließ. Der Fahrer trat den Gashebel durch. Als der Lastwagen ein paar Minuten später mit voller Geschwindigkeit eine Kurve nahm, stand dort ein Landrover quer auf der Straße. Der Fahrer trat voll auf die Bremse und brachte den Wagen quietschend zum Stehen.

»Der verdammte unnütze Belgier hatte von den Trägern erfahren, wann das BBC*-Team aufbrach, und eine Falle gestellt. Als der Lastwagen anhielt, erschien Montfort mit bewaffneten Wächtern und Polizisten, genau wie ein Sheriff im Film!«*

Montfort sagte dem zu Tode erschrockenen Fahrer, daß die bazungas, die er beförderte, verhaftet seien, weil man sie verdächtigte, Söldner zu sein, die Waffen nach Uganda schmuggelten. Dann setzte er zwei Polizisten auf den Lastwagen und schickte die verdutzten und beklommenen Engländer in das Militärlager von Ruhengeri. Dort wurden sie aus dem Fahrzeug geholt und gezwungen, alle Gepäckstücke zu öffnen und gründlich durchwühlen zu lassen. Niemand weiß, wie weit Montfort sein Einschüchterungsmanöver getrieben hätte.

»Glücklicherweise gab jemand Paulin Nkubili, dem Chef des Brigades, der ein echter Ruander und oben-

drein oberster Richter der Region ist, einen Wink. Er ging ins Militärlager und fragte, was los sei. Sehr kleinlaut sprach M. nicht mehr von Söldnern, sondern sagte nur, das BBC-*Team habe keine Erlaubnis zum Betreten des Parks. Der Chef schnauzte ihn an wegen seiner unerhörten Behandlung von Besuchern und sagte ihm, er müsse ein Charterflugzeug nach Kigali bezahlen, wenn sie seinetwegen ihren Flug verpaßten. So besann M. sich, aber erst, nachdem er sie mehrere Stunden scharf bewacht unter freiem Himmel hatte stehen lassen.«*

Dians Probleme mit dem ORTPN waren noch nicht zu Ende. Am 23. Januar erhielt sie ein Telegramm von Dr. Payne von der National Geographic Society:

WIR SIND SEHR BEUNRUHIGT ÜBER EINEN OFFIZIELLEN BERICHT BEZÜGLICH EINES ZWISCHENFALLS ZWISCHEN IHNEN UND WILDDIEBEN. HABEN VERSTÄNDNIS FÜR IHRE LAGE, RATEN JEDOCH WEGEN IHRER STELLUNG ALS AUSLÄNDER IN RUANDA ZU ÄUSSERSTER ZURÜCKHALTUNG. DIE FORTSETZUNG IHRER FORSCHUNG HÄNGT ALLEIN VOM WOHLWOLLEN DER REGIERUNG AB.

Darauf folgte ein beunruhigender Brief von Frank Crigler, dem Botschafter der Vereinigten Staaten in Ruanda, in dem er Dian mitteilte, daß das amerikanische Außenministerium eine Beschwerde über ihre »illegalen Handlungen in Ruanda« erhalten habe. Die Quelle wurde nicht angegeben, aber Dian glaubte zu wissen, wer es war. Ein Brief, den sie von General Dismas Nsabimana, dem Direktor des ORTPN, erhielt, schien ihren Verdacht zu bestätigen.

»Mademoiselle,
Wir bedauern die Untat, die Wilddiebe am 31. Dezember 1977 an dem Gorilla DIGIT begingen.

Wie Sie wissen, zeigten die Wächter den von dem Gorilla getöteten Hund den Leuten, um auf diese Weise seinen Besitzer Munyarukiko, einen mutmaßlichen Wilddieb, identifizieren zu können. Diesem gelang es jedoch zu fliehen. ORTPN war empört über den Tod dieses Gorillas, vielleicht sogar empörter als Sie, weil diese Tat ein schweres Vergehen gegen das Erbe Ruandas ist.

Es ist jedoch nicht im Sinn einer echten Zusammenarbeit zwischen dem Amt und Ihnen, daß Sie gerade in diesem Augenblick ein englisches Filmteam einluden, einen Film über den Parc des Volcans zu drehen. Wir wissen, daß Sie den toten Gorilla bereitwillig filmen ließen. Damit wollen Sie ein Aufsehen erregen, das ein schlechtes Licht auf Ruanda und die ruandischen Parks wirft. Da es Sie offenbar nicht interessierte, daß niemand von ORTPN diese Fotografen ermächtigt hat, folgerten wir, daß Sie sie gleich nach dem Tod des Gorillas gerufen haben unter dem Vorwand, es handle sich um einen bloßen Zufall.«

Die Nachwirkungen der BBC-Affäre legten sich erst nach Wochen, und die Feindschaft zwischen Monfort und Dian vertiefte sich, weil er die ruandische Touristenbehörde weiterhin drängte, die Gorillas des Parks noch stärker auszubeuten, und Dian Widerstand gegen ein Vorgehen leistete, dem sie einen katastrophalen Einfluß auf die Lebensumstände ihrer sowieso schon geplagten Freunde zuschrieb.

Obwohl Dian im Januar eine persönliche Tragödie erlebt hatte, blieb sie anderen, die in Bedrängnis steckten, eine große Hilfe. Gegen Ende 1977 hatte sie den Mitarbeiterstab der amerikanischen Botschaft kennengelernt und sich vor allem mit der Frau des Botschafters Crigler angefreundet. Bettie Crigler klagte häufig über die Trennung von ihrem jüngsten Sohn, dem vierzehnjährigen Nacho, der ein Internat in den Vereinigten Staaten besuchte und der seine Eltern zu Weihnachten nicht hatte sehen können, weil diese die Reise nicht bezahlen konnten. Als Betties Kummer sich Ende Januar zu Verzweiflung auswuchs, beschloß Dian auf ihre freimütige Weise, etwas dagegen zu unternehmen.

Obwohl sie wie immer kein Geld hatte, schrieb sie einen Brief an Nachos älteren Bruder in den Vereinigten Staaten und legte einen Scheck für den Hin- und Rückflug des Jüngeren bei, damit dieser die Osterferien bei seinen Eltern in Kigali verbringen konnte.

Als die Eltern Crigler von dieser edelmütigen Geste erfuhren, waren sie fassungslos, vor allem, weil sie wußten, was Dian selbst in dieser Zeit durchmachte.

Bettie Crigler schrieb: »Dian, ich bin so überwältigt von der Großzügigkeit und Freundlichkeit Deines Anerbietens, daß ich keine Worte finde, um zu beschreiben, wie dankbar wir sind, Dich als Freundin zu haben. Dies ist das schönste Geschenk, das ich jemals bekommen habe... Heute ist mein Geburtstag, aber kein Geschenk bedeutet mir mehr als dieses. Vielleicht klingt es sentimental oder banal – aber ich wünschte, ich hätte Dich zur Schwester haben können.«

Frank Crigler setzte hinzu: »Du bist gewiß einer der verrücktesten, nettesten Menschen, die ich kenne. Ich war sprachlos. Es war besonders ergreifend, weil Bettie weinte und nicht wußte, wie Nacho die Frühjahrsferien verbringen würde. Sie war schrecklich besorgt und unruhig... Doch gleich am nächsten Tag kamen Briefe von Nacho und Jeff, die uns die ganze Geschichte berichteten. Sie ist sehr überrascht und dankbar für Deine unglaubliche Großzügigkeit, und ich bin es ebenfalls.«

Die Criglers mögen überrascht gewesen sein, aber die vielen anderen Menschen, die im Laufe der Jahre ähnliche Wohltaten empfangen hatten, kannten Dians Großzügigkeit.

Am 28. Januar stieg Dian zum ersten Mal seit ihrer Rückkehr aus den Vereinigten Staaten vom Berg herab. »Sie sah sterbenselend aus, aber sie war kampfbereit«, schrieb einer ihrer Freunde aus Kigali.

Inzwischen waren zwei weitere von Digits Mördern gefangen worden. Dian war unter anderem auch deshalb nach Kigali gekommen, weil sie die ruandischen Behörden drängen wollte, die Wilderer angemessen zu bestrafen. Sie forderte eine lebenslängliche Freiheitsstrafe, sie wurden je zu drei bis fünf Jahren verurteilt.

Außerdem nahm sie an einer Versammlung in der amerikanischen Botschaft teil, die auf Drängen von J. P. Harroy einberufen worden war, einem Belgier, der vor der Unabhängigkeit Gouverneur von Ruanda gewesen war und der immer noch großen Einfluß im Land hatte. Harroy war ein entschiedener Anhänger des belgischen Plans, die Gorillas zum Wohl des Tourismus auszubeuten. Jetzt fühlte er sich berufen, Dian in Anwesenheit ihres eigenen Botschafters zurechtzuweisen.

»*Er hatte die Unverfrorenheit zu behaupten, Digit sei meinetwegen getötet worden. Wenn an dieser Beschuldigung etwas dran wäre, würde ich mir auf der Stelle eine Kugel durch den Kopf schießen. Er sagte, die Wilddiebe forderten Rache, weil ich ihrem Treiben ein Ende gemacht habe. Er ist senil! Wenn sie das wollten, hätten sie es längst getan. Sie hätten eine Hütte oder irgend etwas, was zum Lager gehört, verbrannt. Harroy war auch so dreist, mir zu sagen, es sei falsch gewesen, einen von Digits Mördern zu fangen!*«

Kochend vor Wut über diese Auseinandersetzung schnappte sie sich zwei ruandische Beamte, die sie nur als »die Nummer 2 und 3 des Präsidenten« bezeichnete.

»*Ich fand sie richtig nett. Der Präsident rief selbst an, um mir mitzuteilen, daß er mich gern sehen würde, aber nicht in dieser Woche, weil Gerüchte von einem Putsch umgingen. Ich bestand auf der Todesstrafe zumindest für Munyarukiko, falls man ihn jemals fängt. Sowohl Nummer 2 als auch Nummer 3 pflichteten mir bei, daß er hingerichtet werden solle – sonderbarerweise zogen sie das Hängen dem Erschießen vor.*«

Außerdem verlangte und erhielt sie ein Interview mit General Dismas Nsabima, dem Direktor von ORTPN.

»Er ist der typische afrikanische Große Mann, aufgeblasen und anmaßend, aber am Ende benahm er sich sehr anständig, obwohl er anfangs ein bißchen kurz angebunden war wegen des BBC-*Teams. Ein Grund, weswegen wir uns schließlich vertrugen, war, glaube ich, sein Verständnis für meinen »Fehler« vom letzten Jahr, als ich ein paar Sachen aus Munyarukikos Haus verbrannte. Er sagte, ich hätte das ganze Haus niederbrennen sollen, und war erstaunt darüber, daß ich für meine Tat sechshundert Dollar bezahlen mußte. Er betrachtete es als eine gute Tat, nicht als ein Vergehen.«*

Man kann sich vorstellen, wie erleichtert der Beamte in Kigali aufatmete, als Dian endlich zwei neue Forschungsstudenten, die gerade per Flugzeug aus den Vereinigten Staaten angekommen waren, auflas und den Berg hinaufbugsierte.

Die Neuankömmlinge wirkten nicht wie geeignete Kandidaten für das Leben in Karisoke. Amy Vedder, Mitte Zwanzig, war »hübsch wie eine Porzellanpuppe«. Sie schien sehr verliebt in ihren Gefährten Bill Weber zu sein. Beide hatten eine Zeitlang im Friedenskorps gearbeitet, aber Dians erster Eindruck war nicht allzu günstig.

»Ich glaube, Bill ist ein bißchen hilflos – bestimmt wird er nie ein Gewehr zur Hand nehmen, und ich werde es auch nicht von ihm verlangen. Ich glaube, das Mädchen ist hier die treibende Kraft, aber sie hat einen harten Ausdruck in den Augen.«

Dians dringendste Anliegen waren die Patrouillen gegen die Wilderer, die Ian und sie ins Auge gefaßt hatten. Zuerst einmal mußte sie das Geld auftreiben, um die Leute zu bezahlen und auszurüsten. Der Digit-Fonds sollte die Mittel liefern, doch da Dian abgeschieden auf einem Berg in Äquatorialafrika saß, konnte sie den Fonds nicht selbst organisieren. In dieser Not war sie gezwungen, andere um Hilfe zu bitten.

In den Vereinigten Staaten fiel ihre Wahl auf ihren

Rechtsberater Fulton Brylawski, der in Washington lebte. Am 17. Januar berichtete sie ihm über ihre Schwierigkeiten:

»Ich bitte jeden um Hilfe, der sich für Berggorillas interessiert. Wenn diese Leute dem Digit-Fonds Geld spenden, darf ich Sie als Empfänger angeben? ... Ich glaube, ich könnte in den nächsten Monaten fünftausend Dollar zusammenbekommen, aber ich möchte das Geld nicht anfassen, und ich möchte auch nicht, daß wieder nur ein verschwommener Naturschutzplan entsteht, bei dem die Hälfte des Geldes für sogenannte Unkosten draufgeht.

Ich möchte nicht, daß Digit umsonst gestorben ist, daher also dieser Fonds. Viele, viele Gorillas sind einen ähnlichen Tod gestorben wie er... Er kann, er darf nicht vergessen sein. Digit verkörpert alles, was auch den übrigen Berggorillas zustoßen kann. Es steht uns frei, die ganze Unterart zu retten oder uns abzuwenden und zuzulassen, daß sie wegen ihrer Schädel umgebracht werden. Der Parc des Volcans wurde 1929 aufgrund eines internationalen Vertrags zum Schutz der Gorillas und anderer wilder Tiere gegründet – ich möchte diesen Vertrag einhalten und seine Gesetze vollstrecken, wie sie noch nie vollstreckt worden sind.«

Weil der Postdienst so langsam war, erreichte Brylawskis Zusage Dian erst Anfang März. Inzwischen konzentrierte sie ihre Bemühungen an einer anderen Front, an der sie schnelle Resultate erwartete. Am 16. Januar schickte sie Richard Wrangham, ihrem Freund in Cambridge, eine lange Beschreibung von Digits Tod und ihren Plänen, aus dem Mord Nutzen für die überlebenden Gorillas zu ziehen. Der Brief endete mit der Bitte um Hilfe bei der Übermittlung der Botschaft an die britische Öffentlichkeit.

Wrangham enttäuschte sie nicht. Trotz eigener Lehrverpflichtungen machte er sich daran, das wohlbekannte englische Mitleid für Tiere in Not zu wecken und den Beistand von Tierschutzorganisationen anzuwerben. Er arbeitete so schnell, daß er Dian schon am 27. von einem wachsenden öffentlichen Entsetzen im Vereinigten Königreich über Digits Tod berichten konnte. »Ich habe vor zwei Tagen die Fauna Preservation Society aufgesucht... Sie wird so rasch wie möglich handeln und hofft, Dir schon Mitte nächster Woche fünhundert Pfund schikken zu können. Sie richtet sogleich einen Digit-Fonds ein. Sie nennt ihn jedoch ›Berggorilla-Fonds Vereinigtes Königreich‹, weil der Name Digit-Fonds ihrer Meinung nach nicht zugkräftig genug ist.«

Dian antwortete begeistert: »Es war sehr anständig von der FPS, mir die fünfhundert Pfund anzubieten. Das ist eine wunderbare Nachricht, weil ich nun die zusätzlichen mobilen Patrouillen aufstellen kann, die sogar meine eigenen Afrikaner zu verstärken wünschen – sie haben wie wild gearbeitet.«

Die nächste Nachricht von Wrangham war weniger erfreulich. Die International Union for the Conservation of Nature war der Meinung, sie könne nichts tun, um Dians Arbeit direkt zu unterstützen. Statt dessen »wurde die Idee, eine Gruppe Gorillas an Touristen zu gewöhnen, stark unterstützt und als bestes Mittel, Ruanda zum Schutz der Tiere zu ermuntern, betrachtet«. Daraus ließ sich unschwer folgern, daß die ins Auge gefaßte Gruppe eine von Dians Gruppen war. Wrangham berichtete auch, daß Sandy Harcourt – jetzt Dr. Harcourt –, der anfangs recht bereitwillig auf Dians und Wranghams SOS-Ruf reagiert hatte, zum Tourismus übergewechselt war.

Das war noch nicht alles. Sehr kleinlaut teilte Wrangham ihr mit, daß der Großteil des im Berggorilla-Fonds der FPS aufgelaufenen Geldes wahrscheinlich ORTPN und nicht Karisoke zufließen würde. Dians Reaktion war vorherzusehen.

»Wenn igendwelche Gelder direkt an die ruandische

Regiering gehen oder, wie Du es ausgedrückt hast, durch die Nationalparks fließen sollen, bin ich dagegen. Ich denke nicht daran, die ruandischen Parkwächter mit Pombe zu versorgen. Wer die Leute, die die Aufsicht über den Park führen, finanziell unterstützt, trägt nur zur Dezimierung der Berggorillas bei... Ich hoffe, Du weißt, daß Geldspenden der FPS an die ruandische Regierung nur dazu führen, daß noch mehr Tiere in den Studiengruppen getötet werden.«

Genauso scharf verurteilte sie den Vorschlag, den Gorillas durch Tourismus zu helfen.

»Ich verstehe nicht, wie Tourismus ein Thema sein kann, wenn es im Park von Gorillakillern wimmelt. Du und andere, Richard, die Ihr fern vom Schuß jenseits des Ozeans sitzt, habt gut reden über Tourismus. Ihr wißt nichts von Digit, Wilddieben und der Jagd auf Wild im Park. Seine Mörder müssen gefaßt werden. Ich habe noch eine andere wirklich schlechte Nachricht. Seit Digits Tod sind sieben Gorillas einer Gruppe im nordöstlichen Teil des Parks getötet worden, aber das scheint die Leute, die sich mit Tourismus beschäftigen, nicht zu kümmern.«

Wrangham antwortete mit einem traurigen Brief. Er teilte Dian mit, daß sogar das Honorar für ihre eigenen Artikel über Digits Tod irgendwie in den Berggorilla-Fonds geflossen war, der sich inzwischen auf fast dreitausend Pfund belief. Schlimmer noch, er berichtete, daß die FPS weder Dian noch ihrem Digit-Fonds in Washington auch nur einen Teil des Geldes überweisen würde.

Er schrieb: »Ich werde sie daran erinnern, daß der FPS-Fonds als Sammelfeld für Spenden gedacht war und daß er überhaupt auf Deine Initiative entstand... Die FPS schrieb General Dismas (Nsabimana), dem Chef von ORTPN, und fragte, was mit dem Geld geschehen solle. Dismas (Nsabimana) antwortete, mit Kopie an den World Wildlife Fund, daß er Unterstützung für die Pläne zum Primatenschutz wünsche, die die Vorstellungen der International Union for the Conservation of Nature/World Wildlife Fund/Bildung/Tourismus einbezogen. So erwartete WWF es, so erwartet es auch Dismas (Nsabimana)... Aber es wäre doch sehr tragisch, wenn die Spenden an den Digit-Fonds nicht richtig verwendet würden.«

Die Situation bloß tragisch zu nennen war eine Übertreibung. Seit Digits Tod hatte Dian Nachforschungen über den Handel mit Gorillatrophäen angestellt, und zwar mit traurigen Ergebnissen.

»*Bis auf acht sind alle Gorillas, die auf dem Karisimbi leben, wegen ihrer Köpfe und Hände getötet worden. Ein Arzt in Ruhengeri schwört, daß allein im Jahre 1976 sechsunddreißig Köpfe in die Stadt gebracht wurden. Davon stammten acht von Sabyinyo, das weiß ich genau: Ich glaube, vier kamen vom Muhaburu, einige von den Nordhängen des Visoke und alle übrigen vom Karisimbi. Die Belgier halten ein gewaltiges technisches Hilfsprogramm für den Parc des Volcans in Gang. Ihnen steht in einem Jahr mehr Geld zur Verfügung als mir in vieren, aber die Parkwächter erhalten nun weniger Lohn als meine Männer und sind fauler als je zuvor. Sie wollen den Wald nicht einmal mehr betreten.*
Ich habe kein Geld mehr, aber zum Andenken an Digit mache ich weiter mit meinen Plänen. Wir gehen jeden Tag auf Patrouille. Obwohl ich vier Studenten habe, brauche ich noch viel mehr Afrikaner... Heute habe ich zwei Studenten mit Rwelekana Wilddieben nachgeschickt, deren Hunde wir auf dem Sattel hören konnten, aber sie waren nicht schnell genug und haben nur einen Speer, drei Mützen, drei Haschischpfeifen und einen frisch getöteten Ducker eingesammelt. Einer der Wilddiebe war Munyarukiko, ein zweiter Gashabizi, und sie hatten fünf Hunde mit. Der heutige Tag war ein gutes Beispiel, wie sehr uns das Geld des englischen Digit-Fonds fehlt. Wenn ich zwei oder drei Afrikaner mehr hätte einstellen können, hätten sie die Gesellschaft geschnappt. Jeder Tag, den

mich die Naturschutzgruppen hinhalten, bedeutet, daß mehr Tiere getötet werden. Morgen wird es genauso aussehen, und meine persönlichen Ersparnisse reichen nicht mehr lange.«

Ende März hatte Dian immer noch nichts von dem in England für die Gorillas gespendeten Geld erhalten. Mit wachsender Bitterkeit schrieb sie Bettie Crigler: »Wie ich Dienstag mit der Post erfahren habe, haben sich im Digit-Fonds in England viertausend Pfund angesammelt. Ich habe erfahren, daß ich davon vielleicht fünfhundert Pfund erhalte. Den Rest bekommt General Dismas für einen neuen Toyota.«

Anfang April teilte Richard Fitter, Schriftführer der Fauna Preservation Society, Dian folgendes mit:

»Sicherlich werden Sie mir zustimmen, daß jedes Projekt die volle Mitwirkung und den Segen der ruandischen Naturschutz- und Tourismusbehörden braucht... Um die diesbezügliche Geldbeschaffung und Werbung zu koordinieren, haben wir Sandy Harcourt als Projektkoordinator der FPS für den Berggorilla-Fonds gewonnen.«

Darauf folgte ein Schreiben von Harcourt selbst, in dem er bestätigte, daß er Koordinator für ein bedeutendes Geldbeschaffungsprojekt der FPS geworden sei. Er gab seiner Meinung Ausdruck, daß der »Gorillatourismus« nachdrücklich gefördert werden müsse, und bat Dian um Anregungen dazu. Auch teilte er ihr mit, daß er in diesem Sommer einen von der FPS finanzierten Tiermedizinstudenten namens Paul Watkins nach Karisoke schicken werde, »als Möglichkeit, Dir einen größeren Anteil an den 4 000 Pfund des Berggorilla-Fonds zukommen zu lassen.«

Zähneknirschend erwiderte Dian, daß sie keinen weiteren Studenten brauche – und wenn, würde sie ihn selbst aussuchen. »Was ich brauche, ist Geld für die Patrouillen«, schrieb sie Harcourt. Und was den Tourismus betraf, fügte sie hinzu:

»Wir haben hier 1975 selbst zwei Führer für den ruandischen Teil des Parks ausgebildet, und zwar vor allem, um Touristen zu den Gorillas ... des Sabinyo-Gebiets zu führen. Für dieses Programm sollten viele vom Word Wildlife Fund gestiftete Landrover und Toyotas eingesetzt werden. Bis vor zwei Jahren wurden regelmäßig Touristen zu den Gorillas des Sabinyo befördert. Dann übernahm Alain Montfort die Leitung und behauptete, die dortigen Gorillas seien viel zu aggressiv für Touristen, und es gebe dort auch allzu viele »Mörder«-Elefanten, die eine ständige Gefahr für die Touristen seien. Die Folge war, daß im vergangenen Jahr alle Touristen zu unserer Gruppe 5 geschickt wurden. Du kannst Dir vorstellen, was das für das Forschungsprogramm bedeutet. Was hättest Du gesagt, wenn achtzig Prozent Deiner Kontakte mit Gruppe 5 von einer Horde großmäuliger Europäer gestört worden wären? Das ist nun der Fall, obwohl Dismas, der Tourismusdirektor in Kigali, erklärt hat, Gruppe 5 solle als Forschungsgruppe in Ruhe gelassen werden ...

Ich bin nur ein einziger Mensch, aber ich bin an Ort und Stelle. Ich weiß, was zum Schutz der Gorillas nötig ist – lange, anstrengende, bewegliche Patrouillen aus bewährten Ruandern im gesamten Gebiet der Virungas. Das ist praktischer, nicht theoretischer Naturschutz.«

Harcourts Antwort bot wenig Trost. Er wies auf die Regeln der FPS hin, denen zufolge ein Projekt nur dann mehr als fünfhundert Pfund erhalten könne, wenn der Antragsteller einen Vorschlag unterbreite, noch dazu einen, der von den zuständigen Behörden des betreffenden Landes gebilligt worden sei. Er schlug vor, sie solle eine von ihr und Dismas Nsabimanas Parc Conservateur gemeinsam entworfene Skizze ihres Ausbildungsplans schicken. Wenn sie das tue, würde ihr die Gesellschaft gewiß zusätzliche 1 000 Pfund schicken.

Ferner erklärte er, daß es, da die FPS Nsabimana bereits über den Fonds informiert und ihm den Kontostand mitgeteilt habe, taktlos sein würde, ihm die 2 000 Pfund für den Bau von Wächterhütten in der Nähe des Parks, ein Projekt, das Nsabimana am Herzen lag, vorzuenthalten.

»Aus diesem Grund plant die FPS im Augenblick, rund zweitausend Pfund aus dem Fonds für den Bau von Wächterhütten in der Nähe des Parks beizusteuern, und zwar auf direkten Wunsch von Mr. Nsabimana.«

Für Dian war all dies doppelzüngiges Gerede. Sie war wütend auf Sandy Harcourt.

»Er weiß verdammt genau, daß Dismas keinen meiner Pläne zur Bekämpfung der Wilderei billigen wird. Dieser ›Große Mann‹ weiß Besseres anzufangen mit Hilfe des Berggorillaprojekts und Digits Blutgeld. Ich hätte nie gedacht, daß Sandy sich so entwickeln würde.«

Sie stand nun direkt vor der grausamen Erkenntnis, daß ihr die zum Andenken an Digit geleisteten Spenden britischer Gönner vorenthalten werden würden, ja, daß sie sogar schon für Projekte bestimmt waren, die sie für nebensächlich oder völlig sinnlos hielt.

DIGIT IST UMSONST GESTORBEN!

Diesen bitteren Satz schrieb sie in großen Lettern quer über eine Seite ihres Tagebuchs. Ein paar Flecken sprechen dafür, daß sie Tränen des Zorns und der Enttäuschung geweint hat.

Im Mai kamen die ihr fast vier Monate von der FPS versprochenen fünfhundert Pfund endlich in Karisoke an. Sie reichten nicht einmal, um die seit Digits Tod aufgelaufenen Kosten für die Patrouillen zu decken, und so mußte sie in dem endlosen Kampf gegen die Wilddiebe wieder einmal in die eigene Tasche greifen.

Vielleicht gefiel ihr das Schuldbekenntnis, das Richard Wrangham ihr Anfang Juni schickte.

»John Burton, Schriftführer des FPS ... versicherte mir, daß seine Gesellschaft als Sammelstation für Dich Geld annehmen würde. Später aber änderte er seine Meinung und sagte, die Verfügung darüber habe allein die FPS ... Es hinterläßt einen sehr schlechten Geschmack im Mund, daß sie nicht deutlich gesagt haben, was mit dem Geld geschehen wird, wenn es einmal in ihren Händen ist.«

Der zweite Brief von Sandy Harcourt gefiel ihr ganz gewiß nicht.

»Paul Watkins hat sein Visum erhalten, und ich habe gestern mit der FPS vereinbart, daß sie ihm fünfhundert Pfund aus dem Projektfonds für seine Reisekosten nach Karisoke und zurück und seinen Unterhalt dort zahlen.«

Ferner informierte Harcourt Dian, daß er und Dr. Kai Curry-Lindahl, Vizepräsident der FPS, im Sommer nach Ruanda kommen würden, »um über alles, was mit der Erhaltung des Parç des Volcans zu tun hat, zu sprechen und zu berichten«.

Etwas später schrieb Dian an Bettie Crigler: »Ich habe nur fünfhundert Pfund von dem in England gesammelten Geld bekommen. Der Rest soll für Hütten für ›Wächter‹ und für Flugtickets für ›Naturschützer‹ verwendet werden, die nach Ruanda geflogen kommen, um für die Sicherheit der Gorillas zu sorgen... Weitere fünfhundert Pfund – ich nenne es Digits Blutgeld – hat Sandy Harcourt genommen, um einen einundzwanzigjährigen englischen Jungen, den ich gar nicht wollte, herzuschicken... Auch er war nur ein ›kurzes Vergnügen‹. Er hat uns schon verlassen, wußte aber, daß die andere Seite ihn ausgenutzt hat, denn er war gar nicht so scharf darauf, herzukommen... Ich bin ziemlich ärgerlich. Digit ist gewiß nicht gestorben, um Engländern das Flugticket zu bezahlen.«

Bald nach Amy Vedder und Bill Weber, die Dian das VW-Paar taufte, kam ein weiterer Amerikaner nach Karisoke, ein fleißig wirkender Junge namens David Watts, der eine Omabrille trug und Geige spielte.

Während Vedder und Watts sich für ihren Doktorgrad in die Gorillaforschung versenkten, sammelte Weber sozio-ökologisches Material für seinen Magister. Ian Redmond, nun der Veteran im Lager, widmete weiterhin den größten Teil seiner Zeit der Bekämpfung des Wilderns.

Seit Digits Tod fürchtete Dian, daß ein weiteres Unheil die Gorillas heimsuchen würde. Anfang März hörte sie, daß ein ruandischer Wilderer verhaftet worden war, als er mit einem gefangenen Gorillababy die Grenze nach Zaire überqueren wollte. Einem Gerücht zufolge war das Tier von den zairischen Behörden beschlagnahmt worden und befand sich nun im Hauptquartier des Parc des Virungas, der an den Parc des Volcans angrenzt.

Dian mobilisierte ihren Geheimdienst und erhielt Mitte März die Bestätigung des Gerüchts, zusammen mit der Information, daß der kleine Gorilla sehr krank sei.

Sie beschloß, eine Rettungsexpedition zu unternehmen. Am 18. März fuhr sie in Begleitung der VWs nach Gisenyi, das dicht an der zairischen Grenze liegt und wo sie viele afrikanische und europäische Freunde hatte.

Auf Wegen, die immer noch ziemlich dunkel sind, nahm sie Verbindung mit einem Hilfs-Conservateur im Hauptquartier des Parc des Virungas in Rumangabo auf, einem jungen Mann, dessen Identität sie hinter dem Pseudonym Faustin verbarg. Faustin gelang es, Dian und ihre Begleiter über die Grenze und in das in unangenehmer Erinnerung gebliebene »Schloß« zu schaffen, in dem Dian während des Tschombé-Aufstands geschmachtet hatte. Dort zeigte man ihnen ein vierjähriges Gorillajunges, das schwer krank und völlig abgemagert war.

»Die Parkleute hatten ein Problem. Aus Kinshasa, der tausend Meilen östlich gelegenen Hauptstadt von Zaire, war ihnen befohlen worden, das Tier um jeden Preis am Leben zu erhalten, doch als wir ankamen, war es schon fast tot. Ich bat den besorgten Conservateur, mir das Tier zu überlassen, und versprach ihm, daß ich versuchen wolle, es gesundzupflegen und ihm dann zurückzugeben. Nach längerer Überlegung gab er nach, aber er hatte zweifellos große Angst vor Kinshasa. Er sagte, der Gorilla

dürfe erst dann fortgeschafft werden, wenn die Hauptstadt per Funk zugestimmt habe. An diesem Tag war es dafür schon zu spät, und so gab man uns inzwischen das Wachlokal. Ich bat Amy, die Nacht bei dem Baby zu verbringen, es festzuhalten und ihm die Liebe zu geben, die es so dringend brauchte. Ich selbst wagte nicht zu bleiben, weil ich illegal in Zaire war und vor Anbruch der Dunkelheit über die Grenze zurückfahren mußte.

Am nächsten Morgen schlüpfte ich mit Faustin wieder hinein. Wir fuhren nach Goma, wo es ein Funkgerät gab, das die Hauptstadt erreichen konnte.

Wir erhielten nur eine Stunde, um die Funkverbindung herzustellen. Es dauerte fünfzig Minuten, bis wir an der richtigen Adresse für unsere Bitte waren. Aber der Mann sagte, daß der Präsident von Zaire über die Angelegenheit entscheiden müsse und daß wir vielleicht erst am späten Nachmittag über eine Reihe örtlicher Funkverbindungen Antwort erhalten würden. So kehrten wir zurück ins Hauptquartier des Parks und warteten.

Endlich um 16 Uhr kam bruchstückhaft die Nachricht durch, daß der Präsident genehmigt habe, das Baby ins Lager mitzunehmen. Aus unklaren Gründen wollte der Conservateur nicht zulassen, daß das Junge im Auto über die Grenze befördert wurde. So erboten sich Bill und Amy, es über die Berge nach Karisoke zu bringen. Begleitet von bewaffneten zairischen Wächtern trugen sie es abwechselnd in einem Gurt. Da es mittlerweile nach 17 Uhr war und die ruandische Grenze bis zum nächsten Morgen geschlossen wurde, mußte ich die ganze Nacht zwischen den Grenzposten im Wagen sitzen, voller Angst, zairische Soldaten würden mich verhaften. Bei Tagesanbruch gelangte ich jedoch hinüber nach Gisenyi und wieder den Berg hinauf, wo das Baby gerade angekommen war.

Es ist dem Tode nah, blutarm, völlig dehydriert und ausgemergelt. Es hat Diarrhö, Blut und Schleim im Kot, ist bedeckt mit eiternden Wunden, Läusen und Flöhen, hat

Schnittwunden von den Drähten um seine Gelenke, und – am gefährlichsten von allem – sein linker Fuß ist nichts als ein geschwollener, brandiger Stumpf, weil die Drahtschlinge, mit der es gefangen wurde, sich oberhalb des Fußes tief eingegraben hat. So etwas habe ich noch nie gesehen. Die Zehen haben wir erst heute entdeckt, sie sind unter den Fuß gebogen und auf der Sohle dessen, was einmal ein Fuß war, tief eingebettet in Schichten von Eiter und Hautlappen.

Es ist jetzt fünf Tage bei uns und wird rund um die Uhr gepflegt. Gestern habe ich jedoch beschlossen, ihm trotz seiner schlechten körperlichen Verfassung den Fuß abzunehmen, weil es sonst gewiß sterben wird. Habe eine hochqualifizierte Leprachirurgin gebeten, so bald wie möglich ins Lager heraufzukommen und die Operation auszuführen. So können wir wenigstens die Schlinge entfernen und dann feststellen, ob das Tier zu retten ist. Ich werde immer deprimierter und glaube, daß nur noch ein Wunder helfen kann, und die Operation ist der letzte Ausweg. All dies zusätzlich zu Digit ist so entmutigend, daß ich an nichts mehr glaube.«

Lolly Prescada, die erwähnte Chirurgin, bedauerte, Dian mitteilen zu müssen, daß sie erst in ein, zwei Tagen nach Karisoke hinaufsteigen könne. Dian war der Meinung, das sei zu spät. Die Mitteilung kam zusammen mit Post aus England, die weitere schlechte Nachrichten über den Digit-Fonds enthielt. All diese Enttäuschungen sowie andere Ereignisse aus der letzten Zeit stürzten Dian in eine tiefe Depression.

Lolly Prescada hatte empfohlen, dem kranken Gorilla bis zu ihrer Ankunft eine Salzlösung einzuflößen, um die Dehydrierung zu bekämpfen. Spät am Abend ging Dian zu der Hütte der VWs, wo das Tier in einem Nebenraum untergebracht war.

»Ich ging hinunter und machte Bill und Amy böse. Ich zwang sie, die Medizin zu verabreichen, und das Baby

würgte. Später in der Nacht erhielt ich von Amy die Nachricht, daß das Baby im Sterben liege. Künstliche Beatmung. Sie tat es – nicht er. Ich versuchte es, doch ohne Erfolg. Amy weinte. Schrecklich. Er sagte, ich wollte, daß das Baby stürbe. Ich trug den Leichnam in mein Haus und blieb die ganze Nacht wach.«

Am nächsten Morgen brachte Dian das tote Tier in das Krankenhaus von Ruhengeri. Die Autopsie bestätigte, daß es schweren Brand im verletzten Fuß und eine so schwere Lungenentzündung hatte, daß die beiden Lungenflügel nur noch aus Eiter und Schleim bestanden. Die Ärzte kamen zu dem Schluß, daß das Tier lange vor seiner Ankunft in Karisoke dem Tode geweiht war.

Es ist nicht klar, ob Dian dieses Urteil gänzlich akzeptierte. Zweifellos quälte das Ereignis sie jahrelang. Es steht ebenfalls außer Frage, daß ihre Feinde die Vorwürfe, sie sei unmittelbar am Tod des Tieres schuld, begeistert aufgreifen würden. Der Schmerz über Digits Tod war fast unerträglich gewesen – ihr Mißerfolg bei der Rettung des entführten Gorillababys machte ihn noch schlimmer.

In ihrer Verzweiflung konnte sie es nicht ertragen, sofort nach Karisoke zurückzukehren. So fuhr sie nach Gisenyi, in der Hoffnung, sich bei Rosamond Carr ausweinen zu können. Unglücklicherweise befand Rosamond sich gerade auf einer Reise nach den Vereinigten Staaten. Obwohl es schon spät am Abend war, kehrte Dian um, nahm den holprigen Weg nach Ruhengeri und wandte sich dann südostwärts, um die dreistündige Fahrt nach Kigali zu unternehmen.

Obwohl sie wußte, daß auch Bettie Crigler in den Vereinigten Staaten war, ging sie zur Botschaft. Dort fand sie Trost beim Botschafter, der ihr zu essen und zu trinken gab, ihrem Erguß geduldig lauschte und ihr ein Zimmer mit Bett zur Verfügung stellte. Ihre Dankbarkeit war aufrichtig, wenn auch etwas rätselhaft.

»Alles traf ein, genau wie erwartet.«

Am 7. April kamen die Eltern von Debi Hamburger, der jungen Frau, die sich so sehr gewünscht hatte, bei Dian zu arbeiten, nach Karisoke. Sie brachten die Asche der Verstorbenen und eine bronzene Gedächtnisplakette mit. Obwohl zu erwarten gewesen wäre, daß ihre Ankunft in dieser schlimmen Zeit der bereits kurz vor dem Zusammenbruch stehenden Dian den Rest gegeben hätte, war das Gegenteil der Fall.

»Simba, das Weibchen, das Digits Kind erwartet, gebar ihr Baby in der Nacht des 6. – eine dringend erwartete gute Nachricht. Das Baby heißt Mwelu, was auf Suaheli ›Helles Licht‹ bedeutet. Dieser kleine Abkömmling von Digit erhielt den Namen, den wir einst für die Amerikanerin Debi Hamburger ausgesucht hatten, die wir vor zwei Jahren hier erwarteten, bis sich herausstellte, daß sie Brustkrebs hatte. Nach der Operation wollte sie eigentlich im vergangenen Jahr herkommen, aber es war zu spät.
Ich hatte den Studenten schon vorher angekündigt, daß das nächste Baby, das geboren würde, Mwelu heißen sollte, und zwar zu Ehren Debis, eines tollen Mädchens. Simba hat den Zeitpunkt der Geburt recht gut geplant, so daß ich die Hamburgers am 8. zu Gruppe 4 und Mwelu führen konnte, die wie am Spieß schrie, weil sie in einem Nesselfeld lag. Debis Eltern waren sehr glücklich.
Tags darauf erlebten Debis Mutter und Vater all die vielen Gorillas von Gruppe 5, und ihre Begeisterung machte auch mich froh. Aber leider mußten sie fort. Ich werde noch vor Monatsende ein Flugzeug chartern und Debis Asche über den Virungas verstreuen, weil das ihr Wunsch war.«

Inzwischen beschloß das VW-Paar, das immer noch über die grausige Nacht grübelte, in der das Gorillababy gestorben war, nach Kigali zu gehen und Botschafter Crigler ihre Version der Ereignisse zu erzählen. »Weil er so eng befreundet mit ihr war, glaubten wir, ihm mitteilen zu müssen, wie tief sie gesunken war... Wir wollten sie nicht durch den Schmutz zerren. Wir glaubten... es wäre am besten, sie zum Verlassen des Landes zu bewegen.«

Vielleicht war ihre kurze Mitarbeit im Peace Corps der Grund, weshalb sie sich berufen fühlten, über eine Frau wie Dian Fossey zu richten. Unglücklicherweise drang die Geschichte – die beim Weitererzählen nichts von ihrer Würze verlor – zu Montfort und den anderen Europäern vor, mit dem Ergebnis, daß sie innerhalb kürzester Zeit allgemein und verzerrt verbreitet war. Dian Fossey, betrunken und unfähig, war am Tod eines Gorillas schuld! Die Frau, die sich als größte Fürsprecherin der Berggorillas ausgab, war kaum besser als die Wilderer, die sie verfolgte! Crigler selbst tat das Ganze als bösen Klatsch ab, aber diejenigen, die Dian nicht mochten, weideten sich daran.

Eine Zeitlang merkte Dian nicht, was über sie geredet wurde. Sie genoß die einzigen glücklichen Wochen, die das Jahr ihr bringen sollte. Am 8. Mai wurde ein Traum wahr, der sie acht lange, einsame Monate begleitet hatte. Dr. Jean Gespar kam an, um fast einen ganzen Monat mit ihr in Karisoke zu verbringen.

Die Zeit mit ihm war kein reines Idyll, aber doch beinahe. Jean war fast genauso fasziniert vom Leben der Gorillas wie sie, und die beiden verbrachten viele Stunden bei den Gruppen 4 und 5. Abends nach dem Essen, das Dian in der kleinen Küche ihrer Hütte zubereitete, gingen sie Hand in Hand über die Wiese unter den hochaufragenden, alten Vulkanen und lauschten den unheimlichen Schreien der Baumschliefer und dem Gebell der Buschböcke.

Am 10. Mai kehrte Ian Redmond nach England zurück, nachdem er seinen Aufenthalt in Karisoke um drei Monate verlängert hatte, um die Patrouillen gegen die Wilddiebe zu organisieren. Er hatte ausgezeichnete Arbeit geleistet. Da aber die Fauna Preservation Society das nötige Geld schuldig geblieben war, um neue Männer einzustellen und auszubilden, war die Hauptlast des Patrouillierens ihm und den Spurenlesern des Lagers zugefallen. Das mußte zu immer stärkeren Reibereien zwischen Dian und den drei Forschungsstudenten führen, denen am Kampf gegen das Wildern nicht viel gelegen war, die aber die Dienste der Spurenleser für ihre eigenen Projekte benötigten.

Es war Ian gelungen, die Wilderer in der näheren Umgebung in Schach zu halten, darüber hinaus aber taten sie, was sie wollten. Auf seiner letzten Patrouille, zwei Tage, bevor er Karisoke verlassen wollte, hatte Ian in der Sattelgegend, wo Digit getötet worden war, rund vierzig Schlingen gefunden und zerschnitten. Das war ein trauriger Beweis, daß sich am Rande des Studiengebiets immer noch viele Wilderer herumtrieben.

Jean Gespar verließ Karisoke am 26. Mai, nicht ohne Dian klargemacht zu haben, daß er seinen Besuch als angenehmes Zwischenspiel betrachte, die Affäre aber nicht fortsetzen wolle.

Nach seiner Abreise blieb Dian allein in einem Lager, dessen andere weißen Bewohner ihr entweder neutral gegenüberstanden oder feindlich gesinnt waren. Umgeben von Wilddieben, gegen deren Raubzüge sie wenig unternehmen konnte, machte sie sich große Sorgen um die Zukunft.

16

Nach Digits Tod fiel die ganze Verantwortung für die Sicherheit von Gruppe 4 auf Onkel Bert zurück. In ein paar Jahren hätten Tiger und Beetsme, die beiden großspurigen jungen Schwarzrücken, ihren Führer tatkräftig unterstützen können, aber gegenwärtig waren sie noch nicht reif für Erwachsenenpflichten. Um Onkel Berts Last noch schwerer zu machen, zogen alle drei seiner vollentwickelten Weibchen Junge auf. Macho hatte die dreijährige Kweli; Simba zog Digits Tochter auf, die drei Monate alte Mwelu. Flossie hatte nicht nur Frito, ihr Neugeborenes, sondern achtete gleichzeitig auch noch auf ihren vierjährigen Sohn Titus und ihre siebenjährige Tochter Cleo. Ein weiteres junges Weibchen, die achtjährige Augustus, war das elfte Mitglied von Onkel Berts Familie.

Am 18. Juli drang eine große »Randgruppe« von den Nordhängen des Visoke in Onkel Berts angestammtes Gebiet ein. Es kam zu einer heftigen Auseinandersetzung. Ohne Digits Hilfe und mit so vielen Weibchen und Jungtieren, die ihn behinderten, entschied sich Onkel Bert, Boden abzutreten. Er zog sich den Sattel entlang nach Zaire zurück. Als David Watts die Gruppe am nächsten Tag einholte, fand er die Tiere zufrieden in ihren Tagesnestern auf einer sonnigen Lichtung ruhen, nicht weit von dem Ort entfernt, an dem Digit getötet worden war.

Wieder durchstreiften Wilddiebe ungehindert dieses weit von Karisoke entfernte Gebiet, und als Watts Dian von dem Umzug berichtete, war sie zutiefst beunruhigt. In den folgenden Tagen rang sie mit sich, ob sie nicht versuchen sollte, Gruppe 4 auf die verhältnismäßig sicheren Hänge des Visoke zurückzutreiben. Der Aufruhr, in den das die Gorillas gestürzt hätte, ließ sie jedoch zögern. Sie kam zu dem Schluß, daß die Tiere ausreichend sicher sein würden, solange Watts den größten Teil des hellen Tages bei ihnen verbrächte. Vielleicht würden sie eines Tages aus eigenem Antrieb zum Visoke zurückkehren.

Eine Woche später, am Morgen des 24. Juli, saß Dian gerade an ihrer Schreibmaschine, als es leise an ihrer Tür klopfte. Da jedermann im Lager aus eigener Erfahrung wußte, wie sehr sie es haßte, bei der Arbeit gestört zu werden, nahm sie an, der Störenfried sei einer der Touristen, die in immer größeren Zahlen ungebeten und unangemeldet ins Lager eindrangen. Sie beachtete das Klopfen nicht. Doch als wieder und wieder geklopft wurde, sprang sie auf und öffnete die Tür weit.

Vor ihr stand David Watts mit schweißnassem Gesicht.

Dian sah auf den ersten Blick, daß den Gorillas ein weiteres Unglück widerfahren war.

»Wilddiebe!« Es war eine Feststellung, keine Frage.

Watts mußte sich am Türpfosten festhalten.

»Onkel Bert ist erschossen worden – und sein Kopf abgeschnitten.«

Eine halbe Stunde später trabte Nemeye mit einem etwas zusammenhanglosen Briefchen von Dian an Bill Weber den Berg hinab nach »unten«, wo Weber mittlerweile einen großen Teil seiner Zeit verbrachte.

»Bill – David kam gerade mit entsetzlichen Nachrichten von Gruppe 4 zurück – bitte, fasse Dich. Onkel Bert ist von Wilderern getötet worden.

Der arme David fand keine Spur vom Rest der Gruppe. Ich fürchte, ohne Onkel Bert sind sie alle getötet worden. David ist nun mit Vatiri, Rwelekana und Mukera losgezogen, um sie zu suchen. Onkel Bert wurde wahrscheinlich heute morgen getötet, was bedeutet, daß Munyarukiko und die anderen Wilderer Mukingo oder einen anderen ihrer Schlupfwinkel noch nicht erreicht haben. Ich habe David die Pistolen gegeben, aber zuerst einmal müssen wir herausbekommen, ob noch Mitglieder der Gruppe leben und ob wir ihnen helfen können.

Ich bitte Dich, mit Nemeye heraufzukommen, um eine Patrouille zum Karisimbi zu unternehmen und zu versuchen, Munyarukiko, Gashabizi und Runyagu zu fangen.

Ich weiß nicht, was ich tun soll, was zweckmäßiger ist als Töten... Am liebsten würde ich nach Kigali fliegen und eine Kommandoeinheit für einen Sturm auf Mukingo verlangen und die Soldaten dann auf Patrouillen schikken. Ich muß Präsident Habyarimana sehen. Keine Beschwichtigung, keine Zurückhaltung mehr. Brauche Leute, um alles, was von Gruppe 4 übrig ist, zu schützen.

Ich weiß nicht, was ich tun werde.«

Dian wußte genau, was sie mit den Gorillamördern anfangen würde, falls sie sie finge – doch was sie mit sich selber anfangen, wie sie den Kummer, der in ihr aufstieg, verarbeiten und überleben sollte, das wußte sie nicht.

Mit Pistolen ausgerüstet kehrten Watts und die drei Afrikaner auf den Sattel zurück. Onkel Berts Leichnam lag dort, wo er mit einer Kugel durchs Herz hingefallen war. Der Kopf des alten Silberrückens war abgehackt und verschwunden. Seine rechte Seite war aufgerissen, ohne Zweifel wegen der Gallenblase, aber die Hände waren unversehrt. Der Körper fühlte sich noch warm an, ein Hinweis darauf, daß Watts die Wilderer bei ihrer schauerlichen Arbeit überrascht hatte.

Vorsichtig, mit gespanntem Hahn, durchsuchten die vier Männer die Hageniawälder und Nesselfelder der Umgebung. Sie fanden kein weiteres Mitglied von Gruppe 4, aber eine Spur zerdrückter Vegetation verriet, daß die Überlebenden zurück auf die Hänge des Visoke geflohen waren. Der Suchtrupp spürte den Gorillas eine Stunde nach, bis ein gewaltiger Ausbruch von Gekreisch und Brusttrommlern ein Stück voraus ihm Halt gebot.

Die fliehenden Überlebenden von Gruppe 4 waren mit der Randgruppe, die sie ein paar Tage zuvor vertrieben hatte, zusammengestoßen. Ein Höllenlärm brach los, als die drei fremden Silberrücken die von Panik erfaßten Flüchtlinge angriffen.

Gruppe 4 hätte sich wahrscheinlich auf der Stelle aufgelöst, wenn ihr nicht David Watts und die Seinen zu Hilfe gekommen wären. Als plötzlich Menschen auftauchten, ergriff die Randgruppe kreischend die Flucht; so daß die inzwichen völlig überreizten Mitglieder von Gruppe 4 sich einigermaßen beruhigen konnten. Die erschreckten Tiere, die weder vor- noch rückwärts zu gehen wagten, scharten sich um den zehnjährigen Tiger, denjenigen unter ihnen, der einem Führer am nächsten kam.

Durch das Laubwerk spähend, zählte Watts besorgt die Überlebenden. Anscheinend fehlten nur Onkel Bert und seine Hauptfrau Macho. Machos kleiner Sohn Kweli war da, wimmerte aber jämmerlich. Als Watts im Lager Bericht erstattete, folgerten Dian und er hoffnungsvoll, daß Macho mit der Randgruppe fortgelaufen sei.

Es war nun früher Nachmittag. Bill Weber war immer noch nicht da, und Dian mochte nicht länger warten.

»*All der Schrecken und der Schock von Digits Ermordung waren wieder da, und ich glaubte, verrückt zu werden.*«

Hier konnte nur rasches Handeln Erleichterung bringen. Wutschäumend stieg Dian den Berg hinab und begab sich ins Büro von Paulin Nkubili, den sie insgeheim »Onkel Billy« nannte und der der einzige ruandische Beamte war, auf dessen Hilfe sie bei dem, was sie vorhatte, zu rechnen können glaubte.

Nkubili enttäuschte sie nicht. Ebenfalls empört über die Ereignisse, erlaubte er, Munyarukikos Dorf zu stürmen. Ein Kommandotrupp aus dem Militärlager wurde mobilisiert. Bei Einbruch der Dunkelheit griffen Dian und die gut bewaffneten Streitkräfte das Batwadorf an. Es entstand ein heilloses Durcheinander, Menschen schrien und ergriffen die Flucht – so ähnlich mußte es ausgesehen haben, als die Überlebenden von Gruppe 4 von der Randgruppe angegriffen wurden.

Die Soldaten fanden und beschlagnahmten eine Menge Speere, Pfeile, Bogen und Haschischpfeifen. Munyarukiko aber fanden sie nicht; er war, wie sich später herausstellte, nach Zaire geflohen. Dafür entdeckten sie seinen Kumpan Gashabizi, der unter einem Bett kauerte. Entsetzt über die Anwesenheit der »Rachegöttin«, der »einsamen Frau des Waldes«, gestand der Mann seine Mittäterschaft an Digits Ermordung ebenso wie an dieser letzten Untat.

»*Gashabizis Gefangennahme ist der Lohn für die Anstrengungen dieser langen Nacht. Vielleicht ist es gut, daß Munyarukiko nicht da war. Ich hätte ihn womöglich umgebracht. Onkel Billy fragte, ob genug geschehen sei, aber ich sagte: ›Nein‹! Er schaute mich nur an und nickte.*«

Am folgenden Morgen begleitete sie die Soldaten und Nkubili bei einem Angriff auf das Dorf, in dem ein weiterer berüchtigter Wilddieb namens Sebahutu mit seinen sieben Frauen und Familien lebte.

»*Wir erwischten ihn außerhalb des Ortes bei einem Fluchtversuch. Dann fanden wir seine blutgetränkte Jacke und einen blutverklebten Speer und Panga, die eine seiner Frauen vor uns zu verstecken versuchte.*«

Es stellte sich heraus, daß Sebahutu den tödlichen Schuß auf Onkel Bert abgefeuert hatte.

Körperlich und seelisch erschöpft fuhr Dian in ihrem VW-Kombi langsam zurück zum Fuß des Berges. Bevor sie den langen Aufstieg zum Lager beginnen konnte, fing ein Träger sie mit einer Botschaft von Amy Vedder ab.

»Es ist uns sehr unangenehm, Dir dies mitteilen zu müssen. Macho ist tot. Vatiri hat ihren Leichnam nur dreißig Meter von Onkel Bert entfernt gefunden. Beide befinden sich nun im Lager. Auch sie wurde erschossen. Ihre Seite ist aufgeschlitzt, aber ihr Kopf ist noch vorhanden ...«

Die Gemütsbewegungen, die diese Nachricht auslöste, waren so stark, daß Dian sie damals weder ihrem Tagebuch noch ihren Briefen anvertraute. Aber in ihrem Buch, das sie viele Jahre später schrieb, läßt sie uns ein wenig an ihren Gefühlen teilhaben.

»*Betäubt und ungläubig fuhr ich nach Ruhengeri zurück. Ich dachte an den Tag, an dem Macho neben mich getreten war und mir mit ihren großen, vertrauensvollen Augen ins Gesicht geschaut hatte. Ich dachte auch daran, wie zärtlich sie immer zu Kweli gewesen war. Wie sollte der Dreijährige ohne Vater und Mutter überleben?*

Heftiger Zorn war Nkubilis Reaktion auf die Nachricht von noch einem Mord. Er machte sofort Pläne für eine dritte Patrouille und befahl, alle als Wilddiebe Verdächtigten zum Verhör herbeizuschaffen. Am nächsten Tag fuhr ich mit meinem mit bewaffneten Soldaten und einem Polizeiinspektor beladenen Kombi zu einem Dorf dicht beim Parc des Volcans. Ich parkte außer Sichtweite des Dorfes, und die Soldaten sprangen aus dem Wagen. Mit hoch über dem Kopf erhobenen Gewehren und mit Bewegungen wie Angehörige des Marine Corps bei einer Landung am Strand umzingelten die Männer rasch den Marktplatz, um etliche hundert Leute darauf einzuschließen. Einer der Hutu wollte nicht in der Hütte bleiben, wie wir angeordnet hatten. Er flehte auf Kinyaruandisch, draußen bleiben zu dürfen, während ich ihm auf Suaheli befahl, hineinzugehen. Keiner von uns beiden verstand, was der andere sagte. Nach mehreren Minuten ging er mit aller Würde, die er aufbieten konnte, ein Dutzend Meter weit fort, drehte sich um und verrichtete unter dem begeisterten Beifall der Umstehenden seine Notdurft...

Vom Markt eilten wir in ein nahes, abgelegenes kleines

Twa-Dorf, wo wir drei der kleinsten Twas, die ich je gesehen habe, gefangennahmen. Einer davon war Gashabizis Schwager. Er hatte ein langes Strafregister als Wilddieb. Dann fuhren wir in eine entfernte Siedlung, um Munyarububga zu fangen, was die Soldaten mit großer Genugtuung taten, weil er ihnen in der Vergangenheit schon mehrmals entwischt war. Munyarububga war ein böser Mensch, dessen Lage dadurch, daß er stark getrunken hatte, nicht gerade besser wurde. Ich konnte spüren, wie seine Augen sich in meinen Hinterkopf bohrten, als wir nach Ruhengeri ins Gefängnis zurückfuhren... Das waren ein paar der fünf Überraschungsangriffe, die an jenem Tag auf Dörfer rund um den Park gemacht wurden. Sie führten zur Gefangennahme von vierzehn Wilddieben, die alle ins Gefängnis von Ruhengeri gesteckt wurden, wo sie bis zu ihrem Prozeß warten mußten. (Aus ›Gorillas in the Mist‹)«

Sollte Dian irgendwelche Befriedigung über den Ausgang dieser Strafaktionen verspürt oder geglaubt haben, daß die Hauptschuldigen an Onkel Berts und Machos Mord bald gefaßt werden würden, dann war dies nur von kurzer Dauer.

Als sie nach der letzten Aktion in Begleitung von Gwehandagoza, sechs gefangenen Wilddieben und ein paar Soldaten und Polizisten nach Ruhengeri fuhr, überholte sie den Park-Conservateur, der die Straße entlangging. Dian bot ihm an, ihn zum Hauptquartier mitzunehmen. Er kletterte in den Kombi, wo er in eine unverständliche Schimpfkanonade auf Kinyaruandisch ausbrach.

Nachdem sie ihn abgesetzt und zum Dank nur einen finsteren Blick geerntet hatte, fragte sie Gwehandagoza, was er gesagt habe.

»Der Conservateur hatte den Beamten, die mich begleiten, befohlen, die Wilddiebe nicht länger zu verfolgen, weil die Morde in Zaire geschehen seien und, wie er betonte, die Ruander nichts angingen.

Außerdem erzählte er ihnen, daß er gerade aus Gisenyi zurückkomme, wo er einen jungen Gorilla ›zu seinem Schutz‹ hatte abholen wollen. Er war ärgerlich, weil irgend etwas schiefgegangen war und er den Gorilla nicht erhalten hatte. Er tat so, als sei ich darein verwickelt.«

Bis spät in die Nacht grübelte Dian über ihren trüben Erinnerungen an 1969, als die Gorillajungen Pucker und Coco auf Befehl eines früheren Conservateur gefangen worden waren. Immer stärker festigte sich die düstere Überzeugung, daß der Tod von Onkel Bert und Macho zu dem Plan einer neuerlichen Gorillaentführung für einen Zoo gehörten.

Sobald es am nächsten Morgen hell war, schickte sie die Spurenleser aus, um festzustellen, ob Kweli immer noch bei Gruppe 4 sei.

Obwohl die Tiere zu verstört waren, um Menschen in ihre Nähe zu lassen, zeigte ein Blick durchs Fernglas, daß Kweli tatsächlich dabei war – doch schien er seinen rechten Arm nicht gebrauchen zu können.

Dian konnte sich ausmalen, was mit Gruppe 4 geschehen war.

»Die letzte Nachricht ist unglaublich tragisch. Am 24. Juli wurde Onkel Bert, der majestätische Silberrücken, von einer Kugel durch das Herz getötet. Das sechzehn oder siebzehn Jahre alte Weibchen Macho, die Mutter des dreijährigen Jungen Kweli, wurde bei demselben Überfall von einer Kugel getötet, die erst ihren rechten Arm und dann ihr Herz durchschlug. Sie zerschmetterte die Rippen und trat wieder aus dem Körper aus. Ihr Sohn Kweli wurde vermutlich von derselben Kugel am rechten Oberarm verwundet, blieb aber am Leben.

Beim Nachspüren entdeckten wir, daß die Wilderer die Nacht im Park weit fort am Karisimbi verbracht hatten und dann in das zairische Sattelgebiet, wo Gruppe 4 sich seit mehreren Tagen aufhielt, hinabgestiegen waren. Sie trafen die Gruppe offenbar ganz nach Plan, kurz nachdem

diese aus den Schlafnestern aufgestanden war. Sie jagten sie rund neunzig Meter weit und töteten erst Macho, die wahrscheinlich Kweli trug.
Die Fährte deutet darauf hin, daß Onkel Bert genau wie bei Digits Tod die Flucht der Gruppe angeführt und versucht hatte, die Tiere in die Sicherheit der Berghänge zurückzuführen. Als Macho erschossen wurde, hatte er kehrtgemacht, um ihr zu helfen, und war frontal erschossen worden.
Obwohl die Wilderer Onkel Berts Kopf mitnahmen, waren sie in Wirklichkeit hinter Kweli her. Sie hätten ihn wahrscheinlich gefangen, wenn Onkel Bert nicht umgekehrt wäre und sein Leben für ihn gegeben hätte, so daß er genug Zeit bekam, um mit den anderen zu fliehen. Der Conservateur hatte schon am Tag vorher von allem gewußt und war am Morgen der Morde aufgebrochen, um Kweli zu holen, dessen Namen er natürlich nicht kannte.«

Alle Zweifel, daß der Doppelmord Teil einer weiteren versuchten Gorillaentführung war, wurden ausgeräumt, als ein Freund, der als Berater des Conservateur im zairischen Parc des Virungas arbeitete, Dian bald darauf in Karisoke besuchte. Er hatte einen Brief des ruandischen Conservateur an seinen zairischen Kollegen gesehen, in dem deutlich geschrieben stand, daß zwei Gorillas »aus einer von Fosseys Gruppen« getötet worden waren, damit ein Junges gefangen werden konnte. Der ruandische Conservateur bedauerte, daß der Versuch fehlgeschlagen war!

Diese Information hatte zur Folge, daß Dian sich bei Botschafter Crigler bitter beklagte:

»Frank, es ist ganz ähnlich wie bei Coco und Pucker aus Karisimbi, die vom Kölner Zoo bestellt worden waren. Damals tötete der Conservateur zwei Gruppen, um die Babys zu bekommen. Die ganze Sache beginnt und endet auf dieselbe Weise – irgend jemand hat Geld für ein gefangenes Gorillajunges geboten.«

Es sollte noch schlimmer kommen. Ein paar Tage später

erfuhr Dian von einem gutunterrichteten Freund in Kigali, daß absichtlich eine ihrer Gruppen als Lieferantin des Jungen gewählt worden war.

Berichte, die in Kigali umgingen und behaupteten, Dian habe den Tod des Gorillajungen, das ihr im März anvertraut worden war, persönlich verschuldet, waren zu den zairischen Behörden vorgedrungen.

»Zaire hatte entweder einen Käufer für das Baby oder, was wahrscheinlicher ist, gedachte es dem Zoo einer wichtigen ausländischen Regierung zu schenken. Wenn sie, wie es der Fall zu sein scheint, glaubten, daß du es getötet hast, hielten sie es nur für recht und billig, es durch eines von ›deinen‹ Gorillajungen zu ersetzen«, erklärte man ihr.

Der Stachel saß tief in ihrem Herzen.

An diesem Punkt erhielt sie einen Brief von Sandy Harcourt mit dem eindrucksvollen Briefkopf »Mountain Gorilla Project – Project Coordinator: Dr. A Harcourt, Ph. D.« Darin drängte er sie wieder, zum Wohle der Berggorillas mit den ruandischen Parkbehörden zusammenzuarbeiten.

Dian sah rot.

»Wenn sie doch nur mir das Geld geschickt hätten, das die Menschen in England für den Digit-Fonds gespendet haben, dann hätte ich schon vor Monaten genug Patrouillen eingestellt, um die Wilderer von den Bergen zu vertreiben. So mußten Onkel Bert und Macho sterben! Digit ist umsonst gestorben.«

Genau zwei Tage, nachdem Onkel Bert und Macho getötet und Kweli verwundet worden waren, kam die angekündigte Delegation der Fauna Preservation Society in Ruanda an, um zu beraten, wie man die Berggorillas am besten schützen könne. Sie bestand aus Harcourt, Dr. Kai Curry-Lindahl, dem Vizepräsidenten der FPS, und Brian Jackman, einem Reporter der Londoner »Sunday Times«. In ihrem Buch beschrieb Dian, was geschah.

»Der lange geplante Besuch war von den Parkbeamten sehnlichst erwartet worden. Sie sollten von der Vereinigung aus Institutionen zum Schutz der Gorillas, die nach Digits weithin bekannt gemachten Tod entstanden waren, zusätzliche finanzielle Unterstützung und Ausrüstung erhalten. Der Parkdirektor, seine Assistenten und ein belgischer Berater (Montfort) erwarteten die Naturschützer am Flughafen von Kigali. Natürlich wurden sie sofort über die letzten Gorillamorde informiert. Der Reporter konnte seine Story telefonisch nach London durchgeben.
Die FPS-Gruppe verbrachte zwei weitere Tage in Kigali, bevor sie nach Ruhengeri weiterfuhr, wo ich ihr begegnete, während ich gerade mit offizieller Erlaubnis Dörfer nach Wilddieben durchsuchen ließ. Ich war schmutzig, hungrig und deprimierter als je zuvor während meiner elfjährigen Forschungstätigkeit... Der Reporter sprang flink aus dem Wagen, das Tonbandgerät in der Hand, und verlangte vom Fleck weg ein Interview über die Ereignisse der letzten Tage. Ich dachte zurück an die lange Beratung zwischen Ian Redmond und mir in jener Nacht... nach Digits Tod. Da Digits Tod sich als so einträglich für die ruandischen Parkbeamten erwiesen hatte, bestand da etwa eine Verbindung zwischen der ersten Tragödie und den letzten zeitlich so günstigen Morden?...
Am folgenden Tag... verließ die europäische Naturschutzdelegation Ruanda. In einem später in einer britischen Naturschutzzeitschrift veröffentlichten Artikel las ich, daß die Gruppe mit dem günstigen Zeitpunkt ihres Besuches, der finanziellen Hilfe, die sie dem Parc des Volcans gegeben und versprochen hatte, und der großen Aufmerksamkeit, die die interessanten Artikel des Reporters bei der wohlwollenden Öffentlichkeit gefunden hatten, außerordentlich zufrieden gewesen war (Aus ›Gorillas in the Mist‹)«

Dieser maßvolle Bericht entstand erst viel später. In

einem kurz nach dem Ereignis geschriebenen Brief war Dian nicht so vorsichtig. Obwohl sie erwartete, wegen ihrer Ansichten für verrückt gehalten zu werden, war sie überzeugt, daß der zweite Überfall auf Gruppe 4 geplant war, daß er zeitlich mit der Ankunft der FPS-Delegation zusammenfiel. Er sollte bewirken, daß weiteres Geld in die Hände der Parkbeamten floß. Ihre Meinung über das Berggorillaprojekt war nicht unbedingt höflich. Es genügt wohl, wenn wir sagen, daß sie keine große Achtung vor der »Naturschutz-Mission« hatte. Und ihre Kommentare zu den Verfahren, die zum Schutz der Gorillas und zur Sicherung ihres Überlebens vorgeschlagen wurden, sind eines Feldwebels würdig. Wenn es sein mußte, verfügte Dian Fossey über einen Wortschatz, der starke Männer erblassen ließ.

Nach Karisoke zurückgekehrt, richtete Dian ihr Leben ein, so gut sie konnte. Macho und Onkel Bert wurden auf dem sich rasch ausdehnenden Friedhof dicht bei ihrer Hütte begraben. Mit ihnen versuchte sie, auch die Schmerzen zu begraben, die ihr Tod verursacht hatte.

Der Sinn ihres Lebens war durch die Tragödie von Digit und dem zairischen Gorillababy beschränkter geworden. Nach dem Verlust von Onkel Bert und Macho richtete sie fast ihre ganze Energie auf die Verteidigung und Erhaltung der restlichen Gorillabevölkerung der Virungas. Das Sammeln von wissenschaftlichen Daten erschien ihr nun belanglos. Sogar die Arbeit an ihrem Buch betrachtete sie als Ablenkung.

Am 4. August schrieb sie Fulton Brylawski, ihrem Anwalt in Washington:

»Ohne Silberrücken, der sie führt, sind die Aussichten von Gruppe 4 gleich Null, denn sie hat nur noch den zehnjährigen Tiger und Flossie, ein älteres Weibchen, die versucht haben, sie zu leiten und zu schützen. Bis jetzt konnten die Tiere die Versuche einer anderen Gruppe, sie auseinanderzureißen, abwehren. Gestern flohen sie vor den Annäherungen eines einsamen Silberrückens. Solche Einflüsse müssen zwangsläufig zu schweren Schäden führen. Ich habe auch das Gefühl, als wollten Wilddiebe wieder zuschlagen, denn sie wissen, daß die Gruppe augenblicklich keinen Führer hat.

Die ganze Situation ist kaum noch auszuhalten. Seit Digits Tod führe ich im kleinen regelmäßig Patrouillen gegen Wilddiebe durch, vor allem mit Ian Redmond, der darin unübertroffen ist. Er mußte im Mai heimkehren, hat aber gerade telegrafiert, daß er bald hierher zurückkehren wird, so daß wir mehr Patrouillen durchführen können. Wir müssen Munyarukiko fangen oder töten. Nach diesen neuen Morden kommt es mir so vor, als wären unsere jahrelangen Bemühungen umsonst gewesen.«

Eine der vielen Falschmeldungen, die über Dian umliefen, behauptete, daß sie eine Alkoholikerin sei. Es stimmt, daß sie gern einen Drink nahm, und zwar am liebsten schottischen Whisky. Berichte von Leuten, die sie gut kannten, darunter auch ihren Ärzten, beweisen, daß sie keine Trinkerin war. Gelegentlich trank sie zuviel, aber nur als Medizin gegen körperliche Beschwerden oder schwere Depressionen.

Nach dem Tod von Onkel Bert und Macho trank sie stärker als gewöhnlich. Als ob chronisches Emphysem und Ischias, Schwäche infolge des anstrengenden Lebens in großer Höhe, Kalziummangel, Schlaflosigkeit und andere Leiden nicht genug gewesen wären, mußte sie nun auch noch den Verlust einiger ihrer Lieblingstiere und die Aussicht auf die vollständige Auflösung ihrer bevorzugten Gorillafamilie erdulden. Ebenso schwer wog die Überzeugung, daß einige Weiße in Karisoke sie betrogen hätten und betrögen und daß ihr Anliegen von ehrgeizigen und egoistischen Menschen und Organisationen in Ruanda und im Ausland pervertiert würde. In dieser äußersten Not ist es ein Wunder, daß sie nicht Vergessen im Alkohol suchte. Was sie statt dessen suchte, war Trost und Beistand von Freunden wie Rosamond Carr, dem Ehepaar Crigler, einem französisch-kanadischen Mädchen namens Noella de Walque, Dr. Lolly Prescada und anderen in Ruanda lebenden Frauen sowie etwa zwanzig Vertrauten im Ausland, die sie nur brieflich erreichen konnte.

Sie konnte nur wenige Männer zu ihren engen Freunden zählen, was vielleicht nicht überrascht, da die meisten männlichen Primatologen sie als Konkurrentin betrachteten; für männliche Fachleute im Naturschutzgeschäft war sie ein Eindringling und für männliche Bürokraten im allgemeinen eine Unruhestifterin. Sie drang zu tief in männliche Reservate ein, so daß viele Männer sie nur als Sexualpartnerin erträglich fanden. Dennoch, und das zeigt das Ausmaß ihrer Naivität, setzte sie weiterhin ein bemerkenswert unkritisches Vertrauen in jeden Mann, der Zuneigung zeigte oder Verständnis für ihre Probleme bekundete.

Einer der sehr wenigen ihres Vertrauens würdigen Männer war Ian Redmond. Er war gerade in England und arbeitete an seinem Magistergrad, als er von den neuen Morden hörte. Das genügte. Er gab sofort seine Pläne auf und begann, Geld zusammenzukratzen, um ins Lager zurückkehren zu können.

Inzwischen wurden die Beziehungen zwischen den vier Weißen in Karisoke immer schlechter. Dian und das VW-Paar standen sich feindlich gegenüber, während David Watts versuchte, neutral zu bleiben.

Dian tröstete sich, so gut es ging, mit der Gesellschaft von Kima und Cindy und den Besuchen der Buschböcke, Ducker, Riesenratten und Vögel. Sie begab sich nur ungern in menschliche Gesellschaft, aus Furcht, daß die Wilderer wieder zuschlagen würden, wenn sie ihre Wache auf dem Berg auch nur für ein oder zwei Tage unterbrach.

Die Wilderer hatten Gruppe 4 dem Untergang geweiht. Ohne Männchen, die alt und erfahren genug waren, um die Führung zu übernehmen, brach die Familie rasch auseinander. Am 15. August tötete Beetsme, der junge Schwarzrücken, Flossies und Onkel Berts zwei Monate altes Baby Frito. Er tat es zweifellos, weil er erwarten konnte, daß Flossie dann wieder brünstig und paarungsbereit werden würde. Aber eine Woche nach dem Kindermord flohen Flossie und ihre übriggebliebene Tochter Cleo vor Beetsmes Annäherungsversuchen und kamen in Nunkies Gruppe unter.

Dians Schmerz über die Auflösung der Familie wurde noch stärker, als sie erkannte, daß Kweli, das geplante Opfer der Entführer, sich nicht von seiner Verwundung erholte. Obwohl Tiger versuchte, der Waise Vater und Mutter zu ersetzen, sie vor dem immer aggressiveren Beetsme schützte und sogar sein Schlafnest mit dem Jungen teilte, wurde Kweli immer teilnahmsloser. Dian stand nun vor der Wahl, das Tier der Natur zu überlassen oder zu fangen und zu behandeln. Widerstrebend kam sie zu dem Schluß, daß sie sich nicht einmischen dürfe.

»Habe beschlossen, das Pfeilgewehr nicht zu benutzen, erstens, weil unsere alten Betäubungsmittel wahrscheinlich nicht mehr wirken, und zweitens, weil ich auch Tiger und vielleicht sogar Beetsme betäuben müßte. Selbst wenn das ginge, würde der Schock die Gruppe gänzlich zersplittern.«

Dians Befürchtungen, die Wilderer oder ihre Schirmherren würden Vergeltungsmaßnahmen ergreifen, mögen nicht unbegründet gewesen sein. Am 3. September umkreisten mehrere Männer ungesehen Karisoke und schrien Obszönitäten aus der Deckung des Waldes. Dian reagierte, indem sie einen Pistolenschuß ins Gehölz abgab. Drei Tage später teilte Gwehandagoza, der versucht hatte, mehr Beweise gegen den Park-Conservateur zu sammeln, Dian mit, daß er glaube, jemand wolle ihn vergiften. Zwei Tage danach taumelte der Spurenleser Semitoa mit gebrochener Nase und Gehirnerschütterung ins Lager zurück. Er berichtete, er sei aus dem Hinterhalt überfallen und gezwungen worden, in eine der gefährlichen Schluchten zu springen, die strahlenförmig vom Gipfel des Visoke ausgehen. Mit Sorgfalt pflegte Dian ihn Tag und Nacht.

»Kodein – Eispackungen; Jod und medizinischer Spray, Decken usw. – packte ihn um 22.20 Uhr in meiner Hütte ins Bett; Kodein um 2.00 Uhr nach Suppe und Cola – schwitzte dann. Am folgenden Tag um 15.00 Uhr war die Temperatur endlich wieder normal.«

Von ihrem fast leeren Bankkonto hatte sie nur eine kleine Summe zu Ian Redmonds Flugticket beitragen können, aber Freunde in Kigali brachten zweihundertfünfzig Dollar zusammen und Ian den Rest. Am 10. September kletterte er munter den wohlbekannten Pfad hinauf und kehrte zu dem Häufchen grüngestrichener Hütten auf der Wiese von Karisoke zurück. Endlich war Verstärkung da.

Dian war überglücklich.

»Ians Rückkehr war super! Im Gegensatz zu den augenblicklichen Studenten, die nicht das geringste Interesse an Patrouillen zeigten, wußte Ian, daß man sich in diesem Lager nicht nur um die tägliche Aufzeichnung der eigenen Daten kümmern mußte, sondern auch um die Sicherheit der Gorillas.

Nach seiner Ankunft wurden die Patrouillen wieder aufgenommen. Nach 15 Patrouillen, die insgesamt 120 Stunden gedauert hatten, waren 362 Fallen gefunden und zerstört und drei Ducker unverletzt befreit worden. Die meisten Fallen und Schlingen befanden sich in Zaire auf der Westseite des Visoke und in dem Sattelgebiet, wo die Morde stattgefunden hatten. Aber nicht nur zairische, sondern auch ruandische Wilddiebe hatten sie gestellt.

Es gelang Ian und einem der Spurenleser, einen beson-

ders aktiven Fallensteller zu fangen und ins Lager zu bringen. Ich glaube, er hätte seine Seele verkauft, um der ›Zauberei‹ zu entrinnen, der er in meiner Hütte ausgesetzt war. Dazu gehörten Kunststoffschädel, die rasseln, wenn man sie schüttelt, Gummischlangen und Masken, Gewisper aus allen Ecken und, am scheußlichsten von allem, amerikanisches Sumu – ein schleimiges Gelee, das man in vielen Farben in jedem amerikanischen Drugstore kaufen kann. Es war sehr wirkungvoll. Der Mann sprach fast zwei Stunden über das Wilderergeschäft, nannte viele Namen und gab uns äußerst wertvolle Informationen.«

Die Patrouillen waren nicht immer so erfolgreich. Am 15. Oktober brachen Ian Redmond und Vatiri auf, um an den Nordwesthängen des Visoke einen Bogen durch die Heimat einer als Gruppe 13 bekannten Gorillagruppe zu machen.

»Dies ist ein von Hügelketten durchzogenes Gebiet, das die Wilddiebe bevorzugen, weil sie wissen, daß den Antilopen nicht viel anderes übrigbleibt, als an diesen engen Streifen entlangzuziehen. Ian und Vatiri stießen bald auf drei neue Duckerfallen aus Draht. Als sie die Stangen zerbrachen und die Schlingen entfernten, hörten sie fünfzig Meter entfernt jemanden Holz hacken. Rasch duckten sie sich hinter einem kleinen Hügel. Dort wollten sie ruhig warten, bis die Fallensteller fort waren, und dann auch diese Falle zerstören. Nach einer Weile wurde es still, und Ian stand auf, um sich umzusehen. Da kamen schwankend drei senkrecht zum Himmel gehaltene Speerspitzen in Sicht.

Er duckte sich sofort, aber unglücklicherweise entschlossen die Wilderer sich, auf den kleinen Hügel zu klettern, von wo aus sie direkt auf den bazunga und Vatiri hinabsehen konnten.

Ian war unbewaffnet, sprang aber sofort auf die Füße und fand sich Auge in Auge mit dem mittleren von drei speertragenden Wilddieben. Die beiden Flügelmänner flüchte-

ten prompt, aber der mittlere ließ seinen Panga fallen, packte den Speerschaft mit beiden Händen und versuchte, Ian ins Herz zu treffen. Dann ergriff auch er die Flucht.
Ian erinnerte sich an einen alten Bruce-Lee-Film, in dem er gesehen hatte, wie man einen Speerstoß abwehrt. So warf er seinen linken Arm empor und duckte sich gleichzeitig nieder. Damit rettete er seine lebenswichtigen Körperteile, aber der Speer traf ihn ins Handgelenk und verursachte einen langen, bis auf den Knochen reichenden Schnitt.
Es war typisch für Ian, daß er, nachdem Vatiri seinen Arm verbunden hatte, unbedingt weitersuchen und auch die übrigen von den Männern gestellten Fallen zerstören wollte, weil diese sich auf dem Gebiet von Gruppe 13 befanden und eine Gefahr für die Gorillas waren.
Auf dem Heimweg pfiff Ian dem Studenten, der mit Gruppe 4 arbeitete, unser SOS-Signal zu. Er hoffte auf dessen Hilfe, weil er viel Blut verloren hatte. Der Student sagte später, er habe das Pfeifen gehört, aber angenommen, es sei ein Wilderer, und sich versteckt.
Später an jenem Abend begab Ian sich in das Krankenhaus von Ruhengeri, wo die Wunde gesäubert und genäht wurde. Schon nach einer Woche ging er wieder auf Patrouille.«

Obwohl die Wunde zu heilen schien, konnte Ian seine Hand nicht wieder normal gebrauchen. Wichtige Nerven waren durchtrennt worden. In den folgenden Wochen konnte er die Hand immer schlechter bewegen, bis er gegen seinen Willen nach England zurückkehren und sich von einem Spezialisten behandeln lassen mußte.

Da von den britischen Naturschutzorganisationen, die sich das Mäntelchen der Retter der Gorillas umgehängt hatten, wenig oder gar keine finanzielle oder sonstige Hilfe kam, mußte Dian sich anderswohin wenden. Brylawski, ihr amerikanischer Anwalt, hatte sich bereit erklärt, jegliche in den Vereinigten Staaten gesammelten Gelder zu betreuen. Am 7. August schickte sie ihm einen Finanzierungsplan: Sechs Männer für Patrouillen auszubilden, auszurüsten und zu bezahlen würde pro Jahr etwas weniger als zehntausend Dollar kosten – eine belanglose Summe im Vergleich mit denjenigen, die die FPS und andere Naturschutzgruppen für erforderlich hielten.

Brylawski hatte versprochen, das Geld zu verwalten; die Frage blieb, wer es beschaffen sollte. Dian hatte an die Leakey-Foundation geschrieben, die Verständnis hatte, aber dem Gesetz nach nicht öffentlich Geld beschaffen durfte. Ihr zweiter wichtiger Sponsor, die National Geographic Society, konnte diese Rolle ebenfalls nicht übernehmen.

An diesem Punkt unterbreitete Botschafter Frank Crigler freiwillig einen eigenen Plan. Dian erfuhr am 31. August durch ein Telegramm von der Botschaft zum ersten Mal davon.

HABE MIR ERLAUBT, DEINEN NAMEN FÜR AUFTRAG AN FÜHRENDE US-NATURSCHUTZORGANISATIONEN ZU VERWENDEN, UM UMFASSENDES HILFSPAKET FÜR VERWALTUNG DES PARC DES VOLCANS UND SCHUTZ DER GORILLAS UNTER DER OBERLEITUNG EINES SACHKUNDIGEN ZUSAMMENZUSTELLEN ... HOFFE AUF DEINE ZUSTIMMUNG.

Beeinflußt von politischen Erwägungen – immerhin war er der Repräsentant seines Landes in Ruanda – wollte Crigler zuerst einmal den Beistand von Organisationen wie dem Wildlife Fund gewinnen und dann möglichst viel Geld zusammenbringen, das gemäß den Wünschen der ruandischen Regierung verteilt werden sollte. Da er ahnte, daß Dian diese Pille nicht so ohne weiteres schlukken würde, versuchte er, sie zu verzuckern:

»Ich weiß, daß gewisse Aspekte meines Feldzugs Dir Magenverstimmung verursachen werden, aber ich habe wirklich nicht mehr im Sinn als das, was wir beide so oft besprochen haben: Ausbildung von Wächtern, Grundausrüstung, Wohnmöglichkeiten und Fachkenntnisse, damit die Ruander die Gorillas und ihren Lebensraum selbst schützen können.«

Crigler bat den Direktor von ORTPN, ein Budget für den Schutz der noch vorhandenen Gorillas vorzulegen, und General Dismas Nsabimana kam der Bitte freudig nach.

Er schätzte, daß für ein Jahr folgende Summen nötig sein würden: 100 000 Dollar für neue Straßen, die die Beweglichkeit der Wächter erleichtern würden; 45 000 Dollar für neue Gebäude; 42 000 Dollar als erste Anzahlung für neue Fahrzeuge; 10 000 Dollar für Ausbildungszwecke und 208 000 Dollar für Diverses.

Crigler hatte zumindest den Anstand, Dian um ihre Meinung zu diesem Vorschlag zu bitten. Obwohl ihr Blutdruck in die Höhe schoß, verfaßte sie eine durchdachte Beurteilung.

»Ich teilte ihm mit, daß bereits jeder Teil des Parks Straßen habe und mit gewöhnlichen Kombis und den Lieferwagen des Parks erreicht werden könne, so daß es nicht nötig sei, Millionen Dollar auszugeben. Und was Gebäude betrifft, so wurden die bereits mit amerikanischem Geld an den Parkgrenzen gebauten Blechhütten so stark vernachlässigt, daß nur noch drei bewohnbar sind. Von den Wächtern werden sie aber sowieso nur selten benutzt.«

An Crigler schrieb sie: »Ich kann mir vorstellen, wie Dismas' Traum wahr wird. Alle Berge umgeben von Asphaltstraßen. Ein großes Eingangstor und allerhand Einrichtungen für die Touristen. Neue Fahrzeuge für die Parkbeamten und die ausländischen Berater. Aber kann man damit etwa Schlingen zerschneiden und die Munyarukikos des Parks fangen? Wozu soll es gut sein, all dies unten zu besitzen, wenn der Park von innen zerstört wird? Es tut mir leid – ich habe Deine Gefühle verletzt, und das bedrückt mich. Ich wäre sehr viel glücklicher, wenn Wilddiebe gefangen und Schlingen zerschnitten würden.«

Bei Brylawski beklagte sie sich: »Selbst der Botschafter scheint den Köder geschluckt zu haben. Dismas' ›Vorschlag‹ geht nun an alle großen Naturschutzorganisationen, die ihn mit Freuden aufnehmen werden... Die ORTPN-Beamten werden bekommen, was sie wollen, und nichts anderes wird sich ändern. In diesem Budget ist nicht ein einziger Cent für die Ausbildung von wirksamen Patrouillen gegen die Wilddiebe vorgesehen. Wenn es nicht um das Andenken an Digit und Onkel Bert und Macho ginge, würde ich einfach aufgeben.«

Der Druck, der auf sie ausgeübt wurde, genau das zu tun, wurde stärker. Am selben Tag, an dem Crigler ihr den Brief mit den Einzelheiten seines neuen Plans schickte, schrieb er ihr auch ein paar persönliche Zeilen:

»In dieser Stadt wimmelt es jetzt von unfreundlichen ›Fossey-Geschichten‹, die alle davon handeln, daß Du trunksüchtig, schießwütig und manisch-depressiv seist. Zumindest einiges davon ist bis zu den ruandischen Behörden vorgedrungen – ein Beamter erwähnte kürzlich ein Gerücht, demzufolge Du Wilddieben Urinspritzen gäbst.

Dismas sagte mir vor zehn Tagen, er wolle mich besuchen, um das ›Fossey-Problem‹ zu besprechen, und ich weiß, daß es im ORTPN Leute gibt, die Dich unbedingt loswerden wollen...

Es besteht die Gefahr, daß sogar wohlmeinende Leute sich überzeugen lassen, Fossey sei nun eher eine Last als ein Gewinn für den Tierschutz. Und die empörten Briefe von amerikanischen Naturschützern an die ruandische Regierung, die alle Deinen Namen zitieren, sind auch nicht gerade hilfreich.«

Dieser letzte Satz bezog sich auf Amerikaner, die von Digit, darauf auch von Onkel Bert und Macho gehört und entrüstete Briefe nach Kigali geschrieben hatten, in denen sie verlangten, daß die Gorillas angemessenen Schutz erhielten.

In einem weiteren Schreiben drückte Crigler sich noch deutlicher aus:

»Es ist klar, daß manche Leute sich besorgt fragen, was die Todesfälle von Gruppe 4 zu bedeuten haben, und immer mehr zu der Überzeugung kommen, daß sie das Ergebnis einer gegen Dich persönlich gerichteten Blutrache sind. Ich betone immer wieder... daß die Regierung scharf gegen die Personen hinter dieser Blutrache vorgehen muß. Aber einige Leute haben den Hang, es sich leicht zu machen, das heißt, die Zielscheibe der Blutrache zu entfernen.«

Das waren keineswegs die einzigen gehässigen Gerüchte, die über Dian in Umlauf gesetzt wurden. Ihr alter Freund Bob Campbell, mit dem sie immer noch in unregelmäßigen Abständen korrespondierte, schrieb aus Nairobi: »Ich weiß, daß schlimme Berichte über Dich und Dein Forschungsprojekt bis ins Außenministerium in Washington vorgedrungen sind, und ich habe gehört, daß Du die Berge verlassen mußtest, kurz nachdem Digit getötet wurde.«

Crigler hatte nicht nur das erste Wort in diesem Versuch, Dian von seiner Denkweise zu überzeugen, sondern auch das letzte. Am 22. September schrieb er: »Laß mich nur noch ein letztes Wort sagen, und dann ist Schluß: Ohne die volle und ausdrückliche Mitarbeit der ruandischen Regierung gibt es keine Hoffnung für das Überleben der Gorillas. Und meiner Meinung nach kann man diese Mitarbeit nur dann gewinnen, wenn man die Naturschützer der ganzen Welt zu einem ernsthaften, umfassenden Programm technischer und materieller Hilfe für den Park heranzieht. Das mag sogar so weit gehen, daß Du einige unnötige Faktoren – Straßen, Hütten usw. – zugestehen mußt, um das zu bekommen, was Du willst.«

Verspätet erkannte Dian, daß sie niemals wertvolle

Unterstützung für die Gorillas würde sammeln können, wenn sie abgeschieden in Karisoke blieb. Draußen gab es einfach zu viele Menschen und Organisationen, die nur darauf warteten, auf der Welle des Gorillaschutzes mitzuschwimmen und dann ihre eigene Richtung zu wählen. Auch wußte sie, daß, wenn alles so weiterging wie bisher, sie bald nicht einmal mehr die wenigen Patrouillen in Karisoke würde durchführen können, weil ihre eigenen Mittel fast erschöpft waren. Genauer gesagt, die Zuschüsse der National Geographic Society durften nur für Forschungszwecke verwendet werden, und es gab keine Garantie, daß sie diese auch im nächsten Jahr erhalten würde. Als sie erfuhr, daß Crigler bald die Vereinigten Staaten besuchen würde, bat sie ihn um einen Gefallen.

»Könntest Du Dich bitte an Ed Snider von der National Geographic, einen Mann, mit dem man absolut offen sein kann, wenden und ihn fragen, ob auch im nächsten Jahr die Chance besteht, daß ich einen Zuschuß bekomme? Ich habe große Angst, daß die Antwort wegen der Morde und des Geredes über mich nein sein wird.«

Sosehr sie sich auch fürchtete, ihr Lager zu verlassen, wo, wie sie überzeugt war, die meisten ihrer augenblicklichen Studenten sich nicht für die langfristige Zukunft der Gorillas interessierten, hatte sie eindeutig keine andere Wahl. Sie konnte sich wenigstens damit trösten, daß in ihrer Abwesenheit Ian Redmond die Fahne der Gorillas hochhalten würde. Ende Oktober traf sie Vorkehrungen, nach den Vereinigten Staaten zu fliegen.

Es gab eine gute Nachricht. Aus Zaire wurde berichtet, daß Munyarukiko der Schreckliche – angeblich auf Befehl eines »Großen Mannes« aus Goma – vergifet worden und eines qualvollen Todes gestorben sei. Obwohl der Bericht sich am Ende als falsch herausstellte, war er Balsam für Dians Seele.

Es gab aber auch eine schlechte Nachricht. Am

25. Oktober kam für den von einer Kugel verwundeten kleinen Kweli das Ende seines langen und schmerzhaften Kampfes. Er starb eines schrecklichen Todes an Wundbrand. In »Gorillas in the Mist« schrieb Dian:

Am Morgen seines Todes fand man ihn flach atmend in dem Schlafnest, das er mit Tiger teilte... Die Gorillas kehrten im Laufe des Tages immer wieder an seine Seite zurück, um ihn zu trösten... alle Tiere schienen ihm helfen zu wollen, konnten aber nichts tun... jedes Mitglied der Gruppe kam einzeln zu Kweli und schaute ihm feierlich mehrere Sekunden ins Gesicht, bevor es wieder fressen ging. Es war, als wüßten die Gorillas, daß Kwelis Leben fast beendet war.«

Gegen Abend hatten sich die Überreste der Gruppe so weit fort bewegt, daß David Watts sich dem nun bewußtlosen Jungen nähern konnte. Er nahm es auf und trug es in seinen Armen ins Lager. Dian und Ian versuchten, es mit Mund-zu-Mund-Beatmung und Herzmassage wiederzubeleben, aber Kweli erlangte das Bewußtsein nicht wieder. Der kleine Gorilla wurde neben seinen Eltern auf dem Friedhof bei Dians Hütte begraben.

Kwelis Tod brachte Dian an den Rand des Zusammenbruchs.

»Ich ging etwa um 23 Uhr ins Bett und wachte um 1 Uhr auf. Mir war übel, und ich fühlte mich, als hätte mir jemand eine Plastiktüte über den Kopf gezogen. Das Atmen fiel mir schwer. Zum ersten Mal im Leben empfand ich schreckliche Angst. Der Alptraum, der mich geweckt hatte, bestand aus einer Mischung aus Wilddieben, Kugeln, Onkel Bert, der von Kugeln zerrissen wurde, genauso wie Macho und Kweli. Die Direktoren der National Geographic Society fragten mich, warum ich die Tiere getötet hätte und so weiter und so fort.

Ich stand auf, zündete die Gaslampe an und setzte mich aufs Bett. Bekam einen Schweißausbruch, dann Schüttelfrost, mußte erbrechen und glaubte, verrückt zu werden.

Endlich, um etwa 2.30 Uhr, weckte ich einen meiner Leute und bat ihn, Ian zu holen.
Ehrlich, ich weiß nicht, was ich getan hätte, wenn Ian nicht dagewesen wäre. Mein Stolz hätte mir nicht erlaubt, die VWs oder Watts zu bitten. Es war schon schwer genug, nach Ian zu schicken. Mir war, als sei ich reif für eine Teufelaustreibung!
Als der arme Ian endlich aufgewacht und heraufgekommen war, mußte er mir alles erzählen, was er in England gemacht hatte, die Filme, die er gesehen, die Bücher, die er gelesen hatte usw., damit ich nicht mehr an den Alptraum denken mußte.
Ian hatte nur zwei Science-fiction-Filme gesehen! Aber seine Berichte davon sowie Geschichten über seine Großmutter, Schwester, Mutter usw. halfen wirklich. Ich war zu verängstigt, um wieder einzuschlafen, und bat ihn, die Nacht in dem Bett neben dem meinen zu verbringen, was er freundlicherweise tat.
Als ich endlich einschlief, fing der Traum wieder an, und ich erwachte schreiend. Aber als ich ihn schnarchen hörte, fiel ich wieder in Schlaf; diesmal träumte ich von Raumschiffen. Ich habe mich noch nie so gefürchtet. Ich schäme mich ein wenig, aber ich möchte wissen, warum es geschah. Schuld daran waren wohl unsere langen Gespräche über die Ereignisse und die Verleumdungen anderer, daß ich die Ursache der Morde gewesen sei. Ich glaube, ich wäre völlig übergeschnappt, wenn Ian nicht dagewesen wäre.«

Am 29. Oktober begab Dian sich von Karisoke nach Kigali, wo sie ein paar Tage blieb, bevor sie nach den Vereinigten Staaten aufbrach. Sie besuchte das Hauptquartier von ORTPN, um für Craig Sholley, einen neu angekommenen amerikanischen Studenten, die Genehmigung zu bekommen, im Park zu arbeiten. Dort erfuhr sie, daß Direktor Dismas Nsabimana genehmigt hatte, daß von den Subventionen der FPS an ORTPN zweitausend Pfund nach Karisoke überwiesen wurden. Sie war überglücklich, aber verwirrt.

»Ich weiß nicht, warum er das getan hat. Aber er persönlich verstand, daß den Wilddieben Einhalt geboten werden mußte. Als ich hörte, daß er ein paar Wochen später hinausgeworfen wurde, fragte ich mich, ob der Grund dafür die Genehmigung des Geldes für unsere Patrouillen gegen die Wilddiebe gewesen war.«

Nach einer bittersüßen Szene mit den Criglers flog Dian mit der Sabena nach Brüssel.

»Bettie weinte, aber obwohl Frank mir einen Abschiedskuß gab, begleitete er mich nicht zum Flughafen und spielte auch nicht Klavier für mich.«

Es war klar, daß die besondere Beziehung zwischen ihnen einen Riß bekommen hatte.

In Brüssel mußte sie einen traurigen Tag lang auf den Anschlußflug warten. Diesmal erwartete niemand sie am Flughafen. Es kam nicht einmal eine Botschaft von Jean Gespar, von dem sie seit seinem Besuch in Karisoke nichts mehr gehört hatte.

In Einsamkeit gehüllt verbrachte sie den langen Transatlantikflug. In New York stieg sie um und flog weiter nach Charleston, South Carolina, wo sie an einem Symposion über Naturschutz teilnehmen sollte.

Ebenfalls dabei war Robinson McIlvaine, ehemaliger amerikanischer Botschafter in Kenia und nun leitender Vizepräsident der Wildlife Leadership Foundation, einer renommierten Organisation, zu deren Funktionären Stars wie Kermit Roosevelt zählten.

McIlvaine war ein kultivierter, in Diplomatie bewanderter älterer Herr, den Dian in Nairobi kurz kennengelernt hatte. Entzückt, ihn wiederzusehen, und angeregt durch sein Interesse, vertraute sie ihm bald ihre Schwierigkeiten mit dem Digit-Fonds an. Bob, oder Rob, wie sie ihn nannte, zeigte wohltuende Teilnahme. Sie verabrede ten, sich in Washington wiederzusehen. Er versprach, ihr bei der Organisation des Digit-Fonds zu helfen und ihr seine Erfahrung in der Beschaffung von Geld für eine gute Sache zur Verfügung zu stellen.

Während Dian noch in Charleston war, starb ihr fünfundneunzigjähriger Onkel Albert Chapin in Kalifornien. Obwohl Albert und Flossie Chapin nicht gerade erfreut gewesen waren, als Dian zwei Gorillas nach ihnen benannt hatte, vermachte Onkel Bert ihr fünfzigtausend Dollar. Das war eine Riesensumme für eine Frau, die ihr ganzes Leben arm gewesen war. Sie betrachtete sie jedoch nicht als Geld, an dem nur sie allein sich erfreuen sollte.

»Es ist eine große Erleichterung zu wissen, daß ich Karisoke nun mindestens drei Jahre am Leben erhalten kann, selbst wenn die Subventionen nicht genehmigt werden.«

Beinahe wäre aus der Erbschaft nichts geworden. Zwar war auch Dians Mutter von Onkel Bert bedacht worden, aber nicht in der Höhe, die Richard Price für angemessen hielt. So beschloß er, seine Frau und Dian sollten das Testament anfechten zugunsten eines früheren, in dem den beiden Frauen der größte Teil des Nachlasses zugesprochen worden war. Dian war dagegen, ja, Brylawski warnte sie sogar, sich hineinziehen zu lassen, aber Price übte so starken Druck auf sie aus, daß sie schließlich nachgab. Zum Glück widerrief sie ihr Zusage nach ihrer Rückkehr nach Karisoke. Es war gut, daß sie das tat. Das Testament enthielt eine Klausel, derzufolge jeder Begünstigte, der das Testament anfocht und den Prozeß verlor, die Summe von einem Dollar und keinen Cent mehr erhalten sollte. Am Ende bekam Dian rund vierzigtausend Dollar.

Am 5. kam sie in Washington an, wo sie die folgenden zwölf Tage verbrachte und sich bemühte, dem jungen Digit-Fonds auf die Beine zu helfen.

Die National Geographic Society erwies sich als hilfreich und gab dem Digit-Fonds nicht nur einen Sonderzuschuß von fünftausend Dollar, »um die Patrouillen auszurüsten und zu verstärken«, sondern der Vorsitzende Dr. Melvin Payne beruhigte sie auch wegen ihres Antrags auf eine Subvention für Karisoke für das Jahr 1979. »Seien Sie gewiß, daß ich Ihr Fürsprecher sein werde, wenn der Antrag vor das Komitee kommt«, versprach er.

Der World Wildlife Fund (USA) stiftete ebenfalls fünftausend Dollar, wenn auch mit großem innerem Zwiespalt. Immer böswilligere Berichte über Dians »illegale« Aktivitäten in Ruanda erregten reaktionäre wissenschaftliche Kollegen, die als Berater bei Organisationen wie zum Beispiel WWF fungierten. Ein solcher verehrungswürdiger Experte versuchte, Dian jegliche Unterstützung zu sperren mit der Begründung, sie würde »das Geld dazu benutzen, einen Polizeistaat auszurüsten«.

Sogar die National Geographic Society wurde von der Flut von Geschichten, die aus Kigali und Karisoke kamen, beeinflußt. Gegen Ende ihres Aufenthalts in Washington führte Dr. Payne ein langes, väterliches Gespräch mit ihr, in dessen Verlauf er ihr dringend empfahl, für mindestens ein Jahr in die Vereinigten Staaten zurückzukehren, um ihre wissenschaftlichen Studien auszuarbeiten und ihr Buch zu beenden. In Wahrheit war dies weniger eine Empfehlung als vielmehr ein Ultimatum, denn Dian wurde zu verstehen gegeben, daß sie keine weiteren Zuschüsse von der Gesellschaft erhalten würde, wenn sie diesem weisen Rat nicht folgte.

Dian glaubte, im Herbst 1978 habe sich eine organisierte Verschwörung, sie aus Ruanda zu vertreiben, gebildet. Sicher ist, daß eine Anzahl von Kollegen die Ansicht vertrat, sie sei »schwer angeschlagen« und müsse »überzeugt« werden, Ruanda zu verlassen.

Dazu gehörten Frank Crigler, mehrere ranghohe Mitarbeiter der National Geographic und der Leakey Foundation und, obwohl sie es damals noch nicht wußte, ihr neuer und eifriger Beistand Robinson McIlvaine.

Es gab auch Leute, die sie los sein wollten, weil sie ihnen Schwierigkeiten bereitete. Dazu gehörten das US-Außenministerium, die belgische Hilfsorganisation in Ruanda, die leitenden Funktionäre einiger renommierter Naturschutzinstitutionen und nicht zuletzt einige der Forscher, die in Karisoke arbeiteten oder gearbeitet hatten.

Obwohl Dians intime Beziehungen zu Männern oft katastrophal waren, konnte sie dauerhafte Freundschaften mit Profis wie Anwälten, Ärzten, Buchhaltern und Geistlichen schließen, besonders wenn diese ziemlich viel älter waren als sie selbst. Sie hatte ein ausgeprägtes Bedürfnis nach dem Halt und Schutz, die solche Männer geben konnten und die sie nie empfangen hatte, weder von dem leiblichen Vater, der ihr, noch von dem Stiefvater, dem sie fremd geblieben war.

Fulton Brylawski, Seniorpartner der Anwaltskanzlei Brylawski und Cleary in Washington, D.C., war Dian Anfang der siebziger Jahre von gemeinsamen Freunden in der National Geographic Society empfohlen worden. Anfang 1978, als sie ihn um Hilfe bei der Einrichtung des Digit-Fonds bat, hatte er sich als wahrer Freund und tapferer Beschützer erwiesen, auf den man sich in allen Lebenslagen verlassen konnte.

Während Dian der englische Digit-Fonds an die Fauna Preservation Society verlorengegangen war, hatte Brylawski sein Gegenstück in den Vereinigten Staaten auf eine so feste Grundlage gestellt, daß er heute noch höchst lebendig ist. Als Dian im November in Washington ankam, präsentierte Brylawski ihr den Digit Fund Incorporated, ein eingetragenes Wohltätigkeitsorgan, das gesetzlich befugt war, Gelder entgegenzunehmen, zu verteilen und alle anderen erforderlichen korporativen Funktionen auszuführen. Brylawski wollte keine

Bezahlung für die Arbeit, die er und seine Firma für den Fonds taten, annehmen.

Alles, was nun noch gebraucht wurde, war ein Ausschuß aus drei Treuhändern und ein Verwaltungsfunktionär. Dr. Snider erklärte sich bereit, als Treuhänder zu fungieren. Brylawski meldete sich ebenfalls freiwillig. Dian als Präsidentin wurde dritte. Blieb nur noch das Problem, jemanden zu finden, der den Laden schmiß.

Dian glaubte, genau den richtigen zu kennen. Gleich nach ihrer Ankunft in Washington hatte sie sich mit McIlvaine in Verbindung gesetzt. Nach einem langen Mittagessen mit ihm schrieb sie Brylawski ein Briefchen:

»Traf mich mit Bob, und er war einverstanden, Geschäftsführer-Schatzmeister des Digit-Fonds zu werden. Er zieht diesen Titel dem des leitenden Direktors vor. Ich glaube, der Titel spielt keine große Rolle, solange wir nur jemanden haben, der so enorm rechtschaffen und wertvoll ist und beim Berggorilla-Hilfsprogramm Beistand leisten will.

Ich möchte Ihnen für alles, was Sie getan haben, um den Digit-Fonds zu ermöglichen, danken. Wie Sie neulich sagten – es ist, als bringe man ein Baby zur Welt, nur daß ich mich, offen gesagt, so fühle, als hätte ich drei Paar Zwillinge von drei Vätern gleichzeitig zur Welt gebracht.«

McIlvaine hatte sich bereit erklärt, die Arbeit des Fonds zu beaufsichtigen – die hauptsächlich darin bestehen sollte, Geld zu beschaffen –, bis ein ständiger bezahlter Manager gefunden war.

Im Dezember 1978 rief er eine gemeinschaftlich von seiner eigenen African Wildlife Leadership Foundation, der International Primate Protection League und dem Digit Fund Incorporated geförderte briefliche Werbekampagne ins Leben. Spender wurden gebeten, ihre Schecks auf die African Wildlife Foundation auszustellen. Laut McIlvaine wurden fünfhunderttausend Werbebriefe verschickt. Der Digit-Fonds erhielt jedoch keinen Pfennig von den Einnahmen.

Einige Jahre später schrieb McIlvaine wie folgt über seine Verbindung mit dem Digit-Fonds:

»Als Dian Fossey im Herbst 1978 in den Vereinigten Staaten war, bat sie mich, die Leitung des Digit-Fonds zu übernehmen... Ich sagte ihr, daß ich dem Digit-Fonds keinesfalls gerecht werden könne, da ich bereits meine ganze Zeit der Leitung einer anderen Stiftung gewidmet hätte. Ich sagte ihr auch, daß die Lage in Ruanda meiner Meinung nach ein offizielles und institutionelles Vorgehen verlange und die Regierung und insbesondere die bereits aufgenommenen Aktivitäten der World Wildlife International, der Fauna Preservation Society und womöglich anderer mit einbeziehen müsse. Und schließlich sagte ich ihr, daß es politisch riskant für sie und eine Behinderung ihrer Forschungsarbeit sein würde, sich intensiv mit so etwas zu befassen.

Ich schlug folgende Lösung vor... daß die African Wildlife Leadership Foundation die Leitung übernehmen, die Zustimmung aller interessierten Naturschutzorganisationen suchen und dann ein Abkommen mit der Regierung aushandeln solle... der Digit-Fonds würde schließlich aufgelöst und seine restlichen Gelder an das von der AWLF geleitete Projekt überwiesen...

Im März 1980 vertrat ich die Ansicht... daß es möglicherweise an der Zeit sei, Digit aufzulösen und die Gelder, die noch übrig waren, an das AWLF-Projekt zu überweisen. Aus eigenen Gründen entschied Dr. Fossey, daß sie Digit zur Zeit nicht auflösen wolle. Daraus entnahm ich, daß ich als Geschäftsführer und Schatzmeister zurücktreten sollte, und tat es auch.«

Dr. Shirley McGreal, deren International Primate Protection League ihren Namen dem Geldbeschaffungs-Feldzug ausschließlich zur Unterstützung von Dians Digit-Fonds zur Verfügung gestellt hatte, war damit nicht zufrieden. Es ist schriftlich belegt, daß sie im Gegensatz zu McIlvaine, der behauptete, er habe mit Dian abgemacht, den Digit-Fonds mit der AWLF zu verschmelzen, meinte, Dian habe dies bestritten: »Sie sagte, sie würde niemals zugestimmt haben, ihren Digit-Fonds aufzugeben!«

Auf die Frage, ob sie wisse, wie Dian habe getäuscht werden können, antwortete Shirley McGreal: »Ich glaube, es passierte, weil sie sehr unglücklich, unsicher und völlig außer Fassung über den Tod ihrer Gorillas war. Sie hätte niemals Kapital aus den Todesfällen schlagen können. Wie Sie wissen, kommt es oft vor, daß der einzige Mensch, der wirklich um einen toten Freund trauert, von einem Haufen Verwandter, die sich bereichern wollen, ausgenutzt wird.«

Aber all dies lag noch in der Zukunft.

In der Gewißheit, daß der Digit-Fonds in guten Händen sei, reiste Dian Anfang November 1978 zu einem gemütlichen Besuch zu Mary Whites älterer Schwester Betty Schwarzel, die sie einmal als »die Mutter, die ich gern gehabt hätte«, beschrieb.

Von dort flog sie nach San Francisco und weiter nach Atherton zu einem nicht so gemütlichen Besuch bei den Prices. Richard Price verlangte, daß sie Onkel Berts Testament anfocht. Er machte sie mürbe.

»Ich habe es so satt, mit ihm zu streiten und den Zerfall meiner Mutter zu erleben, daß es mir egal ist, was mit dem Testament geschieht, solange sie in Frieden gelassen wird.«

Dian rettete sich, indem sie den Prices erzählte, sie müsse am 10. Dezember über New York nach Ruanda zurückfliegen.

In Wahrheit brauchte sie New York erst am 15. zu verlassen. Sie verbrachte die dazwischenliegenden Tage hauptsächlich in der Gesellschaft von Robinson McIlvaine. Es waren schöne Tage. Dian gönnte sich einen

Einkaufsbummel bei Saks Fifth Avenue, wo sie unter anderem einen 175 Dollar teuren Pullover als Geschenk für Bob kaufte.

»*Wir machten die Kutschfahrt und zogen durch die Discos – es war ein toller Abend! Ich glaube, so einen werde ich nie wieder erleben! Ich tanzte die ganze Nacht in meinem neuen Seidenkleid.*«

Am 16. kam sie in Kigali an, fuhr zum Fuß des Visoke und schaffte den Aufstieg, wie sie mit einigem Stolz vermerkte, in einer Stunde und dreißig Minuten. Gwehandagoza und sie führten eine lange Reihe von Trägern an, die bepackt waren mit Campinggeräten, Kleidungsstücken, Stiefeln und anderen Ausrüstungsgegenständen, die sie in den Vereinigten Staaten mit Geld aus dem Digit-Fonds für die Patrouillen gegen die Wilddiebe gekauft hatte.

Es hätte eine triumphale Heimkehr sein müssen. Was die Schwarzen betraf, war sie es auch, weil Dian Geschenke für alle mitgebracht hatte. Ian Redmond war der einzige Weiße, der sie begrüßte. Weder das VW-Paar noch David Watts, noch Craig Sholley, der neue Student, waren anwesend. Aber das störte Dian nicht. Sie sah dem Zusammenleben mit Amy Vedder und Bill Weber nicht gerade erwartungsvoll entgegen.

Ian hatte gemischte Nachrichten für sie. In ihrer Abwesenheit hatten er, Vatiri und Rwelekana, gelegentlich unterstützt von Craig Sholley, viele Patrouillen gemacht, aber nur eine Handvoll Fallen gefunden. Anscheinend hatten die Wilddiebe das Forschungsgebiet verlassen, und Ian glaubte, sie würden nicht wiederkommen, solange man die Patrouillen fortsetzte.

Die schlechte Nachricht war, daß in Gisenyi immer noch Gorillaschädel »an Europäer verhökert wurden« und daß mindestens einer von einem kürzlich getöteten Tier stammte. (Als Dians Leute 1985 den Wilddieb Sebahutu schnappten, gab er zu, 1978 bei einem weiteren

Versuch, ein Gorillababy zu fangen, am Karisimbi ein junges Weibchen aus Nunkies Gruppe getötet zu haben. Der Schädel des toten Weibchens wurde an einen Händler in Ruhengeri verkauft. Wahrscheinlich handelte es sich dabei um den hier erwähnten.) Die Parkwächter, sowohl in Zaire als auch in Ruanda, glänzten hauptsächlich durch Abwesenheit, und in den Gebieten, die sie überwachen sollten, befand sich die Wilderei auf einem neuen Höhepunkt.

Ian zeigte Dian auch einen Brief, den er vor einiger Zeit von Sandy Harcourt erhalten hatte und in dem Sandy ihn zu seiner Wildererbekämpfung beglückwünschte, aber darauf hinwies, daß die FPS keine »illegalen Aktivitäten zur Bekämpfung der Wilderei im Nationalpark eines anderen Landes« dulden könne... Des weiteren schrieb er: »Ich hoffe, Du verstehst, daß wir persönlich die Arbeit, die Du leistest, bewundern, daß die FPS insgesamt sich aber davon distanzieren muß.«

»Digit hat seinen Fonds – also zum Teufel mit ihnen!« war Dians Kommentar.

Ians verwundete Hand bereitete ihm so viel Kummer, daß er sich gezwungen fühlte, nach England zurückzukehren, Am 23. Dezember trank er einen Weihnachts- und Abschiedsschluck mit Nyiramachabelli und begab sich dann auf eine höchst seltsame Odyssee, die ihn am Silvesterabend in Moskau stranden ließ, weil der von ihm gebuchte Aeroflot-Flug nach London in die Heimat umgeleitet wurde.

Dabei amüsierte er sich wahrscheinlich besser als Dian. In den einsamen Stunden des Silvesterabends mußte sie sich mit der Gesellschaft von Max begnügen – einem elektrischen Massagestab, den sie kurz vor ihrer Abreise aus New York geschenkt bekommen hatte.

Aber ach, Max' Aufenthalt in den nebligen Virungas sollte nur von kurzer Dauer sein, wie ein Brief, den Dian am 22. Januar 1979 schrieb, beredt bezeugt:

Lieber Rob,

heute habe ich schlechte Nachrichten erhalten. Ein enger Freund von mir, mit dem ich eigentlich nur dreimal in enge Beziehung getreten bin, ist an einer noch nicht genau diagnostizierten Krankheit langsam dahingesiecht.

Vielleicht kennst Du ihn, weil er in Naturschutzkreisen ziemlich gut bekannt war. Sein Name war Max der Ersatz. Offenbar hatte er eine Art elektrischen Schrittmacher, und als dessen Kräfte nachließen, konnte er nirgends in Ruanda repariert werden.

Ich habe seinen Mumm bewundert und kann Dir gar nicht sagen, wie sehr ich ihn vermisse. Er gehörte zu denjenigen, auf die man sich in Zeiten der Not stets verlassen zu können glaubte. Ich werde nie verstehen, warum es die Guten immer zuerst erwischt.

Wie immer,

Dian.

17

Anfang 1979 drohte Dian Verbannung, was paradox war, da sie sich ja schon lange vorher selbst aus ihrer eigentlichen Heimat verbannt hatte. Sie fühlte sich beschwatzt und gedrängt, ihre Adoptivheimat zu verlassen, diesen mißgestalteten Fleck altersgrauer Vulkane, tropfender Hageniawälder, Bambus und Nesselgestrüpp, der die immer kleiner werdende Welt der Könige der Berge war.

Während ihres Besuches in Washington hatte sie sich halbwegs überzeugen lassen, daß diejenigen, die verlangten, sie solle zumindest so lange heimkehren, bis ihre wissenschaftlichen Daten aufgearbeitet waren, recht hatten. Dennoch spürte sie irgendwo in ihrem Unterbewußtsein den Hintergedanken. Die Erkenntnis stieg nur langsam auf, weil sie einfach nicht glauben konnte, daß einige der Menschen, denen sie am festesten vertraute, sich verschworen, um den kraftvollen Strom ihres Lebens in den Virungas in ein totes Wasser auf irgendeinem amerikanischen Universitätscampus umzuleiten.

Das Schicksal von Gruppe 4, der Familie, die Dian so lange gehegt hatte, stand immer noch unter dem Unstern des Mordanschlags vom Juli 1978. Mitte Dezember, als Dian sich in den Vereinigten Staaten befand, waren die Überreste von Gruppe 4 mit Nunkies Gruppe zusammengestoßen. Bei dem nachfolgenden Kampf war das Gorillajunge Mwelu – das strahlende Licht –, Digits einziger Nachkömmling, getötet worden. Obwohl die Nachricht von diesem neuen Todesfall Dian erschütterte, hatte sie zumindest Verstandnis für den Grund.

»Simbas Junges Mwelu wurde von Nunkie getötet, als er und seine Gruppe Simba aus Gruppe 4 raubten. Das war unvermeidlich, weil das Leittier einer Gruppe seine Sippe erhalten will und sich so bald wie möglich mit einem neuen Weibchen zu paaren versucht. Aber es hat mir so weh getan, weil ich mir wünschte, daß Digits einziger Nachkomme am Leben bleibt. Simba ist mit Nunkie viel besser daran, wenn er mit den Seinen auf dem Visoke bleibt, aber er probiert jetzt das alte Reich aus, das Gruppe 4 auf dem Sattel hatte. Das ist im Augenblick in Ordnung, weil es im Umkreis von fünf Kilometern um das Lager keine Wilddiebe gibt, aber schon morgen könnte ein Unglück geschehen.
Der einsame Silberrücken Peanuts hat die drei Männchen übernommen, die der ganze Rest von Gruppe 4 sind. Sie gesellten sich ihm bereitwillig zu. Peanuts ist mindestens acht Jahre länger erwachsen als die Schwarzrücken Beetsme und Tiger und imstande, sie und den jungen Titus zu leiten und zu beschützen. Aber er hat nie ein eigenes Weibchen gehabt und wird wahrscheinlich in anderen Gruppen danach suchen. Wenn er mit den daraus entstehenden Auseinandersetzungen nicht fertig wird, setzt er die drei jungen Männchen ernsten Schäden aus. Am schlimmsten wäre, wenn er versuchte, ein neues Gebiet für ›seine Gruppe‹ abzustecken, und sie dabei zum ›Mond‹ führte. Er befindet sich jetzt dicht am Mikeno, fünf Stunden weit vom Lager entfernt. Gottlob ist er aber noch nicht auf Wilddiebe oder Fallen gestoßen.«

Am 15. Januar besuchte Benda-Lema, der neue Direktor von ORTPN, Karisoke, begleitet von einer Anzahl seiner obersten Beamten einschließlich des Park-Conservateur, mit dem Dian so viele Schwierigkeiten hatte. Die nachfolgende Zusammenkunft war lang, umfassend und manchmal unverständlich, weil mehrere Sprachen gesprochen wurden. Das Fazit war jedoch, daß Dian den Eindruck gewann, sie und Benda-Lema verstünden einander und könnten zum Wohl der Gorillas und des Parks zusammenarbeiten.

Trotz aller Anstrengungen, diplomatisch zu sein, hatte sie sich nicht völlig beherrschen können. Sie berichtete Crigler von ihren Unbedachtheiten in einem Brief, den sie wenige Stunden, nachdem die Delegation im strömenden Regen den schlammigen Pfad hinabgezogen war, schrieb:

»Etwas, was ich sagte und Benda-Lema zornig machte – was übrigens gut war, weil ich möchte, daß er ehrlich mit mir ist –, war, daß Afrikaner sich wegen ihrer Hauptfarbe meinen Gorillas nicht nähern dürfen (ich kann mir vorstellen, wie Du Dir an den Kopf faßt). Benda-Lema rief aus: ›Wozu ist der Park denn da? Etwa nur für *bazungas*?‹ Ich versuchte, vorsichtig zu erklären, daß der Sekundenbruchteil, den ein Gorilla braucht, um einen Afrikaner, den er kennt, von einem Wilderer, der ihn töten will, zu unterscheiden, ihm das Leben kosten kann. Ich ließ es ihm auch von Nemeye erklären. Ich weiß nicht, ob er es begriffen hat. Außerdem sagte ich ihm, daß ich seinen Präsidenten dasselbe mitgeteilt hätte. Da dieser es verstanden habe, müsse auch er es verstehen.

Da kann ich Dir auch gleich noch etwas berichten, was Dir nicht gefallen wird. Als sie zum Aufbruch bereit waren, führte ich sie alle zum Friedhof, um Fotos zu machen. Feierlich schauten sie sich die kleinen hölzernen Gedenktafeln mit den Namen der Gorillas an. Manche schien das zu beunruhigen. Die meisten sind Katholiken, und der Tierfriedhof kam ihnen wohl ziemlich sonderbar vor. Der Park-Conservateur wirkte besonders beunruhigt und kroch mit eingezogenem Schwanz herum, weil Benda-Lema ihm das Leben sauer gemacht hatte. Ich bat ihn auf Suaheli, Französisch und Englisch, etwas näher heranzutreten, weil alle anderen sich aufgestellt hatten. Schließlich sagte ich bloß und glaubte zu flüstern: ›Banzubaze, schieb deinen Hintern mit aufs Bild!‹ Mann! Damit war die Versammlung beendet.«

Crigler war nicht amüsiert. Er antwortete am 19. mit seiner Version dessen, was sich bei einem früheren Treffen zwischen ihm und Benda-Lema ereignet hatte:

»Er erklärte seine größte Hochachtung vor Dir und Deiner Arbeit und gab seiner Hoffnung Ausdruck, daß Du auf unbegrenzte Zeit in Karisoke weiterforschen würdest. Er sagte jedoch, er sei besorgt über die wachsende Zahl von Menschen innerhalb und außerhalb des Parks, die sich wegen Deiner Entschlossenheit, die Gorillas zu schützen, als Deine ›Feinde‹ betrachteten ... Benda-Lema fügte hinzu, daß diejenigen, die Deinen Unwillen persönlich zu spüren bekommen hätten, einen tiefen Groll gegen Dich hegten – das gehe so weit, sagte er, daß er um Deine persönliche Sicherheit und sogar Dein Leben fürchte.«

Da Dian weder von Benda-Lema noch von seinen Mitarbeitern irgend etwas dergleichen gehört hatte, nahm sie es auch nicht ernst. In ihrer Antwort wies sie darauf hin: »Er sprach von dem Wildererdorf Mukingo. Er war kürzlich dagewesen. Natürlich mögen diese Leute mich nicht – das würde kein vernünftiger Wilddieb tun. Mache Dir keine Sorgen wegen der persönlichen Sicherheit ... Frage die Afrikaner in der Bauerngemeinde Kinigi am Fuß des Berges. Dort wirst Du keinen einzigen Fossey-Feind finden. Diese Leute schenken mir seit Jahren ihr Vertrauen und ihre Freundschaft und werden es auch weiterhin tun.«

Dian wurde ärgerlich über die Weissagungen von Verderben und Unheil, die von der Botschaft ausgingen. Sie mag geargwöhnt haben, daß dies Teil eines Plans war, sie vom Berg und aus Ruanda zu vertreiben. Wenn ja, war es die falsche Taktik gegen Dian Fossey.

Es gab noch andere Hinweise, daß die Schlinge sich zuzog. Anfang Januar deutete ein Brief von der Leakey

Foundation an, daß auch die Mittel aus dieser Quelle gefährdet seien, falls sie darauf bestünde, in Ruanda zu bleiben. Dr. H. Coolidge, einer der älteren Treuhänder, war in dieser Hinsicht besonders unnachgiebig.

Kurz darauf erhielt sie einen unangenehmen Brief von der National Geographic Society, in dem stand, daß der Unterhaltszuschuß von zehntausend Dollar, mit dem sie gerechnet hatte, zur weiteren Überprüfung zurückgestellt worden sei und daß ihr Buch für so wichtig gehalten werde, daß sie sofort in die Vereinigten Staaten zurückkehren und die Arbeit abschließen müsse.

Ihr Reaktion war der verbissene Entschluß, das Buch innerhalb von drei Monaten zu Ende zu schreiben – in Karisoke. Zu diesem Zweck entzog sie sich menschlichen Störenfrieden sogar noch stärker als gewöhnlich. Tag und Nacht saß sie an der Schreibmaschine und wurde so einsiedlerisch, daß sogar alte Freunde wie Rosamund Carr und Alyette de Munck sie kaum noch zu besuchen wagten.

Ihre Reaktion war vulkanisch, als am 6. Februar ein französisches Fernsehteam, angeführt von einer langen Reihe schwer beladener Träger, unerwartet ins Lager stolperte. Ungläubig schaute Dian dem Treiben zu, als der adrette Führer in makelloser Safarikleidung auf sie zutrat und sie arrogant informierte, daß er und seine acht Leute für die nächsten acht Wochen ihre Gäste sein würden. Benda-Lema habe die Invasion genehmigt, erfuhr die vor Wut fast platzende Dian. Des weiteren, verkündeten die Franzosen, erwarteten sie nicht nur, daß ihnen die Lagermitarbeiter und Gorillastudiengruppen beim Filmen zur Verfügung stünden, sondern auch, daß Dian sie berate.

Zu voller Höhe aufgerichtet, mit blitzenden Augen und in die Seite gestemmten Armen explodierte Dian.

»Verdammt! Ist das alles, was Sie wollen? Oder soll ich mich auch noch an einem Arm von einem Baum hängen lassen und mir auf die Brust trommeln? Es ist mir scheißegal, wer Ihnen erlaubt hat, hierherzukommen! Verschwinden Sie!«

Dian zog sich in ihre Hütte zurück und feuerte eine Salve erboster Briefe an Benda-Lema und Crigler ab. Dann bat sie Melvin Payne von der National Geographic Society telegrafisch um Hilfe bei der Vertreibung der Eindringlinge. Da die National Geographic die exklusiven Filmrechte für Karisoke besaß, und zwar für Fotos ebenso wie für Filme, war die französische Invasion eindeutig ein grober Verstoß. Zuversichtlich erwartete Dian Paynes Unterstützung.

Als sie zu verhindern versuchte, daß die Forschungsstudenten von Karisoke mit den Franzosen zusammenarbeiteten, stellte sie fest, daß eine Meuterei ausgebrochen war. Das VW-Paar und Craig Sholley hatten überhaupt nichts gegen diese Unterbrechung ihrer Studien, sondern waren im Gegenteil entzückt übr die Aussicht, gefilmt zu werden. Wiederum explodierte Dian.

»*Großer Ärger herrscht in diesem Lager. Der neue Tourismusdirektor hat erlaubt, daß ein französisches Filmteam hierher kommt. Plötzlich waren sie da. Ich bekam einen Wutanfall, aber ich war ganz allein. Sie haben in rauhen Mengen Zelte aufgestellt und wohnen zum Teil in der Hütte des Vedder-Weber-Paares, gegen das Kelly und Harcourt wahre Engel waren! Man hat mir gesagt, ich würde innerhalb von sechsunddreißig Stunden des Landes verwiesen, wenn ich mich weiter gegen die französische Invasion stellte ... Sie treibt ihre merde mit den Gorillas und lacht über deren Reaktion. Ihr Mann sieht aus wie Jesus Christ Superstar, spricht perfekt Französisch, sitzt herum und spielt Gitarre. Botschafter Crigler und Mrs. Crigler wollen sie wegen der Geschichten, die sie über mich verbreitet haben, nicht in ihrem Haus dulden.*«

Es sollte noch schlimmer kommen. Am 11. Februar strömte ein Heer von 107 Trägern in das Lager. Sie trugen die Einzelteile eines riesigen Heißluftballons, von dem aus das französische Filmteam Luftaufnahmen der Virungas und der Gorillas machen wollte.

Dian wehrte sich kräftig. Innerhalb von zwölf Stunden befiel eine geheimnisvolle Krankheit die meisten ihrer afrikanischen Mitarbeiter. Um sich zu »erholen«, zogen sie den Berg hinab, ein jeglicher in sein Heimatdorf. Die Franzosen baten Benda-Lema um Hilfe. Dieser ging zu Criglers. Am 17. stiegen der Botschafter und seine Frau nach Karisoke hinauf, angeblich, um einen gesellschaftlichen Besuch zu machen, in Wirklichkeit aber, um Dian, wenn auch nur vorübergehend, vom Berg herabzuholen und damit den Krieg mit den Franzosen zu beenden.

Am 20. Februar notierte Dian in ihrem Tagebuch: »Die Sache steigt.«

Der Köder, mit dem Crigler Dian aus Karisoke lockte, erwies sich als unwiderstehlich. McIlvaine sollte am 25. in Kigali ankommen und würde bei den Criglers wohnen. Dian unterbrach ihre Fehde mit den Franzosen und eilte zu ihm. In den nächsten zwei Tagen unterhielt sie sich gut, obwohl es auch einige Probleme gab. Crigler und McIlvaine sangen ein Duett, dessen Kehrreim lautete, sie müsse Karisoke »zu ihrem eigenen Vorteil« spätestens bis Mai zu »einem ausgedehnten Aufenthalt« in den Vereinigten Staaten verlassen. Darüber hinaus verabredete das VW-Paar sich mit McIlvaine. Dian zufolge erzählten sie ihm, »wie schrecklich ich sei, und baten die AWLF um Geld für sich selber«.

Sie machte sich nichts daraus. Diners bei Kerzenlicht in der Botschaft, im Sierra Club und im Hotel Mille des Collines vertrieben die Wolken. Als McIlvaine am 26. abreiste, kam es zu einem gefühlvollen Abschied.

»Ich hätte fast geweint, als ich auf Wiedersehen sagte«, schrieb er Dian noch im Flugzeug zwischen Kigali und Nairobi. »Ich weiß, welche seelische Erschütterung Du erleidest. Habe Vertrauen, und vergiß nie, daß Du viele gute Freunde hast, die Dir helfen wollen.«

Dieses Vertrauen zu bewahren war leichter gesagt als getan. Als Dian am folgenden Tag nach Karisoke zurückkehrte, wartete schon ein Telegramm von einem dieser guten Freunde auf sie:

ERHIELT LETZTES WOCHENENDE ÄUSSERST BEUNRUHIGENDE BERICHTE ÜBER VORFÄLLE IN DEINEM LAGER. SOLCHE ZUSAMMENSTÖSSE BEUNRUHIGEN NATIONAL GEOGRAPHIC UND BRINGEN SIE IN EINE PEINLICHE LAGE. BEGIB DICH UNBEDINGT WIEDERHOLE UNBEDINGT IN BOTSCHAFTER CRIGLERS OBHUT UND FOLGE SEINEM RAT. ANDERENFALLS GERÄT DIE FORTSETZUNG DER BEZIEHUNG ZU NATIONAL GEOGRAPHIC IN GEFAHR. TUE ES FÜR MICH ALS PERSÖNLICHEN FREUND UND FORSCHUNGSKOLLEGEN.

Dieses Telegramm trug die Unterschrift von Melvin Payne, dem Präsidenten der National Geographic Society.

Am selben Tag erhielt Crigler ein langes Fernschreiben von seinem obersten Chef, Außenminister Cyrus Vance.

Unter der Überschrift DR. DIAN FOSSEY – KARISOKES ZUKUNFT teilte Vance Crigler mit, daß Kopien seiner Telegramme aus Ruanda an die National Geographic gegangen seien. Er fuhr fort:

DR. PAYNE STIMMT MIT IHREN ANSICHTEN ÜBEREIN ... DR. PAYNE UNTERRICHTETE UNS ÜBER SEINEN BRIEF AN DR. FOSSEY VOM 21. NOVEMBER 1978, IN DEM ER IHRE ABMACHUNG BESTÄTIGT, DASS SIE NUR FÜR KURZE ZEIT NACH RUANDA ZURÜCKKEHRT, UM DIE LEITUNG DES ZENTRUMS ZU ORGANISIEREN UND IHRE AUFZEICHNUNGEN ABZUHOLEN. DANACH SOLL SIE FÜR MINDESTENS EIN JAHR NACH DEN VEREINIGTEN STAATEN ZURÜCKKEHREN ... NG GAB FOSSEY 5000 DOLLAR, UM IHRE ANGELGENHEITEN IN RUANDA ZU ORDNEN, UND HAT WEITERE 10000 DOLLAR FÜR DEN BETRIEB DES ZENTRUMS IN IHRER ABWESENHEIT VORGESEHEN, ABER

NOCH NICHT FREIGEGEBEN ... DR. PAYNE UND DAS FORSCHUNGSNKOMITEE VON NG HALTEN ES FÜR ERFORDERLICH, DASS DR. FOSSEY RUANDA FÜR EINE WEILE VERLÄSST. DAS WÜRDE ZUR ENTSCHÄRFUNG ÖRTLICHER SPANNUNGEN BEITRAGEN ... DR. PAYNE ANGETAN VOM VORSCHLAG DER AWLF ZUR WILDERERBEKÄMPFUNG ... DR. PAYNE VERSPRACH, IHREN VORSCHLAG BEZÜGLICH UMGESTALTUNG DES ZENTRUMS KARISOKE ZU ÜBERPRÜFEN ...

Obwohl die von Vance erwähnten fünftausend Dollar Dian ausdrücklich für die Bekämpfung der Wilddiebe zur Verfügung gestellt worden waren, empfahlen Criglers Vorschläge zur »Umgestaltung« Karisokes, das Zentrum Dian Fosseys Kontrolle gänzlich zu entziehen und unter die Schirmherrschaft des von seinem Kollegen und engen Freund Robinson McIlvaine organisierten Berggorillakonsortiums zu stellen. McIlvaine würdigte Criglers Unterstützung sehr, wie ein Bericht an seine Treuhänder ein paar Monate später bezeugte:

»In Kigali hielt ich mich bei unserem Botschafter Frank Crigler auf, der von Anfang an sehr viel mit all diesem (der Bildung des Konsortiums unter der Schirmherrschaft der AWLF) zu tun hatte und in vieler Hinsicht sehr hilfreich war.«

Es gibt keinen Beweis, daß Dian ein wirkliches Problem für die politischen Beziehungen zwischen den Vereinigten Staaten und Ruanda war. Das Interesse des Außenministeriums, sie hinauszuschaffen, schien hauptsächlich auf Cyrus Vances Wunsch zurückzugehen, seinem alten Freund Dr. Payne einen Gefallen zu tun.

Die ersten Monate des Jahres 1979 lieferten aufschlußreiche Beweise, wohin McIlvaines großer Plan steuerte.

Im Januar erfuhr Dian, daß die Hälfte eines Zuschusses von zehntausend Dollar, den der Philanthrop Gordon Hanes ihr persönlich als Beihilfe zum Unterhalt von Karisoke versprochen hatte, ihr entwischt und irgendwie in den AWLF/Digit-Fonds beziehungsweise in das Project Survival/AWLF, wie es nun hieß, geflossen war.

Dann, Mitte Februar, erhielt sie einen beunruhigenden Brief von Geza Teleki, einer weiteren führenden Primatologin, die eng mit der International Primate Protection League verbunden war:

»Der Internationale Studentenbund hat eine Woche auf den Straßen von Washington Geld für den Digit-Fonds gesammelt... nach Kontakt mit Mr. McIlvaine habe ich jedoch der Leitung des ISB geraten, das Geld zurückzuhalten, bis Anweisungen von Dir vorliegen. McIlvaine hat deutlich zu verstehen gegeben, daß er Geld nicht für den Digit-Fonds, sondern für die African Wildlife Leadership Foundation sammelt... Die Studenten haben den Feldzug unter der Voraussetzung gestartet, daß alles Geld, das sie sammeln, direkt an Dich geht... Ich kann den Spendern nicht versprechen, daß sie Dich unterstützen, wenn sie in Wahrheit irgend etwas unterstützen, was McIlvaine im Sinn hat.«

Dians Antwort zeigt ihre wachsenden Zweifel.

»Dies ist schon das zweite Mal, daß ich so etwas höre. Das erste Mal erfuhr ich es von Jim Doherty, dem Chefredakteur des ›International Wildlife Magazine‹, aber ich kenne McIlvaine seit vielen Jahren und vertraue ihm völlig... Dennoch habe ich in keinem seiner Schreiben den Namen Digit-Fonds entdeckt, und das tut weh.«

Als McIlvaine sie in Kigali fürstlich bewirtete, zerstreute er einige ihrer Befürchtungen. Neue kamen jedoch hinzu, als eine vertrauliche Aktennotiz, die er an seine Zentrale geschrieben hatte, in ihre Hände geriet. Sie deutete den Inhalt als Beweis, daß McIlvaine nicht sie, sondern Sandy Harcourt und das Berggorillaprojekt unterstützte. Sofort nahm sie McIlvaine unter Beschuß, der sich jedoch mit der Behauptung wehrte, es handle sich um einen Irrtum, der entstanden sei, weil er die Aktennotiz im Flugzeug verfaßt habe.

Ein paar Wochen danach zog er die Glacéhandschuhe aus. »Wir müssen jetzt in den Geldangelegenheiten zur Sache kommen«, schrieb er Dian. Das hieß, wie er erklärte, daß eine Überweisung des Geldes von Digit Fund Inc. an den AWLF-Digit Fund vorgenommen werden mußte.

Er fuhr fort mit dem Auftrag, sie solle einen Brief an ihre Mittreuhänder Snider und Brylawski schreiben und darin vorschlagen, den Digit Fund Inc. aufzulösen und sein restliches Kapital auf den AWLF-Digit Fund zu übertragen, weil die AWLF ja ihren eigenen Digit-Fond gegründet habe, um »die ursprünglichen Ziele des Digit Fund Inc. zu erfüllen«. Außerdem teilte McIlvaine ihr mit, daß er eine Kopie dieses Briefes an Frank Crigler schickte, da er »sowieso eng in die Sache verwickelt« sei.

Obwohl Dian durchaus nicht wahrhaben mochte, daß Crigler mit denen zusammenarbeitete, die sie aus Ruanda hinauswerfen wollten, konnte sie der Wahrheit nicht auf unbegrenzte Zeit ausweichen. Ein mitfühlender Botschaftsangestellter schickte ihr die Kopie eines Briefes, den Crigler mit der Diplomatenpost weiterleiten sollte. Er war von Bill Weber an das Forschungskomitee der National Geographic Society gerichtet. Darin beschuldigte er Dian, das Forschungszentrum Karisoke schlecht zu verwalten, und deutete an, daß sie selbst für den Tod von Digit, Onkel Bert, Macho und Kweli verantwortlich sei, weil ihre Verfolgung der Wilddiebe diese zu Vergeltung gezwungen habe.

Es fiel ihr wie Schuppen von den Augen, ob sie wollte oder nicht. Sie beschloß, daß sie sich von niemandem zur Abreise zwingen lassen würde. Wenn sie ginge, würde sie den Zeitpunkt selbst bestimmen. Inzwischen stellte sie sich auf die Hinterbeine.

Am 27. Februar schrieb sie an Bettie und Frank Crigler und legte ihre Absichten dar. Dann rechtfertigte sie sich, als sei ihr bewußt, daß der Brief in andere Hände gelangen würde:

»Ich habe sehr viel nachgedacht und mich entschlossen, auf jeden Fall bis Ende August hierzubleiben. Das gibt mir genug Zeit, mein Buch zu beenden, einen versprochenen Artikel für National Geographic zu schreiben und die Fotos zu machen, die ich für bestimmte Verhaltensaspekte dringend benötige.

Es wird mir auch Zeit geben, neue Studenten einzuarbeiten und hoffentlich jemanden zu finden, der das Lager in meiner Abwesenheit leitet... Ich kann einfach nicht fortgehen, während das VW-Paar noch da ist...

Es wäre auch sehr schwierig für mich, meinen Unterhalt in den Vereinigten Staaten zu verdienen, wenn die Universitäten geschlossen sind und kaum öffentliche Vorträge gehalten werden. Ich möchte nicht bei anderen Leuten schmarotzen, und es besteht auch keine Möglichkeit, ›zu Hause‹ in Kalifornien zu wohnen...

Ich fand das Telegramm von Payne vor, als ich ins Lager zurückkehrte. Das war einfach nicht der Empfang, den ich brauchte... Ihr habt ihm wahrscheinlich mit Euren Telegrammen/Briefen einen Schreck eingejagt – ich weiß einfach nicht... Außerdem schätze ich Drohungen nicht allzusehr.«

Dian vermißte Ian Redmond nun mehr denn je. Zu Weihnachten hatte er ihr ein Geschenk geschickt – »eine Plakette, altmodisch, aus imitierter Bronze, mit der Inschrift ACHTUNG! VON HEUTE AN WERDEN WILDDIEBE OHNE WARNUNG ERSCHOSSEN UND ERST HINTERHER VERHÖRT. NOVEMBER 1968.«

»Darüber mußte ich seit Monaten zum ersten Mal wieder richtig lachen«, schrieb sie ihm. Aber ihre Hoffnung, er würde bald zurückkehren, wurde von einem Brief zerschlagen, in dem er ihr mitteilte, daß seine Hand immer noch in schlechter Verfassung sei. Spezialisten hatten ihm erklärt, wichtige Nerven des Handgelenks seien durchtrennt worden, was dazu führe, daß die Muskulatur der Hand immer schwächer würde. Er versprach sich Heilung von einer Operation im April, hatte Karisoke aber nicht vergessen. »Meine Gedanken wandern ständig zurück zu Dir, dem unglaublichen Wald und den Gorillas – ich träume häufig vom Lager – manchmal schreckliche Träume von Autos und Straßen und Läden, wo einst die Wiesen waren –, so schrecklich, daß ich keine Worte finde.

Dian, wenn es wirklich schlimm wird mit den Wilddieben usw. und Du glaubst, meine Anwesenheit würde viel ausmachen, dann schreib es mir bitte, und ich werde nach dem 18. August kommen. Bitte, sei stark, und versuche, ein bißchen optimistisch zu sein – das Töten muß bald ein Ende haben.«

Stark konnte Dian sein, aber mit dem Optimismus, und sei es auch nur ein bißchen, sah es anders aus.

»Am Sonnabend, dem 3. März, kehrte David Watts mit Nemeye ins Lager zurück, nachdem sie zu einem Kontakt mit Nunkies Gruppe weit hinaus auf den Sattel gegangen waren. David machte ein unheilverkündendes Gesicht. Er sagte, entweder die kleine Lee oder der kleine N'Gee (er konnte nicht sagen, welcher) sitze mit einem Bein in einer Falle und sei von allen übrigen Mitgliedern der Gruppe umgeben, die sich in einem schrecklichen Zustand befänden. Da er nicht wußte, was er tun sollte, war er fast den ganzen Weg zurück ins Lager gerannt.

Ich schickte ihn sofort mit dreien meiner Leute und mit zwei Pistolen bewaffnet wieder hinaus, für den Fall, daß die Wilddiebe zurückkehren und die ganze Gruppe umbringen würden, um das Junge zu fangen. Ich selbst machte mich eine Viertelstunde später mit Lagerausrüstung auf den Weg, falls wir die ganze Nacht Wache halten müßten, brauchte aber zwei Stunden, bis ich den Ort erreichte.

Als ich ankam, sah ich, daß es das vierjährige Weibchen Lee war, aber wir konnten sie nicht erreichen und die Schlinge durchschneiden, weil Nunkie und die anderen erregt waren und uns bestimmt angegriffen hätten. Ich hoffte, ein paar in die Luft abgegebene Schüsse würden sie so lange vertreiben, bis die Schlinge von Lees linkem Fuß entfernt war. Nach drei Schüssen ergriffen alle die Flucht – einschließlich Lee, der sich losriß, während der Draht noch ihren Fuß umgab.

Die Gruppe flüchtete in Richtung des Visoke, fort von der Reihe Fallen.

Wir beschlossen, die Nacht im Wald zu verbringen, weil die Gruppe sich immer noch in einer Gefahrenzone befand und weil der Sonntag der große Jagdtag der Wilddiebe ist, an dem sie heraufkommen und nach ihren Fallen sehen.

Heute (Montag) fand David die Gruppe ziemlich hoch auf dem Visoke. Lee gebrauchte ihr linkes Bein überhaupt nicht, aber David konnte nicht erkennen, ob der Draht sich tief eingeschnitten hat oder nicht. Ich werde das elektrische Betäubungsgewehr, das ich noch nie benutzt habe, nach Ruhengeri hinunterschicken und sechsunddreißig Stunden aufladen lassen, kann es aber nicht vor Freitag zurückerwarten. Leider bleibt Lee dicht bei ihrem Vater Nunkie, der bestimmt angreifen wird, so daß ich befürchte, daß beide betäubt werden müssen. Ich kann mir gar nicht vorstellen, was der Rest der Gruppe dann tun wird... Das Schlimmste an diesem Gewehr ist, daß man wegen der Kürze des Kabels bis auf fünf Meter herankommen muß. Außerdem kann man damit nur zweimal schießen und muß es dann wieder aufladen. Das Gute daran ist, daß es garantiert nicht tödlich wirkt, was man von einem Bolzengewehr nicht sagen kann.

Ich weiß nicht, wie wir mit gutem Gewissen dasitzen und zusehen können, wie Lees Fuß abfault, was beinahe unumgänglich ist, wo wir doch die Möglichkeit haben, etwas dagegen zu unternehmen, aber einige von den Studenten meinen, wir sollten nicht eingreifen.«

Watts gehörte nicht zu denjenigen, die glaubten, man sollte der Natur ihren Lauf lassen. Er empfahl sogar ernsthaft, das Betäubungsgewehr erst einmal auszuprobieren, bevor man einem gereizten Nunkie damit gegenübertrat. Sie testeten es an einem der zahmen Ducker nahe bei Dians Hütte. Die kleine Antilope tat einen leicht überraschten Sprung, als der Metallkontakt sie traf und ihr einen Schlag von »fünfzigtausend Volt« versetzte. Dann hüpfte sie unbekümmert davon und zog das elektrische Kabel hinter sich her. Dieses Gerät war zweifellos nicht das richtige für Lee, geschweige denn für Nunkie.

Am 18. März schrieb Dian an Dr. Snider: »Je tiefer der Draht einschneidet, um so dicker schwillt der von Eiter triefende Fuß an. Lee wird entweder den Fuß verlieren oder an Blutvergiftung sterben. Seit dem Mißerfolg mit dem Betäubungsgewehr habe ich versucht, den Jagdaufseher vom Kagera-Park zu erreichen. Er hat jahrelange Erfahrungen mit dem Bolzen-Betäubungsgewehr ... Meiner Meinung nach dauert es nur noch zehn Tage, bis Lee in das kritische Stadium eintritt. Der Vorfall hat Meinungsverschiedenheiten im Lager ausgelöst. Das Peace-Corps-Trio meint, man solle sie lieber sterben lassen, als die Gruppe zu belästigen. David Watts und ich sagen, man solle das Tier betäuben, um den Draht zu entfernen. Ich lehne jeden fremden Einfluß auf die Gorillas ab, bleibe jedoch dabei, daß die Bedeutung dieses Falles die extreme Maßnahme eines Pfeilschusses rechtfertigt... Der Unfall hätte sich wahrscheinlich nie ereignet, wenn ein Student im Lager bereit gewesen wäre, weiterhin Fallen zu zerstören, ein Student wie Ian Redmond ... Die gegenwärtigen Studenten scheuen sich entweder vor dieser Arbeit oder sind nicht daran interessiert.«

Dian schloß mit einer Bitte an die Herren ihres Schicksals bei der National Geographic Society:

»Wir haben nun zwölf Jahre in die wenigen übriggebliebenen Berggorillas investiert. Ich möchte diese Investition um der Tiere, um des Forschungszentrums willen sichern. Ich glaube, daß sich jemand, der auf der anderen Seite der Erde lebt, all die damit verbundenen Probleme kaum vorstellen kann. Es ist auch unfair, ein endgültiges Urteil zu fällen, ohne all die politischen und anderen Zusammenhänge zu verstehen, die eine Rolle spielen, wenn das Zentrum für die Zukunft der Gorillas erhalten werden soll.«

Der junge Gorilla Lee hatte keine Zukunft.

Da Dian keinen Fachmann fand, der das verletzte Tier betäubte, damit sie die Schlinge entfernen konnte, hatte sie keine andere Wahl, als ohnmächtig zuzusehen, wie die durch Wundbrand sehr geschwächte Lee eine Lungenentzündung bekam. Am Morgen des 9. Mai besuchte Craig Sholley Nunkies Gruppe und fand Lee zusammengekauert und offenbar bewegungsunfähig in Nunkies Schlafnest.

Anstatt die Gruppe auf die übliche morgendliche Futterexpedition zu führen, blieb Nunkie dicht bei dem kranken Jungen und beantwortete dessen herzzerreißendes Gewimmer mit einem tiefen Brummen, das es zweifellos ermuntern sollte, mitzukommen. Lee versuchte es, brach jedoch zusammen und lag mit ausgebreiteten Armen und Beinen in der nassen Vegetation, während ein Regenguß über die Lichtung fegte. Daraufhin kehrte Nunkie – ein zweihundert Kilo schwerer Silberrücken – an Lees Seite zurück und legt sich neben seiner leidenden Tochter nieder, als wolle er sie wärmen und trösten.

Craig kehrte ins Lager zurück und berichtete, daß Lee dem Tode nah zu sein schien.

»*Der Gedanke, Lee zu verlieren, war nicht zu ertragen. Ischias und ein gebrochener Knöchel behinderten mich, aber ich schickte alle anderen hinaus. Sie sollten die Gorillas ablenken und versuchen, das Junge zumindest so lange von der Gruppe zu entfernen, bis ich es medizinisch behandelt hatte.«*

Diesmal gab es keine Debatte. Während Bill Weber und ein neuer Student namens Peter Veit Nunkie ablenkten, schlüpfte Sholley auf die Lichtung, packte Lee und rannte davon. Früh am Nachmittag wurde Lee von Rwelekana, Mukera und Basili auf einer Bahre den Berg hinab ins Krankenhaus von Ruhengeri transportiert. Es war zu spät. Am selben Abend war Lee der siebte Gorilla, der wegen der Wilddiebe sterben mußte. Nachdem ihr Leichnam zum Begräbnis ins Lager zurückgetragen worden war, saß Dian stundenlang am Fenster und schaute hinaus in den Nebel, der die Lichtung verfinsterte. Mechanisch schrieb sie immer wieder dasselbe Wort in ihr Tagebuch:

Digit . . . Digit . . . Digit . . . Digit . . .

Mitte März waren Dians Schwierigkeiten so groß geworden, daß sie fast unerträglich schienen. Feindseligkeit und Argwohn lagen wie Giftgas über dem Lager, während jenseits seiner Grenzen die Wilddiebe langsam wieder Besitz von den Wäldern und Wiesen ergriffen. Das Überleben von Karisoke war immer stärker gefährdet, als die wichtigsten Geldgeber und das Konsortium von Naturschutzinstitutionen den Geldhahn zudrehten, so daß die Bezahlung der Mitarbeiter und die Erhaltung der Infrastruktur in Frage gestellt wurde.

Dians Gesundheitszustand, der immer bedenklich gewesen war, verschlechterte sich zusehends. Sie aß immer weniger. Sie rauchte viel zu viel und litt immer öfter unter quälenden Hustenanfällen wegen ihres Emphysems. Die heftigen Schmerzen in ihrer linken Hüfte ließen sie nachts nicht schlafen, und die jahrelange unzulängliche Ernährung hatte zu Kalziummangel geführt. Obendrein hatte sie sich einen Knochen in der Knöchelgegend gebrochen, als sie ein paar Meter von ihrer Hütte entfernt nach Kimas Lieblingsspielzeug suchte.

»Ich hatte fast vergessen, wie weh es tut, wenn man sich einen Knochen bricht. Furchtbare Schmerzen, Erbrechen und ein grünes Gesicht.«

Sie richtete den Knöchel selbst, doch obwohl er heilte, wurde er nie wieder ganz zuverlässig.

Trotzdem ließ sie sich nicht unterkriegen und gab sich alle Mühe, Lösungen für ihre Probleme zu finden. Sie versuchte, sich mit dem VW-Paar zu versöhnen, und schickte Amy sogar ein Geburtstagsgeschenk. Es wurde mit einem verletzenden Schreiben zurückgewiesen.

Da die Studenten ihr nicht helfen wollten, der anschwellenden Woge der Wilderei Einhalt zu gebieten, stellte Dian vier weitere Afrikaner ein, die bereits als Spurenleser oder im Lager für sie gearbeitet hatten. Nachdem sie ihnen ein paar Tage Unterricht gegeben und sie mit Stiefeln, Kleidung und Campinggeräten aus dem Digit-Fonds ausgerüstet hatte, schickte sie sie unter der Leitung von Vatiri, einem der ihren, in den Wald.

Entgegen aller Übermacht und allen unheilvollen Voraussagen der anderen Weißen im Lager bewies die afrikanisch geführte Patrouille bald ihren Wert. Eine Woche nach der Gründung spürten Vatiri und seine Gefährten an den Südosthängen des Visoke eine Gruppe von neun Wilderern auf. Mit Hilfe mehrerer in die Luft gefeuerter Pistolenschüsse fingen sie einen von ihnen, vertrieben die übrigen und eroberten rund fünfzig Fallen. Bis Ende des Monats hatte die Patrouille die Kontrolle über einen großen Teil der Umgebung zurückgewonnen, und die Gorillas, Büffel, Ducker, Buschböcke und Baumschiefer waren wieder relativ sicher. Mit verständlichem Stolz schrieb Dian am 12. April an Anhänger des Digit-Fonds in den Vereinigten Staaten:

»Meine Patrouillen-Afrikaner arbeiten drei Tage in der Woche – an wechselnden Tagen und Orten, um die Wilderer zu verwirren – und haben bis jetzt mehr als dreihundert Fallen zerstört und mindestens acht Ducker lebendig befreit ... Ich beschäftige sowohl Zairer als auch Ruander, die ich sehr gut bezahle und außerdem ernähre und kleide. Die Arbeit gefällt ihnen. Sie kommen sogar außer der Reihe, um nach Fallen zu suchen. Zu ihrer eigenen Sicherheit wäre es besser, wenn sie von Europäern begleitet würden, aber niemand hier will mit ihnen gehen, und ich bin gesundheitlich nicht dazu in der Lage. Das ist das Ziel des Digit-Fonds: aktiver Naturschutz und nicht nur leere Worte. Ich kann Ihnen gar nicht sagen, was es bedeutet, die Spenden zum Andenken an Digit und all die anderen zweckmäßig anzuwenden ...

Vielleicht möchten Sie wissen, was ich tue. Im Augenblick versuche ich, für einen meiner Späher, einen reinrassigen Tutsi, ein Paar Stiefel herzustellen. Die Sohlen bestehen aus dickem Sperrholz mit einem Stück Autoschlauch darunter. Das Ganze wird mit schaumgummigefüttertem Duckerleder verschnürt. Es erinnert mich an meine Zeit als Beschäftigungstherapeutin, und die Afrikaner halten es für die interessanteste Erfindung seit dem Rad.«

Das Problem, den täglichen Betrieb von Karisoke zu finanzieren, löste Dian auf genauso direkte Weise. Sie begann, die Rechnungen mit dem Rest ihrer eigenen Ersparnisse zu bezahlen.

Einen »Verwalter« zu finden, der sich in ihrer Abwesenheit um alles kümmerte, war schwieriger. Sie hatte die Angelegenheit mit McIlvaine besprochen, als er zu Besuch war, und er hatte vorsichtig Sandy Harcourt vorgeschlagen, der zur Zeit für die AWLF eine Gorillainspektion in Uganda vornahm. Dians erste Reaktion war, diesen Vorschlag rundweg abzulehnen, aber später dachte sie darüber nach. Trotz allem, was zwischen ihnen vorgefallen war, hatte sie sich große Achtung vor Harcourts Fähigkeiten und wohl auch eine Schwäche für ihn bewahrt. Außerdem würde er, wenn er Karisoke in ihrer Abwesenheit leitete, von Kelly Stewart unterstützt werden, die Dian immer noch als Freundin betrachtete.

Am 6. März schrieb McIlvaine aus Nairobi:

»Rein zufällig kam Sandy Harcourt aus Uganda hierher zurück ... Ich erzählte ihm, daß ich Dich gefragt hatte, ob es irgend jemanden gäbe, dem Du Karisoke anvertrauen würdest, wenn Du einen Teil des Jahres verreisen müßtest, und daß Du nach einigem Nachdenken geantwortet hattest: ›Ja, Sandy und Kelly, weil sie zumindest ernsthaft arbeiten können.‹ Wie Du Dir vorstellen kannst, war er verblüfft. Er dachte nach und meinte dann: ›Wenn das klappte, würde es gewiß Vorrang vor meinem augenblicklichen Projekt in Uganda haben.‹

Dian streckte ihre Fühler aus. Sie schrieb Kelly, die damals in England mit ihrer Doktorarbeit beschäftigt war. Kellys Antwort war witzig, freundlich und enthusiastisch. Dian faßte Mut.

»Ich kenne nur zwei ernsthafte Wissenschaftler, die fähig wären, die Forschung auf wissenschaftlichem Niveau fortzusetzen«, schrieb sie Dr. Snider. »Es sind Kelly Stewart und ihr Mann Sandy Harcourt. Die beiden sind mittlerweile etwas reifer und können, wie ich glaube, Naturschutz und Wissenschaft verbinden. Ob sie sich dem zunehmenden Einsatz der Gorillas als Touristenattraktion anschließen werden, kann ich nicht sagen ... Ich bin der Ansicht, sie sollten ihre augenblicklichen Projekte erst einmal abschließen, bevor sie sich entscheiden, ob sie hierher zurückkehren und ihre Forschung fortsetzen und auch die Ziele unterstützen wollen, für die ich in den letzten zwölf Jahren gekämpft habe.«

Am 6. April schrieb Dian freudig an Anita McClellan, ihre junge Redakteurin bei dem Verlag Houghton Mifflin in Boston, daß sie den ersten Entwurf ihres Buches beendet hatte: »Gewiß können Sie sich vorstellen, daß es nicht leicht war. Es ist immer noch viel zu tun, aber ich fühle mich ungeheuer erleichtert!«

Es stimmte, daß noch viel zu tun war. Anita mußte sich fast drei weitere Jahre mit ihr abmühen, bis das Buch endlich erschien. Doch wenn man die Umstände bedenkt, unter denen Dian gearbeitet hatte, war allein schon der Entwurf keine schlechte Leistung.

Im Laufe des April wurde das Wetter besser, so daß Dian hin und wieder vor ihrer Hütte ein Sonnenbad nehmen konnte. Nicht einmal der Umstand, daß Touristen sie dabei störten, konnte den Luxus, in der Sonne zu liegen, allzusehr schmälern. Sie tat des Guten zuviel und verbrannte sich – ein Sinnbild für einen großen Teil ihres Lebens.

Am 25. April stiegen die Criglers zum letzten Mal nach Karisoke auf, bevor sie Ruanda verließen und einen neuen Posten in Kolumbien übernahmen. Wenn ihre Abreise ein Jahr früher stattgefunden hätte, wäre Dian sehr bedrückt gewesen, doch wie die Dinge nun standen, fühlte sie sich fast erleichtert.

»*Bettie war sehr förmlich. Ich weiß nicht, was sie denkt. Genausowenig weiß ich, woran ich mit Frank bin. Aber es war traurig, sie gehen zu sehen.*«

Veränderungen lagen in der Luft. Sandy Harcourt kam – wie vereinbart – nach Karisoke, und zum ersten Mal standen er und Dian sich wieder gegenüber. Anfangs war die Begegnung etwas gespannt. Harcourt hielt sich sehr in der Defensive wegen der Rolle, die er bei der Gründung des Berggorillaprojekts gespielt hatte. Schließlich beruhigte er sich, und die beiden kamen zur Sache. Obwohl keine endgültige Entscheidung erreicht wurde, räumte Dian ein, daß sie unter bestimmten Bedingungen bereit sei, Sandy und Kelly für mehrere Monate die Leitung von Karisoke zu übertragen. Harcourt erwiderte, daß er und seine Frau *vielleicht* dazu bereit wären, aber unter noch strengeren Bedingungen.

Sie trennen sich fast wie zwei Terrier, die nach langem Beschnüffeln beschließen, sich zu vertragen – zumindest im Augenblick. Dians Laune hob sich gewaltig, als Amy Vedder und Bill Weber am 15. Mai abreisten.

»Jetzt bleibt mir neben David Watts und Peter Veit, einem neuen Studenten, der eifrig und fleißig ist, nur noch ein Weichling. Das ist Craig Sholley, der aber augenblicklich kein Problem ist.«

Ende Mai konnte sie McIlvaine schreiben: »Im Lager läuft alles sehr, sehr gut. Die Studenten sind ein reines Vergnügen, nun, da das VW-Paar fort ist. Ich kann Dir gar nicht sagen, wie gut wir miteinander auskommen. Ich gehe hinaus zu den Gorillas, sooft ich kann, aber das bedeutet, daß ich gegen das, was meiner linken Hüfte fehlt, viel Darvon nehmen muß. Die Schmerzen sind unerträglich, Tag und Nacht. Ich hasse es, Darvon zu nehmen, aus Furcht, ich könnte abhängig werden, aber es ist die einzige Möglichkeit, mich ohne laute Schmerzensschreie zu bewegen. Craig erzählte mir, seine Mutter, die in meinem Alter ist, habe eine Ischiasoperation machen lassen und sich ein Jahr davon erholen müssen. Ich habe einfach nicht genug Zeit und Geld dafür. Aubrey schrieb im neunzehnten Jahrhundert über Sir Jonas Moore: ›Er heilte seinen Ischias, indem er seine Hinterbacken kochte.‹ Eine teuflische Heilmethode!«

Inzwischen entwickelte sich McIlvaines großer Plan nicht so glatt. Obwohl Benda-Lema, der Direktor von ORTPN, einem technischen Hilfspaket für den Parc des Volcans begeistert zugestimmt hatte, das vom African Wildlife Leadership Fund finanziert, zusammengestellt und verwaltet werden sollte, waren andere Abteilungen der ruandischen Regierung dagegen. Dies, zusammen mit einem internen Streit zwischen den Mitgliedern des Naturschutzkonsortiums, in dem jedes um die Position rangelte, die ihm das größte Ansehen verschaffen würde, hatte den Plan ins Stocken gebracht.

Wie Dian bemängelte, waren seit Digits Tod anderthalb Jahre vergangen, ohne daß die Naturschutzorganisation irgend etwas Konkretes für die letzten Berggorillas unternommen hatte.

»Die Parkwächter sind schlimmer als je zuvor. Es gibt zwar einen neuen Conservateur, aber er wird nicht mit ihnen fertig. Er kann sie nicht dazu bewegen, auf Patrouillen gegen die Wilddiebe zu gehen, also gibt es keine. Statt dessen verstecken die Wächter sich in den Pyrethrumfeldern vor dem Park und warten, bis Wilddiebe aus dem Park herauskommen. Diese schnappen sie sich, kassieren ›Bußgelder‹ von fünfhundert oder tausend Franc und lassen die ›Gefangenen‹ dann wieder laufen... Worte retten die Gorillas nicht. Das kann nur aktiver Naturschutz sein. Und der einzige aktive Naturschutz in den Virungas kommt aus diesem Lager!«

Dian erwies sich auch als größeres Hindernis, als McIlvaine angenommen hatte. Anstatt zu erlauben, daß Digit Fund Inc. und Project Survival/AWLF verschmolzen wurden, hielt sie immer starrer daran fest und verwendete das Geld, um weitere Leute für die Patrouillen gegen die Wilddiebe anzuheuern und auszurüsten. Lees Tod hatte sie eigensinnig gemacht.

»Der Tag, an dem die Parkwächter ausgebildet und motiviert sind, ihre Arbeit zu tun, wird der Tag sein, an dem ich meine Patrouillen mit Freuden einstellen werde. Bis dahin bleibt mir keine andere Wahl.«

Dennoch arbeitete sie immer noch mit McIlvaine zusammen. Obwohl er später das Verdienst dafür in Anspruch nehmen würde, war es Dian, die einen jungen Belgier namens Jean Pierre von der Becke zum ersten »Projektmanager« für das kombinierte AWLF-Gorillaprojekt wählte. Von der Becke, der zuvor als Berater für die zairischen Parks gearbeitet hatte, war Ende 1978 arbeitslos geworden und hatte Dian um einen Posten beim Digit-Fonds gebeten. Sie hatte nicht genug Geld, um ihm ein Gehalt zu zahlen, aber seine angebliche Begeisterung für die Rettung der Berggorillas beeindruckte sie so stark, daß sie ihn McIlvaine wärmstens empfahl. Es war eine Empfehlung, die sie bereuen sollte.

Die Versuche, sie aus Karisoke zu vertreiben, gingen weiter, doch nach der Abreise von Frank Crigler fand sie es etwas leichter, ihnen zu widerstehen.

Anfang Juni schrieb Dr. Snider im Namen der National Geographic, die ihr immer noch den lebenswichtigen Unterhaltszuschuß vorenthielt.

»Wie Frank Crigler mir mitteilte, machen Sie sich Sorgen, in den Vereinigten Staaten eine unbezahlte Stellung in der Forschung annehmen zu müssen ... Es sollte jedoch genug Vorträge und andere Aktivitäten geben, die Ihnen etwas einbringen. Darüber hinaus – und ich mache keinerlei Versprechungen – ist das Forschungskomitee unter Umständen gewillt, Ihnen bis zu einem gewissen Grad bei Ihrer Arbeit zu helfen, wenn diese zu wissenschaftlichen Veröffentlichungen führt.«

Obwohl Dian eine von Dankbarkeit überströmende Antwort schrieb, biß sie nicht an. Sie merkte, wie der Hase lief, und lernte, sich in acht zu nehmen. Als McIlvaine ihr nach einem persönlichen Gespräch mit Dr. Snider den Wink gab, daß die Gesellschaft »wahrscheinlich zustimmen würde«, wenn Dian sich um eine Dreijahresunterstützung in Höhe von 35 000 Dollar zur Überarbeitung ihrer wissenschaftlichen Notizen bemühte, roch sie den Braten sofort.

»Verlange nie, nie wieder, daß ich mich um eine Unterstützung bemühe, die mich zwei oder drei Jahre von Karisoke fernhält!« schalt sie ihn in ihrer Antwort.

»*Ich glaube zwar, daß sie mich für immer hinauswerfen wollen, aber länger als sechs bis acht Monate werde ich es nicht aushalten können. Sogar das wird mir sehr schwer fallen, und ich kann es mir gar nicht vorstellen. Wenn es nicht um das Buch ginge, das ich mit meiner Lektorin in den Staaten überarbeiten muß, würde ich vielleicht überhaupt nicht gehen ... Hier im Lager herrscht jetzt große Freude, und zwar nicht nur wegen der guten Beziehungen mit den Studenten, sondern auch mit den Büffeln und*

Duckern und Buschböcken jede Nacht. Sie alle kommen in Herden und sind so zahm, daß man an sie herankriechen und ihr Flanken kraulen kann. Ich wußte längst, daß man das mit Gorillas machen kann, aber niemals mit Büffeln.«

Die Schmerzen in ihrer Hüfte, die sie auf Krebs zurückführte, erlaubten nur gelegentliche Besuche bei den Gorillas. So fand sie Freude an der Gesellschaft von Tieren, die zu ihr kamen.

Einmal hörte und roch sie um Mitternacht Büffel. Sie schlüpfte hinaus und pirschte sich unentdeckt bis auf ein Dutzend Meter an sie heran. Dann ließ sie sich auf alle viere nieder und kroch mitten in eine Herde aus sieben dieser mächtigen Tiere. Sie setzte sich und sah sie im Licht des abnehmenden Mondes um sich herumwandern. Zweimal streckte sie vorsichtig die Hand aus und streichelte die Flanken der nächsten Tiere, die darauf reagierten, indem sie ihre gewaltigen Häupter senkten und sie gleichgültig, wie Rinder nun einmal sind, anstarrten.

Es waren wilde Büffel, die Großwildjäger seit langem für die gefährlichsten Tiere Afrikas halten. Nur ein paar Wochen vor Dians nächtlichem Rendezvous hatte so ein Büffel einen Parkwächter aufgespießt und getötet – allerdings mit gutem Grund, denn der Wächter hatte auf ihn geschossen, in der Hoffnung, das Fleisch in Ruhengeri verkaufen zu können.

Obwohl sie die Gorillas nicht oft besuchen konnte, befanden sie sich in guten Händen. Veit, Watts und sogar Sholley gingen fast täglich zu den Studiengruppen. Drei- oder viermal in der Woche führte Vatiri seine Patrouille die Berghänge hinauf. Er und seine Leute leisteten so gute Arbeit, daß rund um den Visoke kaum noch Wilderer oder Fallen anzutreffen waren. Ständig von Dian ermuntert, drangen die Patrouillen immer weiter vor und zwangen die Wilderer schließlich, nicht nur das Sattelgebiet, sondern auch die Osthänge des Mikeno zu verlassen. Bis zum 2. Juli hatten die nur aus Afrikanern bestehenden Patrouillen des Digit-Fonds 987 Wildererfallen beseitigt, und das in nur vier Monaten.

Im selben Zeitraum hatten die zwei Dutzend Parkwächter nichts erreicht. Sie waren jedoch nicht völlig untätig gewesen. Drei von ihnen hatten versucht, den neuen Conservateur zu erschießen, aber nur seinen Hut getroffen.

Außer in dem Teil des Parks, in dem Dians Leute patrouillierten, hatten die Wilddiebe freie Bahn. Selbst Munyarukiko fühlte sich ermutigt, von den Toten aufzuerstehen und sein Versteck an der Grenze zwischen Zaire und Uganda zu verlassen. Mit Militärgewehren bewaffnet, führten sie um des Elfenbeins willen einen so blutigen Krieg gegen die restlichen Elefanten des Parks, daß diese großen Tiere aus den östlichen Teilen des Parks fast gänzlich verschwanden.

Auch ein volles Dutzend Gorillas wurde 1979 in den Virungas getötet. Im Studiengebiet von Karisoke kam nach dem Tod von Lee jedoch kein einziger mehr um.

Ein unentwegter Patrouillengänger gegen die Wilddiebe war Mutarutkwa, der statuenhafte Watussi, für den Dian versucht hatte, ein Paar Stiefel anzufertigen.

»Mutarutkwa wünscht sich sehnlichst Stiefel ›wie die anderen Männer‹. Die einzige Schwierigkeit ist, daß er Schuhgröße 44 hat und daß sein Fuß fast so breit wie lang ist. Ein paar Wochen ging er in mehreren Paaren meiner dicksten Socken, die er um seine Füße schnürte, auf Patrouille. Dann versuchte ich, ihm ein Paar Schuhe zu machen, aber sie waren kein großer Erfolg. Schließlich schickte ich einen Umriß seiner Riesendinger hinunter zum Markt von Ruhengeri mit der Bitte um eine Lösung. Ein begabter alter Handwerker machte ein Paar sehr stabiler Sandalen aus Gummireifen und Autoschläuchen, wobei er pro Fuß praktisch einen ganzen Reifen ver-

brauchte. Danach sauste Mutarutkwa, anscheinend zufrieden, nur so auf Patrouille.

Letzte Woche trafen zehn Paar Stiefel von der American Humane Society ein. Gestern kam die Patrouille zur Arbeit herauf und brachte einen neuen Lehrling mit, der ebenfalls sehr große Füße hat. Ich brachte die beiden größten Stiefel (Größe 41 und 42) hinunter zur Hütte der Afrikaner, um sie dem neuen Mann anzuprobieren. Mutarutkwa fiel vor Neid fast tot um, als er sie sah. Er schwor, daß das Paar in Größe 42 ihm passen würde, weil es aus sehr weichem Leder sei, allerdings ohne Schnürsenkel.

Genauso mühsam, wie ein Hinterteil Größe 48 sich in ein Paar Jeans Größe 42 zwängt, schaffte er es, die Schuhe anzuziehen. Aus seiner Höhe von 2 Meter schaute er tief, tief hinab auf diese Wunderdinger und erklärte sie für perfekt.

Ich mußte einfach bemerken, daß sein Gesicht einen leicht gequälten Ausdruck hatte. Schalkhaft schlug ich vor, wir sollten ein kleines Tänzchen wagen. Binnen Sekunden dröhnte ein Schrank wie eine Trommel, und wir alle stampften den Staub aus den Dielen.

Das heißt, alle außer Mutarutkwa. Er stand da wie eine Salzsäule. Zwar konnte er seine Arme schlängeln, wie es sich gehört, aber seine Füße nur ein paar Zentimeter vom Fußboden erheben, um sie dann mit einem fast lautlosen Stöhnen sanft wieder aufzusetzen.

Als die anderen Männer ein paar Minuten wild getanzt und gejauchzt hatten, wurde sein Zustand bemerkt, vor allem sein schmerzverzerrtes Gesicht, das er umsonst zu verbergen versuchte. Alle fielen brüllend vor Lachen zu Boden. Das schien ihm nichts auszumachen, und er brach ebenfalls zusammen, einerseits erleichtert, andererseits aber auch entschlossen, daß ihm diese Stiefel irgendwie passen würden. Er entschied, sie nicht herzugeben, sondern nachts in ihnen zu schlafen, damit seine Füße sich an sie gewöhnen konnten und umgekehrt. Er verbot uns

streng, das Oberleder aufzuschneiden, womit er sich meiner Ansicht nach zum Märtyrer machte.
Das Ende der Geschichte: Heute morgen brauchten wir alle gute fünf Minuten, um seine geschwollenen Füße von den Stiefeln zu befreien. Weitere fünfzehn Minuten brauchte er, um ihre Größe zu verringern, indem er sie im Lagerbach (unserem Trinkwasserlieferanten) badete. Dann kehrte er mit demselben breiten Lächeln zu seinen Autoschläuchen zurück und humpelte wieder auf Patrouille.«

18

Die Verhandlungen zwischen Dian und Harcourt liefen nicht gut. Am 9. Juni schrieb er ihr, daß er und Kelly nicht vor Dezember nach Ruanda kommen könnten, und das auch nur dann, wenn sie Titel und Vollmacht als gemeinsame »Direktoren des Forschungszentrums Karisoke« erhalten würden. Ferner verlangte Harcourt eine rechtsverbindliche Garantie von Dian, »daß Du uns das Forschungszentrum mindestens ein Jahr – möglichst noch länger – leiten läßt.

Zum Schluß möchten wir bemerken, daß wir gemeinschaftlich (Du, Kelly und ich, die Nationale Geographic Society und das ORTPN) fähig sein sollten, das Forschungszentrum zu einem Ort zu machen, der weit über Ruanda hinaus angesehen ist.«

Die Unterstellung, daß Karisoke noch nicht weithin geachtet sei, empörte Dian fast so sehr wie diejenige, daß ihr Wort allein nicht gut genug sei und durch einen offiziellen Vertrag abgesichert werden müsse. Dennoch unterdrückte sie ihren Unmut und akzeptierte die Bedingungen, da sie Verständnis dafür hatte.

»Sandy wird die Forschung leiten und die Studenten beaufsichtigen. Das läßt mir die Freiheit, mich nach meiner Rückkehr aus den Vereinigten Staaten auf die Bekämpfung der Wilddiebe und die Schreibarbeit zu konzentrieren.«

Kurze Zeit später verkündete Harcourt: »Kelly und ich haben beschlossen, daß ich gegen Ende September nach Ruanda kommen kann, wenn du dann bereit zur Abreise nach Amerika bist.«

Dian war einverstanden und bereitete sich auf eine sieben- oder achtmonatige Abwesenheit von Karisoke vor. Diese Zeit hielt sie für ausreichend für die erforderliche ärztliche Behandlung, für die endgültige Bearbeitung ihres Buches mit Hilfe von Anita McClellan und die Erfüllung der Forderungen von National Geographic und Leakey Foundation, ihre Gorilla-Feldaufzeichnungen in die richtige akademische Form zu bringen.

Sie befand sich schon tüchtig beim Packen, als sie einige beunruhigende Nachrichten erhielt. Bill Weber war nach dem Abschied von Karisoke vom Berggorillaprojekt eingestellt worden, während Amy Vedder nach den Vereinigten Staaten zurückgekehrt war, um ihren Doktor zu machen. Jetzt verkündete das VW-Paar, daß es auf Sandy Harcourts Einladung bald nach Karisoke zurückkehren würde. Dian war nicht erbaut.

»Harcourt hat das FPS-*Digit-Geld genommen, um Weber ins Hauptquartier des Parks zu schicken, wo er Gorillagruppen an Touristen ›gewöhnen‹ soll. Weber liebt den Wald nicht, und Gorillas machen ihn nervös. Meiner Meinung nach, und ich gebe zu, daß ich voreingenommen bin, wird er mit Digits Blutgeld – dem* FPS-*Berggorillaprojekt – bezahlt, um eine Aufgabe zu übernehmen, für die er ebenso wenig geeignet ist wie meine Großmutter. Meine Träger haben ein wachsames Auge auf ihn, viel wachsamer, als er weiß. Sie sagen, er besuche mindestens jeden zweiten Tag verschiedene Europäer in Ruhengeri, während sein afrikanischer Spurenleser und sein Assistent im Wald sind. Weber spricht und schreibt ausgezeichnet Französisch. Seine Frau, ein sehr schönes und reizvolles junges Mädchen, führt ihn am Gängelband und kann mich nicht ausstehen. Sie wird im Januar zurückkommen. Aber keiner von beiden wird das Lager wieder betreten, wenn ich es verhindern kann.«*

Dian schrieb Harcourt und erklärte ihm höflich, aber fest, daß sie Weber und Vedder auf keinen Fall wieder in

Karisoke dulden werde. Ferner teilte sie ihm mit, daß sie damit rechne, während seiner und Kellys Amtszeit ins Lager zurückzukehren, versprach jedoch, daß die beiden wissenschaftliche Direktoren bleiben würden.

Harcourts Antwort war äußerst abweisend. Kategorisch erklärte er, daß er und Kelly auf keinen Fall als Direktoren weiterarbeiten würden, wenn Dian im Lager sei. Er verlangte nun eine Vereinbarung, nach der Dians Anwesenheit in Karisoke begrenzt sei.

Im Hinblick auf Vedder/Weber war er unnachgiebig. Zuerst einmal wies er Dians Forderung, sie dürften Karisoke nicht betreten, zurück: »Wir können nicht wissenschaftliche Direktoren an einem Ort sein, aus dem wir ein gut geleitetes Forschungszentrum machen wollen, wenn wir Leute ablehnen müssen, bloß weil Du sie nicht magst.« Er verlangte die Entscheidungsgewalt über jedermann, der das Lager betrat, während er und Kelly es leiteten.

Falls Dian noch irgendwelche Zweifel hegte, wer das Sagen hatte, teilte er ihr auch noch mit, daß er nicht länger garantieren könne, im September einzutreffen. Er schlug sogar vor, daß sie ins Auge fassen solle, bis Anfang Januar zu bleiben, da es ihm im Dezember nicht passe, nach Karisoke zu kommen.

Das war wirklich stark, besonders für jemanden, der behauptete, Dian genau zu kennen, aber Sandy Harcourt hatte sich ja immer zugetraut, seinen Willen durchzusetzen. Dians Geduld war nun fast am Ende. Ihre Pläne, im September abzureisen und sich in den Vereinigten Staaten einzurichten, waren geplatzt. Man hatte ihr zu verstehen gegeben, daß Karisoke unter ihrer Leitung in einem schlimmen Zustand sei; daß sie es ohne Harcourts Erlaubnis nicht einmal besuchen dürfe und daß das VW-Paar im Triumphzug zurückkehren würde. Das war mehr, als sie verdauen konnte.

Sie schüttete Dr. Snider, den sie immer noch als vertrauenswürdigen Freund und Verbündeten betrachtete, ihr Herz aus.

»Ich versichere Ihnen, daß ich dem VW-Paar nicht nur aus reinem Eigensinn und Kleinlichkeit die Rückkehr verbiete. Die Geschichten, die ich im Juni in Kigali sowohl von Afrikanern als auch von Europäern erfuhr, waren absolut unglaublich. Ich habe gewiß das Recht zu entscheiden, daß ich sie nicht wieder im Lager und bei den Gorillas sehen will, in die ich so viel von meinem eigenen Leben, von meiner Liebe und Arbeit gesteckt habe.«

Vermutlich teilte irgend jemand Harcourt mit, daß er zu weit gegangen war. Am 10. September schrieb er Dian, daß er, weil die Webers von der FPS finanziert werden sollten, um Naturschutzprogramme für den Park durchzuführen, die vorhergehenden Bedingungen einschränken könne und ihrer Forderung zustimme, daß die Webers während der Zeit ihrer Abwesenheit Karisoke nicht beträten.

Diese Versöhnungsgeste wäre besser aufgenommen worden, wenn er nicht eine nagelneue Bedingung angehängt hätte.

»Wir können nur dann nach Karisoke kommen, wenn wir Vorrang beim Zutritt zu den Hauptstudiengruppen haben und wenn neben unseren Studien nur noch eine weitere Gorilla-Verhaltensstudie läuft.«

Mit einem Gleichmut, den ihre Kritiker kaum für möglich gehalten hätten, antwortete Dian:

»6. Oktober 1979

Lieber Sandy,

ich glaube, es ist für alle Beteiligten das Beste, wenn ich weitermache und das Angebot zusätzlicher Studenten annehme, die sofort und nicht erst im Januar anfangen können. So habe ich mir den Lauf der Dinge nicht vorgestellt, aber ich muß von meinen ursprünglichen Plänen retten, was ich retten kann.

Ich kann Deine Forderung, im nächsten Jahr nicht

zurückzukehren, nicht erfüllen und auch keine der anderen Beschränkungen, die Du mir vielleicht auferlegen willst.

Auch kann ich Dir nicht den ›Vorrang‹ bei den Hauptstudiengruppen einräumen, weil das die Arbeit von Peter Veit beenden würde. Es wäre unmoralisch, ihm Gruppe 5 wegzunehmen, um Deine Bedingung zu erfüllen.«

Mit gleicher Post teilte sie Dr. Snider mit, daß sie sich gegen Harcourt entschieden habe und andere Dispositionen treffe.

»Was ich damals nicht wußte, war, daß National Geographic Sandy und Kelly bereits einen Zuschuß von sechzehntausend Dollar versprochen hatte, damit sie Karisoke übernehmen konnten. Ich glaube, als Dr. Snider meinen Brief erhielt, in dem ich ihm mitteilte, daß Sandy draußen sei, hat er sich sofort mit ihm in Verbindung gesetzt.«

Tief beunruhigt flog Harcourt nach Kigali. Am 3. November erschien er in Karisoke.

»Ich lag im Bett mit einem dieser lungenentzündungsähnlichen Anfälle. Zuerst sauste er in Peters Hütte und verpaßte ihm ein paar Fragen. Dann hämmerte er an meiner Tür und segelte herein. Er weigerte sich, mir zu sagen, warum er seine Pläne geändert hatte, ohne mich zu fragen – genau genommen saß er die meiste Zeit da mit hochmütigem Gesicht und sagte kein Wort. Glaube mir, ich habe ihn nicht einmal angeschrien. Wenn er doch bloß von seinem Sockel heruntersteigen würde, dann könnte man sich mit ihm verständigen, aber es war mir unmöglich. Es läßt sich nicht leugnen, daß er intelligent ist und fleißig obendrein, aber was Benehmen betrifft, braucht er eine Lektion. Als wir uns im vergangenen April unterhielten, tat er, als könnte er kein Wässerchen trüben, aber das bißchen Macht scheint ihm zu Kopfe gestiegen zu sein. Dann ging er fort nach unten.«

Vermutlich erkannte Harcourt, daß er seiner Sache

geschadet hatte, und so stieg er am nächsten Morgen wieder nach Karisoke hinauf. Diesmal wirkte er fast vernünftig. Es war zu spät.

»Ich habe bereits Vorkehrungen für drei neue Studenten getroffen«, teilte Dian ihm mit. »Einen davon werde ich aussuchen und während meiner Abwesenheit zum Direktor machen. Tut mir leid, Sandy, aber so wird es nun einmal sein.«

Harcourt kehrte nach England zurück. Am 15. November schrieben er und Kelly separate Briefe, in denen sie versuchten, Dian umzustimmen. Harcourt erklärte, er habe gerade von der National Geographic erfahren, daß sein und Kellys Antrag auf Zuschuß genehmigt worden sei. Er hoffe, daß irgendeine Einigung über die Rückkehr der beiden ins Lager erzielt werden könne. »Es wäre sehr schade, wenn wir der N. G. schreiben müßten, daß wir ihr Geld nicht mehr brauchen.«

Der Brief von Kelly war der erste, den Dian seit Beginn der Verhandlung im April von ihr erhielt. Er wirkte fast niedergeschlagen. Kelly schrieb, daß sie sehr gehofft habe, die Meinungsverschiedenheiten zwischen Dian und Sandy könnten bei einem Treffen zwischen den beiden ausgebügelt werden, gab jedoch zu, daß sie über die negativen Ergebnisse nicht allzu überrascht sei. Sie fuhr fort: »Vielleicht wäre alles reibungsloser verlaufen, wenn Sandy freundlicher und höflicher wäre... Ich bitte Dich, uns nochmals als Ersatzdirektoren von Karisoke während Deiner Abwesenheit in Betracht zu ziehen.«

Dian blieb ungerührt.

Die zweite Hälfte des Jahres 1979 war voller Ereignisse. Anfang Juli überwachte Dian die Exhumierung einer Anzahl von Gorillas, die in den letzten Jahren in den Virungas gestorben waren. Es waren nicht »ihre« Gorillas, sondern unglückselige Fremde, die sie auf einer Art Armenfriedhof begraben hatte. Die Smithsonian Institution in Washington wünschte ihre Gebeine, und die National Geographic Society hatte Dian gedrängt, ihr diesen Gefallen zu erweisen. Sie tat es ungern. Fast vierzehn Tage hing durchdringender Verwesungsgeruch über Karisoke.

»*Meine Hütte sieht aus wie ein Beinhaus – der ganze Fußboden liegt voller Stücke und Stückchen, die wir zusammenzusetzen versuchen. Ich möchte gern wissen, warum erwachsene Menschen ihr Leben damit verbringen, Knochen anzuschauen, während sie lebendige Tiere anschauen könnten. Es gibt Wissenschaften, die ich nie verstehen werde.*«

Um Karisoke gab es eine Menge lebendiger Tiere. Eine Büffelherde, vielleicht dieselbe, zwischen der Dian früher im Jahr herumgekrochen war, bewohnte die Wiese unter ihrer Hütte. Die Anwesenheit von Menschen ließ sie so kalt, daß Dian einmal über eine Büffelkuh steigen mußte, die sich auf ihrer Türschwelle ausruhte.

Buschböcke, Baumschliefer, goldene Eichhörnchen und Ducker waren reichlich vorhanden, aber es kamen auch seltenere Geschöpfe zu Besuch, darunter eine Hyäne, die versuchte, das Lebensmittellager der Männer zu überfallen, und ein Leopard, der die Hündin Cindy fast als Mitternachtsimbiß verspeist hätte.

Wegen der Schmerzen in ihrer Hüfte – »ich würde eine Krücke benutzen, wenn mich niemand sehen könnte – es tut so weh, daß ich nicht mehr ans Leben glaube« – konnte Dian die Gorillas fast nur noch besuchen, wenn sie dicht ans Lager kamen. Kima war wie immer sowohl ein Trost als auch die Ursache endloser Empörung. Als sie einen Spielzeug-Koalabären, den sie vor Jahren geschenkt bekommen hatte, verlor, schmollte sie zornig, verweigerte die Nahrung, biß jeden, der ihr nahe kam, und verwüstete die Hütte der Patrouille gegen die Wilddiebe. Dian ließ das ganze Lager antreten, um nach dem Spielzeug zu suchen, und als es drei Tage später immer noch nicht gefunden war, bestellte sie telegrafisch ein neues aus San Francisco. Ein Freund sagte einmal: »Sie behandelte diesen Affen wie ein verwöhntes Kind und liebte ihn innig, was diejenigen, die seine Wutanfälle ertragen mußten, schlecht verstehen konnten.«

Gegen Ende Juli brachte Vatiri ihr einen jungen Buschbock mit einem schwer verletzten Bein, der in einer Wildererschlinge gesteckt hatte. Die kleine Antilope adoptierte Dian als Mutter und ließ sich nicht von ihr trennen. So nahm sie das Tier mit in ihre überfüllte Hütte, wo sie es fast einen Monat pflegte, bis es wieder freigelassen werden konnte. Es wollte unbedingt bei Dian schlafen und geriet außer sich, wenn es sie aus den Augen verlor. So weit, so gut, aber nun beschloß Cindy, das Tier zu adoptieren, mit dem Ergebnis, daß auch sie Dians Bett teilen wollte.

»*Konnte letzte Nacht wieder nicht schlafen. Als wären Ischias, der verdammte Hund und die kleine Antilope nicht genug, wurde Kima eifersüchtig und kroch ebenfalls mit herein.*«

Abgesehen von dem Duell mit Harcourt verlief das Leben in Karisoke glatt. Die Beziehungen zwischen Dian und den Studenten waren niemals besser gewesen. Peter Veit versprach, ein richtiger Gorillaverteidiger im Stil Ian Redmonds zu werden. Befreit vom Einfluß des VW-Paares war Craig Sholley in den Schoß der Familie zurückgekehrt. David Watts erwies sich weiterhin als tüchtiger Wissenschaftler.

Mit echtem Bedauern verabschiedete Dian sich Mitte Juli von Watts. Obwohl sie nie enge Freunde geworden waren, achteten sie sich, und das, obwohl Dian jedem mißtraute, der sich für den Sozialismus interessierte. Sie schrieb dem Direktor des National Zoological Park in Washington: »Ich habe in Karisoke insgesamt fünfzehn Monate mit David zusammengearbeitet. Während seines ganzen Aufenthalts zeigte er sich freundlich und sehr einsatzbereit. Außerdem erwies er sich als äußerst vernünftig.«

Sie war nicht ganz so betrübt, als Sholley Anfang August in die Vereinigten Staaten zurückkehrte.

»Ich glaube, ich könnte die weichliche Einstellung nie ertragen – das heißt, den Wilddieben auch noch die andere Wange hinhalten.«

Weit entfernt, die andere Wange hinzuhalten, hatte Dian ihr Patrouillensystem mittlerweile so erfolgreich gemacht, daß die Wilddiebe das Gebiet inmitten der drei südlichen Vulkane Visoke, Karisimbi und Mikeno fast gänzlich verlassen hatten. Vatiri führte seine Leute nun tief nach Zaire, aber auch in nordöstliche Richtung zum Sabyinyo hin. Sie zerstörten Fallen, wo immer sie welche fanden. Die Arbeit verlief nicht ohne Zwischenfälle. Einmal traf die Patrouille auf eine Bande zairischer Wilderer, die mit einem Gewehr bewaffnet waren, so daß Vatiris Leute sich rasch zurückziehen mußten, während Kugeln über ihre Köpfe hinwegpfiffen. Am folgenden Tag kehrten sie zurück und gingen zum Angriff über.

»Sie verlangten eine zweite Pistole von mir, die ich ihnen für heute gab. Ich bin mir jedoch nicht sicher, ob das klug war. Werde bis zu ihrer Heimkehr heute abend auf Kohlen sitzen.«

Anderswo im Parc des Volcans taten die Wilddiebe mehr oder weniger, was sie wollten. Weder die Angestellten des ursprünglichen Berggorillaprojekts noch die des AWLF hatten ein Patrouillensystem zustande gebracht, und die Parkwächter waren so unfähig wie eh und je.

Das zeigte sich deutlich am 3. September, als Dian von Dr. Vimont in Ruhengeri erfuhr, das in Gisenyi zwei Gorillababys zum Verkauf angeboten wurden. Sie stellte sofort Nachforschungen an.

»Angeblich kommen sie aus Zaire, wenn auch nicht aus einem Gebiet, in dem wir patrouillieren. Zwei Babys bedeuten, daß mindestens eine weitere Gruppe getötet

wurde. Sie werden für 400 000 RWF *angeboten! Anscheinend wollen die Franzosen sie in Europa in Gefangenschaft halten – die Ruander wissen Bescheid, und ich möchte sie dahin bringen, daß sie sie wieder freilassen.«*

Trotz intensiver Bemühungen konnte Dian die Waisen nicht aufspüren. Sie folgerte, daß sie nach Frankreich geschmuggelt worden waren, vielleicht über einen spanischen Wildtierhändler und mit stillschweigender Duldung ruandischer oder zairischer Behörden.

Der Zustrom von Touristen ließ nicht nach. Einmal überfiel eine Gruppe aus Chicago das Lager und verlangte, Dian selbst solle sie zu den Gorillas begleiten. Sie reagierte, indem sie einen Wahnsinnsanfall vortäuschte und mit einer Pistole über ihre Häupter hinwegschoß.

»Ich sollte mich schämen für so etwas Schlimmes, aber ich konnte einfach nicht widerstehen. Sie waren so aufgeblasen und so sicher, daß sie alles, was sie wollten, bekommen konnten, bloß weil sie aus den Staaten waren. Ich glaube, ich habe sie zu Tode erschreckt. Sie stampften den Pfad hinab wie eine Herde Büffel, die gegen einen Bienenbaum gelaufen ist!«

Später zeigten sie Dian wegen Mordversuchs an, aber niemand in Ruanda außer ihren immerwährenden Kritikern nahm dies ernst.

Das Lager hatte in diesem Sommer viele willkommene Besucher, darunter eine Anzahl ruandischer Staatsangehöriger einschließlich Dians Bankdirektor, den sie stets ganz förmlich mit Mr. Joseph anredete. Er stieg mehrere Male mit seiner Familie ins Lager hinauf, und Dian war entzückt und gerührt, als er seiner nächstgeborenen Tochter ihren Namen gab.

Am 12. August traf ein Professor der Universität Cornell aus Ithaca, New York, in Karisoke ein.

Dr. Glenn Hausfater kannte Dian nicht persönlich, hatte aber ein paar Monate zuvor schriftlich gebeten, sie besuchen zu dürfen. Er plante eine Afrikareise, um seine

Studien in Primatologie zu vertiefen. Dian hatte sich ziemlich widerwillig dazu bereit erklärt, da sie »wissenschaftliche Touristen« nicht viel höher schätzte als gewöhnliche.

Als der Professor erschien, verschlug es Dian die Sprache.

»Er ist rund 15 Zentimeter größer als ich! Aber auch rund sechs Jahre jünger – und wirklich nett! Es gab Kaffee, Sandwiches und Bier. Wir tranken seinen Cognac hier oben in meiner Hütte und hatten ein angenehmes, langes Gespräch.«

Hausfater hatte eigentlich nur zwei Tage bleiben und dann zum Kagera-Park weiterreisen wollen, aber er und Dian verstanden sich so gut, daß er beschloß, in Karisoke zu bleiben. Obwohl es eine Woche lang regnerisch und neblig war – oder vielleicht gerade deswegen –, blühte die Freundschaft.

»Ich mag ihn wirklich gern. Glenn und ich können so gut miteinander reden und haben über so vieles die gleichen Ansichten. Er erzählte mir alles über sein Leben und ich ihm über meines. Er war vor kurzem sehr unglücklich, hat aber seinen Sinn für Humor behalten.«

In Regenkleidung stapfte das Paar durch den Wald, um Gruppe 5 zu besuchen, und Dian war überglücklich, daß die Gorillas Hausfaters Anwesenheit zu akzeptieren schienen. Zwar wohnte er in einer Gästehütte, aber Dian kochte bei sich für ihn, und die beiden unterhielten sich bis spät in die Nacht. Sie erzählte ihm die ganze traurige Geschichte der Versuche, sie aus Karisoke zu vertreiben, und er hörte teilnahmsvoll zu.

Es bedrückte sie, daß sie buchstäblich nirgendwohin in den Vereinigten Staaten gehen konnte. Obwohl Snider und McIlvaine ihr mehrere Universitäten und Forschungszentren vorgeschlagen hatten, an die sie sich wenden sollte, war nichts daraus geworden. Darüber hinaus boten wenige dieser Institutionen Gehälter oder

Zuschüsse, und Dian war finanziell nicht in der Lage, sich selbst zu ernähren.

Glenn Hausfater meinte, dieses Problem lösen zu können. »Ich glaube, in Cornell läßt sich für Dich ein Plätzchen als Gastprofessorin finden. Ich weiß, Ithaca liegt ein bißchen abseits, aber es läßt sich dort wunderbar leben. Es gibt eine Menge Wildnis und wilde Tiere. Ich habe ein kleines Flugzeug und könnte Dich an einige wirklich abgelegene Orte fliegen. Die Collegemannschaft ist klein und freundlich und würde Dich in ihr Herz schließen.«

Hausfater mußte am 18. August abreisen, um seine Afrikareise fortzusetzen, aber er hielt die Verbindung mit Dian telegrafisch aufrecht, und sie schrieb ihm einen langen Brief, der ihn daheim in Ithaca erwarten würde.

Er schloß mit den Worten: »Glenn, Dein Besuch hat mir viel bedeutet. Auch wenn Du zusammenzuckst, wenn Du dieses Wort liest: Ich bin Dir sehr dankbar für alles, was Du mir gegeben hast.

Ich will nicht schmalzig werden. Du weißt nicht, was für ein Geschenk es war, einen so klugen und integren Menschen wie Dich kennenzulernen. Bitte, nimm es nicht schwer, wenn sie mir keine bezahlte Gastprofessorenstelle geben. Du hast schon so viel getan. Im Ernst, und ich spreche intuitiv, dies ist das erste Mal, daß mir bei dem Gedanken, Karisoke zu verlassen, richtig ›wohl‹ ist... Du hast mir Cornell als einen Ort geschildert, an dem man leben und sich wohl fühlen kann, und nicht als eine auf Wettbewerb eingestellte Fabrik. Ich identifiziere mich damit, seitdem Du fort bist, und brauche nur noch das Lager in Ordnung zu bringen, bevor ich aufbrechen kann. Ich danke Dir für die ersten positiven Gedanken seit langer Zeit.

P.S. Munyarukiko, der große Wilderer, von dem ich Dir erzählt habe, derjenige, der für alle Gorillamorde der letzten elf Jahre verantwortlich ist, starb letzte Woche aus ›geheimnisvollen‹ Gründen. Diesmal ist er wirklich tot. Stell Dir das bloß vor!«

In seiner Antwort beschrieb Glenn den energischen Angriff, den er auf die einflußreichen Leute von Cornell gemachte hatte, um eine Stelle für Dian zu finden.

»Es gibt zwei oder drei Möglichkeiten... Die erste ist für sehr reife Wissenschaftler, Silberrücken mit zahlreichen Veröffentlichungen und starkem Ego. Dessenungeachtet ist Cornell sehr besorgt wegen seines Mangels an weiblichen Professoren. Der Rektor hat einen Geheimfonds für weibliche Wissenschaftler... Du wärst genau die Richtige dafür. Ich arbeite an einer Gastprofessur, die im März oder September 1980 beginnt. Aber sei gewarnt, ich habe bisher noch keinen gutaussehenden Fünfziger gefunden, der Dich in die örtliche Disco begleiten könnte. Doch das wird sich schon von selbst regeln, wenn Du erst einmal hier bist.

Ich mag die schmalzigen Stellen in Deinem Brief. Mein Besuch in Karisoke war für mich persönlich und gefühlsmäßig genauso hilfreich, wie er auch für Dich gewesen zu sein scheint. Du hast so viel zu geben, hast einen so großen Beitrag zum Schutz der Gorillas geleistet und verdienst selbst so viel Gutes, daß ich unbedingt versuchen möchte, Dir eine angenehme Stellung zu verschaffen und dafür zu sorgen, daß es dir gut geht... mit ein wenig Geduld werden wir es schon schaffen.«

Nun regten sich in Dian einige Zweifel an ihren professoralen Fähigkeiten. Ende Oktober schrieb sie Glenn: »Wenn ich, wie Du sagst, meine Reisekosten nach Ithaka bezahlt bekommen kann, einen kleinen Forschungszuschuß, ein Büro, eine Schreibkraft (Du machst wohl Witze!) und Schreibpapier, dann sollte ich anfangs wohl besser als unbezahlter Gastprofessor nach Ithaca kommen. So könnte ich testen, ob ich wieder mit der Zivilisation fertig werde... Wenn nach der ›Anpassungsperiode‹ alles gut geht, könnte ich mich bewähren. Ich könnte mein Buch beenden und ein paar Vorlesungen halten.

Ich kann kaum erwarten, ins ›State Diner‹ zu gehen, von dem ich mir ein genaues Bild mache. Ich hoffe, Du kannst ihnen beibringen, wie man panierte Schweinekoteletts brät, ohne einen Schuß Tomatensauce darauf, denn die würde in den Kartoffelbrei laufen und das Ganze aussehen lassen wie einen Autobusunfall. Aber ich schwatze dummes Zeug. Und nun weiter zu meiner nächsten schlechten Gewohnheit – MIESMUSCHELN! Ich sehne mich danach und schätze, dahinter steckt etwas Freudianisches. Die einzige Sorte, die ich bisher in Kigali aufgetrieben habe, kommt in Büchsen aus Spanien und hat Seetang-*merde* in den Eingeweiden.

Ich habe jetzt eine Wildererhündin im Vorderzimmer mit einem schlimmen, schlimmen Vorderbein, weil sie in einer Falle gesteckt hat. Ich kann mich nicht überwinden, sie zu töten, weil sie schrecklich lieb ist. Sie ist abgemagert, so daß ich sie aufpäppeln muß. Ich werde versuchen, ihre Wunde zu versorgen und ein Heim für sie zu finden. Außer dem Hund hat die letzte Patrouille achtundzwanzig Fallen hergebracht.«

Dian pflegte die Hündin nicht nur gesund, sondern sie überredete Earl Haldiman, den Direktor eines ABC-Fernsehteams, das Karisoke Anfang Dezember besuchte, das arme Tier zu adoptieren und in die Vereinigten Staaten zu schmuggeln. Wilddiebin, wie Haldiman sie nannte, gewöhnte sich so gut an Kalifornien, daß sie es bis zum Fernsehstar brachte.

Am selben Tag, an dem Dian Wilddiebin in ein neues Leben entließ, erhielt sie einen Brief des Vorsitzenden der Abteilung für Neurobiologie und Verhalten aus Cornell.

»Ihre Anstellung wird von Mitte März 1980 bis Mitte Dezember 1980 dauern. Wir zahlen Ihnen ein Gehalt von

13 500 Dollar ... Ihre Aufgaben sind, im Frühling mehrere öffentliche Vorträge und im Herbst ein Seminar über Menschenaffen zu halten. Wir glauben, dieser Zeitplan ... gibt Ihnen die Möglichkeit, die schriftstellerische Arbeit zu erledigen, auf die Sie, wie Glenn uns berichtete, großen Wert legen.«

Dian war außer sich vor Freude.

»*Weihnachten ist dieses Jahr früh gekommen! Zeit, Ort und alles andere sind genau richtig für mich. Glenn ist ein Zauberer!*«

Als das Jahr sich seinem Ende näherte, wurde Dians Gesundheit besser. Am 2. Oktober war sie ins Krankenhaus von Ruhengeri gegangen, um ihre Hüfte untersuchen zu lassen. Röntgenaufnahmen zeigten, daß sie weder Ischias noch Krebs hatte. Eine Kompression ihres vierten und fünften Lendenwirbels war schuld an den Schmerzen. Ihre Freunde Dr. Vimont und Lolly Prescada verschrieben Medikamente und eine Behandlung, die die Schmerzen erträglich machten, bis sie sich in den Vereinigten Staaten in ärztliche Hände begab.

Seit Sholleys Abreise Anfang August war Peter Veit der einzige andere Weiße im Lager. Bis Harcourt kommen sollte, waren keine freien Stellen besetzt worden, doch kaum hatte Dian sich gegen ihn entschieden, hatte sie mit Hilfe von Dr. Ramon Rhine von der University of California andere Dispositionen getroffen. Rhine schlug drei Forschungsstudenten vor, die gern in Karisoke arbeiten wollten. Dian war gewiß, daß mindestens einer davon Karisoke in ihrer Abwesenheit leiten könnte. Da aber keiner vor Anfang des neuen Jahres kommen konnte, machten sie und Peter allein weiter.

Das fiel ihnen nicht schwer.

»*Peter arbeitet immer besser. Ich ermuntere ihn, an seiner Doktorarbeit zu arbeiten, und er verbringt all seine Zeit bei den Gruppen ... Das Leben im Lager ist richtig friedlich; ich brülle die Afrikaner nicht einmal an. Ich glaube, das Fossil Fossey wird langsam weich.«*

Das einzige Haar in der Suppe war Jean-Pierre von der Becke, den Dian als Leiter des AWLF-Gorillaprojekt-Konsortiums vorgeschlagen hatte. Nach seiner Ankunft in Ruanda hatte er Dian mit Zetteln und Briefen überschüttet, in denen er seine enorme Dankbarkeit für die neue Arbeitsstelle ausdrückte und seine unverbrüchliche Loyalität ihr und dem aktiven Gorillaschutz gegenüber versprach. Aber bald verlagerte sich der Schwerpunkt seiner Gefühle. Ende Oktober war er bereits ein integraler Bestandteil dessen geworden, was Dian verächtlich die Parkplatzbande nannte, und zwar deshalb, weil ihre Mitglieder einen großen Teil ihrer Zeit auf dem Touristenparkplatz am Fuß des Berges verbrachten.

Zu der Bande gehörten nun Monfort und von der Becke ebenso wie Bill Weber und diverse andere Angestellte des kombinierten AWLF/FPS/WWF-Berggorillaprojekts. Berichten von Dians Geheimdienst zufolge trugen sie praktisch überhaupt nichts zu den Patrouillen gegen die Wilddiebe und zum Schutz der Gorillas bei, da sie ihre Zeit und Energie fast ausschließlich dem »Gorillatourismus« widmeten. Zur Förderung dieses Unternehmens versuchten sie, ausgebildete Spurenleser aus Karisoke wegzulocken, doch mit Ausnahme eines Mannes, den Dian wegen Diebstahls hinausgeworfen hatte, waren diese Bemühungen vergebens.

Obwohl ORTPN garantiert hatte, daß die Gorillas von Karisoke nicht von Touristen belästigt würden, trug Gruppe 5 die Hauptlast der Besichtigungen. Mitte September war die Geduld der Gruppe zu Ende. Sie verließ ihr altes Gebiet am Südosthang des Visoke und wanderte so weit westlich nach Zaire hinein, daß sogar Peter Veit Mühe hatte, ihr zu folgen.

Nach diesem Verlust hatte die Parkplatzbande fast gar keine an Menschen gewöhnten Gorillas mehr, die sie zahlenden Besuchern zeigen konnte. So machte sie sich also daran, eine Gorillafamilie auf dem Sabyinyo à la Fossey an Menschen zu gewöhnen. Sie erhielt den Namen Gruppe 13.

Der Name war ein schlechtes Omen. Am 1. Dezember wurde einer der beiden Silberrücken der Gruppe tot aufgefunden. Eine Autopsie zeigte, daß er durch die Schulter geschossen worden war. Der zerschmetterte Arm hatte sich infiziert und zum Tod des Tieres geführt. Als Dian das hörte, war sie empört, aber nicht nur darüber, daß in diesem nicht von ihren Leuten überwachten Teil des Parks immer noch Wilddiebe ihr tödliches Unwesen trieben, sondern über die Beschränktheit der Parkplatzbande, deren Mitglieder wochenlang übersehen hatte, daß der Silberrücken verwundet war.

Ihr Kommentar war beißend.

»Sie haben nicht gemerkt, daß er krank und verwundet war und im Sterben lag! Aber die meisten von ihnen würden nicht einmal einen Elefanten bemerken, der ihnen eine Tonne merde auf den Kopf fallen läßt.«

An Bill Weber schrieb sie: »Vor zwei Monaten wurde Sebahutu, einer der Mörder von Onkel Bert, Macho usw., schon nach zehn Monaten aus dem Gefängnis entlassen, obwohl er eine Strafe von zehn Jahren erhalten hatte. Auch Seregera ist entlassen worden, nachdem er achtzehn Monate gesessen hat. Ich werde über die Aktivitäten der beiden auf dem laufenden gehalten. Beide besitzen Gewehre. Sie sind ständig im Park, und wegen der Elefanten ist Musido-Sabyinyo ihr Hauptarbeitsgebiet. Suhahutu hat vor etwa anderthalb Monaten in der Nähe von Ngezi einen Elefanten geschossen, aber das Tier floh und starb im Gipfel des Visoke.

Mach daraus, was Du willst, aber meiner Meinung nach ist einer dieser Männer oder sind beide schuld am Tod Deines Silberrückens. Wenn Du willst, aber nur mit Deiner und von der Beckes Zustimmung, werde ich mit Hilfe des Substituts und des Militärs, NICHT des Park-Conservateur, eine *gesetzliche* Razzia auf ihre Hütten organisieren… Ich werde es bestimmt nicht tun, wenn Ihr meint, ich wolle mich einmischen.«

Das meinten sie – und so ließ sie es bleiben. Bill Weber schickte ihr jedoch ein aufschlußreiches persönliches Briefchen.

»Ich habe jetzt neun Gorillas sterben sehen, seit ich hier bin, und jeder hat mich persönlich arg mitgenommen. In Anbetracht der Todesfälle und der anderen Dinge, die sich in Ruanda ereignen, glaube ich, Dich nun ein bißchen besser verstehen zu können, aber nur ein bißchen.«

Leider verstand er die Gorillas kein bißchen besser. Knapp eine Woche, nachdem er ihr dies Briefchen geschickt hatte, fand er sich im Krankenhaus von Ruhengeri wieder, zerbissen und mit mehreren gebrochenen Rippen. Er schrieb Dian eine reumütige Schilderung der Ereignisse. Am Donnerstag zuvor waren elf zahlende Touristen gekommen, um Gorillas zu sehen, und Weber hatte sich unbedachterweise bereit erklärt, sie alle zu führen. Als die versprengte Gruppe die Gorillas endlich fand, waren die Tiere in der dichten Vegetation kaum zu sehen. Gelangweilt oder enttäuscht entfernten sich drei Touristen vom Kern der Gruppe und beklagten sich lauthals. Das verscheuchte die Gorillas. Verbissen jagte Weber ihnen mit den Touristen weiter nach. Als er einen Tunnel im Laubwerk entdeckte, beschloß er, hineinzukriechen, um zu sehen, wo die Tiere waren. »Drinnen sah ich etwa acht Meter über mir einen jung aussehenden Silberrücken. Wir schauten uns etwa acht Sekunden an, dann stürzte er sich auf mich. Ich kann mich nur noch daran erinnern, daß ich einen gewaltigen Schlag bekam und spürte, wie sich seine Zähne in mein Genick gruben. Wir rollten etwa zehn Meter den Berg hinunter, bis er endlich losließ und davonrannte…«

Trotz all seiner Fehler wußte Weber genug, um zerknirscht zu sein. Er bat Dian, ihm zu sagen, was er falsch gemacht hatte.

Sie antwortete mitfühlend und freundlich – und gab ihm guten Rat.

»Du warst eindeutig behindert durch die vielen Menschen, ganz zu schweigen von den widerspenstigen. Man kann nicht verlangen, daß die Gorillas solche Horden von Fremden ertragen. Um ihrer Zukunft willen – sie müssen sich in Sicherheit fortpflanzen und natürlich verhalten dürfen – glaube ich, daß nur kleine Menschengruppen zu ihnen hingehen sollten.

Wie Du weißt, bin ich sehr, sehr tolerant, vielleicht sogar allzu rücksichtsvoll gegenüber den Tieren, mit denen ich arbeite. Ich stehe nie aufrecht, wenn ich bei ihnen bin, rauche nicht, zeige nicht auf sie, lasse die Menschgruppen nie auseinanderlaufen usw. Ihre Stimmung ist mir wichtiger als alles andere, aber so bin ich nun einmal... Ich halte auch nichts davon, einer Gruppe zu folgen, wenn sie aufbricht. Man muß immer an den nächsten Tag denken – vertrauen sie Dir noch, wenn Du sie verläßt, oder hast Du dieses Vertrauen bis an die Zerreißgrenze belastet? Ich bin davon überzeugt, daß die Tiere zufrieden sein müssen. Ich selbst war unzufrieden mit so manchem Kontakt, bei dem ich nichts als ein paar fliehende Hinterteile gesehen habe.«

Mit diesem Brief schickte sie Weber leichte Lektüre, die ihm helfen sollte, sich die Zeit zu vertreiben. Wieder einmal war die einsame Frau des Waldes ihrem Ruf nicht gerecht geworden.

Dian war jedoch nicht so naiv zu glauben, daß nun zwischen ihnen alles in Ordnung sei. Sie schrieb Rosamond Carr: »Ich nehme an, Du hast die Nachricht, daß Weber gebissen wurde und zwei Rippen gebrochen hat, schon gehört. Er tut mir wirklich leid, weil er schon immer schreckliche Angst vor Gorillas hatte und weil es jetzt noch schwerer für ihn sein wird. Ich habe Briefe mit ihm gewechselt, alle sehr, sehr höflich und ehrlich. Das wird sich ändern, sobald seine verd... Frau ankommt.«

Drei Tage vor Weihnachten erhielt Dian einen langen Brief von ihrer Lektorin Anita McClellan aus Boston. Er war kein schönes Weihnachtsgeschenk.

Anita schrieb: »In den letzten vier oder fünf Wochen hatte ich eine Anzahl aufschlußreicher Gespräche mit Primatenleuten, darunter Dr. Hal Coolidge... Alle veranlaßten mich zu der Überzeugung, daß eine deutliche Tendenz besteht, Dich durch eine ›wissenschaftlichere‹ Person zu ersetzen, eine Person, die das Schutzgebiet der Gorillas in eine wirtschaftliche Einnahmequelle entwikkeln würde. Alan Goodall bemüht sich überall darum, derjenige zu werden, der Dich ersetzt, wenn Du fortgehst... Barbara Holocek bestätigte, daß die Ansicht von Coolidge und der National Geographic allgemein geteilt wird, nämlich daß Fossey den Gorillas zu nahe gekommen ist, um sie noch wissenschaftlich sehen zu können.«

Durch einen merkwürdigen Zufall brachte der Bote, der Dian diesen Brief übergab, auch ein Briefchen von einem *bazunga* mit, der sich unten auf dem Parkplatz aufhielt. Es war Alan Goodall selbst, der um die Erlaubnis bat, das Lager zu besuchen. Obwohl Dian gerade sein neu erschienenes Buch gelesen hatte und über einiges, was darin stand, verärgert war, schickte sie ihm die Nachricht, daß er kommen könne.

Am folgenden Tag machten Goodall und Peter Veit, geführt von Rwelekana, einen Ausflug nach Kabara in Zaire, um die Wiese zu besuchen, wo Dian ihre Arbeit mit den Gorillas begonnen hatte – und wo Carl Akeley gestorben und vor so vielen Jahren begraben worden war. Sie fanden sein Grab leer. Seine Gebeine waren nur ein paar Tage zuvor gestohlen worden – vielleicht, um daraus ein *Sumu* herzustellen.

Dann war Weihnachten, aber diesmal fand keine Party für die Afrikaner statt. Dian und Peter Veit feierten allein.

»Peter kam um achtzehn Uhr dreißig herauf, und ich war noch nicht fertig, weil ich den ganzen Tag gekocht hatte. Pfirsichpie, Brathühnchen, gefülltes gebratenes Huhn, Kartoffelbrei, Sauce. Ich hatte auch einen Schokoladenkuchen, Eiscreme, Artischockenherzen aus der Büchse, panierte Auberginen und Knoblauchbrot zubereitet. Er aß zuviel. Dann gaben wir uns unsere Geschenke. Er schenkte mir ein neues Notizbuch, eine Etikettiermaschine, ein Exemplar von ›Schöne neue Welt‹ und ein sehr nettes Briefchen. Er sagte, daß niemand außer seiner Familie sein Leben so stark beeinflußt habe wie ich, und wünschte mir Glück.«

Als Dian am Neujahrsmorgen des Jahres 1980 erwachte, tat sie es in der wunderbaren Überzeugung, daß die schlimmsten Aufregungen und Spannungen, die länger als ein Jahr ihr Los gewesen waren, endlich hinter ihr lagen. Fast ungeduldig sah sie einem »langen Urlaub« entgegen. Karisoke schien sicher zu sein. Ihr Buch brauchte nur noch ausgefeilt zu werden. Und was die Aussicht auf einen mehrmonatigen Aufenthalt in Amerika am verführerischsten machte, war die Gewißheit, daß eine neue große Liebe sie dort erwartete. Dian ließ Cindy und Kima zum Herumtollen frei, besuchte ihre Hühner, fand drei frische Eier, blies das Feuer an, das Mukera bereits entzündet hatte, kochte und aß ihr Frühstück und nahm einen Becher Kaffee mit hinaus, um sich hinzusetzen und zuzusehen, wie die hellen Wolken über den Gipfel des Karisimbi zogen.

Obwohl ein Stapel der unvermeidlichen und immerwährenden Schreibarbeiten auf sie wartete, verschwendete sie keinen Gedanken daran, sondern streifte ihre Jeans hinunter, um Beine und Hüfte zu sonnen und zuzuschauen, wie ihre Welt sich mit dem neuen Tag beschäftigte. Ein Schwarm bunter Papageien schoß aus dem Wald auf die große Hagenia neben ihrer Hütte. Eine Duckerkuh trippelte den Wiesenhang hinunter zum Fluß.

Langsam stieg eine bläuliche Rauchfahne von dem Küchenfenster der Männer unten auf der Lichtung auf, und fern von den Hängen des Visoke hallte das fast körperlich spürbare dumpfe Trommeln eines Silberrükkens herüber, das verkündete, daß bei ihm und den Seinen alles in Ordnung war.

Die Sonne stand schon hoch am Himmel, als Dian die dritte Zigarette des Morgens löschte und widerstrebend die Hütte betrat. Dutzende von Briefen mußten geschrieben werden. Sie hatte bereits einige Stunden hart gearbeitet, als es schüchtern an ihrer Tür klopfte.

Sie öffnete und sah einen ihrer Träger, der einen zum Bersten gefüllten Kartoffelkorb auf dem Kopf trug. Verärgert über die Störung fragte sie:

»Was machst du hier, Mutari? Ich habe keine Kartoffeln bestellt!«

»Es sind keine Kartoffeln, Mademoiselle! *Iko ngagi* – es ist ein Gorilla!«

Dian blutete das Herz. Mutari nahm den schweren Korb herunter und trug ihn auf ihren Wink ins Wohnzimmer. Langsam und voller Befürchtungen nahm Dian den Dekkel ab und kippte den Korb zur Seite. Heraus kroch ein sehr schwaches Gorillajunges.

Früh an jenem Morgen hatten zwei verstohlen um sich blickende Afrikaner Dr. Vimont in Ruhengeri besucht und ihn nach langem Zögern gefragt, ob er einen Gorilla kaufen wolle.

»*Als er begriffen hatte, daß sie von einem Tier sprachen, das bereits gefangen war, erklärte er sich bereit, es für etwa eintausend Dollar zu kaufen. Dann fuhr er mit den beiden Männern in seinem Wagen an den Ort, wo das Baby gefangengehalten wurde – einen Kartoffelschuppen am Karisimbi.*

Bevor er das Haus verließ, hatte Dr. Vimont seine Frau gebeten, die Behörden zu informieren. Als die drei Männer mit dem Baby zurückkehrten, machte er die beiden

Händler betrunken, während Soldaten sein Haus umstellten und sie dann verhafteten. Er sorgte dafür, daß das Baby ins Lager hinaufgebracht wurde, wo es so unerwartet ankam. Bis jetzt weiß ich sehr wenig darüber, wie es gefangen wurde, außer daß die Wilddiebe es mindestens zwei Wochen versteckt hielten und daß es wahrscheinlich von der entfernten Seite des Mikeno stammt. Offenbar wurden sowohl seine Mutter als auch der Silberrücken der Gruppe bei der Gefangennahme getötet.

Seine Gesundheit ist viel besser als die von Coco und Pucker. Es ist bei der Gefangennahme nicht verwundet worden und hat sich in kurzer Zeit von künstlicher auf natürliche Ernährung (wilder Sellerie, Disteln, Labkrautblätter, Konsolenpilze, Brombeeren) umgestellt. Aber es ist immer noch äußerst lethargisch, bekommt wahrscheinlich eine Lungenentzündung und hat schrecklichen Durchfall. Während der ersten Woche schlief es bei mir, aber der Durchfall und die Urinseen ließen uns beide nicht schlafen. Jetzt habe ich eine Schlafkiste in mein in einen künstlichen ›Dschungel‹ verwandeltes Schlafzimmer einbauen lassen und konnte den versäumten Schlaf nachholen. Aber es wird schwierig sein, es zu pflegen, weil es ständig Gesellschaft braucht.

Es hatte gar nicht ungelegener kommen können, da ich Mitte Februar nach Cornell aufbrechen wollte. So dankbar ich bin, es hier zu haben, wo es richtig versorgt wird, sosehr mache ich mir Sorgen um seine Zukunft. Habe noch nichts von den ruandischen Behörden gehört, die es gewiß an einen Zoo geben wollen, und glaube auch nicht, daß ich den neuen Studenten, den ich erwarte, die schwere Verantwortung übertragen darf, es in die Wildnis zu entlassen. Bis zur dritten Februarwoche ist es noch nicht so weit, daß ich entscheiden kann, was mit ihm geschehen soll. Wegen meiner Verpflichtungen gegenüber Cornell stecke ich wirklich in der Klemme.«

Das friedliche Zwischenspiel war zu Ende. Drei Tage

nach der Ankunft des verwaisten Gorillajungen (eines dreijährigen Weibchens, das anfänglich den Namen Charlie erhielt) kam der erste neue Forschungsstudent an. Es war Stuart Perlmeter, ein freundlicher sechsundzwanzigjähriger Graduierter in Anthropologie von der University of Oregon. Dian machte eine ihrer raschen Bewertungen.

»Ich mag ihn wirklich ziemlich gern, weil er reif und rechtschaffen zu sein scheint. Ich glaube, daß er derjenige ist, dem ich die Leitung während meiner Abwesenheit übertragen werde.«

Inzwischen zeigte sie ihm, wie das Lager geleitet wurde, und stellte ihn den Gorillas vor.

Am 12. Januar kamen die anderen beiden Studenten: der vierundzwanzigjährige John Fowler, ein Student mit Hauptfach Zoologie von der University of Georgia und die vierunddreißigjährige Carolyn Phillips, eine gutaussehende Frau, deren Befähigung für die Aufgabe aus einem Bakkalaureat in Englisch und einem allgemeinen Interesse an Tierverhalten bestand. Zusammen mit Peter Veit, dem Dienstältesten, war das Quartett, wie sich ein Besucher des Lagers ausdrückte, »eine ziemlich gemischte Gesellschaft«.

Carolyn Phillips' Aufenthalt war von kurzer Dauer. Am 1. Februar kehrte sie nach den Vereinigten Staaten zurück. Nach ihrer Abreise ordneten die drei jungen Männer ihre Beziehungen neu, fast so wie Gruppe 4 es getan hatte, als sie der weiblichen Mitglieder beraubt worden war.

Dian war so beschäftigt wie eh und je. Sie pflegte Charlie, versuchte, ihre Habe und ihre Papiere zu packen, lernte die neuen Studenten an und überwachte die Patrouillen gegen die Wilddiebe. Da sie nicht viel Vertrauen in Perlmeters Fähigkeiten setzte, die Wilddiebe unter Druck zu halten, beschloß sie, vor ihrer Abreise noch einen Präventivschlag auszuführen. Zu diesem

Zweck heuerte sie zusätzliche Leute an, und den ganzen Januar und Februar säuberten ihre Patrouillen die Umgegend so kräftig, daß im Umkreis von vier oder fünf Kilometern um das Lager praktisch nicht mehr gewildert wurde. Außerdem »arrangierte« Dian (wie sie es erreichte, ist nicht bekannt), daß der berüchtigte Sebahutu verhaftet und eingesperrt wurde.

»Habe den Mann ins Gefängnis werfen lassen, der meiner Meinung nach für die Erschießung des Silberrükkens Brutus aus Gruppe 13 im Dezember verantwortlich ist – derselbe Mann, der Onkel Bert und Macho getötet hat.«

Obwohl die führenden Persönlichkeiten des Naturschutzes ihre Maßnahmen gegen die Wilddiebe weiterhin schief ansahen, hatte sie ihre Anhänger. Einer davon war der Manager der Nippenose Equipment Company in Williamsport, Pennsylvania. Als er die traurige Geschichte von Mutarutkwas Kummer mit den Stiefeln hörte, ließ er ein Paar Vesque-Stiefel Größe 44 speziell anfertigen.

»Mann, ich weiß nicht, wer überraschter war – die Afrikaner, ich oder Mutarutkwa... Wir strömten alle herbei, zeigten ihm, welcher Stiefel an welchen Fuß gehörte, und schnürten sie ihm zu, immer noch ziemlich ungläubig, daß solch riesige Füße tatsächlich beschuht werden konnten.
Mutarutkwa saß zuerst einfach da und lächelte benommen. Dann erhob er sich langsam von der Bank vor meiner Hütte, tat ein paar Schritte, die immer länger wurden, und begann dann zu rennen, bis er hinter der Hütte war, wo er unbeobachtet zu sein glaubte. Dort machte er halt, starrte liebevoll auf seine Füße und fing dann an, wie eine Antilope über die Wiese zu springen, bis er in einen tiefen Abflußgraben fiel. Kummervoll blikkend stemmte er sich heraus, zum Glück jedoch mit heilen Knochen.
Ein paar Minuten später ging er auf Patrouille, die Augen

auf seine Füße geheftet, und wenn er mit einem Elefanten zusammengestoßen wäre, hätte er es meiner Meinung nach gar nicht gemerkt.
Einige Menschen glauben, Naturschutz erfordere Flugzeuge, Jeeps, Asphaltstraßen und kunstvolle Gebäude – sie sollten sich einmal mit Schuhen beschäftigen!«

Ende Januar hatte Dian Bob Melone, den neuen Botschafter der Vereinigten Staaten in Ruanda, und den französischen Botschafter zu Gast. Sie mußte sich wieder einmal Schelte wegen ihrer »illegalen« Aktivitäten anhören sowie eine Warnung, daß das Außenministerium sie nicht würde schützen können, falls die Ruander Schritte gegen sie unternähmen. Dian erhielt den Eindruck, daß solche Schritte in Amerika sogar gebilligt würden; sie war darüber jedoch eher amüsiert als ärgerlich. Sie wußte, daß ihre Aktien beim Präsidenten von Ruanda nie besser gestanden hatten. Dieser hatte gerade bestimmt, daß Charlie, das Gorillababy, bis zu seiner Wiederherstellung in ihrer Obhut bleiben solle und daß sie es danach, falls gewünscht, wieder freilassen dürfe.

Fünf Tage darauf erhielt sie unerwartet Besuch von Robinson McIlvaine. Am 10. Februar schickte er vom AWLF-Büro in Nairobi einen Vermerk an die diversen Mitglieder des neuen, erweiterten Berggorillaprojekts, in dem er seinen Besuch beschrieb.

McIlvaine wurde am Flughafen von Kigali von Projektleiter Jean Pierre von der Becke und US-Botschafter Melone abgeholt. Er wohnte bei Melone, außer wenn er sich »im Landesinneren« befand. Am Tag nach seiner Ankunft fuhr von der Becke ihn an den Fuß des Pfads nach Karisoke, begleitete ihn aber nicht bei seinem Aufstieg im strömenden Regen. McIlvaine zufolge sprach Dian nicht mehr mit von der Becke und den Webers, die ihr Lager am Fuß des Berges hatten.

McIlvaine berichtete, daß Dian an akutem Ischias, einer schlimmen Hüfte und einem Emphysem litt, außerdem aber noch ein Trauma wegen ihrer bevorstehenden Abreise und neuen Aufgabe an der Cornell-Universität hatte. Er hielt es durchaus für möglich, daß sie in letzter Minute nicht den Mut würde aufbringen können, Karisoke zu verlassen. Er schrieb: »In ihren vernünftigeren Augenblicken gedachte sie, ein Aufsichtskomitee aus berühmten amerikanischen Wissenschaftlern zur Verwaltung des Forschungszentrums zu gründen.« Inzwischen sei sie, »da sie Sandy Harcourts Angebot abgelehnt hatte«, bereit, das Lager unter der Aufsicht eines der beiden neuen Studenten zurückzulassen. McIlvaine hatte den Verdacht, daß Benda-Lema Harcourt holen würde, sobald Dian fort war.

In dem Bericht ging er auch auf den Fortschritt des jetzt schon fast zwei Jahre alten Berggorillaprojekts ein. Als er feststellte, daß die ruandische Regierung den von ihm in die Wege geleiteten Vertrag immer noch nicht unterschrieben hatte, bezeichnete er das Hauptquartier des Parc des Volcans in Kigli als »Sauhaufen«. Ihm zufolge war der Conservateur selten anwesend und oft betrunken. Einen von WWF gestifteten Geländewagen hatte er nach 20 000 Kilometern in einen Graben gefahren. »Die Parkwächter haben offenbar keine Arbeitsmoral, und fünf von ihnen sitzen im Gefängnis.«

McIlvaine schloß seinen Bericht mit den tapferen Worten: »Obwohl die Lage kaum schlimmer sein könnte…, beschlossen wir, die Angelegenheit voranzutreiben.«

Dians Reaktion auf diesen Vermerk, den sie von einer mitfühlenden Seele aus Nairobi erhielt, wurde nicht überliefert. Das ist wahrscheinlich kein großer Verlust.

Um ihre letzten Wochen in Karisoke noch weiter zu komplizieren, kam am 3. Februar ein japanisches Filmteam an, das sie und die Gorillas einen Monat filmen wollte. Sie war in Japan bereits wohl bekannt, aber dieser Film sollte sie berühmt machen.

Die Filmleute waren entzückt über Charlie. Das wiederhergestellte Gorillajunge war dabei, die Herrschaft in Karisoke zu übernehmen.

»Sie ist ein verzogenes Balg geworden, das tut, was es will. Aber wir müssen sie jetzt darauf vorbereiten, in den Wald zurückzukehren. Glücklicherweise hat John Fowler sich als großartiger Babysitter erwiesen und macht nun wieder einen Gorilla aus ihr. Sie darf das Obst und Brot, das sie so liebt, nicht mehr bekommen und muß an nächtliche Außentemperaturen gewöhnt werden, anstatt in ihrer schönen Schlafkiste, die sie ein dutzendmal zertrümmert hat, über dem Kamin in meinem Schlafzimmer zu schlafen. Zum Glück ist Fowler willens, mit ihr draußen zu schlafen.«

Im Laufe des Februar mußte Dian eine schwierige Frage lösen. Sollte sie es wagen, Charlie noch vor ihrer Abreise, die nun für den 1. März geplant war, in eine der Studiengruppen einzuführen, oder sollte sie es Perlmeter überlassen? Sie beschloß, es selbst zu wagen, obwohl sie glaubte, Charlie sei für die Rückkehr in das Leben eines freien Gorillas noch nicht genügend vorbereitet.

»Wir begannen Mitte Februar mit dem Aussetzungsplan. Meine Wahl war auf Gruppe 4 gefallen, weil sie keine Säuglinge, brünstigen oder hochschwangeren Weibchen hatte, die eifersüchtig werden könnten, wenn aus heiterem Himmel ein neues Baby erschien. Das waren zum Teil die Gründe, weshalb ich Gruppe 5 ausschloß, die außerdem auch zu weit fort und daher durch Wilddiebe gefährdet war.

Eine Woche vor meiner Abreise schickte ich John Fowler und Nemeye hinaus, um im Gebiet von Gruppe 4 ein Biwak aufzuschlagen. Sie hatten weder Feuer noch Verpflegung, nur Schlafsäcke. Die Absicht war, das Baby vom Lager zu entfernen und daran zu gewöhnen, wieder im Wald zu leben.

Wir wählten den 29. für unsere Unternehmung. Wer hätte gedacht, daß Gruppe 4 ausgerechnet an diesem Tag mit einer der Randgruppen zusammenstoßen würde? Es goß nur so, und die Gorillaspuren waren scheußlich, gefüllt mit Angstkot und Angstgeruch. Sie liefen kreuz und quer wie ein Teller Nudeln. In dem Durcheinander und Regen verloren wir Gruppe 4 und landeten bei der Randgruppe, deren Silberrücken John angriffen, der mit Rwelenkana voranging, während ich mit Charlie und dem Filmteam folgte.

Wir kehrten zurück ins Biwak, und ich grübelte nach, was zu tun sei. Ich hatte nur noch zwei Tage, und die Studenten wollten die Verantwortung nicht übernehmen, das Junge ohne mich auszusetzen. Sehr schweren Herzens beschloß ich am Morgen, es in Gruppe 5 einzuführen. Ich hatte starke Bedenken, weil Tuck, eines der jungen Weibchen, brünstig war und Effie, eines der älteren, ihr Baby jeden Augenblick bekommen konnte.

Kurz und gut, wir machten uns früh am nächsten Morgen auf den Weg. John trug Charlie Huckepack. Und wir wären alle fast getötet worden!

Als wir Gruppe 5 erreicht hatten, stiegen John und ich mit dem Baby auf einen Baum, damit es sich aussuchen konnte, ob es bei uns bleiben oder zu der wilden Gruppe hinabsteigen wollte. Ich glaubte auch, daß es günstig sei, auf dem Baum zu sitzen, falls die Gruppe Aggressionen zeigte.

Beethoven, der Anführer von Gruppe 5, sah uns zuerst vor den anderen. Tuck und Effie schnüffelten und starrten, dann kamen beide an den Fuß des Baumes. Charlie wand sich aus Johns Armen und kletterte direkt zu ihnen hinunter. Einen Augenblick ging alles gut, und Tuck umarmte das Baby, aber dann wurde es stürmisch! Tuck und Effie zogen an dem Baby wie an einer Flickenpuppe. Dann kam Ikarus, der junge Silberrücken, herbei und begann, das Baby zu schlagen. Es wurde geschüttelt und gezerrt, gebissen und gekniffen, geworfen und geschleift. Der Lärm, den die kreischenden und brüllenden Gorillas

machten, war haarsträubend. Selbst Beethoven stürmte an den Fuß des Baumes.
Einmal riß ich Tuck und Effie das Baby weg, schreiend und fluchend, wie nur Fossey es kann, aber es kletterte aus eigenem Antrieb wieder hinunter, und die Mißhandlungen begannen von neuem. Nach fast einer Stunde begann es, in Strömen zu regnen, und der größte Teil von Gruppe 5 suchte Schutz im nahen Gebüsch – Pablo nahm meine Kamera mit, die ich fallengelassen hatte. Schließlich humpelte das Baby herüber zu unserem Baum. Ich ergriff es wieder und schob es hinauf zu John, der es unter seine Regenjacke steckte. Ich fand, das sei genug des Schreckens, und wir sollten es wieder mit nach Hause nehmen.
Wir mußten noch eine Stunde ausharren, weil Ikarus und Tuck dicht am Fuße unseres Baumes drohend Wache standen. Jedesmal wenn wir uns ein Stückchen bewegten, grunzten und fauchten sie, und er trommelte sich auf die Brust. Sein Kopfhaar stand steil zu Berge, und er strömte den unangenehmen Aggressionsgeruch aus. Sie wußten, daß das Baby bei uns war, obwohl sie es nicht sehen konnten, und wollten es unbedingt haben.
In dieser zweiten Stunde hatte ich zum zweiten Mal in meinem Leben Angst vor Gorillas (in der ersten zum ersten Mal). Endlich hörte der Regen auf, und Beethoven führte die Gruppe langsam fort, ausgenommen Tuck und Ikarus, die auf den Baum zu steigen versuchten. Ich mußte ihnen einen Tritt geben. Schließlich waren sie alle fort, und wir schlichen uns heim. Am folgenden Tag mußte ich in die Vereinigten Staaten abreisen. Das Baby befand sich wieder in meinem Schlafzimmer, und nichts war gelöst.«

Drei Wochen später führten Stuart Perlmeter und der Afrikanerstab von Karisoke Charlie – die inzwischen in Bonne Année umgetauft worden war – in Gruppe 4 ein, wo sie rasch ein Mitglied von Peanuts Familie wurde.

19

Die Befürchtungen McIlvaines und der Sponsoren des Berggorillaprojekts, daß Dian nicht »genug Mut« aufbringen würde, um abzureisen, wurden am Morgen des 3. März zerstreut, als sie, begleitet von einer langen Reihe Träger, den schlammigen Pfad zum Parkplatz hinunterstieg.

Der Abschied vom Lager war, um eines ihrer Lieblingswörter zu benutzen, schmalzig gewesen. Die Trennung von Cindy und Kima fiel ihr schwer und die von ihren Mitarbeitern nicht viel leichter. Nemeye, der nun elf Jahre bei ihr war, bat sie um das Versprechen, daß sie bald zurückkehren würde, und brach in Tränen aus. Vatiri und die sechs Mitglieder der Patrouille gegen die Wilddiebe boten sich freiwillig an, ihre sechzehn Kisten, Kartons und Koffer den Berg hinabtragen zu helfen. Als sie auf den Vordersitz des auf dem Parkplatz wartenden Lieferwagens kletterte, überreichte Chefträger Gwehandagoza ihr einen kleinen, aus glänzendem Hartholz geschnitzten Gorilla. »Er sagte es nicht«, vermerkte Dian, »aber ich glaube, es war ein gutes Sumu.«

Sie konnte ein bißchen wohltätigen Zauber gut gebrauchen, als ihre Exilzeit begann.

»Am 4. verließ ich Kigali. Von New York flog ich direkt weiter nach Ithaca – es war eine ganz schön lange Reise. Glenn Hausfater und ein paar andere Leute von Cornell erwarteten mich freundlicherweise, und dann mußte ich anfangen, mir eine Wohnung zu suchen. Nach einer Woche bekam ich die Grippe und lag zwischen Umzügen von Motels zu Hotels zehn Tage platt auf dem Rücken.

Die Umstellung vom Lager hierher war auch ohne den Umstand, daß meine Temperatur binnen Minuten zwischen 38 und 40 Grad hin- und herschwankte, schlimm genug. Mein Gehirn kam mir wie gebraten vor.
Ich schrie nach meinen Afrikanern. Eine schlimme Szene, und ich fühlte mich, als wäre alles zu Ende.
Schließlich fand ich eine Wohnung – nicht das, was ich mir vorgestellt hatte, aber nicht übel. Sie ist ein bißchen kahl, hat aber ein Bett, einen Farbfernseher und ein Bügelbrett, das ich als Tisch benutzen kann, um darauf zu essen, Dias zu sortieren und Schreibmaschine zu schreiben. Der Gedanke, alles noch einmal von vorn zusammenzusuchen und kaufen zu müssen, ist deprimierend. Ich sage mir oft, ich sollte nicht so wehleidig sein, weil ich in meinem Alter noch einmal einen Haushalt führen muß. Immer wieder möchte ich Kanyaragana zu Hilfe rufen – ein Freund hat mir gesagt, daß ich das im Schlaf tatsächlich tue!
Wenigstens habe ich gelernt, wie man das Licht anknipst und daß man die Wasserspülung in der Toilette nicht vergessen darf – eine bemerkenswerte Leistung nach nur drei Wochen in diesem Land. Habe auch ein Auto Modell 76 gekauft, das etwas rostig ist. Ich werde den Führerschein machen – vielleicht.
Am 23. fuhr ich nach Washington zu einem Treffen mit Mr. Brylawski und anderen wegen des Digit-Fonds, aber auch, um meine Sachen zu holen, die mit denen der Criglers verfrachtet wurden, als diese Kigali verließen. Sie befanden sich bei einer Firma namens Fidelity Storage (»Treue-Lager«), deren Treue so stark war, daß sie mich die Sachen nicht einmal anschauen, geschweige denn mitnehmen ließen. Ich weiß also nicht, wann ich meine afrikanischen Möbel, Bilder und Kleider bekommen werde. Eines ist gewiß, das Leben in den Staaten ist nicht so einfach wie in Ruanda!
Das Frühjahrstrimester in Cornell endet ungefähr am

Ein Wilddieb vor dem Abtransport. (Fossey-Archiv)

Ian Redmond tat mehr als alle anderen bei der Bekämpfung der Wilddiebe. (Fossey-Archiv)

Die von Dian organisierten und finanzierten Patrouillen zur Wildiebbekämpfung sammelten und zerstörten Schlingen und Fallen und beschlagnahmten Speere, Bogen und andere Waffen. (Foto von B. Campbell)

Kelly Stewart, die lange in Visoke als Forscherin arbeitete, ist die Tochter des Filmstars James Stewart. (Fossey-Archiv)

Rosamond Carr mit ihrem Hund Flip auf ihrer Plantage in Mugongo. Obwohl sie mit Dians Maßnahmen gegen die Wilddiebe nicht einverstanden war, blieb sie ihr freundschaftlich verbunden. (Chris Collie Rowland)

Karisoke und Dians Hütte in der Abenddämmerung. Dieses Foto vermittelt die Atmosphäre am oft kühlen und nebligen, 3711 m hohen Visoke. (Foto: Bob Campbell/© 1971 National Geographic Society)

Sanweke, der legendäre Spurenleser und Gorillakenner, hält einen Gorillaschädel, den Dian 1966 im Kongo gefunden hat. (Fossey-Archiv)

Dian führt eine Gruppe an. Auf der blätterbedeckten Bahre liegt ein toter Gorilla. (Fossey-Archiv)

Die verstümmelte Leiche von Onkel Bert, der das Opfer von Wilddieben wurde. (Fossey-Archiv)

Das Gorillababy Lee wird auf dem Gorillafriedhof neben Dians Hütte in Karisoke begraben. Das Tier starb an Wundbrand, nachdem es in eine Gorillaschlinge geraten war. (Fossey-Archiv/© 1981 National Georgraphic Society)

Wayne McGuire, der von einem ruandischen Gericht des Mordes an Dian für schuldig erklärt wurde. Da er fliehen konnte, erfolgte das Urteil in absentia. (William Campbell/SYGMA)

Abend in Karisoke. Dian entzündet eine Lampe. (Foto: Bob Campbell)

Dian kniet an Digits Grab. (Yann Arthus-Bertant/Peter Arnold/Life magazine)

Der Trauergottesdienst. Wayne McGuire ist der dritte, Rosamond Carr die fünfte von links. Hochwürden Wallace hält die Grabrede. (Brenton Kelly/Life magazine)

Dians Sarg wird neben Digit auf dem Gorillafriedhof von Karisoke beigesetzt (Brenton Kelly)

Dians reich mit Blumen geschmücktes Grab. Im Hintergrund die Gräber von Gorillas, die Wilddieben zum Opfer fielen. (Brenton Kelly)

Peanuts hat gerade Dians Hand berührt. Ein erstes Dokument der Berührung zwischen Gorilla und Forscherin. Dian gewann das Vertrauen der Gorillas, indem sie ihr Verhalten nachahmte. (Foto: Bob Campbell/© 1971 National Geographic Society)

10. Mai. Zuvor muß ich zwei öffentliche Vorträge halten, und es wird erwartet, daß ich an wissenschaftlichen Abhandlungen arbeite. Cornell hat mir ein Büro in den Langmuir-Laboratorien gegeben, wo ich auch eine Sekretärin beschäftigen darf. Dank Dr. Hausfaters Bibliothek und der des Campus konnte ich meine Lektüre auf den neuesten Stand bringen. All das Lesen, Notizenmachen, Gedanken für Vorlesungen Formulieren und die Möglichkeit, meine Schriftstellerei fortzusetzen, haben mich sehr angeregt. Alles wird einfach durch die Leichtigkeit, mit der man auf fast ländlichen Straßen nach Langmuir fahren kann, obwohl mein Auto nicht beesonders ist. Es gab schon am ersten Tag seinen Geist auf und mußte heute in eine Reparaturwerkstatt geschleppt werden.
Der letzten Dezember im Lager gedrehte ABC-*Film wurde am vergangenen Wochenende gesendet, und ich hätte mich am liebsten verkrochen, als ich ihn gesehen hatte. Ich sah aus wie meine eigene Urgroßmutter und sprach etwa so deutlich, wie sie ohne Gebiß gesprochen hätte. Erstaunlich, wieviel Geld ausgegeben wird, bloß um eine halbe Stunde voller Werbung zu produzieren.*

Habe einen guten Arzt in Ithaca gefunden, der ein chronisches Leiden diagnostiziert hat. Seine medizinische Behandlung scheint tatsächlich zu wirken. Bekomme sie nun seit zwei Tagen und fühle mich wie ein wackliges Fohlen. Vielleicht werde ich hier in Cornell am Ende noch »humanisiert«. Es ist gewiß ein großartiger Ort, um altgediente Feldforscher wieder zu Menschen zu machen, aber jedesmal, wenn ich an das Lager denke, fühle ich mich, als stieße mir jemand ein Messer ins Herz.«

Es ist schwer vorstellbar, wie Dian die »schlimme Umstellung« von Karisoke auf die völlig fremde Lebensweise in Ithaca ohne die kräftige und mitfühlende Unterstützung Glenn Hausfaters gemeistert hätte. Zehn Tage nach ihrer Ankunft in Ithaca waren die beiden ein Liebespaar.

Hausfater erwies sich als genau der rücksichtsvolle und mitfühlende Mann, der Dians gefühlsbedingte Eigenarten ertragen konnte, ohne daß seine Zuneigung zu ihr nachließ. Auch war er, wie sie selbst sagte, »so voll von Spaß und Verständnis«. In diesen ersten schweren Wochen der Wiederanpassung war er Führer, Mentor, Kamerad und »Familie« zugleich. Er steuerte sie nicht nur durch die Klippen der akademischen Welt, sondern machte sie auch mit dem behaglichen Leben einer im Norden der Vereinigten Staaten gelegenen Universitätsstadt bekannt und mit Leuten, in deren Gesellschaft sie sich wohl fühlen konnte. Er führte sie in hochgeschätzte Restaurants wie »Curry in a Hurry« und »State Diner«, in Rasthäuser und Discos. Darüber hinaus erforschte er mit ihr die Wälder und Felder, die von ihrer Wohnung aus zu Fuß erreichbar waren und wo sie Eichhörnchen, Waschbären, Rotwild und hin und wieder auch einen Fuchs antreffen konnte.

Aber Karisoke ging ihr nicht aus dem Sinn. Bei ihrem Besuch in Washington am 23. März bestellte Fulton Brylawski den Ausschuß des Digit Fund Inc. in sein Büro. Es kamen nicht nur die drei Direktoren – Dian, Brylawski und Dr. Snider –, sondern auch Melvin M. Payne, Vorstandsvorsitzender der National Geographic Society, und Geschäftsführer-Schatzmeister Robinson McIlvaine.

Dian berichtete, daß sie das Geld aus dem Fonds für die Ausbildung, Ausrüstung und Bezahlung der Patrouillen gegen die Wilddiebe ausgegeben und was sie erreicht habe: »In einem einzigen Jahr wurden viertausend Fallen zerstört.« Mit Bedauern unterrichtete sie ihre Direktoren, daß seit Mitte März keine Patrouillen mehr stattfänden, weil während ihrer Abwesenheit niemand im Lager gewillt sei, sie zu überwachen und zu organisieren.

Dann war der Geschäftsführer-Schatzmeister an der Reihe. Laut Protokoll der Sitzung:

»Schlug Mr. McIlvaine vor, der Vorstand möge die Auflösung des Digit Fund Inc. als separates Gebilde erwägen und erlauben, daß er mit der African Wildlife Leadership Foundation verschmolzen werde.«

Damit bekam er Ärger. Die gefügige Dian Fossey, die er einst gekannt hatte, gab es nicht mehr. Statt dessen stieß er auf eine Frau, die solch eine Fusion nicht guthieß und ihm unmißverständlich klarmachte, daß der Digit-Fonds bestehen bleiben würde, bis der letzte Wilddieb von den Virungas vertrieben war. Zum Schluß ließ sie noch einmal laut ihren Schlachtruf erklingen: »Ich werde nicht zulassen, daß Digit umsonst gestorben ist!«

Es war der erlauchte Melvin Payne, der Öl ins Feuer goß mit dem Vorschlag, die Entscheidung ein Jahr aufzuschieben »mit der einvernehmlichen Feststellung, daß, wenn dann immer noch Übereinstimmung über die Fortsetzung des Fonds als separates Gebilde besteht, Mr. McIlvaine sich vielleicht genötigt sehen wird, von seiner aktiven Rolle als Verwalter des Fonds zurückzutreten«. Die Sitzung wurde vertagt.

Inzwischen braute sich in Ruanda Unheil zusammen. Das VW-Paar hatte sich Peter Veits angenommen und über ihn bei Perlmeter sondiert, ob sie ins Lager zurückkehren und ihre alte Hütte beziehen dürften. Höflich, aber bestimmt hatte Perlmeter diesen Unterwanderungsversuch abgelehnt. Aber schon ein paar Tage später vertraute von der Becke Perlmeter, mit dem er sich angefreundet hatte, an, daß Sandy Harcourt immer noch plane, nach Karisoke zurückzukehren, und nicht nur die finanzielle Unterstützung der National Geographic Society habe, sondern auch die Zusage Benda-Lemas, daß er jederzeit willkommen sei.

Die drei jungen Leute in Karisoke waren entsetzt über diese Nachrichten. Keiner glaubte, daß er es unter Harcourt lange aushalten würde. So schrieb Perlmeter Harcourt einen sorgfältig formulierten Brief, in dem er ihn darauf hinwies, daß Karisoke im Augenblick nicht von der National Geographic, sondern von Dian selbst finanziert werde und daß das Zentrum keine zusätzlichen Forscher aufnehmen könne. Tapfer schloß er: »Ich halte es für meine Pflicht als stellvertretender Direktor, jeden Versuch, den Sie oder Ihre Frau unternehmen, im kommenden Jahr ins Lager zurückzukehren, zu unterbinden.«

Harcourt antwortete nicht. Er informierte jedoch das VW-Paar, daß er bald in Kigali eintreffen werde. Als diese Nachricht Stuart erreichte, geriet er in Panik. Am 27. März schrieb er Dian:

»Harcourt kommt im April – zweifellos, um das Lager aufzusuchen und sich umzuschauen. Welchen Status hat das Lager, Dian? Wenn National Geo ihm Geld und Macht gibt, was soll ich tun, um zu verhindern, daß er kommt und die Macht übernimmt? Du hast damit gerechnet, daß sein Stolz ihn daran hindern würde, aber das scheint überhaupt nicht der Fall zu sein!«

Dian, die nicht mehr ganz allein auf einem Berg am Äquator saß, konnte sich nun erfolgreicher wehren. Sie wandte sich direkt an die Mandarine der National Geographic Society. Sie wies darauf hin, daß sie die von ihr verlangten Bedingungen erfüllt habe, und bat um sofortige Freigabe des lange aufgeschobenen versprochenen Unterhaltsbeitrags an das Forschungszentrum Karisoke. Die Gesellschaft, die vielleicht ein wenig Reue verspürte, versprach es ihr. Darüber hinaus versicherte sie Dian, daß Harcourts Unterstützung bis zur Klärung der Lage einbehalten würde.

Das sah aus wie ein Sieg, doch wenn Dian glaubte, sie hätte Sandy Harcourt mattgesetzt, unterschätzte sie seine Hartnäckigkeit sehr. Sie hätte auch die Tatsache ignorieren müssen, daß er immer noch die erste Wahl derjenigen war, die ihre Ablösung oder, anders ausgedrückt, ihre Vertreibung aus Karisoke wünschten.

Am 11. April schrieb Stuart Perlmeter wieder:

»Heute nachmittag stattete Mr. Sandy Harcourt mir

einen Besuch ab und informierte mich in seinem gewohnten Ton, daß er nach Karisoke komme, ob es mir passe oder nicht.« Harcourt teilte Perlmeter mit, daß er die Genehmigung des ORTPN habe und Geld von der Guggenheim Foundation, um Kelly und sich zu ernähren. »Da wußte ich, daß ich es mit einem sehr ehrgeizigen Mann zu tun habe, der entschlossen ist, hier so bald wie möglich die Leitung zu übernehmen.«

Perlmeter kam zu dem Schluß, daß ihm in diesem Fall keine andere Wahl blieb, als fortzugehen, obwohl er dann »Harcourts Hoffnungen erfüllen und einer neuen Dynastie den Weg ebnen würde.«

Dieser Brief erreichte Dian erst Ende April. Bis dahin hatte sie sich wohl gefühlt. Sie hatte ihren tief verwurzelten häuslichen Instinkten freien Lauf gelassen und ihre Wohnung in ein Heim verwandelt. Es wurde schließlich zum Spiegel ihrer Persönlichkeit, als Kisten und Kästen aus Washington ankamen und sie die Wände mit afrikanischen Matten, Speeren, Schnitzereien und Gorillaporträts behängen konnte, wodurch die sterile Wohnzelle in einem Betonklotz einen Hauch von afrikanischer Atmosphäre erhielt.

In dieser Zeit hielt sie zwei beifällig aufgenommene öffentliche Vorträge und gewöhnte sich an ihr Büro im Langmuir-Laboratorium. Anita McClellan, eine hübsche, sehr romantisch veranlagte junge Frau, kam und brachte ein redigiertes Exemplar von Dians Buch mit. Obwohl die beiden bisher nur brieflich verkehrt hatten, stellten sie in den folgenden vier Tagen fest, daß sie sich ausgezeichnet verstanden.

Als Dian Perlmeters herzerweichenden Notruf erhielt, schickte sie ihm ein Telegramm, in dem sie ihm versicherte, daß Harcourt und die Eindringlinge vom Berggorillaprojekt unter Kontrolle gehalten werden können und würden. Um sicherzugehen, daß er fest blieb, meldete sie für Juli eine kurze Rückkehr nach Karisoke an.

Bei dieser Gelegenheit wollte sie auch die Atmosphäre beim ORTPN reinigen.

Zehn Tage darauf erhielt sie einen weiteren Brief von Perlmeter. Sein Inhalt war niederschmetternd. Paulin Nkubili – »Onkel Billy« –, der einzige ruandische Beamte, dem sie bedingungslos vertraute und der sie in all den Jahren beschützt hatte, war angeklagt worden, in einen Putsch gegen den Präsidenten verwickelt zu sein, und würde wahrscheinlich hingerichtet werden. Des weiteren teilte Perlmeter Dian mit, daß er den Druck in Karisoke nicht länger ertragen könne: »Bis jetzt habe ich die Arbeit immer geliebt, aber ich fürchte, viel länger werde ich die mir übertragene Aufgabe nicht mehr erfüllen können... Da Du ja im Juli zurückkommen willst, könntest Du einen interessierten Studenten auftreiben, der die Stellung bis zu Deiner endgültigen Rückkehr übernimmt? Ich meine es ernst, Dian. Ich weiß nicht, wie lange ich noch in Karisoke überleben kann.«

Dieser Brief war ein schwerer Schlag für Dian.

»Ein schrecklicher, schrecklicher Tag. Schlimmer Brief von Stuart. Harcourt wird niemals aufgeben. Ich weiß nicht, was ich tun soll.«

Perlmeters drohende Fahnenflucht war nicht das einzige, was Dian deprimierte. Nun hörte sie, daß die Unterstützung der National Geographic für Harcourt und Kelly nur »auf Eis gelegt« war und daß eine wachsende Anzahl führender Primatologen die Ansicht vertrat, Harcourt würde das Zentrum besser verwalten als sie, weil »er ein objektiverer und besser ausgebildeter Wissenschaftler« sei. Trotz ihrer langjährigen Erfahrung und ihres Doktorgrads der Universität Cambridge erkannte Dian, daß sie in den Augen des wissenschaftlichen Establishments immer noch eine Amateurin war.

Den ganzen Mai hindurch bis Anfang Juni hagelten weitere Schläge auf sie herab. Die Entdeckung, daß sie nicht die einzige Frau in Glenns Leben war, verwandelte ihre sogenannte »Rhapsodie in Ithaca« zeitweilig in eine Kakophonie der Gefühle.

Am 13. Mai erfuhr sie von einem bekannten Neurologen, daß ihr Rückgrat vermutlich unheilbar geschädigt sei und daß sie sich darauf vorbereiten müsse, eines Tages gelähmt zu sein. Sie litt immer noch an ihrem Emphysem und nicht diagnostizierten Brustschmerzen. Die innere Infektion (welche mit ihren Nieren zusammenhing), die sie so optimistisch für besiegt gehalten hatte, kehrte zurück und plagte sie. Zu allem Elend war ihre Periode mehrmals hintereinander ausgefallen, so daß sie befürchtete, schwanger zu sein.

Das Schicksal gönnte ihr keine Atempause. Am 19. Mai trat McIlvaine ganz plötzlich von Digit Fund Inc. zurück und hinterließ ihr die Aufgabe, jemanden zu suchen, der das finanzielle Durcheinander zwischen diesem Fonds und dem AWLF/Digit-Fonds entwirren konnte. Glücklicherweise bot ihr die bewundernswerte Dr. Shirley McGreal von der International Primate Protection League ihre Dienste an.

In diesen Wochen vertiefte sich Dians Depression. Nacht für Nacht lag sie wach und dachte sehnsüchtig an Karisoke.

»Es ist meine Schöpfung. Zwölf Jahre meines Lebens! Wie kann ich es jetzt verlieren? Welches Recht haben sie, es mir wegzunehmen, bloß weil mir kein Doktorgrad in die Wiege gelegt wurde? Wenn sie gewinnen, wird es das Ende der Gorillas sein.«

Cindy und Kima gingen ihr ebenfalls nicht aus dem Sinn. Sie vermißte sie mit fast unerträglicher Heftigkeit. Die Fotos an ihrem Bett schienen sie anzuklagen, sie verlassen zu haben. Die Gorillaporträts an den Wänden starrten sie vorwurfsvoll an.

»Ich habe schreckliche, schreckliche Träume, daß sie getötet werden und daß es allein meine Schuld ist... Ich kann nicht einmal ihre Bilder ansehen.«

Ende Juni kam wieder einer der mittlerweile gefürchteten Briefe von Perlmeter. Ein paar Minuten schaute Dian sich wehmütig die bunte Reihe ruandischer Briefmarken an, den Augenblick aufschiebend, in dem sie weiteren unheilvollen Nachrichten aus Karisoke würde ins Auge blicken müssen. Was sie in dem hellblauen Luftpostumschlag erwartete, übertraf ihre schlimmsten Befürchtungen.

»Kimas Tod hat uns alle überrascht«, schrieb Perlmeter. »Ich habe diesen Brief dreimal neu geschrieben und hundertmal in Gedanken entworfen, aber mir fehlen einfach die richtigen Worte.«

Er tat sein Bestes. Er schilderte die Ereignisse des 4. Juni, als er beim Erwachen in Dians Hütte, in der er zur Zeit schlief, Kima fast apathisch in ihrer Kiste fand. Nachdem er, John Fowler und Kanyaragana alles, was sie nur konnten, getan hatten, um sie wachzurütteln, hatten sie sie in eine Wolldecke gewickelt und nach Ruhengeri ins Krankenhaus getragen. Unglücklicherweise war Dr. Vimont auf Urlaub, und sie konnten niemanden finden, der sich mit einem Affen abgeben wollte. »Der letzte, den wir fragten, war zufällig Dr. Weiss, der uns fast hinausgeworfen hätte... Erst nachdem Jean-Pierre uns gesagt hatte, wer er war, erkannten wir unseren Fehler.«

Kima war nicht mehr zu retten. Die drei Männer brachten den Leichnam zurück ins Lager und begruben ihn am folgenden Tag »gleich hinter der großen Hagenia vor Deiner Hütte. John schnitzt eine kleine Gedenktafel mit Kimas Namen darauf. Ich weiß, daß nichts, was ich schreibe, Dir in einer solchen Zeit helfen kann. Kima hat ein schönes Leben gehabt, mehr Träger gejagt, als es Sterne am Himmel gibt, und Dir wahrscheinlich mehr Trost und Liebe gegeben als jedes andere Tier. Kopf hoch, Dian.«

Darüber, wie diese Tragödie sie berührte, berichtet Dian uns nichts außer: »Erhielt die Nachricht von Kimas

Tod und drehte durch.« Glenn ließ seine Arbeit im Stich und verbrachte die folgenden zwei Tage damit, sie zu beruhigen. Der Trost, den er ihr gab, half ihr über die schlimmste Zeit der Trauer hinweg.

Es ging nicht so sehr darum, daß Kima Dian, wie Perlmeter schrieb, »mehr Liebe als jedes andere Tier« gegeben hatte, sondern vielmehr darum, daß Kima das Objekt der überquellenden Liebe einer Frau gewesen war, die kein anderes verläßliches Ventil finden konnte. Dennoch war Kima nicht einfach ein Kindesersatz, wie einige Leute meinten. Sie war ein Wesen, dessen Bedürfnisse Dians Liebesfähigkeit in all den Jahren der Enttäuschungen mit ihren Artgenossen am Leben erhielten. Ihr Kummer über Kimas Verlust war tief und lang – aber nicht so langlebig wie das Schuldbewußtsein, das sie empfand, weil sie Kima in Karisoke zurückgelassen hatte.

Karisoke war mittlerweile eine schwache Nußschale mitten in einem Strudel, den die Behörden dreier verschiedener Regierungen und so mächtige Organisationen wie die Fauna Preservation Society, der World Wildlife Fund, die National Geographic Society und die African Wildlife Leadership Foundation erzeugt hatten.

Dian war schmerzlich klar, daß das Zentrum nicht als das aus dem Augenblick entstandene Gebilde, das sie einst geschaffen hatte, weiterleben konnte. Wenn es Bestand haben sollte, brauchte es eine eigene Machtbasis. Anfang 1980 hatte sie sich etwas ausgedacht, was sie »Aufsichtskomitee« nannte. Es war ein Verwaltungsrat aus in den Vereinigten Staaten und anderswo angeworbenen renommierten Primatologen, der einen festen Verteidigungswall für die Zukunft von Karisoke bilden sollte.

Sie war ein wenig überrascht, als sogar einige derjenigen, die sie zu ihren Gegnern zählte, der Idee Beifall spendeten. Bis Ende Mai 1980 hatten sechzehn einflußreiche Männer und Frauen sich bereit erklärt, als Mitglieder des wissenschaftlichen Direktoriums des Forschungsinstituts Karisoke zu fungieren. Die erste Sitzung wurde für den 26. Juni in Ithaca anberaumt, um Verfahrensweise und Organisation zu besprechen – und einen Felddirektor auszuwählen, der das Zentrum in Dians Abwesenheit leiten würde.

Dian war sicher, daß ihr persönlicher Kandidat, Dr. Hal Bauer, akzeptiert werden würde. Doch knapp vierzehn Tage vor der Sitzung erhielt Dian einen vertraulichen Anruf, in dem ihr mitgeteilt wurde, daß Harcourt bereits unwiderruflich als neuer Direktor von Karisoke gewählt worden sei und an der Sitzung in Ithaca teilnehmen würde, um die Bedingungen zu besprechen. Es würde keine Alternative geben. Wenn sie Harcourt nicht akzeptierte, würde es keine weitere finanzielle Unterstützung für Karisoke geben, und das wissenschaftliche Establishment würde seine Zustimmung zurückziehen.

Ohne Harcourt würde das Forschungszentrum Karisoke nicht überleben dürfen.

Dicht im Gefolge so vieler Kümmernisse war dieses Ultimatum ein schwerer Schlag. Gerechterweise muß jedoch gesagt werden, daß viele der Beteiligten glaubten, sie handelten in Dians bestem Interesse. Ein Teilnehmer, der nicht genannt werden möchte erklärte:

»Sie war eine sehr kranke Frau. Das Leben, das sie geführt hatte, und die schrecklichen körperlichen Gebrechen hatten sie zermürbt. Sie hatten auch ihr Urteil getrübt. Alles, was sie in Karisoke aufgebaut hatte, drohte zusammenzubrechen, weil sie sich auf die Wilddiebe fixiert hatte. Das wäre ein schrecklicher Verlust für die Wissenschaft gewesen. Die einzige Hoffnung war, sie herauszuholen. Nicht nur für ein paar Monate, sondern für immer. Um sie zu retten, mußten wir sie ausmanövrieren. Ich glaube, niemandem gefiel das, aber es mußte getan werden. Sie war eine solche Kämpfernatur, wissen Sie.«

Dian war eine Kämpferin, deren Reserven an Zähigkeit noch niemand ergründet hatte. Aber sie besaß auch die Intelligenz zu erkennen, wann sie geschlagen war, und die Fähigkeit, sich zurückzuziehen und neue Kräfte zu sammeln.

An dieser ersten Verwaltungsratssitzung nahmen nur fünf Direktoren teil. Es waren die Doktoren Stuart und Jeanne Altman, Glenn Hausfater, Emil Menzel und Ed Snider. Alle waren angenehm überrascht und einige ungeheuer erleichtert über Dians Fügsamkeit. Obwohl sie ein leidenschaftliches Resümee der Geschichte von Karisoke gab und einen eindeutigen und unverrückbaren Standpunkt zum Thema des »aktiven Naturschutzes« und seiner Fortsetzung einnahm, sprach sie sich erstaunlicherweise nicht dagegen aus, daß Harcourt für ein Jahr die Stellung des amtierenden Zentrumsdirektors einnahm. In Anerkennung dieser unerwarteten Willfährigkeit trug das Direktorium ihr den Posten einer Programmkoordinatorin an.

Ein gutes Geschäft war das nicht. Dafür, daß sie als »Verbindung zwischen dem Direktorium und Personen, die am Zentrum forschen wollten«, dienen durfte, sollte sie, »Mittel für die Erhaltung und den Betrieb des Forschungszentrums Karisoke ebenso wie für das Gehalt des Zentrumsdirektors beschaffen«. Das hieß, daß sie Geld auftreiben mußte, um Karisoke zumindest teilweise zugunsten Harcourts am Leben zu erhalten und um ihm auch noch ein Gehalt zu zahlen, etwas, was Dian nie gehabt hatte. Aber sie schluckte auch diese bittere Pille.

Es wurden mehrere Erklärungen angeboten, warum sie ihren Hinauswurf aus Karisoke so widerspruchslos hinnahm. Die allgemein anerkannte ist, daß sie tatsächlich fast an der Schwelle des Todes stand und insgeheim nichts so sehr wünschte, wie in Ruhe alt werden und friedlich in irgendeiner akademischen Provinz sterben zu dürfen, daß sie aber zu stolz war, es zuzugeben.

Das stimmte aber nicht unbedingt mit ihren boshaften Bemerkungen über die Versammlung überein.

Anstatt sie für immer aus dem Rennen zu werfen, belebte die erste Verwaltungsratsversammlung von Karisoke Dian neu. Vielleicht war dies genau das Stimulans und die Herausforderung, die sie brauchte. Jedenfalls klemmte sie sich mit einer Zielstrebigkeit hinter ihr Buch, die Anita McClellan erstaunte. Bis dahin hatte sie das Buch als ihre Huldigung an die Wissenschaft betrachtet. Nun aber sah sie es als Möglichkeit, die Öffentlichkeit aufzurufen, das Anliegen der Gorillas zu unterstützen.

»Für die Menschen, die meine Vorträge besuchen, ist ein Gorilla nicht nur ein Haufen wissenschaftlicher Daten. Er lebt. Sie können sein Leben und Sterben nachfühlen. Sie interessieren sich wirklich für Digit und Onkel Bert und all die übrigen. Mein Buch kann dasselbe bewirken.«

Anita McClellan bestärkte sie in dieser Ansicht, und die Redaktion schritt rasch voran.

Auch Dians Gesundheit besserte sich. Ein neuer Spezialist verschrieb eine Behandlung für ihren Rücken, die so gut anschlug, daß sie einen radikalen chirurgischen Eingriff zumindest aufschob. Neue Medikamente linderten ihre Niereninfektion. Sie war nicht schwanger, und Hormonbehandlungen brachten ihre gynäkologischen Probleme unter Kontrolle. Mitte Juni 1980 fühlte sie sich so wohl, daß sie Karisoke einen raschen Besuch abstatten konnte, bevor Harcourt eintraf. Sie weihte nur ein paar Freunde in ihr Vorhaben ein, da sie erfahren hatte, daß Harcourts ruandischer Verbündeter, ORTPN-Direktor Benda-Lema, alles tun würde, um ihre Rückkehr zu verhindern. Sie nahm nicht die übliche Route über New York und Brüssel, sondern flog zuerst nach Tokio, wo sie auf Einladung der japanischen Filmgesellschaft, mit deren Team sie in Karisoke gearbeitet hatte, einen öffentlichen Vortrag hielt und ein paar Seminare gab. Hier besorgte sie sich ihr Visum für Ruanda.

Trotz dieser Vorsichtsmaßregeln erwartete sie bei ihrer Ankunft in Kigali am 26. Juni ein beunruhigter Beamter der amerikanischen Botschaft.

»Ich muß Ihnen mitteilen, Miss Fossey, daß wir mit Komplikationen bei Ihrer Einreise nach Ruanda rechnen. Vielleicht gibt es Schwierigkeiten bei der Einwanderungsbehörde, und das wollen wir doch nicht, oder? Der Botschafter schickt mich, um Ihnen den Weg zu ebnen.«

Nervös steuerte er Dian durch die Formalitäten der Einreise. Es gab keine Schwierigkeiten, obwohl sie später entdecken sollte, daß Benda-Lema das ruandische Außenministerium tatsächlich gebeten hatte, ihr die Einreise zu verweigern. Der Außenminister, der ein enger Freund Präsident Habyarimanas war, hatte ihm die Bitte abgeschlagen. Dian hatte immer noch hochgestellte Freunde.

Benda-Lema tat alles, was er nur konnte, um ihren Aufenthalt schwierig zu machen. Das ORTPN hatte sich geweigert, die Aufenthaltsgenehmigungen der augenblicklichen Forschermannschaft von Karisoke zu verlängern. Dian wollte dies unbedingt in Ordnung bringen, aber Benda-Lema wich ihr vier Tage lang aus. Erst als sie sich an einen Vorgesetzten wandte, tauchte er aus seinem Versteck auf.

Schließlich trafen sie sich im ORTPN-Hauptquartier.

»*Wir beide hatten eine einstündige Unterredung, und es ist schwer zu sagen, wer verlogener war – eine Fliege an der Wand hätte den Honig, der da floß, genossen... Aber er kannte seine Befehle, und ich kannte sie auch. Ohne die geringste Schwierigkeit erhielt ich Peter Veits Verlängerung bis einschließlich Januar 1981. Ich schwöre, daß ich während unserer Unterredung, der sich später auch noch andere Mitglieder des* ORTPN *anschlossen, Harfenmusik und das Geplauder von kleinen Engeln hoch droben hörte. B.-L. gab selber zu, daß*

Harcourt ihm gesagt habe, Peters Arbeit sei ›unwissenschaftlich‹ und solle beendet werden.«

Auch John Fowlers Aufenthaltsgenehmigung wurde verlängert, aber für Stuart Perlmeter war dies nicht nötig, da er nicht den Wunsch hatte zu bleiben. Am selben Tag, an dem Dian endlich den langen Weg zum Lager hinaufstieg, verließ er Ort und Umstände, die ihm unerträglich geworden waren.

»In Ruhengeri mietete ich ein Taxi, das mich zum Fuß des Berges brachte. Es war wirklich rührend, die Afrikaner bei meiner Rückkehr weinen, lachen, tanzen und sich auf die Köpfe schlagen zu sehen. Erreichte das Lager um etwa 15.30 Uhr und ging zuerst auf den Friedhof. Die Traurigkeit beim Anblick all der Namen der toten Gorillas war überwältigend... Die Traurigkeit, Kima nicht mehr lebend zu sehen, verursachte solch ein Gefühl der Leere und Depression. Viele Leute mochten sie nicht besonders gern, aber ich liebte sie so sehr...

Cindy wiederzusehen war beinahe ebenso schlimm. Ihr Rücken und ihre Beine waren fast kahl. Sie war nur noch Haut und Knochen und konnte kaum laufen. Wie Kima war sie nicht richtig gefüttert worden. Ich wußte gleich, daß ich sie nicht wieder verlassen konnte.

Alles sah schäbig und heruntergekommen aus; die Hütten waren nicht gestrichen, die Pfade überwuchert. Fast alle meine Hühner waren tot, und in den vier Tagen meiner Anwesenheit habe ich nur vier Ducker gesehen. Die Schreibarbeiten waren in einer solchen Unordnung, daß ich keine Zeit hatte, die Gruppen zu besuchen, außer einer. Sah Gruppe 5, aber es war ein schlechter Kontakt. Bevor wir hinkamen, waren Touristen auf dem Pfad gewesen, und so bestand keine Möglichkeit eines Beisammenseins, weil die Gorillas so nervös waren.

Mutarutkwa, der zairische Tutsi, der bei den Patrouillen arbeitet, kam mich begrüßen, sobald er gehört hatte, daß ich angekommen war. Vor zwei oder drei Wochen war er von drei Wilddieben überfallen worden, und ich glaube, er hat sie einfach hochgehoben und geschüttelt. Von ihnen erfuhr er, daß auf der anderen Seite des Mikeno ein Gorillajunges gefangen wurde. Von diesem Lager aus werden kaum noch Patrouillen unternommen, und die Parkwächter tun wie üblich fast gar nichts. Ich frage mich, wie viele Gorillas noch sterben müssen, damit die Menschen merken, was in den Virungas wirklich getan werden muß...

Ian Redmond, der augenblicklich mit einem kurzfristigen Vertrag Wächter im Park ausbildet, kam ebenfalls ins Lager, um mich zu begrüßen. Es war wie in alten Zeiten, aber leider hatten wir nur eine Stunde Zeit füreinander. Er glaubt, daß jetzt sogar die Parkplatzbande Bedenken wegen Harcourts Rückkehr hegt. Nun, wie man sich bettet, so liegt man.«

Am 3. August stieg Dian den Berg hinunter und überließ es John Fowler und Peter Veit, das Lager nach besten Kräften zu verwalten, bis das neue Regime die Macht übernahm. Diesmal ging sie nicht allein. Die alte Hündin folgte Dian auf den Fersen, und als ihre steifen Beine sie nicht länger tragen wollten, hob Kanyaragana sie auf und nahm sie vorsichtig auf die Schultern.

»Ich bin so froh, daß ich Cindy mitgenommen habe, obwohl die Reise, wie man sich vorstellen kann, chaotisch war. In Bujumbura wollte man mich nicht zu ihr in den Laderaum des Flugzeugs lassen, aber in Nairobi setzte ich mich durch. Die Stewardess brachte mich an die fahrbare Treppe, wo gerade Fracht ausgeladen wurde; die Treppe hielt knirschend an, während ich hinaufstieg und Cindys Käfig gleich neben der Luke stehen sah. Ich gab ihr Wasser und den Fraß, den man den Passagieren als ›Verpflegung‹ reicht, und sprach mit ihr. Die Afrikaner dort waren wirklich angetan von dem Theater, bis das Militär herbeigerannt kam, um zu sehen, was los war. Dann stiegen auch sie in die Sache ein, da viele von den Älteren

sich an mich erinnerten aus der Zeit, als der Flughafen von Nairobi noch ein toto – ein Baby – war. Schließlich mußte ich zum Flughafengebäude gehen, weil das Hundetheater die Verladung behinderte. Ich habe Cindy erst in Brüssel wiedergesehen.
Nun ist Cindy sehr stubenrein, und das machte mir große Sorgen. Am Brüsseler Flughafen war eine Empfangsdame, der ich sagte, mein Hund müsse aus dem Laderaum herausgelassen werden, damit er während der neunstündigen Zwischenlandung bei mir sein könne.
Denselben Flug machten auch zwei kleine Jungen mit, die Söhne eines Botschaftsangestellten aus Kigali, und wir drei wurden in einen besonderen Warteraum für Kinder geführt. Mir fehlten nur noch eine Erkennungsmarke und ein Lutscher. Endlich kam die Empfangsdame zurück in unseren Kindergarten und teilte mir mit, ich könne mich hinabbegeben in die Tiefen des Flughafens, wo sich Dutzende von Förderbändern bewegten und Krach und völliges Chaos herrschten.
Cindy saß in ihrem Käfig ohne Wasser oder sonst irgend etwas. Ich ließ sie sofort heraus, aber sie mochte nicht auf den Zement pinkeln, so daß ich sie durch den Zoll führen mußte und schließlich direkt vor dem Flughafen ein kleines Rasenstück fand. Ich fürchtete, sie würde ganz Brüssel überfluten. Einer der kleinen Jungen war mitgekommen und sagte immer wieder: ›Mann, sieh dir das mal an!‹«

Cindys Martyrium war noch nicht vorüber. Irgendwie überstand sie den langen Flug über den Atlantik, eine wilde Taxifahrt zwischen den Flughäfen John F. Kennedy und La Guardia und dann noch den Flug nach Ithaca. Wiederum bewies sie die bemerkenswerte Fähigkeit, ihr Wasser zu halten.

Dian und ihr erschöpfter alter Hund wurden von Stacey Coil in Empfang genommen, einer jungen Sekretärin aus Langmuir, die Dian zugeteilt worden war und ihr eine Bewunderung zollte, die an Heldenverehrung grenzte.

»Meine Mutter und mein Stiefvater waren aus Florida heraufgekommen und hatten ein Ferienhaus am Cayuga-See gemietet, das groß genug für fünfzehn Leute war... Irgendwie hatte ich Dian eingeladen, bei ihnen zu wohnen.

Als mein Mann und ich mit Dian vom Flughafen ankamen, hatte meine Mutter so viel von ihr gehört und alles, was ich ihr hatte geben können, über sie gelesen, daß sie total nervös war. Als wir das Haus endlich erreichten, war es spät und dunkel... Sie hätten sich vor Lachen gekrümmt, wenn Sie das Gesicht meiner Mutter gesehen hätten, als mein Mann einen riesigen leeren Käfig aus dem Kofferraum des Autos hob. Selbstverständlich führte Dian die Aufsicht, tat, als ob sie zu Hause wäre, und trug alles hinein, während wir diese Überraschung auf der anderen Seite des Wagens hinausließen (meine Mutter konnte nur sehen, daß sich dort ein sehr großes, dunkles Tier bewegte).

Wir gingen alle hinein und tranken Kaffee, um Bekanntschaft zu schließen. Dann ging Dian zur Tür und rief Cindy mit ihrer lauten, dröhnenden Stimme (inzwischen war meine Mutter ein bißchen hysterisch, aber ich glaubte, das liege nur an der Anwesenheit dieser berühmten Person).

Herein kam die große, alte, sabbelnde Cindy. Meine Mutter lachte Tränen. Sie hatte geglaubt, Dian hätte einen Gorilla mitgebracht.«

Dian ließ Cindy für eine Weile bei der Familie Coil und besuchte ihre eigene Familie zum ersten Mal seit ihrer Rückkehr in die Vereinigten Staaten im März. Sie blieb zehn Tage in Kalifornien. Am 22. August war sie wieder zurück in Ithaca, wo sie ihre Wohnung in North Lansing mit Cindy teilte und ihre Energien auf ihr Buch und auf die Vorbereitungen für eine Vorlesung über Verhaltensweisen der Menschenaffen, die im September anfangen sollte, konzentrierte.

Nach Cornell zurückgekehrt, gab sie sich große Mühe, Ordnung in ihr Leben zu bringen und alles, was mit den Fehden und Spannungen im Forschungszentrum von Karisoke zusammenhing, auf ein Abstellgleis zu schieben, wo es ihre Gefühle nicht belastete. Obwohl sie als Programmkoordinatorin weiterhin Briefe von Harcourt, vom wissenschaftlichen Verwaltungsrat und anderen dieses Schlages erhielt und beantwortete, tat sie es distanziert, ja fast routinemäßig.

Wie ein verwundetes, erschöpftes Tier zog sie sich zurück, um ihre Wunden zu pflegen und ihre körperlichen und geistigen Kräfte wiederherzustellen. Cornell mit seinem unbeschwerten, in sich geschlossenen, sowohl städtischen als auch akademischen Leben gewährte ihr die Zuflucht, die sie so dringend brauchte. Dian hatte jedoch nie die Absicht, den Rest ihrer Tage hier zu verbringen. Sie betrachtete es als Freistätte, die sie zur gegebenen Zeit wieder verlassen würde, um wieder für das zu kämpfen, woran sie glaubte – und was ihr gehörte.

Sie hatte keinen großen Freundeskreis, aber sie erfreute sich eines besonders herzlichen Verhältnisses zu dem runden halben Dutzend Männer und Frauen, die sie näher kennenlernte. Dazu gehörten ein oder zwei Studenten, Stacey Coil und ein paar andere Mitarbeiter von Cornell. Glenn Hausfater nahm weiterhin die erste Stelle ein. Was als leidenschaftliche, intensive Liebesaffäre begonnen hatte, war nun abgeklärt, aber Glenn blieb Dian eine Stütze in Zeiten der Not. Ende September, als er nach Colorado gereist war, schrieb sie ihm:

»Es gefällt mir hier sehr, und meine Vorlesungen gehen gut, wenn auch jede eine ganze Woche Vorbereitung kostet... Cindy und ich sind etwa sechsmal den Monkey Walk entlanggegangen. Wir waren auch in den Sapsukker Woods, obwohl Hunde dort offenbar nicht erlaubt sind. Es war wunderschön, und wir sahen einen riesengroßen Hirsch. Außer zu schreiben und Notizen für die

Vorlesungen zu machen, tue ich, ehrlich gesagt, nichts als mit Cindy spazierengehen. Das klingt langweilig, aber ich spüre zum ersten Mal seit Digits Tod im Dezember 1977, daß ich wieder zu mir finde.

Ich will jetzt Schluß machen und Cindy wieder in die Sapsucker Woods führen, um den schönen Biberteich mit all den Schildkröten und Vögeln anzuschauen. Ich liebe diesen Ort. Ich vermisse dich so sehr und wünschte, ich wäre die einzige, die Dich hier in Ithaca erwartet. Ich weiß, das kann nicht sein wegen... und wahrscheinlich anderer. Du sollst aber wissen, daß Deine Rückkehr mir viel bedeutet.«

Nicht all ihre Herbstausflüge aufs Land waren so angenehm. Eines Sonntagnachmittags fuhr sie mit Cindy nach Norden in einen Staatsforst, den Hausfater ihr gezeigt hatte. Sie und der Hund streiften am Rand der Wälder durch die Felder. Dian genoß den ersten Anflug von Herbstfärbung, als eine Schrotflintensalve sie erschreckte. Ein paar Minuten später trat eine Gruppe Jäger in Tarnkleidung aus dem nahen Wald.

»Sie schleiften einen toten einjährigen Hirsch hinter sich her. Er war nur noch ein blutiges Etwas mit heraushängenden Eingeweiden. Als sie mich und Cindy sahen, blieben sie stehen und grinsten von einem Ohr zum anderen. ›He, Lady, sehen Sie mal, was wir da haben!‹ Es waren fünf von diesen Riesenkerlen, und der Hirsch war kaum größer als Cindy, aber sie waren verdammt stolz auf sich. Ich finde Sonntagsjäger zum Kotzen!«

Sie schrieb Rosamond Carr in Ruanda:

»Cindy sieht jetzt aus wie ein junger Hund oder vielmehr fast so. Sie hat ein schönes Fell, und sie ist schlank und gesund. Ich weiß, daß sie das Lager vermißt, aber ich gehe jeden Tag etwa zwei Stunden mit ihr spazieren in den Wäldern um meine Wohnung und das Laboratorium auf dem Lande, wo ich arbeite. Sie hat sich immer noch nicht daran gewöhnt, ohne mich in der Wohnung zu bleiben, aber hier in der Gegend sind Hunde nicht sicher, weil in der tiermedizinischen Fakultät von Cornell so viele Experimente gemacht werden, daß Hunde stets gefragt sind. Ich bin froh, daß sie hier ist, und wünschte, ich könnte die Schuldgefühle loswerden, daß ich Kima nicht mitgenommen habe.

Ich liebe meine Wohnung, die knapp fünf Minuten von meiner Arbeitsstätte entfernt ist. Aber die Nähe der Nachbarn liebe ich nicht – oben, unten und nebenan – und würde mir gern ein etwas ländlicheres Plätzchen suchen. Alle Matten, Bilder und Schnitzereien hängen nun an den Wänden genau wie in meiner Hütte.

Du wirst es nicht glauben, aber meine Vorlesungen in Cornell gehen einfach großartig. Ich kann es selbst nicht glauben. Ich hatte schreckliche Angst davor zu unterrichten, weil ich nur über Gorillas Bescheid wußte und nicht über Orang-Utans und Schimpansen. Du kannst Dir gar nicht vorstellen, wie ängstlich ich an meinem ersten Unterrichtstag war. Habe inzwischen sieben Vorlesungen geschafft, jede zweistündig, und komme nicht über die Aufnahmefähigkeit der fünfundzwanzig bis vierzig Studenten hinweg, die jeden Dienstag erscheinen. Es werden jedesmal mehr, und wir alle lernen voneinander. Die Hörer reichen von Erstsemestern über Graduierte bis zu Professoren, so daß es einen intensiven Gedankenaustausch gibt.

MENSCH! Ich arbeite achtzehn Stunden am Tag an den Vorbereitungen für meine Vorlesungen, am Umschreiben meines Buches und an Gratisvorlesungen in Schulen im Norden des Staates New York. Ich kann mich nicht erinnern, je zuvor so hart gearbeitet zu haben – das heißt geistig und nicht körperlich. Es ist schön, von Konsumfraß fett zu werden, und ich bin endlich FETT!

Nein, Rosamond, ich lerne nicht viele Menschen kennen, weil ich so viel zu tun habe und weil alle so viel jünger sind als ich. Ich neige tatsächlich dazu, sehr, sehr einsam zu werden, aber das liegt nur daran, daß ich die Gorillas vermisse und Kima und das Heim, das ich in Ruanda hatte. Aber Du kennst mich gut genug, um zu wissen, daß ich dies alles nicht für immer aufgebe. Ich werde mich hier nicht einfach häuslich niederlassen und auf meinen Lorbeeren ausruhen. Zuerst einmal muß ich meine Verpflichtungen gegenüber Cornell erfüllen und mein Buch beenden. Auch muß ich meine Gesundheit zurückgewinnen, das heißt, so gut es geht. Ende Dezember hoffe ich, eine Woche in Toronto zu verbringen, wo ich Enzyminjektionen in das Rückgrat erhalten werde. Die sollen gegen den Ischias helfen, der in dem kalten Wetter zunehmend schlimmer wird.

Ich denke so viel an Dich und würde alles dafür geben, Dich heute nachmittag zum Tee besuchen zu können. Ehrlich, von Ithaca nach Gisenyi zu reisen wäre nicht so schlimm wie nach Karisoke, wo ich, glaube ich, jetzt eine Fremde bin.«

Das war keineswegs übertrieben. Am 25. September war Sandy Harcourt in Karisoke eingetroffen, um das Kommando zu übernehmen. Obwohl er nur einen Monat blieb und sich dann einen Englandurlaub gönnte, der bis Januar 1981 dauerte, machte er unmißverständlich klar, daß Dian während seiner Zeit als kommissarischer Direktor eine unerwünschte Person sein und bleiben würde. Übrigens benutzte er diesen Titel nie, sondern nannte sich stets Zentrums- oder wissenschaftlicher Direktor.

Der Winter kam nach Ithaca, und Dian arbeitete fleißig an ihren Vorlesungen und ihrem Buch. Sie sah Glenn oft genug, um sich nicht völlig einsam zu fühlen, aber meistens lebte sie zurückgezogen und verbrachte ihre freie Zeit mit Lektüre oder mit Spaziergängen mit Cindy. Ein ganzes Wochenende zählte sie Kanadagänse, die nach Süden flogen. Ein andermal verlief sie sich mit dem Hund, als sie versuchte, ein Rudel Weißwedelhirsche zu verfolgen. Dann fiel Schnee und beschränkte ihre Ausflüge, weil Kälte und Unwegsamkeit das Vorankommen zu mühsam machten.

Der Mensch, den sie wahrscheinlich am häufigsten sah, war ihre Sekretärin Stacey Coil, eine fleißige junge Hausfrau. Eines Tages im November nahm sie Stacey in ihrem rostigen kleinen Auto mit, in das sie nur hineinkam, wenn sie sich wie ein Taschenmesser zusammenklappte, um ihre Fahrprüfung zu machen. Es war eine Katastrophe. Dian, eine ohnehin schon völlig verkrampfte Fahrerin, wurde so wütend über den unwirschen Prüfer, daß sie das Martyrium beendete, indem sie auf die Bremse stieg, den Bordstein schrammte, sich aus dem Fahrersitz wuchtete und drohte, Wagen, Stacey und Prüfer sitzenzulassen.

Ihre Vorlesungen wurden weiterhin freundlich aufgenommen. Ihre Studenten wählten sie sogar zum besten Professor des Jahres, ein Kompliment, das sie im Seminar barsch annahm, über das sie aber später in ihrer Wohnung Tränen vergoß.

Den ganzen Dezember hindurch beschäftigte sie sich in Gedanken mit einem Termin in einem kanadischen Krankenhaus, wo sie sich wegen ihres kranken Rückens einer neuen und radikalen Behandlung unterziehen sollte. Am vorletzten Tag des Jahres flog sie nach Toronto, um, wie sie es beschrieb, »die vielleicht letzte Chance wahrzunehmen, den Rest meines Lebens kein Krüppel sein zu müssen.«

Sie war mit Dr. John McCulloch verabredet, einem orthopädischen Chirurgen, der bahnbrechend in der Verwendung eines Papayaenzyms zur Erweichung verhärteter Bandscheiben gewesen war. An einem rauhen Wintertag fand sie sich im St. Michael's Hospital ein.

Später teilte sie ihre Erfahrung einem Freund mit, der dasselbe Leiden hatte:

»Versuche, ein Einzelzimmer zu bekommen (mir ist es nicht gelungen), und bereite Dich auf scheußliches Essen vor. Du wirst in einem Rollstuhl in den Operationssaal gefahren, hellwach und ohne vorherige Spritzen. Dort angelangt, liegst du bäuchlings auf einer kalten, flachen Platte, die Dich noch wacher macht. Dann spritzt Dir der Narkosearzt flüssiges Valium ein.

Immer noch sehr, sehr wach liegst Du da, während der Arzt Dir das Enzym in die betreffende Bandscheibe spritzt. Es dauert etwa eine Viertelstunde, bis der ganze Saft in Dir drinnen ist. Zum Teil wirst Du wachgehalten, damit McCulloch weiß, daß er die richtige Stelle trifft! Es kam mir vor, als glaubte er, je größer der Schmerz, um so besser sei die Arbeit, die er leistet. Das ist alles.

Dr. McCullochs Erfolgsquote liegt jetzt um neunzig Prozent, und zwar nur, weil er so behutsam an die Sache herangeht. Es sind Leute zu ihm gekommen, die vor Schmerzen nicht mehr gehen konnten und danach aufrecht à la Lourdes wieder hinausgegangen sind. Man sagte mir, ich könne am nächsten Tag um 10.00 Uhr wieder gehen, jedoch anscheinend ohne zu bedenken, daß ich nicht stehen konnte. Schließlich fand man ein übergroßes Korsett, das eine Menge half, aber die Rückkehr in mein Hotel mit dem Gepäck war ein Alptraum. So etwas sollte man nie allein unternehmen ...

Nach einem Monat waren meine Schmerzen zur Hälfte verschwunden, nach zwei Monaten praktisch ganz. Nach vier Monaten hatte ich überhaupt keine Schmerzen mehr. Es ist wie ein neues Leben. Da ich seit mehr als drei Jahren die Angewohnheit hatte zu humpeln, fiel es mir schwer, sie wieder abzulegen.

Eine Menge amerikanischer Ärzte lehnt die Prozedur ab, weswegen sie in diesem Land nicht erlaubt ist. Gott sei Dank für Kanada!«

20

Es dauerte einige Zeit, bis Dian sich davon erholt hatte, daß ihre Bandscheiben »von dem Papayamonster verdaut« worden waren. Cornell bot ihr im Frühjahr 1981 ein Vorlesungssemester an, aber ihr Gesundheitszustand ließ dies noch nicht zu. Nach ein paar Wochen Erholung konnte sie jedoch in ihrem altersschwachen kleinen Auto zwischen ihrer Wohnung und ihrem Büro in Langmuir hin- und herfahren.

Der Januar hatte eine weitere unangenehme Überraschung auf Lager. Frühmorgens am 16. kam einer der Spurenleser von Karisoke zu Peter Veit gerannt und berichtete, daß in Dians Hütte eingebrochen worden sei. Veit, der seit Beginn des neuen Jahres der einzige Weiße im Lager war, eilte hin, um Ermittlungen anzustellen. Er entdeckte, daß irgend jemand mit einer Blechschere ein Einstiegsloch in die Wellblechwand direkt unter einem Eckfenster von Dians Schlafzimmer geschnitten hatte. Zwei Eindringlinge hatten den Raum gründlich durchwühlt, ihre Beute in sechs in Tragetaschen umfunktionierte Bettbezüge gestopft und waren damit den Hauptpfad hinunter geflohen. Es mußte sich um Personen mit Riesenkräften gehandelt haben, weil sie eine Filmkamera mit fünfundzwanzig Kilo Batterien und Zubehör, drei Schreibmaschinen, zwei Mikroskope, zwei Ferngläser, einen Schreibtischstuhl, ein Kissen, zehn Handtücher, sechs Schlafsäcke, vier Kamerastative und eine Anzahl kleinerer Gegenstände abtransportiert hatten.

Sie wurden nie geschnappt, und es wurde auch keine Spur der gestohlenen Sachen gefunden. Dies war der erste Einbruch in dem Dutzend Jahren seit der Gründung von Karisoke. Das Schlimmste daran war nach Dians Ansicht nicht der Verlust der Ausrüstung, so wertvoll sie auch gewesen sein mochte, sondern das Gefühl, daß ihr Heim, der Ort, den sie mit ihren eigenen Händen aufzubauen geholfen hatte und der einen wesentlichen Teil ihrer selbst darstellte, geschändet worden war.

»*Es wäre nie geschehen, wenn ich dagewesen wäre. Es ist wie ein Omen. Karisoke geht kaputt, und es wird wahrscheinlich noch schlimmer kommen.*«

Diese düstere Voraussage wurde zweifellos ausgelöst durch die Kenntnis, daß Sandy Harcourt am Tage nach dem Einbruch unwiderruflich als neuer Herrscher in Karisoke eingezogen war.

Harcourts Regime hatte nur das eine Ziel: sicherzustellen, daß Karisoke als *Forschungs*zentrum funktionierte. Er hatte nicht die Absicht zuzulassen, daß irgend etwas von dem ablenkte, was er für den rechtmäßigen Zweck des Lagers betrachtete – das Sammeln von Daten. Die Art der Daten spielte keine große Rolle, solange sie wissenschaftlichen Wert hatten. Während seiner Amtszeit würden die Forscher sich mit so grundverschiedenen Themen wie dem Wetter, Insektenplagen in den Shambas der Eingeborenen, der Regeneration der Hagenia-Bäume und der Vegetation in großen Höhen beschäftigen. Das Sammeln von esoterischen Fakten und Faktenbruchstücken über die Berggorillas ging ebenfalls weiter, aber dieser Aspekt war im wesentlichen das Privatgebiet von Harcourt und Kelly Stewart.

Ihre Prioritäten waren nicht Dians Prioritäten. In Dians Augen war es Karisokes wichtigste Aufgabe, sicherzustellen, daß die Tiere des Parks als lebendige Wesen und nicht bloß als Lieferanten abstrakter Informationen betrachtet wurden.

»*Das Sammeln von Daten ist gewiß wichtig, aber seit den Tagen, da Wissenschaftler alles, was sie sahen, erschossen, um Daten zu beschaffen, hat sich nicht viel geändert. Damals gründeten sie ihren Ruf hauptsächlich auf tote Tiere. Heute nehmen sie auch lebendige, aber das Prinzip ist dasselbe geblieben. Tot oder lebendig, man benutzt die Daten, um eine Menge wissenschaftliche Abhandlungen aufzuhäufen, bis man genug für den Rang eines ›Silberrückens‹ hat. Das ist gar nicht mal so verkehrt, abgesehen davon, daß es vielen modernen Wissenschaftlern, genau wie ihren Vorgängern, offenbar egal ist, ob die Art, die sie erforschen, dabei zugrunde geht, Hauptsache, sie bekommen erst einmal alle Fakten, die sie brauchen.«*

Es war natürlich nicht zu vermeiden, daß es Ärger zwischen dem kommissarischen Direktor in Karisoke und dem Programmdirektor in Ithaca geben würde. Nicht vorauszusehen war die Heftigkeit des Scharmützels.

Einen im doppelten Sinn des Wortes erschöpfenden Bericht des Konflikts bietet der Papierkrieg, der zwischen den beiden Kämpfern, ihren Verbündeten und Anhängern ausgefochten wurde. Was folgt, ist nur eine Zusammenfassung.

Am 27. September 1980, nur zwei Tage, nachdem Harcourt das Kommando übernommen hatte, beschwerte er sich, daß er kein Geld für die Führung des Lagers bekommen habe und daß die umfangreichen Akten mit den Gorilladaten fehlten. Er verlangte, daß beide Angelegenheiten sofort geregelt würden, »damit diese Stätte endlich wieder funktionieren kann«. Bald darauf informierte er das Direktorium, das ORTPN wünsche, daß im Zentrum nur »Park-relevante« Studien durchgeführt würden. Das bedeute, daß großer Wert auf Gebiete wie Tourismus gelegt würde und nur geringer auf die Verhaltensforschung der Gorillas, um derentwillen Karisoke gegründet und berühmt geworden war. Harcourt verkündete, er beabsichtige, den Forderungen des ORTPN im Jahre 1981 die höchste Priorität einzuräumen, obwohl er und Kelly selbstverständlich ihre eigenen Verhaltensforschungen fortsetzen würden.

Sein nächster Schritt war, der Vorstandsvorsitzenden Dr. Jeanne Altman mitzuteilen, daß Benda-Lema ihn »offiziell und schriftlich« als Direktor – nicht als *kommissarischen* Direktor, wohlgemerkt – akzeptiert habe. »ORTPN hat anerkannt, daß mir das Amt für zwei Jahre verliehen ist«, fügte er hinzu in einem ziemlich durchsichtigen Versuch, vom Direktorium dieselbe Anerkennung zu erhalten.

Frau Dr. Altman nahm diese »Communiqués eines vom Direktorium Ernannten« nicht gut auf, und Dian kam verfrüht zu dem Schluß, daß Harcourt zurechtgewiesen worden sei. Jubelnd schrieb sie Rosamond: »Er ist jetzt kommissarischer Direktor... aber obwohl er am 20. Dezember (oder wann auch immer) um 14.00 Uhr rülpsen darf, muß er erst um Erlaubnis bitten.«

Am 26. Januar ging er zu einem neuen Angriff über, indem er von dem neuen Vorsitzenden Dr. John Eisenberg verlangte, daß alle Einrichtungen Karisokes außer denen, die er und Kelly benötigten, Personen zugänglich gemacht werden sollten, die in »angewandter Forschung« in Verbindung mit administrativen und prozeduralen Problemen des Parks tätig seien. Harcourt machte darauf aufmerksam, daß mindestens *zehn* solcher Personen zum Zentrum zugelassen werden müßten, ansonsten würde das ORTPN einfach den ganzen Ort übernehmen. Niemand nahm diese Drohung sehr ernst, aber Dian wies rasch darauf hin, daß bei solch einer Regelung kein Platz mehr für Studenten bleibe, die Gorillas erforschen wollten.

Es fand ein fortgesetztes Geplänkel um Geld statt. Harcourt vertrat die Ansicht, der große Zuschuß, den er von der National Geographic-Society erhalten hatte, gehöre ihm und Kelly und dürfe ausschließlich für ihre eigenen Projekte ausgegeben werden. Die Verantwortung für die Betriebskosten von Karisoke liege einzig und allein bei Dian, behauptete er. Sie müsse das Geld für die Gehälter des Mitarbeiterstabs, den Kombi des Zentrums und die Erhaltung von Gebäuden und Ausrüstung beschaffen. Er beklagte sich bitterlich, daß er nach dem Stand der Dinge gezwungen sei, die Lagerkosten aus seiner eigenen Tasche zu zahlen.

Im Juli drehte er den Spieß plötzlich um und verkündete, er sei gewillt, die Betriebskosten selbst zu beschaffen, wenn er die Bestätigung erhalte, weitere ein bis zwei Jahre als Direktor tätig sein zu dürfen. Robert Hinde aus Cambridge, einst Dians Doktorvater, nun Direktoriumsmitglied und starker Verfechter Harcourts, fand dies überaus vernünftig. Er empfahl, Harcourts Direktorenposten sogar um drei Jahre zu verlängern – ein Vorschlag, auf den Eisenberg, ebenfalls ein Harcourt-Freund, zustimmend reagierte.

Dessenungeachtet wurde das Direktorium langsam unruhig. Obwohl viele von denen, die Harcourt anfänglich unterstützt hatten, dies weiterhin taten, machten sich einige wenige Sorgen, daß nicht alles so war, wie es sein sollte. Daher wurde beschlossen, daß Glenn Hausfater, der im Begriff war, der nächste Vorsitzende zu werden, das Zentrum besuchen und einen Bericht aus erster Hand bringen sollte. Harcourt wurde mitgeteilt, daß er Hausfater Ende September zu erwarten habe.

Dian notierte: »Seine Kaiserliche Hoheit war nicht erfreut.« In Briefen an alle Betroffenen machte Harcourt klar, daß der Vertreter des Direktoriums ihm nicht willkommen sein würde. Hausfater schrieb er, daß niemand abkömmlich sein würde, um ihn am Flugplatz von Ruhengeri abzuholen, daß er seine eigene Verpflegung mitbringen und »ein Tagegeld für die Inanspruchnahme meines Mitarbeiterstabs während Ihres Aufenthalts hier« bezahlen müsse.

In Beantwortung einer diplomatischen Andeutung von Hausfater, daß der Besuch helfen würde, den Weg für Harcourts Weiterbeschäftigung als Zentrumsdirektor zu ebnen, behauptete dieser, er sei bereits als Direktor wiederernannt, und stellte erstaunt die Frage: »Ist Ihr Besuch tatsächlich notwendig?«

Einer der Direktoren, die sich Gedanken machten, war Dr. Snider von der National Geographic Society. Dian war entzückt, diesen alten Freund wieder auf ihrer Seite zu haben, und befolgte rasch seinen Rat, sich wegen der Finanzierung von Karisoke für das Jahr 1982 persönlich an die Society zu wenden.

Vermutlich weil er dieses Geld nicht würde verwalten können, wies Harcourt den Vorschlag entschieden zurück und fügte hinzu, daß sowohl er als auch Kelly die übliche Quittung, die von allen Empfängern von Zuwendungen seitens der National Geographic Society verlangt wurde, nicht unterschreiben würden.

Jetzt wurden sogar einige von Harcourts treuen Anhängern durch sein Benehmen beunruhigt. Dr. Hinde schrieb seinem Schützling und bat ihn, entgegenkommender zu sein. »Ich sehe ein, daß vieles Dich verärgert... Aber es nützt wirklich nichts, so bissige Briefe zu schreiben. Sie machen es denen nicht leichter, die für einen reibungslosen Ablauf sorgen wollen.« Nur leicht gemäßigt antwortete Harcourt, daß er es in Anbetracht von Dian Fosseys einstigem und jetzigem Verhalten äußerst schwierig finde, höflich, geschweige denn entgegenkommend zu sein. Dann schüttete er sein Herz über Glenn Hausfater aus. »Ich glaube nicht, daß Hausfater einen guten Vorsitzenden abgeben wird... Meine Paranoia wegen Dian Fossey ist zu stark.« Der Brief endete mit einem rätselhaften Satz, der andeutete, daß im Lager nicht alles zum besten stand.

Hausfater kam am 30. September in Ruanda an und fand das Land in Unruhe, weil wieder einmal ein Putsch befürchtet wurde. In einem Brief an die Kommission beschrieb er, was geschah:

»Bevor ich Kigali erreichte, wurde mein Taxi angehalten, und es wurde speziell meine Reisetasche durchsucht. Alle Hotels einschließlich der katholischen Mission hatten von der Regierung den Befehl erhalten, keine Ausländer oder Fremde aufzunehmen. Nachdem ich im Hause eines Freundes Unterkunft gefunden hatte, wurde ich von der Geheimdienstabteilung der Polizei geweckt, verhört und durchsucht. Als ich mich am folgenden Tag dem Hauptquartier des Parks näherte, stieß ich auf eine Militärsperre und erfuhr, sie hätten... den strikten Befehl, keine Besucher in den Park zu lassen.

Nach meiner Rückkehr nach Kigali half mir die amerikanische Botschaft, beim Büro des Vizepräsidenten die Erlaubnis einzuholen, die Barrikaden von Ruhengeri zu passieren. Nun aber verweigerte mir das ORTPN die Erlaubnis, das Zentrum von Karisoke zu besuchen, und da mir von der angesetzten Zeit nur noch zwei Tage übrigblieben, gab ich auf und setzte meine Reise fort nach Kenia.«

Was die Gefahr eines Putsches auch immer zu Hausfaters Ungemach beigetragen haben mag, sowohl er als auch Dian glaubten, das Vorgehen des ORTPN habe wenig mit einem Notfall und viel mit dem Wunsch zu tun, mit dem augenblicklichen Zentrumsdirektor zusammenzuarbeiten, der seinerseits so gern mit dem ORTPN zusammenarbeitete.

Nun schleuderte Harcourt eine weitere Bombe in den Ausschuß, indem er sein Mißfallen kundtat, daß Hausfater Interimsvorsitzender werden sollte. Nicht wenige Ausschußmitglieder reagierten ungehalten auf diese – wie sie meinten – unbefugte Einmischung.

Äußerst beunruhigt schrieb Robert Hinde sofort an Sandy und Kelly: »Ich bedaure Sandys Brief; er wird weder seinem Ruf nützen noch dazu beitragen, das Komitee für ihn einzunehmen.«

Harcourt entschuldigte sich, aber die Wirkung wurde durch seine Enthüllung beeinträchtigt, daß er nun vorhabe, seinen Posten in Karisoke Ende 1982 zu verlassen – es sei denn, die ruandische Regierung (das heißt, das ORTPN) bitte ihn zu bleiben. Einige Ausschußmitglieder faßten dies als Drohung auf: Wenn sie sich nicht besserten, würde das ORTPN die Geduld verlieren und Karisoke »zwangsvollstrecken«. Was auch immer Harcourts Absicht gewesen sein mag, diese Ausdrucksform kam nicht an. Seine Anhängerschaft war schon reichlich strapaziert – nun aber schwand sie rasch dahin.

Ende Oktober schien der »Karisoker Gorillakrieg« – wie ein ärgerliches Ausschußmitglied die Fehde nannte – endgültig in einer Sackgasse zu stecken. Die Widersacher waren erschöpft durch die ewigen Beschuldigungen und Gegenbeschuldigungen. Harcourt litt wahrscheinlich mehr als alle anderen, und schließlich wurde es ihm zuviel.

Am 19. November beschloß er, den Kampf aufzugeben, den er mit Unterbrechungen vier Jahre geführt hatte. Er bot Eisenberg offiziell seinen Rücktritt für Ende 1982 an.

Nun mußten nur noch die beiden Hauptgegner einen Waffenstillstand schließen. Kelly Stewart überreichte den Ölzweig anläßlich einer raschen Reise in die Vereinigten Staaten. Am 22. rief sie Dian aus Kalifornien an, und die beiden Frauen fielen sich bildlich in die Arme.

Am nächsten Morgen telegrafierte Dian eine Friedensbotschaft nach Karisoke:

LIEBER SANDY, HATTE GESTERN ABEND EINE WUNDERBARE UND LANGE UNTERHALTUNG MIT KELLY. SIE ERKLÄRTE MIR, WIE HART DU ARBEITEST UND WIE SEHR DU DICH SORGST ... ICH WÜNSCHE MIR SO SEHR, DASS 1982 MIT ZUSAMMENARBEIT UND NICHT MIT WETTBEWERB BEGINNT. INZWISCHEN SOLLST DU WISSEN, DASS ICH SEHR STOLZ AUF DEINE LEISTUNGEN BIN. GRÜSSE DIE MÄNNER VON MIR. FÜHLE DICH

NICHT EINSAM WÄHREND DER SOGENANNTEN FEIERTAGE. CINDY UND ICH SENDEN DIR UNSERE BESTEN GRÜSSE. IN LIEBE, DIAN.

Abgesehen vom »Karisoker Gorillakrieg« war 1981 für Dian ein relativ ereignisloses Jahr gewesen. Während ihr Rücken sich besserte, arbeitete sie fast jeden Tag an ihrem Buch und stellte Forschungsmaterial zusammen.

Diese Regelmäßigkeit wurde gegen Ende April angenehm unterbrochen durch ein Wiedersehen mit Louis Leakeys berühmten »Trimaten« – den drei weiblichen Primatologen, die Jahre ihres Lebens in abgelegenen Ecken der Erde verbracht hatten, um etwas über das Wesen der engsten Verwandten der Menschheit zu lernen und zu verstehen. Die Leakey Foundation hatte vorbereitet, daß Jane Goodall, Dian Fossey und Biruté Galdikas vom 29. April an im Sweet Briar College in Virginia ein Symposion abhielten, und die drei Frauen hatten sich in Dians Wohnung in Ithaca verabredet.

Jane kam als erste an, nachdem sie fast ohne Zwischenlandung von Afrika nach England und dann weiter nach New York und Ithaca geflogen war. Sie trauerte um ihren Mann, der vor wenigen Monaten gestorben war, und fürchtete sich vor der Nervenbelastung einer öffentlichen Vortragsreise quer durch die Vereinigten Staaten, die auf Sweet Briar folgen sollte. Dian kannte Jane nicht sehr gut, verehrte sie aber mit einer fast heiligen Scheu und war deshalb ein wenig nervös, als sie zu dem kleinen Flugplatz fuhr, um ihre berühmte Kollegin abzuholen.

Sie hätte sich nicht zu fürchten brauchen. Wie sie Janes Mutter in England schrieb:

»Als ich sie sah, kam ich mir vor, als höbe ich eine kleine verwundete Taube auf; sie tat mir so leid. Wenige Minuten später waren wir in meiner scheußlichen Wohnung, wo sie sich entspannte. Ich hielt mich für den glücklichsten Menschen auf der Welt, bloß weil ich ihr helfen konnte, sich zu entspannen. Es war sie, die mir etwas gegeben hat, nicht ich ihr... Ich habe mich ihr noch nie so nahe gefühlt – ich glaube, weil sonst immer so viele Menschen um sie herum waren und ich mich ihren Freunden nicht aufdrängen mochte.«

Nicht einmal die Ankunft von Biruté Galdikas, mit der sich weder Jane noch Dian besonders gut verstanden, störte die Entwicklung eines dauerhaften und herzlichen Verhältnisses.

»Dies war das erste Mal, daß ich so lange mit Jane zusammensein konnte, und ich habe sie sogar noch mehr schätzengelernt als früher. Sie ist zweifellos ein Beispiel, von dem ich viel zu lernen habe – Geduld, Würde, Güte, ganz zu schweigen von ihrem wunderbaren Sinn für Humor.«

Nach einer »Probe der Vorstellung« in Cornell flogen die drei nach Sweet Briar zu dem Symposion. Dort wurden sie von Nan Robertson von der »New York Times« interviewt:

»Diese Woche ergab sich auf einem Symposion, das im Sweet Briar College stattfand, auf dessen Campus der weiße Hartriegel und die Azaleen eines südlichen Frühlings in voller Blüte standen, die seltene Gelegenheit, Dian Fossey, Jane Goodall und Biruté Galdikas über das Thema ›Was wir von den Menschenaffen über die Menschheit lernen können‹ sprechen zu hören.

Sie zählen mittlerweile zu den berühmtesten Primatologen der Welt... Dr. Fossey ist auf Berggorillas spezialisiert, Dr. Goodall auf Schimpansen und Dr. Galdikas auf Orang-Utans.

Zwei Tage erzählten die drei zwischen Vorträgen und Galadiners über ihr Leben und ihre Motivation. Dr. Fossey, neunundvierzig Jahre alt, aus San Francisco stammend, ist 1,82 groß, hat einen schwarzen Haarschopf, burschikose Bewegungen und wirkt ein wenig wie Julia Child. Dr. Goodall dagegen, eine siebenundvierzigjährige Engländerin, ist überschlank, ja fast ätherisch mit blonden, zu einem Knoten zusammengefaßten Haaren. Die jüngste der drei, Dr. Galdikas, vierunddreißig... Kanadierin... hat volles kastanienbraunes Haar und leuchtend blaue Augen...

Die Unbequemlichkeiten im Lager sind oft extrem. Dr. Fossey arbeitet in 3000 Meter Höhe auf einem erloschenen Vulkan, wo sie mit Höhenkrankheit, Depression, aber auch mit Regen, Nebel und Hagel kämpft. Dr. Goodall muß oft auf dem Bauch durch Buschschweintunnel kriechen, um ihre Forschungsobjekte zu erreichen, und Dr. Galdikas steht häufig bis zum Hals in blutegelverseuchten Sümpfen, wenn sie nach ihren Orang-Utans Ausschau hält...

Dr. Goodall, vor der sich die anderen als ihrer Vorkämpferin beugen, betreibt seit zwanzig Jahren Feldforschung, Dr. Fossey seit dreizehn Jahren und Dr. Galdikas seit fast einem Jahrzehnt...

Es ist die Einsamkeit, an der viele zerbrechen...

Dr. Galdikas nennt es ›Buschfieber‹. Dr. Fossey nennt es ›Astronautenblues‹. Sie sagt: ›Wenn Sie die Isolierung nicht mehr aushalten können, schwitzen, schreien, zittern oder weinen Sie.‹ Die drei Frauen weisen jeden Gedanken an Gefahr von sich, denn sie fühlen sich bei ihren Tieren wohl, die nie eine von ihnen ernsthaft verletzt haben, nicht einmal Dr. Fossey, die mit jenen Wesen arbeitet, die die frühen Forscher ›gräßliche Bestien‹ nannten und die sie selber ›sanfte Riesen‹ nennt... Sowohl Dr. Goodall als auch Dr. Fossey machten einige Rufe, Schreie und Schnaufer nach, die sich zu haarsträubenden Crescendos steigerten. Als Dr. Galdikas gebeten wurde, einen Orang-Utan-Ruf nachzuahmen, meinte sie leicht reserviert: ›Das erwachsene Weibchen ist praktisch stumm, außer wenn es vergewaltigt wird.‹...

Dr. Fossey sprach von der ›Stille des Waldes‹ und hielt sich die Ohren zu, als sie die Geräusche einer Cocktailparty hörte, die im Hause des Präsidenten von Sweet

Briars stattfand. ›Ich kann den Krach hier nicht vertragen‹, beklagte sie sich.

›Ich fühle mich unter Gorillas wohler als unter Menschen‹, sagte sie. ›Was ein Gorilla vorhat, kann ich voraussehen, und seine Motive sind rein. Es stimmt, daß es Zeiten gibt, in denen ich von Supermärkten und Drugstores träume, von Kartoffelchips und der Sonntagmorgenzeitung. Aber das ist auch schon alles.‹

Und Dr. Goodall wiederholte, was sie einst Dr. Leakey sagte: ›Die Zivilisation ist mir keinen Pfifferling wert. Ich möchte in der Wildnis herumwandern!‹«

Die Rückkehr in die Zivilisation hatte zweifellos ihre Probleme. In einem Brief an Jane erinnert sich Dian, wie »wir während des Seminars gefragt wurden, welchen Aspekt des zivilisierten Lebens wir bei der Rückkehr aus dem Busch am schwierigsten finden. Mir fiel sofort meine Unfähigkeit ein, mich daran zu erinnern, die Wasserspülung der Toilette zu betätigen, und gab dies ohne Bedenken zu. Ich wollte mich noch über weitere Schwierigkeiten dieser Art verbreiten, aber Du reagiertest sofort auf die typisch englische Art, indem Du mich am Arm packtest und mit schockierter Stimme, die so laut war, daß alle sie hören konnten, sagtest: ›Oh, Dian!‹ Es war Deine spontane Reaktion, die Lachstürme entfesselte.«

Am 1. Mai flogen die »Trimaten« nach Westen zu einem gemeinsamen Vortrag in Pasadena, aber nun kam es zu wachsenden Reibereien zwischen Dian und Biruté, und Jane mußte zwischen den beiden vermitteln.

Nach ihrer Rückkehr nach Ithaca Ende Mai schrieb Dian an Jane:

»Ich weiß nicht, wie ich Dir sagen soll, wieviel es mir bedeutete, mit Dir zusammen diese Tour zu unternehmen. Deine Anwesenheit machte in der Tat einige der schlimmen Szenen erträglich. Ich habe viel von Dir zu lernen hinsichtlich Takt, Verbindlichkeit, Anstand und Sachlichkeit. Ich habe Dich sehr vermißt, als Du in L.A.

das Flugzeug bestiegst. Im Rückblick war es ein irgendwie komischer Abschied. Die beiden ›feindlichen Lager‹, und Du so diplomatisch liebenswürdig in der Mitte.«

Trotz ihrer Kürze war die Zeit, die Jane und Dian miteinander verbracht hatten, gut für alle beide gewesen. Dians Begabung für das Bemuttern von Verwundeten spendete Goodall einigen Trost, und Janes ruhige, mitfühlende Analyse des Gorillakriegs erwies sich als wirksames Mittel gegen die Bitterkeit, die in Dian aufgestiegen war. Sie trennten sich als Freundinnen, und obwohl sie sich in den kommenden Jahren nur selten sahen, war die Freundschaft beständig.

Als der Sommer fortschritt und es in Ithaca immer heißer und feuchter wurde, machte Dian schlapp. Die Arbeit an dem Buch kam zum Stillstand, und so mietete Anita McClellan in Bar Harbour dicht am Meer ein Häuschen. Hier verbrachten sie, ihr alter Hund Boo, Dian und Cindy sechs produktive Wochen. Es war eine wunderbare, heilsame Zeit für Dian, die für Anita nicht weniger denkwürdig gewesen zu sein schien.

»Ich möchte Dir nochmals sagen, Dian, wie wundervoll es war, Deine Redakteurin, Freundin und Dein begeistertster Fan gewesen zu sein... Erinnerst Du Dich noch an jene Tage in Maine mit unseren vierbeinigen Damen, und wie wir Kapitel 5 über Coco und Pucker herunterhämmerten? Dann an unsere Spaziergänge am Strand, wo wir die Vögel und das Leben im Meer beobachteten, unsere Gespräche in der Hütte, unser Gekicher, unser Ächzen und Stöhnen über die Vorträge in der Stadtbibliothek?... Wie die Einheimischen uns beäugten, wenn wir uns auf dem Rasen anschrien? Wie Cindy unbedingt jeden Deiner Schritte überwachen wollte, wenn Du am Strand Muscheln sammeltest?»

Mit Beginn des Herbstsemesters kehrte Dian als Gastprofessorin nach Cornell zurück. Als das Jahr 1981 sich seinem Ende näherte und der lange Krieg mit Harcourt zu

Ende zu gehen schien, war sie geistig gut und körperlich besser in Form als seit vielen Jahren. Mit Anitas Hilfe war sie mit dem Buch so weit gekommen, daß sie annehmen konnte, es würde bald fertig sein. Die Veröffentlichung mehrerer wissenschaftlicher Abhandlungen hatte die Krittelei ihrer Kollegen ein wenig gedämpft. Die Beziehungen zwischen ihr und der National Geographic Society waren wieder gut. Sie und Glenn hatten es sich als verständnisvolle Freunde bequem gemacht. Für diesmal schien sich das Universum ganz nach Wunsch zu entfalten.

Im Januar 1982 verkroch Dian sich vor der bitteren Winterkälte in ihrer nun vertrauten Wohnung. Sie arbeitete weiter an ihrem Buch, dem am 4. Januar nur noch zwei von den zwölf Kapiteln fehlten, die es am Ende enthalten sollte. Gelegentlich ging sie mit ihrem kleinen, zwanglosen Freundeskreis zum Essen oder zu einer Vorstellung. Am 16. Januar feierte sie mit einigen Freunden ihren Geburtstag. Es war ihr fünfzigster.

»Ich glaube, die einsame Frau des Waldes verwandelt sich in die zahme Matrone von Langmuir ... Aber ich muß zugeben, daß ich mich jünger fühle als vor fünf Jahren. Cindy scheint es ebenso zu gehen, obwohl sie nun fünfzehn Jahre alt ist. Ja, es steckt noch Leben in uns alten Hunden!«

Vielleicht steckte in ihrem Scherz über die Verwandlung mehr Wahrheit, als sie sich klarmachte – oder zugeben wollte. Tatsache ist, daß sie sich immer stärker mit Amerika aussöhnte. In Kleidung und Lebensstil unterschied sie sich kaum von den teilweise schick gekleideten weiblichen Mitgliedern der Fakultät. Sowohl Studenten als auch Kollegen behandelten sie mit einem Respekt, den sie nie zuvor gekannt – und gewünscht – hatte. Obwohl ihr Gesicht Falten und ihre schwarzen Haare einen grauen Schimmer aufwiesen, hatte sie ihre physische Anziehungskraft auf Männer behalten, wenn sie sich nun auch viel weniger für sie interessierte. Obwohl sie die Gorillas und andere Tiere nicht weniger als sonst vermißte und immer noch sehnsüchtig an ihre Jahre in Karisoke zurückdachte, hatte sich der Drang, zurückzukehren, etwas abgeschwächt.

Darüber hinaus hatte sich der Waffenstillstand mit Harcourt als kurzlebig erwiesen, und seine ständige Anwesenheit im Lager trug zweifellos viel dazu bei, daß sie nicht mehr danach lechzte, dort zu sein.

»Langsam wird mir klar, daß ich niemals zurückkehren kann, solange er dort ist«, schrieb sie Jane Goodall, die eine der wenigen war, an die sie noch ausführliche Briefe richtete. Lange Briefe kosteten sie zuviel Zeit, und außerdem hatte sie in Ithaca nicht das dringende Bedürfnis danach wie in der Einsamkeit der nebelverhangenen Vulkane.

Harcourt begann das neue Jahr damit, daß er sowohl Dian als auch Dr. Snider schrieb und sich lang und breit darüber beklagte, daß er Geld verloren habe und keine angemessene finanzielle Unterstützung empfange. Seinen Brief an Dian schloß er mit den Sätzen:

»Ich bin nicht gewillt, meine Arbeit unter solchen Bedingungen fortzusetzen, die ein Zentrumsdirektor vorfindet, der dem Programmkoordinator des Forschungszentrums Karisoke und dem Wissenschaftlichen Direktorium unterstellt ist. Ich werde als der ruandischen Regierung verantwortlicher Zentrumsdirektor weiterarbeiten, doch betrachte ich all meine Verpflichtungen gegenüber Programmkoordinator und WD als beendet, bis meine Auslagen ersetzt worden sind und ich das für die Leitung des Zentrums erforderliche Geld im voraus erhalten habe.«

Er hatte also gekündigt – wollte aber nicht fort.

Das National-Geographic-Forschungskomitee, das erst kürzlich 16 800 Dollar für die Leitung Karisokes bewilligt hatte, war über diesen Brief nicht erfreut. Kelly Stewart griff jedoch rasch ein, um den Schaden zu begrenzen. Ihre Entschuldigungen im Namen ihres Mannes glätteten die Wogen ein wenig, und ein langer, unterhaltsamer Brief, den sie Dian zehn Tage später schickte, wirkte beruhigend auf einige Ausschußmitglieder von Karisoke. Dian selbst blieb erstaunlich ungerührt über Harcourts neuen Ausbruch und zeigte sogar etwas Mitgefühl.

»Der Junge wird ›buschkrank‹. Kelly sollte ihn nach England bringen, damit er sich ausruht.«

Dians amerikanischer Verlag, Houghton Mifflin, bat dringend um einen Titel für das Buch, und Dian tat ihm den Gefallen mit »Gorillas in the Mist« (»Gorillas im Nebel«). Er rief keinen Begeisterungssturm hervor.

»Sie mögen ihn nicht. Niemand mag ihn. Anscheinend beklagen sich nur die Gorillas nicht!«

Ob sie ihn nun mochten oder nicht. Dian blieb bei ihrem Titel.

»Schinde mich jetzt mit Anhängen, Tabellen, graphischen Darstellungen, Quellenangaben usw. herum. Das gefällt mir gar nicht. Ich finde es sehr schwierig, meine Zeit jeden Tag zwischen Buch, Vorbereitung auf die Kurse, Analyse der Felddaten und Korrespondenz aufzuteilen. Der Tag hat einfach nicht genug Stunden, vor allem in diesem Land, wo es keinen Anreiz gibt, morgens aufzuwachen.«

Am 12. März hatte Dr. Eisenberg endgültig genug. Er schrieb den Ausschußmitgliedern:

»Es sieht so aus, als trete die Fortsetzung der Studien in Karisoke in eine neue Phase ein ... Ich schlage vor, daß der Ausschuß seinen Einflußbereich abstimmt und daß Dr. Fossey sich direkter mit den Angelegenheiten befaßt. Auf jeden Fall müßte bald ein neuer Vorsitzender oder eine neue Vorsitzende gewählt werden, da ich diese Stellung aufgeben möchte.«

Auch viele andere Ausschußmitglieder glaubten, Dian

sollte nun ermutigt werden, die Zügel zu ergreifen, die ihr so barsch aus den Händen gerissen worden waren. Immer mehr Leute, die zuvor überzeugt gewesen waren, sie und Karisoke sollten getrennt werden, sahen nun ihren Irrtum ein.

Die Arbeit an dem Buch wurde Ende Februar unterbrochen, als Dian westwärts flog, um ein paar Vorlesungen in Oklahoma zu halten, darunter auch eine in Tulsa, wo sie einen jungen Graduierten namens Wayne McGuire kennenlernte, der versessen darauf war, in Karisoke als Forschungsstudent zugelassen zu werden. Obwohl McGuire damals keinen großen Eindruck auf Dian machte, sollte er in ihrer Zukunft eine große Rolle spielen.

Vortragsreisen waren kein Stärkungsmittel für das Selbstbewußtsein – sie waren Dians Lebensunterhalt. Als sie noch in Karisoke lebte, hatten ihre Vortragshonorare das Zentrum am Leben erhalten; im Exil in den Vereinigten Staaten stellten sie einen großen Teil ihres ziemlich mageren Einkommens dar.

Am 18. März flog sie mit Cindy nordwärts nach Plattsburgh, einer kleinen Stadt, nicht weit von der kanadischen Grenze, wo sie engagiert war, einen Einmonatskurs zu geben. Obwohl sie sich gefürchtet hatte, noch weiter »in die Tundra« zu ziehen, erwies sich das Zwischenspiel als angenehm.

»Ich gebe einen Minikurs in vergleichendem Verhalten der drei Menschenaffen und lebe zum ersten Mal, seit ich Afrika verlassen habe, auf dem Lande. Ich kann gar nicht sagen, wieviel es mir bedeutet, endlich wieder Platz und Bäume und Tiere und Vögel um mich zu haben. Cindy und mir geht es unserem Alter entsprechend sehr gut, denn das Frühlingswetter macht unsere alten Knochen wieder jung. Es wird erwartet, daß ich bis Ende April hierbleibe. Die Studenten sind super und die Kollegen ebenfalls. Alle sind freundlich, wißbegierig und begeistert über den Kurs. Es wird mir schwerfallen, fortzugehen.«

Nach Ithaca zurückgekehrt, mußte sie eine schwerwiegende Entscheidung fällen. Der Karisoke-Ausschuß hatte ihr die Aufgabe übertragen, einen zwischenzeitlichen Ersatz für Harcourt zu wählen, jemanden, der Karisoke am Leben erhielt, bis sie selber das Kommando wieder übernehmen konnte.

Die Versuchung, nach Ruanda zurückzukehren, war stark, aber mehrere Faktoren sprachen dagegen. Ihr Vertrag mit Cornell lief erst im September aus, und sie betrachtete es als Ehrensache, Verträge voll und ganz einzuhalten. »Gorillas in the Mist« war immer noch nicht fertig. Harcourt hielt sich noch in Karisoke auf, und sie wollte auf keinen Fall zurückkehren, bevor er nicht das Lager für immer verlassen hatte. Und dann war da auch noch Cindy – und das Wohlergehen des alten Hundes lag Dian ganz besonders am Herzen.

»Ich stelle mir vor, daß auch Cindy sehr gern ins Lager zurückkehren möchte«, schrieb sie einem Freund, »aber ich glaube nicht, daß sie die Reise aushalten würde... ihre Hinterbeine wollen nicht mehr, und sie kann nicht ohne Hilfe aufstehen. Ich habe ihr einen elektrischen Kamin gekauft, der fast genauso aussieht wie ein richtiges Lagerfeuer. Davor habe ich eine »Menschenmatratze« und ein Kissen gelegt, und dort verbringt sie die meiste Zeit, ausgestreckt wie eine Königin.

Ebenso wie Cindy bin auch ich jetzt fett und klimakterisch (daher sehr umgänglich und freundlich!)... Trotzdem möchte ich hier nicht noch einen Winter erleben. Ich möchte gern ins Lager zurückkehren; außerdem möchte ich nur noch schreiben, anstatt meinen Zeitplan zwischen Unterricht und Schreiben aufzuteilen, womit ich jetzt das Geld für die Miete verdiene.«

Am Ende beschloß sie, David Watts, der von März 1978 bis Juli 1979 bei ihr in Karisoke gewesen war, als Bewerber für den Posten des Zentrumsdirektors in Betracht zu ziehen. Sie verabredete sich mit ihm Mitte Mai in Chicago, um die Einzelheiten zu besprechen. Zuvor aber sollte ein weiteres »Trimaten-Symposion« stattfinden, diesmal im Hunter College in New York.

Goodall, Galdikas und Fossey hatten vorher vereinbart, diese Gelegenheit wahrzunehmen, um nachdrücklich darauf hinzuweisen, daß die letzten Menschenaffen umfassend geschützt werden müßten. Dian sprach als letzte von den dreien. Die »New York Times« berichtete:

»Dr. Fossey beschrieb den Kampf um die Rettung der gefährdeten afrikanischen Berggorillas, die sowohl durch die Übergriffe der Bauern als auch durch Wilddiebe gefährdet sind.

Dr. Fosseys Stimme zitterte, als sie von einer Gruppe Berggorillas erzählte, die gejagt und getötet worden waren.

Das Publikum verstummte, als Dr. Fossey ein Dia von einem Friedhof nahe bei ihrem Lager zeigte, wo die Gorillas begraben sind. ›Ich betrachte den Friedhof als eine Gedenkstätte‹, sagte sie, ›in der Hoffnung, daß der Tag niemals kommen wird, an dem es nur noch Friedhöfe und Erinnerungen im Nebel gibt.‹«

Diesmal hatten Dian und Jane zu wenig gemeinsame Zeit. Nach einem geselligen Beisammensein im Explorers' Club nahm Dian ein Flugzeug nach Chicago. Ihre Begegnung mit Watts verlief gut, und sie kamen überein, daß er Karisoke übernehmen würde, sobald Harcourt ausgezogen sei. Die Voraussetzung war, daß Harcourt bei seinem Abzug keine Schwierigkeiten machen würde.

Als Dian im Mai nach Ithaca zurückkehrte, erhielt sie die Kopie eines Briefes, den Harcourt ihrem britischen Verlag Hodder and Stoughton geschrieben hatte und in dem er gerichtlich vorzugehen drohte, falls das Buch irgend etwas über ihn enthielt, was er als nachteilig betrachtete. Harcourt meinte, sie hätte solche Kommentare gemacht, und zwar nicht nur über ihn, sondern auch über andere Leute, die »mit dem Naturschutz der Virungas beschäftigt sind«. Wenn dies tatsächlich der Fall sei, warnte er den Verlag, »werden Sie vermutlich nicht nur mit einem, sondern mehreren Verleumdungsprozessen, darunter auch internationalen, rechnen müssen.«

Dian und ihr Verleger zogen es vor, diese Kampfansage zu ignorieren, aber Dian informierte Anita McClellan darüber.

»Merkwürdigerweise schrieb mir am selben Tag auch Kelly – einen sehr netten, ausführlichen, mit ›In Liebe, Kelly‹ unterzeichneten Brief.«

Während Dian den ganzen langen, heißen Sommer hindurch ihre Arbeit an dem Buch fortsetzte, flogen Harcourt und Kelly nach England und von dort aus nach den Vereinigten Staaten. Sie hinterließen Karisoke in der Obhut eines japanischen Biologen namens Juichi Yamagiwa. Den Berichten zufolge, die Dian erhielt, hatte das Lager seit ihrer eigenen Abreise nie reibungsloser funktioniert.

Eine Zeitlang glaubten Dian und der Ausschuß, Harcourt und Kelly hätten Karisoke für immer verlassen. Watts bereitete sich auf seine Abreise nach Ruanda vor, als das Paar Mitte September ins Lager zurückkehrte und sich dort so einrichtete, als habe es nicht die Absicht, jemals wieder fortzugehen.

Offenbar hatte sich ein neues Patt entwickelt. Obwohl die meisten Ausschußmitglieder einverstanden gewesen waren, als Dian David Watts zum neuen amtierenden Zentrumsdirektor vorgeschlagen hatte, regte sich Widerspruch unter den Anhängern Harcourts, die lieber den zweiunddreißigjährigen Oxford-Absolventen Dr. Richard Barnes als seinen Nachfolger gesehen hätten. Offenbar wünschte Harcourt nicht, einem Fossey-Kandidaten zu weichen.

Schließlich machte Dian ein Angebot, das ihr als akzeptabler Kompromiß erschien. Sie schlug vor, Barnes und Watts sollten sich die Leitung von Karisoke als Kodirektoren teilen. Diese Lösung wirkte so überaus vernünftig, daß der Ausschuß sie gnädig akzeptierte und Harcourt kaum eine andere Wahl ließ, als sich zu fügen.

Anfang Dezember erhielt Dian einen Brief von Juichi Yamagiwa, der ihr das Herz schwer machte.

»Ich bedaure außerordentlich, Ihnen schlechte Nachrichten geben zu müssen. Am 16. November entdeckten Wächter und Vatiri vier Wilderer, die die Musakama-Gruppe hetzten. Sie verfolgten sie, um ihnen ein Baby abzujagen (ein einen Monat altes Weibchen). Unglücklicherweise waren Sandy und Kelly abwesend von Karisoke. Ich schickte das Baby rasch den Berg hinunter zu einem Arzt, weil ich fürchtete, es hätte Schaden gelitten.

Am 17. schickte das ORTPN trotz meines energischen Ersuchens keine Wächter herauf. So zog ich mit Vatiri los, um den Unfallort zu überprüfen. Mein Gott! Wir fanden mehrere blutige Fährten und einen toten Silberrücken, den die Wilderer mit Speeren getötet hatten. Blutspuren wiesen darauf hin, daß ein weiterer Gorilla getötet oder ernstlich verwundet worden sein mußte.

An jenem Abend berichteten Nemeye und Mukera, die Gruppe 5 verfolgt hatten, daß sie am Osthang des Karisimbi von mehreren Wilddieben mit Hunden angegriffen worden seien. Die Wilderer scheinen zu wissen, daß wir momentan entwaffnet sind. Ich ging hinunter ins Hauptquartier des Berggorillaprojekts, und wir vereinbarten, daß sechs bewaffnete Parkwächter nach Karisoke kommen und uns mindestens eine Woche begleiten und daß sechzehn Träger den armen Silberrücken hinunter ins Lager tragen sollten.«

Dian wußte seit fast zwei Jahren, daß von ihrem Programm zur Bekämpfung der Wilderei nichts mehr übriggeblieben war, aber dieser Beweis, wie sehr die Lage sich verschlimmert hatte, war mehr, als sie ertragen konnte.

»Beinahe wäre ich sofort zum Kennedy-Flughafen geflogen, um zu versuchen, als Standby-Passagier nach

Brüssel und von dort nach Kigali zu fliegen. Freunde haben es mir ausgeredet. Sie sagten, für die Musakama-Gruppe komme jede Hilfe zu spät und wir müßten uns jetzt alle Mühe geben, das Lager wieder in Ordnung zu bringen. Ich frage mich, ob uns das jemals gelingen wird... inzwischen sterben die Gorillas weiter.«

Dian hatte den spontanen Einfall, nach Ruanda zu fliegen, ja, die Idee wurde ihr geradezu aufgezwungen, weil sie nun allein in ihrer Wohnung in Lansing lebte. Am 19. Oktober hatte Cindy das Zeitliche gesegnet.

»Okay, Cindy, ich habe Dir versprochen, daß ich Dir eine Grabschrift schreiben würde, das einzige, was ich noch für Dich tun kann, aber nun, in den ersten paar Stunden nach Deinem Tod, frage ich mich, was der Sinn des Lebens ist. Ich wünschte, ich hätte Deinen Körper unter der blauen Wolldecke in dem Tierkrankenhaus berührt. Ich glaube, ich tat es nicht, weil ich die Tatsache, daß Du tot warst, nicht akzeptierte. Und ich glaube, ich fürchtete, weinen zu müssen. Du wirst Dich erinnern, daß wir beide die Abmachung hatten, niemals voreinander zu weinen, aber das war natürlich, nachdem Du eine reife Dame geworden warst.

Du warst kein gewöhnlicher Hund. Ich weiß, die meisten von uns glauben, ihre Hunde seien etwas ganz Besonderes, aber Du warst es wirklich. Deine Mutter war eine Boxerhündin mit Stammbaum, in Polen geboren und nach Ruanda gebracht von einem echten, richtigen Grafen. Wie die meisten Europäer hier hielt er Deine Mutter als Wachhund an einer Kette. Nun, irgendwie lernte diese feine Dame königlichen Geblüts einen unbekannten Herrn kennen, und das Unvermeidliche geschah. Ich weiß nicht, wie viele von Euch in dem Wurf waren, aber der stolze Graf behielt nur drei Welpen, und einer davon warst Du.

1968 lebte ich schon über ein Jahr in den Virungas. Die einzigen Wesen, mit denen ich reden konnte, waren

meine Afrikaner und meine Hühner Wilma und Walter. Walter liebte es, nachts in meinem Zelt zu schlafen, und ritt sogar auf dem Wagen meiner Schreibmaschine – was zu einem unsauberen Schriftbild führte. Ein guter Freund glaubte, ich brauchte mehr Gesellschaft als ein paar Hühner, und schenkte mir dieses kleine, stummelschwänzige Hundebaby. Natürlich wurdest Du nicht mit einem Stummelschwanz geboren, aber der polnische Graf wollte, daß Du richtig schick aussiehst, und ließ Deinen Schwanz abhacken. Das war nicht schrecklich klug von ihm, aber Du hieltest den alten Stummel all die Jahre am Wedeln.
Himmel! Was für ein unwillkommener Besuch warst Du doch zuerst! Während Walter sein Unwesen auf der Schreibmaschine trieb, legte Wilma ihre Eier in einer Ecke des Zeltes, und Du machtest ihnen das Leben wirklich schwer. Doch als Du heranwuchsest, wurden auch Deine Spielgefährten größer. Nichts liebtest Du mehr, als nachts, vor allem in hellen Vollmondnächten, mit den Elefanten zu spielen, die zum Trinken an den Bach vor meiner Hütte kamen. Ich werde nie vergessen, wie Du mit Deinem wild wackelnden kleinen Stummelschwanz zwischen den Beinen dieser alten Mammuts herumliefst, so daß sie quiekten, trompeteten und mit ihren Ohren wedelten. Die Zahl Deiner Spielgefährten wuchs, als Du Büffel, Antilopen, Gorillas und Mungos kennenlerntest – und die Liste war vermutlich noch viel länger, aber das weißt nur Du allein.
Cindy, Du hast mich gelehrt, was Mut ist, aber Menschen liebtest Du so sehr, daß Du als Wachhund versagtest. Als Sebarari in meine Hütte kam und meinen Koffer mit allem Geld, das ich auf der Welt besaß, und mit all meinem Schmuck klaute, hast Du nicht einmal gebellt. Du ließest ihn einfach Deinen Kopf streicheln. Na ja, so schlimm war es auch wieder nicht. Es ist alles relativ.

Und so wuchsest und wuchsest Du, und zwar nicht nur Dein Körper, sondern auch Deine Liebe. Mir ist, als lieb-

test Du jeden – alle Träger, die tierischen Gäste in und um das Lager, die kranken und verwundeten Gorillas und Ducker, die Du zu pflegen halfst, sogar die europäischen Besucher. Weißt Du noch, wie Du jeden Morgen Deine Runde von Hütte zu Hütte machtest, um allen mit Deiner großen, nassen Zunge einen Gutenmorgenkuß zu geben? Ja, Cindy, Du warst die Verkörperung der Liebe in Karisoke. Cindy, Cindy, es gibt so viele Erinnerungen, es tut mir leid ...«

Die Grabschrift wurde nie beendet, aber ganz am Ende steht noch ein gekritzelter Absatz:

»Mittw., 6.30 Uhr. Cindy, erinnerst Du Dich noch an den kleinen Zeitungsjungen, der hierher kam, nachdem Du gestorben warst, und der so viel verständiger war als die meisten Erwachsenen, die versuchen, ihre Betroffenheit auszudrücken, denen aber die Worte fehlen? Dieser kleine Junge sagte: ›Sie sind jetzt gewiß sehr einsam, und Sie weinen gewiß auch sehr oft. Wenn ich einsam bin, weine ich auch – aber nur, wenn niemand mich hören kann.‹«

21

Anfang Januar 1983 schrieb Dian Rosamond Carr über die Lage in Karisoke:

»Am 16. November wurde noch ein Gorilla von Wilddieben gefangen. Die meisten Einzelheiten darüber erfuhr ich von dem japanischen Studenten, der einige Zeit in Karisoke gewesen war, aber nach Japan zurückkehren mußte. Fast alles, was ich an sachlichen Einzelheiten über das Lager hörte, stammte von ihm, und seine Briefe werden mir fehlen. Kelly schickt mir weiterhin die Monatsberichte, die sehr kurz und positiv sind, aber eine Anzahl Studenten und Besucher, die im Lager gewesen sind, vermitteln mir ein ganz anderes Bild. Die Wilderei ist so schlimm wie immer, aber man erfährt heute einfach nichts mehr darüber. Der Mord an dem Silberrücken und anderen Mitgliedern der Gruppe, aus der das neueste Gefangene stammte, wäre, wenn möglich, ebenfalls verschwiegen worden.

Ich würde sehr gern für etwa drei Monate zurückkehren, aber erst, nachdem Harcourt fort ist. Eigentlich sollte er Ende Dezember abreisen, aber er bleibt noch. Er weigert sich zu sagen, wann er vorhat zu gehen.

Ich bin sicher, meine Leute glauben, ich sei über den Rand der Erde gepurzelt. Deshalb möchte ich zurückkehren und ihnen meine Liebe und Dankbarkeit übermitteln. Ich möchte, daß sie wissen, daß sie und das Lager mir tief in Herz und Sinn eingeprägt sind... Die Studenten, die zurückgekehrt sind, berichten, daß die Hütten zusammenbrechen... Es wird mich entmutigen zu sehen, daß das, wofür ich so viele Jahre gearbeitet habe, in Unordnung ist, aber wenn ich die Männer ermuntere und das Lager neuen Glanz erhält, dann werden die drei Monate, glaube ich, nur so verfliegen. Ich würde gern länger bleiben, aber ich weiß nicht, ob ich dazu in der Lage sein werde, weil meine Atemprobleme in großer Höhe bestimmt zugenommen haben.«

Und in persönlicherem Ton fuhr sie fort: »Habe das Rauchen stark eingeschränkt – nur noch eine Zigarette pro Stunde, was Dir immer noch übertrieben erscheinen wird, aber gewiß besser ist als drei oder vier pro Stunde! Rosamond, ich bin WAHRHAFTIG eine sanftmütige Person verglichen mit der, die ich einmal war! Es muß das Fett sein oder vielleicht die Bewältigung des schrecklichen Klimakteriums. So ist die neue Fossey also eine heitere alte Dame, die eine Brille braucht, um ihre Brille zu suchen, die aber immer noch ihre eigenen Zähne hat...

Das Buch ist endlich fertig... ich bin so froh! Ich hatte gar nicht gemerkt, wie deprimierend es war, jeden Morgen aufzuwachen und zu wissen, daß noch so viel über die Tiere geschrieben werden mußte, die ich so geliebt hatte – und die getötet worden sind. Manchmal war es unerträglich, und ich stand kurz davor, die ganze Sache völlig aufzugeben.«

Es hatte so ausgesehen, als würde der Januar es dieses Jahr gut meinen, aber am 24. wurde von Karisoke aus ein Geschoß mit mehreren Sprengköpfen in Richtung auf das Büro von Monsieur le Directeur von ORTPN, die African Wildlife Leadership Foundation, die Fauna Preservation Society, Coopération Belge (das belgische Hilfsprogramm in Ruanda) und die National Geographic Society abgeschossen.

Damit machte Harcourt den Digit-Fonds schlecht. Er bestritt heftig, daß der Fonds und/oder Dian irgend etwas dafür getan hätten, das Vieh aus dem Park zu vertreiben, geschweige denn die restliche Population der Berggorillas zu retten. Statt dessen rechnete er dieses Verdienst allein den Parkbehörden an sowie »internationalen Organisationen, die gemeinschaftlich viele tausend Dollar für den aktiven Schutz der Berggorillas gespendet hatten«.

Weiterhin erklärte er, daß das Forschungszentrum Karisoke zwar tatsächlich eine aktive Rolle beim Schutz der Gorillas gespielt habe, aber »ohne die Anwesenheit von D. Fossey, ohne Geld vom Digit-Fonds und ohne irgendeinen Vertreter des Digit-Fonds«. Als Direktor des Forschungszentrums Karisoke distanzierte Harcourt sich und das Zentrum in aller Form von allen Angaben, die im »Rundschreiben des Forschungszentrums Karisoke« vom Herbst 1982 gestanden hatten.

Dieser Ausbruch war durch die Wiederbelebung des Digit-Fonds ausgelöst worden.

Mitte 1980 hatte Dian beschlossen, daß sie sich nicht länger guten Gewissens um Spenden für den Fonds bemühen könne, weil der neue Direktor sie nicht ihrem Zweck, nämlich der Bekämpfung des Wilderns, zuführte. Daher propagierte sie den Fonds nicht mehr und schickte natürlich auch kein weiteres Geld nach Karisoke. Im Herbst 1982 jedoch, aus Vorfreude auf ihre Rückkehr ins Lager und auf die Wiederaufnahme der Patrouillen, reaktivierte sie ihn. Das Rundschreiben, das diesen Beschluß verkündete und die Errungenschaften des Digit-Fonds nannte, war der Auslöser für Sandy Harcourts Wut gewesen.

Ende Januar hielt Anita McClellan Dian eine Standpauke und versuchte, sie dazu zu bewegen, in »Gorillas in the Mist« mehr über Kernfragen des Naturschutzes zu schreiben.

»Daß Du Dich so höflich zurückhältst, die Einstellung der Afrikaner gegenüber der Regierung und den Parkvorschriften zu beschreiben, den Interessenkonflikt, den Mißbrauch der Gelder durch die Naturschützer, die falsche Nutzung des Landes, den Tierfang für ausländische Zoos usw., wird das Leben der Gorillas nicht retten. Dieses Widerstreben wirkt ein bißchen wie eine Befürwortung des theoretischen Naturschutzes, der die Tiere nicht vor Fallen und Gewehren schützt, aber prima klingt.«

Obwohl die Andeutung, daß sie sich wie eine »theoretische Naturschützerin« benehme, Dian wütend machte, ließ sie sich nicht umstimmen. Sie fürchtete sich nicht vor gerichtlichen Schritten, falls sie die Schäbigkeit des gegenseitigen Vernichtungskriegs der Mitspieler im »Naturschutzspiel« entlarvte – es widerstrebte ihr ganz einfach, irgend jemanden in »Gorillas in the Mist« an den Pranger zu stellen.

»Dies Buch handelt von Gorillas, nicht von Menschen. Es handelt nicht einmal von mir. Auf Grund redaktioneller Entscheidungen steht sowieso schon viel zuviel über mich darin. Ich würde es vorziehen, wenn überhaupt keine Menschen, ob gut oder böse, darin vorkämen, aber das kann ich wohl nicht verlangen.«

Der Februar 1983 brachte gute Nachrichten von Dr. Snider, des Inhalts, daß das Forschungskomitee der National Geographic Society für 1983 einen Zuschuß von 21 860 Dollar gewährt hatte. Diesen warmen Regen begleitete eine Warnung: »Unser Komitee gibt ungern Zuschüsse an Einrichtungen (im Gegensatz zu Personen). Für Karisoke machen wir eine seltene Ausnahme. Ich glaube jedoch nicht, daß dies unbegrenzt so weitergehen wird, und das Komitee bittet Sie dringend, andere Kapitalquellen für das Zentrum selbst zu suchen.«

Auch im Februar mangelte es nicht an Problemen. Am 25. wußte Dian immer noch nicht, wann Harcourt Karisoke zu verlassen gedachte. Auch hatte sie noch nicht gehört, ob das ORTPN ihren neuen Studenten – den Amerikanern David Watts und Karen Jensen und dem Engländer Richard Barnes – Arbeitserlaubnisse erteilt hatte. Sie schrieb einen dringenden Brief an Kelly:

»Ich weiß nur, daß Ihr beabsichtigt, im März zu gehen, kenne aber das genaue Datum nicht. Weißt Du vielleicht, ob die Arbeitserlaubnisse für Watts, Jensen und Barnes fertig sein werden, wenn Ihr geht? Sie sind natürlich begierig, sich auf den Weg zu machen.«

Kellys Antwort, geschrieben am 10. März, war verwirrend – und beunruhigend: »Wir haben Watts' Antragsformular nicht erhalten und deshalb nichts unternommen.« Dem hinzugefügt war die Information, daß Barnes und Jensen indessen von ORTPN akzeptiert worden waren: »Deshalb haben wir Dr. Barnes ein Telegramm geschickt, und ich habe Jensen geschrieben.« Der Brief schloß mit den pessimistischen Worten: »Selbst wenn Davids Antrag am nächsten Trägertag einträfe, besteht meiner Meinung nach nicht viel Hoffnung, daß er vor Juni hierher kommen kann.«

Watts' Antrag auf Arbeitserlaubnis war fast vier Monate zuvor, im November 1982, zur Weiterleitung an das ORTPN nach Karisoke geschickt worden.

Am 22. März traf Richard Barnes aus England ein. Acht Tage danach traten Sandy Harcourt und Kelly Stewart ihre sehr verspätete Abreise an. Die Ära Harcourt war beendet – aber der Schatten blieb.

Einen Tag vor ihrer Abreise tauchte Watts' Antrag auf. Harcourt reichte ihn weiter an das ORTPN, aber weder Watts noch Dian erfuhren etwas bis Ende Mai, als Watts einen Brief von Jean-Pierre von der Becke erhielt, der, wie man sich erinnern wird, der Direktor des Berggorillaprojekts war. Darin stand, daß das ORTPN Watts die Erlaubnis verweigert habe, weil es »nicht einverstanden ist, daß das Forschungszentrum Karisoke zwei Direktoren haben soll. Es hält die Station nicht für wichtig genug, und ich muß sagen, daß ich diesen Standpunkt verstehe.«

Das war zuviel für Watts, der die Schrift an der Wand lesen konnte. Er zog seinen Antrag, in Karisoke zu arbeiten, zurück – und überließ das Feld Harcourts Kandidaten Dr. Richard Barnes als einzigem neuem Direktor.

All dies beschwor bei Dian einen Anfall von Depression

herauf, aber es überzeugte sie auch, daß sie ihre Rückkehr nach Ruanda nicht länger aufschieben durfte, wenn sie die Kontrolle über ihre Schöpfung zurückerlangen wollte.

Sie schrieb Ian Redmond mit einem Funken des alten Feuers vergangener Tage:

»Erinnerst Du Dich noch an jene schreckliche, schreckliche Nacht, als ich Rwelekana bat, Dich in meine Hütte herüberzuholen, weil ich durchzudrehen fürchtete? In mancherlei Hinsicht habe ich jetzt dieselben schauerlichen Gefühle, wenn auch nicht ganz so stark, weil ich damals die Tiere verließ, und hier in den Vereinigten Staaten gibt es nichts aufzugeben außer Konsumfraß und Fernsehen...

Ich habe schon fast fertig gepackt für Karisoke, aber ich werde nur für drei Monate zurückkehren – von Mitte Juni bis Mitte September. Ich habe erfahren, daß irgend jemand Vorkehrungen zu treffen versucht, daß mir das Visum für die Rückkehr nach Ruanda verweigert wird – er hat dasselbe schon einmal im September 1980 versucht, aber ohne Erfolg.

Die meisten Nachrichten erhalte ich aus Quellen, die nicht mit Karisoke in Verbindung stehen – einleuchtenderweise. Ich weiß genau, daß die Wilderei zugenommen hat und daß sie in den Virungas insgesamt sogar noch schlimmer ist als zu meiner Zeit. Ich weiß, daß Gorillajunge gefangen werden... Ich weiß auch, daß die baulichen Einrichtungen in Karisoke fast völlig verrottet sind, weil niemand sich um die Instandhaltung der Hütten gekümmert hat. Der Wagen ist aus denselben Gründen ruiniert. Alles, wofür ich fast ganz allein über dreizehn Jahre gearbeitet habe, ist am Ende.

Was mir Deinetwegen, Ian, wirklich Sorgen macht, ist, daß Du sagst, Du wolltest die Einnahmen aus Deinen Vorträgen dem Berggorillaprojekt zukommen lassen. Du solltest doch am besten wissen, daß die Zerstörung einer

Falle verdammt viel wichtiger ist, als den Afrikanern Naturschutz-Erziehungsfilme zu zeigen...

Wenn Du Dich plötzlich denjenigen angeschlossen hast, die sagen: ›Sind wir nicht großartig, weil wir den Afrikanern beibringen, wie sie ihr Land erhalten‹, dann haben sich unsere Wege, glaube ich, getrennt. Der Plan ist super, aber er spannt den Karren vor das Pferd, und das weißt Du. Es bedarf nur einer Kugel, einer Falle, eines Wilddiebs, um einen Ducker, einen Büffel, einen Gorilla, einen Elefanten zu töten. Alle niedlichen Filme der Welt werden das Morden, das jetzt stattfindet, nicht aufhalten. Es bedarf einer kleinen Patrouille, besser noch fünf kleiner Patrouillen, um Fallen zu zerstören, Waffen zu beschlagnahmen, Wilddiebe zu fangen, um die Tiere, die noch im Park leben, zu erhalten. Auch das weißt Du. Je populärer das Berggorillaprojekt wird, um so geringer werden die Chancen der Gorillas – das hat sich in den letzten beiden Jahren deutlich gezeigt.«

Als der Mai verstrich und der Zeitpunkt zum Handeln näherrückte, fing Dian sich. Ein Brief an Craig Sholley, der 1979 bei ihr in Karisoke gewesen war, klang fast dynamisch:

»Ich kehre in Kürze zurück. Vielleicht nicht für lange, weil ich für das ständige Herumklettern auf diesem Berg nicht mehr jung genug bin – mein Gott! Einundfünfzig schonungslose Jahre –, aber ich muß diesen wundervollen Leuten (ich kann gar nicht sagen, wie sehr ich sie vermisse und liebe) Sachen bringen und die Hütten à la Fossey in Ordnung bringen... Ich wette, ich werde, selbst wenn man mich tragen muß, jedes Jahr dort hinauf ziehen mit Farbe, neuen Matten, Ofenrohren, Lampen und Nägeln, bis ich in die ewigen Jagdgründe eingehe zu Digit, Onkel Bert, Macho und all den anderen.«

Dian erhielt nun Post von dem neuen Direktor des Forschungszentrums Karisoke, sehr förmlich an »Dr. Fossey« adressiert. Sie freute sich zu hören, daß Karen Jensen, eine attraktive Siebenundzwanzigjährige, am 10. Mai eingetroffen war. Ein Bericht über den physischen Zustand des Zentrums las sich jedoch noch schlimmer, als Dian befürchtet hatte. Barnes schrieb: »Wir haben hier keine Kochmöglichkeiten und keine Lampen außer denen, die Karen und ich im Augenblick benutzen. Alle anderen Herde und Lampen sind entzwei, so daß Sie unbedingt etwas zum Kochen und Beleuchten mitbringen müssen.«

Dian konnte es nicht glauben – »Als ich das Lager verließ, gab es dort sechzehn Lampen und acht funktionsfähige Herde« –, aber es sollte noch schlimmer kommen. Infolge mehrerer Jahre der Vernachlässigung war der Kombi nur noch Schrott, und ein neuer würde fünfzehntausend Dollar kosten; Gewehre für die Patrouillen, ein Großteil der optischen Ausrüstung, Bestecke und Geschirr, ja, sogar eine Menge Bettzeug waren ebenfalls verschwunden. Die Liste der Ersatzteile, die Barnes Dian aus den Vereinigten Staaten oder Nairobi mitzubringen bat, wuchs, bis sie schließlich seitenlang war. Das Verschwinden des Bettzeugs brachte anscheinend das Faß zum Überlaufen. Dian antwortete auf Barnes' Bitten: »Ich werde alles mitbringen, was zum Schreiben, Essen und Sehen nötig ist, aber, verdammt noch mal, keine Schlafsäcke und Bettwäsche. Wenn dies alles fort ist, dann vergesse ich mich!«

Da ihre Vorbereitungen sich dem Ende näherten, buchte sie einen Flug, der am 20. Juni 1983 spät in Kigali ankommen sollte. Ihr Aufenthalt in Karisoke würde kürzer ausfallen als ursprünglich geplant. »Gorillas in the Mist« sollte am 25. August erscheinen, und Houghton Mifflin arrangierte eine Werbetournee, die nur eine Woche später beginnen sollte.

»*Alles, was ich besitze, ist fertig gepackt, und ich bin bereit, ins Lager zurückzufliegen. Vieles wird eingelagert, aber ich habe fünf Koffer – uff! – gefüllt mit buchstäblich allem von Suppe bis Nüssen. Ich muß all dies ins Lager mitnehmen, weil einfach nichts mehr da ist. In Vorbereitung darauf versuche ich, zusammen mit meiner Habe auch mein Temperament einzupacken. Ich kann nur bis zum 27. August bleiben. Dann muß ich in die Vereinigten Staaten zurückkehren wegen einer verfluchten Vortragsreise, die hauptsächlich für das Buch arrangiert wurde. Ich bin gewiß nicht mit dem Herzen dabei. Ich schätze, wenn jemand ein Buch kaufen will, dann tut er es auch. Er braucht es sich nicht auch noch vom Autor eintrichtern zu lassen. Ich weiß nicht, wohin ich nach der Tour gehen werde. Wenn mein alter Körper die Höhe und die Arbeit verträgt, plane ich, ins Lager zurückzukehren, aber nur, wenn ich dort zu etwas nütze bin. Wie soll ich das jetzt schon wissen? Das wichtigste ist, Karisoke wieder so funktionsfähig wie früher zu machen zum Wohl der Studenten und der Gorillas. Dann werden wir weitersehen.«*

Sie kam planmäßig in Kigali an – und mußte die nächsten vier Tage in der Hauptstadt verbringen. ORTPN hatte bestimmt, daß auch sie nun eine Arbeitserlaubnis haben müsse, und sträubte sich, sie ihr zu erteilen. Als sie die Erlaubnis endlich erhielt, galt sie nur für sechs Monate. Dennoch war ihre Wartezeit in Kigali gut genützt, denn sie konnte in den schäbigen, kleinen *dukas* in den staubigen Straßen Kigalis noch mehr Ersatzteile einkaufen, die in Karisoke benötigt wurden.

Am Morgen des 24. stieg sie endlich ins Lager auf.

»Mitten in einem furchtbaren Hagelsturm, der extra für mich bestimmt war, da dies der Anfang der Trockenzeit ist.«

Als sie das Lager erreichte, begann die Sonne zu scheinen.

»Die Rückkehr war sehr gefühlvoll, weil ich meine afrikanischen Mitarbeiter (neun Männer) wiedersah, von denen einige seit 1967 für das Lager arbeiten. Wir umarmten uns, schüttelten uns die Hände, weinten, lachten und

tauschten alle Arten von Klatsch und Neuigkeiten gleichzeitig aus. Sie sagten freundlicherweise, daß ich zehn Jahre jünger wirke (gutes, altes Polycolor) und daß mein neues ›fettes‹ Aussehen ihnen gefalle... Etwa zehn Minuten, nachdem ich angekommen war, gebadet und saubergemacht hatte, kam Kanyaragana, mein Hausboy seit 1968 (jetzt dreißig Jahre alt), ins Wohnzimmer und fragte: ›Habari Mama yako?‹ – ›Wie geht es deiner Mutter?‹ Basili stellte am nächsten Tag dieselbe Frage. Das ist nicht nur Höflichkeit; sie interessieren sich wirklich für die Familien enger Freunde, und ich glaube, dafür halten sie mich.
Dann trank ich Tee mit Richard Barnes und der Amerikanerin Karen Jensen. Sie sind bis über beide Ohren ineinander verliebt und beide wirklich sehr nett, vor allem Richard, der hart arbeitet; aber die Afrikaner sind immer noch das Rückgrat dieses Ortes.
Am Nachmittag sah ich mich zum ersten Mal genauer um. Mir blutete das Herz. Ich hatte nicht mit soviel Verfall und Vernachlässigung gerechnet. Die Afrikaner beobachteten mich, und als ich vor Wut zu weinen anfing, sagte Kanyaragana: ›Es tut auch uns weh. Aber jetzt wirst du alles wieder in Ordnung bringen.‹
Meine eigene Hütte – manche Leute nennen sie das Herrenhaus – sah am schlimmsten aus. Alles, was ich geliebt hatte, war entzwei oder fortgeschafft. Der große Kamin in meinem Zimmer war zugemacht; die Herde waren alle fort; die Ställe für die Hühner und anderen Tiere zerstört; die Gorillagräber von Pflanzen überwuchert; die Tische im Freien alle verrottet; die Wandmatten verfault und die Farbe drinnen und draußen abgeblättert. Weiße Menschen sind gekommen und gegangen, haben genommen, was sie wollten, ohne sich die Mühe zu geben, irgend etwas zu ersetzen oder zu reparieren, so daß das ganze Lager total ruiniert ist. Wo, zum Teufel, soll ich gerade jetzt in Ruanda Ofenrohre auftreiben? Aber irgendwo in

Afrika werde ich sie finden! Ich verstehe bloß nicht, wieso und warum mich irgend jemand so hassen kann.«

Die Instandsetzungsarbeit begann am nächsten Tag, und innerhalb einer Woche – so stark war die Inbrunst, mit der Dian ans Werk ging – sah die kleine Welt von Karisoke schon viel besser aus, obwohl es fast zwei Monate dauern sollte, bis die Arbeit fertig war. Inzwischen gab es andere alte Freunde, die Dian dringend zu sehen wünschten. Als das Wiedersehen endlich stattfand, war es unvergeßlich.

»Einen der wichtigsten Augenblicke meines Lebens erlebte ich am 5. Juli, als ich mich mit einer Mischung aus Vorfreude und Besorgnis aufmachte, meine Bekanntschaft mit Gruppe 5 zu erneuern, die sich als einzige Gorillas ziemlich nahe beim Lager aufhielten. Würden sie sich nach dreijähriger Abwesenheit noch an mich erinnern? Ich zweifelte aufrichtig daran.

Sie zu erreichen bedeutete einen verdammt langen Aufstieg, der zwei Stunden dauerte und mir solche Flüche entlockte, daß die längst erloschenen Vulkane eigentlich hätten ausbrechen müssen, weil Kana, ein neuer Spurenleser, den anstrengendsten und gewundensten Weg wählte. Wir fanden sie schließlich in einer Senke zwischen dem ersten und zweiten Berg südlich vom Lager. Kana kehrte auf der Stelle um und ließ mich schnaufend wie einen erschöpften alten Büffel zurück.

Die Weibchen und Jungen des Clans (insgesamt sechzehn) ruhten sich in der Sonne im dichten Pflanzenwuchs am steilen Hang der Senke aus, wo sie ihre Tagesnester gebaut hatten. Als ich wieder Atem geschöpft hatte, arbeitete ich mich auf sie zu, obwohl ich nur hin und wieder einen von ihnen sehen konnte. Als ich sieben Meter von ihnen entfernt war, setzte ich mich nieder und fing an, Eröffnungsgeräusche à la Fossey zu machen – eine Serie tiefer Töne, wie Gorillas sie von sich geben, wenn sie Zufriedenheit ausdrücken.

Das nächste Weibchen war die alte Effie, Mutter von sechs Jungen, die ich seit 1967 kannte. Sie hatte in meiner Abwesenheit ein neues Baby bekommen, die kleine Maggie, die ganz und gar nicht scheu war. Maggie kam gleich herbeigekrabbelt – nicht um mich anzuschauen, sondern um meine Kleidung und Ausrüstung zu untersuchen. Das erschreckte mich, denn ich hielt es für das Ergebnis von zuviel Gewöhnung an die Touristen, die die Parkbande immer wieder zu Gruppe 5 geschickt hat.

Aber mein Schreck dauerte nur ein oder zwei Sekunden. Effie warf einen Blick in meine Richtung, während sie an einem Selleriestengel kaute. Sie wandte sich ab und schaute dann zweimal prüfend wie eine Kurzsichtige her, als könne sie ihren Augen nicht trauen. Dann warf sie den Sellerie fort und schritt rasch auf mich zu.

Inzwischen trat Tuck, ein zweites Weibchen, das ich fast genauso lange kannte, aus dem Unterholz hervor und nahm Maggie auf, ich glaube, um sie in Sicherheit zu bringen. Dann schaute auch Tuck mich zum zweiten Mal an. Sie setzte Maggie ab und kam direkt auf mich zu, wobei sie sich auf ihre Arme stützte, so daß sich ihr Gesicht auf gleicher Höhe mit meinem und nur wenige Zentimeter entfernt befand. Sie starrte gebannt in meine Augen. Der Blickkontakt dauerte dreißig oder vierzig Sekunden. Da ich nicht wußte, was ich tun sollte, denn ich hatte diese Reaktion noch nie bei einem Gorilla erlebt, preßte ich mich flach in die Pflanzen. Daraufhin schnupperte sie an meinem Kopf und Hals, legte sich dann neben mich... und umarmte mich!... umarmte mich!... umarmte mich! Mein Gott, sie hatte mich tatsächlich nicht vergessen!

Tuck begann zu summen, und ich summte zurück. Effie war inzwischen ebenfalls herbeigekommen. Auch sie starrte mir direkt in die Augen und beschnüffelte mich, dann legte sie sich auf uns beide, und ich wurde richtig plattgedrückt. Ihr und Tucks wehmütiges Murmeln erreichte die übrigen Clanmitglieder im nahen, dichten Laubwerk, und die übrigen Weibchen kamen eine nach der anderen herüber zu uns. Die vier älteren, die ich am besten kannte, nahmen ebenfalls Blickkontakt auf. Dann ließen sie sich nieder und umschlossen uns alle mit ihren langen Armen, bis wir aussahen wie eine große schwarze Pelzkugel. Beim Niederlassen stießen sie lange, neugierige, wie ›hmmmmm‹ klingende Geräusche aus, als wollten sie fragen: ›Wo zum Teufel warst du? Bist du's wirklich?‹

Die Jungen, die nicht übergangen werden sollten, schlossen sich uns an: Jozi, Cantsbee, Pablo und Maggie nutzten das Vertrauen ihrer Mütter in mich, um mich zu bearbeiten. Sie beklopften mich sanft, beknabberten und kniffen mich, zogen mich am Haar und versuchten alles, was lose war, fortzuschleppen. Sie versuchten es mit meiner Kamera, meiner Wasserflasche, mit meinem Panga und meiner Brille, die ich unglücklicherweise jetzt im Feld tragen muß. Sie entführten meine neuen Lederhandschuhe (zwei Stunden später fand ich den rechten, aber der linke ist für immer auf dem Berg geblieben).

Ich hätte vor wunschlosem Glück auf der Stelle sterben können, bloß weil sie sich an mich erinnerten.

Während die Kleinen ein paar Meter von uns entfernt herumhüpften, ließen Effie, Puck, Poppy, Tuck und ich uns nieder, um ein fünfundvierzigminütiges Palaver zu halten, eng aneinandergekuschelt mitten in den Distel- und Selleriebüscheln. Ich schäme mich zu sagen, daß ich am meisten redete, aber wie hätte ich widerstehen können mit einem solchen Publikum? Die Schwierigkeit war, daß ich, wenn ich ihre Sprache verwendete, nicht recht wußte, was ich sagte, also sprach ich Englisch. Ich erzählte ihnen von Cindys Tod, schweifte dann ab auf das Leben in Amerika (was mir ein paar mitfühlende Grunzer eintrug), entschuldigte mich dafür, daß ich sie mit Harcourt belästigt hatte, und endete dann, indem ich ihnen mitzuteilen versuchte, wie glücklich ich sei, zurückzusein. Ob Du es glaubst oder nicht, ich bin sicher, daß sie zumindest das verstanden. Während wir Damen unser Plauderstündchen abhielten, fraß sich der alte Beethoven, der Führer der Gruppe, zusammen mit den beiden Schwarzrücken Ziz und Shinda bis auf den Grund der Senke durch, ohne uns Beachtung zu schenken. Icarus, der zweite Silberrücken, blieb in etwa fünf Meter Entfernung vom Tratschklub der Damen an unserem Hang, unterbrach uns aber nicht. Schließlich schaute Beethoven herauf und bellte uns zu, daß die Party beendet sei. Zeit zu gehen. Die Damen und ihre Kinder zogen langsam davon, und ich blieb zurück, zweifelnd, ob ich all dies wirklich erlebt hatte. Sie hatten mich erkannt, mich willkommen geheißen!

Vielleicht waren sie sogar erfreut gewesen, die einsame Frau des Waldes wiederzusehen.

Ich versuchte, sie am nächsten Tag wieder zu besuchen, aber sie waren auf den hohen Teil des Sattels zurückgekehrt, etwa 3 500 Meter hoch und fünf Stunden Weges entfernt. Ich konnte es nicht schaffen.

Ich war mit Rwelekana losgezogen, und als wir wieder daheim waren (ich war völlig erschöpft), sagte er ganz ernsthaft: ›Gestern sind die Gorillas lange gewandert, um dich nahe beim Lager begrüßen zu können. Heute müssen sie sich um ihre eigenen Angelegenheiten kümmern.‹ Mir blieben die Worte im Halse stecken, aber er meinte es ernst.«

Das Wiedersehen mit Effies Clan hatte eine übernatürliche – und bleibende – Wirkung. Alle Zweifel, die Dian an ihrer Zukunft gehabt haben mochte, waren verflogen.

»*Ich weiß jetzt, daß ich wahrhaftig heimgekommen bin. Niemand wird mich wieder von hier vertreiben.*«

Da sich das warme und sonnige Wetter längere Zeit hielt, schritt die Instandsetzung rasch voran. Dian war überglücklich in Karisoke, wie dieser Brief an Anita McClellan bezeugt:

»Hörte heute ein unheimliches Geräusch. Es dauerte etwa fünfzehn Sekunden, bis ich es erkannt hatte. Das Dröhnen eines entfernten Flugzeugs! Jetzt weiß ich, daß ich wirklich entflohen bin! Nun, nicht ganz. Hin und wieder glaube ich, das Telefon läuten zu hören, und erstarre. Es dauert vielleicht noch eine weitere Woche, bis dieses spezielle Ithaca-Symptom verschwunden ist. VERDAMMT, soeben hat das Telefon wieder geläutet...

Magischer Nachmittag. Hin und wieder Sonnenschein, warm, still. Ich hatte vier Stunden an dem Halbjahresbericht für National Geographic gearbeitet und konnte es nicht eine Minute länger aushalten. So schlich ich mich in meinen lavendelfarbenen Nike-Turnschuhen mit passender Windjacke davon und ging zu Mzees Grab.« Mzee war der Patriarch der Ducker von Karisoke gewesen.

»Auf der kleinen, geschützten Lichtung, wo er sich zum letzten Mal hingelegt hatte, war der Rasen mit hübschen Haufen von Buschbock- und Duckerdung belegt, und Büffel umkreisten den Ort. Ein Schauder lief mir den Rücken hinunter. Es war, als hielten die restlichen Antilopen (die Bevölkerung ist seit meinem Fortgang um mehr als die Hälfte zurückgegangen) nächtliche Séancen mit dem Geist des alten Weisen, auf denen sie das Geheimnis des langen Lebens in ihrem dem Untergang geweihten Lebensraum suchten...

Mikeno, Karisimbi, Visoke, alle tauchten wie gerufen aus dem Nebel auf, und es herrschte eine Stille, wie ich sie seit vielen Jahren nicht erlebt hatte. Im Umkreis von etwa zehn Metern um Mzees Grab herum wächst eine besondere Orchidee, die niemand außer mir kennt. Die gestreiften, leicht rosafarbenen Blüten waren weit geöffnet. Ich entbot ihr meinen Gruß und widerstand wieder einmal dem Drang, eine kleine Probe zu nehmen. Niemals, niemals! Es gibt nichts Magischeres als so ein Waldgeheimnis – ausgenommen vielleicht ein Strandgeheimnis, aber erst an zweiter Stelle. Ich würde es mit Dir teilen, wenn du das Risiko eingehst, Dir die Zunge herausschneiden zu lassen.

Verbrachte am Nachmittag den größten Teil meiner zweistündigen Zuteilung von Freizeit mit Nachsinnen, was gerade reichte, um meine Lieblingswiesen mit den Nikes zu taufen und weitere geheime Orte zu besuchen, wo die Buschkatzenfamilie, die Turakofamilie (die heute ausgegangen war) und so viele quiekende und piepsende Freunde wohnen.«

An menschliche Freunde in Ithaca schrieb sie:

»Ich wünschte, Du könntest ein Scheibchen von diesem prächtigen Wald mit seinen majestätischen Hagenia- und Hypericum-Bäumen abbekommen... Ich kann nicht glauben, daß ich monatlich 475 Dollar Miete spare und von Schönheit umgeben bin anstatt von Zement... Es gibt hier acht Hütten. Meine eigene wurde 1974 mit Schößlingen als Stützen gebaut. Die Außenwände und das Dach bestehen aus grüngestrichenen Blechplatten; wunderschöne, haltbare Matten bilden die Innenwände, Decken und Fußbodenbeläge. Jedes Zimmer hat große, große Fenster, durch die man auf die uralten Hagenia-Bäume (die ein bißchen aussehen wie riesige Eichen, aber mit Moos, Flechtensträhnen und Orchideen bedeckt sind) hinaussehen kann. Sie wirken, als schwämmen sie in allen Schattierungen des grünen Regenwaldes, vor allem in der Abenddämmerung, wenn die Tiere der kleinen, das Lager umgebenden Wiesen herauskommen, um zu grasen. Da muß Lansing North sich geschlagen geben!«

Und mit einem leichten Anflug von Melancholie:

»Es ist einsam ohne meinen alten Hund Cindy und meinen alten Affen Kima, die beide in den letzten fünfzehn Jahren eine so große Rolle in meinem Leben gespielt haben. Ich habe Cindys Asche mitgebracht, aber ich muß auf einen ungestörten Augenblick warten, um sie an ihren Lieblingsplätzen im Lager und entlang einigen ihrer Lieblingspfade zu verstreuen.«

An Stacey Coil schrieb sie:

»Die Afrikaner und ich haben jetzt praktisch die Hälfte des ganzen verdammten Lagers wieder aufgebaut – Matten geflochten, gestrichen, Ofenrohre mit Draht befestigt, zerbrochene Dachträger repariert, Tische und Bänke für draußen erneuert, Klos und Personalküche völlig neu gebaut. Ich habe bis jetzt zweitausend Dollar ausgegeben, aber die Männer richten diesen Ort Zentimeter für Zentimeter wieder so her, wie er einmal war. Kein Regen in den ersten dreizehn Tagen, aber jetzt hagelt es jeden Tag höllisch, so daß wir drinnenbleiben und Lampen und Herde reparieren und zerrissene Schlafsäcke, Zelte, ja, sogar Stiefel flicken.

Was Barnes und Jensen betrifft, so habe ich wieder das Glück, zwei junge Leute zu erleben, die plötzlich wahnsinnig, leidenschaftlich und unsterblich verliebt sind. Ich freue mich wirklich und ehrlich für sie – ich scherze nicht, denn Karisoke hat wieder einmal eine Ehe gestiftet.

Die Gorillas bleiben sehr weit weg, und so hatte ich seit dem 5. Juli keinen weiteren Kontakt. Es schmerzt, sie nicht zu sehen, aber ich habe ja noch sechs Wochen und fühle mich stärker und fitter denn je. Alle vier Studiengruppen befinden sich weiterhin auf über 3600 Meter Höhe, was mehr als drei Stunden Aufstieg bedeutet. Und das Sauerstoffgerät, das ich mitgebracht habe, scheint auf dieser Höhe nicht zu funktionieren. Der Sauerstoff schießt förmlich aus den Nasenröhrchen – hätte mir fast den Kopf weggepustet!«

Nicht alle Gorillas waren unzugänglich. Als Dian am 30. Juli mit Kana in Richtung auf die zairische Grenze wanderte, hatte sie »einen zweiten außerordentlichen Kontakt«.

»Diesmal mit Tiger, den ich am Tag seiner Geburt im November 1967 beobachtet hatte und der jetzt ein ein-

samer Silberrücken ist. Er entstammt Gruppe 4, der Gruppe, die 1978 von Wilddieben dezimiert wurde. Seitdem hat er ziemlich schwere Zeiten erlebt. Eine Zeitlang tat er sich mit einigen anderen überlebenden Männchen von Gruppe 4 zusammen, aber jetzt wandert er allein umher und versucht, ein paar Weibchen zu finden, mit denen er sich paaren und einen eigenen Clan gründen kann. Das bedeutet ›Interaktionen‹ mit den Silberrücken anderer Gruppen, bei denen er trotz seiner gewaltigen Größe und Kraft ziemlich arg ramponiert wurde. Ich kenne ihn zwar seit seiner Geburt, aber als ich ihn diesmal dicht beim alten Rinderpfad traf, erwartete ich nicht den gleichen Empfang wie bei Gruppe 5, weil er ein einsames Tier ist und weil diese dazu neigen, eigenwillig und unberechenbar zu sein.

Als ich ihn entdeckte, war er etwa fünfzehn Meter entfernt und fraß im dichten Laubwerk, das zum größten Teil aus Sellerie bestand. Ich bedeutete Kana, zu gehen und sich zu verstecken, was er mit Freuden tat, weil Tiger ein verdammt großer Gorilla ist! Dann setzte ich mich hin und gab all die Gorillas gebührenden Einleitungsgeräusche von mir. Rasch holte ich noch meine Kamera aus dem Rucksack, obwohl ich fast sicher war, daß mir keine einzige Aufnahme gelingen könnte, weil er fliehen würde, sobald er merkte, daß jemand in seiner Nähe war.

Ich hatte kaum die Kamera aus der Tasche geholt, als er direkt auf mich zugerannt kam. Kaum hatte er meine Seite erreicht, riß er mit einer Hand eine große Lobelie ab und hob dann nochmals den Arm, als wolle er mir eine gewaltige Tracht Prügel versetzen! Doch dann ließ er zu meiner großen Erleichterung die Hand langsam sinken und streichelte sanft meinen Arm, bevor er sich am Fuße eines nicht einmal einen Meter von mir entfernten Baums niederließ.

Da saß er nun, starrte auf mich herab und suchte Blickkontakt. Etwa eine Viertelstunde ›unterhielten‹ wir uns

ächzend, grunzend und summend, während ich nebenbei ein Bild nach dem anderen schoß. Ich mußte die vielen Aufnahmen machen, weil ich ihn ohne Brille nicht deutlich sehen konnte und weil er mich mit Brille vielleicht nicht erkannt hätte, so daß ein Kompromiß geschlossen werden mußte. Durch den Sucher konnte ich ihn sehen, ja, ich hätte sogar die Haare auf seinem großen, dicken Kopf zählen können!
Mein Spurenleser war nervös, weil er nur ungefähr fünfzehn Meter weit entfernt war, und knickte einen Ast. Tiger schwang sich herum, um nachzuschauen, was los war, und Kana zog sich ziemlich hastig ins Lager zurück. Danach verbrachten Tiger und ich den Rest des Nachmittags zusammen, kauten Sellerie und leisteten uns einfach Gesellschaft.
Als um 16.30 Uhr dichter Nebel und Regen aufzogen, mußte ich gehen, verspürte aber starke Gewissensbisse, ihn im Wald alleinzulassen. Halb erwartete ich, er würde mir nach Hause folgen, halb wünschte ich es mir. Armer ›kleiner‹ Kerl. Es war wirklich ziemlich ergreifend, weil er von Zeit zu Zeit in Richtung auf den Karisimbi hinüberschaute und ein oder zwei Klagelaute von sich gab, als beweine er seinen traurigen, einsamen Junggesellenstand. Mein Zorn über die Wilddiebe, die seine Familie zerstört hatten, ließ mich den ganzen Rückweg ins Lager nicht aufhören zu fluchen.«

Die Verwüstungen, die Wilddiebe in ihrer dreijährigen Abwesenheit angerichtet hatten, quälten Dian. Schon bevor sie anfing, das Lager wieder in Ordnung zu bringen, belebte sie den Feldzug zur Bekämpfung des Wilderns neu. Zu diesem Zweck führte sie wieder weitreichende nächtliche Patrouillen ein, die meistens Vatiri anführte, und kurze Tagespatrouillen, die gelegentlich von Richard Barnes begleitet wurden, der sich als Naturschützer nach Dians Herzen erwies.

In einem Brief vom 24. Juli an Rane Rudolph, den Kassenwart des neubelebten Digit-Fonds, berichtete Dian: »Die Afrikaner und ich wirken wahre Wunder beim Aufbauen, Streichen, Nähen, Saubermachen, Schrubben, Abstützen von Fußböden und Decken – die Liste ist wirklich endlos –, aber die Hütten beginnen wieder zu glänzen, sowohl von innen als auch von außen.

Weitaus wichtiger sind die Patrouillen. Ich bin zutiefst dankbar, daß nicht ein einziger Franc/Penny aus dem Digit-Fonds während Harcourts zweieinhalbjähriger Anwesenheit ins Lager gelangte. Er ging nie auf Streife... und die anderen Mitarbeiter auch nicht... Er wurde durch Richard Barnes, Anfang der Dreißig, ersetzt, der dank seiner Arbeit mit Elefanten bereits einige Afrikaerfahrung besitzt. Er spricht ziemlich fließend Suaheli und setzt sich sehr für *aktiven* Naturschutz ein. Über die Parkwächter denkt er dasselbe wie ich.

Es vergeht keine Woche, ohne daß die Patrouillen entweder von Richard oder einem meiner alten, bewährten Afrikaner überwacht werden. Sie biwakieren wie zuvor über Nacht im Wald, um ahnungslose Wilddiebe zu schnappen, oder verlassen Karisoke um fünf Uhr morgens, um die Wilddiebe auf ihren Rundgängen abzufangen.

Richard wußte bis zu meiner Ankunft überhaupt nichts vom Digit-Fonds, weil Harcourt ihn nur über das Berggorillaprojekt informiert hatte – die theoretische Naturschutzgruppe, die den Tourismus gutheißt, anstatt Fallen zu zerstören und Wilddiebe zu fangen.

Kannst Du Dir vorstellen, daß allein im vergangenen Monat rund vierhundert Fallen zerstört und zwei Wilddiebe gefangen wurden? Ein dritter Wilddieb versuchte vor zehn Tagen, einen meiner Leute zu zerstückeln, aber das ist ihm nicht gut bekommen.«

Dieser Zwischenfall ereignete sich am 13. Juli, als Rwelekana, unterwegs auf einer Tagespatrouille, dem berüchtigsten und gefährlichsten Wilderer der Virungas begegnete, der sich noch auf freiem Fuß befand. Es handelte sich um Sebahutu, einen der Killer von Onkel Bert und Macho und großen Vernichter von Elefanten ebenso wie Gorillas, Duckern und kleinerem Getier. Obwohl Sebahutu gewöhnlich ein gutes Gewehr mit sich führte, hatte er bei dieser Gelegenheit nur seinen Panga und Speer bei sich.

Bewaffnet mit einer Startpistole, die nur mit Platzpatronen geladen werden konnte, schlich Rwelekana sich von hinten an Sebahutu heran, der gerade eine Duckerfalle stellte, und forderte ihn auf, sich zu ergeben. Der Wilddieb zögerte nicht. Er machte auf dem Absatz kehrt und wollte seinen Speer in Rwelekanas Bauch stoßen. Der hochgewachsene Spurenleser warf sich zur Seite, und die Speerspitze fügte ihm nur einen langen, aber oberflächlichen Schnitt an der Hüfte bei. Er ergriff den Speer, wand ihn Sebahutu aus den Händen, drehte ihn um und stieß ihn dem Wilddieb in den Arm. Sebahutu ergriff die Flucht und ließ Speer, Fallen und eine blutbefleckte Jacke zurück, die er abgeworfen hatte, um schneller fliehen zu können.

Rwelekana eilte mit seiner Siegesbeute ins Lager zurück.

»Er schlenderte heran an meinen im Freien stehenden Tisch, wo ich gerade längst fällige Berichte tippte. Seine Hose war sehr blutig und sein Gesichtsausdruck ziemlich eigenartig, aber das lag daran, daß er versuchte, lässig und seriös zu wirken, während er in Wirklichkeit vor Stolz und dem Drang, von einem Ohr zum andern zu grinsen, fast platzte.«

Rwelekana hatte Sebahutu erkannt, und so beeilte Dian sich, den Zwischenfall den Behörden in Ruhengeri zu melden und zu verlangen, daß der Wilddieb verhaftet werde. Das war leichter gesagt als getan. Obwohl jedermann Sebahutu kannte, wußte anscheinend niemand, wo er zu finden war. Daraufhin ließ Dian durch Gwehandagoza verbreiten, daß die Informationen über den Aufenthaltsort des Wilddiebs eine *prima* (Prämie) von eintausend Franc wert sei. Die Einzelheiten dessen, was dann geschah, sind unklar. Klar ist, daß die Prämie vom Digit-Fonds gezahlt wurde und daß Sebahutu zu fünf Jahren Gefängnis verurteilt wurde. Das nennt man aktiven Naturschutz.

Einer der anderen beiden in dieser Zeit gefangenen Wilddiebe befand sich im Besitz eines frisch abgeschnittenen Kopfes eines erwachsenen männlichen Gorillas. Obwohl er beim Verhör stumm blieb, enthüllte Dians Informationsnetz schließlich eine entsetzliche Geschichte.

»Anscheinend kam ein reicher bazunga auf einer Jagdsafari nach Gisenyi. Sein Führer ließ verlautbaren, daß der Boß (ich glaube, ein Deutscher) jedem, der ihm behilflich sein würde, einen Silberrücken zu schießen, fünfzigtausend ruandische Franc zahlen würde. Der Sportsmann wurde zu einer Gruppe an der Westseite des Karisimbi geführt, wo er zwei Gorillas schoß, darunter wahrscheinlich ein Weibchen. Um kein Risiko einzugehen, ließ er den Führer den Silberrückenkopf transportieren, bekam ihn aber nie, weil der Mann geschnappt wurde.
Das ist genau das, was die Gorillas jetzt brauchen! Es ist wie in den dreißiger Jahren, als Sportsleute, die sich ›Wissenschaftler‹ nannten, nach den Virungas kamen und ein Dutzend Gorillas töteten, um den Kopf des größten in ihr Jagdzimmer zu hängen. Jagdsafaris sind immer noch die Geißel Afrikas, obwohl es jetzt ruhiger um sie geworden ist.
Wilderer und Jäger haben hier in der Gegend in den letzten drei Jahren getan, was sie wollten. Damit ist jetzt Schluß!«

Das Tempo des Feldzugs gegen das Wildern beschleunigte sich ständig. Wenige Tage vor ihrer Rückkehr in die Vereinigten Staaten konnte Dian Fulton Brylawski frohlockend informieren, daß »dank des Digit-Fonds in diesem Jahr 1701 Fallen zerstört werden konnten!«

Vertieft in die Aufgaben, Karisoke wiederherzustellen und den Krieg gegen die Wilddiebe zu überwachen, hatte Dian ihr Buch fast vergessen, bis Gwehandagozo ihr am 29. Juli ein Luftpostpäckchen brachte. Es enthielt »das erste Exemplar von ›Gorillas in the Mist‹, heute neu erschienen«.

Entweder war das Buch so etwas wie eine Enttäuschung für sie, oder, was wahrscheinlicher ist, sie fühlte sich verpflichtet, die köstliche, einmalige Erregung zu unterdrücken, die jeder Schriftsteller verspürt, wenn er sein erstes Werk in Händen hält. Einerlei aus welchem Grund, in einem Brief an die Prices äußerte Dian sich recht verdrießlich:

»Die Bildqualität ist schlecht.« Sie konnte jedoch eine triumphierende Anmerkung nicht unterdrücken: »Die erste Auflage beträgt fünfundzwanzigtausend Stück, und dreizehntausend sind vorbestellt worden! Alle Rezensionen, die ich soweit gelesen habe, sind außerordentlich günstig, aber vielleicht hat man mir ja nur die günstigen geschickt.«

Am 10. August übersandte Stacey Coil ihr eine von der anderen Sorte, verfaßt von ihrem ehemaligen Studenten Peter Veit für die Zeitschrift »Natural History«. Sie war äußerst kritisch.

»Die Veit-Kritik: Mensch! Was soll ich dazu sagen?« schrieb Dian an Stacey. »Du batest mich, mich nicht darüber aufzuregen – das habe ich auch nicht getan, das heißt, ich habe mit niemandem darüber gesprochen, aber o weh!, wie meine Eingeweide sich benahmen! Heute abend habe ich sie noch mal richtig entspannt gelesen (brauchte dazu vier Whiskys).«

Wie viele Anfänger auf dem Gebiet der Schriftstellerei konnte sie dem Impuls, zurückzuschlagen, nicht widerstehen: »Ich werde einen Brief an den Herausgeber schreiben, bloß um der Kommunikation willen; er braucht nicht veröffentlicht zu werden. Außer nach tatsächlichen literarischen Fehlern fragt meine Kritik an Veits Kritik nach der Rolle des Kritikers. Dient sie, wie man eigentlich erwarten sollte, der Erörterung der Verdienste oder Versäumnisse eines Buches, oder soll sie der Phrasendrescherei des Kritikers Raum geben?« Es ist zweitelhaft, ob Dian auf diese vorzügliche Frage jemals eine Antwort erhielt.

Die Veröffentlichung brachte weitere Probleme. Anscheinend hielt sich jeder, der jemals in Karisoke ein Foto gemacht hatte, für den Eigentümer eines oder mehrerer der in dem Buch veröffentlichten Bilder, focht heftig die Quellennachweise an und verlangte Bußgeld. Während einige Ansprüche aufgrund von irrtümlichen Zuschreibungen gerechtfertigt waren, waren andere, darunter auch einige bewußt boshafte, es nicht. Die Schlacht um die Fotos sollte noch über ein Jahr ein Reizthema in Dians Leben sein.

Das fertige Buch in Händen, stand Dian nun vor der schrecklichen Aussicht auf eine Werbetournee. Um ihre schlimmen Befürchtungen treffend auszudrücken, griff sie zurück auf ein Wort aus ihrer Kindheit.

»Der Gedanke an all die verdammten Interviews gibt mir Muffensausen. Ich wünschte, ich hätte nein, nein, nein gesagt und wäre dabei geblieben!«

Eine Flut von Besuchern, darunter Jenny und Warren Garst, die am 30. Juli in Kigali ankamen, um in Karisoke einen weiteren Gorillafilm für die Serie »Wild Kingdom« zu drehen, lenkte sie etwas von der erwarteten Tortur ab. Dian schickte ihnen ein kurzes, ein wenig um Nachsicht bittendes Begrüßungsbriefchen, das folgendermaßen endete: »Versucht bitte entweder im Economat oder in Ruhengeri ein paar Gläser, Tassen für Kaffee und Tee, Suppen- und flache Teller und Töpfe zu kaufen. Ihr werdet auch ein paar Handtücher, Thermoskannen und Bettlaken brauchen. Selbstverständlich nicht vorhanden.«

Die Garsts stiegen am 4. August herauf und zogen zu einem einmonatigen Aufenthalt in eine Hütte ein, die Dian für sie wieder in Ordnung gebracht hatte. Sie war entzückt über diese Gäste, aber den Höhepunkt des Monats bildete zweifellos ein kurzer Besuch von Ian Redmond, der nach Ostafrika unterwegs war, wo er erforschen wollte, warum Elefanten einen bestimmten Höhlenkomplex aufsuchten. Ihm folgte eine Flut weiterer Besucher, die Dians letzte Tage in Karisoke in ein Inferno verwandelten.

Leicht verzweifelt schrieb sie Anita McClellan: »Die Garsts von ›Wild Kingdom‹ sind eingetroffen; dann sind hier noch zwei afrikanische Studenten von der Universität Butare, der Junge Richard Barnes und das Mädchen Karen Jensen und obendrein Debie Hamburgers kleine Schwester. In ein paar Tagen kommt der amerikanische Botschafter mit Frau und Tochter. Ich komme mir vor wie eine verdammte Hotelmanagerin!«

Trotz allem befand sie sich, als sie am Morgen des 26. August mit ihren Trägern den schlammigen Pfad zum Parkplatz hinabstieg, in besserer Verfassung als seit mehreren Jahren und bereit, die vor ihr liegende Prüfung auf sich zu nehmen.

Diese Bereitschaft verdankte sie zum großen Teil der Gewißheit, daß sie Karisoke wiederhergestellt hatte – und nicht nur das: Karisoke hatte auch sie wiederhergestellt und war ihr neu geschenkt worden: Das traurige Zwischenspiel hatte ein Ende.

22

Nach ihrer Ankunft in New York am 26. August flog Dian weiter nach Ithaca, wo sie von Stacey Coil, die inzwischen als mehr oder weniger unbezahlte Sekretärin des Digit-Fonds tätig war, begrüßt wurde. Glenn Hausfater war abwesend, und die meisten anderen Leute, die Dian in Cornell kannte, waren noch nicht für das Herbstsemester zurückgekehrt. Dennoch bot ihr Ithaca zumindest eine Verschnaufpause, bevor sie ihr herkulisches, aus Reisen und öffentlichen Verpflichtungen bestehendes Programm aufnahm.

Deborah Spies, stellvertretende Direktorin der L.S.B. Leakey Foundation, hatte eine einmonatige Vortragsreise für Dian arrangiert, in die die Werbeleute von Houghton Mifflin so viele Fernseh-, Rundfunk- und Presseinterviews wie möglich zugunsten von »Gorillas in the Mist« hineingezwängt hatten. Das Ergebnis war ein Reiseplan, dessen Anforderungen selbst einen Olympiakämpfer arg strapaziert hätten.

Am 6. September flog Dian nach New York, um an einer Stapellaufparty für ihr Buch im Explorers' Club teilzunehmen. Dann ging es weiter zu Vorträgen in Philadelphia, Washington, Detroit, Chicago, San Francisco, Los Angeles, zurück nach San Francisco, um die Prices zu besuchen. Darauf folgten weitere Vorträge in San Diego, Albuquerque, Birmingham, und schließlich, am 7. Oktober, reiste sie nach Columbus, Ohio, zu ihrem letzten Auftritt in der Serie.

In diesem Monat hielt sie zehn Bildvorträge vor bis zu eintausend Menschen, erschien in mehr als sechzig Fernsehsendungen, wurde von Dutzenden von Zeitungs- und Zeitschriftenreportern interviewt und ließ ungezählte Autogrammstunden über sich ergehen. Als sie am 10. Oktober nach Ithaca zurückkehrte, war sie »ebenso erschöpft, als hätte ich zweimal an einem Tag den Gipfel des Visoke erklommen«.

Abgeneigt, weiter in Hotels zu übernachten, suchte sie eine möblierte Wohnung. Es gab keine, aber durch einen erstaunlichen Zufall war die Wohnung im zweiten Stock des Blocks in North Lansing, die sie nach ihrer Ankunft in Ithaca im Jahre 1980 bewohnt hatte, frei. Damals wie heute war sie kahl und leer. Aber sie bot ihr ein Dach über dem Kopf, Unabhängigkeit und Ruhe. Sie zog ein, ausgerüstet mit einem Schlafsack, einer Reiseschreibmaschine, drei Holzkisten, ihrem Gepäck, und nannte es ihr Heim ...

... aber nur fünf Tage. Dann schickte die Werbeabteilung von Houghton Mifflin sie wieder an die Arbeit. Die »nationale Absatzförderungstour«, die nun folgte, führte sie durch viele südliche, mittlere und östliche Staaten und dauerte bis zum 29. Oktober.

Als sie nach Ithaca und in ihre spartanische Zufluchtsstätte in North Lansing zurückwankte, hatte sie fünfzehn Kilo abgenommen und den größten Teil ihrer gerühmten neuen Fröhlichkeit verloren.

Aber nicht alles war schlimm gewesen. Die Vorträge hatten fast elftausend Dollar eingebracht, die Karisoke finanzieren helfen würden. Dank der Werbung durch die Vorträge und das Buch waren dem Digit-Fonds reichlich Spenden zugeflossen, und Dian hatte sich tief bewegt gefühlt durch das Interesse, das ganz gewöhnliche Menschen dem Schicksal der Berggorillas bewiesen hatten. Ihrer New Yorker Agentin Gina Maccoby schrieb sie:

»Ich hoffe, die Tour war wirklich der ›umwerfende Erfolg‹, als den Sie sie bezeichnen. Sie fing in New York ja ziemlich wacklig an und geriet an einem anderen Ort in ein Schlagloch. Meistens empfand ich große Achtung vor dem Interesse und Einfühlungsvermögen des Publikums hinsichtlich der Gorillas. Es war ein schönes Privileg, diese Tierart einem großen Publikum vorzustellen, das sich um die Tiere zu sorgen schien. Die Erfahrung wäre fast himmlisch zu nennen gewesen, hätten nicht zwei Faktoren mich gestört: erstens, daß schon so viele Gorillas tot sind, und zweitens, daß Anita McClellan ihren gerechten Lohn für die Ermöglichung von ›Gorillas in the Mist‹ nicht entgegennehmen konnte.«

Die letzten Worte bezogen sich darauf, daß Anita und eine Anzahl anderer Angestellter von Houghton Mifflin ein paar Monate zuvor im Zuge einer Sparmaßnahme entlassen worden waren. Dians Sinn für Loyalität war gröblich verletzt worden. Seither führte sie Krieg mit ihren Verlegern.

Obwohl die vergangenen beiden Monate Dian körperlich ausgelaugt hatten – ihr langjähriger Arzt Dr. Ralph Siegel beschwor sie: »Achte auf Dich, wirf die Zigaretten weg, nimm ein paar Pfund zu, treibe Sport, rufe Deine Eltern nicht mehr an!« –, schienen sie ihre Phantasie angeregt zu haben.

»Ich werde einen ganz neuen Plan für den Schutz der letzten Berggorillas vorstellen, einen Plan, der hoffentlich ein für allemal alles beiseite räumt, was immer noch die eingeborenen Schwarzen von den weißen Ausländern trennt, ein Land gegen das andere ausspielt (Zaire/Uganda/Ruanda) und eine Organisation gegen die andere. Mein Plan beruht auf der ganz einfachen Tatsache, daß Gorillas in Gruppen leben.

Ich nenne ihn den ›Hüter-für-Gorillagruppen‹-Plan.

Ich möchte gern, daß jede der fünfundvierzig oder fünfzig auf den Virungas verstreuten Gorillagruppen der alleinigen Verantwortung eines kleinen Stabs von ›Hütern‹ übergeben wird. So ein Stab sollte aus ein oder zwei Parkwächtern, vielleicht unterstützt von ein paar Fami-

lienmitgliedern, und einigen schwarzen oder weißen Assistenten bestehen.
Im Idealfall sollte jede Gorillagruppe mindestens jeden zweiten Tag von einem Hüter aufgesucht werden, so daß Standort und Befinden jedes Gorillas auf den Virungas einem zentralen Register ständig bekannt sind. Zusätzlich zu einem regelmäßigen Gehalt müßten die Hüter noch eine leistungsbezogene Belohnung erhalten. Anstatt die amerikanische und europäische Öffentlichkeit aufzufordern, ganz allgemein für den Schutz der Gorillas zu spenden, sollte sie nun gebeten werden, eine Gorillagruppe zu adoptieren und die Kosten für die Hüter dieser Gruppe zu übernehmen. Diese Sponsoren sollen Berichte über die Arbeit der Hüter, das Befinden der Gruppe und die einzelnen, Namen tragenden Mitglieder der Gruppe erhalten. Der Plan ist so einfach, daß er funktionieren muß, und ich verstehe nicht, wieso ich nicht schon eher darauf gekommen bin. Die Gorillas, die heute noch leben, sind so ungleichmäßig verteilt, weil der Schutz, den sie erhalten, ebenfalls ungleichmäßig ist. Nehmen wir einmal den Muhabura, den Uganda und Ruanda sich teilen. Im Jahre 1955 lebten auf diesem Berg mehr als fünfundfünfzig Gorillas. Das Forschungszentrum Karisoke fand bei seiner Zählung von 1981 nur noch sechs Überlebende in zwei winzigen Gruppen sowie einen einsamen Silberrücken. Das liegt daran, daß dieses Gebiet weder von den Wächtern des Parc National des Volcans noch von Uganda geschützt wird. Dabei ist der Muhabura ein ideales Gelände für Berggorillas. Mein Hüterplan könnte die dort noch lebenden Gorillas schützen und beim Aufbau einer neuen Population helfen.
Nach meinen jahrelangen Erfahrungen mit den Einheimischen glaube ich nicht, allzu optimistisch zu sein. Bei meiner Rückkehr nach Kigali werde ich den Vorschlag dem neuen Direktor von ORTPN *unterbreiten. Schlimm-*

stenfalls kann er ihn ablehnen, aber ich habe vor, überzeugend zu wirken.«

Während Dian sich noch in Ithaca aufhielt und ihre erschöpften Kräfte der Verbesserung des Gorilla-Hüterplans widmete, kam ein Brief von Richard Barnes an. Er versetzte ihr einen Schock. »Das Zentrum ist bankrott«, verkündete er knapp. »Es ist kein Geld mehr da, um die Mitarbeiter zu bezahlen... Am Donnerstag werde ich den Leuten den Lohn aus meiner eigenen Tasche bezahlen, und danach bleibt mir anscheinend nichts anderes übrig, als das Zentrum zu schließen... Das könnte ernsthafte Folgen haben: Die Nachricht wird sich außerhalb des Parks verbreiten, so daß a) Wilddiebe wissen werden, daß unsere Gorillas unbewacht sind, und b) Räuber merken, daß es leicht ist, das Lager auszurauben.«

Dian nahm diese unheilvolle Ankündigung ungläubig und bestürzt auf. Sie hatte Barnes ihrer Meinung nach mehr als genug Geld hinterlassen und ihm erst am 18. Oktober weitere fünftausend Dollar überwiesen. Sie versuchte immer noch, die Sache zu verstehen, als Dr. Snider sie in großer Bestürzung anrief. Er hatte eine Kopie von Barnes' Unheilsbotschaft erhalten und wünschte eine sofortige Erklärung, was mit den Zuschüssen der National Geographic Society geschehen sei.

Dian, die in einer Zwickmühle saß, hatte keine Antwort bereit. Sie war überzeugt gewesen und wäre gern dabei geblieben, daß Barnes der richtige Mann am richtigen Ort war – ein tüchtiger Statthalter, der ihr nicht nur dabei helfen konnte, das Zentrum wieder funktionsfähig zu machen, sondern der auch in ihrer Abwesenheit ein zuverlässiger Leiter war. »Er ist gelassen, vernünftig und vor allem zuverlässig«, hatte sie behauptet.

In ihrer schriftlichen Antwort an Snider verteidigte sie Barnes. Sie behauptete, in Karisoke könne es nicht an Geld fehlen. Und was Barnes betraf: »Er ist ein außerordentlich gewissenhafter Mensch, der, wie ich fürchte, überanstrengt wurde durch die Arbeit mit den Patrouillen und die Überwachung der verschiedenen Gorilla-Randgruppen. Aus diesen Gründen sieht er die Ziele des Lagers nicht in der richtigen Perspektive; Erschöpfung ist meiner Meinung nach der Hauptgrund für ›Buschkrankheit‹, das weiß niemand besser als ich! ... Ich hoffe inständig, daß das Lager den einstigen Maßstäben wieder gerecht wird, obwohl es jetzt in einer Krise steckt, die sich gewiß meistern läßt.«

Diese Hoffnungen schwanden, als Warren Garst, der kürzlich erst aus Ruanda zurückgekehrt war, sie beunruhigt anrief und ihr mitteilte, daß die Zustände in Karisoke chaotisch geworden seien und daß Barnes auch ihm mitgeteilt habe, daß das Zentrum geschlossen würde. Auf Verwirrung folgt Ernüchterung, auf Ernüchterung Zorn, als Dian aus einer anderen Quelle erfuhr, daß Barnes und Jensen sich dem Stab des Berggorillaprojekts unter der Leitung des allgegenwärtigen Jean-Pierre von der Becke anschließen würden.

Inzwischen war es Zeit, nach Ruanda zurückzufliegen, begleitet von Warren Garst, der ein paar zusätzliche Meter für seinen Film benötigte. Die beiden kamen am 22. November in Kigali an und blieben die nächsten Tage in der Hauptstadt, wo Dian versuchte, die ruandischen Behörden und andere Gruppen, die an einer Unterstützung ihres Gorilla-Hüterplans interessiert waren, aufzurütteln. Am 15. Dezember schickte sie der National Geographic Society einen genauen Rechenschaftsbericht über das, was sich in Kigali ereignet und was sie erwartet hatte, als sie nach Karisoke aufgestiegen war.

Als fürchte sie, daß die Society dem, was sie zu sagen hatte, keinen Glauben schenken würde, nannte sie Zeugen:

»Ich hatte das Glück, daß Dr. Warren Garst bei den meisten Ereignissen nach meiner Ankunft in Ruanda anwesend war ...

Ich hatte eine Zusammenkunft mit Laurent Habiyaremye, dem neuen Direktor des Office Rwandais du Tourisme et des Parcs Nationaux (ORTPN). Ich bin seit mindestens zehn Jahren, seit der Zeit, als er eine Importfirma leitete, mit Mr. Habiyaremye befreundet... Unsere Zusammenkunft verlief ausgezeichnet. Der neue ›Hüter-für-Gorillagruppen‹-Plan schien ihm sehr zu gefallen...

Dr. Garst und ich luden J.P. von der Becke zum Abendessen ein, zusammen mit Dr. Alain und Dr. Nichole Montfort, die gegenwärtig als Berater für den Kagera-Park tätig sind. J.P. war, wie Sie wissen, gerade von einem sechswöchigen Aufenthalt in Amerika und Belgien zurückgekehrt. J.P.s Benehmen kann man nur als eine Mischung aus Feindseligkeit und Selbstgefälligkeit bezeichnen. Er erklärte, daß die National Geographic Society ihn gebeten habe, Vorträge zu halten... und daß er ›Diskussionen‹ mit Mitgliedern des Forschungskomitees der N.G. gehabt habe. Wenn das stimmt, könnte man mich freundlicherweise über die Entscheidungen informieren? Er wollte mir nichts sagen.

J.P. war in Kigali von allen Menschen, mit denen ich gesprochen habe, der einzige, der gegen das Projekt ›Hüter für Gorillagruppen‹ war. Er behauptete, es koste zu viele zusätzliche Wächter, was gar nicht zutrifft. Ich persönlich hatte den Eindruck, er sei beleidigt, weil er nicht selber auf diese Idee gekommen war... In einem ziemlichen Zornesausbruch behauptete er, mein Buch sei ›nichts als Lügen‹, ebenso wie meine Vorträge.

Dr. Garst und ich stiegen am Sonntag hinauf zum Lager und stellten fest, daß Karen Jensen und zwei Familienmitglieder von Richard ihre Habe gepackt hatten und am vorigen Donnerstag in J.P.s Haus in Ruhengeri gezogen waren. Dr. Garst ging in Richards Hütte und lud ihn zum Abendessen ein, was er ablehnte. Es wurde jedoch ein Treffen für den nächsten Morgen um 10.00 Uhr vereinbart. Dr. Garst war die ganze Zeit anwesend.

Ohne irgendwelche Formalitäten verkündete Richard: ›Es wird Sie nicht überraschen, aber wir kündigen.‹ Dann überreichte er mir einen Scheck über 270 000 ruandische Franc (das noch vorhandene Kapital)... Es gab keine Buchführung über das seit Ende Juni ausgegebene Geld... Ich fragte nach meiner 32-Walther-Pistole... Er antwortete: ›Ich habe die Waffe im Wald fortgeworfen. Sie war nicht registriert und daher illegal in diesem Land.‹ Auf meine Frage nach den drei fehlenden Olivetti-Schreibmaschinen bekam ich keine andere Antwort als ›Scheiße‹... Für die Zeit nach Ende September lagen keine Berichte oder Zusammenfassungen der Forschungstätigkeit vor. Das Karisoke-Siegel fehlte ebenfalls.

Richard verließ das Lager um 10.45 Uhr mit dem Rest seiner Habe. Beim Aufräumen des Drecks in seiner Hütte fand ich mehrere Kopien von Briefen, die J.P. von der Becke an den Direktor des ORTPN geschrieben hatte und in denen stand, daß Karisoke dem Berggorilla-Projekt angeschlossen werde und somit unter seine Zuständigkeit fallen solle... Das erklärt weitgehend, warum die Arbeitsgenehmigungen verzögert wurden. Ohne Forscher ist ein Forschungslager nichts als ein Haufen von Gebäuden, die darauf warteten, von Touristen belegt zu werden. Ich gedenke nicht, das zuzulassen.

Ich hatte eine Vortragsreihe an südafrikanischen Universitäten geplant, die am 25. Januar beginnen sollte, gefolgt von einer den ganzen Februar dauernden Buchtour in England. Wenn kein Wunder geschieht, weiß ich nicht, wie ich diese Pläne jetzt einhalten soll.«

Richard Barnes enttäuschte nicht nur Dians Erwartungen, sondern sein Abzug mit Karen Jensen beraubte das Forschungszentrum auch seiner Forscher und damit – in den Augen von Dians Kritikern – seines eigentlichen Sinns. Außerdem war Dian nun in der Rolle als Hausmeisterin und allgemeines Faktotum fest angebunden an ihren vulkanischen Horst.

In dieser Notlage klopfte sie in den Vereinigten Staaten wegen neuer Studenten auf den akademischen Busch. Sie besann sich auch auf David Watts, den sie brieflich und telegrafisch fragte, ob er die Annahme des Postens als Zentrumsdirektor nochmals erwägen würde.

Sie brauchte Forscher nicht nur, um von der Becke und seine Ambitionen in Schach zu halten, sondern auch, um weiterhin finanzielle Unterstützung für das Zentrum zu erhalten.

»*Wenn das Lager keine Forschungsdaten hervorbringt, kann ich N. G. nicht um Geld zur Weiterführung Karisokes bitten. Im Augenblick, solange ich noch keine neuen Studenten habe, überwache ich die Gorillas, so gut ich kann, mit Hilfe der Spurenleser. Wenn die Mittel der N. G. erschöpft sind – was vermutlich Ende Januar 1984 der Fall sein wird –, werde ich das Lager mindestens drei Monate ganz und gar aus meiner eigenen Tasche am Leben erhalten müssen, bis die Forschung wieder richtig in Gang gekommen ist. Dank des Geldes, das ich mit den Vorträgen in den Vereinigten Staaten verdient habe, können wir so lange überleben.*«

Obwohl Dian mit Schwierigkeiten überhäuft war, spendete Karisoke ihr Trost. Am ersten Morgen nach ihrer Heimkehr, sogar noch vor ihrer etwas absonderlichen Begegnung mit Barnes, hatte sie eine Stunde auf den Wiesen verbracht und den größten, neugierigsten Buschbock ihres Lebens beobachtet. Dann war sie von dem ortsansässigen Schildrabenpaar in Begleitung seiner beiden Jüngsten begrüßt worden. Die erwachsenen Vögel flogen direkt auf sie zu und landeten nur wenige Meter von ihr entfernt auf dem Boden. Dian war sich fast sicher, daß sie sie erkannt hatten.

Am zweiten Tag nach ihrer Heimkehr, »sehr gut in Form«, begleitete sie Garst zum Filmen zu Nunkies Gruppe, wo der weise alte Silberrücken der Kamera gefällig war, indem er einen so überzeugenden Scheinangriff auf Garst machte, daß dieser rücklings zu Boden fiel und sein Stativ obendrauf. Belustigt bemerkte Dian: »Wenn Gorillas lachen könnten, hätte Nunkie einen Lachkrampf bekommen.«

Garst fuhr am 18. Dezember ab.

»Ich bin jetzt allein mit meinem Klotz am Bein Karisoke, meinen wundervollen Afrikanern, meinen Gorillas und all den anderen Tieren. Es wäre vollkommen, gäbe es nicht die zukünftigen Probleme mit dem Geld und die Anstrengungen von Außenstehenden, mir das Leben so schwer wie möglich zu machen.«

Ein paar Tage darauf traf Anita McClellan zu einem zweiwöchigen Besuch ein. Es war eine glückliche Zeit. Dian zeigte ihrer Freundin die Welt des Waldes und die Gorillas, und die beiden verbrachten lange Abende vor dem reparierten Kamin im Wohnzimmer und sprachen über ihre lieben verstorbenen Hunde und andere sie bewegende Themen. Außerdem trafen sie begeistert Vorbereitungen für die Wiederbelebung einer der von Dian so hochgeschätzten Traditionen in Karisoke: der »Weihnachtsparty für die Schwarzen«.

»Anita und ich mußten fast bis zum Morgengrauen arbeiten, um zusätzliche Geschenke einzupacken und mehr Essen zuzubereiten, weil Gwehandagoza die Nachricht heraufgebracht hatte, daß eine Riesenmenschenmenge kommen würde. Die Party ist eigentlich nur für die Afrikaner, die hier arbeiten, und ihre nächsten Verwandten gedacht, aber nun glauben sie anscheinend, die ganze Großfamilie sei geladen!

Die Party fand wie geplant am 24. statt. Einundachtzig Männer, Frauen und Kinder stiegen herauf – und zweiundachtzig hinunter. Ja, ich habe gestern mein allererstes Baby entbunden, zwischen dem Verteilen des Mittagessens und dem Verteilen der Weihnachtsgeschenke!

Alles ging glatt, aber es war, gelinde gesagt, eine geruchsintensive und interessante Erfahrung. Die Mutter

war die Frau meines Spurenlesers Kana, und alle beide sind Batwas. Die meisten anderen anwesenden Frauen waren Bahutu, weshalb ihr niemand gern beistehen wollte, so daß ein gewisser Jemand heißes Wasser bestellen (so viel heißes Wasser habe ich noch nie gesehen!) und dort weitermachen mußte, wo die arme Frau nicht mehr weiterkonnte.
Die Schwierigkeit begann, nachdem der ganze Verein zwei Stunden getanzt, gesungen, Pombe getrunken und sich allgemein amüsiert hatte. Kanas Frau und ich haben uns dabei wohl etwas zuviel zugemutet, aber für sie waren die Folgen schlimmer als für mich. Ich hatte gerade angefangen, die einzelnen Familiengruppen mit der Polaroidkamera aufzunehmen und die Fotos zu verschenken, als auffiel, daß Kanas Frau nicht lächeln konnte. Er stieß sie an und befahl ihr zu lächeln, was sie auch kurz tat, aber der Stoß brachte das Faß zum Überlaufen, das heißt in diesem Fall die Fruchtblase.
Ich ließ sie auf das Bett in meinem Gästezimmer tragen und rollte meine Ärmel auf, wie ich es in den Fernsehfilmen über die Präriesiedler gesehen hatte.
Als das Baby draußen war, schnitt ich die Nabelschnur, wie es sich gehört, mit meinem (glücklicherweise frisch geschliffenen) Brotmesser auf dem Brotbrett durch, band die Nabelschnur mit einem zufällig greifbaren Pfeifenreiniger ab und gab dann dem Baby, das nicht zu atmen schien, ein paar tüchtige Klapse. Die Mutter konnte vor Schmerzen (das Baby kam einen Monat zu früh) nicht einschreiten, als ich es kopfüber hochhielt und klapste. Aber sie lächelte, als es endlich schrie und zu atmen begann.
Dann saugte sie dem Baby den Schleim aus Nase und Ohren (meine Fähigkeiten haben ihre Grenzen!), wonach ich seinen kaulquappenförmigen Körper von dem Schmutz befreite. (Warum eigentlich sind neugeborene Fernsehbabys rosa und sauber und unschleimig?) Dann

wickelte ich es in ein im Hotel Mille des Collines geklautes Handtuch, gab es seiner Mutter zurück und befahl ihr, ihm die Brust zu geben, genau wie ich es im Fernsehen gesehen hatte.
Na, da lachten die Damen aber, die sich im Zimmer versammelt hatten, um dem Schauspiel beizuwohnen. Wie man mir erklärte, werden Babys meistens auf dem Feld geboren, und bevor das Baby seine erste Mahlzeit erhält, müssen die anderen Arbeiten erledigt werden. Sie wußten wahrhaftig nicht, daß Neugeborene in der ersten Lebensstunde saugen können! Ich wußte es auch nicht, aber das Baby wußte es und saugte!
Die Menschenmenge verlangte nun unruhig nach ihren Geschenken. So verließ ich Mutter und Kind, um die Gaben zu verteilen, doch bevor ich anfangen konnte, hielt Kana eine Rede, in der er die glückliche Geburt verkündete und seinem neugeborenen Sohn den Namen KARISOKE *gab! Was sagt man dazu? Dann begannen rund neunzehn Frauen, einen Geburtsgesang zu singen, der mir einen Schauder über den Rücken jagte. Ich finde keine Worte, um ihn zu beschreiben, aber ich werde ihn nie vergessen.*
Etwa um 17 Uhr brachen die Gäste zusammen mit Kana und den meisten seiner Kinder auf. Ein achtzehn Monate altes Kind mußte hierbleiben, weil es noch nicht entwöhnt war, und ein junges Mädchen blieb, um die Nacht bei der Mutter zu verbringen, die Töpfe zu leeren und ihr die beiden Kleinen abwechselnd an die Brust zu legen.
Am nächsten Morgen kehrte Kana in Begleitung seiner Schwiegermutter, einer äußerst knorrigen, freundlich lächelnden, würdigen, in ihren besten Staat gekleideten alten Dame, zurück. Sie war zum ersten Mal in ihrem Leben auf den Berg gestiegen, um sich zu bedanken und Dankesgebete für ihren jüngsten Enkel zu singen. Ich war sehr bewegt über ihre Freundlichkeit. Es war ein ungewöhnliches, nachdenklich stimmendes Erlebnis.

Mutter und Kind stiegen um 10 Uhr am Morgen im Regen hinunter, nachdem Kana und die Großmutter das Zimmer, so gut sie konnten, gereinigt hatten. Es kam mir damals nicht in den Sinn, aber die Geburt eines Batwa-Babys in Karisoke könnte günstig für die Bekämpfung der Wilderei sein. Kana und seine Familie sind mit allen Batwas in Mukingo, dem größten Wildererdorf in den Virungas, verwandt. So wird sich die Nachricht verbreiten, daß es Nyiramachabelli beliebte, ein Twa-Baby zu entbinden, anstatt Mutter und Kind in den Wald zu jagen. So könnte sich dieses zufällige Ereignis womöglich als wirksame Maßname aktiven Naturschutzes erweisen!«

Kanas Sohn war nicht das einzige unerwartete Geschenk, das Weihnachten in Karisoke eintraf. Am 26. Dezember erhielt Dian einen Brief von Rane Rudolph, der die Fotokopie eines Schecks über zehntausend Dollar enthielt – eine Spende an den Digit-Fonds von Harold und Sandra Price, zwei Kaliforniern, nicht verwandt mit Richard Price.

Abgesehen von scheußlichem Wetter – »täglich Regen, Nebel und Hagel« – war der Januar 1984 Dian ungewöhnlich freundlich gesinnt. Sie hatte immer noch keine Nachricht, ob neue Studenten unterwegs seien oder ob Watts ihr Angebot annehmen würde, aber Anita blieb bis zum 10. im Lager, und am 5. Januar begrüßte Dian einen weiteren Besucher.

»Carole Le Jeune ist ein belgisches ›Mädchen‹ von einundvierzig Jahren, das in Zaire geboren wurde und die meiste Zeit dort gelebt hat. Sie ist eine Malerin, die sich auf Blumen spezialisiert hat, sehr scheu und irgendwie sonderbar. Sie ist bereit, die drei Wochen, die ich fortgehen möchte, hierzubleiben, aber mir ist dabei nicht so ganz wohl, weil sie an Malariaanfällen leidet und sich augenblicklich nicht ganz in Ordnung fühlt.

Den Gorillas geht es gut – obwohl ich mich ihnen nicht so wie zuvor widmen kann, weil mein Fuß wieder entzündet ist und meine Lungen natürlich schlimm sind und weil die Gorillas sich auch so sehr weit fort aufhalten. Mein größtes Problem ist augenblicklich, daß ich am 25. Januar nach Südafrika reisen müßte und von da aus nach England, aber ich glaube, ich kann die Verantwortung für das Lager nicht einfach Carole und den Afrikanern (obwohl diese so loyal wie immer sind) aufbürden wegen der Gefahr, die von unten droht. So steht es mir also bevor, diese langgeplanten Vortragsreisen abzusagen. Aber ich werde den Sponsoren noch nicht telegrafieren, weil ich auf ein kleines Wunder in Gestalt von ›Ersatzleuten‹ hoffe.«

Das Wunder geschah. Am 18. Januar, auf der Rückfahrt zum Parkplatz von Karisoke nach einem Besuch in Gisenyi, traf Carole Le Jeune eine jener Seltenheiten in Ruanda – einen europäischen Anhalter. Der sonnengebräunte junge Mann sagte, er sei ein Bauernsohn aus den französischen Alpen, der um die Welt trampe, bevor er sich endgültig niederlassen wolle. Er hatte von den Gorillas in den Virungas gehört und wollte auf dem Weg nach Uganda kurz vorbeischauen. Carole beschloß, es auf Dians Zorn ankommen zu lassen – den Touristen allzu leicht erweckten – und ihn ins Lager mitzunehmen. Dian mochte ihn, und als er sich freiwillig anbot, die nächsten drei oder vier Wochen in Karisoke zu bleiben, nahm sie dankbar an.

»Claude Glise ist ein wirklich integrer Junge, der meinen Afrikanern das Gefühl geben wird, daß sie nicht verlassen sind. Ich glaube, er und Carole können das Lager in meiner Abwesenheit zusammenhalten.«

Mit dem beruhigenden Gefühl, daß Karisoke überleben würde, reiste sie Ende Januar ab.

»Der südafrikanische Teil der Reise, neun Tage, verlief unglaublich hektisch mit durchschnittlich zehn Interviews pro Tag (Rundfunk, Fernsehen, Zeitungen), ganz abgesehen von Vorträgen an jedem zweiten Abend. Schlaf und Essen waren Mangelware.

Die Reise war zum Teil geplant, um für das Buch zu

werben; aber Hodder and Stoughton hatten nur eintausend Exemplare geliefert, die ausverkauft waren, bevor die Tour zu Ende war. Sie und Air Zaire, die bei den Südafrikanern um Touristen werben will, teilten sich meine Reisespesen. Was für ein Idiot war doch der Kerl von Air Zaire! Die Werbedame von H&S – Nichole – andererseits war einfach ein Schatz. Sie ist eine sehr zarte, kleine, hübsche junge Blondine, das Ebenbild von Lady Di, die für Aufsehen sorgte, wohin wir auch kamen. Man kann sich den Gegensatz zwischen uns vorstellen.

Ich konnte nur sehr wenig von S.A. sehen, weil ich viel mehr zu tun hatte als auf jeder amerikanischen Tour. Das ärgerte mich. Was ich jedoch sah, vorwiegend von Flugzeugen aus, war landwirtschaftlich benutzt und vollgebaut – himmelweit entfernt von dem Afrika, das ich kenne und liebe.«

Wenn Südafrika Dian kein Entzücken entlockte, so waren einige seiner Bürger auch nicht gerade über sie entzückt. In mehreren Interviews und mindestens einem Vortrag äußerte sie sich so kritisch über die Apartheid, daß sie die Aufmerksamkeit der Behörden erregte. Später erfuhr sie in der amerikanischen Botschaft in Kigali, daß sie in Südafrika unerwünscht sei.

»Wurde am 6. Februar nach England verfrachtet. Die Reise war furchtbar, in uralten Flugzeugen, die überall haltmachten. Ich mußte häufig umsteigen und in Lissabon sogar fast einen Tag als Standby-Passagier warten, und alles wegen dieses Geizhalses von der Air Zaire. Wenn er, wie versprochen, nach Karisoke kommt, werde ich ihn mit dem gemeingefährlichen Büffel der Virungas bekanntmachen.

Am Londoner Flughafen erwarteten mich ein Mercedes mit uniformiertem Fahrer und eine Abgesandte von Hodder and Stoughton – eine sechsunddreißigjährige Frau namens Monica, deren Konversation fast ausschließlich aus »ta-ta« und »entzückend« bestand.

Der Zeitplan war genauso hektisch wie in S.A., aber ich habe Ian Redmond häufig gesehen und war stolz darauf, wie reif er geworden ist, teils durch die Ehe und teils durch die Ganztagsbeschäftigung als Autor/Reporter beim BBC-»*Wildlife*«*-Magazin.*
Am Sonntag lud ich ihn und mich in Cambridge bei Robert Hinde ein, meinem ehemaligen Doktorvater, der eigentlich ein sehr, sehr guter Freund war. Zu meinem Kummer hatte Robert mir nur noch wenig zu sagen wegen meiner angeblichen Ungerechtigkeit gegenüber Harcourt und Barnes, die beide hier in Cambridge sind.
Obwohl ich wußte, daß Harcourt und Kelly da waren, hatte ich gewiß nicht erwartet, in sie hineinzurennen; aber es geschah in der Bibliothek. Kelly schaute zu mir auf, und ihr Gesicht zeigte Erschütterung, Überraschung, Kummer, vielleicht ein wenig Schuldbewußtsein und Furcht und einen kurzen Augenblick Freude, bevor sie alle Gefühle unterdrückte und bloß sagte: ›Ich bin so überrascht, dich zu sehen.‹ Ich stammelte ein paar unzusammenhängende Begrüßungsworte, hätte sie fast umarmt und folgte dann ihrem Blick fünf Meter, wo Harcourt saß, in ein Buch versunken, das er sich vor den unteren Teil seines Gesichts hielt. Kelly saß da und starrte ihn bloß an; er regte sich nicht, also ging ich. Ich bin immer noch sehr traurig über diese Begegnung.«

Ein zweites Wochenende verlief angenehmer.

»*Ich nahm Ian als Gast mit auf John Aspinalls* RIESIGE *Landsitze, wo er Hunderte von wilden Tierarten hält, darunter vierundzwanzig Flachlandgorillas, die in einem ungeheuer großen Freigehege nicht viel anders leben als in der Wildnis.* MANN, *was für ein Erlebnis! Genau wie ich hat auch Aspinall oft eine schlechte Presse, aber ich fand, daß er im Grunde ein bescheidener Mann ist, der Tiere leidenschaftlich liebt und schätzt. Jedes Wochenende geht er in die Gehege seiner Gorillas, Löwen, Tiger, Nashörner, Elefanten, Wölfe usw., weil er glaubt, daß die*

Tiere eine persönliche Beziehung zu Menschen brauchen, wenn sie ihrer Umgebung vertrauen, sich fortpflanzen und zufrieden bleiben sollen.
Wir verbrachten zwei Tage mit ihm und seiner Familie in Howletts und Port Lymphe, seinen beiden Schlössern und Wildparks. Aspinalls gesamter Reichtum beruht auf Glücksspiel, und man sagt, er sei nach der Königsfamilie der reichste Mann im Vereinigten Königreich.
Das einzige traurige Ereignis war, als er mich fragte, wie seine Beiträge meiner Arbeit geholfen hätten. Ich fragte natürlich zurück: ›Was für Beiträge?‹ Dieselbe alte Geschichte – ich erfuhr, daß er dem Berggorillaprojekt Tausende von Dollar geschickt hat, für Dian Fosseys Arbeit mit den Berggorillas!
Aspinalls ›Zoo‹ war außergewöhnlich. Eine Woche zuvor hatte ich in London ein ebenso großes Zoogehege besichtigt, doch war dort der größte Teil des Platzes an einen riesigen Graben verschwendet. Dort saßen fünf erwachsene Gorillas, ein Männchen und vier Weibchen, die mechanisch ihre Körper betasteten, ähnlich wie Patienten in einer geriatrischen Krankenhausstation. Der mich begleitende Zoomitarbeiter meinte: ›Der Ankauf durch den Zoo hat sie in Westafrika vor dem Kochtopf gerettet.‹ Als ich sah, wie die Tiere da saßen, sich abwechselnd betatschten oder sich das eigene Fell ausrissen, mußte ich unwillkürlich denken, daß der ›Kochtopf‹, vorausgesetzt, daß es keine Alternative gegeben hätte, vielleicht die bessere Lösung gewesen wäre.
Andere Ereignisse: Mußte einen Vortrag vor der Königlichen Akademie der Naturwissenschaften halten, was mir gespenstisch erschien. Ian hatte mich vorgewarnt, daß Mitglieder des Berggorillaprojekts von der Fauna Preservation Society anwesend sein und jedes meiner Worte auf Tonband aufnehmen würden. Das stimmte, doch wie Ian später beschrieb, schlichen sie sich alle sehr kleinlaut davon. Ich räumte ein, daß das Berggorillaprojekt mit

seinem Tourismus und seiner Jagd auf Fallen die mißliche Lage der Gorillas tatsächlich gebessert habe – und beschrieb dann dreimal so lange, wie der Digit-Fonds sechs Tage in der Woche Patrouillen ausschickt usw. usw. und in Wirklichkeit bei der Bekämpfung des Wilderns am tatkräftigsten ist.«

Müde, aber in gehobener Stimmung, flog Dian am 20. Februar nach Kigali zurück. Bevor sie ins Lager weiterreiste, traf sie sich noch einmal mit Laurent Habiyaremye, Direktor des ORTPN, betreffs ihrer Pläne für die Hüter der Gorillas.

»Ich kann Dir gar nicht sagen, wie sehr ich den neuen Parkdirektor mag«, schrieb sie Stacey Coil. »Er ist der erste Direktor, der wirklich integer ist. Er seinerseits mag mich auch und hat sich energisch für den Fortbestand Karisokes als Forschungszentrum und größte Hoffnung, die es für die Gorillas noch gibt, ausgesprochen.«

Ihre Stimmung erhielt weiteren Auftrieb, als sie im Lager einen Brief von David Watts vorfand, in dem er ihr Angebot, Direktor zu werden, annahm. Er war bereit, noch im selben Monat zu kommen, wenn sie die erforderlichen Genehmigungen besorgte. Sie erhielt sie von Habiyaremye in der unerhört kurzen Zeit von zehn Tagen. Sie telegrafierte Watts, der nach einer Abwesenheit von fast fünf Jahren am 22. März in Karisoke eintraf.

Dian, die seit dem Monatsersten, als Carole Le Jeune und der junge französische Bauernsohn ihre eigenen Wege gegangen waren, allein gewesen war, freute sich sehr, Watts das wiederhergestellte Lager zu zeigen. Er war glücklich über seine Rückkehr und bestrebt, die Arbeit an einer neuen, von der Leakey Foundation finanziell unterstützten Gorillastudie zu beginnen. Es war gut, daß er seine eigenen Mittel hatte, da Karisokes finanzielle Lage mittlerweile bedenklich war.

Am 27. Februar hatte Dian Stacey Coil geschrieben: »Ich weiß, daß mein Bankkonto fast leer sein muß ... Es ist schon ein bißchen gespenstisch, Karisoke nur mit den Reiseschecks, die ich aus Ithaca mitgebracht habe, und dem Digit-Fonds zu betreiben, aber ich kann noch eine Weile durchhalten, bevor ich mich an höhere Mächte wende.« Sie hatte sich darauf verlassen, daß die Tantiemen für das Buch das Loch stopfen würden, aber der Absatz war nicht so gut wie erwartet gewesen, und sie hatte die Tantiemen durch zusätzliche künstlerische Gestaltung und umfangreiche Änderungen an den Korrekturfahnen des Buches schwer belastet.

In einem Brief an Shirley McGreal stellte sie bitter fest: »Seien wir ehrlich, das Buch ging nicht besonders gut; aber ich kann immer noch auf meine Goldplomben zurückgreifen. Ich weiß nicht, wen ich um Geld bitten soll, weil das Berggorillaprojekt alle verfügbaren Beiträge der großen geldgebenden Institutionen und der allgemeinen Öffentlichkeit aufzusaugen scheint. Die meisten Leute, mit denen ich in Amerika, Südafrika und England sprach, glaubten, sie spendeten für Karisoke, während sie in Wirklichkeit für das Berggorillaprojekt spenden.«

Sie hatte sich nicht an die National Geographic Society gewandt.

»Ich halte es nicht für richtig, die N. G. S. um Geld zu bitten, solange hier keine Verhaltensforschung stattfindet, weil noch keine Studenten da sind.«

Das war nicht der ganze Grund. Sie hegte Bedenken, die Society um Hilfe zu bitten, weil sie fürchtete, daß sich die hohen Funktionäre dort wieder einmal gegen sie gewandt hatten.

»Was mich entsetzlich beunruhigt, ist, daß von der Becke nach seiner Rückkehr aus Amerika andeutete, die N. G. S. sei fertig mit mir. Wenn das stimmt, und ich muß damit rechnen, weil ich keine Antwort auf meine Briefe bekomme, bin ich ganz und gar mutlos. Dr. Snider hat mir seit Jahren nicht mehr geschrieben. Das tut weh!«

Dies war kein Verfolgungswahn. Während ihre Artikel

in der Zeitschrift der National Geographic Society und die Filme über ihr Leben mit den Gorillas den Zielen der Gesellschaft sehr genützt hatten, war sie nun nicht mehr die Hauptattraktion.

Obwohl Dian es zumindest geahnt haben mußte, wollte sie einfach nicht einsehen, daß Karisokes gute Fee sich nach mehr als einem Dutzend Jahren abwandte.

Im März und April beschäftigte sie sich mit der Bekämpfung der Wilddiebe, einem Ausbildungsprogramm für Parkwächter und der Bildung ihrer »Hüter-für-Gorillas«-Gruppen. Auf letzterem Gebiet machte sie geringe Fortschritte. Obwohl der neue Direktor des ORTPN die Idee gerühmt hatte, tat er nichts dafür. Er wollte nicht einmal prüfen lassen, ob sie durchführbar war. Diese Zurückhaltung lag zumindest teilweise daran, daß es viele gab, die Dians Plan feindlich gesinnt waren, weil er ihre persönlichen Interessen gefährdet hätte.

In enger Zusammenarbeit mit dem belgischen Hilfsprogramm schleusten Naturschutzorganisationen nun Hunderttausende von Dollar in verschiedene Abteilungen des ORTPN, das inzwischen gänzlich von dieser Geldquelle abhängig war. Laurent Habiyaremye mag Dians guter Freund und Helfer gewesen sein, als er seinen neuen Posten antrat, aber er war rasch unter den Einfluß praktischer Erwägungen geraten.

Zwar konnte Dian weder die ruandische Regierung noch irgendeine andere bekannte Naturschutzinstitution für ihren Plan begeistern, aber es gab ein paar einzelne Anhänger, die sie ermutigten. Dazu gehörte Joan Travis, eine langjährige Freundin des Digit-Fonds, die schrieb: »Ich möchte gern wissen, ob Sie das neue System, jede Gorillagruppe von einer einheimischen Familie bewachen zu lassen, schon eingeführt haben. Wenn ich mich recht erinnere, sagten Sie, das würde etwa einhundert Dollar im Monat kosten. Wenn das Programm bereits angefangen hat, möchten Arnold [ihr Ehemann] und ich gern die Unterstützung einer solchen Einheit übernehmen.«

Dian schickte nun dreimal in der Woche Patrouillen zu jeder der zahlreichen Gorillagruppen des Studiengebiets und zu drei Randgruppen an den Nordhängen des Visoke.

All dies war schön und gut, aber die Hüter mußten bezahlt werden, und es gab allzu wenige Menschen wie Joan Travis. Der finanzielle Aderlaß an Dians Geldmitteln nahm rasch die Ausmaße eines Blutsturzes an.

»Ich bezahle nun die Unterhaltung von Karisoke, seine Spurenleser und Lagermitarbeiter ebenso wie die meisten Hüter für Gorillagruppen, die wir eingestellt haben, persönlich mit den Einnahmen aus dem Buch. Aber davon ist nicht mehr sehr viel übrig. Ich weiß wirklich nicht, wen ich um Geld bitten soll, weil das Lager zur Zeit im Grunde eher auf Naturschutz als auf wissenschaftliche Arbeit ausgerichtet ist.«

Sie schrieb Stacey Coil: »Ich brauche dringend Geld und muß jetzt jeden anpumpen.« Anfang April sah es so aus, als würde der Bankrott, den Richard Barnes Karisoke verfrüht vorausgesagt hatte, Wahrheit werden.

»Ich komme mir vor wie eine sitzengelassene Mutter von siebenundfünfzig Kindern; so viel Gorillas befinden sich gegenwärtig im Studiengebiet. Um für sie zu sorgen, muß ich Arbeit finden oder irgend etwas verkaufen. Ich könnte versuchen, meinen Körper zu verkaufen, aber da es nicht viele Abnehmer für das Fossil Fossey geben wird, muß ich etwas anderes versuchen.«

Obwohl sie nur mit Widerwillen daran dachte, bestand ihre einzige wirkliche Hoffnung darin, sich als PR-Dame und Verkäuferin für die Berggorillas zu betätigen. »Ich komme mir vor wie eine Art Nutte«, hatte sie einmal bemerkt. Mag sein, aber es gab keinen anderen Ausweg. Sie beschloß, in die Vereinigten Staaten zurückzukehren, um sich nach Geldmitteln umzusehen.

Der Zeitpunkt von Watts' Ankunft war glücklicher Zufall gewesen. Eine Woche, nachdem er nach Karisoke aufgestiegen war, erkrankte Dian wieder einmal an Lungenentzündung. Wie gewöhnlich wollte sie sich selbst heilen, aber am 10. April war sie so krank, daß sie das Bewußtsein verlor. Da bestellte David eine Trage und ließ sie den Berg hinunter ins Krankenhaus von Ruhengeri tragen. Dort blieb sie bis zum 20. April; dann hatte sie sich so weit erholt, daß sie ins Lager zurückkehren konnte, um den ersten der neuen Studenten zu begrüßen, einen jungen Engländer von der Universität Bristol namens Michael Catsis.

Da Dian immer noch zu schwach war, um irgend etwas Anstrengendes zu unternehmen, hielt sie sich mehrere Tage in und um ihre Hütte herum auf. Sie brütete ein neues Projekt aus – ein Buch über die Geschichte der Menschen und Tiere in den Virungas, das auf Interviews mit den Älteren der eingeborenen Bevölkerung beruhen sollte. Das Eingeständnis der Verschlechterung ihrer Gesundheit und die dringende Notwendigkeit, den Lebensunterhalt für diejenigen, die abhängig von ihr waren, zu verdienen, hatten den Drang zur Schriftstellerei, den sie seit ihrer Kindheit immer wieder verspürt hatte, neu belebt.

Sie vergeudete keinen Augenblick mit Selbstmitleid, wie klar aus einem Brief hervorgeht, den sie Shirley McGreal Anfang Mai schrieb:

»Ich bringe mich nicht selbst durch Vernachlässigung um, wie Du meinst. 1963 riet mir ein Lungenspezialist aus Louisville davon ab, auf jener denkwürdigen Safari in Afrika nach Kabara hinaufzusteigen, weil es Selbstmord wäre. Er ist später an Lungenkrebs gestorben! Ich passe auf jeden Fall sehr gut auf mich auf, im vollen Bewußtsein, daß ich in 3300 Meter Höhe in einem Regenwald lebe und in einer Hütte, deren Kamin stärker raucht als ich. Ich nehme Vitaminpillen, habe einen kleinen Sauerstoffapparat gekauft, esse täglich ein paar Bananen, um Kaliummangel vorzubeugen, und ernähre mich prächtig von Kartoffeln und Eiern (meinen Hauptnahrungsmitteln wegen Geldmangels). Mit anderen Worten: Ich verwöhne mich. Ich bedaure nur, daß ich nicht mehr täglich zu den Gorillas gehen kann, aber die Spurenleser und Studenten von Karisoke können es. Solange ich noch Wächter und neue Afrikaner für Aufgaben ausbilden kann, die dem aktiven Naturschutz der Gorillas und anderer Einwohner der Virungas dienen, lebe ich glücklich.«

Sie war nicht ganz von den Gorillas getrennt. Gelegentlich kamen sie so nahe heran, daß sie sie erreichen konnte. Am 2. April feierten sie und Gruppe 5 ihr erstes Wiedersehen seit Januar.

»*Sie waren ziemlich dicht am Lager, aber es ist sehr kalt und regnerisch. Wir taten praktisch nichts anderes, als uns mitleidig anzugrunzen, abgesehen davon, daß die junge Tuck es fertigbrachte, mir meinen dreihundert Dollar teuren Höhenmesser zu klauen. Der liegt also heute nacht im Regen; hoffentlich findet ihn morgen ein Spurenleser. Aber Tuck war so komisch. Ich glaubte, ich hätte alles Tragbare in meinen Taschen und meinem Rucksack verstaut, aber sie erspähte ein kleines Stückchen von der Schnur des Höhenmessers, das aus meinem Rucksack heraushing. Im Hui hatte sie es gepackt und rannte ein paar Meter weit fort zum alten Beethoven. Dabei wirbelte sie es die ganze Zeit wie ein tödliches Geschoß an der Schnur herum. Der alte Mann war zu Tode erschrocken! Er kreischte, als dies fremdartige Objekt ihm um die Ohren flog, und machte sich eilig davon. Dann warf Tuck mir einen Blick zu, der sagte: »Fang mich doch!« Ich hoffe, daß ich sie mit meinem Schnupfen angesteckt habe – er ist einer von der grün-roten Sorte und nicht sehr amüsant.*«

Dieser Schnupfen, verschlimmert durch den Tag im Regen, war die Ursache für die Lungenentzündung. Für

Dian war das jedoch ein geringer Preis für ein paar Stunden Kommunikation mit den Königen der Berge.

23

Knapp drei Monate nach ihrer Rückkehr aus England war Dian wieder unterwegs. Sie verließ Kigali am 14. Mai, nahm die inzwischen hinlänglich bekannte Route über Brüssel nach New York und reiste dann weiter nach Louisville, wo sie die Familie Henry kurz besuchen, hauptsächlich aber den Stand ihrer persönlichen Finanzen überprüfen wollte. Es überraschte sie nicht sehr, daß ihr Konto überzogen war.

»Meine Ersparnisse, die nicht gerade rockefellermäßig sind, stammen hauptsächlich aus Onkel Berts Vermächtnis und sind meine Altersversorgung. Ich glaube, ich bin jetzt alt genug, um darauf zurückzugreifen. Ich habe ja auch keine andere Wahl.«

In den folgenden neun Tagen pendelte sie zwischen New York und Washington hin und her und versuchte, den Beistand der National Geographic Society zurückzugewinnen. Obwohl sie von alten Freunden wie Dr. Snider freundlich behandelt wurde, erkannte sie schmerzhaft, daß die Society nicht die Absicht hatte, sie wieder in ihren Schoß aufzunehmen.

Sie telefonierte stundenlang, bemüht, andere Gönner für die Finanzierung Karisokes zu erwärmen. Nachdem ihr die Leakey Foundation eine schroffe Abfuhr erteilt hatte, versuchte sie es bei einer Anzahl privater Spender, mußte jedoch feststellen, daß diejenigen, die geneigt waren, den Schutz der Gorillas zu unterstützen, sich meist bereits dem Berggorillaprojekt oder seinen übergeordneten Organisationen verschrieben hatten.

Ende Mai zog sie sich nach Ithaca zurück, um ein paar

Tage über ihre Erfolglosigkeit als Geldbeschafferin nachzugrübeln. Ihre gedrückte Stimmung hob sich nicht, als sie erfuhr, daß Biruté Galdikas kürzlich einen Zuschuß von 60 000 Dollar von der Earth Watch Society und Jane Goodall 250 000 Dollar von einem Mitglied der Ölmagnatenfamilie Getty erhalten hatte.

Obwohl das Naturschutz-Establishment Dian zurückwies, wurde sie die Heldin der Aktivisten aus den unteren Rängen der Naturschutzbewegung. Dies waren hauptsächlich Leute, die nur sehr wenig Geld übrig hatten, aber gaben, was sie konnten. Als Dian Ithaca verließ, tat sie es in der befriedigenden Kenntnis, daß der Digit-Fonds zumindest genug Geld enthielt, um die Kosten für die Patrouillen gegen die Wilddiebe und ihr Gorilla-Hüterprogramm in unmittelbarer Zukunft zu decken.

Ihre nächste Station war Chicago, wo sie zehn Tage an dem Gorillafilm für »Wild Kingdom« arbeitete. Damit verdiente sie genug, »um die Lagerkosten und die Löhne für die Männer mindestens zwei Monate bezahlen zu können«.

In Chicago konsultierte sie einen Arzt wegen einer neuen und beunruhigenden Krankheit. Der Arzt diagnostizierte ein Herzleiden, wahrscheinlich veranlaßt durch Streß. Er gab ihr ein Rezept und die Empfehlung, sich mindestens sechs Wochen auszuruhen und das Leben leicht zu machen. Er schärfte ihr besonders ein, nicht zu reisen und große Höhen zu meiden!

»Genausogut hätte er mir sagen können, einfach zu atmen aufzuhören und damit basta. Ich bedankte mich herzlich und bezahlte die Rechnung, deren Betrag für einen ganzen Monat Patrouillen gegen die Wilddiebe gereicht hätte. Wenn mein Herz so zäh ist wie meine alten Lungen, dann werde ich es schon schaffen.«

Am folgenden Tag brach sie auf nach Karisoke.

Nicht lange nach ihrer Rückkehr schrieb sie Warren Garst:

»Ich habe das Lager noch nie besser funktionieren gesehen, ohne Reibung usw. Zweimal pro Woche schicke ich ausführliche Berichte über die Arbeit der Patrouillen und Hüter an den Direktor des ORTPN und den Park-Conservateur. Ihre Anerkennung ist *echt*. Habe zwei gute Assistenten: David Watts, der sich diesmal viel glücklicher fühlt, weil das VW-Paar fort ist, und den jungen Engländer Mike Catsis, der sehr gut arbeitet und perfekt Französisch spricht. Im nächsten Monat oder so erwarte ich drei weitere Leute – einen allgemeinen Forscher, eine Botanikerin-Malerin und einen Tierarzt. Dann wird Karisoke richtig losgehen!«

Joan und Arnold Travis, die immer noch eine Hütergruppe finanzierten, berichtete sie: »Im Lager läuft weiterhin alles gut, obwohl ich den Unterhalt immer noch aus meiner eigenen Tasche bezahle und alles, was mit den Patrouillen zusammenhängt, aus dem Digit-Fonds. In diesem Jahr haben wir bis jetzt (Ende Juni) 1101 Fallen zerstört und zwei Wilddiebe gefangen. Die Patrouillen finden sieben Tage in der Woche statt. Wir beziehen Randgruppen mit ein, aber nicht so oft, wie ich möchte, weil sie so weit weg von Karisoke sind. Wir bewachen jetzt vierundachtzig Gorillas, fast die Hälfte aller, die auf den Virungas leben... Ich wollte Ihnen eigentlich ein paar niedliche kleine Kotklümpchen von Jungen aus den Randgruppen als ›Tauf- beziehungsweise Adoptionsgeschenke‹ übersenden, habe es mir aber anders überlegt.

Der Direktor von ORTPN mochte die Adoptionssidee anfangs wirklich. Er war ganz aufgeregt und glücklich, daß etwas Neues beginnen sollte, aber der belgische Leiter des Berggorillaprojekts war dagegen. Das bedeutete das Ende des Plans für die Berge als Ganzes, aber nicht für uns hier oben. Wir haben den Schutz des Herzlands der Vulkane übernommen. Ich darf wohl sagen, daß alles sehr erfolgreich ist, da wir immer weniger Fallen finden und die Wilddiebe eine Heidenangst haben.«

Wenn auch bei den Menschen von Karisoke alles in Ordnung war, bei den Gorillas sah es anders aus.

»Tiger war wie eine verlorene Seele umhergewandert, seit er Peanuts' Junggesellengruppe verlassen hatte. Kürzlich begann er, Nunkies Gruppe zu beschatten. Am 21. Juni kam es zu einer fürchterlichen Interaktion. Niemand sah sie, aber Nemeye hörte sie aus einer Entfernung von ein oder zwei Kilometern. Er sagte, es habe sich wie ein Kampf angehört. Ich glaube, er hatte zuviel Angst, um hinzugehen und zu sehen, was los war.

Tiger gelang es irgendwie, Nunkies Gruppe zu zersplittern. Nunkies sechs Weibchen und ihre Sprößlinge waren über den ganzen Visoke verstreut. Am 27. fand einer meiner Spurenleser Jenny, ein dreijähriges Weibchen, das ganz allein durch den Wald wanderte und wimmerte. Als sie ihn sah, lief sie direkt auf ihn zu und klammerte sich an ihn, bevor er noch wußte, was geschah. Sie wollte ihn nicht loslassen, und so eilte er zurück ins Lager. Ich traute meinen Augen nicht, als ich den Kerl draußen vor meiner Hütte stehen sah, ungemütlich umarmt von dem Gorillajungen.

Ich wollte sie nicht von ihrer Gruppe fernhalten und gab ihr deshalb keine Ermunterung, dazubleiben. Sie kletterte auf einen Hagenia-Baum vor meiner Hütte und blieb dort den ganzen Tag sitzen. Am Abend konnten wir Brusttrommler oben auf dem Berg hören, und das Junge kletterte herunter und kehrte zu seinem etwa anderthalb Kilometer entfernten Vater Nunkie zurück. Am nächsten Tag fand auch ihre Mutter Simba zu Nunkie zurück, so daß ein fröhliches Wiedersehen stattfand.

Eine Zeitlang blieben zwei andere Weibchen von Nunkie, Pandora und Petula, bei Tiger, aber dann kam er offenbar zu dem Schluß, kein Familienvater zu sein, und entwischte ihnen, um wieder seines einsamen Weges zu ziehen. Petula hatte ihr vierjähriges Junges bei Nunkie gelassen, aber ein achtzehn Monate altes verloren, das

augenblicklich unauffindbar ist. Diese beiden Weibchen versuchen nun, sich Gruppe 5 anzuschließen!
All dies hört sich an wie eine Gorilla-Seifenoper. Wird Tiger jemals die richtige Frau finden? Sind Pandora und Petula wirklich lesbisch? Hat Nunkie, der König des Berges, seine beste Zeit hinter sich?«

Ein Monat verging.

»Die Gorilla-Seifenoper geht weiter. Petula trennte sich von Pandora und verschwand auf der anderen Seite des Visoke, um Nunkie zu suchen, der inzwischen aber schon wieder auf dieser Seite war. Pandora schloß sich ihm und Simba und seinen beiden übriggebliebenen Weibchen gestern abermals an, nachdem sie das ganze Land durchstreift hatte.
ABER DANN! *Vergangene Woche stieß Tiger erneut auf die Gruppe, gleich hinter dem Lager, und es herrschte wieder ein furchtbares Durcheinander! Diesmal nahm Tiger Simba mit, die seine Halbschwester ist, aber ihre Tochter Jenny ist wieder verschwunden. Gleichzeitig sonderte sich Fuddle, ein weiteres von Nunkies Weibchen, mit ihren zwei Sprößlingen ab und tut jetzt dasselbe wie einst Pandora – sie wandert umher und sucht Nunkie. So etwas hat es in all meinen Jahren in den Virungas noch nie gegeben, und nichts ergibt einen Sinn.«*

Am 20. August fügte Dian diesem verwirrenden Rundtanz eine Fußnote hinzu.

»Die verrückte, noch nie dagewesene Interaktion zwischen Tiger und Nunkies Gruppe scheint gottlob beendet zu sein. Petula fehlt immer noch. Unser Held Tiger landete bei seiner Halbschwester Simba, deren Tochter Jenny sich schließlich Nunkie anschloß. Nunkies Gruppe ist jetzt wieder zusammen, abgesehen von zwei Weibchen und dem verlorenen Jungen. Aber ich rechne nicht damit, daß die Geschichte damit zu Ende ist. Fortsetzung folgt, schalten Sie morgen wieder ein!«

Sogar in dem seriösen Milieu von Gruppe 5 ereignete sich Merkwürdiges.

»Diese Gruppe hat Probleme, weil der alte Beethoven seinen Söhnen Ziz und Pablo erlaubt, sich mit Effie, seinem ältesten Weibchen, zu paaren. Und keines der drei Männchen scheint sich für die geschlechtsreifen, brünstigen und erwartungsvollen jungen Weibchen Puck, Tuck, Poppy und Pansy zu interessieren, so daß diese ihre Geschichte jetzt zusammen treiben und sich wie wild raufen und zanken. All dies ist ein Verhalten, das ich nicht für möglich gehalten hätte. Es ist einfach zu menschlich!«

An Besuchern herrschte in diesem Sommer kein Mangel. In der ersten Augustwoche stieg ein Dutzend Wissenschaftler, die an einer Primaten-Weltkonferenz in Nairobi teilnahmen, nach Karisoke auf. Überrascht stellten sie fest, daß die abfälligen Berichte, die sie über Dian gehört hatten, gewaltig übertrieben waren. Einen englischen Primaten hörte man hinterher sagen: »Dian Fossey ist das Opfer eines gewissenlosen Rufmords.«

Am 17. August sorgte die Ankunft von Lady Amanda Aspinall für eine kleine Sensation.

»Sie ist sechsundzwanzig Jahre alt, ein außergewöhnlich schönes, wohlerzogenes Mädchen von etwa meiner Größe und mit derselben Haarfarbe. Sie ist sehr schlank, wie auch ich es in ihrem Alter war, und die Gorillas waren von ihr begeistert, vor allem die Älteren, als ob sie sie mit der Dian Fossey von vor vielen Jahren verwechselten.
An ihrem ersten Abend in Ruanda traf Amanda zufällig einen Professor aus N.Y., der in Begleitung eines jungen männlichen Studenten reiste. Der Mann versicherte ihr, daß er ein guter Freund von mir sei (ich habe diesen widerlichen Kerl noch nie gesehen), und beschwatzte sie, die beiden mit ins Lager heraufzunehmen. Ein junges spanisches Paar schloß sich an, und alle wollten unbedingt die Nacht hier verbringen. MANN, *was für ein Auftritt folgte! Glücklicherweise erschien einer meiner*

Spurenleser mit einer Menge frischen, heißen Gorillakots von Nunkies Gruppe. Ich breitete die hübschen, saftigen Haufen auf dem Eßtisch vor meiner Hütte aus und untersuchte sie, bis die Schnorrer angeekelt abzogen.
Rate mal, wen sie beim Abstieg trafen! Es war Ian Redmond, der gerade heraufkam. Er führte eine Gruppe englischer Naturtouristen durch Ruanda und Zaire, hatte sich aber den Tag freigenommen. Welch freudige Überraschung, ihn wieder im Lager zu sehen! Wir sprachen bis in die frühen Morgenstunden. Ich wünschte so sehr, er könnte zurückkehren und hierbleiben. Er ist der einzige Mensch (außen den Afrikanern), mit dem ich in Karisoke gearbeitet habe und dem ich voll vertraue. Ich kann nicht ununterbrochen hierbleiben, so gern ich es auch möchte. Der ständig graue Himmel, die Höhe und die Arbeit gehen mir auf Nerven/Lungen/Herz. Aber Ian mußte am nächsten Tag wieder hinunter.
Bevor er ging, erwähnte Ian, daß der schwule Professor und sein Freund sowie die Spanier mich beim Abstieg mit allen nur denkbaren Schimpfnamen belegt hätten und daß es nicht einmal ihm gelungen sei, sie zu beruhigen.«

Dian und Ian waren belustigt über den Vorfall, aber es sollte sich herausstellen, daß er nicht zum Lachen war. Zwei Ereignisse machten die erste Septemberwoche denkwürdig.

Dian legte sich ein Paar Graupapageien zu – ein Geschenk von einem befreundeten Piloten. Obwohl sie niemals die Lücke in ihrem Leben füllen konnten, die der Tod von Cindy und Kima hinterlassen hatte, boten sie ihrer Zuneigung doch ein gewisses Ziel und brachten etwas tierisches Leben in ihre einsame Hütte.

Am 3. September stieg Jean Burgeri, der stellvertretende Park-Conservateur, ins Lager hinauf, um ihr mitzuteilen, daß Sebahutu, der berüchtigte Wilddieb und Mörder von Onkel Bert, mit dem sie seit über einem Jahrzehnt Krieg geführt hatte, tot sei.

»Er wurde vorige Woche von einem Büffel getötet!!! Burgeri erfuhr dies erst gestern, als Sebahutus zahlreiche Frauen und Kinder in Trauerkleidung am Hauptquartier vorbeizogen. Das Geschrei war so groß, daß er hinaustrat, um zu fragen, was los sei. Es heißt, Sebahutu sei in Uganda gestorben. Jetzt ist von den sechs Hauptwilddieben nur noch Gashabizi übrig, und dann werden Digit, Onkel Bert, Macho und Kweli gerächt sein.«

Sebahutu war aus dem Gefängnis entlassen worden, lange bevor er eine fünfjährige Strafe abgesessen und nachdem er eine Geldstrafe bezahlt hatte, die in Wirklichkeit eine Bestechung war. Dies war ein allgemein übliches Verfahren, und es erboste Dian in doppelter Hinsicht. Erstens gestattete es den Wilddieben, zu ihrem ruchlosen Geschäft zurückzukehren, und zweitens »arbeiten die Wilddiebe und ihre Spießgesellen noch härter, töten immer mehr Tiere im Wald, um das Geld für die Geldstrafen und Bestechungsgelder zu verdienen«. Es gab nichts, was sie dagegen tun konnte, aber sie feierte Sebahutus Hinscheiden mit einem Fest, an dem jedermann im Lager teilnahm.

Leider war der Bericht von Sebahutus Tod, wie einst bei Munyarukiko, unwahr und zweifellos ersonnen, um die Behörden und vielleicht auch Dian zu täuschen.

Am 9. September stieg sie den Berg zum ersten Mal seit ihrer Rückkehr aus den Vereinigten Staaten Mitte Juni hinunter. Sie tat es nicht aus freien Stücken, sondern weil ihr Visum, das nun nur noch jeweils für drei Monate ausgestellt wurde, ablief. Das Auf- und Absteigen des Trägerpfads war so eine Qual für sie geworden, daß sie es nicht einmal mehr tat, um engen Freunden, wie zum Beispiel Rosamond Carr, eine Freude zu machen. Wenn das Wetter gut war – wenn es nicht gerade goß oder hagelte –, schaffte sie es, den steilen Pfad in zwei Stunden hinabzuschlittern, aber wenn es schlecht war, brauchte sie bis zu vier Stunden, um sich wieder nach Karisoke hinaufzuschleppen, und auch das gelang ihr nur mit Hilfe der starken Arme ihrer Träger.

Im Hauptquartier des ORTPN hatte sich die Atmosphäre beunruhigend verändert. Ihr »guter Freund« Laurent Habiyaremye war unsichtbar. Als sie sich nicht abweisen ließ, teilte ihr ein Untergebener mit, daß sie ihre Zeit verschwende. Der Direktor sei verärgert über sie wegen der Behandlung der Touristen, die mit Lady Aspinall nach Karisoke aufgestiegen waren, und wünsche sie nicht zu sehen.

»Dieselbe alte Geschichte. Berggorilla-P. hat auch diesen Direktor herumgekriegt. Sie sind in, Fossey ist out.«

Sie hatte noch einen Pfeil im Köcher – ein ruandischer Freund konnte ihren Visumantrag direkt »der Nummer zwei in der Außenpolitik übergeben. Mein Visum war am nächsten Tag fertig.«

Dian hatte für 1984 eine zweite Reise in die Vereinigten Staaten geplant, um mit Vorträgen Geld zu verdienen, aber aus unbekannten Gründen wurden nie irgendwelche Engagements gebucht. Inzwischen hatte sie zugesagt, nach San Diego zu reisen, um die Joseph-Wood-Crutch-Medaille der amerikanischen Gesellschaft zur Verhinderung von Grausamkeiten an Tieren in Empfang zu nehmen, die ihr als Anerkennung für ihre Arbeit mit den Gorillas verliehen worden war. Sie wollte auch ihre Mutter besuchen, die, wie sie glaubte, im Sterben lag. Als die Vortragsreise nicht zustande kam, beschloß sie, trotzdem zu reisen.

Diesmal brauchte sie sich nicht um die Sicherheit Karisokes während ihrer Abwesenheit zu sorgen. Ihre Bergfestung war gut besetzt. Neben David Watts, Mike Catsis und Carole Le Jeune (die zurückgekehrt war, um ihre Arbeit an Pflanzenporträts fortzusetzen) verstärkten Jan Rafert, ein junger Gorillawärter aus dem Zoo von Brooklyn, und ein australischer Tierarzt die Truppen.

»Sie alle sind AKTIVE *Naturschützer, und ich glaube*

nicht, daß irgendeiner von ihnen zum BGP *überlaufen würde, wie ich es früher erlebt habe.«*

Sie brach Anfang Oktober auf und flog zuerst nach Ithaca, wo sie vierzehn Tage mit Stacey Coil und mit dem Kassenwart Rane Randolph verbrachte, um den Rückstand im Schriftverkehr für den Digit-Fonds aufzuarbeiten. Dann ging es weiter nach Kalifornien, wo sie feststellte, daß die Berichte über den Gesundheitszustand ihrer Mutter gewaltig übertrieben waren. Trotzdem war der Besuch trübsinnig. Kitty Price kam tränenreich immer wieder darauf zurück, daß sie in Piedmont, Kalifornien, begraben werden wollte. Gleichsam, als ob sie nicht wolle, daß ihre Tochter sich übergangen fühlte, schenkte sie Dian eine Grabstelle auf einem Friedhof in Fresno, die sie besaß.

Da Dians Sehkraft schon seit einiger Zeit nachließ, konsultierte sie einen Augenspezialisten in San Francisco. Er fand ein Gewächs über der linken Hornhaut und empfahl eine Operation. Nach einigem Zögern stimmte Dian zu, und die Operation wurde für den 20. Oktober festgesetzt. Doch als sie erfuhr, daß sie danach mehrere Tage mit verbundenen Augen im Krankenhaus würde verbringen müssen, sagte sie den Termin ab.

Am 27. Oktober erhielt sie in San Diego auf der Jahrestagung der amerikanischen Gesellschaft zur Verhinderung von Grausamkeiten an Tieren die Joseph-Wood-Crutch-Medaille. Dieses Ereignis bewegte sie tief, um so mehr, als sie zum ersten Mal eine solche Ehrung empfing. Außenseiter und Medaillen passen im allgemeinen nicht zusammen.

Dann reiste sie weiter quer durch Nordamerika, um ein paar Tage bei alten Freunden in Louisville zu verbringen, und von dort nach Brüssel und Kigali – aber nicht nach Karisoke. Dian mußte erst einen kleinen Umweg machen.

Anfang September hatte sie ein Telegramm von ihrem Agenten erhalten.

»Der niederländische Verlag des Buches will mir eine dreitägige Reise nach Holland, vom 5. bis zum 8. November, bezahlen. Nach langem Ringen beschloß ich, das Angebot anzunehmen, obwohl die Reisevorbereitungen zum Wahnsinnigwerden sind. Ich bringe haufenweise Sachen, hauptsächlich für meine Afrikaner, aus den Vereinigten Staaten mit, und dieses Übergewicht würde mich ein Vermögen kosten – das ich nicht habe –, wenn ich über Amsterdam heimflöge. So muß ich erst nach Kigali fliegen, das ganze Gepäck einlagern, einmal übernachten, dann umkehren und wiederum quer über den afrikanischen Kontinent und noch weiter fliegen, um endlich in Amsterdam anzukommen. Mein Gott, davor fürchte ich mich wirklich! Eine Zeitverschiebung wird die andere jagen!«

Es war nicht ganz so schlimm; Dian brachte es zustande, zwei Nächte und einen Tag in Kigali zu bleiben.

»Landete am 7. November um 6 Uhr morgens in Amsterdam und erfuhr, daß ich um 11 Uhr von Prinz Bernhard in seinem Palast erwartet würde. Panik! Die Fahrt von Amsterdam zu dem Palast in Geitz dauerte anderthalb Stunden. Ich putzte mich und bügelte wie verrückt und machte mich schließlich mit zwei charmanten männlichen Begleitern auf, wobei ich mich wie Aschenputtel fühlte, aber eher aussah wie ihre Stiefschwester. Der Prinz ist wirklich sehr nett und ungekünstelt. Man hatte mir gesagt, es handele sich um eine Art Vormittagstee, aber ich war die einzige, die Tee trank (wer hätte das gedacht!); der Prinz bevorzugte Sherry und sein Sekretär Whisky. Wir sprachen fünfundvierzig Minuten über Gorillas, und er behauptete, das Buch gelesen zu haben. Er hat ja auch ein kurzes Vorwort für die niederländische Ausgabe geschrieben. Darin steht, daß das WNF *(die niederländische Abteilung des World Wildlife Fund) meiner Arbeit sehr geholfen habe – da haben wir's also wieder mal.«*

Dian wurde auch in den Zoo von Arnheim geführt, um eine Gruppe von sieben fast erwachsenen Flachlandgorillas zu besichtigen, die ein Tierhändler, dessen Hauptquartier in der Republik Kamerun lag, in Westafrika für den Zoohandel zusammengesammelt hatte. Zu seinem Unglück hatte Shirley McGreals International Primate Protection League Wind davon bekommen und einen solchen internationalen Stunk gemacht, daß die Regierung von Kamerun einschritt. Shirley McGreal, unterstützt von Dian Fossey und anderen, wünschte, daß die Tiere in Afrika bleiben und wieder in die Wildnis entlassen würden. Ihr Wunsch wurde abgelehnt von der renommierten Internationalen Union für Naturschutz, die sie nach Holland transportieren ließ. Der Anblick der »Kameruner Sieben«, wie sie genannt wurden, eingesperrt in einem sonnenlosen Gebäude, versetzte Dian in Wut. Nach Karisoke zurückgekehrt, schrieb sie an den Direktor der Internationalen Union:

»Bitte, bedenken Sie... daß ein Gorilla sich selbst gehört. Obgleich die I.U.F.N. nominell Besitzerin der ›Kameruner Sieben‹ sein mag, hat sie ihre Seele durch den Export der Tiere verkauft... Ich möchte nicht gern in der Haut des Menschen stecken, der die Genehmigung unterschrieb, daß die ›Kameruner Sieben‹ nach Holland geschickt werden sollten, und der sie damit wahrscheinlich für immer ihres natürlichen Erbes beraubte.

Ich habe gewiß nicht das Recht, die Entscheidungen der I.U.F.N. anzufechten. Ich möchte Sie jedoch bitten, Ihr Gewissen zu prüfen, wenn Sie wieder einmal etwas für den *aktiven* Schutz bedrohter Arten tun wollen.«

Mit so einer Tat sollte Dian sich beim Naturschutz-Establishment nicht gerade beliebt machen, aber das betrachtete sie inzwischen sowieso als aussichtsloses Unterfangen.

Ihr niederländischer Verlag führte sie in einen zweiten Zoo, in Apeldoorn, der sechs Flachlandgorillas hatte. Die Presse war anwesend, und während Fotografen und Fernsehkameraleute sie umdrängten, überreichte der unvermeidliche Werbemensch einem der eingesperrten Gorillas ein Exemplar von Dians Buch. Als Dian den Prices dieses Ereignis ein paar Wochen später beschrieb, zitierte sie eine Zeitungsschlagzeile: »›Gorillas fressen Fosseys Buch.‹ Genau das taten sie auch. Vielleicht ist das der Grund, weshalb das Buch sich in Holland so gut verkauft – bis jetzt siebentausend Exemplare, was eine Menge Gorillafutter ist.«

In ihren letzten Tagen in Holland holte der Streß der hinter ihr liegenden Reisen sie ein, und während einer Autogrammstunde wäre sie fast ohnmächtig geworden.

»War sehr lungenkrank und wirklich besorgt, ob ich es nach Ruanda zurück schaffen würde. Reiste am nächsten Morgen mit einer Temperatur von 40 Grad ab und flog nach Kigali, wo ich ins Hotel Mille des Collines kroch und vierundzwanzig Stunden schlief. Dann rief ich die Botschaft an. Botschafter Bland und seine Frau erbarmten sich meiner und schickten einen Wagen, der mich in die Botschaft brachte, wo sie mich die folgenden drei Tage pflegten. Wahrscheinlich haben sie mir das Leben gerettet – jedenfalls sagte ich ihnen das.

Am 15., bewaffnet mit Pillen aller Art, versuchte ich unklugerweise, den Berg hinaufzusteigen, brach jedoch zusammen und mußte auf einer Trage hinaufbefördert werden. Als ich ankam, hatte David die Löhne aller Männer erhöht und ihnen gesagt, daß sie sich nicht umstimmen lassen und obendrein mehr zu essen verlangen sollten. Wenn er so weitermacht, wäre es das Beste für alle von uns, vor allem für die Afrikaner, die von seinen Doktrinen verwirrt sind, wenn er das Lager so bald wie möglich verließe. Jan Rafert, ein netter, ruhiger Mensch mit Sinn für Integrität, hat die Leitung der Digit-Fonds-Patrouillen übernommen. Sie haben in diesem Jahr 2 262 Fallen zerstört, achtzehn Tiere lebendig aus Fallen befreit und acht Wilddiebe gefangen und eingesperrt. Nicht ein einziger Gorilla aus Studien- und Randgruppen wurde

von Wilddieben verletzt oder getötet, obwohl in anderen Teilen der Virungas mehrere in Fallen gerieten und einige getötet wurden.
Effie bekam am 20. Oktober ein Baby, wahrscheinlich gezeugt vom alten Beethoven, der wieder munter wird. Tiger ist immer noch mit Simba zusammen, die schwanger ist und vermutlich im April gebären wird. Alle Gruppen sind selbst für Spurenleser mindestens zwei Stunden vom Lager entfernt, und es regnet täglich, so daß ich sie nicht sehe. Aber ich habe meine Papageien (die nicht sehr gesellig sind), und die Raben kommen jeden Tag, um sich Futter zu holen. Toby, der Schliefer neben meiner Hütte, ist Vater von Zwillingen und sitzt ein Stückchen über Mutter und Kindern auf seinem Baumstamm, völlig zutraulich, selbst wenn ich bis auf fünf Meter herankomme.
Ich betreibe Karisoke immer noch mit den Einnahmen aus dem Buch und finanziere die Patrouillen gegen die Wilddiebe aus dem Digit-Fonds. Das Berggorillaprojekt benutzt weiterhin meinen und Digits Namen für seine eigene Geldbeschaffung. Ich habe in den letzten acht Monaten eine Reihe von Organisationen und reichen Privatpersonen kennengelernt, die behaupten, daß sie dem Berggorillaprojekt Tausende von Dollar gegeben hätten, um meiner Sache zu dienen. Solche Nachrichten sind wirklich entmutigend.«

Dians Geldsorgen wurden Mitte Dezember ein wenig leichter, als das Treuhandkomitee der Gesellschaft zur Verhinderung von Grausamkeiten an Tieren ihr einen Zuschuß von fünftausend Dollar »für die Arbeit, die Sie zum Schutz der Tiere geleistet haben«, gewährte. So eine Anerkennung wußte sie zu schätzen.

Ein bißchen nützliche Anerkennung war ihr bereits Ende November auf einem Fest zu Ehren der Gründung von Ruandas zweitem Nationalpark Kagera zuteil geworden.

»Das Fest war gut gemacht und sehr freundlich. Laurent Habiyaremye war da; obwohl zuerst kurz angebunden, wurde er gegen Ende der Festlichkeiten freundlicher. Das geschah wohl, weil der Präsident ebenfalls anwesend war. Er kam und schüttelte mir die Hand, lachend vor Freude, daß ich noch im Lande war, denn er hatte geglaubt, ich hätte es für immer verlassen. Weil ich diesen Mann wirklich gern mag, war ich ganz aus dem Häuschen. Habiyaremye bemerkte diese wahre Ehre und wirkte dementsprechend beeindruckt, aber von der Becke war wütend. Pech für ihn! Ich glaube, ich habe immer noch ein paar Freunde weiter oben.«

Ein letztes bißchen Ermunterung erreichte Karisoke vor Weihnachten – ein Brief von Hougthon Mifflin, der das Erscheinen einer Taschenbuchausgabe von »Gorillas in the Mist« ankündigte. »Am 5. Dezember hatten wir bereits Vorbestellungen für 11 760 Exemplare – ein glückliches Vorzeichen für das neue Jahr!«

Als müßte das Gute ausgeglichen werden, ereignete sich am 22. Dezember ein weiteres trübes Kapitel in Tigers Geschichte.

»Mein geliebter Tiger wurde in einem Kampf mit Ziz, dem jungen Silberrücken von Gruppe 5, schwer, wenn nicht gar tödlich verwundet und mußte Simba an Ziz abgeben. Den Spuren zufolge, die sie hinterließen, fand die Interaktion etwa eine Stunde vom Lager entfernt auf dem Visoke statt. Kurz bevor die beiden Gruppen zusammenstießen, zog Simba offensichtlich zu den Weibchen von Gruppe 5 hinüber, vielleicht nur, um sie zu besuchen. Tiger folgte ihr wahrscheinlich und stieß direkt auf Ziz. Obgleich Gorillas über eine außerordentliche Regenerationsfähigkeit verfügen, hat Tiger jetzt ein riesiges Loch im Brustkorb, ganz zu schweigen von weiteren tiefen Bißwunden. Ich habe eine sehr unwissenschaftliche ›schmalzige‹ Zuneigung zu dem ›kleinen‹ Tiger, der jetzt ein riesiger Silberrücken ist und den ich seit seinem ersten

Lebenstag im Jahre 1967 kenne. Jetzt hält er sich ganz allein in der Nähe des Lagers auf, frißt wenig, wandert noch weniger und hat Blut im Stuhl. Er geht mir nicht aus dem Sinn, aber ich weiß nicht, was ich für ihn tun soll.«

Als Weihnachten herannahte, war es in dem kleinen Dorf aus grüngestrichenen Hütten am Rande der nebelverhangenen Wiesen sehr still. Carole Le Jeune hatte Karisoke verlassen, um bei ihrer sterbenden Mutter zu sein. Mike Catsis verbrachte Weihnachten in Kigali. Und, wie Dian in einem Brief berichtete, »Watts, dieser aufgeblasene sozialistische Esel aus Chicago, verbringt einen dreiwöchigen Urlaub in Frankreich«.

Er und Dian standen auf Kriegsfuß, seit er sich in ihrer Abwesenheit erlaubt hatte, die Löhne der Männer zu erhöhen. Die Angelegenheit hatte am 10. Dezember einen Höhepunkt erreicht.

»*Heute berichtete Basili mir, Watts wolle nach Frankreich reisen, aber Watts sagt nichts. Heute abend ging ich zu seiner Hütte, um mich zu erkundigen. Lautes Geschrei und Gebrüll vor Jan und allen Afrikanern – ein schlimmer Auftritt. Jan wäre am liebsten im Holzfußboden versunken.*«

Am nächsten Tag fügte sie hinzu:

»*Watts kam heute herauf, um sich dafür zu entschuldigen, daß er mich angeschrien hat. Sagte: ›Ich wollte den Männern nur etwas Gutes tun wegen der schwierigen Wirtschaftslage unten.‹*«

Glücklicherweise respektierten sich die beiden Widersacher genug, um sich zu einigen. Obwohl Dian eisern blieb und die Löhne der Männer nicht erhöhen wollte, bot sie freiwillig an, jedem Mann eine extra *prime* zu geben, was auf dasselbe herauskam. Obwohl sie eine Erzkapitalistin war, ließ sie sich gelegentlich erweichen.

Nur Dian und Jan Rafert blieben im Lager, um als Gastgeber der alljährlichen Weihnachtsparty zu fungieren, die aus finanziellen Gründen stark eingeschränkt wurde.

»Ich kann es mir absolut nicht leisten, eine Party für alle rund achtzig Afrikaner und Familien zu geben. Nur die Männer werden kommen, dürften aber zufrieden sein mit den sehr umfangreichen Paketen mit Geschenken aus Amerika und Europa für sie und die Ihren und mit der stattlichen prime. Ich packte achtzehn Pakete, alle in Rot und Weiß, und schmückte auch einen kleinen Weihnachtsbaum mit Jan. Am ersten Weihnachtstag gab ich Jan einen gefüllten Strumpf und kochte das Weihnachtsessen.

Am 26. waren die Männer dran, und die Party war toll! Ich glaube, in Karisoke ist niemals ein besseres Fest mit mehr Spaß gefeiert worden. Es fand in meinem Wohnzimmer statt. Zuerst wurde gewaltig gegessen und getrunken, dann gewaltig gesungen und getrommelt. Danach wurde so temperamentvoll getanzt, daß wir alle Dielenbretter werden hochnehmen müssen.

Dann holte ich das Karnevalszeug hervor, das ich von meiner letzten Reise in die Staaten mitgebracht hatte, Pappnasen, Kunststoffbrillen, falsche Augenbrauen und Schnurrbärte, und die Männer schnappten förmlich über. Sie schauten in meinen Spiegel und lachten sich halbtot über ihr Aussehen. Klein Kana, derjenige, dessen Frau vergangene Weihnachten hier ein Kind geboren hat, wählte eine dunkle Brille und einen fusseligen Bart und sah sofort aus wie Monsieur X., ein schrecklicher, gemeiner Bürgermeister aus der Umgegend, den wirklich niemand leiden mag. Nur so zum Spaß stellte ich ihm eine Frage, die ich dem Bürgermeister hätte stellen können wegen seiner unrechtmäßigen Aneignung von Parkland. Kana spielte mit und ›wurde‹ Monsieur X. – aufgeblasen, überheblich, wichtigtuerisch. Seine Gebärden und seine Stimme glichen haargenau diesem speziellen Typ einer hochgestellten afrikanischen ›Amtsperson‹. ›Sie mir nicht stellen dumme, blöde Fragen, Mademoiselle!‹ Es war zum Schreien. Niemand, nicht einmal Kana wußte, daß er solch ein Schauspieler war. Alle anderen lachten buchstäblich Tränen und wanden sich auf ihren Stühlen. Ich selbst lag auf dem Boden und lachte wie seit Jahren nicht.

Das Ganze wurde zu einem richtigen Theaterstück. Jeder Mann übernahm eine Rolle als typischer Polizist, Soldat, Park-Conservateur, Ladenbesitzer, ja, sie spielten sogar Jan und mich, die beiden bazungas. *Es dauerte stundenlang. Das Finale war Kanas Imitation eines ›großen Mannes‹ aus Kigali, den er halb auf Suaheli und halb auf Kinyaruandisch spielte, bis wir einfach nicht mehr konnten. Selbst Jan, der gewöhnlich ein vernünftiger Mensch ist, bekam einen Lachkrampf. Mann, war das komisch!«*

Dian gab Antita McClellan einen schriftlichen Bericht der kulinarischen Köstlichkeiten, die sich unter ihren eigenen Weihnachtsgeschenken befunden hatten:

»Ich habe keine Perlen, Diamanten und Smaragde bekommen, dafür aber zwei Schachteln Triscuits. Was soll ich da mit Juwelen? Mit unbändigem Appetit bestrich ich eine halbe Schachtel Triscuits mit so etwas wie Butter und Maggisauce, legte sie unter den Grill und feierte eine Triscuit-Orgie. Ich werde *niemandem* etwas davon abgeben! Dann – die geräucherten Mandeln! Du lieber Gott, das ist ein Leben! Sie halten länger, wenn man sie lutscht. Dann etwas, was ich noch nie gesehen habe – Speckscheiben in der Büchse. Mm, lecker! Ich würde mich am liebsten sofort darauf stürzen, doch wenn ich das tue, wird mein Magen glauben, er sei schon tot und geistere in einem Supermarkt herum. Ich werde sie für Besuch aufheben und ihm dann jede Scheibe mißgönnen. Dasselbe gilt für die extrafeinen geräucherten Austern ... drei Tüten Colombos, die man sorgfältig mit den Schneidezähnen schälen muß, um den vollen Geschmack zu genießen und länger etwas davon zu haben. Und dann erst Erdnußbutter/Käsecracker. Zuviel des Guten! Ebenso Granolariegel und Rosinen. Ich mag sie, obwohl sie gesund sind.«

Dieser Brief kreuzte sich mit einem Brief von Anita, der vielleicht das schönste Geschenk war, das Dian erhielt:

»Eine Welle von Sehnsucht erfaßte mich diese Weihnachten, als ich an die Zeit dachte, die ich mit Dir und den unsteten Gorillas, den stets frechen Raben, den scheuen, zierlichen Duckern, dem geschwätzigen Schliefer und den nächtliche Besuche abstattenden Buschböcken verbracht habe... Vergiß mich nicht, den Bostoner Zweig des Internationalen Fossilienfanklubs... Und vergiß nicht, zwischen den Patrouillenberichten ›schlechtgelaunt‹ zu sein; und gebackene Kartoffeln; und Waldspaziergänge; und das Lagerleben. He, wie gut ich Euch kenne!«

24

Wie so oft begann das neue Jahr für Dian nicht gut. Am Morgen des 5. Januar nahm sie ein wenig wässerigen Sonnenschein wahr, um Tiger zu suchen und ihm ein paar Handvoll kostbarer, von Nemeye und Vatiri gesammelter Brombeeren zu bringen. Der verwundete Gorilla wirkte kränker als zuvor, und seine böse entzündete Brustwunde stank ekelerregend, als er langsam an ihre Seite kam.

»*Er wollte die Beeren nicht nehmen und essen, als ich sie niederlegte. Er saß bloß da und wimmerte ein wenig. Daß ich ihm nicht helfen konnte, machte mich mißlaunig. Das wurde noch schlimmer, als ich zu meiner Hütte zurückging und zwei fremde* bazungas *an den unteren Hütten sah. Basili kam herauf und sagte mir, es seien Touristen aus Spanien, die mich zu sehen verlangten. Sie hatten einen Brief vom* ORTPN-*Direktor (keine Kopie an mich), in dem stand, sie seien herzlich eingeladen, mehrere Monate in Karisoke zu bleiben. Dieser Brief war im November geschrieben worden! Ich sagte Basili: ›Ausgeschlossen!‹ und daß er sie wieder den Berg hinabschicken solle. Sie gingen, aber Basili berichtete, sie schrien und brüllten ihren Träger an und seien fuchsteufelswild.*«

Dies waren keine gewöhnlichen Touristen. Wie Dian dem Brief des Direktors entnommen hatte, kamen sie vom Zoo von Barcelona, dessen Ruf in der Welt des Primatenschutzes keineswegs der beste war.

Fast als einzige unter den europäischen Nationen zählte Spanien nicht zu den Unterzeichnern von CITES, der von den Vereinten Nationen geförderten Konvention über den internationalen Handel mit vom Aussterben bedrohten Tieren. CITES machte es sich zur Aufgabe, diesen Handel zu *verhindern.* Infolgedessen wurde Spanien von Tierhändlern als Zwischenstation benutzt, von der aus sie solche Tiere an Käufer in anderen Ländern weiterleiteten. Spanische Zoos waren berüchtigt für die Hilfe, die sie diesen Händlern gewährten, vor allem im Hinblick auf Menschenaffen.

Dian wußte nicht, daß der Direktor des Zoos von Barcelona Laurent Habiyaremye kennengelernt hatte, als dieser wackere Mann im Oktober 1984 in Madrid an einer Naturschutzkonferenz teilnahm, und daß er den ORTPN-Direktor hatte wissen lassen, daß sein Zoo äußerst interessiert sei, seiner Primatensammlung ein oder zwei Berggorillas hinzuzufügen. Habiyaremye war anscheinend äußerst verständnisvoll gewesen, und es war abgemacht worden, daß zwei Mitarbeiter des Zoos den Parc National des Volcans besuchen sollten, um die Gewohnheiten der Berggorillas zu studieren.

Dian hörte nichts mehr von den Spaniern, bis, wie sie Rosamond Carr schrieb, »zum 18., als sie wieder erschienen, diesmal mit einem Brief vom Direktor, in dem er mich bat beziehungsweise mir befahl, sie zu unterstützen. ›Ich teile Ihnen mit, daß ich Mister Serrat und Miss de Dalman erlaubt habe, sich im Nationalpark aufzuhalten, um Gorillaforschung zu betreiben. Ich höre, daß Sie nicht einverstanden sind, daß ihre Anwesenheit Sie stört. Ich möchte, daß Sie ausnahmsweise einmal einverstanden sind und die beiden ihre Forschung durchführen lassen.‹

Das haute mich einfach vom Stuhl. Ich schoß zurück, ich glaube, allzu hastig.«

Hastig oder nicht, ihre Antwort war einer Verbesserung der Beziehungen zum ORTPN gewiß nicht dienlich:

»Monsieur le Directeur, darf ich Sie daran erinnern, daß Sie den Aufenthalt dieser Leute vom Zoo in Barcelona offenbar im vergangenen Oktober genehmigten, daß Sie mir aber keine Kopie schickten.

Am 5. Januar erschienen diese beiden Fremden *ohne Ankündigung* in Karisoke und verlangten eine Hütte und volle Unterstützung ihrer sogenannten Forschung. Ihr Schreiben hat die Integrität des Forschungszentrums Karisoke, das Sie offenbar für ein Hotel halten, *zutiefst* verletzt.«

In diesem Stil ging es weiter und endete mit: »Ich habe ihnen ein Zimmer in einer Hütte gegeben, das ihnen nicht gefällt. Dies alles kann doch nicht richtig sein!«

Dians erzwungene Unterstützung war minimal. Sie gewährte dem Paar Unterkunft – in der undichten Hälfte der Zweizimmerhütte, in der normalerweise David Watts wohnte, der immer noch auf Urlaub war. Darin waren keine Möbel, kein Bettzeug, kein Koch- und Eßgeschirr und keine Lampen. Folglich mußten die unglücklichen Spanier in einem Hagelsturm nach Ruhengeri hinabsteigen, wo sie die nächsten Tage damit verbrachten, einzukaufen, was sie brauchten, falls sie es überhaupt fanden. Selbst Dian taten sie ein wenig leid.

»*Ich bin nicht gern ungefällig, aber manchmal kann ich es einfach nicht ändern. Jedenfalls kam am 22. ein Parkwächter herauf mit einem Brief vom* ORTPN, *in dem mir befohlen wurde, am 23. vormittags zum Direktor zu kommen. Ich nahm per Funk Kontakt mit Kigali auf, um zu erklären, daß ich wegen Spinnenbissen nicht den Berg hinabsteigen könne. Ich erhielt die Antwort, ›es‹ sei zu wichtig, um per Funk diskutiert zu werden, und den Befehl, zu erscheinen, ›sonst passiert was‹. Ich nehme an, ›es‹ hat etwas mit dem spanischen Paar zu tun, aber ich ging nicht hin. Ich erwarte das nächste Geschoß mit ein bißchen Angst. Dem Himmel sei Dank für Spinnenbisse.*
Vor fast drei Wochen hatte ich am inneren linken Oberschenkel vier kleine Stiche gefunden, die fast wie ein kleiner Hundebiß aussahen. Ich dachte nicht mehr daran, bis sie wie verrückt zu jucken begannen. Dann fingen sie schrecklich zu eitern an, und darauf erschienen Hunderte

kleiner Beulen auf dem ganzen Oberschenkel, die ebenfalls eiterten. Himmel, was für eine böse Geschichte, und wie schwierig ist diese Körperstelle zu behandeln! Ich habe die Jeans aus- und einen Rock angezogen, um die Medizin leichter auf das Bein gießen zu können. Schließlich begannen die Blasen zu trocknen unter Hinterlassung von großen, schwammigen Schorfstellen, aber jetzt fängt etwas Ähnliches auf beiden Hüften an. Ob man es glaubt oder nicht, ich kann der Spinne, ober was auch immer es war, gar nicht genug danken, weil die Bisse mir den Gang nach Kigali ersparten.«

Dian stand der spanischen Invasion weiterhin mißtrauisch gegenüber und fragte sich besorgt, was sie zu bedeuten habe. In einem Brief an die International Primate Protection League schrieb sie:

»Diese beiden tun nicht das, was ich Forschung nenne. Nach allem, was die Spurenleser mir erzählen, sind sie bloß an der Ernährung der Gorillas interessiert und an anderen Einzelheiten, die für einen Zoo nützlich wären ... Wie Sie wissen, waren in der Vergangenheit mehrere Parkbeamte am Fang eines jungen Berggorillas zum Verkauf nach Europa beteiligt ... Ich begegne diesen Spaniern nie; sie gehen mir bestimmt aus dem Weg, aber ich weiß trotzdem alles, was sie tun. Inzwischen habe ich Vatiri und den anderen Leuten befohlen, bei allen Gorillagruppen genau darauf zu achten, ob es Anzeichen für Wildererinteresse gibt.«

Die unheilvolle Anwesenheit der Zooleute war nicht das Richtige, um Dians zunehmende Reizbarkeit zu mildern. Dasselbe galt auch für die Rückkehr von Watts und die Abreise von Jan Rafert. Ende Januar machte sie ihrem Ärger in einem Brief an Ian Redmond Luft:

»Ich höre von meinen Afrikanern, daß Bill Weber aus den Staaten zurück ist und unten arbeitet. Soweit ich weiß, ist er nicht hier oben gewesen, aber ich habe jetzt praktisch nichts mehr mit dem unteren Teil dieses Lagers, wo die Forscher wohnen, zu tun, seit Jan Rafert, der einzige nette Kerl, fort mußte... Ich sehe Watts höchstens fünf Minuten jeden Morgen, wenn er mit den Spurenlesern aufbricht, und das sind schon fünf Minuten zuviel. Als Jan am 18. Januar abreiste, fragte ich die Afrikaner, an wen er sie erinnere. Sie nannten Dich als ersten, dann Ric Elliot und dann Tim White. Du siehst also, daß nicht nur ich allein Menschen falsch/richtig einschätze.

Die Feiertage verliefen relativ ruhig, aber einmal veranlaßten meine Raben mich, Mukera und Nemeye zu bitten, ihrem Krächzen zu folgen. Sie fanden tatsächlich einen Twa-Wilddieb gleich auf der anderen Seite des Baches, dem sie Pfeile und Bogen abnehmen konnten. Frecher Kerl!

Laß mich Dir die Zusammenfassung von 1984 für den Digit-Fonds geben: 2264 Fallen zerstört... 18 Tiere (Buschböcke, Ducker, Schliefer, Stachelschweine) lebend aus Fallen befreit; sieben Wilddiebe gefangen und eingesperrt; kein einziger von Karisoke überwachter Gorilla kam durch Wilddiebe zu Schaden. Aber die Schrift an der Wand gefällt mir nicht – ich meine Spanien und die da unten... Ich kann jetzt an Digits Grab vorbeigehen, ohne das furchtbare, schmerzliche, schwarze Gefühl von Leere zu verspüren, denn er allein hat all das Obige möglich gemacht. Doch wie sehr wünschte ich, daß er, Onkel Bert, Macho und Kweli noch auf dieser Erde weilten, sich fortpflanzten, Disteln abstreiften, Labkraut von den alten Hagenia-Bäumen zögen, sich an den seltenen schönen Tagen sonnten und schnurrten, ja, sogar an den langen Regentagen fröstelten und dampften.

Von Shirley McGreal habe ich erfahren, daß irgend jemand im Lager Geld für Informationen über die Ernährung und Behandlung von Berggorillas, die in Gefangenschaft gehalten werden, bekommt... Auch wurde auf der Konferenz der Internationalen Union für Naturschutz in Madrid fest abgemacht, daß in diesem Jahr Berggorillas ›um des Überlebens willen‹ exportiert werden sollen. Aus einer anderen Quelle habe ich erfahren, daß Spanien sie von Ruanda bekommen wird.

Vielleicht sehe ich Gespenster, aber die gleichen Vorbereitungen wurden bei dem Versuch, Kweli zu fangen, getroffen ... Ich gebe einen Haufen Geld aus dem Digit-Fonds aus, nur um mich über das, was unten vorgeht, auf dem laufenden zu halten.

Ich weiß, daß du Klatsch nicht magst, aber lasse mich *bitte* wissen, ob Du eine Ahnung hast, was sich zwischen Watts, Barnes, Jensen, Harcourt usw. abspielt. Sie führen eine gewaltige Korrespondenz, aber ich schwöre Dir bei Digits Seele, daß ich keinen einzigen Brief geöffnet habe. Ich kann nicht mehr richtig wütend werden, weil dann mein Herz zu heftig klopft ... Ich finde es wirklich beschissen, wie J. P. Harcourt, die VWs und nun auch Watts ein wahres Monster aus mir machen.«

Am 28. Januar erhielt Dian einen Brief von einem amerikanischen Zoologen, der gerade die an die Touristen gewöhnten Gorillas des Parks besucht hatte und über das Erlebnis beunruhigt war. »Ich war erstaunt, wie blasiert sie waren, als wir ihnen so nahe kamen – ich frage mich, ob es gut für sie ist, dermaßen an Menschen gewöhnt zu sein ... billigen Sie es, daß die Öffentlichkeit die Gorillas besucht? Werden diese Gruppen der Werbung und den Einnahmen ›geopfert‹? Ist ihre Sicherheit dadurch gefährdet?«

Dians Antwort zeigt, wie gerecht und vernünftig sie den Gorillatourismus einschätzte:

»Ich habe eine ganze Menge Touristen kennengelernt, die total begeistert über ihre Kontakte mit den an Menschen gewöhnten Gruppen waren und mit einem ›Leuchten‹ in ihren Herzen über die Großartigkeit und Würde der Gorillas nach Hause zurückkehrten.

Um Ihre speziellen Fragen zu beantworten: Ja, ich billige die Besuche der Öffentlichkeit bei den Gorillas, vorausgesetzt, daß sie richtig kontrolliert werden. Sie können sich überhaupt nicht vorstellen, wie diese ›Besuche‹ noch vor zwei oder drei Jahren aussahen... Regelrechte Menschenhorden – zwanzig auf einmal – drängten sich für viel Geld in den Park und nahmen jeden nur greifbaren Afrikaner zum Führer. Wegen des Lärms und der vielen Menschen wurden meine eigenen Studiengruppen zersplittert und zogen sich in von Wilddieben bedrohte Gebiete in Zaire oder hoch auf den Karisimbi zurück. Picknickabfälle, Blechdosen, ja sogar Tampax verunreinigten die Pfade. Die sogar noch grausigeren Einzelheiten aus den Anfängen des Tourismus will ich lieber gar nicht erst erwähnen. Es ist nicht gut, sich mit der Vergangenheit zu beschäftigen.

Die ruandische Regierung ist hellbegeistert von dieser dringend benötigten Einnahmequelle für ihr wirklich armes Land. Der Gorillatourismus übertrifft ihre kühnsten Träume, ABER niemand denkt an die Gans, die die goldenen Eier legt...

Durch seine Konzentration auf Tourismus, Gehälter für die Ausländer, Autos, Unterkünfte für die Mitarbeiter usw. hat das Berggorillaprojekt seine Aufgabe, die restlichen Gorillas der Virungas zu schützen, fast, aber nicht ganz vernachlässigt. Doch wenn es das Berggorillaprojekt nicht gäbe, hätten Sie und mehrere hundert andere nie das Privileg genossen, diese außergewöhnlichen Tiere kennenzulernen. Es wäre also nicht fair, wenn ich sagte, sie hätten unrecht und ich hätte recht.

Dessenungeachtet gehen meine Digit-Patrouillen fern vom Rampenlicht weiter... Dank der ständigen Aufmerksamkeit der Patrouillen von Karisoke kam 1984 *kein einziger* der vom Digit-Fonds überwachten Gorillas durch Wilddiebe zu Schaden. In dem vom Berggorillaprojekt patrouillierten Gebiet dagegen gerieten vier Gorillas in

Fallen. Sie haben im vergangenen Jahr insgesamt acht Gorillas durch Wilddiebe verloren, aber davon erfährt die Öffentlichkeit natürlich nichts.

Und nun ein Beispiel für unsere Probleme hier: Vor drei Nächten tötete ein Wildererhund einen prächtigen Buschbock, der schon lange vor unserer Ankunft der König des Waldes war. Wahrscheinlich zeugte er die Hälfte der wenigen noch übrigen Buschböcke rund um den Visoke, bis diese Hunde ihn bei den Hoden erwischten. Daraufhin suchten unsere Patrouillen viele Stunden lang nach den Hunden, denn dies war schon der fünfte Buschbock, den sie in den letzten beiden Monaten getötet haben. So etwas bringt weder Touristen noch Geldspenden, aber es ist die Triebfeder meiner Arbeit – *aktiver* Naturschutz.«

Mitte Februar, als sie ihrem alten Freund Glenn Hausfater schrieb, der nun in Minnesota lebte, war sie besserer Laune:

»Immer noch kommen und gehen Menschen in Karisoke, einige hilfreich, andere nicht. Die Mehrheit ist gut zu Fuß, was man von mir nicht mehr sagen kann. Ihre Berichte lassen viel zu wünschen übrig, aber das kann ich mit Hilfe der Afrikaner in Ordnung bringen – ich habe ein übersichtliches Kontrollbogen- und Landkartensystem erdacht, nach dem sich die Spurenleser jeden Tag peinlich genau richten. Es macht europäische Beobachter fast überflüssig. Es versteht sich von selbst, daß die Fortsetzung der Patrouillen gegen die Wilddiebe und die Ausbildung von Parkwächtern für das ›Hüter-für-Gorillagruppen‹-Programm mein Hauptlebenszweck sind ...

Mein neuestes Projekt ist sehr gut angelaufen – eines, das ich schon seit Jahren im Sinn hatte: die Bedeutung aller Namen von Bergen, Flüssen, Bächen usw. in den Virungas zu enträtseln. Dies ist eine wahrhaft anstrengende Arbeit, und die Männer sind davon genauso begeistert wie ich. Ich habe rund sechshundert solcher Namen mit großer geschichtlicher Bedeutung beisammen. Die meisten stammen aus den frühen Tagen der Tutsi, und viele werden heute noch mit beinahe religiöser Verehrung von den Hutu benutzt. So verbringt die alte Dame ihre Freizeit mit etwas Konstruktivem. Selbstredend werden all diese Arbeiten eingeschoben in das Verprügeln der Afrikaner, das Aushungern derselben und das Schießen auf Touristen! Stell Dir vor, solche Geschichten schwirren unten immer noch herum.«

Die Verleumdungskampagne störte Dian nicht mehr sehr. Genau genommen machte ihr der schreckliche Ruf, in den ihre Feinde sie gebracht hatten, nun, da die geldgebenden Organisationen sie abgeschrieben hatten und sie keine weiteren finanziellen Verluste erleiden konnte, sogar ein bißchen Spaß.

Als dieser Ruf jedoch ihren weiteren Aufenthalt in Ruanda bedrohte, war sie nicht amüsiert. Am 5. März, als ihr Visum beinahe abgelaufen war, stieg sie widerwillig und äußerst besorgt den Berg hinunter und fuhr nach Kigali. Ein paar Tage zuvor hatte sie von der amerikanischen Botschaft erfahren, daß ihr Visum möglicherweise nicht verlängert werden würde. »Es wurde angedeutet, daß Sie aus Ruanda ausgewiesen werden sollten, weil Sie die Gesetze und die Gastfreundschaft des Landes mißbraucht haben.«

Dian begab sich direkt in die Wohnung des Botschafters, wo sie herzlich empfangen wurde. Nach ihrer Rückkehr ins Lager schrieb sie Deedee Blane, der Frau des Botschafters: »Ich kann Ihnen beiden gar nicht genug für all Ihre Freundlichkeit und Großzügigkeit danken. Die fünf Tage in Ihrer Gesellschaft erschienen mir wie ein Fünf-Sterne-Urlaub. Ich wünschte nur, ich wäre nicht so besorgt wegen des Visums gewesen, weil diese schwarze Wolke mich bestimmt nicht zu einem besonders geselligen Hausgast machte.«

Die schwarze Wolke wurde größtenteils dank des Einflusses von Botschafter Blane fortgeblasen. Seine Argumente müssen überzeugend gewesen sein, weil die ruandische Regierung das Visum tatsächlich verlängerte, und das sogar gleich für sechs Monate. Dian wurde euphorisch, als sie die Nachricht vernahm – so sehr, daß sie einen Unfall mit einem geliehenen Auto baute, und zwar mit solchem Schwung, daß sie sich zwei Rippen brach (ihr eigener Kombi war wegen Mangels an Geld für Reparaturen schon seit langem außer Gefecht). Als sie am 10. März mehr oder weniger triumphierend ins Lager zurückkehrte, lag sie auf einer von zehn Männern transportierten Trage. Glücklicherweise waren die Rippen diesmal glatt gebrochen. Sie heilten ziemlich rasch und ohne die schmerzhaften Komplikationen von 1977.

Ihre Erleichterung, ein Visum für sechs Monate erhalten zu haben, war enorm. Sie schrieb Stacey Coil: »Ich glaube, ich hätte es nicht ertragen, wenn sie mich ausgewiesen hätten. Je länger ich hier arbeite, um so deutlicher erkenne ich, obwohl ich nicht mehr so oft wie früher ins Feld gehen kann, wie wichtig meine Anwesenheit hier ist. Stacey, dies ist der einzige Ort, an den ich gehöre.«

Ende März war Mike Catsis nach England zurückgekehrt und durch einen vierunddreißigjährigen Amerikaner namens Peter Clay ersetzt worden. Dians Fehde mit Watts war immer noch nicht beendet, hatte sich jedoch zu einem rituellen Konflikt ohne große Feindschaft auf beiden Seiten abgeschwächt.

»Am 17. März kündigte Watts, brachte aber am 18. ein Papier, auf dem stand, was für ein guter Kerl er sei. Daraus schließe ich, daß er bleibt.«

Dian hätte ihn wahrscheinlich vermißt, wenn er gegangen wäre. Die Spanier, die am 27. März abreisten, vermißte sie zweifellos nicht.

»SPANIER FORT. *Gott sei Dank.«*

Sie gab ihre Wachsamkeit nach deren Abreise jedoch nicht auf, da sie nun überzeugt war, daß ein Versuch unternommen würde, eines oder mehrere Gorillajunge aus den Virungas zu entführen.

Tigers Krankheit beschäftigte sie weiterhin sehr.

»Es geht ihm besser, obwohl ich mir Sorgen wegen der Auswirkungen der Regenzeit mache, die bestimmt noch einen weiteren Monat dauern wird. Er hält sich jetzt dicht hinter meiner Hütte auf, und ich besuchte ihn gestern, was wegen meiner beiden gebrochenen linken Rippen nicht einfach war. Er scheint sich besser bewegen zu können und ist vielleicht munterer, aber seine Brustwunde ist nicht geheilt, und er hat einen starken Husten. Möglicherweise überbewerte ich solche Symptome, weil ich selber an der Lunge leide. Er treibt sich immer noch hinter dem Lager herum, entweder wegen meiner charmanten Gesellschaft oder wegen des dicken Bambusbüschels in meinem Vorgarten. Klammheimlich (weil ich niemandem erlaube, Pflanzen in der Nähe des Lagers abzuschneiden) habe ich ihm jeden Tag frische Bambusschößlinge gebracht. Nicht genug, um ihn abhängig zu machen, sondern gerade genug, um seine Stimmung etwas zu heben. Ich bin überzeugt, daß er hier herumlungert, weil er einsam ist und weiß, daß dies ein sicherer Ort ist, wo er jeden Tag Menschen sehen oder hören kann. Ziz, der als Junges ein weinerlicher Zwerg war, hat sich zum König der Berge entwickelt. Er hat sich fünf neue Weibchen zugelegt, was selbst für einen erfahrenen Silberrücken ein Rekord ist. Ich glaube, zwei kommen aus Gruppe 6, eins kommt aus einer Randgruppe, und Simba gehörte natürlich einst Tiger. Der Zustrom dieser neuen Weibchen in Gruppe 5 führte zu heftigen Kämpfen, so daß Ziz schließlich Gruppe 5 verließ und seinen Harem mitnahm. Bleibt also der alte Beethoven, der einzige Silberrücken, den es noch in der Gruppe gibt, mit der alten Effie, seinen sechs Töchtern, zwei Söhnen und drei Enkeln. Ein Zusammenstoß mit einem älteren, stärkeren Silberrücken könnte das Ende von Gruppe 5 bedeuten.

Ziz nutzt sein kleines Ding beim Decken seiner fünf Weibchen ab. Wenn das keinen Gorillababyboom gibt, ist es nicht seine Schuld. Ziz, der Zauberer!
Die anderen Gruppen bleiben weit, weit fort, und ich kann niemanden erreichen außer Tiger. Das ist sehr deprimierend, nachdem ich so viele Jahre täglich losgezogen bin, ganz gleich, wohin die Tiere gewandert waren. Ich glaube, meine Kräfte lassen nach, weil ich mich in den ersten zwölf Jahren hier und in Zaire überarbeitet habe.«

Der April war randvoll von Ereignissen. Der endgültige Vertrag mit der Universal Pictures Company für die Verfilmung von »Gorillas in the Mist« traf ein, wurde unterschrieben und zurückgeschickt.

Dian erhielt eine Einladung von einer Werbefirma aus Neuseeland.

»*Sie wollen einen Werbefernsehfilm für die American Express Company mit mir drehen. Darin soll Fossey tatsächlich mit einem Schoß voller Gorillas dasitzen und sagen: ›Verreise nie ohne einen Travellerscheck.‹ Ich glaube, ich werde dieses Angebot ausschlagen.*«

Es kam noch eine weitere Einladung. Sie stammte von der Morris Animal Foundation aus Los Angeles, und man bat Dian, Mitte Juni auf der Jahrestagung der Stiftung in San Diego, Kalifornien, zu sprechen und dann an einem medizinischen Seminar über Primaten in San Diego teilzunehmen. Da die Stiftung alle Kosten übernehmen wollte, beschloß Dian, die Gelegenheit zu nutzen. Ironisch schrieb sie ihrer Agentin in New York: »Was für ein Glücksfall! Kann nach Disneyland gehen! Die Studios der Universal besichtigen! Das ist der Traum meines Lebens.«

Als nächstes erfuhr sie, daß Penguin die Rechte für die Taschenbuchausgabe von »Gorillas in the Mist« erworben hatte, daß das Buch im Juni herauskommen sollte und daß es bereits in die französische, spanische, schwedische, finnische, japanische und niederländische Sprache übersetzt worden war.

Die Krönung war die Nachricht, daß die New Yorker Gesellschaft zur Verhinderung von Grausamkeiten an Tieren ihr in Anerkennung ihrer Arbeit mit den Gorillas eine Sondermedaille verlieh.

Der April hatte in Ruanda das schlechteste Wetter der letzten Jahre gebracht. In diesem Monat regnete oder hagelte es in Karisoke an neunundzwanzig von dreißig Tagen. Der Niederschlag betrug insgesamt fast siebenunddreißig Zentimeter! Selbst wenn es nicht regnete, waren Berge und Wälder von dunklem Nebel verhüllt.

Am 1. Mai kam die Sonne hervor. Am folgenden Tag nahmen die Wilddiebe, die der Regen aus den Wäldern vertrieben hatte, den Kampf wieder auf.

»*Vatiris Patrouille, die aus ihm selber, Munyanchosa und Sekaryongo bestand, fand am Suzafluß die frischen Fußspuren von vier Batwa-Wilddieben. Obwohl es schon spät am Tage war, folgten sie den Spuren über die Grenze zwischen Zaire und Ruanda, bis es zu dunkeln begann und sie ins Lager zurückkehren mußten.*

Vatiri folgerte, die Wilderer hätten noch keine Beute gemacht und würden daher auf dem Berg bleiben. Auch meinte er, sie interessierten sich vielleicht für Gorillas, so daß ich das Gefühl bekam, wir müßten uns besonders anstrengen. Ich teilte die verfügbaren Leute in zwei Patrouillen auf. Die eine bestand aus Vatiri und Munyanchosa, die andere aus Sekaryongo und Nemeye; beide Patrouillen wurden mit Pistolen bewaffnet.

Sie verließen das Lager um 7.30 Uhr. Als sie die fünf Hügel umkreisten, fanden sie die frischen Spuren eines Mannes, der die Suzaschlucht hinaufkletterte. Vatiri, der Oberspurenleser, schickte Nemeye und Sekaryongo hinter diesem her, während er und sein Partner sich auf die Suche nach anderen Spuren machten.

Nemeye und Sekaryongo folgten behutsam der einsamen Spur auf den 4. Hügel und über den Rugasafluß. Als sie vorsichtig nach Zaire eindrangen, rochen sie Rauch und vermuteten, daß sie sich in der Nähe des ikiboogi eines Wilddiebs befänden. Sie trennten sich und schlichen sich, Pistole in der Hand, heran, aber der Wilddieb sah oder hörte sie kommen, ergriff Panga und Bogen und flüchtete in ein von Pflanzen überwuchertes Bachbett. Sekaryongo eröffnete das Feuer, traf aber nicht. Dann rannten sie alle wie verrückt den Wasserlauf hinab, und Nemeye rief laut, es solle nicht mehr geschossen werden, weil jemand getötet werden könnte.

An dieser Stelle muß der Wilddieb geglaubt haben, daß er getötet werden sollte, und hielt inne. Als die Spurenleser ihn erreichten, sahen sie mit Erstaunen, daß es Sebahutu war – der berüchtigste Wilddieb der Virungas, der noch nie im Wald gefangen worden war, weil er rennen konnte, wie eine Antilope, untertauchen wie ein Maulwurf und weil er, wenn man ihn in die Enge trieb, so aggressiv wie ein Tiger war. Außerdem war vor ein paar Monaten gemeldet worden, daß Sebahutu tot sei, aber das war nur eine List gewesen. Die Patrouille brachte ihn zurück zum ikiboogi und fesselte ihn an Händen und Füßen, damit er nicht weglaufen konnte, während sie seine Sachen packten: einen Salzsack, gefüllt mit roten Kartoffeln, Getreide und Bohnen, was bewies, daß er mit mehreren Tagen Aufenthalt im Wald gerechnet hatte. Zu der Zeit bot er meinen Leuten je fünftausend ruandische Franc an und so viele Elefantenzähne, wie sie nur tragen konnten, wenn sie ihn laufen ließen. Er sagte, es sei sinnlos, ihn ins Gefängnis von Ruhengeri zu schaffen wegen seiner ›Verbindungen‹ dort und im Hauptquartier des Parks. Nemeye zufolge machte er sich keine Sorgen; er sagte, er sei im Park, um einen Auftrag für einige ›große Männer‹ auszuführen. Ich bezweifle, daß es sich dabei um Elfenbein handelte. Wahrscheinlich wollte er versuchen, einen jungen Gorilla zu fangen.

Die Patrouille brachte ihn ins Lager, und ich behielt ihn vierundzwanzig Stunden in meinem Wohnzimmer, selbst-

verständlich gefesselt. Sehr ähnlich wie jemand, der auf dem Totenbett beichtet, nannte er uns bereitwillig (ich habe ihn nicht angefaßt!) die Namen von über sechzig anderen Wilddieben und die Stellen, wo sie den Wald betreten; die Namen von denjenigen, die Schußwaffen tragen; die Marken dieser Waffen; woher sie sie bekommen und wo sie sie verstecken. Dann nannte er Namen und Wohnort von Händlern und Mittelsmännern, die ihren Lebensunterhalt damit verdienen, daß sie Jagdtrophäen wie Elefantenzähne und -füße, Gorillaschädel, -hände, -füße und -junge verkaufen sowie Antilopen- und Büffelfleisch. Dann gab Sebahutu die Namen und Beschreibungen von Weißen und Pakistani preis, die mit den Mittelsmännern Geschäfte treiben und die genannten Trophäen aus Ruanda exportieren.
Die Fülle der Informationen war überwältigend. Wenn die Regierung tatsächlich mitwirkt, wird diese Gefangennahme der Wilderei in den Virungas den größten Stein aller Zeiten in den Weg legen. Die Parkabteilung und ihre Wächter sind dadurch bereits mobilisiert worden – die Justiz hat überall an zuvor ›geheimen‹ Orten Fahndungen ausgelöst. So etwas hat es noch nie gegeben.«

So unwahrscheinlich es Dians Kritikern auch vorkommen mag, Sebahutus Geständnis scheint freiwillig gewesen zu sein. Dian beteuerte, daß keine Gewalt angewandt wurde, und Sebahutu selbst bestätigte dies in einem Interview mit Mark Condiotti, dem einzigen Mitarbeiter des Berggorillaprojekts, dem Dian vertraute. Sie schickte Sebahutu den Berg hinunter in den Gewahrsam des Militärs, begleitet von einem Brief an Condiotti: »Ich hoffe fest, daß Sebahutu nicht mißhandelt wird, nachdem er anständigerweise all diese Informationen gegeben hat.« Mark antwortete am folgenden Tag: »Es scheint mir, daß Sie Sebahutu sanft behandelt haben. Er hat mir erzählt, daß Sie nett zu ihm waren. Sie brauchen also nicht zu befürchten, daß das Berggorillaprojekt oder der Park-

Conservateur irgendwelche Gerüchte über Sie in die Welt setzt.« Worauf Dian bemerkte: »Ich freue mich zu hören, daß ich bis jetzt noch nicht angeklagt bin, ihn geschlagen, kastriert usw. usw. zu haben. Ich wurde dem kleinen Kerl richtig zugetan – er hätte den Mund nicht zu öffnen brauchen, aber es kam allerhand heraus!«

Die einfachste Erklärung für Sebahutus Redseligkeit ist, daß er fürchtete, die einsame Frau des Waldes würde ihn sonst wegen seiner vielen Verbrechen gegen die Gorillas töten. Das »Gesetz« hätte ihm möglicherweise nichts getan, aber Dian stand außerhalb des Gesetzes – und war unbestechlich. Jedenfalls besaß sie nun eine Fülle von Informationen, darunter auch einige hochexplosive.

»Es stehen Namen auf der Liste, deren Nennung große Unannehmlichkeiten bringen könnte. Wenn es einen Plan gäbe, Gorillas für Spanien zu fangen, würde er bestimmt nicht jetzt ausgeführt.«

Das sonnige Wetter von Anfang Mai hielt nicht lange an. Dunkle Wolken verhüllten wieder die Vulkane, und Dian schrieb einem Freund in Kalifornien: »Findest Du es nicht langweilig, fast jeden Tag Sonne zu haben? Sage mir, was *ist* Sonne? Wie sieht sie aus? Wie fühlt sie sich an? Ich sage mir immer wieder, daß es hier nicht schlimmer sein kann als in Ithaca im Winter, aber nach beinahe drei Monaten fast täglichen Regens und Nebels bin ich mir da nicht mehr so sicher.«

Peter Clay war sich sicher. Er verließ das Lager für immer am 20. Mai, wenn auch nicht ohne Bedauern. In einem rührenden Abschiedsbrief an Dian schrieb er:

»Hier hat man wirklich das Gefühl, daß die Welt jeden Tag neu erschaffen wird. Diese Schöpfung ist wie ein Wunder, so nahe und so bewegend in ihrer Schönheit. Vielleicht liegt es an den Wolken, die ruhig über diesen uralten Wald ziehen, oder an dem kühlen Nebel, der uns zu streicheln scheint. Die paar Monate, die ich hier verbracht habe, kamen mir vor wie eine Rückkehr ins Paradies, zu einer Art Unschuld. Obwohl ich weiß, daß wir Menschen diese empfindliche Erde plündern und uns tragischerweise von ihr entfremden, kam es mir hier nicht so vor. Die sanften Ducker und Buschböcke, der seltsame kleine Schliefer und vor allem die Gorillas scheinen dem Menschen den kurzsichtigen Mißbrauch der Erde zu verzeihen.«

Das Wetter war zu diesem Zeitpunkt nicht der einzige deprimierende Faktor in Dians Leben. Ihre Lungen taten ihr wieder »teuflisch weh«, und sie hatte kein Geld mehr. Ende Mai schrieb sie Botschafter Blane:

»Ich bin fast bankrott und möchte mir gern 100 000 RWF von der amerikanischen Botschaft leihen oder von irgend jemand anderem, der mir vertraut. Ich würde mit Freuden einen vernünftigen Zinssatz zahlen. Am 6. Juni werde ich in Amerika erwartet. Dann kann ich mir weitere Mittel beschaffen. Inzwischen muß ich Geld zur Deckung der Lagerkosten während meiner Abwesenheit hierlassen. Ich hoffe, diese Bitte wirkt nicht seltsam. Ich stelle sie aus lauter Verzweiflung!«

Blane lieh ihr die benötigte Summe aus eigener Tasche.

Am 21. Mai besuchte Barry Schlachter, ein Reporter von Associated Press, Karisoke, nachdem er unmittelbar zuvor Mitarbeiter des Berggorillaprojekts und Quellen in Kigali über Dian Fossey interviewt hatte. Sein groß aufgemachter Artikel war kennzeichnend für die Behandlung, die Dian in dieser Periode ihres Lebens durch die Presse erfuhr:

»Die Besucher kämpften sich zu Fuß etwa anderthalb Stunden durch manchmal schenkelhohen Schlamm und Brennesseldickichte hindurch, um Fosseys Siedlung in dem gespenstisch schönen Regenwald zu erreichen... Fossey leidet an einem Emphysem. Sie ist Kettenraucherin der einheimischen Zigarettenmarke Impala. Mit kleinen Schritten führt sie die Besucher zum Gorillafriedhof, hin und wieder innehaltend, um rasselnd Luft zu schöpfen... Sie lehrt die Affen, Schwarze, nicht aber Weiße zu fürchten, weil die Wilddiebe meistens Afrikaner sind. Sie räumt ein, daß diese Praktik als rassistisch gebrandmarkt werden könnte.

Es ist bekannt, daß sie mit Sprayfarbe ein unanständiges Wort auf eine Kuh gemalt hat, die irrtümlich in das Reservat geraten war. Einmal wurde sie bezichtigt, das Kind eines Wilderers entführt zu haben, um es gegen ein gefangenes Gorillababy auszutauschen.

Die Gewöhnung der Gorillas an Menschen habe in Ruanda zu einer lukrativen Tourismusindustrie geführt, sagt Laurent Habiyaremye (48), Direktor des Amts für Touristik und Nationalparks. Er fügt hinzu, daß rund sechzig Prozent der Staatseinkünfte vom Tourismus stammen und davon wiederum drei Viertel von der Vorführung der Gorillas.

Der ruandische Parkdirektor dankt Dian Fossey dafür, daß sie dies möglich machte, und lobt sie sehr.

Er sagt: ›Wenn meine Behörde sie heiligsprechen könnte, würde sie es tun.‹

Trotz dieser Hochachtung vor Fossey bestreitet Habiyaremye entschieden, daß ein hoher Parkbeamter darin verwickelt war, einen Gorilla namens Kweli getötet zu haben, wie sie in ihrem Buch behauptet. Auch kritisierte er ihre Methode scharf, die Gorilla zu lehren, Schwarze zu fürchten, Weiße aber nicht... ›Es ist skandalös. Sie macht einen Fehler, denn die Gorillas leben ja in einem Land der Schwarzen.‹

›Ich habe keine Freunde‹, sagt die hochgewachsene Kalifornierin ohne das leiseste Bedauern. ›Je mehr man über die Würde der Gorillas lernt, um so mehr meidet man die Menschen.‹«

Der Widerspruch in Habiyaremyes Kommentaren ist bezeichnend. Was den Absatz betrifft, in dem steht, daß Dian keine Freunde habe, so erwies sich diese übertriebene Vereinfachung als schädlich. Sie wurde und wird von ihren Kritikern häufig als Bestätigung benutzt, daß Dian Fossey ihre eigene Art haßte und wenig für menschliche Wesen übrig hatte. Als erklärte Menschenfeindin verdiente sie daher wenig Sympathie und Unterstützung von ihren Mitmenschen.

Eine Woche nach Schlachters Besuch und nur vier Tage vor ihrer geplanten Abreise nach den Vereinigten Staaten kamen schlechte Nachrichten.

»Am 28. schickten mir meine Spurenleser Celestin und Rwelenkana über Parkfunk die Nachricht, daß sie Nunkie tot an den Hängen des Karisimbi gefunden hatten, wo er mit seiner Gruppe aus vierzehn Weibchen und Jungen gelebt hatte. Die Spurenleser schickten mir die Botschaft über einen Parkwächter, aber mein Radio ging aus, und ich konnte keine Einzelheiten erfahren. Den größten Teil dieses schrecklichen Tages nahm ich an, daß der prächtige alte Herr von Wilddieben getötet worden sei.

Als die Spurenleser endlich wieder ins Lager zurückgekehrt waren, sagten sie, daß er eines natürlichen Todes gestorben sei. Daß er zumindest nicht ermordet wurde, ist ein Grund zur Dankbarkeit. Ich ließ seinen Leichnam ins Lager bringen; Dr. Bertrand stieg herauf, und wir machten eine Autopsie. Obwohl die Ergebnisse noch nicht endgültig sind, sieht es so aus, als hätten Eingeweideparasiten in Verbindung mit einer Lungenkrankheit in hohem Maße zu seinem Tod beigetragen.«

Einer der gewichtigsten Gründe für Dians Abneigung gegen den Tourismus im Park war die beunruhigende Möglichkeit, daß die Gorillas sich bei den Besuchern an menschlichen Krankheiten anstecken könnten. Gegen Ende 1978 hatte sie empört entdeckt, daß einer der Forscher von Karisoke bei den Gorillas seinen Darm zu entleeren pflegte und den Tieren erlaubte, die Fäkalien zu beschnuppern und sogar zu fressen. Ian Redmonds Forschungen hatten gezeigt, wie anfällig diese Riesenaffen gegen Parasitenbefall waren. Dian fürchtete, daß die Ansteckung mit Parasiten von Weißen, gegen die die Tiere noch keine Abwehrstoffe entwickelt hatten, katastrophale Folgen haben würde.

Dessen eingedenk beschloß sie, Proben des Inhalts von Nunkies Eingeweiden in die Vereinigten Staaten mitzunehmen und von Fachleuten untersuchen zu lassen.

»Wir begruben Nunkie, diesen guten alten Herrn, auf dem Friedhof neben meiner Hütte, aber die Schwierigkeiten fangen gerade erst an.
Eine Gorillagruppe kann nicht ohne einen Silberrücken-Anführer existieren. Nunkies Weibchen und Kinder umkreisten mehrere Tage verwirrt den Ort, wo sein Leichnam gelegen hatte, ohne zu fressen und ohne zu wissen, was sie tun sollten. Der Tod war sieben Kilometer von ihrem normalen Gebiet am Visoke entfernt eingetreten. So sind wir nun also dabei, sie hierher zu ›treiben‹, wo Tiger, der einsame Silberrücken, der Richtige zu sein scheint, um die Leitung der Gruppe zu übernehmen.
Die Tiere hierher zu treiben, erweist sich als sehr viel schwieriger als angenommen, weil die Weibchen auf der Suche nach Nunkie an den Ort des Todes zurückkehren wollen. Offenbar haben sie nicht begriffen, daß er tot ist. Bisher ist es uns gelungen, sie zusammenzuhalten und rund vier Kilometer in diese Richtung zu dirigieren, aber unsere Befürchtungen, daß sie sich über die ganzen Virungas zerstreuen, werden täglich stärker.
Es dauerte eine Woche, aber schließlich erreichten Nunkies zehn Sprößlinge und vier Weibchen den Visoke, wo sie sich zum ersten Mal seit seinem Tod völlig entspannten. Tiger kam herbei, wie ich gehofft hatte, und konnte sich Fuddle holen, die willig mitging, weil sie das einzige Weibchen der Gruppe mit einem regelmäßigen Zyklus ist. Die anderen Weibchen und Jungen flohen vor Tigers weiteren Annäherungsversuchen und entfernten sich so weit, daß sie mit Gruppe 5 zusammenprallten. Dabei

gewann Ziz ein weiteres Weibchen, Pandora, aus Nunkies Gruppe.
Die übrigen beiden erwachsenen Weibchen mit Jungen und Heranwachsenden flohen vor Gruppe 5 nach Westen und stießen auf Peanuts' Gruppe, die nur aus erwachsenen Männchen, zumeist Überlebenden von Onkel Berts Gruppe 5, besteht. Man kann sich den Krawall unter den sexhungrigen Männchen vorstellen, die seit Jahren kein Weibchen mehr gesehen hatten! Ich frage mich, ob und wann sie jemals zur Ruhe kommen werden. Ich sag' euch, Peanuts und seine Bande sind der wildeste Gorillahaufen, den ich je gesehen habe, aber Nunkies Witwen und Waisen scheinen nun versorgt zu sein.«

Belastet durch Nunkies Tod und unschlüssig, ob sie Karisoke in Watts' Händen würde lassen können, wurde Dian immer unruhiger, je näher der Tag ihrer Abreise kam. Sie versteckte alle Wertsachen einschließlich des Fernglases, das Jean Gespar ihr geschenkt hatte, und ihrer paar Schmuckstücke. Sie konnte sich nicht entschließen, was sie mit einem organgefarbenen Ordner tun sollte, der die »Beweise« enthielt, daß gewisse ruandische Beamte in den illegalen Handel mit Elfenbein und Gorillas verwickelt waren. In letzter Minute beschloß sie, ihn mitzunehmen, verborgen auf dem Grund eines ihrer durch die vielen Reisen abgewetzten Koffer.

Am 5. Juni traf sie in Ithaca ein, wo sie die nächsten zehn Tage verbrachte, sich um den Digit-Fonds kümmerte und zuviel fernsah.

»Es gibt nicht viel anderes zu tun. Die meisten Leute, die ich kenne, sind nun anderswo. Ich mag Staceys Familie wirklich gern, aber ich kann nicht allzu viel von dieser ›Gemütlichkeit‹ ertragen. Es tut weh zuzuschauen, aber nicht dazuzugehören.«

Sie war froh, nach Los Angeles und Universal City

abfliegen zu können. Am 19. erfüllte sie ihre Pflicht bei der Morris Animal Foundation. Am selben Abend trat sie in Johnny Carsons Fernsehsendung »Tonight« auf.

»*Da ich noch auf östliche Zeitrechnung eingestellt war, fand die Sendung etwa sechs Stunden zu früh für mich statt. Um munterer auszusehen, legte ich ungefähr vier Stunden vor der Sendung mein Haar und behandelte meine Augen mit Augentropfen. Es stellte sich heraus (ich hatte meine Brille nicht auf), daß es gar keine Augentropfen waren, sondern ein Insektenabwehrmittel, das genauso verpackt war wie sonst Augentropfen. Mein rechtes Auge schwoll gewaltig an und wurde feuerrot, so daß ich beschloß, ein Schläfchen in meinem Hotelzimmer zu halten. Ich stellte zwei Wecker, die mich vor der Ankunft der Luxuslimousine des Studios wecken sollten. Selbstverständlich hörte ich keinen der beiden Wecker. Ich hörte jedoch das Telefon läuten mit der Mitteilung, daß der Fahrer am Hoteleingang wartete. Ich zog mich im Fahrstuhl fertig an, schmierte mir im Wagen Make-up aufs Gesicht, wurde im Studio von vielen Leuten begrüßt und in meine ›Garderobe‹ geführt, wo Make-up- und Haarstylistin sich kopfschüttelnd über mich hermachten. Ich glaube, ich war bei der Sendung anwesend, aber meine Psyche und mein Soma waren noch in Afrika. Mit Johnny ließ es sich leicht reden. Er hätte mich fast vergessen gemacht, daß ich mein einziges Paar schwarze hochhackige Schuhe trug, die von 1978 stammten und Löcher in den Sohlen hatten. Vor meinem Auftritt war mein einziger Gedanke, die Füße platt auf dem Boden stehen zu lassen, doch ein paar Minuten, bevor der Vorhang sich öffnete, flog eine Schnalle von meinem Schuh. Ein Sicherheitsmann rannte nach einer Heftmaschine und heftete die Schnalle rasch an, bevor ich in das grelle Licht hinaustrat. Bei meinem ersten Schritt ins Rampenlicht spürte ich, wie sich die Heftklammern in meinen Fuß bohrten und wie auf meiner neuen Strumpfhose*

Laufmaschen Amok liefen. Ich wußte, die Aufmerksamkeit der ganzen Welt konzentrierte sich auf die Laufmaschen und die Blutstropfen auf den Heftklammerlöchern. Aber freundliche Menschen erzählten mir später, daß alles gut abgelaufen sei. Ich wünschte nur, ich wäre dabeigewesen.«

Am 22. war sie in San Diego, um im dortigen Zoo an einem Seminar über medizinische Probleme der Primaten teilzunehmen. Während ihres Aufenthalts ließ sie die Proben, die sie Nunkies Leichnam entnommen hatte, untersuchen. Die Parasiten-Experten berichteten, daß Nunkie sehr schwer von dem Hakenwurm *Necator americanus*, einem Parasiten, der bei Menschen vorkommt, befallen war. Sie vertraten die Ansicht, daß der an sich nicht tödliche Befall Nunkies Widerstand gegen andere Krankheiten stark beeinträchtigt hatte.

»Gorillas können den Parasiten erwerben, indem sie menschliche Exkremente fressen, von Menschen berührt werden oder einfach in engen Kontakt mit Menschen kommen.«

Dian war entsetzt über die Folgerungen, die sie daraus ziehen mußte.

»Das Schreckliche ist, daß es vielleicht nicht bloß Touristen waren. Vielleicht hat er sich an einem meiner eigenen Studenten angesteckt!«

Dian mußte sich auch mit der Tatsache abfinden, daß sie letztendlich dafür verantwortlich war, die Gewöhnung der Gorillas an den Menschen in Gang gesetzt und vervollkommnet zu haben.

Am 26. Juni kehrte Dian nach San Francisco zurück und hielt sich länger bei den Prices auf, als sie es viele Jahre hatte ertragen können. Kindespflicht war jedoch nicht der Grund für diesen Besuch.

»Es war meine Chance, mich alte Dame flicken zu lassen. Ich war erstaunt, wieviel an der Maschine repara-

turbedürftig ist. Ich glaube, ich muß viel Zeit in der Reparaturwerkstatt verbringen.«

Unter den physischen Problemen, mit denen Dr. Spiegl und diverse andere Mediziner sich beschäftigten, befanden sich mehrere Zähne, deren Wurzelkanäle behandelt werden mußten; chronisches Lungenemphysem; erhöhter Blutdruck; Herzrhythmusstörungen und erneute Ischiasbeschwerden an der linken Hüfte. Nichts davon konnte in der kurzen Zeit, bevor Dian nach Afrika zurückkehrte, wirksam behandelt werden. Darüber hinaus wurde entdeckt, daß beide Füße Knochenbrüche aufwiesen, die zumindest teilweise auf einen chronischen Kalziummangel zurückzuführen waren, der all ihre Knochen immer poröser gemacht hatte. Am 10. Juli ließ Dian sich ein Gewächs am linken Auge entfernen, eine Operation, die sie fast ein Jahr aufgeschoben hatte.

Diese furchterregende Leidensliste klingt schlimmer, als sie wirklich war. Als Dian am 18. Juli das Flugzeug bestieg, das sie nach Kigali zurückbringen sollte, war sie guten Mutes.

»Ein netter Ingenieur aus New Orleans, der nach Nairobi will, sitzt in der Sabena-Maschine neben mir. Abendessen in Brüssel. Ich lade ihn ein, das Lager zu besuchen. Wer weiß...?«

25

Dians gute Laune überdauerte ihre Rückkehr nach Ruanda nicht lange. Noch auf dem Flughafen von Kigali hörte sie, daß der amerikanische Botschafter und seine Frau, die ihr gute Freunde und treue Helfer geworden waren, plötzlich nach Washington zurückgerufen worden waren. Sie schrieb Deedee Blane: »Erst da habe ich ganz verstanden, was der Ausdruck ›Es zerriß mir das Herz‹ bedeutet. Ich schnappte mir ein Taxi nach der Residenz und mußte feststellen, daß das Allerschlimmste passiert war – völlige Leere.«

Im Lager angekommen, schrieb sie Rosamond Carr: »Ich bin so spät zurückgekehrt, weil ich endlich mein Auge habe operieren lassen und eine Nachbehandlung erforderlich war. Auch wurde festgestellt, daß ich einen durch Belastung verursachten Bruch habe. Mensch, war und ist das schmerzhaft. Jedenfalls beförderten mich sechs Träger auf einer Trage die verhältnismäßig leichten Teile des Pfades hinauf, während ich die schwierigen langsam zu Fuß ging.

Es war notwendig, daß ich sofort ins Lager zurückkehrte, weil Carole Le Jeune, die belgische Malerin, drei Tage in einem Zelt wohnen mußte. Ich hatte nämlich alle Schlüssel zu den leeren Hütten bei mir (ich konnte einfach nicht zulassen, daß Watts sie in die Finger bekam). Außerdem war Joseph Munyaneza, ein ruandischer Student, seit etwa einer Woche hier, und ich wollte nicht, daß er sich vernachlässigt fühlte.

Sehr zu meinem Kummer läuft mein Visum am 9. August ab, was bedeutet, daß ich wieder nach Kigali hinuntersteigen muß, um es verlängern zu lassen ... Mir liegt viel daran, Dich wegen einer Sache zu sprechen, die mich sehr bedrückt. Als ich ins Lager zurückkehrte – den einzigen Ort, an dem ich wirklich glücklich bin und wo alle acht Zylinder funktionieren –, sprach ich mit jedem Mann einzeln, um zu erfahren, was sich in meiner Abwesenheit zugetragen hat. Jeder erzählte mir, David Watts habe sich mit von der Becke und anderen Mitgliedern vom Berggorillaprojekt und vom ORTPN getroffen, um einen Weg festzulegen, wie sie mir das Lager wegnehmen können.

Sie sagten, man würde mir Zeit lassen, meine persönliche Habe hinunterzuschaffen. Dann solle es in ein Touristenlager verwandelt und von meinen Exstudenten, darunter Amy Vedder (inzwischen mit Ehemann Bill nach Ruhengeri zurückgekehrt), Watts, die Harcourts, Roger Wilson und andere, die früher hiergewesen sind, geleitet werden. Sie sollen für das Berggorillaprojekt arbeiten und abwechselnd eine der Hütten bewohnen, während die Touristen die übrigen bekommen.

Rosamond, sie sind so viele, und ich bin allein. Es ist wirklich erschreckend. Die Männer berichteten, David habe ihnen gesagt, ich koste die ruandische Regierung jeden Tag, den ich hier bleibe, Hunderte von Dollar, weil ich die Touristen durch meine Anwesenheit von den Studiengruppen fernhalte. Er sagte ihnen auch, es sei nicht recht, daß ich die Hütten, Möbel, Ausrüstung, ausgebildeten Männer und an Menschen gewöhnten Gorillas, die dem Berggorillaprojekt für die Touristen zuständen, für mich behalte. Drei Männer (von vieren, die augenblicklich hier sind) sagen, sie würden kündigen, wenn ich das Lager verlassen müßte.

Sie sagten auch, der Sohn des Präsidenten sei während meiner Abwesenheit hier oben gewesen. Watts habe ihn zu Gruppe 5 geführt und ihm dieselbe Geschichte erzählt. Die Männer scheinen tatsächlich zu glauben, daß all dies nächsten Monat geschehen wird – sie sind sehr ängstlich. Ich weiß einfach nicht, womit ich rechnen muß, aber ich lebe von einem Tag zum anderen und werde erleichtert aufatmen, wenn ich mein Visum habe. Ich liebe diesen Ort und die Arbeit, die ich hier leisten kann, mehr als mein Leben.«

Am folgenden Tag schrieb Dian mit sehnsüchtigem Unterton an Deedee Blane:

»Es könnte sein, daß die Treffen zwischen Watts, dem Berggorillaprojekt und den Beamten vom ORTPN nur wegen des bevorstehenden sechzigsten Jahrestages der Parkgründung stattfanden und daß Watts meine Afrikaner absichtlich provozierte, weil er wußte, daß sie es mir erzählen würden. Dennoch wirken sie schrecklich beunruhigt, und ich bin ein Nervenbündel, das jeden Augenblick mit dem Räumungsbescheid rechnet. Ich wünschte, Ihr beiden wäret noch hier.«

Am 28. Juli kündigte Watts zum letzten Mal seinen Posten als Felddirektor des Forschungszentrums Karisoke. Er schickte ihr ein ziemlich sarkastisches Schreiben, in dem er das Zentrum »*Dein*« Lager nannte und ihr mitteilte, daß sie nun »ihre« Verantwortung wieder übernehmen könne.

Zwei Tage darauf ging er fort mit der Absicht, einen erholsamen Urlaub zu verbringen, wie er einigen Mitarbeitern erzählte. Er begann seine Ferien in Ruhengeri als Hausgast von Amy Vedder und Bill Weber.

Dian war nicht traurig, ihn gehen zu sehen. Sie schrieb Anita McClellan: »David Watts ist endlich fort. Gott sei Dank! Er war stets ein guter Feldforscher, aber ein richtiger Scheißkerl im Lager.«

Äußerst besorgt stieg Dian am 7. August den Berg hinunter, um sich um die Verlängerung ihres Visums zu kümmern. Obwohl sie diese Nervenprobe mittlerweile schon gewöhnt war, kam sie ihr jedesmal schlimmer vor.

»Um ein Visum zu bekommen, brauchte ich die Geneh-

migung des Direktors des ORTPN. Zuerst war er ›unabkömmlich‹, doch als ich hartnäckig blieb, sagte er, er wolle mich nicht sehen. Schließlich wurde ich so zudringlich (nach dem dritten Tag), daß er mich im Vorzimmer empfing. Vor seinem halben Mitarbeiterstab sagte er mir, daß das Berggorillaprojekt mein ganzes Lager um der Gorillas willen übernehmen und mit Wissenschaftlern eigener Wahl besetzen würde. Mehr wollte er nicht sagen und knallte die Tür zu seinem Büro zu.

Ich konnte nicht glauben, was ich gehört hatte, und ging zur amerikanischen Botschaft, die vorläufig von zwei netten Damen geleitet wird. Sie riefen Leute im ruandischen Außenministerium und anderswo an und sagten, daß die ganze westliche Welt lautstark protestieren würde, wenn Habiyaremye mich abwiese. Irgend etwas funktionierte, und ich bekam schließlich mein Visum – aber nur für zwei Monate und nach einwöchigen Bemühungen. Ich bin erschüttert über Habiyaremyes Absicht, wenn sie wirklich ernst gemeint ist.«

Alle Hoffnungen, die Dian darein gesetzt haben mochte, daß Habiyaremye es nicht ernst meinte, wurden zerschlagen, als sie am 15. August wieder ins Lager hinaufstieg – »Guam zog mich den größten Teil des Weges – es dauerte zweieinhalb Stunden, obwohl der Pfad trocken war«. Auf ihrem Küchentisch lag ein offizieller Brief von Habiyaremye:

»Auf einer Sitzung, die ich Ende Juni abhielt, wurde der Status unseres Forschungszentrums neu festgelegt.

Ich wünsche, daß das Forschungszentrum Karisoke eine internationale Forschungsstation wird, die eng mit dem ORTPN und internationalen wissenschaftlichen Organisationen (lies: Berggorillaprojekt und seine Urheber) zusammenarbeitet.

Ich bin mir völlig im klaren darüber, daß es wichtig ist, ein paar Gorillagruppen zu erforschen. Im Interesse des Landes ist es aber ebenfalls dringend erforderlich, das

Lager für andere Zwecke zu benutzen. Ein Komitee wird bald gegründet werden, um die Prioritäten aufzuführen. Ich habe die Absicht, bekannte wissenschaftliche Organisationen (siehe oben) aufzufordern, erfahrene Wissenschaftler nach Karisoke zu schicken... Von nun an entscheide ich, wer in Karisoke arbeitet, während das Berggorillaprojekt die Verwaltung übernimmt. Ich bin sicher, daß Sie meine neue Verfahrensweise verstehen und akzeptieren werden.«

Dians Antwort war erstaunlich beherrscht. Wenn Habiyaremyes Brief, wie sie argwöhnte, bezweckte, daß sie »sich aufhängte«, war er ein Fehlschlag.

Sie wies darauf hin, daß sie und das Forschungszentrum Karisoke bereits Wissenschaftler »aus Amerika, Australien, Belgien, England, Frankreich, Japan, Kenia, den Niederlanden, Schottland, Spanien und Zaire« beherbergt hätten und daß sie eine weitere »Internationalisierung« begrüße. Höflich machte sie darauf aufmerksam, daß Karisokes Aktivitäten bereits eng mit dem ORTPN verbunden seien. Im Hinblick auf das Komitee, das Prioritäten aufführen sollte, bemerkte sie: »Ich würde mich freuen, in diesem Komitee mitwirken zu dürfen, da ich glaube, daß wir alle die Verpflichtung haben, am Schutz der wildlebenden Tiere der Virungas mitzuwirken. Diesem Ziel habe ich achtzehn Jahre meines Lebens gewidmet.«

Nur einmal zeigte sie die Zähne. »Monsieur le Directeur, bedeutet Ihr Beschluß zu entscheiden, wer in Karisoke arbeiten darf, daß Sie mich persönlich davon ausschließen, an solchen Entscheidungen mitzuwirken, wo ich doch die Gründerin von Karisoke bin und stets für die finanzielle, wissenschaftliche, schützende, moralische und *internationale öffentliche Unterstützung* des Zentrums gesorgt habe? Ich will es nicht hoffen.

Abschließend möchte ich vorschlagen, daß Sie sich nicht länger von Ausländern beeinflussen lassen, die ihren kurzfristigen persönlichen Zielen entsprechend in Ruanda ein- und ausgehen, ohne jemals einen realistischen Beitrag zu der Zukunft dieses Landes zu leisten.«

Obwohl sie selbstbewußt wirkte, entsprach dieses Bild durchaus nicht ihrem Seelenzustand. In Wahrheit war sie überzeugt, daß das letzte Gefecht in dem langen Kampf, sie vom Berg zu vertreiben, unmittelbar bevorstand und daß sie stark im Nachteil war. Sie bereitete sich darauf vor, Stellung zu beziehen. Mitte August schrieb sie mehrere Briefe an Freunde, alle mehr oder weniger im selben Ton.

»Auf dem Spiel stehen die an Menschen gewöhnten Gorillagruppen, der ausgebildete afrikanische Mitarbeiterstab und sieben möblierte Hütten. Ich kann die Gorillas nicht vor dem Tourismus bewahren, aber meine Afrikaner sagen, sie würden kündigen, wenn man mich fortschickt. Und es gibt so etwas wie eine Politik der verbrannten Erde. Zur Zeit habe ich mehrere große Kanister mit Petroleum und haufenweise Streichhölzer. Meine Leute haben Angst, was mich bedrückt, weil sie so anständig sind, aber sie haben mir versprochen mitzumachen, wenn ich alle sieben Hütten samt Inhalt verbrennen muß. Diese Drohung ist vielleicht die einzige Möglichkeit, die ich habe, um mein Lebenswerk zu retten.«

Ob ernst gemeint oder Bluff, Dian sorgte dafür, daß der Plan für »Fosseys letzten Auftritt« verbreitet wurde, vor allem in Kigali, wo er den Beamten zu Gehör kommen mußte. Im Laufe der Jahre hatte sie viel über die ruandische Innenpolitik gelernt und hoffte nun, daß höhere Mächte den Direktor des ORTPN aufhalten und nicht zulassen würden, daß er sie an eine Flammenwand drückte.

Am 11. September war der 60. Jahrestag der Gründung des ehemaligen Albert-Nationalparks durch die Belgier. Obwohl der Parc National des Volcans nur noch ein Bruchteil des Originals war, beschloß das ORTPN, stilvoll zu feiern.

»Der Parkdirektor schickte mir keine Einladung; aber der augenblickliche Park-Conservateur, ein wirklich netter Kerl, mit dem ich gut auskomme, schickte mir eine zusammen mit einer Entschuldigung für das, was er für ein Versehen von seiten des Direktors hält. Ich weiß es besser.
Meine Afrikaner und ich hatten den ganzen Monat an einer wunderbaren, großen Schautafel gebastelt, auf der Karisokes Arbeit im Park dargestellt war. Der Conservateur war begeistert und hängte sie gleich neben seinem Büro auf, so daß sie jedem, der das neue Park-Hauptquartier besichtigte, auffallen mußte, einschließlich dem Präsidenten von Ruanda.
Es war ein irgendwie grauer, trüber, nieselnder Tag. Nach der späten Ankunft des Präsidenten fing das Fest spät an. Es wurde getanzt und gesungen, was ich liebe, und dann kamen langweilige lange Reden. Der Direktor hatte ein großes Programm drucken lassen, aber nirgends wurde ich oder Karisoke erwähnt, obwohl das Berggorillaprojekt großes Lob erhielt.
Dann erhob sich der verdammte Direktor Habiyaremye und hielt eine anderthalbstündige Rede auf kinyaruandisch – die etwa 94½ Minuten zu lang war. Ich glaubte, sogar der Präsident würde einschlafen. Meine Leute berichteten mir, sie hätte hauptsächlich vom großen Erfolg des Gorillatourismus gehandelt und dem vielen Geld, das dadurch ins Land gekommen sei. Gegen Ende verlieh der Direktor zwei Gedenktafeln aus Pappe für die größten Verdienste um den Park des Volcans seit der Unabhängigkeit. Sie gingen alle beide an die belgischen Leiter von zwei Reisebüros.
Als alles vorbei war, nahm mich jemand auf der schlammigen, glitschigen Straße nach Ruhengeri mit, wo ich im Hotel Muhavura ein sehr spätes Mittagessen zu mir nehmen wollte. Während ich darauf wartete, erschien aus heiterem Himmel Benda-Lema, der jetzt eine Bank in

Kigali leitet. Er kam zu meinem Tisch herübergerannt und schien äußerst erbost, weil ich nicht erwähnt worden war. Er sagte, er habe direkt hinter dem Präsidenten gesessen und behauptete, der Präsident habe dem Direktor die Hölle heißgemacht, weil er Karisoke und meine Arbeit ignoriert habe. Benda-Lema wirkte wirklich so aufgebracht darüber, daß ich vor lauter Selbstmitleid weinen mußte, aber auch, weil ich mich nicht allzu gut mit ihm vertragen hatte, als er noch Direktor war, während er jetzt meine Partei ergriff. Ich war ihm unsäglich dankbar, daß er sich so große Mühe gab, mir seine Gefühle auszudrücken.

Dann kehrte Benda-Lema zu einer Gruppe angeberischer Beamter in reichverzierten Uniformen zurück, und ich machte mich über meine kalten Pommes frites und mein zähes Schweinekotelett her, wurde jedoch wenige Minuten später von einem der Angeber unterbrochen. Dieser fragte mich auf englisch: »Dr. Fossey, was halten Sie von dem heutigen Ereignis?« Ich wußte zwar nicht, wer er war, aber ich beschloß, mir einiges von der Seele zu reden. Meine Hauptbeschwerde war, daß die Arbeit der Patrouillen zur Bekämpfung der Wilddiebe mit keinem Wort erwähnt worden waren. Dann quasselte ich über den Unterschied zwischen theoretischem und aktivem Naturschutz. Er bat mich, mit nach draußen zu kommen, damit er ein Foto von mir machen könne! Es stellte sich heraus, daß er der Chefreporter der ruandischen Wochenzeitung ›Kinyamateku‹ war. Mann! Jetzt werde ich entweder endgültig aus dem Lande hinausgeworfen, oder es kommt etwas Gutes dabei heraus.

Ich kehrte zurück zu meinen mittlerweile eiskalten, fettigen Pommes frites – ich war am Verhungern –, als ein weiteres afrikanisches ›hohes Tier‹ in Militäruniform den Speisesaal betrat, sich umschaute, dann direkt herüberkam und sich an meinen Tisch setzte. Er stellte sich auf französisch als secrétaire-général der Einwanderungsab-

teilung im Präsidialamt vor. Er fragte mich, welche Schwierigkeiten ich bei der Beantragung von Visa gehabt hätte. Ich wäre vor Überraschung fast ohnmächtig geworden! Aber ich erzählte ihm, so gut ich es in meinem schrecklichen Französisch konnte, von den Zweimonatsvisa, die der Direktor von ORTPN *so sparsam austeilte, und wie schwer es sei, selbst diese zu bekommen. Er gab mir seine Karte und bat mich, ihm Bescheid zu sagen, wenn ich das nächste Mal ein Visum beantragte. Zum Schluß sagte er über den Direktor: ›Wofür hält er Sie? Für eine Touristin?‹*

Inzwischen mußte ich die Pommes frites mit einem Messer aus dem Fett herausschneiden, aber sie schmeckten himmlisch. Wir werden sehen. Vielleicht war dies das nützlichste Mittagessen, das ich jemals zu mir genommen habe. Andererseits werden diese Leute manchmal von der Stimmung eines festlichen Tages mitgerissen, vergessen jedoch alles, sobald sie ihr Bier wieder ausgeschieden haben.

Noch etwas. Als ich an jenem Abend wieder zum Lager hinaufstieg, hörte ich den Schliefer rufen und die Buschböcke und Ducker bellen. Es sind Stimmen, die ich jeden Abend höre, aber mir wurde klar, daß es sie immer noch gibt, weil ich da bin, um zu helfen, sie zu schützen. Keine Auszeichnung vom ORTPN*-Direktor hätte mir so viel bedeuten können wie dieses Wissen.*

Am nächsten Tag sprach ich mit meinen Leuten. Alle fünfzehn (neun Lagermitarbeiter und sechs Mitglieder der Digit-Patrouillen) waren auf dem Fest gewesen, gekleidet in Uniformen mit K.R.C. *auf der Brusttasche, die ich für sie gemacht hatte. Als weder sie noch ich, noch die Arbeit, die sie geleistet hatten, erwähnt wurden, waren sie sehr enttäuscht. Nun sagte ich ihnen, daß unser Lohn darin bestehe, daß wir die Fülle wildlebender Tiere rund um uns im Park sehen und hören könnten. Ohne die harte Arbeit, die wir in den letzten achtzehn Jahren geleistet haben, wäre bestimmt nicht viel davon übriggeblieben. Ich glaube, daraufhin fühlten sie sich ein bißchen besser.«*

Ein paar Tage später vernahm Dian ein Gerücht, daß Habiyaremye seinen Posten verlassen würde. Obwohl sie nicht so dumm war, dem Klatsch aus Kigali viel Glauben zu schenken, fühlte sie sich dank der einfachen Tatsache, daß so etwas über ihn gesagt wurde, schon viel weniger bedroht.

»Ich befahl Mukera, die Petroleumkanister wieder einzulagern. Aber meine Streichhölzer habe ich immer noch zur Hand.«

Im August gab es in Karisoke ein großes Kommen und Gehen. Am Monatsanfang traf David Watts' Ersatzmann ein. Es war ein 1,83 Meter großer, unbeholfener, blonder, vollbärtiger Doktorand, dessen erste Bewegung um einen Arbeitsplatz in Karisoke Dian drei Jahre zuvor abgelehnt hatte. Da es jetzt außer Joseph Munyaneza, einem jungen ruandischen Entomologen, keinen weiteren Forscher im Lager gab, war sie froh, ihn zu bekommen, obwohl sie in den ersten paar Wochen seines Aufenthalts ihre Zweifel hatte.

»Wayne McGuire von der Universität Oklahoma kam heute mittag mit vier Parkwächtern als Träger an und richtete sich in Watts' Hütte ein, ohne ein Wort mit mir zu sprechen. Um 18.30 war er immer noch nicht zu meiner Hütte hinaufgekommen, um auch nur Hallo zu sagen, obwohl ich ihm eine Einladung zum Abendessen geschickt hatte. Das ist wirklich sonderbar – vielleicht aber auch nicht. Ich weiß, daß er mit dem VW-Paar, von der Becke sowie Watts in Briefwechsel stand, der ihn im vergangenen Winter in den Vereinigten Staaten gesehen hat. Gwehandagoza berichtete mir, er sei am Flughafen von Kigali von Bill Weber abgeholt und in Bills und Amys Haus gefahren worden, wo er über Nacht blieb und mit Watts und den übrigen Leuten vom Berggorillaprojekt

zusammentraf. Ich glaube nicht, daß ich wirklich paranoid bin, aber es gibt mir zu denken.
Während ich auf den neuen Jungen wartete, traf Vatiri mit seiner Patrouille ein. Bei der Verfolgung einer Randgruppe hatten sie frische Wildererspuren gefunden (zwei Twa, zwei Hutu – Vatiri kann so viel aus Spuren lesen, daß ich mich wundere, warum er nicht auch noch die Namen kennt). Wir schwatzten über die morgige Arbeit, gingen dann hinaus und fanden eine ganze Herde Buschböcke hinter meiner Hütte: zwei Jährlinge, zwei Zweijährige, zwei ausgewachsene Kühe und den großartigen alten Bock, den ich Prime II nenne und der so alt ist, daß er kaum noch laufen/schwanken kann. Ich war tief gerührt, ihn wiederzusehen, da ich angenommen hatte, er sei längst von Wilderern erwischt worden. Sein Anblick wird mir ewig im Gedächtnis bleiben, lange nachdem mir die unangenehmen Erinnerungen an die ›ich-süchtigen‹ Studenten entfallen sind.«

Es kamen auch noch andere. Am 3. August traf ein reiches, junges amerikanisches Paar namens Evelyn Gallardos und David Root in Karisoke ein, um zwei Wochen Gorillas und andere Tiere zu fotografieren, aber nicht wegen des Gewinns oder der Wissenschaft, sondern zum Vergnügen. Sie waren die ersten Vorboten eines neuen Plans von Dian – eines Plans, über den sie ein bißchen verlegen war. Um die Kosten für Karisoke bestreiten zu können, hatte sie widerstrebend beschlossen, zahlende Gäste aufzunehmen, und zwar gut zahlende Gäste aus den Reihen der reichen Amateure in den Vereinigten Staaten, die überall gewesen waren und alles gemacht hatten – außer Gorillas in Ruanda zu besuchen. Daß es sich dabei um eine Form von Tourismus und daher Ausbeutung der Gorillas handeln würde, war etwas, dessen sie sich peinlich bewußt war. Sie ordnete diesen Gedanken der Vernunft unter, so gut sie konnte.

»Es werden nie mehr als vier Leute auf einmal hier sein,

und ihre Besuche bei den Gorillas kommen erst nach den laufenden Forschungen der Studenten an die Reihe. Die Kontrolle aller Unternehmungen wird superstreng sein. Dies gefällt mir eigentlich nicht, aber wenn Karisoke weiterhin Berggorillas schützen will, muß es sein, denn der Rest meiner Ersparnisse reicht für den Unterhalt nicht aus.«

Die Ankunft der ersten neuen »Besucher« fiel mit dem endgültigen Abschied von Carole Le Jeune zusammen. Die scheue, ruhige belgische Blumenmalerin war Dians engste Vertraute in Ruanda geworden. Ihr Weggang war ein großer Verlust.

Mitte August traf Dian eine wichtige Entscheidung hinsichtlich ihrer eigenen Zukunft.

Sie hatte einen amerikanischen Agenten gebeten, eine Vortragsreise für sie zu arrangieren, und der Agent hatte gemeldet, daß die Veranstaltung im November und Dezember stattfinden könne. Die zeitliche Koordinierung war so, daß Dian zum ersten Mal seit Jahrzehnten die Weihnachtsfeiertage in Louisville würde verbringen können. Sie war entzückt über diese Aussicht.

»Es wäre wunderbar, wenn ich ein paar Tage in der guten alten Sonne verbringen könnte, die mir jetzt, da ich älter, verschrobener und gebrechlicher werde, mehr als alles andere fehlt. Aber es kann nicht sein. Ich kann das Lager nicht verlassen, während der ORTPN-*Direktor und die Berggorillabande wie die Geier darüber kreisen. Carole ist fort, und Wayne McGuire, der sich als recht netter junger Mann erwiesen hat, ist so konfus, daß er sich auf dem Weg zum Klo verläuft. Vielleicht bekomme ich am Jahresende ein oder zwei Studenten, aber darauf kann ich nicht bauen. Ich werde die Reise wohl bis zum Frühling aufschieben müssen – wenn sie mich dann noch haben wollen.«*

Mehrere Gruppen französischer Ärzte und Krankenschwestern, ortsansässige Freunde von Dian, besuchten sie im August, die Träger beladen mit Körben voller guter Sachen zum Essen und Trinken. Dann, am 27., kamen zwei Vertreter des Schweizer Welt-Naturschutzzentrums, die beunruhigende Nachrichten brachten. Charles Darwin, der Silberrücken und Anführer einer Gruppe, die das Berggorillaprojekt für den Tourismus an Menschen gewöhnt hatte, war gerade gestorben – offenbar an Hakenwurmbefall.

Die Befürchtungen, mit denen Dian seit Nunkies Tod kämpfte und die sie nicht akzeptieren wollte, verstärkten sich, als der Tiermedizinspezialist vom Schweizer Welt-Naturschutzzentrum zu folgendem Schluß kam: »Bei der großen Zahl von Besuchern, die jetzt in nächste Nähe der Gorillagruppen kommen, ist die Möglichkeit der Übertragung menschlicher Krankheiten sehr groß.«

Trotz der Folgen, mit denen Dian für sich und ihre Arbeit rechnen mußte, war sie fast bereit, den Stier bei den Hörnern zu packen. Sie fühlte sich noch stärker dazu gedrängt, als Ende August Beethoven, der standhafte Patriarch von Gruppe 5, verschwand. Erst Nunkie, dann Charles Darwin und nun Beethoven ...

»Ich weiß nicht, was los ist. Vielleicht sind die Wilddiebe gar nicht das Schlimmste, was den Gorillas passieren kann. Vielleicht sind wir es... ORTPN *und die Berggorillabande werden wild werden, wenn es wirklich wahr ist, daß Gorillas sich durch menschliche Kontakte Krankheiten holen. Die ganzen Virungas müßten unter Quarantäne gestellt werden. Mit dem Tourismus wäre es aus und mit Karisoke ebenfalls... trotzdem wird irgend jemand der Sache auf den Grund gehen müssen.«*

Obwohl Dian sich der Folgen bewußt war, mit denen sie rechnen mußte, wenn irgend etwas den Gorilla-Tourismus ernstlich bedrohte, fragte sie sich in langen Tagen und schlaflosen Nächten immer wieder unter Qualen, was sie tun sollte.

»Letzte Nacht ging ich wieder zu den Gräbern. Es war

pechschwarz, und ich konnte die Markierungen nur undeutlich sehen. Immer noch ohne zu wissen, was ich tun soll, stand ich lange neben Digit, aber Digit wußte es und Onkel Bert und all die anderen.«

Sie hat sich entschlossen.

Mitte September schrieb sie Evelyn Gallardos:

»Phillipe Bertrand, der Chirurg aus dem Krankenhaus von Ruhengeri, der im Juni die Autopsie an Nunkie ausgeführt hat und jetzt die an dem neuesten Opfer, einem Silberrücken, berichtete mir an diesem Wochenende, daß Jean-Pierre von der Becke und Mark Condiotti, beide vom Berggorillaprojekt, ihn gebeten hätten, mir auf keinen Fall Fotos oder Informationen über die Autopsie an Charles Darwin zu geben. Als echter Wissenschaftler war Phillipe entsetzt; als persönlicher Freund war er ziemlich ärgerlich.«

Phillipe Betrand war einer der wenigen Ortsansässigen, mit denen Dian sich traute, über ihre wachsende Gewißheit zu sprechen, daß Gorillas an Krankheiten starben, die sie sich von Menschen geholt hatten. Als sie merkte, daß er verständnisvoll, ja sogar schon fast überzeugt war, wagte sie den entscheidenden Schritt. Sie schlug vor, ein Team zu bilden, um Ermittlungen über die Sache anzustellen. Sehr umsichtig zogen sie einen zweiten Arzt und zwei Tierärzte hinzu. Alle waren entweder Franzosen oder Belgier, und keiner hatte enge Verbindungen oder große Zuneigungen zu Berggorillaprojekt und ORTPN.

Es gibt keine Aufzeichnungen, denen man entnehmen könnte, was diese Gruppe versuchte oder bewirkte, wobei unklar ist, ob dies aus Vernunftgründen geschah oder ob etwaige Aufzeichnungen später verlorengingen. Eines ist jedoch gewiß. Wenn diejenigen, die sich mit dem Gorilla-Tourismus beschäftigten und Gewinn daraus zogen, gemerkt hätten, was für Ermittlungen da angestellt wurden, hätten sie sich ernstlich bedroht gefühlt.

Den ganzen Sommer hindurch empfand Dian, was die

Gorillas betraf, eine allgemeine innere Unruhe. Etwas Seltsames, Beunruhigendes schien das Leben der Herren der Vulkane durcheinanderzubringen und sie in außerordentliche Bewegung zu versetzen. Sie wurden, wie Dian sagte, *hiva-hiva* – was auf Suaheli »völlig durcheinander« heißt. Ihre Aufzeichnungen und Kommentare von August bis Ende Oktober zeigen, wie verwirrt sie darüber war.

»*1. August: Nunkies Weibchen sind überall in verschiedenen Gruppen verstreut – Tiger nahm nur Fuddle; Pandora ist bei Gruppe 5 und Papoose und Augustus plus sieben Junge befinden sich in Peanuts' reiner Männergruppe, aber sie wechseln weiterhin Plätze wie auf einer verrückten Reise nach Jerusalem.*

18. August: Erst letzte Woche teilte sich Peanuts' Gruppe, weil die beiden Silberrücken Peanuts und Beetsme sich Nunkies beide Weibchen Augustus und Papoose einfach nicht teilen konnten. Jetzt ist also Augustus bei Peanuts und Papoose bei Beetsme. Die jüngeren Tiere sind ziemlich gleichmäßig zwischen den beiden Untergruppen, die nun etwa vier Kilometer voneinander entfernt sind, verteilt. Im Augenblick weiß ich nicht, was als nächstes passiert. Weiß nicht, wie wir alledem folgen sollen, da augenblicklich nur ein Gorillastudent im Lager ist, aber es ist äußerst wichtig, daß wir es tun.

30. August: Seit Charles Darwins Tod ist seine Gruppe aus sechs Weibchen und ihren Jungen überall auf den Hängen des Visoke verstreut. Die Leute vom Berggorillaprojekt können nicht mit ihnen Schritt halten, also müssen wir es versuchen. Meine Afrikaner können ein Kaninchen in einem Hagelsturm atmen hören, aber ich würde meine Seele hergeben, wenn ich mich verzehnfachen und zwanzig Jahre jünger sein könnte.

5. September: Peanuts und Beetsme haben sich zusammengetan und wieder getrennt. Jetzt sind drei von Nunkies Überlebenden, die sich ihnen angeschlossen hatten,

irgendwo auf den Nordwesthängen des Visoke und in den entfernten Sattelgebieten verlorengegangen. Meine Spurenleser arbeiten sich die Seele aus dem Leib, um mit diesen beiden Gruppen Schritt zu halten.
12. September: Peanuts' Gruppe ist völlig aufgerieben, weil Beetsme ihm alle weggenommen hat außer dem verkrüppelten Schwarzrücken Ahab, der treu zu dem armen, beraubten Silberrücken hielt. Ich kann diesem ständigen Wechsel einfach nicht mehr folgen.
15. September: Das ist ein harter Schlag. Beethoven, der großartige alte Silberrücken und Führer von Gruppe 5, ist verschwunden und vermutlich tot. Ich bin tief betrübt. Wir haben kaum noch etwas anderes getan, als nach seinem Leichnam zu suchen, aber umsonst. Wenigstens bleibt seine Gruppe unter dem Schutz seines starken Sohnes Ziz, des größten Silberrückens, den ich je gesehen habe. Er muß sich nicht wenig anstrengen, um die elf geschlechtsreifen Weibchen, die nun ihm gehören, davon abzuhalten, sich gegenseitig das Fell auszureißen.
8. Oktober: Haben Beethovens Leichnam immer noch nicht gefunden; doch weil niemand mir die Erinnerungen an den alten Herrn nehmen kann, werde ich den Verlust seines Körpers verschmerzen. Kürzlich verlor Gruppe 5 bei einer Interaktion mit der Suza-Gruppe Poppy, gewann aber die alte Flossie, die ursprünglich aus Gruppe 4 stammt. Das ewige Hin und Her macht einen schwindelig. Peanuts und Beetsme tauschen weiterhin die Partner und Nunkies Sprößlinge, wenn sie sich auf dem weit entfernten westlichen Sattelgebiet treffen. Charles Darwins Überlebende sind immer noch überall; etwa die Hälfte scheint nach Osten hin verschwunden zu sein. Tiger und Peanuts, die sie hätten übernehmen können, sind meilenweit fort. Es kommt mir so vor, als befänden sich nun alle Gorillas zur falschen Zeit am falschen Ort.«

Verwirrt durch dieses unberechenbare Verhalten kam Dian ins Grübeln.

»Irgend etwas stimmt nicht. Die Mitglieder der Gruppen wechseln nicht nur, zum Teil führerlos, hin und her, sondern es ist auch kein Sinn in ihren Wanderungen. Gruppen ziehen an Orte, an denen sie noch nie waren, und es kommt immer häufiger zu schlimmen Interaktionen. Das bringt nur noch mehr Unruhe und führt zu weiteren Interaktionen, denn die Gruppen fliehen über alle Berge und prallen dabei zusammen. Ich weiß nicht, was los ist. Es ist jedoch möglich, daß allzu viele menschliche Kontakte in Verbindung mit allzu vielen Wilddieben schuld daran sind.«

Wilddiebe waren in jenem Herbst zweifellos ein bedeutender Faktor. Obwohl sie das Studiengebiet von Karisoke im großen und ganzen in Ruhe ließen, machten sie sich überall anderswo im Park zahlreich und aggressiv bemerkbar. Die Patrouillen des Digit-Fonds bekämpften sie mit aller Macht.

»Am 15. September fingen meine Leute noch einen Wilddieb, der im Park Fallen stellte – Nummer drei in diesem Jahr. Sie brachten ihn zu dem üblichen Verhör durch die Parkbeamten hinunter. Danach hätte er eigentlich ins Gefängnis von Ruhengeri gesteckt werden sollen. Doch statt ihn einsperren zu lassen, verurteilten die Parkbeamten ihn auf Befehl des Direktors von ORTPN *zu einer Geldstrafe von zweihundert Dollar und ließen ihn wieder laufen. Genau wie in alten Zeiten. Es gibt wenig Zweifel darüber, wer das Geld bekommt.*
Am 12. Oktober fing eine vom Digit-Fonds geförderte Patrouille drei weitere Wilddiebe einschließlich ihres Hundes und sechsundzwanzig Fallen. Die Wilddiebe wurden am 13. ins Hauptquartier des Parks gebracht, aber ich fürchte, daß auch sie bloß eine Strafe an das ORTPN *zahlen müssen und dann freigelassen werden. Hoffentlich begreift das* ORTPN *eines Tages, daß das Einstecken von Geld weder der Wilderei noch dem Gorillamord ein Ende macht.«*

Ähnliche Einsichten sollten dem ORTPN-Direktor gedämmert haben, als Ende Oktober außerhalb des Wirkungskreises der Parkbehörden eine blutige kleine Schlacht zwischen den Wilddieben, die sich nun völlig sicher fühlten, und einem Polizeitrupp ausbrach.

»*Am 30. Oktober hörte ich zum ersten Mal davon, daß das Berggorillaprojekt über Funk anfragte, ob ich irgendwelche Gorillas aus den Studiengruppen vermißte. Als ich verneinte, teilten sie mir widerwillig mit, daß sie ein zweijähriges männliches Junges hätten, das gerade an einem ›Blutgerinnsel im Herzen‹ gestorben sei. Sie sagten, es komme wahrscheinlich aus Uganda.*
Ich schickte sofort die einzigen beiden Spurenleser, die im Lager waren, los, um die Randgruppen nordwestlich des Visoke außerhalb unseres Gebiets zu überprüfen. Aber sie stießen mit fünf bewaffneten Wilddieben zusammen und mußten um ihr Leben rennen und sich stundenlang im Wald verstecken. Sie kehrten erst um 22 Uhr ins Lager zurück. Mensch, hatte ich Angst um sie!
Meine Leute erfuhren die wahre Geschichte von dem Fang erst später und erzählten sie mir. Eine Bande von sechs Wilderern, alles Ruander, griffen zwischen Sabyinyo und Muhabura, also in einem Teil des Parks, der angeblich von Parkwächtern des Berggorillaprojekts bewacht wird, eine Gorillagruppe an. Offenbar erschossen sie mindestens drei, vielleicht sogar mehr, erwachsene Gorillas, um das Baby zu kriegen. Danach konnten die Wilderer den Park unversehrt verlassen, stießen aber auf eine Sécurité-Mannschaft. Es kam zu einem Feuergefecht. Ein Wilddieb wurde getötet, ein anderer schwer verwundet, die übrigen gefangengenommen. Das Gorillababy war anscheinend verwundet. Es wurde ins Hauptquartier des Parks gebracht, wo es starb. Ich wünschte so sehr, daß gefangene Gorillajunge sofort heraufgebracht würden, weil sie hier die richtige Höhe, Ernährung, ständige Pflege und Ruhe hätten.

Obwohl alle vier Männer, die ins Gefängnis gesteckt wurden, bekannte Wilddiebe waren, kamen sie schon nach vierzehn Tagen frei, angeblich, weil sie außerhalb des Parks geschnappt worden waren. Es wurde nicht gesagt, wieviel sie für ihre Freilassung bezahlt haben. Ist das nicht zum Kotzen?«

Am 7. Oktober begab Dian sich wieder nach Kigali, um ihr Visum verlängern zu lassen. Zögernd, weil sie nicht wußte, ob er sich noch daran erinnern würde, sie am Tage des Fests getroffen zu haben, rief sie den secrétaire-général der Einwanderungsbehörde an.

»*Eigentlich ganz normal. Zu meinem großen Kummer war Mr. Nduwayezu, der Generalsekretär, verreist. Desgleichen Mr. Habiyaremye, so sagte man mir zumindest in seinem Büro. Es dauerte drei Tage, bis Mr. Etienne Nyangezi, der zweite Mann von* ORTPN, *seine spürbare Furcht überwand und mir die Genehmigung ausstellte, mich weitere zwei Monate und nicht länger in diesem Land aufzuhalten.«*

Bei ihrer Rückkehr ins Lager fand sie entzückt und ein bißchen eingeschüchtert einen Brief von Dr. Niko Tinbergen, einem der großen alten Männer der Verhaltensforschung und emeritierten Professor der Universität Oxford. Er hatte ihr Buch gelesen und war davon so beeindruckt, daß er ihr einen vier Seiten langen, handgeschriebenen Brief mit Glückwünschen und einigen überzeugenden Gedanken über Verhaltensstudien schickte.

»Ungeheuer geehrt und beeindruckt«, schrieb Dian in ihrer sogar noch längeren Antwort, in der sie von längst vergangenen Zeiten sprach, ein Thema, das sie sonst vermied.

»Bei meiner Arbeit mit autistischen Kindern und Erwachsenen, die ich, wie ich feststellte, am besten erreichen konnte, indem ich mein Gesicht verbarg, eine unterwürfige Haltung einnahm und so tat, als interessierte ich mich für Spielzeug oder Heimtiere, habe ich gelernt, mein

Gesicht von den Gorillas abzuwenden und mich vor ihnen zu erniedrigen. Solch ein ›Desinteresse‹ verfehlte nie, Patienten, die unter schwerer Kontaktunfähigkeit litten, eine Reaktion zu entlocken. Tief im Inneren wünschten sie, Kontakt herzustellen, wußten aber nicht, wie. Ich glaube, auf diese Weise war ich keine Bedrohung, so daß sie sich mir gefahrlos nähern konnten...

Sie brauchen nicht weiterzulesen, aber das Folgende steht mir so lebhaft vor Augen. John, sechsundzwanzig, war ein hervorragender Student in den letzten Monaten seiner tierärztlichen Ausbildung, als er von einem kranken Hund gebissen wurde. Die Krankheit verwandelte John in ein hinkendes, sabberndes, heulendes, pinkelndes, nur noch dahinvegetierendes Wesen. Nach monatelanger Krankheit baten seine Eltern mich, ihn bei sich zu besuchen. Ich machte den Fehler der üblichen direkten, quasselnden Annäherung, was nur dazu führte, daß er noch lauter heulte und noch öfter urinierte. Dann versuchte ich es damit, daß ich einfach in sein Zimmer ging, ihn nicht beachtete, mich in eine Ecke setzte und mit einem Kätzchen spielte. Nach zwei Tagen stupste er mich an, um meine Aufmerksamkeit auf sich zu lenken, die ich ihm jedoch erst dann gab, wenn er die Toilette aufgesucht hatte. Das tat er am dritten Tag und danach immer, wenn ich bei ihm war, und sogar, wenn er allein war. Ich machte das Kätzchen zum gemeinsamen Gegenstand des Kontakts zwischen uns, lenkte meine Aufmerksamkeit über das Tier auf ihn, und er tat es umgekehrt. Nach zwei Monaten heulte er nicht mehr. Nach drei Monaten fing er an, mit mir zu sprechen, und eines Tages öffnete er mir sogar die Tür und holte meinen Mantel aus dem Schrank. Das war seine erste ›Gemeinschaftsaktion‹ nach über einem Jahr. Ich wünschte, die Geschichte hätte ein glückliches Ende, aber Johns Vater erlitt einen Herzanfall, und die Familie mußte John in ein Heim stecken, das so weit entfernt war, daß ich ihn nicht besuchen konnte. Dort fiel er rasch wieder zurück und starb einige Wochen später an einem Anfall. Ich kann ihn nicht vergessen.

Ich weiß nicht genau, warum ich Ihnen diese Geschichte erzähle. Vielleicht liegt es daran, daß dieser Vorfall mir kürzlich wieder in den Sinn kam, vielleicht aber auch, weil ich überzeugt bin, daß man nicht gut mit gestörten Kindern und sogar Erwachsenen arbeiten kann, ohne mit Tieren gearbeitet zu haben, und vielleicht umgekehrt.

Vielen Dank für die Frage nach meiner augenblicklichen Arbeit. Sie geht weiter mit dem Segen der höchsten Mächte dieses Landes (Präsident und Mitarbeiterstab), aber ich habe Schwierigkeiten mit den Bürokraten der Touristen- und Parkbehörde, die mein Lager und die Gorilla-Studiengruppen als ihr rechtmäßiges Eigentum betrachten. Sie haben die Unterstützung einer kleinen Gruppe Weißer, die vom Berggorillaprojekt bezahlt werden und mein Lager haben wollen. Sie bekommen es aber nur über meine Leiche.«

Dian fiel es immer noch schwer, sich mit Wayne McGuire abzufinden, dem einzigen Weißen, der Karisoke gegenwärtig mit ihr teilte. Ihre Gefühle für ihn waren zwiespaltig.

An Anita McClellan schrieb sie: »Wayne ist wirklich nett, aber er bringt es fertig, sich zwischen meiner und seiner Hütte zu verirren. Fast jede Woche verirrt er sich im Wald. Er weiß nicht, wie man eine Drucklampe anzündet, ein Feuer anmacht, saubere Kleidung von schmutziger trennt, Kartoffeln kocht. Wie gesagt, er ist im Grunde sehr, sehr nett und höflich, was eine Erleichterung ist, aber ich werde auf gar keinen Fall seine Mutti spielen. Hoffentlich wird er eines Tages einsehen, daß die Zeiten des Windelnwechselns für mich vorbei sind... Meine Afrikaner mögen ihn nicht, weil sie ihn drei volle Nächte draußen im Regen suchen mußten!«

Und an Stacey Coil: »Ich weiß einfach nicht, ob der

McGuire-Junge durchhalten wird. Wie gesagt, er ist wirklich ein netter, guter Mensch, aber schrecklich unordentlich. Man kann seine Hütte wegen des Durcheinanders nicht betreten... Ich mache mir Sorgen um ihn. Im übrigen kommen wir gut zurecht.«

Der Oktober brachte einige überraschende Besucher – Reporter und Fotografen von allen drei Zeitungen Ruandas. Es war das erste Mal, daß die einheimische Presse Karisoke besuchte oder Interesse an Dians Arbeit zeigte. Aus welchem Grund auch immer, die lange Vernachlässigung wurde wieder gutgemacht. Zu ihrem Entzücken waren Dian und Karisoke nun ein Thema in Ruanda.

»*Alle drei Zeitungen brachten große Doppelseiten über das Lager, unsere Arbeit, die Männer und mich. Natürlich alles auf Kinyaruandisch, aber meine Leute haben alles übersetzt, und die Artikel sind* PHANTASTISCH. *Es heißt, wir seien vorgeschlagen für besondere Auszeichnungen, wie zum Beispiel Medaillen, vom Präsidenten. Der größte Artikel, zwei volle Seiten in einer zwölfseitigen Zeitung, läßt mich wie das achte Weltwunder erscheinen. Es fehlte nur noch, daß dem Direktor von* ORTPN *darin empfohlen würde, zurückzutreten. Vielleicht prahle ich, aber ich bin so froh für meine Leute, die förmlich schweben und täglich damit rechnen, daß der Präsident im Hubschrauber vorbeikommt. Wenn sie nach Ruhengeri gehen, tragen sie ihre Uniformen und werden wie Helden behandelt. Ist das nicht großartig?*«

In einem Brief an einen der Reporter schrieb sie: »Wie in aller Welt kann ich Ihnen jemals für Ihre Freundlichkeit, Ihre Herzenswärme und Ihr Gefühl für Integrität, für *umurava*, danken? Ich habe kartonweise Zeitungsausschnitte aus aller Welt, aber kein einziger bedeutet mir so viel wie Ihr Artikel. Vor lauter Freude und Dankbarkeit traten mir Tränen in die Augen, und alle Männer lachten mich aus. Wir veranstalteten einen Tanz aus dem Stegreif und gehen seitdem mit breitem Lächeln im Gesicht umher ... Sie haben uns alle so glücklich gemacht. Es ist die Art von Glück, die ewig dauert, denn Ihre Worte scheinen aus dem Herzen zu kommen und haben sich deshalb in unsere Herzen eingegraben.«

Mitte Oktober, nur ein paar Tage, nachdem Dian ihre Gruppe aus Ärzten und Tierärzten zum ersten Mal versammelt hatte, um die jüngsten Todesfälle unter den Silberrücken aufzuklären, geschah etwas sehr Beunruhigendes. Ihre beiden Graupapageien wurden krank, ohne Krankheitssymtome aufzuweisen, die irgendeinem ihrer tierärztlichen Freunde bekannt waren. Als einer von ihnen zu sagen wagte, es könne sich um eine Vergiftung handeln, wies Dian diese Möglichkeit scharf zurück. Aber am nächsten Tag warf sie das Futter weg, das sie den Vögeln gegeben hatte. Und nachdem sie ein paar Tage frisches Futter aus Ruhengeri gefressen hatten, erholten sie sich wie durch ein Wunder.

Dian hielt ihre Reaktion auf diesen Vorfall nur in einem einzigen zurückhaltenden Kommentar fest.

Es war sehr beängstigend.

Was in der Nacht des 27. Oktober folgte, war unendlich viel beängstigender. Dian schrieb ihre Tagebucheintragung für diesen Tag in einem Zustand äußerster Erregung. Die Wörter breiten sich über die ganze Seite aus.

Wie so oft hatte sie nicht einschlafen können und war deshalb kurz vor Mitternacht hinausgetreten, um sich den seltenen Genuß zu gönnen, das Mondlicht auf den Spitzen von Karisimbi und Mikeno glänzen zu sehen. Sie war wie vom Donner gerührt, als sie auf ihrer Schwelle eine hölzerne Puffotter fand.

»HEUTE *dies Ding, das jemand geschnitzt hat. Erster Hinweis auf* SUMU *waren die halbtoten, auf dem Käfigboden zuckenden Papageien ... Ich habe es versteckt und werde nichts darüber sagen.*«

Sie hielt Wort. In keinem ihrer Briefe oder anderen schriftlichen Aufzeichnungen gibt es auch nur den kleinsten Hinweis auf diese gräßliche Entdeckung, und offensichtlich verschwieg sie sie auch Wayne, ihren Männern und allen anderen, ja, sogar Rosamond Carr.

In ihren Jahren in Afrika hatte sie sich über Art und Verwendung eingeborener Zauberei und Magie informiert. Sie wußte genau, was sie gefunden hatte – und was es bedeutete.

Irgend jemand hatte sie mit dem Todesfluch belegt.

26

Obwohl Dian ihre Gefühle über die unheimliche Entdeckung auf ihrer Türschwelle nicht schriftlich festhielt, nahm sie sie gewiß nicht leicht. Andererseits wußte sie, daß Eingeborenenzauber nur über diejenigen Macht hatte, die daran glaubten, und daß die Ruander Weiße für immun gegen Sumi hielten. Beim Nachdenken über die Sache im beruhigenden Licht des Tages hätte sie zu dem vernünftigen Schluß kommen müssen, daß ein zum Mord an ihr entschlossener Ruander aller Wahrscheinlichkeit nach Gift verwenden würde, da dies die bevorzugte Mordart in Ruanda war.

Vielleicht kam ihr auch der Gedanke, daß die Giftschlange und die offensichtliche Vergiftung ihrer Papageien Tricks waren, mit denen sie noch stärker gedrängt werden sollte, ihren Bergsitz zu verlassen. Es sei denn, irgend jemand bereitete den Boden für eine Gewalttat vor, die man analphabetischen Afrikanern, zum Beispiel den Batwa-Wilderern, in die Schuhe schieben konnte. Möglicherweise war dieser finstere Gedanke der Grund, daß sie nichts von dem, was geschehen war, erwähnte.

Ganz gleich, welche Folgerungen sie gezogen haben mochte, die Tage nach der Entdeckung der Schlange brachten Ablenkungen, die sehr willkommen gewesen sein müssen. Am 30. Oktober kam eine charmante französische Journalistin mit dem melodischen Namen Anne Marie Voisin-Romagnani, um für einen Artikel über Dian und Karisoke zu recherchieren. Gleich nach ihr traf ein französischer Kameramann ein, den Dian weniger anziehend fand.

»Yann sieht gut aus, ist höflich und sehr von sich eingenommen. Vor dreißig Jahren hätte ich mich wahnsinnig in diesen schönen Mann (Clark Gable mit blauen Augen und langen, rotblonden Haaren) verliebt, wenn er nicht maßlos arrogant wäre. So tolerierten wir uns gerade noch, aber rate mal, wer die ganze Kocherei übernehmen mußte? Wie halten französische Frauen diese Scheusale bloß aus?»

Von viel größerer Bedeutung war die Ankunft eines jungen Holländers, den Dian bei ihrem kurzen Hollandaufenthalt im Jahre 1984 kennengelernt hatte. Sjaak Van de Nieuwendijk war von seiner Arbeit als Gorillawärter in einem Zoo beurlaubt worden, um zu lernen, wie diese Tiere in der Wildnis leben. Dian war von ihm begeistert.

»Dieser ›kleine‹ Junge ist über zwei Meter groß, blond und so nett, wie man nur wünschen kann. Ich weiß nicht, wann ich zuletzt einen so erfrischenden, enthusiastischen, intelligenten und lebenssprühenden jungen Menschen im Lager erlebt habe. Er kann schon Suaheli sprechen und beklagt sich niemals, obwohl das Wetter SCHEUSSLICH *ist. Er galoppiert jeden Tag von früh bis spät durch die Wälder, um bei den Gorillas zu sein. Ich hoffe und bete, daß er bis Neujahr und darüber hinaus im Lager bleibt. Ich würde das Lager ohne Zögern in seiner Obhut lassen, wenn ich im März oder April auf Vortragsreise in die Vereinigten Staaten gehe, aber vielleicht möchte sein Boss, daß er früher zurückkehrt.«*

Am 10. November weist Dians Tagebuch nur eine einzige kurze Eintragung auf.

»Mir ist sehr, sehr, sehr übel & meinem Herzen geht es schlecht. Warum?«

Weiter geht sie nicht darauf ein, aber die Frage bezieht sich vielleicht auf den Verdacht hinsichtlich dessen, was ihren Papageien zugestoßen war. Es ist gewiß, daß der Gedanke an Sumu sie immer noch stark beschäftigte. Zwei Tage darauf finden Vatiri und seine Leute einen weiteren Wilddieb. Ihre Beschreibung der Ereignisse beginnt mit der unverblümten Feststellung:

»Schwarze Magie ist hierzulande weit verbreitet. Meine Patrouillen haben in vier Wochen vier Wilddiebe gefangen, die sie alle auf frischer Tat im Park ertappten. Dieser war wirklich ekelhaft. Sie erwischten ihn, als er gerade einen prächtigen Buschbock abhäutete, den er in seiner Fallenreihe gleich neben einer Gorillagruppe gefangen hatte. Er heißt Yavani Hategeka, und das Merkwürdige ist, daß ich ihn 1974 schon einmal gefangen habe. Es ärgert mich, daß er kein bißchen älter aussieht als damals, während ich tausend Jahre älter aussehe, was unfair ist. Er wollte mir kein bißchen helfen. Obwohl wir ihn die ganze Nacht grillten, beantwortete er keine Frage. Die Folge war, daß ich ihm seine Schwarze-Magie-Talismane wegnahm, die in seine stinkende, zerschlissene Jacke genäht waren (inzwischen weiß ich, wo man solche Sachen suchen muß). Sie bestanden aus zwei kleinen Beuteln mit getrockneten Pflanzen und einem 2,5 Quadratzentimeter großen Stück irgendeines Tierfells. Es war, als nähme man einem Kind seinen Schnuller weg – vielleicht nicht sehr nett, aber ich tat es, weil er mir keinerlei Information über andere Wilderer geben wollte. Ich sah, wie er voll Abwehr zusammenschrumpfte, als er seine Amulette verlor, aber vor seiner ›Vergewaltigung‹ hatte er zwei Stunden Zeit gehabt, uns etwas zu erzählen. Meinen Männern zufolge wird er nach seiner Entlassung aus dem Gefängnis nie wieder wildern, weil ich sein ›Sumu‹ habe. Außer seinen ›Sumu‹-Beuteln fanden wir in seiner Tasche einen Brief von einem Händler in Zaire, der mit dem Wilderer Schmuggelgeschäfte betreibt. Es ging um irgendein seltenes Metall, wahrscheinlich Gold.«

Dian wollte mit Hategeka nichts riskieren. Anstatt ihn, wie vom ORTPN vorgeschrieben, ins Hauptquartier des Parks zu schicken, ließ sie ihn direkt vor den Richter in Ruhengeri bringen. Dort wurde er vor Gericht gestellt und zu drei Jahren Freiheitsstrafe verurteilt. Vierzehn Tage später erschien sein Bruder im Gefängnis und bot fünfzigtausend ruandische Franc für Hategekas Freiheit, doch zu Dians Entzücken – und Erstaunen – wurde das Angebot abgelehnt. Kurz darauf erfuhr sie, daß der unverbesserliche Sebahutu bei einer Schlägerei im Gefängnis den kürzeren gezogen hatte und schwer verletzt im Krankenhaus lag.

Ende November schrieb Dian einem Freund in den Vereinigten Staaten einen Brief in dem zwanglosen Plauderton, der ihre Korrespondenz einst ausgezeichnet hatte und den sie sich nun nur noch selten gönnte, weil es ihr an Kraft und Lust fehlte:

»Es tut mir wirklich leid, daß ich in diesem Herbst nicht nach Amerika kommen kann, aber Wayne, der neue ›Student‹, der im August ankam, könnte das Lager einfach nicht allein zusammenhalten. Er ist ein netter Junge, hat aber nicht einmal genug Grips, um sich bei Regen unterzustellen. Das ist wirklich hart für ihn, denn heute war der ERSTE sonnige Tag seit gut zwei Monaten täglichen Regens. Ich stahl mich davon auf eine kleine Wiese nicht weit von meiner Hütte, übrigens dieselbe, auf der ich die allererste Seite meines Buches schrieb, und badete zwei wunderschöne Stunden wie ein zufriedener Jagdhund in der Sonne. Dann ertönten die Pfeifen, was bedeutet: ›Kommt alle herbei, wo immer ihr seid!‹, und ich mußte wieder zurück und mich mit einer meiner Patrouillen gegen die Wilddiebe befassen. Sie haben einen schwerverwundeten Ducker aus einer Falle befreit und hergebracht.

Dein Brief spricht von Weihnachten. Das erinnert mich an ein Weihnachtsfest von vor etwa zehn Jahren. Meine Mutter hatte diese wundervolle, reiche Freundin, die einer der großzügigsten Menschen war, die ich je erlebt habe, aber ein bißchen zerstreut, was sie um so liebenswerter machte. Ich hatte einen Freund namens Pater

Raymond, einen Trappistenmönch in einem Kloster in Hardstown, Kentucky. Da diese nette Dame eine inbrünstige Katholikin war, machte ich die beiden brieflich bekannt. Zufällig erwähnte er in einem Brief, wie kalt die Zellen im Winter waren, worauf sie ihm sofort eine riesengroße elektrische Heizdecke schickte! Ich glaube, er lacht heute noch darüber, obwohl sein Abt die Sache nicht witzig zu finden schien.

Eines Tages im November, als ich mich kurz in Kalifornien aufhielt, wollte sie Weihnachtseinkäufe mit mir machen. Damit verbunden war ein wunderbares Mittagessen, dem eine Tour durch ein großes Einkaufszentrum voller herrlicher Geschäfte folgen sollte. Beim Mittagessen versuchte sie herauszubringen, was ich mir *wirklich* zu Weihnachten wünschte. Es gab nur ein Ding, das ich *wirklich* brauchte, und das war ein Fleischwolf fürs Lager.

Kaum hatte ich das gesagt, machte sie ein langes Gesicht. ›Also, das ist nicht genau das, was ich mir vorgestellt habe‹, stotterte sie. Egal. Wir machten uns auf, sie todschick gekleidet, in ein schlichtes Haushaltswarengeschäft, wo eine gute Stunde für den Kauf des prächtigsten Fleischwolfes, den es gab, draufging. Ich habe ihn immer noch, und er funktioniert immer noch. Stell Dir vor, ich glaube, sie hatte noch nie so einen Laden betreten.

Auf einem Extrazettel findest Du die gewünschte Liste von Dingen, die ich *dieses* Jahr *wirklich* brauche. Beachte bitte, daß sie mit Triscuits beginnt – ich träume buchstäblich davon. Ich sehne mich nach Salzigem und nach Nüssen, Brezeln usw. Jedesmal, wenn ich nach Amerika komme, plane ich, mindestens einen ganzen Tag in einem Supermarkt zu verbringen, wo ich immer auf der rechten Seite anfange (ich kann nicht von links nach rechts einkaufen) und den größten Karren nehme, den sie haben. Ich wandere wie im Himmel die Gänge auf und ab und vergesse alles andere um mich her.

Nun zu Sachen für die Leute. Sie sind für alles dankbar,

was ein Teil ihrer Anständigkeit ist. Sie verschleißen Socken wie Kleenextücher. Wenn ich in den Staaten bin, kaufe ich sie in Heeresüberschußläden. Saks Fifth Avenue führt so etwas nicht! Billige Armbanduhren werden ebenfalls dringend benötigt. Ich bitte Dich äußerst ungern, aber der Umstand, daß ich diesen Herbst nicht in die Staaten komme, bedeutet einen Mangel an Weihnachtsgeschenken für die Männer (und ihre Familien). In Ruanda gibt es so wenig zu kaufen – und in Amerika so viel. Ich erwähne warme Jogginghosen und Oberteile mit Kapuzen nicht etwa, weil meine Leute wegen ihrer Gesundheit joggen (sie können kaum noch gehen, wenn sie nach einem Tag im Wald zurückkehren), sondern weil sie etwas Hübscheres nicht auf dem Berg tragen würden. Sie würden es sich für die große Stadt Ruhengeri aufsparen – alle vier Blocks staubiger *dukas* (kleiner Läden). Wir werden die Jogginganzüge hier oben für sie aufbewahren, damit sie sie nach einem kalten, regnerischen, im Wald verbrachten Tag anziehen können.

Ich habe diesen Brief gestern angefangen; um 15.40 Uhr hämmerte jemand an meine Haustür. Ich öffnete und sah einen dünnen, bärtigen Burschen, dessen grünliches Gesicht zu seinem triefnassen Regenzeug paßte. Er war mit einem schweren Gewehr und einem Panga beladen. An dem Gewehr erkannte ich, daß es sich um einen neuen Mann, einen Belgier, handeln müsse, der für das Berggorillaprojekt arbeitet, dessen Mitarbeiter gelegentlich mit den Parkwächtern auf Patrouille gehen. Alle Berggorillaprojekt-Leute müssen diese großen Gewehre tragen, wenn sie in den Park gehen, obwohl ich nicht weiß, warum.

Jedenfalls platschte er in meine Hütte, brach vor dem Kamin zusammen und erzählte eine haarsträubende Geschichte. Der Parkwächter, den er begleitete, war vor mehreren Stunden mit einem Panga über ihn hergefallen, hatte ihm die Brille zerschlagen und mit der flachen

Pangaseite auf die Stirn gedroschen. Dann war er in einer Art Anfall zusammengebrochen. Da der Belgier sich nicht anders zu helfen wußte, hatte er sich in mein Lager geschleppt.

Ich schickte ihn wieder hinaus in den strömenden Regen auf die Suche nach diesem Mann, begleitet von all meinen Leuten, die eine Trage mitnahmen. Sie kehrten erst um 20.30 Uhr wieder zurück und berichteten, daß der Wächter verschwunden sei. Der Belgier befand sich nun in einem schrecklichen Zustand, kalt, naß und mit Recht zitternd. Die Beule auf seinem Kopf wurde immer größer. Ich flößte ihm einen steifen Drink ein und schickte ihn mit einem meiner Leute den Berg hinunter. Ich sagte ihm nicht, daß ich vermutete, der Wächter habe die Tollwut, die hier recht häufig auftritt. Auch ohne das bin ich sicher, daß er diesen Tag nicht so leicht vergißt.

Den Gorillas geht es gut, außer daß sie frieren und in dieser anhaltenden Regenzeit ständig naß sind. Wayne, der neue Bursche, derjenige, der sich immerzu verirrt, begab sich vor vierzehn Tagen nach Ruhengeri, um einen Reisescheck einzulösen, und wurde seitdem nicht mehr gesehen. Ich hoffe, Du feierst das Erntedankfest mit einem schönen Truthahn. Iß massenhaft Füllung, und hauche auf Deinen nächsten Brief. Gibt es auf der Welt einen köstlicheren Duft?«

Dem hinzugefügt war »Fosseys Weihnachtswunschzettel«:

1 Schachtel leckere TRISCUITS
Ein paar Rice-A-Roni-Mischungen
Ein paar Lipton Nudel-Mischungen
Flüssiger Hickory Rauchgeschmack!
Kartoffelchips
Gesalzene Walnüsse oder Pekannüsse oder sonstige Nüsse
Brezeln
Vitaminpillen für Papageien

Ein bißchen Büchsenschinken
Noch eine Schachtel leckere TRISCUITS
Sesam und/oder Sonnenblumenkerne (für Papageien)
Eine Wärmflasche
Eine Stange Merit Longs-Zigaretten (ich schäme mich!)
Wackelpudding – jeder Geschmack
Ungeröstetes Popcorn
Eine Packung gefriergetrockneter Champignons

Ein paar Tage später schleppte sich Wayne McGuire endlich wieder ins Lager zurück und erklärte kleinlaut, er habe sich in Ruhengeri eine Ohrenkrankheit geholt. Dian hieß ihn willkommen, wenn auch etwas schroff.

»Der kleine Amerikaner ist wieder da, aber ich weiß nicht, für wie lange. Wenn ich mir eine Krankenschwester für ihn leisten könnte, würde ich es tun.«

Anfang Dezember änderte sich das Wetter. Regen und Nebel, die immerwährend zu sein schienen, durchnäßten nicht mehr die Berghänge, verwandelten sie nicht mehr in eine verschwommene Unterwasserwelt. Der klare Himmel und der in dieser Höhe grelle Sonnenschein kehrten zurück, und alles lebte auf. Die nassen Flechtenbärte, die von den uralten Hagenia-Bäumen hingen, trockneten, wurden flaumig und füllten sich mit farbenprächtigen kleinen Honigsaugern. Obwohl Dian die Gorillas wegen ihrer Atembeschwerden nicht besuchen konnte, wußte sie, daß sie sich auf den sonnigen Lichtungen rekelten. Sie war froh, daß sie sich nach den trüben Nebel- und Regenmonaten endlich wieder wärmen und erholen konnten.

Für sie selbst gab es wenig Erholung. Der gefürchtete Tag, an dem sie ihr Visum wieder einmal verlängern lassen mußte, näherte sich rasch. Am 3. Dezember versteckte sie ihre Pistolen, ihr Geld und die paar Schmuckstücke, die sie besaß (einschließlich des Rubinrings, den Louis Leakey ihr geschenkt hatte), hinter der untersten Schublade ihrer Kommode und machte sich beherzt auf den Weg nach Kigali.

Der junge Sjaak begleitete sie. Obwohl seine Anwesenheit sie moralisch unterstützte, war sie auch traurig, denn er verließ die Virungas und kehrte nach Holland zurück. Seinem Arbeitgeber hatte sie geschrieben: »Sjaak ist nicht nur ein äußerst begabter Beobachter und Feldforscher, sondern wahrscheinlich auch einer der besten, die je in Karisoke gearbeitet haben. Ich wünschte sehr, es gäbe mehr seinesgleichen und daß er bis ins neue Jahr hinein in Karisoke hätte bleiben können.«

Äußerlich tapfer, aber innerlich zitternd meldete Dian sich im Hauptquartier des ORTPN. Die Beamten dort verhielten sich noch verbohrter, als sie erwartet hatte. Habiyaremye wollte sie nicht empfangen, und obwohl einige seiner Untergebenen Mitleid mit Dian zeigten, konnten sie ihr nicht dabei behilflich sein, die äußerst wichtige Genehmigung zu bekommen, ohne die ihr Visum nicht verlängert werden konnte.

Mit wachsender Verzweiflung ging Dian zur amerikanischen Botschaft, aber die neue Mannschaft versagte ihr, wenn auch höflich, ihre Unterstützung.

Darauf ging sie ins Hotel Mille des Collines, um sich den dringend nötigen Drink zu genehmigen. Dort traf sie den Chefredakteur einer örtlichen Zeitung, der vor kurzem begeistert über Dian und ihre Arbeit geschrieben hatte. Als sie ihm ihre Schwierigkeiten anvertraute, lächelte er strahlend und tätschelte ihre Hand. »Mademoiselle Fossey, ich glaube, Sie wissen nicht Bescheid. In Kigali haben Sie viele Freunde. Aber nicht beim ORTPN. Und vielleicht auch nicht unter ihren amerikanischen Landsleuten und bei einigen anderen Ausländern. Warum bitten Sie nicht Ihre *Freunde* um Hilfe?«

Mehr brauchte er nicht zu sagen. Dian eilte ins Sekretariat des Präsidenten und bat Augustin Nduwayezu, Generalsekretär der Einwanderungsbehörde, sehen zu dürfen, den sie vor rund drei Monaten in Ruhengeri kennengelernt hatte. Sie war damals gerade dabeigewesen, nach dem großen Fest ihre kalten, fettigen Pommes frites zu verspeisen. Nduwayezu befand sich in seinem Büro und bat sie herein.

»*Als er fragte, was er für mich tun könne, hat er, fürchte ich, allerhand zu hören bekommen. Ich erzählte ihm mehr oder weniger die ganze Geschichte über die Schwierigkeiten mit dem* ORTPN *und dem Berggorillaprojekt. Er hörte sehr freundlich zu und wollte sogar noch mehr erfahren. Als mir nichts mehr einfiel, sagte er bloß: ›Warum sind Sie nicht schon eher gekommen und haben mir alles erzählt?‹ Dann fügte er hinzu: ›Sie sind einer unserer Ehrengäste und können in Ruanda bleiben, solange Sie wollen.‹*
Er rief einen Sekretär, der meinen Paß mitnahm. Zehn Minuten später kam der Mann wieder zurück. Der Paß hatte ein gestempeltes Sondervisum, das mir gestattete, zwei volle Jahre in Ruanda zu bleiben. Mensch, ich hätte nicht glücklicher sein können, wenn er mir eine Eintrittskarte zum siebten Himmel gegeben hätte!«

Dian war überglücklich, als sie in Kigali herumraste, emsig Besorgungen für das Lager erledigte und jedem, den sie kannte, von ihrem Glück erzählte. Ein Freund erinnert sich: »Sie war so vergnügt wie ein Hund, den man von der Leine gelassen hat. Hustend und ihre Impala-Zigaretten paffend, glich sie einem Wirbelwind – genau wie früher. Wir freuten uns alle so sehr für sie, daß ich fast geweint hätte.«

Wenn auch ihre Freunde entzückt über die Nachricht waren, so muß sie ihre Feinde schwer getroffen haben. Nduwayezu, der dem ruandischen Machtzentrum nahestand, hatte Dians Oberhoheit über Karisoke bestätigt, und das nicht nur für zwei Jahre, sondern wahrscheinlich für so lange, wie sie zu bleiben wünschte. So würde also die einsame Frau des Waldes weiterhin ihr Königreich regieren und dessen tierische Bewohner vor menschlichen Eindringlingen schützen, soweit man in die Zukunft blicken konnte. Es gab Menschen, die diese Aussicht unerträglich gefunden haben müssen.

Dian kehrte am 7. Dezember immer noch frohgestimmt ins Lager zurück. Ihr Körper konnte jedoch nicht Schritt halten, und sie brauchte dreieinhalb Stunden für den Aufstieg. In den langen und häufigen Ruhepausen hustete sie so viel und so stark, daß Blutstropfen aus ihren Mundwinkeln traten.

»*Ohne Guams Hilfe hätte ich es nicht geschafft. Er war so gut zu mir. Hatte heute abend so starke Schmerzen, daß X die Folge war. Zum ersten Mal seit langer, langer Zeit.*«

In den darauffolgenden Tagen wimmelte Karisoke von Menschen und bebte vor Betriebsamkeit. Während Frederick Byandagara, ein lustiger junger ruandischer Techniker, eine Wetterstation baute, kletterten fröhliche kleine Gruppen französischer und belgischer Ärzte und Ärztinnen hinauf ins Lager, um freiwillig bei diesem Projekt, das Dian schon so lange am Herzen lag, mitzutun und das prachtvolle Wetter in vollen Zügen zu genießen.

Ob wegen der Rückkehr der Sonne oder der Gewißheit, daß Mademoiselle das Steuer von Karisoke weiterführen würde, die Lagermitarbeiter befanden sich in bester Laune, während der Dezember verstrich. Selbst die Nachricht, daß der offenbar unzerstörbare Sebahutu sich so weit von seinen »tödlichen« Wunden erholt hatte, daß er aus dem Krankenhaus hatte fliehen können, nur um nach einer nächtlichen Verfolgungsjagd von der Polizei wieder eingefangen zu werden, wurde von den Afrikanern mit Gelächter begrüßt. Dian sah sich zu der Bemerkung veranlaßt: »Der alte Halunke wäre beinahe entwischt... Ich wünschte fast, er hätte es geschafft.« Sie schrieb diesen Kommentar in einem Brief, den sie auf Suaheli an ihren langgedienten Hausboy Kanyaragana schrieb, der sich im Krankenhaus von Ruhengeri einer Operation hatte unterziehen müssen. Sie legte ein Bündel ruandische Franc bei: »Für Deine Frau und Deine Kinder von uns allen im Lager.« Der Brief war unterschrieben: »Alles Liebe, Nyiramachabelli.«

Als Weihnachten näherrückte, machte sie folgende Eintragung in ihr Tagebuch:

»Heute, am 22. Dezember, von Rosamond ein schönes Tablett/Bild aus Nyundo, zwei Flaschen Gesichtswasser – dringend benötigt – und ein hübscher Bilderrahmen aus Bambus.«

Zum Dank für diese Geschenke von ihrer engsten Freundin in Ruanda begann Dian einen Brief auf ihrer alten Smith-Corona-Reiseschreibmaschine:

»Deine wunderbaren Geschenke kamen mit Guam an, und ich habe sie gleich geöffnet. Ich weiß, daß das unrecht ist, aber ich hasse es zu warten. Ich mochte es schon als Kind nicht, und jetzt brauche ich es nicht mehr, was mich mit dem Erwachsensein aussöhnt.

Der Rahmen ist genau richtig für meinen großen Farbdruck von Digit. Er ist auch für ihn ein willkommenes Weihnachtsgeschenk. Das Gesichtswasser wird mich so schön machen, daß selbst Habiyaremye mir zu Füßen fällt. Da ich hier nicht allzuoft Tee und Küchlein servieren lasse, werde ich das Tablett/Bild in meinem Schlafzimmer aufhängen, wo ich seinen Anblick ganz allein genießen kann.

Rosamond, ich wünschte so sehr, Du könntest diese Weihnachten hier sein. ich schaffe es nicht, ein Fest für meine Leute zu veranstalten, aber ich werde versuchen, Abendessen für meinen wunderbaren ruandischen Studenten Joseph Munyanaza zu kochen, der am 26. Dezember fortgeht, und für Wayne McGuire, falls er den Weg von seiner Hütte hierher findet.

Am 28. wird ein netter Schweizer Zoologe, etwa meines Alters, eintreffen. Er soll der neue Forschungsdirektor von Karisoke sein. Danach erwarte ich Mengen amerikanischer Besucher. Wenn ich im März nach Amerika abreise, wird das Lager überquellen, aber im Augenblick ist es schrecklich ruhig...«

Dieser Brief, der letzte, den Dian Fossey schrieb, blieb unvollendet.

Auch gibt es keine weiteren Eintragungen in ihr Tagebuch außer dieser, die sorgfältig in Druckbuchstaben geschrieben auf der letzten Seite steht:

WENN DU DEN WERT ALLEN LEBENS ERKENNST, BESCHÄFTIGST DU DICH WENIGER MIT DER VERGANGENHEIT UND KONZENTRIERST DICH MEHR AUF DIE BEWAHRUNG DER ZUKUNFT.

Der Rest ist Schweigen.

Als am 27. Dezember der Morgen dämmerte, zog Kanyaragana sein schäbiges altes Jackett an und machte sich auf den Weg über die kalte, neblige Wiese zu Dians Hütte, um Feuer im Herd zu machen und den Morgenkaffee zu kochen.

Geräuschlos bewegte er sich durch das nasse Gras, wobei er eine Duckerkuh aufscheuchte. Sie machte einen hohen Satz und rannte ein paar Schritte fort. Doch dann erkannte sie ihn, senkte den Kopf und graste weiter. Als er weiterging, schwang sich ein Rabenpaar von einem überhängenden Hagenia-Baum, umkreiste sein Haupt und verlangte mit heiserem Krächzen eine milde Gabe. Er warf den beiden ein paar Brocken zu und schaute dann hinüber zum fernen Gipfel des Karisimbi. Erfreut sah er, daß die rosigen Morgenwolken um den stumpfen Kegel zerrissen. Ein schöner Morgen erwartete die Virungas.

Die Vordertür zu Dians Hütte, festlich geschmückt mit einem Weihnachtsmann aus rotem Filz, der die Aufschrift »Howdy« trug, stand ein Stückchen offen. In der Annahme, daß seine Herrin früh erwacht sei und schon ungeduldig auf ihren Kaffee wartete, stieß Kanyaragana die Tür weit auf und eilte ins Wohnzimmer.

Um sechs Uhr zehn an jenem Morgen stürmte eine

Menschenmenge in Wayne McGuires unordentliches Schlafzimmer. Sie bestand aus dem gesamten Mitarbeiterstab von Karisoke sowie mehreren Parkwächtern, die die Nacht im Lager verbracht hatten. Der schlaftrunkene McGuire, dessen Suahelikenntnisse dürftig waren, konnte in dem Gewirr der Männerstimmen nur einen einzigen Satz verstehen:

»Dian kufa! Dian kufa! Dian ist tot!«

McGuire, der sich so rasch anzog, daß er mit einem Fuß in einen braunen und mit dem anderen in einen schwarzen Stiefel fuhr, wurde zu dem Gebäude, das Dians Feinde das Herrenhaus nannten, sie selbst aber scherzhaft das Mausoleum, halb gestoßen, halb geführt. Der Ducker verschwand im nahen Wald, und die Raben schwangen sich auf in den fahlen Himmel, als die Männer sich an Dians Haustür drängten.

Kurzsichtig durch seine Brille spähend, betrat McGuire das Wohnzimmer. Es befand sich in schrecklicher Unordnung. Lampenzylinder waren zerbrochen, und der Fußboden war von Glasscherben übersät. Ein Teil der Möbel war umgekippt, aber der Weihnachtsbaum stand unversehrt an der Eingangstür und wachte über einen Haufen Geschenke, die darauf warteten, an die Mitarbeiter verteilt zu werden.

Der Druck der Männer hinter ihm ließ McGuire über die Schwelle in Dians geräumiges Schlafzimmer stolpern. Auch dieser Raum war übel zugerichtet. Schubladen und Schranktüren standen offen, Bücher und Kleidungsstücke lagen auf dem mattenbedeckten Fußboden verstreut. Ein Tisch in der Mitte des Zimmers war umgestoßen. Die Matratze des Doppelbetts war von ihrem Gestell gerutscht.

Bis auf die erregten Atemzüge der Menschen herrschte Schweigen, als McGuire langsam ein paar Schritte vorwärts tat. Auf dem Fußboden neben dem Bett, teilweise verdeckt von einem kleinen Sofa, lag Dian Fossey ausgestreckt auf dem Rücken, eine automatische Pistole und einen Satz Munition neben sich.

Ihr Schädel war schräg von der Stirn quer über die Nase und über die Wange bis hinab zum Mundwinkel gespalten. Ein sechzehnjähriger Spurenleserlehrling, der einen Blick auf die gräßliche Wunde erhascht hatte, stürzte wortlos zur Tür.

Unbeholfen kniet Wayne McGuire nieder, um ihren Puls zu fühlen. Aber sie gab kein Lebenszeichen mehr von sich.

»Oh, Dian«, flüsterte er. »Oh, Dian.«

Am grauen und düsteren Nachmittag des letzten Tages des Jahres 1985 stand ein roher Sperrholzsarg mit Dian Fosseys Leichnam neben einem frisch ausgehobenen Grab in der nassen Erde von Karisoke. Dreißig Afrikaner und neun Weiße drängten sich im Halbkreis um das Grab, als der ehrwürdige Mr. Elton Wallace, ein Missionar aus Gisenyi, seine schlichte Rede hielt.

»Letzte Woche ehrte die Welt ein Ereignis aus längst vergangener Zeit, das ihre Geschichte veränderte – die Geburt des Herrn. Hier zu unseren Füßen sehen wir ein Gleichnis jener erhabenen Wandlung –, Dian Fossey, geboren in einem Elternhaus voller Komfort und Vergünstigung, das sie aus eigenem Antrieb verließ, um unter einer vom Aussterben bedrohten Art zu leben ... Sie wird nun zwischen denjenigen liegen, mit denen sie lebte und unter denen sie starb. Und wenn ihr glaubt, daß die Entfernung, die Christus überwand, um Mensch zu werden, nicht so groß sei wie die Entfernung zwischen Menschen und Gorilla, dann kennt ihr die Menschen nicht. Und auch nicht die Gorillas oder Gott.«

Dicht neben dem Grab und gegenüber dem Haufen menschlicher Wesen stand ein kleines Dickicht roher Holzpfähle. Sie trugen Tafeln mit den Namen einiger jener, die der Grund gewesen waren, weshalb Dian in die

Virungas gekommen war, um dort zu leben und zu sterben – Digit ... Macho ... Onkel Bert ... Kweli ... Nunkie – über ein Dutzend.

Rosamond Carr, winzig klein neben Dians robusten Spurenlesern, weißhaarig und sehr zerbrechlich wirkend nach dem langen Aufstieg auf den Berg, hob den Blick vom Sarg und schaute hinüber zum Gorillafriedhof.

»Einige Leute wollten ihren armen Leichnam in die Vereinigten Staaten zurückschicken. Wie schrecklich wäre das gewesen.

Aber Dian – vielmehr ihr *Geist* – war dagegen. Es ist ihnen nicht gelungen, sie aus den Virungas zu vertreiben, solange sie lebte. Es gelang ihnen auch nicht, nun, da sie tot ist.«

Nachwort

Die Einzelheiten des Mordes an Dian Fossey sind bis heute ungeklärt. Vielleicht verschaffte der Mörder sich Eintritt in ihre Hütte (die nachts stets fest verschlossen war), indem er an der Südostecke ihres Schlafzimmers ein Stück der Bleckverkleidung entfernte. Bezeichnenderweise wurde das Loch an der einzigen Stelle gerissen, an der nicht das Bett oder irgendeins der vielen eingebauten Möbelstücke den Eingang verwehrten, was dafür spricht, daß der Urheber jemand war, der die Einrichtung von Dians Schlafzimmer kannte.

Andererseits ist es ebensogut möglich, daß der Mörder Dian bekannt war und daß sie ihn selbst in die Hütte eingelassen hat. Das Stück Blech konnte genausogut auch nach ihrem Tod entfernt worden sein, damit es so aussah, als sei der Mord von einem Außenseiter, vielleicht einem Dieb, begangen worden. Aber es war nichts gestohlen worden. Obwohl es im Inneren des Hauses nach Plünderung aussah, fehlte nichts. Dians Geld und Reiseschecks in Höhe von über dreitausend Dollar, ihr Schmuck sowie Kameras, optische und andere wertvolle Ausrüstungsgegenstände im Wert von Tausenden von Dollar waren unberührt.

Dians guter Freund Dr. Bertrand, der die Hütte am Tag nach dem Mord untersuchte, glaubt, die Unordnung könne von Dians verzweifelten Versuchen, dem Mörder zu entkommen und gleichzeitig eine Waffe zu ihrer Verteidigung zu suchen, herrühren. Am Ende fand sie eine Pistole und Munition – aber die Kugeln waren vom falschen Kaliber und paßten nicht in die Waffe.

Der Panga, mit dem sie getötet wurde (und mit dem sie mehrere zusätzliche Schläge oben und hinten auf den Kopf bekam), gehörte ihr selbst. Sie hatte ihn Jahre zuvor einem Wilddieb abgenommen. Normalerweise hing er zur Dekoration an ihrer Wohnzimmerwand. Jegliche Fingerabdrücke, die darauf gewesen sein mochten, wurden verwischt, als mehrere Menschen ihn nach dem Mord berührten. Da die Mordwaffe ein Panga war, sind einige von Dians Kollegen überzeugt, daß sie von einem rachsüchtigen Wilddieb getötet wurde.

»Es war natürlich ein Schock«, sagte einer von ihnen, »aber wir waren nicht sonderlich überrascht. Sie mußte damit rechnen, so, wie sie sie behandelt hat.« Das Urteil, daß Dian Fossey das bekam, was sie verdiente, hat einige Anhänger.

Bill Weber: »Niemand wollte sie bekämpfen. Niemand wollte ihr Karisoke wegnehmen. Sie erfand so viele Komplotte und Feinde. Sie sprach immer wieder davon, daß niemand es dort oben aushalten könne, daß alle ›buschkrank‹ würden, aber am Ende war sie die einzige, die durchdrehte. Sie wurde nicht getötet, weil sie Gorillas rettete. Sie wurde getötet, weil sie sich wie Dian Fossey benahm ... Sie behandelte jeden um sich herum schlecht und wurde schließlich um die Ecke gebracht.«

Kelly Stewart: »Dian war keine gute Wissenschaftlerin, aber trotzdem wollte sie die Herrschaft nicht abgeben. Sie konnte nicht die zweite Geige spielen ... Sie sah sich als Kriegerin an, die einen Feind bekämpfte, der hinter ihr her war. Es war ein perfektes Ende. Sie bekam das, was sie wollte ... Es war gewiß schmerzhaft, aber es dauerte nicht lange. Der erste Schlag tötete sie. Es war so ein sauberer Schlag, daß, wie ich hörte, kaum Blut geflossen ist.«

Die ruandischen Behörden schenkten der Rachetheorie wenig Glauben. Da sie ihr eigenes Volk kannten, wußten sie genau, daß der Mord an einer Weißen durch einen Ruander äußerst unwahrscheinlich war. In den letzten dreißig Jahren hatte es so einen Fall nur ein einziges Mal gegeben. Auch waren die ruandischen Polizisten beileibe keine Trottel, wie diverse weiße Ausländer und einige amerikanische Medien sie seither dargestellt haben. Die Untersuchungsbeamten kamen zu dem Schluß, daß der Mord von einem Insider oder zumindest von jemandem, der genau wußte, wie es in Karisoke zuging, verübt wurde. Bald nach Beginn der Untersuchungen wurde der größte Teil der Belegschaft von Karisoke festgenommen. Darunter befand sich auch der Spurenleser Emmanuel Rwelekana, der seit seiner Entlassung durch Dian vor mehreren Monaten nicht mehr in Karisoke gearbeitet hatte. Inzwischen war er beim Berggorillaprojekt angestellt gewesen.

Die Leute von Karisoke wurden einer nach dem anderen, sowie ihre Unschuld sich erwiesen hatte, entlassen. Nur Rwelekana blieb im Gefängnis – in Einzelhaft. Am 21. August 1986, neun Monate nach Dians Tod, wurden er und Wayne McGuire gemeinsam des Mordes an Dian Fossey angeklagt. Ein paar Wochen später war Rwelekana tot; angeblich hatte er sich erhängt.

Wayne McGuire wurde nie verhaftet. Auf Drängen der amerikanischen Botschaft in Kigali floh er nur zwei Wochen, bevor die Anklage gegen ihn und Rwelekana bekanntgemacht wurde, in die Vereinigten Staaten. Zwischen Ruanda und den Vereinigten Staaten gibt es keinen Auslieferungsvertrag. Es besteht kein Zweifel, daß McGuire nach Absprache zwischen den Außenministerien der Vereinigten Staaten und Ruandas »fliehen durfte«.

Am 11. Dezember 1986 wurde Wayne McGuire in absentia vor ein ruandisches Gericht gestellt. Zehn Tage vor Dians erstem Todestag wurde McGuire des Mordes an ihr für schuldig befunden und zum Tod durch Erschießen verurteilt – sollte er jemals so verwegen oder so dumm sein, nach Ruanda zurückzukehren.

Obwohl ich nie die Absicht hatte, das Rätsel ihres Todes zu lösen – mein Interesse galt Dian Fosseys *Leben* –, habe ich mir eine Meinung über die Angelegenheit gebildet. Ich glaube nicht, daß Wayne McGuire Dian Fossey ermordet hat, es sei denn, er wäre Amok gelaufen. Es gibt kein einleuchtendes Motiv, und die in der Verhandlung gegen ihn vorgebrachten Beweise scheinen reine Erfindungen zu sein. Ich glaube, er diente als Sündenbock.

Ich glaube auch nicht, daß Dian von Wilddieben getötet wurde. Wenn einer von ihnen sie wirklich hätte umbringen wollen, dann hätte er sie vergiftet. Wenn er wirklich verzweifelt gewesen wäre, hätte er sie auf *seinem* Gebiet – im Wald – getötet, wo ein Pfeil, eine Gewehrkugel oder ein Speer ihrem Leben ohne großes Risiko für ihn ein Ende gemacht hätte.

Aber wer hat Dian Fossey getötet und warum?

Ich habe den Verdacht, daß sie von einem Afrikaner ermordet wurde, den sie kannte und der seinerseits mit dem Lager und dessen Betrieb vertraut war. Ich habe den Verdacht, daß einflußreiche Leute, die Dian immer stärker als gefährliches Hindernis für die Ausbeutung des Parc National des Volcans, vor allem aber für die Ausbeutung der Gorillas, betrachteten, ihn bestochen oder angestiftet haben. Ich glaube, die Verlängerung ihres Visums auf zwei volle Jahre war Dians Todesurteil.

Ich habe erfahren, daß kurz nach Dians Tod ein Plan ersonnen wurde, ihr »Mausoleum« in ein Museum zu verwandeln. Es sollte der Erbauung der gorillabeobachtenden Touristen dienen, die in den anderen Hütten von Karisoke untergebracht werden sollten. Ich habe ebenfalls erfahren, daß dieser Plan vorläufig aufgeschoben wurde, weil seine Ausführung augenblicklich nicht opportun wäre. Wenn all die Filmemacher, Reporter und Schriftsteller mit ihrer Arbeit fertig sind, wenn die Welt vergessen hat, was Dian wirklich wollte – und nicht wollte –, dann vielleicht wird das ORTPN mit seinen Genossen seinen Willen durchsetzen.

Inzwischen arbeitet das Forschungszentrum Karisoke annähernd im Sinne Dian Fosseys weiter. Immer noch kommen Studenten, um die Gorillas zu erforschen, immer noch durchstreifen Patrouillen des Digit-Fonds die Wälder, um sie von Wilddieben und ihren Fallen freizuhalten.

Was die Bergkönige der Virungas betrifft, wer kann sagen, welches Schicksal sie von uns zu erwarten haben? Doch wenn sie überleben, werden sie das in keinem geringen Maß dem Eifer einer Frau zu verdanken haben, die das Leben – *alles* Leben – liebte, einer Frau, die wie alle großen Liebenden handelte: Sie gab sich ganz und gar denjenigen hin, die sie liebte.

Dank

Viele Leute haben auf die eine oder andere Weise zur Entstehung dieses Buches beigetragen. Ich bin ihnen allen dankbar, doch die folgenden verdienen eine besondere Erwähnung.

Wade Rowland, mein Kollege bei diesem Projekt, hat auf drei Kontinenten Interviews gemacht und war verantwortlich für den Zugang zu Dian Fosseys persönlichen Archiven. Sein Beitrag ist von unschätzbarem Wert.

Mary Elliott, meine Sekretärin, hat Dians manchmal fast unlesbaren Notizen und Tagebücher entziffert und verschiedene Versionen dieses Manuskripts mit magischer Geschwindigkeit und Präzision getippt.

Lily Poritz Miller, meine Lektorin, hat das Buch gerettet, nachdem ich derart in Dians Leben verwickelt worden war, daß ich mich für immer verloren glaubte.

Ebenso danke ich Rosamond Carr, Dians engster Freundin in Ruanda, Stacey Coil und Ian Redmond vom Digit-Fonds, die weiterhin standhaft der Sache der Berggorillas dienen.

Beiträge an den Digit-Fonds sind hochwillkommen:

The Digit Fund
P.O. Box 4557
Triphammer Mall
Ithaca, NY 14852
USA

Das Forschungszentrum Karisoke

Nach Skizzen, die Ian Redmond am 25. April 1987
aus dem Gedächtnis zeichnete

① Gorillafriedhof, rechts Dians Grab
② Dians Hütte (von Dian »Mausoleum« genannt), mit gemauertem Kamin
③ Gästehütte
④ Mittlere Hütte
⑤ Zelt-Hütte – ein Safarizelt mit Wellblechdach, meine Lieblingshütte
⑥ Die erste Hütte, auf frühen »National-Geographic«-Fotos zu sehen; hier habe ich von 1976 bis 1978 gewohnt
⑦ Küchen- und Waschhaus
⑧ Hühnerstall, früher auch als Schlafplatz für Patrouillen benutzt
⑨ Das »Männerhaus«; ein Haus mit kleinen Fenstern und einem einzigen großen Bett für die Angestellten, wie sie es sich wünschten
⑩ Feuerstelle zum Kochen und Rundumsitzen
⑪ Wetterstation, einige Monate vor Dians Tod installiert
⑫ Gewöhnlich »Kellys Hütte« oder »untere Hütte« genannt
⑬ Feuerstelle und Platz zum Holzhacken, Tisch und Bank im Freien, Fahnenstange (mit den Fahnen von Ruanda und »National Geographic«)
⑭ Die meisten Wege sind an den nassen Stellen mit Kies vom Fluß aufgefüllt (Kieselsteine und Geröll aus grauer Lava). Ihnen folgen Zäune, deren Pfosten mit langen, dünnen Schößlingen verbunden sind: 

Alle Hütten haben Plumpsklos in der Nähe: ein tiefes Loch, darüber eine Kiste mit Loch, ein einfaches Dach und rundherum Matten als Wände.

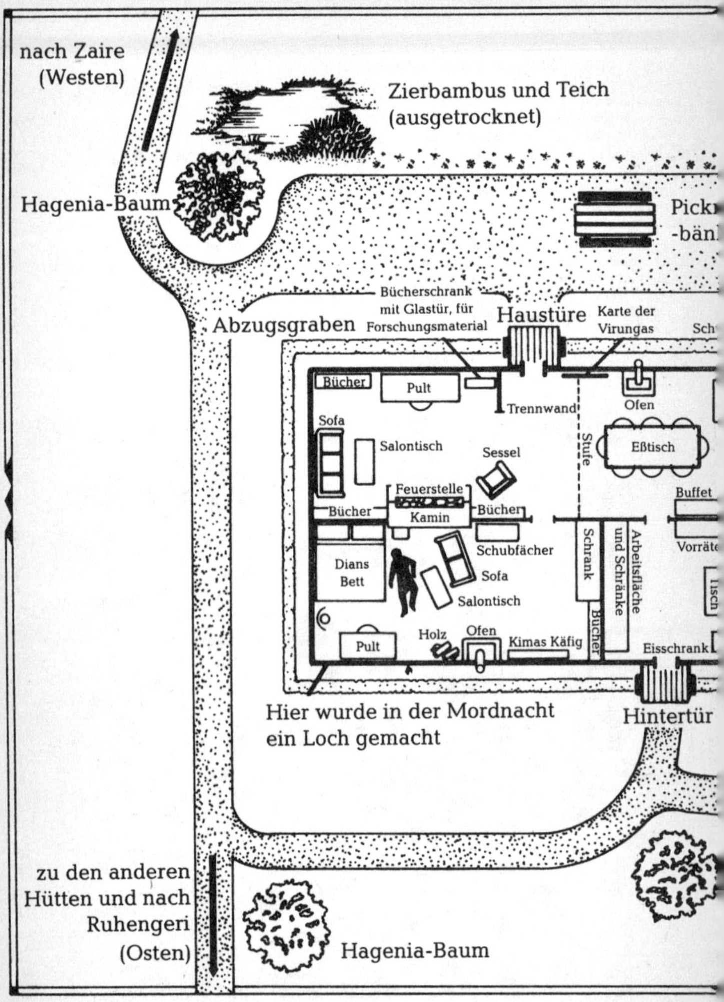

nach Zaire
(Westen)
Zierbambus und Teich
(ausgetrocknet)
Hagenia-Baum
Bücherschrank
mit Glastür, für
Forschungsmaterial
Haustüre
Karte der
Virungas
Abzugsgraben
Bücher
Pult
Trennwand
Ofen
Sofa
Salontisch
Sessel
Stufe
Eßtisch
Feuerstelle
Kamin
Bücher
Bücher
Buffet
Schrank
Arbeitsfläche
und Schränke
Schubfächer
Dians
Bett
Sofa
Salontisch
Pult
Holz
Ofen
Kimas Käfig
Bücher
Eisschrank
Hier wurde in der Mordnacht
ein Loch gemacht
Hintertür
zu den anderen
Hütten und nach
Ruhengeri
(Osten)
Hagenia-Baum

Dian Fosseys Hütte

Nach Skizzen, die Ian Redmond
am 25. April 1987
aus dem Gedächtnis zeichnete

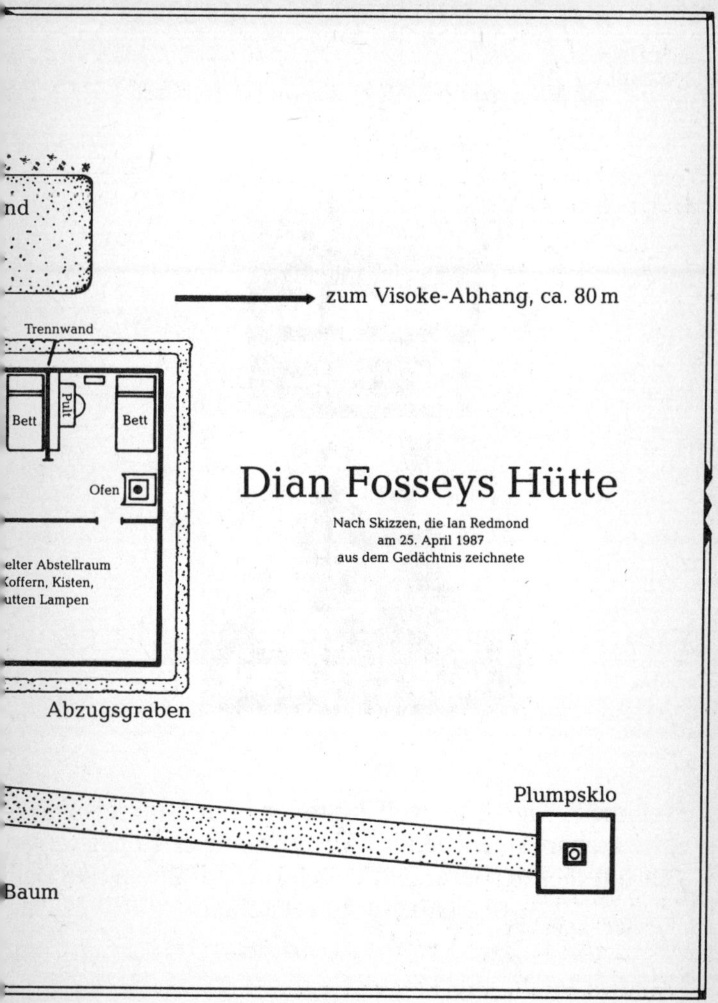